【詳解】
同期モータのベクトル制御技術

新中新二 著

Advanced Vector Control of Synchronous Motors

東京電機大学出版局

妻やよいと娘さつきへ

まえがき

　産業機械，家電機器などを扱う多くの業界で，電動化が推し進められている。この中で，連日のごとく新聞，TVをにぎわせているのが，車の電動化，すなわち車の電気自動車（EV）シフトである。特に，中国，ヨーロッパが熱い。中国では，ガソリン車の購入が厳しく制限される一方，EVは短期間での購入が可能である。ヨーロッパでは，数年後にすべての車をEVに切り替える方針を挙げた国，ガソリン車，ディーゼル車の販売を禁止する国，EV利用を特別優遇する国などが，すでに出現している。

　電動化の主役を担うのが，モータドライブシステムである。同システムに期待される機能・性能としては，「高効率駆動性」，「広範囲駆動性」，「静粛駆動性」，「高信頼性」，「耐故障性・機能安全性」，「耐環境性・頑健性」，「廉価性」，「リサイクル性」などが挙げられる。これらを同時に備えることは大変困難であるが，幸いにも，重視すべき機能・性能は，モータ駆動システムの応用によって選択されうる。

　本書は，近年の激しい電動化シフト潮流を鑑み，これに応えうるモータドライブシステム，特にその中核をなすモータドライブ技術を提供するものである。高い機能・性能をもたらすモータドライブ技術は，ベクトル制御技術である。これは，駆動対象たる交流モータによって異なる。本書は，永久磁石同期モータ（PMSM）を中核とする種々の同期モータを対象に，最新かつ最高レベルのベクトル制御技術を，全11章に整理し，体系的に解説するものである。以下にその概要を紹介する。

　ベクトル制御は，その基礎をフィードバック制御におく。ベクトル制御の理解には，フィードバック制御の一応の理解が必要である。第1章は，このために用意した。フィードバック制御に関し，すでに十分な知識を修得している読者にあっては，基本的に本章は省略可能である。ただし，第1.3，第1.4節で体系的に解説している「モデルフォローイング制御」は，第7章で解説する「トルクセンサレス・リプル低減トルク制御」を構築する上での重要要素技術の1つとなっており，この理解を期待したい。

　第2章は，PMSMのためのベクトル制御の基礎を整理した。本章は，PMSMの数

学モデル，モータパラメータの計測，ベクトル制御系の基本構造などを整理しており，第3章以降の共通の基礎を与えている．ベクトル制御はモデルベースド制御（model based control）であり，ベクトル制御系は数学モデルに基づき構築されている．制御系の具体的な設計・構築には，具体的なモータパラメータが必要である．本章は，これらの要請に応えるものである．

第3章は，PMSMを駆動対象とした例を用いて，単一の交流電流センサのみを用いたベクトル制御法を解説する．PMSMのベクトル制御系の構築には，u相，v相，w相電流を同時検出すべく3個の電流センサを備えることが理想的である．しかし，廉価性を追求した，2個の電流センサによる構築が一般的である．本章では，さらにセンサ数を減らし，単一の電流センサでベクトル制御を可能とする新技術を解説する．本技術は，モータドライブシステムに対し，さらに一段の廉価性，耐故障性・機能安全性を付与する．

第4章は，PMSMを駆動対象に，ホールセンサの信号を利用したベクトル制御の新方法を解説する．ベクトル制御には，回転子変位の瞬時検出が必要であり，このためエンコーダなどの位置・速度センサが回転子に装着されてきた．これは，概して，高価，脆弱で信頼性を低下させる要因になった．代わって，ホールセンサは，廉価，頑健，高信頼の特性を備えるが，矩形処理されたホールセンサ信号による回転子変位検出は最大±30度の誤差をもつ．本章は，ホールセンサを利用した上で，位相検出誤差問題を解決した最新のベクトル制御法を解説する．解説の新技術によれば，1相分のホール素子でさえもベクトル制御が可能であり，モータドライブシステムに，廉価性に加え，耐環境性・頑健性，耐故障性・機能安全性，高信頼性を付与できる．

第5章は，PMSMを駆動対象に，センサレスベクトル制御法を解説する．高信頼性，耐環境性・頑健性，廉価性などの向上を目的に研究・開発されてきたセンサレスベクトル制御法は，駆動用電圧・電流を使用した中高速域用のものと，高周波電圧を印加する低中速域用のものとに大別される．前者は，定格速度を超える超高速域で利用できることが好ましい．本章では，この認識に立ち，パラメータ変動にロバストなセンサレスベクトル制御法として知られている「力率位相形ベクトル制御法」を超高速域用に改良した，新方法を解説する．

第6章は，PMSMのための低中速域用センサレスベクトル制御法である高周波電圧印加法を解説する．従前の高周波電圧印加法は，回転子位相推定における速応性に問題があった．印加高周波電圧の周波数を電力変換器（インバータ）の搬送（キャリア）周波数と同程度にまで向上させる場合には，速応性問題を克服でき，センサレス

ながらセンサ利用ベクトル制御と同等の性能を得ることができる。この種の高周波電圧印加法は，特に，「搬送高周波電圧印加法」と呼ばれる。本書は，搬送高周波電圧印加法の体系化に成功した現時点で唯一の書籍である。本章では，約100頁の紙幅を割き，体系化された最新の搬送高周波電圧印加法を解説する。

　第7章は，PMSMを対象に，脆弱かつ高価なトルクセンサを利用することなく，トルクリプルを低減するトルク制御法（トルク制御モードでのベクトル制御法）を解説する。トルク制御の多くの応用で，しばしばトルク品質が問題となる。用途によっては，モータ自体の発生する音響ノイズ，振動が問題視されることもある。モータ発生音響ノイズの主原因は，モータ自身が発生する振動である。モータ発生振動の原因は，モータ自身が発生するトルクリプルである。本章では，概して高価，脆弱，低速応性のトルクセンサを利用することなく，トルクリプルを低減しうる最新のベクトル制御法を体系的に解説する。

　第8章以降では，EVなどへの応用が期待される，広範囲効率駆動が可能な種々の同期モータに関し，その特性解析とベクトル制御法を解説する。特に，第8章では，独立二重三相巻線PMSMのための最新のベクトル制御法を解説する。独立二重三相巻線PMSMは，固定子に独立した三相巻線を二重に施したPMSMであり，EV，HV（ハイブリッドEV）の次世代主駆動モータとして，熱い注目を集めている。本モータを利用したドライブシステムは，潜在的に，高効率駆動性，広範囲駆動性，耐故障性・機能安全性などを同時に有しうると期待されている。しかし，そのベクトル制御の難易度は，従前の標準的PMSMに比較し，各段に高い。著者は，本モータのベクトル制御系構築に必要な諸技術の開発に成功した。本章では，100頁超の紙幅を割き，これら諸技術を体系的に解説する。

　高効率駆動性と広範囲駆動性とを同時に追求したモータとして，ハイブリッド界磁同期モータ（HFSM）が知られている。HFSMは，回転子界磁として，永久磁石と単相巻線とを有するモータであり，PMSMと巻線界磁形同期モータのハイブリッドと解釈することもできる。HFSMは，回転子側から直流的な励磁電流を供給する他励式と，固定子側からの高周波誘導を介して励磁電流を回転子側へ供給する自励式に大別される。第9章では，HFSMに関し，数学モデルから効率追求のためのベクトル制御までを体系的に解説する。

　第10章では，誘導同期モータに関し，その数学モデル，特性を解説する。誘導同期モータは，回転子に，PMSMと同様な永久磁石と，誘導モータ（IM）と同様な導体かごとを備え，PMSMとIMとのハイブリッドモータとして捉えることもできる。

始動巻線付き PMSM，制動巻線付き PMSM と呼ばれることもある．本モータは，古くから知られているが，近年，本モータの改良形が EV 用途に適するとの期待が寄せられている．本章では，この改良に資することを目的に，誘導同期モータの数学モデル，ベクトルシミュレータ，および諸特性を解説する．

同期モータとして忘れてならないのが，耐環境性・頑健性，廉価性，リサイクル性に優れたリラクタンスモータである．リラクタンスモータは，同期リラクタンスモータ（SynRM）とスイッチドリラクタンスモータに大別される．駆動用電力変換器としては，量産廉価性の観点からは三相電力変換器が好ましい．量産性を考慮にいれた電力変換器製造コストをも考慮する場合，リラクタンスモータとしては SynRM に分があるように思われる．SynRM に関しては，近年，モータ自体の特性改善も進み，IM と同程度の効率が得られている．これらを裏づけるように，SynRM を用いた汎用ドライブシステムの上市が開始されている．SynRM は高速回転に適したモータであり，EV への応用も国内外で試みられている．こうした状況を踏まえ，第 11 章では，SynRM に関し，磁気飽和，鉄損を含む諸特性，センサ利用ベクトル制御，センサレスベクトル制御について解説する．

本書の読者としては，企業の技術者，電気系大学院の学生を想定している．上述のように，本書の各章は高い独立性を有している．このため，すでにモータドライブ技術の基礎をお持ちの方は，必要・興味に応じ，当該の章をお読みいただければよいと思う．院生教育の一環として，1 セメスタ・15 週の講義テキストとして本書を利用する場合には，以下の時間配分が参考になるであろう．

第 1 章（1 回），第 2, 3 章（1 回），第 4 章（1 回），第 5 章（1 回）
第 6 章（3 回），第 7 章（1 回），第 8 章（3 回），第 9 章（2 回）
第 10 章（1 回），第 11 章（1 回）

「著者の四半世紀を超える研究開発格闘に基づく本書は，読者に対し，十分な読み応えと最新・先端知識の充実をもたらす」と確信している．最後になったが，本書出版にご尽力下さった東京電機大学出版局・吉田拓歩氏に対し，衷心より感謝申し上げる．

2018 年 10 月 1 日　ミッドスカイタワーにて

新中　新二

目 次

まえがき ………………………………………………………………………… i

第1部　駆動制御の共通技術

第1章　制御系設計の基礎
1.1　拡張 PID 形制御系 ………………………………………………… 2
　1.1.1　制御系の基本構造と特性 ……………………………………… 2
　1.1.2　制御器の設計 …………………………………………………… 4
　1.1.3　補償器の設計 …………………………………………………… 7
　1.1.4　ゲイン交叉周波数の調整 …………………………………… 14
1.2　2自由度制御系と拡張 I-PD 形制御系 ………………………… 17
　1.2.1　2自由度制御系 ………………………………………………… 17
　1.2.2　拡張 I-PD 形制御系 …………………………………………… 18
1.3　モデルフォローイング制御系 …………………………………… 20
　1.3.1　モデルフォローイング制御系の基本構造と効果 ………… 20
　1.3.2　モデルフォローイング制御系のフィルタを用いた構造 … 22
1.4　モデルフォローイング制御の活用 ……………………………… 24
　1.4.1　フィルタを用いた制御器 …………………………………… 24
　1.4.2　モデルフォローイング制御併用の制御系 ………………… 25
　1.4.3　併用制御系の具体例 ………………………………………… 26
1.5　周波数応答に基づく数学モデルの構築 ………………………… 29
　1.5.1　制御器設計上の要求 ………………………………………… 29
　1.5.2　相対次数を1次とするモデル ……………………………… 29
　1.5.3　相対次数を2次とするモデル ……………………………… 32

第2部　標準永久磁石同期モータのベクトル制御技術

第2章　PMSM の基本ベクトル制御
2.1　永久磁石同期モータの数学モデル ……………………………… 36
　2.1.1　モデル構築の前提 …………………………………………… 36
　2.1.2　座標系と位相の定義 ………………………………………… 38
　2.1.3　数学モデル …………………………………………………… 40
2.2　電気パラメータの計測 …………………………………………… 44

vi　目次

　　　　　2.2.1　三相座標系上の数学モデル ……………………… 44
　　　　　2.2.2　固定子パラメータの計測 ………………………… 45
　　　　　2.2.3　回転子パラメータの計測 ………………………… 47
　　2.3　ベクトル制御系の基本構造……………………………… 48
　　　　　2.3.1　全体構造 ………………………………………… 48
　　　　　2.3.2　制御器 …………………………………………… 50

第3章　単一電流センサを用いたベクトル制御

　　3.1　背　景……………………………………………………… 52
　　3.2　準　備……………………………………………………… 54
　　　　　3.2.1　座標系の定義 …………………………………… 54
　　　　　3.2.2　ベクトルと行列 ………………………………… 55
　　　　　3.2.3　電流の指令値と応答値と偏差 ………………… 55
　　　　　3.2.4　D因子制御器 …………………………………… 57
　　3.3　静的合成の擬似電流偏差による三相電流制御 …………… 59
　　　　　3.3.1　三相座標系上の擬似電流偏差の合成と制御 …… 59
　　　　　3.3.2　固定座標系上の擬似電流偏差の合成と制御 …… 62
　　　　　3.3.3　回転座標系上の擬似電流偏差の合成と制御 …… 66
　　3.4　擬似電流偏差合成・制御法の数値実験 ………………… 70
　　　　　3.4.1　数値実験システム ……………………………… 70
　　　　　3.4.2　数値実験の条件 ………………………………… 71
　　　　　3.4.3　数値実験の結果 ………………………………… 71
　　3.5　擬似電流偏差合成・制御法の実機実験 ………………… 75
　　　　　3.5.1　実験のシステムと条件 ………………………… 75
　　　　　3.5.2　実験の結果 ……………………………………… 76

第4章　PMSMの粗分解能センサを用いたベクトル制御

　　4.1　背　景……………………………………………………… 80
　　4.2　HES信号と問題設定 ……………………………………… 82
　　　　　4.2.1　HES三相信号 …………………………………… 82
　　　　　4.2.2　HES三相信号の二相化 ………………………… 83
　　　　　4.2.3　問題の設定 ……………………………………… 85
　　4.3　HESを用いたベクトル制御系 …………………………… 85
　　　　　4.3.1　座標系の定義 …………………………………… 85
　　　　　4.3.2　ベクトル制御系の全体構造 …………………… 86
　　4.4　耐故障形位相速度推定器 ………………………………… 87
　　　　　4.4.1　推定器の全体構造 ……………………………… 87
　　　　　4.4.2　基本波成分抽出器 ……………………………… 87

	4.4.3 位相速度生成器 ………………………………………………	92
4.5	HES 利用のための速度制御器 ……………………………………………	94
	4.5.1 速度制御器の全体構造 …………………………………	94
	4.5.2 レイトリミッタ …………………………………………	95
	4.5.3 応速ディジタル PI 制御器 ……………………………	95
4.6	耐故障形ベクトル制御法の数値実験 …………………………………	97
	4.6.1 数値実験システム ………………………………………	98
	4.6.2 数値実験の条件 …………………………………………	98
	4.6.3 全 HES 素子が正常な場合 ……………………………	99
	4.6.4 2 個の HES 素子のみが正常な場合 …………………	102
	4.6.5 1 個の HES 素子のみが正常な場合 …………………	103
4.7	高追従形位相速度推定器 …………………………………………………	105
	4.7.1 推定器の全体構造 ………………………………………	105
	4.7.2 基本波位相偏差抽出器 …………………………………	106
	4.7.3 位相速度生成器 …………………………………………	107
4.8	HES 利用のための速度制御器 …………………………………………	109
4.9	高追従形ベクトル制御法の数値実験 …………………………………	110
	4.9.1 数値実験の条件 …………………………………………	110
	4.9.2 基準実験 …………………………………………………	111
	4.9.3 高追従実験 ………………………………………………	113
4.10	歪み正弦状の HES 信号を対象とする位相速度推定器 …………	115
	4.10.1 歪み正弦状の HES 信号とベクトル制御系 ………	115
	4.10.2 応速ノッチフィルタを用いた構成 …………………	116
	4.10.3 応速ローパスフィルタを用いた構成 ………………	117

第 5 章　PMSM の自変力率位相形ベクトル制御

5.1	背　景 ………………………………………………………………………	119
5.2	電流座標系 …………………………………………………………………	121
5.3	電流座標系上の力率位相形ベクトル制御法 …………………………	121
5.4	電流座標系上の自変力率位相形ベクトル制御法 ……………………	124
	5.4.1 電圧制限下の制御 ………………………………………	124
	5.4.2 パラメータ自動調整の範囲 ……………………………	125
	5.4.3 パラメータ自動調整の方針 ……………………………	128
	5.4.4 力率位相指令値の自動調整形生成 ……………………	129
	5.4.5 電流制限 …………………………………………………	133
5.5	実機実験 ……………………………………………………………………	134
	5.5.1 実験システムの概要 ……………………………………	134
	5.5.2 設計パラメータの設定 …………………………………	134

```
    5.5.3  電流制御実験 ……………………………………135
    5.5.4  速度制御実験 ……………………………………137
 5.6  電圧座標系………………………………………………139
 5.7  電圧座標系上の力率位相形ベクトル制御法……………140
 5.8  電圧座標系上の自変力率位相形ベクトル制御法………143
    5.8.1  位相速度推定器 …………………………………143
    5.8.2  電流指令値の生成 ………………………………143
    5.8.3  ベクトル制御系の全体構造 ……………………145
 5.9  実機実験…………………………………………………146
    5.9.1  実験システムの概要と設計パラメータの設定 …146
    5.9.2  電流制御実験 ……………………………………146
    5.9.3  速度制御実験 ……………………………………148
```

第6章　PMSMの搬送高周波電圧印加法

```
 6.1  背　景……………………………………………………151
 6.2  ディジタルフィルタの直接設計 ………………………155
    6.2.1  ローパスフィルタ ………………………………155
    6.2.2  バンドパスフィルタ ……………………………156
    6.2.3  バンドストップフィルタ ………………………158
 6.3  離散時間積分要素と空間的応答…………………………160
    6.3.1  離散時間積分要素 ………………………………160
    6.3.2  離散時間二相信号に対する空間応答 …………162
 6.4  離散時間高周波電圧と離散時間高周波電流……………166
    6.4.1  数学モデル ………………………………………166
    6.4.2  離散時間高周波電圧 ……………………………168
    6.4.3  離散時間高周波電流 ……………………………170
 6.5  システムの構造と課題…………………………………173
 6.6  正相逆相成分分離法に高周波電流振幅法を適用した復調 …177
    6.6.1  相関信号生成器 …………………………………177
    6.6.2  振幅抽出器 ………………………………………178
    6.6.3  相関信号合成器 …………………………………180
    6.6.4  従前技術との同異 ………………………………182
    6.6.5  実機実験 …………………………………………183
 6.7  軸要素成分分離法に高周波電流振幅法を適用した復調 ………188
    6.7.1  相関信号生成器 …………………………………188
    6.7.2  振幅抽出器 ………………………………………189
    6.7.3  相関信号合成器 …………………………………191
    6.7.4  従前技術との同異 ………………………………192
```

  6.7.5　実機実験 …………………………………………………193
 6.8　正相逆相成分分離法に高周波電流相関法を適用した復調 ……196
  6.8.1　相関信号生成器 ……………………………………………196
  6.8.2　相成分抽出フィルタ ………………………………………197
  6.8.3　相関信号合成器 ……………………………………………198
  6.8.4　実機実験 ……………………………………………………201
 6.9　軸要素成分分離法に高周波電流相関法を適用した復調 ………204
  6.9.1　相関信号生成器 ……………………………………………204
  6.9.2　相関信号合成器 ……………………………………………205
  6.9.3　実機実験 ……………………………………………………210
 6.10　直線形搬送高周波電圧印加法 ……………………………………215
  6.10.1　課題とシステムの構造 …………………………………215
  6.10.2　位相推定の原理 …………………………………………216
  6.10.3　相関信号生成器 …………………………………………220
  6.10.4　相関信号合成器 …………………………………………223
  6.10.5　数値実験 …………………………………………………226
 6.11　真円形搬送高周波電圧印加法 ……………………………………231
  6.11.1　課題とシステムの構造 …………………………………231
  6.11.2　位相推定の原理 …………………………………………231
  6.11.3　相関信号生成器 …………………………………………236
  6.11.4　相関信号合成器 …………………………………………239
  6.11.5　数値実験 …………………………………………………242

第7章　トルクセンサレス・リプル低減トルク制御

 7.1　背　景 ………………………………………………………………248
 7.2　非正弦誘起電圧を有する PMSM の数学モデル ………………251
  7.2.1　三相座標系上の数学モデル ………………………………251
  7.2.2　一般座標系上の数学モデル ………………………………254
  7.2.3　同期座標系上の数学モデル ………………………………255
 7.3　トルクリプル補償の原理 …………………………………………257
 7.4　補償信号の生成 ……………………………………………………259
  7.4.1　補償信号の推定的生成 ……………………………………259
  7.4.2　補償信号の算定的生成 ……………………………………266
 7.5　高追従電流制御器 …………………………………………………270
  7.5.1　応速高次電流制御器 ………………………………………271
  7.5.2　モデルフォローイング制御器併用 PI 電流制御器 ………274
 7.6　補償信号の推定的生成と応速高次電流制御器とを用いた構成…279
  7.6.1　システム構成 ………………………………………………279

		7.6.2	数値実験 …………………………………………… 280

- 7.7 補償信号の算定的生成とモデルフォローイング制御器併用
  PI 電流制御器を用いた構成 ……………………………… 287
  - 7.7.1 システム構成 …………………………………… 287
  - 7.7.2 数値実験 ………………………………………… 288
  - 7.7.3 実機実験 ………………………………………… 292
- 7.8 他の構成 …………………………………………………… 294
  - 7.8.1 補償信号の算定的生成と応速高次電流制御器を用いた構成 294
  - 7.8.2 補償信号の推定的生成とモデルフォローイング制御器併用
    PI 電流制御器を用いた構成 …………………………… 295

第 3 部　広範囲高効率駆動用同期モータのベクトル制御技術

第 8 章　独立二重三相巻線 PMSM

- 8.1 背　景 ……………………………………………………… 298
- 8.2 単相相互誘導回路の解析と電流制御 ……………………… 303
  - 8.2.1 モード解析 ……………………………………… 303
  - 8.2.2 モード回路方程式 ……………………………… 309
  - 8.2.3 簡易なモード電流制御 ………………………… 312
  - 8.2.4 厳密なモード電流制御 ………………………… 316
- 8.3 巻線配置と数学モデル …………………………………… 318
  - 8.3.1 独立二重三相巻線の従前配置 ………………… 319
  - 8.3.2 独立二重三相巻線の新規配置 ………………… 320
  - 8.3.3 一重逆同期モータの数学モデル ……………… 321
  - 8.3.4 二重逆同期モータの一般座標系上の数学モデル … 327
  - 8.3.5 二重逆同期モータの同期座標系上の数学モデル … 333
- 8.4 ベクトルシミュレータ …………………………………… 334
  - 8.4.1 数学的準備 ……………………………………… 334
  - 8.4.2 ベクトルブロック線図 ………………………… 335
  - 8.4.3 A 形ベクトルブロック線図 …………………… 336
  - 8.4.4 B 形ベクトルブロック線図 …………………… 338
  - 8.4.5 ベクトルシミュレータ ………………………… 339
- 8.5 簡易なモード電流制御 …………………………………… 341
  - 8.5.1 制御方策 ………………………………………… 341
  - 8.5.2 高速モード電流制御器 ………………………… 342
  - 8.5.3 低速モード電流キャンセラ …………………… 343
  - 8.5.4 ベクトル制御系の全体構造 …………………… 344
  - 8.5.5 数値実験 ………………………………………… 346

8.6	厳密なモード電流制御 ·································· 351
	8.6.1	フィードバック電流制御則 ·················· 351
	8.6.2	最終電圧指令値合成則 ····················· 355
	8.6.3	電流制御器の構造 ·························· 356
	8.6.4	ベクトル制御系の全体構造 ················ 358
	8.6.5	数値実験 ·· 358
8.7	効率駆動 ··· 363
	8.7.1	最小銅損のための連立非線形方程式 ······· 363
	8.7.2	5連立の非線形方程式の再帰形解法Ⅰ ······ 368
	8.7.3	5連立の非線形方程式の再帰形解法Ⅱ ······ 372
	8.7.4	5連立の非線形方程式の再帰形解法Ⅲ ······ 375
8.8	鉄損考慮の数学モデル ························· 380
	8.8.1	準　備 ·· 380
	8.8.2	一般座標系上の数学モデル ·················· 384
	8.8.3	基本式の自己整合性 ························· 387
	8.8.4	鉄損表現能力 ·································· 388
	8.8.5	同期座標系上の数学モデル ·················· 390
8.9	ベクトルシミュレータ ··························· 391
	8.9.1	ベクトルブロック線図 ····················· 391
	8.9.2	インダクタンス形ベクトルブロック線図 ··· 391
	8.9.3	抵抗形ベクトルブロック線図 ················ 396
	8.9.4	ベクトルシミュレータ ····················· 398
	8.9.5	応答例 ·· 399

第9章　ハイブリッド界磁同期モータ

9.1	背　景 ·· 404
9.2	他励式 HFSM の数学モデル ························ 407
	9.2.1	統一固定子数学モデル ························ 407
	9.2.2	一般座標系上の数学モデル ··················· 408
	9.2.3	同期座標系上の数学モデル ··················· 411
9.3	他励式 HFSM のベクトルシミュレータ ·········· 412
	9.3.1	界磁回路の再構成 ···························· 412
	9.3.2	A形ベクトルブロック線図 ·················· 413
	9.3.3	B形ベクトルブロック線図 ·················· 416
	9.3.4	ベクトルシミュレータ ······················ 417
9.4	他励式 HFSM の電流制御 ······························· 418
9.5	他励式 HFSM の効率駆動 ······························· 422
	9.5.1	非電圧制限下の最小総合銅損電流指令法 ····· 422

   9.5.2 電圧制限下の最小総合銅損電流指令法 …………………426
   9.5.3 電圧制限下の最大トルク電流指令法 ………………………430
   9.5.4 d 軸電流の利用 ……………………………………………434
   9.5.5 電流指令値の生成例 ………………………………………436
   9.5.6 実機実験 ……………………………………………………439
 9.6 自励式 HFSM の数学モデル ………………………………………441
 9.7 自励式 HFSM のベクトルブロック線図 …………………………442
   9.7.1 誘導負荷を有する半波整流回路のブロック線図 …………442
   9.7.2 ダイオード短絡された回転子界磁回路のブロック線図 …444
   9.7.3 自励式 HFSM のベクトルブロック線図 …………………446
 9.8 自励式 HFSM 駆動システムの基本応答 …………………………447
   9.8.1 自励式 HFSM ベクトルシミュレータの構成と利用 ………447
   9.8.2 シミュレータ応答例 1 ……………………………………448
   9.8.3 シミュレータ応答例 2 ……………………………………450
   9.8.4 シミュレータ応答例 3 ……………………………………450
   9.8.5 シミュレータ応答例 4 ……………………………………452
   9.8.6 実機実験 ……………………………………………………454
 9.9 自励式 HFSM の静止位相推定 ……………………………………456
   9.9.1 概　要 ………………………………………………………456
   9.9.2 磁気飽和の影響が無視できる場合の位相推定原理 ………457
   9.9.3 磁気飽和の影響が無視できる場合の原理検証 ……………460
   9.9.4 磁気飽和の影響が無視できない場合の位相推定原理 ……463
   9.9.5 磁気飽和の影響が無視できない場合の原理検証 …………464
   9.9.6 実機実験 ……………………………………………………467

第 10 章　誘導同期モータ

 10.1 背　景 …………………………………………………………………471
 10.2 数学モデル ……………………………………………………………474
   10.2.1 統一固定子数学モデル ……………………………………474
   10.2.2 SIM の固定子鎖交磁束モデル ……………………………474
   10.2.3 SIM の数学モデル …………………………………………478
 10.3 ベクトルシミュレータ ………………………………………………481
   10.3.1 A 形ベクトルブロック線図 ………………………………482
   10.3.2 B 形ベクトルブロック線図 ………………………………483
   10.3.3 ベクトルシミュレータ ……………………………………485
 10.4 数値実験 ………………………………………………………………485
   10.4.1 始動応答例 …………………………………………………486
   10.4.2 力行外乱に対する制動応答例 ……………………………487

10.4.3	回生外乱に対する制動応答例	489
10.4.4	特性の要約	490

第11章　同期リラクタンスモータ

11.1	背　景	491
11.2	数学モデルと特性	493
	11.2.1　回転子の構造と座標系の定義	493
	11.2.2　SynRM の数学モデルとベクトルシミュレータ	495
	11.2.3　鏡相特性と固定子磁束特性	499
	11.2.4　回路方程式の変形	503
11.3	センサ利用ベクトル制御	506
11.4	センサレスベクトル制御系の基本構造と共通技術	508
	11.4.1　基本構造	508
	11.4.2　共通技術	512
11.5	磁束推定を介した回転子位相推定	515
	11.5.1　磁束推定のための D 因子フィルタ	515
	11.5.2　一般化磁束推定法を用いた位相推定	516
	11.5.3　固定座標系上の実現	522
	11.5.4　準同期座標系上の実現	524
	11.5.5　数値実験	527
11.6	擬似誘起電圧推定を介した位相推定	530
	11.6.1　誘起電圧推定のための D 因子フィルタ	530
	11.6.2　一般化誘起電圧推定法を用いた位相推定	532
11.7	磁気飽和を考慮した効率駆動	535
	11.7.1　総　論	535
	11.7.2　最小電流軌跡の一般解	537
	11.7.3　最小電流軌跡の近似解例	537
	11.7.4　磁気飽和特性の同定	538
	11.7.5　磁気飽和特性の関数近似	541
11.8	鉄損を考慮した効率駆動	544
	11.8.1　総　論	544
	11.8.2　SynRM の数学モデルとベクトルシミュレータ	545
	11.8.3　ベクトル制御系	547
	11.8.4　指令変換器	547

参考文献 ……………………………………………………………… 554
索　引 ………………………………………………………………… 569

第1部 駆動制御の共通技術

第 1 章　制御系設計の基礎

第1章

制御系設計の基礎

　同期モータの制御は，大きくは，電流制御を中核とするベクトル制御，機械系速度の制御を目指した速度制御，おなじく位置の制御を目指した位置制御に分類される。いずれの制御も，制御量の目標値への追従を目的する追値制御である。本章では，電流制御，速度制御，位置制御の制御系構築に共通して利用可能な，制御系の基本構造，制御器の設計法の要点を説明する。なお，本書では制御系を制御システムと同義で使用する。

1.1　拡張PID形制御系

1.1.1　制御系の基本構造と特性

　図1.1の制御系を考える。同図における y^*, u, y は，おのおの目標値（指令値），操作量，制御量（応答値）を意味する。本制御系の制御目的は $y \to y^*$，すなわち制御量 y を目標値 y^* に追従させることである。

　相対次数（relative order，分母多項式と分子多項式の次数差）n の制御対象 $G_p(s)$ として，ここでは，特に次の全極形（all-pole form）を考える。

$$G_p(s) = \frac{b_0}{A(s)} \tag{1.1}$$

$$A(s) = s^n + a_{n-1}s^{n-1} + \cdots + a_1 s + a_0 \quad ; n \geq 1 \tag{1.2}$$

すなわち，制御対象の分子多項式は0次であり，分母多項式 $A(s)$ の次数 n が相対次数そのものとなっている。また，制御器（controller）$G_b(s)$ は，特に次式で記述され

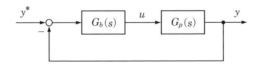

図1.1　拡張PID形制御器を備えた制御系

るものとする。

$$G_b(s) = \frac{D(s)}{s} \tag{1.3}$$

$$D(s) = d_n s^n + d_{n-1} s^{n-1} + \cdots + d_1 s + d_0 \quad ; n \geq 1 \tag{1.4}$$

すなわち，制御器の分子多項式 $D(s)$ の次数は，制御対象の相対次数 n と同一である。

(1.1)～(1.4) 式に用いた記号「s」は微分演算子（differential operator）d/dt を意味する。以下では，記号「s」を，混乱の恐れのない限り，微分演算子またはラプラス演算子（Laplace operator）として断りなく使用する。なお，一般に，図 1.1 の制御系においては，実際的には，操作量 u に対するリミッタ処理が不可欠であるが，同図ではこの描画を省略している。

(1.1)～(1.4) 式より，開ループ伝達関数 $G_o(s)$ は，相対次数・1 次の次式となる。

$$G_o(s) = G_p(s) G_b(s) = \frac{b_0 D(s)}{s A(s)} \tag{1.5}$$

(1.5) 式の開ループ伝達関数 $G_o(s)$ に対応した閉ループ伝達関数 $G_c(s)$ は，次のように求められる。

$$G_c(s) = \frac{G_o(s)}{1 + G_o(s)} = \frac{b_0 D(s)}{H(s)} \tag{1.6}$$

$$\begin{aligned} H(s) &= s^{n+1} + h_n s^n + \cdots + h_1 s + h_0 \\ &= s A(s) + b_0 D(s) \end{aligned} \tag{1.7}$$

閉ループ伝達関数 $G_c(s)$ の相対次数は，開ループ伝達関数 $G_o(s)$ と同一の 1 次である。すなわち，相対次数は変更なく維持されている。

図 1.1 の制御系においては，(1.7) 式より，多項式係数に関し次式が成立しており，

$$h_i = a_{i-1} + b_0 d_i \quad ; i = 0, \cdots, n , \quad a_{-1} = 0 \tag{1.8}$$

制御器 $D(s)$ の設計を通じ，閉ループ伝達関数 $G_c(s)$ に任意の特性多項式 $H(s)$ を付与できることがわかる。また，制御器内の積分器により，次の特性が維持されている。

$$G_c(0) = 1 \tag{1.9}$$

(1.6) 式の相対次数・1 次の閉ループ伝達関数 $G_c(s)$ は，帯域幅（bandwidth）以上では，次の 1 次遅れ系として近似される。

$$G_c(s) = \frac{b_0 D(s)}{H(s)} \approx \frac{b_0 d_n}{s + h_n} = \frac{b_0 d_n}{s + (a_{n-1} + b_0 d_n)} \tag{1.10}$$

制御対象が安定の場合には，すなわち制御対象の分母多項式 $A(s)$ がフルビッツ多項式（安定多項式）の場合には，微分形制御器 $D(s)$ を制御対象の逆系に設計することができる。この場合には，(1.5) 式の開ループ伝達関数 $G_o(s)$ は次式となる。

$$G_o(s) = \frac{b_0 D(s)}{sA(s)} \approx \frac{b_0 d_n A(s)}{sA(s)} = \frac{b_0 d_n}{s} \qquad ; D(s) \approx d_n A(s) \tag{1.11}$$

また，(1.6) 式の閉ループ伝達関数 $G_c(s)$ は次式となる．

$$G_c(s) = \frac{b_0 D(s)}{sA(s) + b_0 D(s)} \approx \frac{b_0 d_n A(s)}{(s + b_0 d_n)A(s)} = \frac{b_0 d_n}{s + b_0 d_n} \qquad ; D(s) \approx d_n A(s) \tag{1.12}$$

1.1.2 制御器の設計

A. 制御器設計法

前項の解析に従うならば，次の制御器設計法を構築することができる．

【制御器設計法】

(a) 速応性の指定

閉ループ伝達関数 $G_c(s)$ の帯域幅 ω_c を指定する．

(b) 安定性の指定

所要の安定性をもつ $(n+1)$ 次フルビッツ多項式（安定多項式）$H(s)$ を設計する．この際，多項式の第 n 次係数は，(1.10) 式に基づき，帯域幅 ω_c と等しく設計する．すなわち，

$$h_n = \omega_c \tag{1.13}$$

(c) 制御器係数の決定

制御器の n 次分子多項式 $D(s)$ は，(1.8) 式に基づく次の (1.14a) 式に従い決定する．

$$d_i = \frac{h_i - a_{i-1}}{b_0} \qquad ; i = 0, \cdots, n, \quad a_{-1} = 0 \tag{1.14a}$$

または，(1.14a) 式右辺の分子における a_{i-1} を省略した次式に従い決定する．

$$d_i \approx \frac{h_i}{b_0} \qquad ; i = 0, \cdots, n \tag{1.14b}$$

■

上の制御器設計法では，(1.13)，(1.14) 式より理解されるように，制御器の分子多項式 $D(s)$ の n 次係数（すなわち最大次数の係数）d_n が閉ループ伝達関数の帯域幅 ω_c を支配する．

なお，制御対象の分母多項式 $A(s)$ が十分に安定の場合には，(1.12) 式が示すように，$D(s) \approx d_n A(s)$ は有力な設計候補である．具体的には，ω_c を閉ループの帯域幅とするとき，この場合の制御器分子多項式の設計は，制御対象逆系の次式となる．

$$D(s) \approx d_n A(s) = \omega_c \left(\frac{A(s)}{b_0} \right) \quad ; d_n = \frac{\omega_c}{b_0} \tag{1.15}$$

(1.15) 式は，制御対象の n 個の安定な極（pole）を制御器の n 個の安定な零（零点，zero）で相殺した例となっている．これに代わって，制御対象の一部の安定極を制御器の零で相殺することも可能である．この場合の相殺優先順位は，次のとおりである．

(a) 安定な複素極がある場合には，この相殺を優先する．
(b) 低速モードの安定極（実数部絶対値が小さい極）から相殺する．

B. 制御器の設計例
B-1. 相対次数 1 次の制御対象

相対次数・1 次の代表的な制御対象 $G_p(s)$ として，制御対象が次の 1 次系として表現される場合を考える．

$$G_p(s) = \frac{b_0}{A(s)} = \frac{b_0}{s + a_0} \tag{1.16}$$

制御対象の相対次数が 1 次の場合には，制御器分子多項式 $D(s)$ は，(1.3)，(1.4) 式より，次の 1 次多項式となる．

$$D(s) = d_1 s + d_0 \tag{1.17}$$

(1.17) 式は，制御器 $G_b(s)$ として，次の PI 制御器を用意したことを意味する．

$$G_b(s) = \frac{D(s)}{s} = \frac{d_1 s + d_0}{s} = \frac{d_0}{s} + d_1 \tag{1.18}$$

PI 制御器の場合には，第 1.1.2 項に示した設計法は，文献 1)〜3) で提示された高次制御器設計法における 1 次制御器設計法と同一となる．制御器係数の具体的設計例は，これら文献に多数紹介されているので，本書での例示は省略する．

B-2. 相対次数 2 次の制御対象

相対次数・2 次の代表的な制御対象 $G_p(s)$ として，制御対象が次の 2 次系として表現される場合を考える．

$$G_p(s) = \frac{b_0}{A(s)} = \frac{b_0}{s^2 + a_1 s + a_0} \tag{1.19}$$

制御対象の相対次数が 2 次の場合には，制御器分子多項式 $D(s)$ は，(1.3)，(1.4) 式より，次の 2 次多項式となる．

$$D(s) = d_2 s^2 + d_1 s + d_0 \tag{1.20}$$

(1.20) 式は，制御器 $G_b(s)$ として，次の PID 制御器を用意したことを意味する．

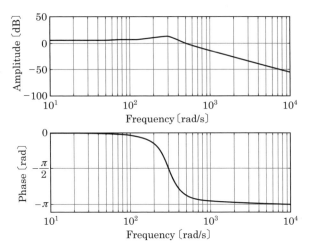

図 1.2 制御対象の周波数応答

$$G_b(s) = \frac{D(s)}{s} = \frac{d_2 s^2 + d_1 s + d_0}{s} = \frac{d_0}{s} + d_1 + d_2 s \tag{1.21}$$

以下に，具体的設計例を示す．相対次数・2 次の制御対象 $G_p(s)$ が次の 2 次系として近似表現されたとする．

$$\left.\begin{aligned} G_p(s) &= \frac{b_0}{s^2 + a_1 s + a_0} \\ a_1 &= 131, \ a_0 = 90{,}000, \ b_0 = 180{,}000 \end{aligned}\right\} \tag{1.22}$$

位相遅れ（phase lag）は，相対次数・2 次に起因して最大で $-\pi$〔rad〕である．図 1.2 に，制御対象 $G_p(s)$ の周波数応答を示した．同図より明らかなように，制御対象自体の帯域幅は，約 400〔rad/s〕である．

制御対象自体に比較し，速応性を約 2 倍改善するものとし，このためのフィードバック制御系を構築するものとする．構築の要は，制御器 $G_b(s)$ の設計である．本例における第 1.1.2 項に従った設計は，以下のように整理される．

制御器設計例

(a) 速応性の指定

閉ループ伝達関数 $G_c(s)$ の帯域幅 ω_c を，速応性の 2 倍向上を目指し，$\omega_c = 800$〔rad/s〕とする．

(b) 安定性の指定

(1.13) 式の関係を維持した 3 次フルビッツ多項式（安定多項式）$H(s)$ としては，

簡単のため，次の3重根をもつものを考える．

$$
\begin{aligned}
H(s) &= s^3 + h_2 s^2 + h_1 s + h_0 \\
&\approx (s+267)^3 \approx s^3 + 800 s^2 + 213{,}300 s + 18{,}960{,}000
\end{aligned}
\tag{1.23}
$$

(c) 制御器係数の決定

制御器 $G_b(s)$ の2次分子多項式 $D(s)$ の係数は，(1.14a)式より次のように決定される．

$$
\left.
\begin{aligned}
d_2 &= \frac{h_2 - a_1}{b_0} \approx 0.00372 \\
d_1 &= \frac{h_1 - a_0}{b_0} \approx 0.685 \\
d_0 &= \frac{h_0}{b_0} \approx 105
\end{aligned}
\right\}
\tag{1.24}
$$

∎

上記設計に対する開ループ伝達関数 $G_o(s)$，閉ループ伝達関数 $G_c(s)$ は，次式となる．

$$
\begin{aligned}
G_o(s) &= \frac{b_0(d_2 s^2 + d_1 s + d_0)}{s(s^2 + a_1 s + a_0)} \\
&\approx \frac{669 s^2 + 123{,}300 s + 18{,}960{,}000}{s(s^2 + 131 s + 90{,}000)}
\end{aligned}
\tag{1.25}
$$

$$
\begin{aligned}
G_c(s) &= \frac{b_0(d_2 s^2 + d_1 s + d_0)}{s^3 + (b_0 d_2 + a_1)s^2 + (b_0 d_1 + a_0)s + (b_0 d_0)} \\
&\approx \frac{669 s^2 + 123{,}300 s + 18{,}960{,}000}{s^3 + 800 s^2 + 213{,}300 s + 18{,}960{,}000}
\end{aligned}
\tag{1.26}
$$

設計の妥当性を確認すべく，開ループ伝達関数，閉ループ伝達関数の周波数応答を調べた．これを図1.3に示す．同図より，設計上の帯域幅 $\omega_c = 800 \,[\mathrm{rad/s}]$ が確保され，ひいては設計仕様が達成されていることが確認される．

1.1.3 補償器の設計

図1.3の例では，帯域幅としては，所期の設計仕様が達成されている．しかし，開ループ，閉ループの両伝達関数の周波数応答で，100 [rad/s] 直後で振幅低減と不適切な位相変化が目立つ．本項では，この特性を補償するための補償器（compensator）の設計を考える．補償器 $G_{com}(s)$ は，図1.1の制御系では，制御器 $G_b(s)$ の前あるいは後に直列接続するように挿入される．

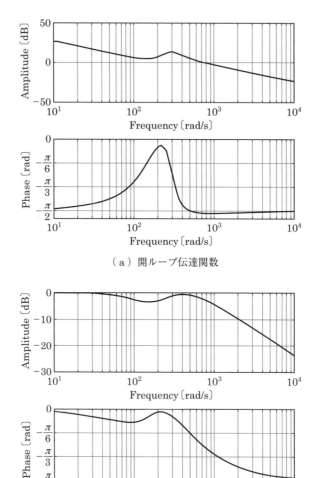

(a) 開ループ伝達関数

(b) 閉ループ伝達関数

図1.3 制御系の周波数応答

A. 補償器構造と周波数特性の解析

補償器 $G_{com}(s)$ として,次の1次有理関数(有理多項式とも呼ばれる)を考える.

$$G_{com}(s) = K_{com}\frac{s+b}{s+a} \tag{1.27}$$

一定係数 K_{com} は位相特性には一切の影響を与えない.この点を考慮の上,簡単の

ため，周波数特性解析に限り $K_{com}=1$ とする。$K_{com}=1$ のもとでは，(1.27) 式の補償器の周波数応答は，次式で与えられる。

$$G_{com}(j\omega) = \frac{j\omega+b}{j\omega+a} = \frac{j\bar{\omega}+\alpha}{j\bar{\omega}+1} \qquad (1.28a)$$
$$= \frac{(\bar{\omega}^2+\alpha)+j(1-\alpha)\bar{\omega}}{\bar{\omega}^2+1}$$

$$\bar{\omega} \equiv \frac{\omega}{a}, \qquad \alpha \equiv \frac{b}{a} > 0 \qquad (1.28b)$$

補償器の位相特性 φ は，(1.28) 式より，次式で与えられる。

$$\tan\varphi = \frac{(1-\alpha)\bar{\omega}}{\bar{\omega}^2+\alpha} \qquad (1.29)$$

最大の位相進み（phase lead）/位相遅れ（phase lag）を与える周波数を ω_{ph}, $\bar{\omega}_{ph}$ とすると，これに関しては，(1.29) 式より，次式が成立する。

$$\frac{d}{d\bar{\omega}}\tan\varphi = \frac{(1-\alpha)(\alpha-\bar{\omega}^2)}{(\bar{\omega}^2+\alpha)^2} = 0 \qquad (1.30)$$

最大の位相進み/位相遅れを与える周波数 ω_{ph}, $\bar{\omega}_{ph}$ とするならば，(1.30) 式より次式を得る。

$$\frac{\omega_{ph}}{a} \equiv \bar{\omega}_{ph} = \sqrt{\alpha} \qquad (1.31)$$

(1.28b), (1.31) 式より，「補償器係数 a, b と最大の位相進み/位相遅れを与える周波数 ω_{ph} との間には次の関係が成立している」ことがわかる。

$$\left.\begin{array}{l} a = \dfrac{\omega_{ph}}{\sqrt{\alpha}} \\ b = \alpha a = \sqrt{\alpha}\,\omega_{ph} \end{array}\right\} \qquad (1.32)$$

(1.32) 式の α は，周波数 ω_{ph}, $\bar{\omega}_{ph}$ での最大の位相進み/位相遅れ $\varphi_{\max}$ と直接的に関係している。最大の位相進み/位相遅れ $\varphi_{\max}$ に関し，(1.29) 式より次式を得る。

$$\tan\varphi_{\max} = \frac{(1-\alpha)\bar{\omega}_{ph}}{\bar{\omega}_{ph}^2+\alpha} \qquad ; \frac{-\pi}{2} < \varphi_{\max} < \frac{\pi}{2} \qquad (1.33)$$

(1.31) 式を (1.33) 式に代入すると，α と最大の位相進み/位相遅れ $\varphi_{\max}$ の関係を次のように得る。

$$\tan\varphi_{\max} = \frac{1-\alpha}{2\sqrt{\alpha}} = \frac{1}{2}\left(\frac{1}{\sqrt{\alpha}}-\sqrt{\alpha}\right) \qquad ; \frac{-\pi}{2} < \varphi_{\max} < \frac{\pi}{2} \qquad (1.34)$$

(1.34) 式は，α に関し，次のように改められる。

$$\alpha = (2\tan^2 \varphi_{\max} + 1) - 2\tan \varphi_{\max} \sqrt{\tan^2 \varphi_{\max} + 1} \quad ; \frac{-\pi}{2} < \varphi_{\max} < \frac{\pi}{2} \quad (1.35)$$

(1.32), (1.35) 式を (1.27) 式へ適用すれば，補償器を次の有用性の高い形式で記述できる．

$$G_{com}(s) = K_{com} \frac{s+b}{s+a} = K_{com} \frac{s + \sqrt{\alpha}\omega_{ph}}{s + \frac{\omega_{ph}}{\sqrt{\alpha}}} \quad (1.36a)$$

$$\alpha = (2\tan^2 \varphi_{\max} + 1) - 2\tan \varphi_{\max} \sqrt{\tan^2 \varphi_{\max} + 1} \quad ; \frac{-\pi}{2} < \varphi_{\max} < \frac{\pi}{2} \quad (1.36b)$$

(1.34) 式から理解されるように，$0 < \alpha < 1$ は位相進み特性に対応し，$\alpha > 1$ は位相遅れ特性に対応する．位相進みの補償器は，ハイブーストフィルタ (high boost filter, high-shelf filter, high-shelving filter) と呼ばれることもある．代わって，位相遅れの補償器は，ローブーストフィルタ (low boost filter, low-shelf filter, low-shelving filter) と呼ばれることもある．

一定係数 K の代表的な選定例は，次のものである．

$$K_{com} = \frac{1}{\alpha}, \quad K_{com} = \frac{1}{\sqrt{\alpha}}, \quad K_{com} = 1 \quad (1.37)$$

(1.37) 式に対応した補償器の周波数応答は，次の特性をもつ．

$$\left.\begin{array}{ll} G_{com}(j0) = 1 & ; K_{com} = \frac{1}{\alpha} \\ G_{com}(j\omega_{ph}) = \exp(j\varphi_{\max}) & ; K_{com} = \frac{1}{\sqrt{\alpha}} \\ G_{com}(j\infty) = 1 & ; K_{com} = 1 \end{array}\right\} \quad (1.38)$$

B. 補償器設計法

A 項の解析に従うならば，以下に提案する補償器設計法を得る．

【補償器設計法】
(a) 最大の位相進みあるいは位相遅れを欲する周波数 ω_{ph} を定める．
(b) 周波数 ω_{ph} での最大の位相進みあるいは位相遅れ $\varphi_{\max}$ を決める．これを (1.36b) 式に用いて，対応の α を定める．
(c) 最後に，一定係数 K_{com} を，たとえば (1.38) 式に基づき，定める．

C. 補償器の設計例
C-1. 位相遅れ補償器設計の例
以下に，提案補償器設計法に基づく位相遅れ補償器の設計例を示す．
設計例1
$$\omega_{ph}=5 \; [\mathrm{rad/s}], \; \varphi_{\max}=-\frac{\pi}{4} \; [\mathrm{rad}], \; K_{com}=\frac{1}{\sqrt{\alpha}}$$

この場合には，次の補償器係数を得る．
$$\alpha=5.8284, \; a=2.0177, \; b=12.0711, \; K_{com}=0.4142$$

設計例2
$$\omega_{ph}=5 \; [\mathrm{rad/s}], \; \varphi_{\max}=-\frac{\pi}{6} \; [\mathrm{rad}], \; K_{com}=\frac{1}{\sqrt{\alpha}}$$

この場合には，次の補償器係数を得る．
$$\alpha=3, \; a=2.8868, \; b=8.6603, \; K_{com}=0.5774$$

図1.4に設計例1，2の周波数応答を示した．設計どおりの周波数特性が得られていることが確認される．

C-2. 位相進み補償器設計の例
以下に，提案補償器設計法に基づく位相進み補償器の設計例を示す．
設計例1
$$\omega_{ph}=5 \; [\mathrm{rad/s}], \; \varphi_{\max}=\frac{\pi}{4} \; [\mathrm{rad}], \; K_{com}=\frac{1}{\sqrt{\alpha}}$$

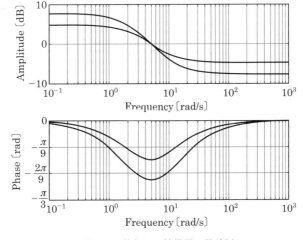

図1.4 位相遅れ補償器の設計例

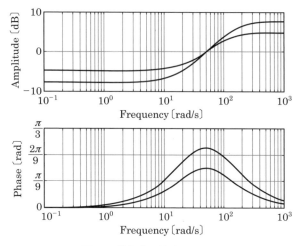

図1.5 位相進み補償器の設計例

この場合には,次の補償器係数を得る.

$\alpha = 0.1716$, $a = 120.7107$, $b = 20.7107$, $K_{com} = 2.4142$

設計例2

$\omega_{ph} = 50$ 〔rad/s〕, $\varphi_{\max} = \dfrac{\pi}{6}$ 〔rad〕, $K_{com} = \dfrac{1}{\sqrt{\alpha}}$

この場合には,次の補償器係数を得る.

$\alpha = 0.3333$, $a = 86.6025$, $b = 28.8675$, $K_{com} = 1.7321$

図1.5に設計例1,2の周波数応答を示した.設計どおりの周波数特性が得られていることが確認される.

D. 補償器の直列結合

位相遅れ補償器と位相進み補償器とを直列接続することにより,対数スケールの周波数に対し,線形的な位相補償が可能となる.たとえば,位相遅れ補償器 $G_{1com}(s)$ の最大位相遅れ周波数を ω_{1ph} とし,位相進み補償器 $G_{2com}(s)$ の最大位相進み周波数を ω_{2ph} とする.それぞれの補償器は,B項で説明した提案補償器設計法で設計するものとする.この場合の所期の補償器は,次式となる.

$$G_{com}(s) = G_{1com}(s)G_{2com}(s) = \frac{s+b_1}{s+a_1} \cdot \frac{s+b_2}{s+a_2}$$

$$= \frac{s+\sqrt{\alpha_1}\omega_{1ph}}{s+\frac{\omega_{1ph}}{\sqrt{\alpha_1}}} \cdot \frac{s+\sqrt{\alpha_2}\omega_{2ph}}{s+\frac{\omega_{2ph}}{\sqrt{\alpha_2}}} \tag{1.39}$$

(1.39) 式の補償器は，周波数区間 $\omega_{1ph} \sim \omega_{2ph}$ においては，対数スケール周波数に対し線形的な位相補償特性を示す．線形的な位相補償範囲は $\varphi_{1max} \sim \varphi_{2max}$ となる．

以下に，設計の1例を示す．周波範囲 1〜100 〔rad〕において，位相範囲 $-\pi/6$ 〜$\pi/6$〔rad〕で線形的な位相補償を得るべく，次の設計仕様を与えたとする．

$$\omega_{1ph} = 1 \text{ [rad/s]}, \quad \varphi_{1max} = -\frac{\pi}{6} \text{ [rad]}$$

$$\omega_{2ph} = 100 \text{ [rad/s]}, \quad \varphi_{2max} = \frac{\pi}{6} \text{ [rad]}$$

このための補償器は，(1.39) 式に従った次式で与えられる．

$$\begin{aligned}G_{com}(s) &= G_{1com}(s)G_{2com}(s) \\ &= \frac{s+\sqrt{3}\cdot 1}{s+\frac{1}{\sqrt{3}}} \cdot \frac{s+\sqrt{1/3}\cdot 100}{s+\frac{100}{\sqrt{1/3}}} = \frac{s+1.7321}{s+0.5774} \cdot \frac{s+57.74}{s+173.21}\end{aligned} \tag{1.40}$$

図 1.6 に，(1.40) 式の補償器の周波数応答を示した．所期の周波数特性を得られていることが確認される．

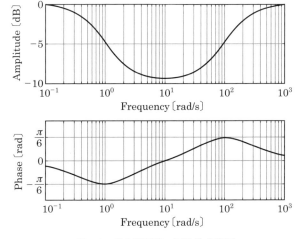

図 1.6 結合補償器の周波数応答例

1.1.4 ゲイン交叉周波数の調整

A. ゲイン調整の原理

相対次数・1次の系においては，閉ループ伝達関数 $G_c(s)$ の時定数 T_c，立ち上がり時間 T_r，帯域幅 ω_c と開ループ伝達関数 $G_o(s)$ のゲイン交叉周波数 ω_o との間には，おおむね次の関係が成立する（図1.3参照）[2), 3)]。

【周波数応答と時間応答における速応性の関係】

$$\omega_o \approx \omega_c \approx \frac{2.2}{T_r} \approx \frac{1}{T_c} \tag{1.41}$$

■

したがって，閉ループ伝達関数 $G_c(s)$ の帯域幅を指定する第1.1.2項の設計法に従えば，開ループ伝達関数 $G_o(s)$ のゲイン交叉周波数を実質的に指定した設計を遂行したことになる。第1.1.3項で説明した補償器を導入する場合には，補償器係数 K_{com} の値にも依存するが，結果的に，閉ループ伝達関数 $G_c(s)$ の帯域幅，開ループ伝達関数 $G_o(s)$ のゲイン交叉周波数の変更をもたらす場合がある。

開ループ伝達関数 $G_o(s)$ のゲイン交叉周波数 ω_o を正確に指定したい場合には，制御器に追加的に可調整ゲイン K_b を付加することになる。図1.7に，可調整ゲイン K_b を追加した制御系におけるゲイン調整の様子を示した。同図 (a) は全体構成（補償器は省略）を，同図 (b) はゲイン調整ブロックの内部を示している。以下に，ゲイン調整の原理を説明する。

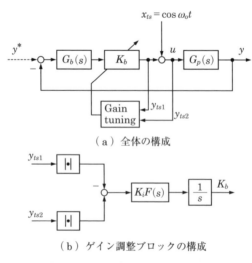

(a) 全体の構成

(b) ゲイン調整ブロックの構成

図1.7 ゲイン交叉周波数の調整原理

図1.7の系における開ループ伝達関数を $G_o(s)$ とするとき，目標値 y^* から制御量 y へ至る閉ループ伝達関数 $G_c(s)$ は，次式となる．

$$G_c(s) = \frac{G_o(s)}{1+G_o(s)} \tag{1.42}$$

一方，操作量の端子から印加されるテスト信号 x_{ts} から，2個の出力信号 y_{ts1}, y_{ts2} までの伝達関数は，おのおの次式となる．

$$G_{ts1}(s) = \frac{-G_o(s)}{1+G_o(s)} \tag{1.43a}$$

$$G_{ts2}(s) = \frac{1}{1+G_o(s)} \tag{1.43b}$$

これより，次式が成立する．

$$\frac{G_{ts1}(s)}{G_{ts2}(s)} = -G_o(s) \tag{1.44}$$

(1.44)式より，ゲイン交叉周波数 ω_o においては，次の関係が得られる．

$$\left|\frac{G_{ts1}(j\omega_o)}{G_{ts2}(j\omega_o)}\right| = |G_o(j\omega_o)| = 1 \tag{1.45}$$

(1.45)式より明白なように，開ループ伝達関数がゲイン交叉周波数 ω_o を達成している場合には，テスト信号として，ゲイン交叉周波数 ω_o をもつ正弦信号を印加する場合，2個の出力信号 y_{ts1}, y_{ts2} の振幅は同一となる．換言するならば，これは，「テスト信号として，ゲイン交叉周波数 ω_o をもつ正弦信号 x_{ts} を操作量端子から印加し，2個の出力信号 y_{ts1}, y_{ts2} の振幅が同一となるように，ゲイン K_b を調整すれば，所期のゲイン交叉周波数が得られる」ことを意味する．

B. ゲイン調整の実際

ゲイン K_b は，次式に従い，自動調整することができる（図1.7(b)参照）．

【ゲイン自動調整法】

$$K_b = \frac{1}{s} K_i F(s)(|y_{ts2}| - |y_{ts1}|) \tag{1.46}$$

■

(1.46)式の妥当性は，以下のように説明される．2つの信号 y_{ts1}, y_{ts2} は，振幅が同一の場合にも，互いに位相が異なる．このため，両信号の振幅比較には，瞬時値によるよりも，平均値による方が適当である．このため，まず，両信号を絶対値処理し，

絶対値 $|y_{ts1}|$, $|y_{ts2}|$ を得る．絶対値の平均値（直流成分）は，絶対処理前の原信号の振幅と比例する．すなわち，絶対値信号に含まれる直流成分の比較により，実質的に原信号振幅の比較を行うことができる．直流成分は，絶対値信号をローパスフィルタ（low-pass filter）$F(s)$ で処理すれば容易に得ることができる．

フィルタ出力信号 $F(s)(|y_{ts2}|-|y_{ts1}|)$ が正の場合には，「信号 y_{ts1} の振幅は信号 y_{ts2} の振幅より小さく，$|G_o(j\omega_o)|<1$ である」ことを意味する．この場合には，ゲイン K_b を増加させる必要がある．反対に，フィルタ出力信号 $F(s)(|y_{ts2}|-|y_{ts1}|)$ が負の場合には，「信号 y_{ts1} の振幅は，信号 y_{ts2} の振幅より大きく，$|G_o(j\omega_o)|>1$ である」ことを意味する．この場合には，ゲイン K_b を減少させる必要がある．(1.46) 式は，上記の調整機能を有している．

ゲイン調整に利用するローパスフィルタとしては，次の1次フィルタでよい．

$$F(s)=\frac{f_0}{s+f_0} \tag{1.47}$$

また，(1.46) 式における K_i は，調整の速応性を指定する積分ゲインである．ゲイン調整の速応性と安定性を考慮した場合，パラメータ f_0, K_i の一応の設計目安は，次式となる．

$$\frac{K_i}{4}\leq f_0 \leq \frac{\omega_o}{10} \tag{1.48}$$

ローパスフィルタの帯域幅（遮断周波数，cutoff frequency）の上限は (1.48) 式の右辺で抑えられているが，フィルタ次数の向上，減衰特性の向上により，この上限を上げることができる．

(1.46) 式の利用に際しては，(a) ゲイン調整ブロックの最終段の積分器に初期値（K_b の初期値に該当）として「1」を設定する，(b) 同積分器に正値の上下限をもつリミッタを付与する，といった工夫が必要である．

C. ゲイン調整の数値実験例

(1.22)～(1.24) 式のパラメータを用いた制御系に対して，数値実験（シミュレーション）を行った．実験条件は，次のとおりである．

$$\omega_o=800,\quad f_0=20,\quad K_i=80 \tag{1.49}$$

なお，ゲイン調整ブロックの最終段の積分器に，初期値として「1」を設定した．

実験結果を図 1.8 に示す．ゲイン K_b は，調整開始とともに単調に増加し，約 0.1 [s] 後に定常値 1.08 に収斂している．本結果は，(1.46) 式の「ゲイン自動調整法」の妥当性を裏づけるものである．本例は，「閉ループ伝達関数の帯域幅 ω_c と開ループ伝達

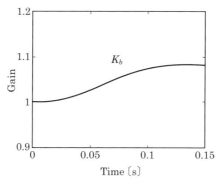

図 1.8　ゲイン K_b の自動調整の例

関数のゲイン交叉周波数 ω_o の相対比 ω_o/ω_c は約 1.08 である」ことを示している。すなわち，本例は，速応性の関係を示した (1.41) 式の妥当性を裏づけるものでもある。

1.2　2 自由度制御系と拡張 I-PD 形制御系

1.2.1　2 自由度制御系

図 1.9(a) の制御系を考える。同図における y^*, y の意味は，図 1.1 の場合と同一である。また，制御目的は $y \to y^*$，すなわち制御量 y を目標値 y^* に追従させることであり，これも図 1.1 の場合と同一である。

図 1.1 の制御系に対する図 1.9(a) の制御系の基本的な違いは，図 1.9(a) は，フィードバック制御器 $G_b(s)$ に加えて，フィードフォワード制御器 $G_f(s)$ を備えている点に

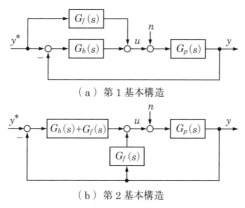

(a) 第 1 基本構造

(b) 第 2 基本構造

図 1.9　2 自由度制御系の代表的構造

ある．同図では，制御系へ混入する外乱（disturbance）を，操作量端子からの外乱 n としてモデル化している．

図1.9(a)の制御系は，同図(b)の制御系へ構造変換することも可能である．両構造は明らかに異なるが，伝達関数的特性において等価である．本等価性は，両構造が次の同一関係式を有することにより，確認される．

$$y = \frac{(G_b(s)+G_f(s))G_p(s)}{1+G_b(s)G_p(s)} y^* + \frac{G_p(s)}{1+G_b(s)G_p(s)} n \tag{1.50}$$

$$y^* - y = \frac{1-G_f(s)G_p(s)}{1+G_b(s)G_p(s)} y^* - \frac{G_p(s)}{1+G_b(s)G_p(s)} n \tag{1.51}$$

(1.50), (1.51) 式は，「フィードバック制御器 $G_b(s)$ の効果により，外乱，制御偏差 (control deviation, control error) は $G_b(s)=0$ の場合に比べ $1/(1+G_b(s)G_p(s))$ だけ低減され，さらに，フィードフォワード制御器 $G_f(s)$ の効果により，制御偏差は $G_f(s)=0$ の場合に比べ $G_f(s)G_p(s)$ だけ縮小される」ことを意味している．

外乱抑圧性を考慮してフィードバック制御器 $G_b(s)$ を設計し，追従性を考慮してフィードフォワード制御器 $G_f(s)$ を設計するようにすれば，外乱抑圧性と追従性とを同時に追求することができる．このような特性を備えた制御系は，一般に，2自由度制御系と呼ばれる．

追従性の観点から，フィードフォワード制御器 $G_f(s)$ は，次のように設計されることが多い．

$$G_f(s) \approx G_p^{-1}(s) \tag{1.52a}$$

$$G_f(s) \approx G_p^{-1}(s) F(s) \tag{1.52b}$$

(1.52b) 式の $F(s)$ は全極形の安定ローパスフィルタであり（後継の (1.63) 式参照），$F(s)$ には制御対象の相対次数に見合った次数をもたせる．これにより，フィードフォワード制御器 $G_f(s)$ の相対次数を非負とすることができる．フィルタ $F(s)$ の帯域幅は，$G_f(s)=0$ とした場合の，すなわちフィードバック制御器 $G_b(s)$ のみによる場合の閉ループ伝達関数の帯域幅より広く設計することになる．

1.2.2　拡張I-PD形制御系

制御対象 $G_p(s)$，フィードバック制御器 $G_b(s)$ が，おのおの (1.1), (1.2) 式, (1.3), (1.4) 式で記述される場合を考える．この上で，フィードフォワード制御器 $G_f(s)$ を次のように選定するものとする．

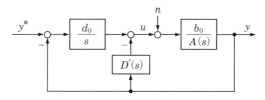

図 1.10 拡張 I-PD 形制御系の構造

$$G_f(s) = -D'(s) \tag{1.53}$$

ただし,

$$D'(s) = \frac{D(s) - d_0}{s} = d_n s^{n-1} + \cdots + d_2 s + d_1 \tag{1.54}$$

(1.1)～(1.4),(1.53),(1.54) 式を図 1.9(b) に適用すると図 1.10 を得る.また,同式を (1.50),(1.51) 式に適用すると次式を得る.

$$y = \frac{h_0}{H(s)} y^* + \frac{b_0}{H(s)} n \tag{1.55}$$

$$y^* - y = \frac{H(s) - h_0}{H(s)} y^* - \frac{b_0}{H(s)} n \tag{1.56}$$

上式における $(n+1)$ 次多項式 $H(s)$ の定義は,(1.7) 式と同一である.

本制御系の閉ループ伝達関数((1.55) 式の右辺第 1 項) $G_c(s) \equiv h_0/H(s)$ は次の特徴を有する.

(a) 閉ループ伝達関数 $G_c(s) \equiv h_0/H(s)$ においては,分母多項式が $(n+1)$ 次に対して,分子多項式は 0 次となる.すなわち,閉ループ伝達関数の相対次数は $(n+1)$ 次となる.

(b) 積分効果により,特性 $G_c(s) = 1$ が達成されている.

(c) 多項式 $D(s)$ の 0 次数係数(積分ゲイン)d_0 が,閉ループ伝達関数 $G_c(s)$ の帯域幅を支配する.

上記特性を有する伝達関数における分母多項式 $H(s)$ の設計法に関しては,二項係数(binomial coefficient)モデル,バタワース(Butterworth)モデル,ITAE モデル,北森モデル,重政モデル,新中モデル,真鍋モデルなどが提案されている.バタワースモデルは,後掲の (1.70) 式に与えた.新中モデルは文献3)に,二項係数モデル,ITAE モデルは文献4)に整理・紹介されている.また,真鍋モデルは文献5)に示されている.分母多項式 $H(s)$ が設計されれば,(1.14) 式に従い,ただちに制御器分子多項式 $D(s)$ を決定することができる.

なお，図1.10の制御器は，$n=1$の場合にはI-P制御器と呼ばれ，$n=2$の場合にはI-PD制御器と呼ばれる[3]。

1.3 モデルフォローイング制御系

1.3.1 モデルフォローイング制御系の基本構造と効果

本項では，文献3)を参考に，モデルフォローイング制御（model following control）を再整理しておく。制御量，操作量，外乱をおのおのy, u, nとし，次式で記述される制御対象$G_p(s)$を考える。

$$y = G_p(s)(u+n) \tag{1.57}$$

(1.57)式の制御対象$G_p(s)$に対して，制御された制御対象が満足すべき設計仕様を具現化した規範モデル（reference model）として，次式を考える。

$$y^* = \tilde{G}_p(s)u_r \tag{1.58}$$

上の$\tilde{G}_p(s)$は一般には有理関数（有理多項式）であり，この相対次数はm ($m \geq 0$)次以下とする。また，u_r, y^*は，おのおのの目標値，目標値に対する期待応答値（基準入力，reference input）である。当然のことながら，期待応答値（基準入力）y^*は設計仕様を満足したものでなくてはならない。

ここで考える問題は，$y \to y^*$とするための制御法である。設計仕様を具現化した規範モデルの応答すなわち期待応答値（基準入力）に，制御量を追従させることを制御目的とする制御法は，一般に，モデルフォローイング制御と呼ばれる。

図1.11(a)は，モデルフォローイング制御のための代表的な基本構造を示したものであり，これは次式のように記述される[3]。

$$\left.\begin{aligned} y &= G_p(s)(u+n) \\ y^* &= \tilde{G}_p(s)u_r \\ u &= G_b(s)(y^* - y) + u_r \end{aligned}\right\} \tag{1.59}$$

ここに，$G_b(s)$はモデルフォローイング制御を遂行するための有理関数で記述された制御器である。

(1.59)式は，次式のように展開・整理される。

$$\begin{aligned} y &= \frac{G_p(s)}{1+G_b(s)G_p(s)}u_r + \frac{G_p(s)G_b(s)\tilde{G}_p(s)}{1+G_b(s)G_p(s)}u_r + \frac{G_p(s)}{1+G_b(s)G_p(s)}n \\ &= G_p(s)\frac{1+G_b(s)\tilde{G}_p(s)}{1+G_b(s)G_p(s)}u_r + \frac{G_p(s)}{1+G_b(s)G_p(s)}n \end{aligned} \tag{1.60}$$

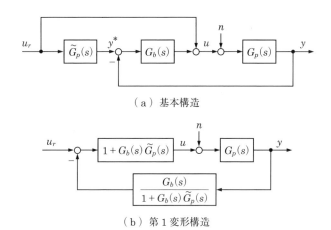

(a) 基本構造

(b) 第1変形構造

図 1.11 モデルフォローイング制御系の基本構造と変形構造

(1.60) 式第 2 式の右辺第 1 項は，図 1.11(a) において，制御量 y に対する目標値 u_r の影響を，同第 2 項は外乱 n の影響を，おのおの示している．(1.60) 式の第 2 式を考慮するならば，同図 (a) は同図 (b) のように再描画することができる．

制御偏差は，(1.58) 式から (1.60) 式を減ずることにより，次のように評価される．

$$y^* - y = \frac{\tilde{G}_p(s) - G_p(s)}{1 + G_b(s)G_p(s)} u_r - \frac{G_p(s)}{1 + G_b(s)G_p(s)} n \tag{1.61}$$

(1.61) 式は，「制御前 ($G_b(s) = 0$ の場合に相当) に比べ，制御偏差および外乱とも，$1/(1 + G_b(s)G_p(s))$ だけ抑圧される」ことを示している．これがモデルフォローイング制御の効果である．

「制御器 $G_b(s)$ のゲインを，フィードバック制御系としての安定性を損なうことなく，ある周波数領域において十分に大きく設定できた」と仮定する．本仮定のもとでは，(1.60), (1.61) 式は，次のように近似される．

$$y \approx \tilde{G}_p(s) u_r \tag{1.62a}$$
$$y^* - y \approx 0 \tag{1.62b}$$

上式は，次の 2 効果が得られることを意味する．

(a) 仮定のもとでは，制御対象 $G_p(s)$ と規範モデル $\tilde{G}_p(s)$ との相違にもかかわらず，また外乱 n の存在にもかかわらず，目標値 u_r から制御量 y に至る関係は，規範モデル $\tilde{G}_p(s)$ で記述される．
(b) 仮定のもとでは，制御目的 $y \to y^*$ が達成される．

1.3.2 モデルフォローイング制御系のフィルタを用いた構造

ここで，安定ローパスフィルタとして，次の m 次全極形ローパスフィルタ $F(s)$ を考える．

$$F(s) = \frac{f_0}{F_a(s)} = \frac{f_0}{s^m + f_{m-1}s^{m-1} + \cdots + f_0} \tag{1.63}$$

本安定フィルタを用い，(1.59) 式および図 1.11 の有理関数形制御器 $G_b(s)$ を次のように設計するものとする．

$$G_b(s) = \frac{F(s)}{1 - F(s)} \tilde{G}_p^{-1}(s) = \frac{f_0}{s(s^{m-1} + f_{m-1}s^{m-2} + \cdots + f_1)} \tilde{G}_p^{-1}(s) \tag{1.64}$$

上式より明白なように，本 m 次フィルタの効果により，制御器 $G_b(s)$ の相対次数は非負となる．(1.64) 式の制御器 $G_b(s)$ に対応した制御偏差は，(1.64) 式を (1.61) 式に用いると，次のように再評価される．

$$\begin{aligned}
y^* - y &= \frac{(1 - F(s))\tilde{G}_p(s)(\tilde{G}_p(s) - G_p(s))}{(1 - F(s))\tilde{G}_p(s) + F(s)G_p(s)} u_r \\
&\quad - \frac{(1 - F(s))\tilde{G}_p(s)G_p(s)}{(1 - F(s))\tilde{G}_p(s) + F(s)G_p(s)} n
\end{aligned} \tag{1.65}$$

また，(1.60) 式は次式のよう再評価される．

$$\begin{aligned}
y &= \frac{\tilde{G}_p(s)G_p(s)}{(1 - F(s))\tilde{G}_p(s) + F(s)G_p(s)} u_r \\
&\quad + \frac{(1 - F(s))\tilde{G}_p(s)G_p(s)}{(1 - F(s))\tilde{G}_p(s) + F(s)G_p(s)} n
\end{aligned} \tag{1.66}$$

(1.66) 式は，(1.62) 式と同様な次式に近似される．

$$y(t) = \begin{cases} \tilde{G}_p(s)u_r(t) & ; \ F(s) \approx 1 \\ G_p(s)u_r(t) + G_p(s)n(t) & ; \ F(s) \approx 0 \end{cases} \tag{1.67}$$

(1.65)〜(1.67) 式より，以下が明らかである．

(a) 安定ローパスフィルタ $F(s)$ の帯域幅指定により，モデルフォローイング系をして設計仕様を満足せしめる周波数範囲を指定できる．すなわち，$F(j\omega) \approx 1$ が達成される周波数領域において，制御対象 $G_p(s)$ と規範モデル $\tilde{G}_p(s)$ との相違にもかかわらず，また外乱 n の存在にもかかわらず，u_r から y に至る伝達関数 $G_{mf}(s)$ をおおむね規範モデル $\tilde{G}_p(s)$ とできる．

(b) $u_r(t)$ を操作量として，上位の制御系を構成する場合には，$\tilde{G}_p(s)$ に対して所期の性能が得られるように，また，$G_p(s)$ に対しては，高周波数域での安定性

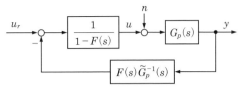

（a）フィルタ利用の第1構造

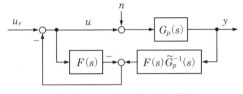

（b）フィルタ利用の第2構造

図 1.12 フィルタを用いたモデルフォローイング制御系の構造

が確保されるように，上位制御系の制御器を設計する必要がある。

なお，u_r から y に至る伝達関数 $G_{mf}(s)$ に関しては，(1.66) 式の右辺第1項より，次の逆系加重平均特性が成立している。

$$G_{mf}^{-1}(s) = F(s)\tilde{G}_p^{-1}(s) + (1-F(s))G_p^{-1}(s) \tag{1.68}$$

(1.64) 式の制御器 $G_b(s)$ に対しては，図 1.11(b) における2個の制御要素は，次のように整理される。

$$1 + G_b(s)\tilde{G}_p(s) = \frac{1}{1-F(s)} \tag{1.69a}$$

$$\frac{G_b(s)}{1+G_b(s)\tilde{G}_p(s)} = F(s)\tilde{G}_p^{-1}(s) \tag{1.69b}$$

(1.69) 式を図 1.11(b) に適用すれば，ただちに図 1.12(a) の制御系を得る。また，(1.69a) 式の実現を変更するならば，同図 (b) の制御系を得る。図 1.12(b) におけるフィルタ $F(s)$ を利用したフィードバックループは，$G_p(s)$, $\tilde{G}_p(s)$, $F(s)$ が1次の場合には，特に，外乱オブザーバ（disturbance observer）と呼ばれる[3]。

(1.63) 式の m 次全極形ローパスフィルタ $F(s)$ としては，種々のものが考えられる。その1つがバタワースフィルタ（Butterworth filter）である。全極形ローパスフィルタ $F(s)$ の帯域幅を ω_c 〔rad/s〕とする場合，バタワースフィルタの分母多項式 $F_a(s)$ は，次式で与えられる。

$$F_a(s) = \begin{cases} s+\omega_c & ; m=1 \\ s^2 + \sqrt{2}\omega_c s + \omega_c^2 & ; m=2 \\ (s+\omega_c)(s^2+\omega_c s+\omega_c^2) & ; m=3 \\ \left(s^2+\sqrt{2+\sqrt{2}}\omega_c s+\omega_c^2\right)\left(s^2+\sqrt{2-\sqrt{2}}\omega_c s+\omega_c^2\right) & ; m=4 \\ (s+\omega_c)\left(s^2+\sqrt{\dfrac{3+\sqrt{5}}{2}}\omega_c s+\omega_c^2\right)\left(s^2+\sqrt{\dfrac{3-\sqrt{5}}{2}}\omega_c s+\omega_c^2\right) & ; m=5 \end{cases} \quad (1.70)$$

1.4 モデルフォローイング制御の活用

モデルフォローイング制御では，設計仕様を満足するように規範モデル $\tilde{G}_p(s)$ を定めておけば，所期の目的が達成される．直接的なモデルフォローイング制御に代わって，これを援用・活用した制御系の構成を提示する．

1.4.1 フィルタを用いた制御器

図 1.13(a) のフィードバック制御系を考える．同図における y^*, n, y は，おのおの目標値（指令値），外乱，制御量（応答値）を意味する．同図におけるフィードバック制御器 $G_b(s)$ として，モデルフォローイング制御で用いた (1.64) 式の採用を考える．この場合，同図 (a) より同図 (b) を得る．

同図 (b) における目標値，外乱，制御量の関係は，(1.65)，(1.66) 式に類した次式となる．

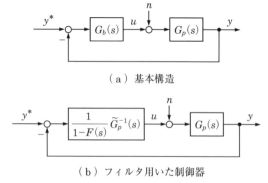

(a) 基本構造

(b) フィルタ用いた制御器

図 1.13 フィルタを用いたフィードバック制御器

$$y^* - y = \frac{(1-F(s))\tilde{G}_p(s)}{(1-F(s))\tilde{G}_p(s)+F(s)G_p(s)} y^* \\ - \frac{(1-F(s))\tilde{G}_p(s)G_p(s)}{(1-F(s))\tilde{G}_p(s)+F(s)G_p(s)} n \tag{1.71}$$

$$y = \frac{F(s)G_p(s)}{(1-F(s))\tilde{G}_p(s)+F(s)G_p(s)} y^* \\ + \frac{(1-F(s))\tilde{G}_p(s)G_p(s)}{(1-F(s))\tilde{G}_p(s)+F(s)G_p(s)} n \tag{1.72}$$

上式より,「フィードバック制御系が安定となるように,制御器 $G_b(s)$ すなわち $\tilde{G}_p(s)$, $F(s)$ が設計されていれば,$F(j\omega) \approx 1$ が達成される周波数領域において,次式が成立する」ことがわかる。

$$y \approx \frac{F(s)G_p(s)}{F(s)G_p(s)} y^* + \frac{0}{F(s)G_p(s)} n \approx y^* \tag{1.73}$$

上式は $y \to y^*$,すなわち制御量 y の目標値 y^* への追従を意味する。

1.4.2 モデルフォローイング制御併用の制御系

図 1.14 を考える。同図の制御系は,外乱を有する制御対象 $G_p(s)$ に対して,$\tilde{G}_p(s)$, $F(s)$ を用いて内部フィードバック系(破線ブロック)を構成している。内部フィードバック系の構成原理は,第 1.3 節で説明したモデルフォローイング制御である。この場合,内部フィードバック系の伝達関数は,フィルタの帯域幅内において,おおむね $\tilde{G}_p(s)$ として近似される。

制御器 $G_b(s)$ を有する外部フィードバック系は,おおむね $\tilde{G}_p(s)$ の特性をもつ内部フィードバック系を制御対象と見なして,構成されている。すなわち,制御器 $G_b(s)$ は,仮想的な制御対象 $\tilde{G}_p(s)$ に対して設計されている。

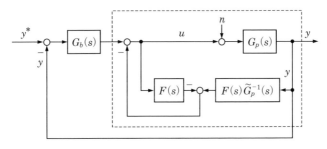

図 1.14 モデルフォローイング制御を併用した制御系

図 1.14 のように，内部フィードバック系の上位に外部フィードバック系を構成する場合には，$\tilde{G}_p(s)$ としては，制御器 $G_b(s)$ を設計しやすい簡単なものでよい．この場合の $\tilde{G}_p(s)$ の 1 例は (1.1) 式のような全極形である．

1.4.3 併用制御系の具体例
A. 制御対象と規範モデル

制御対象 $G_p(s)$ として，(1.1) 式すなわち n 次全極形伝達関数で表現されるものを考える．また，規範モデル $\tilde{G}_p(s)$ として，同一の相対次数の次のものを考える．

$$\tilde{G}_p(s) = \frac{\tilde{b}_0}{\tilde{A}(s)} \quad ; \tilde{b}_0 \neq 0 \tag{1.74}$$

$$\tilde{A}(s) = s^n + \tilde{a}_{n-1}s^{n-1} + \cdots + \tilde{a}_0 \tag{1.75}$$

また，m 次ローパスフィルタ $F(s)$ として，(1.63) 式を考える（$m \geq n$）．

逆規範モデルにローパスフィルタを作用させると，次式を得る．

$$F(s)\tilde{G}_p^{-1}(s) = \frac{f_0}{\tilde{b}_0} \cdot \frac{s^n + \tilde{a}_{n-1}s^{n-1} + \cdots + \tilde{a}_0}{s^m + f_{m-1}s^{m-1} + \cdots + f_0} \quad ; \quad m \geq n \tag{1.76a}$$

上式は，特にフィルタ次数 m が相対次数 n と等しいときには，次式となる．

$$F(s)\tilde{G}_p^{-1}(s) = \frac{f_0}{\tilde{b}_0} \cdot \frac{s^n + \tilde{a}_{n-1}s^{n-1} + \cdots + \tilde{a}_0}{s^n + f_{n-1}s^{n-1} + \cdots + f_0} \tag{1.76b}$$

当然のことながら，$F(s)\tilde{G}_p^{-1}(s)$ は直接的な微分処理を必要としない．

B. 上位制御系の構成と制御器設計

再び図 1.14 の制御系を考える．同図のフィードバック制御器 $G_b(s)$ としては，(1.3) 式を考える．この際，制御器分子多項式 $D(s)$ の次数は制御対象，規範モデルと同一とする．

モデルフォローイング制御法に立脚した内部ループの伝達関数は，(1.66) 式の右辺第 1 項に (1.1)，(1.74) 式を適用すると，次のように求められる．

$$\begin{aligned} G_{in}(s) &= \frac{\tilde{G}_p(s)G_p(s)}{(1-F(s))\tilde{G}_p(s) + F(s)G_p(s)} \\ &= \frac{\tilde{b}_0 b_0}{b_0 F(s)\tilde{A}(s) + \tilde{b}_0(1-F(s))A(s)} \end{aligned} \tag{1.77}$$

目標値 y^* から制御量 y に至る，フィードバック制御器 $G_b(s)$ を含む総合閉ループ伝達関数 $G_{all}(s)$ は，次式となる．

$$G_{all}(s) = \frac{D(s)G_{in}(s)}{s+D(s)G_{in}(s)}$$
$$= \frac{\tilde{b}_0 b_0 D(s)}{s(b_0 F(s)\tilde{A}(s)+\tilde{b}_0(1-F(s))A(s))+\tilde{b}_0 b_0 D(s)} \tag{1.78}$$

(1.78) 式の総合閉ループ伝達関数は，次のように近似される．

$$G_{all}(s) = \begin{cases} \dfrac{\tilde{b}_0 D(s)}{s\tilde{A}(s)+\tilde{b}_0 D(s)} & ; F(s) \approx 1 \\ \dfrac{b_0 D(s)}{sA(s)+b_0 D(s)} & ; F(s) \approx 0 \end{cases} \tag{1.79}$$

(1.79) 式より理解されるように，図1.14の制御系のための制御器分子多項式 $D(s)$ の設計には，第1.1.2項の制御器設計法を活用すればよい．同設計法の活用に際しては，制御対象特性 $A(s)$, b_0 に代わって，規範モデル特性 $\tilde{A}(s)$, $\tilde{b}_0$ を用いる必要がある．すなわち，(1.79) 式第1式の分母多項式に起因する次式に従い，制御器を設計する必要がある．

$$\begin{aligned}H(s) &= s^{n+1}+h_n s^n+\cdots+h_1 s+h_0 \\ &= s\tilde{A}(s)+\tilde{b}_0 D(s)\end{aligned} \tag{1.80}$$

以下に，特徴的な2例を示す．

設計例1

上位系構成を前提とする場合の簡単な規範モデル $\tilde{G}_p(s)$ の第1例として，次のものを考える．

$$\tilde{G}_p(s) = \frac{\tilde{b}_0}{\tilde{A}(s)} = \frac{\tilde{b}_0}{s^n} \quad ; \tilde{b}_0 \neq 0 \tag{1.81a}$$

この場合の制御器係数は，次式となる．

$$d_i = \frac{h_i}{\tilde{b}_0} \quad ; i = 0 \sim n \tag{1.81b}$$

$F(s) \approx 1$ が成立しさらには帯域幅 $\omega_c \approx h_n$ 近傍では，閉ループ伝達特性として次式が得られる．

$$\begin{aligned}G_{all}(s) &\approx \frac{H(s)-s\tilde{A}(s)}{H(s)} \\ &= \frac{h_n s^n+\cdots+h_1 s+h_0}{s^{n+1}+h_n s^n+\cdots+h_1 s+h_0} \approx \frac{h_n}{s+h_n}\end{aligned} \tag{1.81c}$$

設計例2

　上位系構成を前提とする場合の簡単な規範モデル $\tilde{G}_p(s)$ の第2例として，$(n+1)$次フルビッツ多項式（安定多項式）$H(s)$ を用いた次のものを考える。

$$\tilde{G}_p(s) = \frac{\tilde{b}_0}{\tilde{A}(s)} = \frac{\tilde{b}_0}{\left(\dfrac{H(s) - h_0}{s}\right)} \quad ; \tilde{b}_0 \neq 0 \tag{1.82a}$$

この場合の制御器係数は，次式となる。

$$d_i = \begin{cases} \dfrac{h_0}{\tilde{b}_0} & ; i = 0 \\ 0 & ; i = 1 \sim n \end{cases} \tag{1.82b}$$

$F(s) \approx 1$ が成立しさらには帯域幅 $\omega_c \approx h_0^{1/n}$ 近傍では，閉ループ伝達特性として次式が得られる。

$$G_{all}(s) \approx \frac{H(s) - s\tilde{A}(s)}{H(s)} = \frac{h_0}{H(s)} = \frac{h_0}{s^{n+1} + h_n s^n + \cdots + h_1 s + h_0} \tag{1.82c}$$

(1.82c) 式の伝達特性は，拡張 I-PD 形制御系の (1.55) 式右辺第1項の伝達特性に類した特性となっている。

C. 上位制御系の安定性解析

　制御対象特性 $A(s)$, b_0 に代わって規範モデル特性 $\tilde{A}(s)$, $\tilde{b}_0$ を第1.1.2項の制御器設計法に適用して得た制御器分子多項式 $D(s)$ は，(1.78) 式に示した総合伝達関数 $G_{all}(s)$ の安定性を保証するものでなくてはならない。次にこれを解析する。

　(1.78) 式は，制御器分子多項式 $D(s)$ の特性を反映した (1.80) 式を適用すると，次式のように書き改められる。

$$\begin{aligned} G_{all}(s) &= \frac{\tilde{b}_0 b_0 D(s)}{s(b_0 F(s)\tilde{A}(s) + \tilde{b}_0(1 - F(s))A(s)) + b_0(H(s) - s\tilde{A}(s))} \\ &= \frac{b_0(H(s) - s\tilde{A}(s))}{b_0 H(s) + s(1 - F(s))(\tilde{b}_0 A(s) - b_0 \tilde{A}(s))} \end{aligned} \tag{1.83}$$

(1.83) 式は，次のように近似される。

$$G_{all}(s) \approx \begin{cases} \dfrac{\tilde{b}_0 D(s)}{s\tilde{A}(s) + \tilde{b}_0 D(s)} = \dfrac{H(s) - s\tilde{A}(s)}{H(s)} & ; F(s) \approx 1 \\ \dfrac{b_0 D(s)}{sA(s) + b_0 D(s)} & ; F(s) \approx 0 \end{cases} \tag{1.84}$$

(1.84) 式第2式は，次のように再整理される．

$$G_{all}(s) \approx \frac{b_0 D(s)}{sA(s)+b_0 D(s)} = \frac{\dfrac{b_0 D(s)}{sA(s)}}{1+\dfrac{b_0 D(s)}{sA(s)}} \quad ; F(s) \approx 0 \quad (1.85)$$

すなわち，$|F(j\omega)| \ll 1$ が成立する周波数領域での実質的な開ループ伝達関数は，$b_0 D(s)/sA(s)$ となる．$b_0 D(s)/sA(s)$ の相対次数は基本的には1次であり，この位相遅れは最大で $-\pi/2$〔rad〕である．したがって，制御対象の特性多項式 $A(s)$ が不安定極を有しなければ，$|F(j\omega)| \ll 1$ が成立する周波数領域での閉ループ伝達関数 $G_{all}(s)$ は安定となる．

1.5 周波数応答に基づく数学モデルの構築

1.5.1 制御器設計上の要求

制御系，制御器の構造の決定に際しては，事前に，制御対象の制御上の相対次数を把握する必要がある．制御対象の制御上の相対次数が1次の場合には，多くの場合，PI制御器で所期の性能を得ることができる．一方，制御対象の制御上の相対次数が2次以上の場合には，一般には，安定性を確保しつつ所期の制御性能を得るには，高次制御器が必要である．

制御対象の制御上の相対次数は，制御対象に関しあらかじめ与えられた伝達関数の相対次数とは限らない．本節では，制御系を構成することを前提に，制御対象の次数の決定，さらにはこのモデルの構築法を示す．

1.5.2 相対次数を1次とするモデル

A. 対　象

制御器設計上，制御対象の制御上の相対次数を1次として扱え，さらには制御対象自体が次の1次系として近似表現できるものとする．

$$G_p(s) \approx \frac{b_0}{s+a_0} \quad (1.86)$$

このための概略的条件は，「制御対象 $G_p(s)$ の位相遅れが，設計仕様上の開ループ伝達関数のゲイン交叉周波数 ω_o（または，閉ループ伝達関数の帯域幅 ω_c）において，$-\pi/2$〔rad〕以下である」となる．

(1.86) 式と扱えうる制御対象としては，たとえば相対次数・1 次の次の 2 例が考えられる．

例 1：分母 1 次，分子 0 次の系

$$G_p(s) = \frac{b_0}{s + a_0} \tag{1.87}$$

例 2：分母 2 次，分子 1 次の系

$$G_p(s) = \frac{b_1 s + b_0}{s^2 + a_1 s + a_0} \tag{1.88}$$

制御対象の見かけ上の相対次数が 2 次以上であっても，前述の条件を満足すれば，制御上は (1.86) 式として近似できる．次の例 3，例 4 はこの例である．

例 3：分母 2 次，分子 0 次の系

$$G_p(s) = \frac{b_0}{s^2 + a_1 s + a_0} = \frac{b_0}{(s + \omega_l)(s + \omega_h)}$$
$$= \frac{\frac{b_0}{\omega_h}}{s + \omega_l} \cdot \left(\frac{\omega_h}{s + \omega_h}\right) \approx \frac{\frac{b_0}{\omega_h}}{s + \omega_l} \quad ; \omega_l < \omega_o \leq \frac{\omega_h}{5} < \omega_h \tag{1.89}$$

1 次系としての近似成立には，(1.89) 式に付した条件 ($\omega_l < \omega_o \leq \omega_h/5 < \omega_h$) に注意を要する．

(1.89) 式を固有周波数（natural frequency）ω_n と減衰係数（damping coefficient）ζ とを用いて次のように表現することにより，

$$G_p(s) = \frac{b_0}{s^2 + 2\zeta\omega_n s + \omega_n^2} \tag{1.90a}$$

次の関係を得る．

$$\left. \begin{array}{l} \omega_n = \sqrt{\omega_l \omega_h} \\ \zeta = \dfrac{\omega_l + \omega_h}{2\sqrt{\omega_l \omega_h}} = \dfrac{1}{2}\left(\sqrt{\dfrac{\omega_h}{\omega_l}} + \sqrt{\dfrac{\omega_l}{\omega_h}}\right) \approx \dfrac{1}{2}\sqrt{\dfrac{\omega_h}{\omega_l}} \gg 1 \end{array} \right\} \tag{1.90b}$$

上式は，減数係数 ζ が十分に大きい場合には，2 次遅れ系は 1 次遅れ系として近似される可能性があることを示している．近似の成立には，条件 ($\omega_l < \omega_o \leq \omega_h/5 < \omega_h$) の満足，あるいは ω_o での位相遅れが $-\pi/2$〔rad/s〕以下であることが必要である．

例 4：分母 3 次，分子 0 次の系

本例としては，制御対象が 3 実根をもつ場合と，1 実根と 2 複素根をもつ場合とが考えられる．すなわち，

1.5 周波数応答に基づく数学モデルの構築

$$G_p(s) = \frac{b_0}{s^3 + a_2 s^2 + a_1 s + a_0} = \frac{\dfrac{b_0}{\omega_{1h}\omega_{2h}}}{s+\omega_l} \cdot \left(\frac{\omega_{1h}}{s+\omega_{1h}}\right) \cdot \left(\frac{\omega_{2h}}{s+\omega_{2h}}\right) \quad (1.91)$$

$$\approx \frac{\dfrac{b_0}{\omega_{1h}\omega_{2h}}}{s+\omega_l} \quad ; \ \omega_l < \omega_o \leq \frac{\omega_{1h}}{5} < \omega_{1h} \leq \omega_{2h}$$

$$G_p(s) = \frac{b_0}{s^3 + a_2 s^2 + a_1 s + a_0} = \frac{\dfrac{b_0}{\omega_n^2}}{s+\omega_l} \cdot \left(\frac{\omega_n^2}{s^2 + 2\zeta\omega_n s + \omega_n^2}\right) \quad (1.92)$$

$$\approx \frac{\dfrac{b_0}{\omega_n^2}}{s+\omega_l} \quad ; \ \omega_l < \omega_o \leq \frac{\omega_n}{5} < \omega_n$$

1次系としての近似の成立には，(1.91) 式に付した条件 ($\omega_l < \omega_o \leq \omega_{1h}/5 < \omega_{1h} \leq \omega_{2h}$)，(1.92) 式に付した条件 ($\omega_l < \omega_o \leq \omega_n/5 < \omega_n$) に注意を要する。

B. モデルパラメータの決定

(1.86) 式で表現された制御対象に関し，制御対象の周波数応答より，(1.86) 式におけるパラメータ a_0, b_0 を決定する簡便な方法を検討する。

(1.86) 式より，$G_p(s)$ の周波数応答は，次式となる。

$$G_p(j\omega) = \frac{b_0}{j\omega + a_0} \quad (1.93)$$

(1.93) 式より，次の関係が明らかである。

$$G_p(0) = \frac{b_0}{a_0} \quad (1.94a)$$

$$\left.\begin{array}{l} G(ja_0) = \dfrac{b_0}{ja_0 + a_0} = \dfrac{b_0}{a_0} \cdot \dfrac{1}{1+j} = |G(ja_0)|\exp(j\varphi(ja_0)) \\ |G(ja_0)| = \dfrac{b_0}{\sqrt{2}a_0}, \quad \varphi(ja_0) = -\dfrac{\pi}{4} \end{array}\right\} \quad (1.94b)$$

(1.86) 式で記述される制御対象のためのパラメータ決定法として，(1.94) 式より，次の簡便な方法を得る。

【モデルパラメータの決定法】

(a) $-\pi/4$〔rad〕の位相遅れを与える周波数 ω_{cr} を用い，位相特性より係数 a_0 を特定する。すなわち，

$$a_0 = \omega_{cr} \quad (1.95a)$$

(b) $-\pi/4$〔rad〕の位相遅れを与える周波数 ω_{cr} における振幅を用い,振幅特性より係数 b_0 を特定する。すなわち,

$$b_0 = \sqrt{2}a_0|G(ja_0)| = \sqrt{2}\omega_{cr}|G(j\omega_{cr})| \tag{1.95b}$$

(c) (1.95b) 式に代わって,ゼロ周波数の振幅特性を利用した次式に従い,係数 b_0 を特定する。

$$\left.\begin{array}{l} b_0 = a_0 G_p(0) = a_0 (10)^{M_{dB}(0)/20} \\ M_{dB}(0) \equiv 20\log G_p(0) \end{array}\right\} \tag{1.95c}$$

■

1.5.3 相対次数を 2 次とするモデル

A. 対 象

制御器設計上,制御対象の制御上の相対次数を 2 次として扱え,さらには制御対象自体が次の 2 次系として近似表現できるものとする。

$$G_p(s) \approx \frac{b_0}{s^2 + a_1 s + a_0} = \frac{b_0}{s^2 + 2\zeta\omega_n s + \omega_n^2} \tag{1.96}$$

このための概略的条件は,「制御対象 $G_p(s)$ の位相遅れが,予定される開ループ伝達関数のゲイン交叉周波数 ω_o (または,閉ループ伝達関数の帯域幅 ω_c) において,$-\pi$〔rad〕以下である」となる。

(1.96) 式と扱えうる制御対象としては,たとえば相対次数・2 次のものが考えられる。

例 1:分母 2 次,分子 0 次の系

$$G_p(s) = \frac{b_0}{s^2 + a_1 s + a_0} \tag{1.97}$$

例 2:分母 3 次,分子 1 次の系

$$G_p(s) = \frac{b_1 s + b_0}{s^3 + a_2 s^2 + a_1 s + a_0} \tag{1.98}$$

制御対象の見かけ上の相対次数が 3 次以上であっても,前述の条件を満足すれば,制御上は (1.96) 式として近似できる。以下は,この例である。

例3:分母3次, 分子0次の系

$$G_p(s) = \frac{b_0}{s^3 + a_2 s^2 + a_1 s + a_0} = \frac{\dfrac{b_0}{\omega_h}}{s^2 + \alpha_1 s + \alpha_0} \cdot \left(\frac{\omega_h}{s + \omega_h}\right)$$

$$\approx \frac{\dfrac{b_0}{\omega_h}}{s^2 + \alpha_1 s + \alpha_0} = \frac{\dfrac{b_0}{\omega_h}}{s^2 + 2\zeta\omega_n s + \omega_n^2} \quad ; \omega_n < \omega_o \leq \frac{\omega_h}{5} < \omega_h \tag{1.99}$$

例4:分母4次, 分子0次の系

$$G_p(s) = \frac{b_0}{s^4 + a_3 s^3 + a_2 s^2 + a_1 s + a_0}$$

$$= \frac{\dfrac{b_0}{\omega_{hn}^2}}{s^2 + 2\zeta_l \omega_{ln} s + \omega_{ln}^2} \cdot \left(\frac{\omega_{hn}^2}{s^2 + 2\zeta_h \omega_{hn} s + \omega_{hn}^2}\right) \tag{1.100}$$

$$\approx \frac{\dfrac{b_0}{\omega_{hn}^2}}{s^2 + 2\zeta_l \omega_{ln} s + \omega_{ln}^2} \quad ; \omega_{ln} < \omega_o \leq \frac{\omega_{hn}}{5} < \omega_{hn}$$

2次系としての近似の成立には,(1.99)式に付した条件 ($\omega_n < \omega_o \leq \omega_h/5 < \omega_h$),(1.100) 式に付した条件 ($\omega_{ln} < \omega_o \leq \omega_{hn}/5 < \omega_{hn}$) に注意を要する。

B. モデルパラメータの決定

(1.96) 式で表現された制御対象に関し,制御対象の周波数応答より,(1.96) 式におけるパラメータ a_1, a_0, b_0 または ω_n, ζ, b_0 を決定する簡便な方法を検討する。

(1.96) 式より,$G_p(s)$ の周波数応答は,次式となる。

$$G_p(j\omega) = \frac{b_0}{(a_0 - \omega^2) + j a_1 \omega} = \frac{b_0}{(\omega_n^2 - \omega^2) + j 2\zeta\omega_n \omega} \tag{1.101}$$

(1.101) 式より,次の関係が明らかである。

$$G_p(0) = \frac{b_0}{a_0} = \frac{b_0}{\omega_n^2} \tag{1.102a}$$

$$\left.\begin{array}{l} G(j\omega_n) = \dfrac{b_0}{j 2\zeta \omega_n^2} = |G(j\omega_n)| \exp(j\varphi(j\omega_n)) \\[2mm] |G(j\omega_n)| = \dfrac{b_0}{2\zeta \omega_n^2}, \qquad \varphi(j\omega_n) = -\dfrac{\pi}{2} \end{array}\right\} \tag{1.102b}$$

$$\frac{|G(j\omega_n)|}{|G(0)|} = \frac{1}{2\zeta} \tag{1.102c}$$

(1.102) 式より，パラメータ決定法として次の簡便な方法を得る．

【モデルパラメータの決定法】

(a) $-\pi/2$〔rad〕の位相遅れを与える周波数 ω_{cr} を用い，位相特性より固有周波数 ω_n を特定する．すなわち，

$$\omega_n = \omega_{cr} \tag{1.103a}$$

(b) $-\pi/2$〔rad〕の位相遅れを与える周波数 ω_{cr} における振幅を用い，振幅特性より減衰係数 ζ を特定する．すなわち，

$$\left.\begin{array}{l} \zeta = \dfrac{1}{2}(10)^{-\Delta M_{dB}(j\omega_n)/20} \\[2mm] \Delta M_{dB}(j\omega_n) \equiv 20\log\dfrac{|G(j\omega_n)|}{|G(0)|} \end{array}\right\} \tag{1.103b}$$

(c) ゼロ周波数の振幅特性を利用した次式に従い，係数 b_0 を特定する．

$$\left.\begin{array}{l} b_0 = a_0(10)^{M_{dB}(0)/20} = \omega_n^2(10)^{M_{dB}(0)/20} \\[2mm] M_{dB}(0) \equiv 20\log G(0) = 20\log\dfrac{b_0}{a_0} \end{array}\right\} \tag{1.103c}$$

∎

固有周波数 ω_n における振幅特性 $\Delta M_{dB}(j\omega_n)$ と減衰係数 ζ との関係を，(1.103b) 式に従い，図 1.15 に例示した．

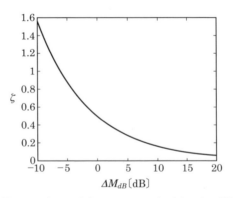

図 1.15 (1.103b)式による $\Delta M_{dB}(j\omega_n)$ と ζ との関係

第2部
標準永久磁石同期モータのベクトル制御技術

第2章　PMSM の基本ベクトル制御
第3章　単一電流センサを用いたベクトル制御
第4章　PMSM の粗分解能センサを用いたベクトル制御
第5章　PMSM の自変力率位相形ベクトル制御
第6章　PMSM の搬送高周波電圧印加法
第7章　トルクセンサレス・リプル低減トルク制御

第2章

PMSM の基本ベクトル制御

本章では,永久磁石同期モータを対象としたベクトル制御に関し,その基礎部分を説明する.同モータのベクトル制御系の解析と設計に最初に必要とされるのが,この動的数学モデルである.$\gamma\delta$ 一般座標系,$\alpha\beta$ 固定座標系,dq 同期座標系の各座標系上における数学モデルを体系的に説明する.つづいて,数学モデル上のパラメータの簡便な計測方法を説明する.数学モデルに基づく永久磁石同期モータの具体的特性把握には,モデル上のパラメータが必要である.最後に,これらの理解のもと,ベクトル制御系の全体構成とこの中核である制御器の要点を説明する.

2.1 永久磁石同期モータの数学モデル

2.1.1 モデル構築の前提

永久磁石同期モータ (permanent-magnet synchronous motor, PMSM) のベクトル制御系 (vector control system) の解析と設計に最初に必要とされるのが,この動的数学モデル (dynamic mathematical model) である.動的数学モデルは,PMSM の主要な動特性 (dynamic characteristic) をつとめて忠実に再現するものでなくてはならないが,このために,モデル自体が複雑になり,解析・設計を困難にするものであってはならない.すなわち,制御系設計のためのモデルは,動特性の再現性と解析・設計の容易化を可能とする簡潔性との両面から検討・構築されたものでなくてはならない.

PMSM は,電気回路の一種であると同時にトルク発生機でもある.また,電気エネルギーを機械エネルギーに変換するエネルギー変換機でもある.この本質に起因して,PMSM の動的数学モデルは,厳密には,電気回路としての動特性を記述した回路方程式 (第1基本式),トルク発生機としてのトルク発生メカニズムを記述したトルク発生式 (第2基本式),エネルギー変換機としてのエネルギー変換の動特

性を記述したエネルギー伝達式（第3基本式）から構成される．本3基本式（basic equation）は，同一のPMSMを異なる観点から数学表現したものであり，数学的に互いに整合（以下，本特性を自己整合性（self-consistency）と呼称）しなければならない[1), 2)]．しかしながら，各基本式に対し異なった視点から独立的に近似を施し，これらを構築する場合には，必ずしも自己整合性は得られない．いずれかの基本式が他の基本式と矛盾しこれを否定するような動的数学モデルは，総合的には，自己矛盾をはらんだモデルといわざるをえない．本章では，自己整合性を備えた数学モデルを紹介する．

PMSMの基本的な駆動制御技術の研究開発に資することを目的とするとき，このための動的数学モデルの構築には，多くの場合，以下のような近似のための前提を設けることが実際的であり，有用である[1), 2)]．

(a) u，v，w相の各巻線の電気磁気的特性は同一である．
(b) 電流，磁束の高調波成分は無視できる．
(c) 一定速度駆動時の誘起電圧（速度起電力，逆起電力，back EMF）は，正弦的である．
(d) 磁気回路の飽和特性などの非線形特性は無視できる．
(e) 磁気回路でのdq軸間の軸間磁束干渉は無視できる．
(f) 磁気回路での損失である鉄損は無視できる．

これら前提のもとでは，図2.1のように回転軸方向からPMSMを眺めた場合，PMSMの電気回路は，図2.2のような三相Y形負荷として等価的に捉えることができる．PMSMの固定子（stator）すなわち電機子（armature）の巻線（winding）は，Y形結線（Y connection）とΔ形結線（delta connection）があるが，いずれの結線による場合にも，三相固定子端子から見た等価回路（equivalent circuit）として，Y形結線回路を想定できる．前述の前提が成立する場合には，Y形結線回路は，各相信号に関してあたかも独立した単相回路のように扱うことができる．

図2.2は，三相固定子端子から見た等価的なY形結線回路を示している．同図で

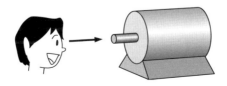

図2.1　モータと回転軸

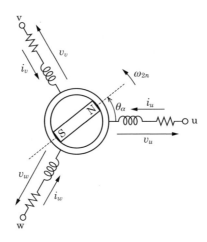

図 2.2　PMSM の Y 形結線回路

は，中性点 (neutral point) を基準とした k 相端子電圧すなわち k 相電圧 (phase voltage) を v_k で，また k 相端子から中性点へ向かって流れる電流を正の相電流 (phase current) とし，i_k で表現している．固定子における u，v，w 相の各巻線は，回転軸方向から見た場合には，おのおの 2 次元平面に $2\pi/3$ [rad] の位相差 (phase difference) を設けて巻かれている．本書では，左回転方向を正方向と定義しているので，u，v，w 相の各巻線は，順次 $2\pi/3$ [rad] 位相進み (phase lead) の位置に配置されていることになる．

回転子 (rotor) に装着されている界磁 (field) のための永久磁石の N 極 (N-pole) は，u 相巻線の中心に対して位相 (phase) θ_α を成しているものとしている．

三相信号は，一般に，相順 (phase sequence) の観点から，正相 (positive phase sequence)，逆相 (negative phase sequence)，ゼロ相 (zero phase sequence) の 3 成分に分割することができる[1]．合理的で簡潔な数学モデルを得るべく，モータ内の三相信号はゼロ相成分を有しないものとして，これを扱う．

2.1.2　座標系と位相の定義
A.　座標系の定義

図 2.3 を考える．同図には，2 軸直交座標系 (reference frame, coordinate system) として，α 軸，β 軸からなる αβ 固定座標系 (stationary reference frame)，d 軸，q 軸からなる dq 同期座標系 (synchronous reference frame)，γ 軸，δ 軸からなる γδ

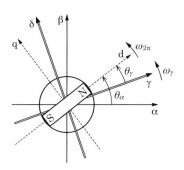

図 2.3　3 座標系と回転子位相

一般座標系 (general reference frame) の 3 座標系を描画している。いずれも 2 軸の前者が基軸であり，後者が副軸である。基軸から副軸の方向を正方向としている。したがって，副軸は，主軸に対して $\pi/2$ 〔rad〕位相進みの位置にある。

$\alpha\beta$ 固定座標系は基軸・α 軸を固定子の u 相巻線の中心位置にとった座標系であり，固定子座標系 (stator reference frame) とも呼ばれる。dq 同期座標系は，基軸 d 軸の位相を回転子の N 極位相 θ_α に一致させた座標系であり，回転子座標系 (rotor reference frame) とも呼ばれる。当然のことながら，dq 同期座標系は，回転子と同期して，回転子電気速度 (electrical speed) ω_{2n} で回転することになる。

$\gamma\delta$ 一般座標系は，主軸・γ 軸が任意の瞬時速度 ω_γ で回転する座標系である。図 2.3 では，γ 軸から評価した回転子 N 極の位相（以下，回転子位相と略記）を θ_γ としている。$\gamma\delta$ 一般座標系は，座標系速度 ω_γ をゼロとし，回転子位相 θ_γ を $\theta_\gamma = \theta_\alpha$ とする場合には，$\alpha\beta$ 固定座標系となる。一方，座標系速度 ω_γ を $\omega_\gamma = \omega_{2\gamma}$ とし，回転子位相 θ_γ をゼロとする場合には，dq 同期座標系となる。このように，$\gamma\delta$ 一般座標系は一般性に富む座標系である。

B. 位相の定義

ベクトル制御における「位相 (phase)」とは，2 次元空間（2 次元平面）上の空間位相すなわち空間角度を意味し，単位は rad である。位相すなわち角度の基準は，通常は，座標系を構成する座標軸に選定する。$\alpha\beta$ 固定座標系，dq 同期座標系，$\gamma\delta$ 一般座標系では，これらを構成する α 軸，β 軸，d 軸，q 軸，γ 軸，δ 軸が基準に選ばれる。座標軸基準から理解されるように，単に位相といった場合には，電気位相 (electrical phase) を意味する。電気位相と機械位相 (mechanical phase) との間には極対数

(number of pole pairs) N_p に比例した違いがある。電気位相と機械位相の微分値に該当する電気速度と機械速度 (mechanical speed) との間にも，当然のことながら，極対数に比例した違いが発生する (後掲の (2.8)，(2.9) 式参照)。

位相評価の対象は，2次元空間上のベクトル信号である空間ベクトル (space vector) のみならず，座標系の基軸あるいは副軸も含まれる。図2.3は，α軸およびγ軸を基準にしたd軸位相 (回転子磁束位相，N極位相，回転子位相と同一) の評価例である。

特定の空間ベクトル (たとえば回転子磁束など) を基準として評価された位相は，特に位相偏差 (phase difference, phase error, phase deviation) あるいは簡単に位相差と呼ばれることもある。2次元空間上の空間ベクトルは，瞬時変化が可能な瞬時ベクトル信号であり，常時，一定ノルム，一定速度で回転することを期待されているわけでない。このため，空間ベクトルの位相は瞬時に変化する。

2.1.3 数学モデル
A. 一般座標系上の数学モデル

PMSMの動的数学モデルは，厳密には，電気回路としての動特性を記述した回路方程式 (第1基本式)，トルク発生機としてのトルク発生メカニズムを記述したトルク発生式 (第2基本式)，エネルギー変換機としてのエネルギー変換の動特性を記述したエネルギー伝達式 (第3基本式) から構成される。同一のPMSMを異なった観点からモデル化したこれら3基本式は，自己整合性を有するものでなくてはならない[1),2)]。

γδ一般座標系上の自己整合性を備えた3基本式からなる動的数学モデルとして，次のものが知られている[1),2)]。

【γδ一般座標系上の動的数学モデル】[1),2)]
回路方程式 (第1基本式)

$$\begin{aligned}
\boldsymbol{v}_1 &= R_1 \boldsymbol{i}_1 + \boldsymbol{D}(s,\omega_\gamma)\boldsymbol{\phi}_1 \\
&= R_1 \boldsymbol{i}_1 + \boldsymbol{D}(s,\omega_\gamma)\boldsymbol{\phi}_i + \boldsymbol{D}(s,\omega_\gamma)\boldsymbol{\phi}_m \\
&= R_1 \boldsymbol{i}_1 + \boldsymbol{D}(s,\omega_\gamma)\boldsymbol{\phi}_i + \omega_{2n}\boldsymbol{J}\boldsymbol{\phi}_m \\
&= R_1 \boldsymbol{i}_1 + \boldsymbol{D}(s,\omega_\gamma)\boldsymbol{\phi}_i + \boldsymbol{e}_m
\end{aligned} \tag{2.1}$$

$$\boldsymbol{\phi}_1 = \boldsymbol{\phi}_i + \boldsymbol{\phi}_m \tag{2.2}$$

$$\boldsymbol{\phi}_i = [L_i \boldsymbol{I} + L_m \boldsymbol{Q}(\theta_\gamma)]\boldsymbol{i}_1 \tag{2.3}$$

$$\boldsymbol{\phi}_m = \Phi \boldsymbol{u}(\theta_\gamma) \quad ; \Phi = \text{const} \tag{2.4}$$

$$\boldsymbol{e}_m = \omega_{2n}\boldsymbol{J}\boldsymbol{\phi}_m \tag{2.5}$$

2.1 永久磁石同期モータの数学モデル

トルク発生式（第2基本式）

$$\tau = N_p \boldsymbol{i}_1^T \boldsymbol{J} \boldsymbol{\phi}_1 = N_p \boldsymbol{i}_1^T \boldsymbol{J} [L_m \boldsymbol{Q}(\theta_\gamma) \boldsymbol{i}_1 + \boldsymbol{\phi}_m] \tag{2.6a}$$

$$\tau = \tau_r + \tau_m = N_p L_m \boldsymbol{i}_1^T \boldsymbol{J} \boldsymbol{Q}(\theta_\gamma) \boldsymbol{i}_1 + N_p \boldsymbol{i}_1^T \boldsymbol{J} \boldsymbol{\phi}_m \tag{2.6b}$$

エネルギー伝達式（第3基本式）

$$\begin{aligned} p_{ef} &= \boldsymbol{i}_1^T \boldsymbol{v}_1 \\ &= R_1 \|\boldsymbol{i}_1\|^2 + \frac{s}{2}(\boldsymbol{i}_1^T \boldsymbol{\phi}_i) + \omega_{2m}\tau \\ &= R_1 \|\boldsymbol{i}_1\|^2 + \frac{s}{2}(L_i \|\boldsymbol{i}_1\|^2 + L_m(\boldsymbol{i}_1^T \boldsymbol{Q}(\theta_\gamma)\boldsymbol{i}_1)) + \omega_{2m}\tau \end{aligned} \tag{2.7}$$

■

上式における $\boldsymbol{v}_1$, $\boldsymbol{i}_1$, $\boldsymbol{\phi}_1$ は，それぞれ固定子の電圧（voltage），電流（current），（鎖交）磁束（flux linkage）を意味する 2×1 ベクトルである。$\boldsymbol{\phi}_1$, $\boldsymbol{\phi}_m$ は固定子磁束（固定子鎖交磁束）$\boldsymbol{\phi}_1$ を構成する成分たる 2×1 ベクトルを示しており，$\boldsymbol{\phi}_i$ は固定子電流 $\boldsymbol{i}_1$ によって発生した固定子反作用磁束すなわち電機子反作用磁束（armature reaction flux）を，$\boldsymbol{\phi}_m$ は回転子永久磁石に起因する回転子磁束（rotor flux）を意味する。このときの回転子磁束は，永久磁石から発した磁束の固定子巻線に鎖交した状態での評価値を示している。回転子磁束の微分値である e_m は，回転子の回転により発生した速度起電力（逆起電力，back electromotive force，back EMF，speed electromotive force）を意味する。我が国のモータ駆動制御分野では，近年，e_m を簡単に誘起電圧と呼ぶことが多い。本書では，以降，本用語を用いる。

τ は発生トルクであり，ω_{2n}, ω_{2m} は回転子の電気速度，機械速度である。N_p は極対数であり，R_1 は固定子の巻線抵抗（固定子抵抗，winding resistance，stator resistance）である。回転子位相，電気速度，機械速度の間には，次の関係が成立している。

$$s\theta_\alpha = \omega_{2n} = N_p \omega_{2m} \tag{2.8}$$

$$s\theta_\gamma = \omega_{2n} - \omega_\gamma \tag{2.9}$$

L_i, L_m は，固定子の d 軸インダクタンス（d-inductance）L_d, q 軸インダクタンス（q-inductance）L_q を次式（直交変換，orthogonal transformation）に用い定義された同相インダクタンス（in-phase inductance），鏡相インダクタンス（mirror-phase inductance）である。

$$\begin{bmatrix} L_i \\ L_m \end{bmatrix} \equiv \frac{1}{2} \begin{bmatrix} 1 & 1 \\ 1 & -1 \end{bmatrix} \begin{bmatrix} L_d \\ L_q \end{bmatrix} \tag{2.10}$$

上の数学モデルにおける $\boldsymbol{I}$ は 2×2 単位行列（unit matrix）であり，$\boldsymbol{J}$ は次式で定義された 2×2 交代行列（skew symmetric matrix）かつ直交行列（orthogonal matrix) である.

$$J \equiv \begin{bmatrix} 0 & -1 \\ 1 & 0 \end{bmatrix} \tag{2.11}$$

$Q(\theta_\gamma)$ は,次式で定義された,鏡行列 (mirror matrix) とも呼ばれる 2×2 直交行列である.

$$Q(\theta_\gamma) \equiv \begin{bmatrix} \cos 2\theta_\gamma & \sin 2\theta_\gamma \\ \sin 2\theta_\gamma & -\cos 2\theta_\gamma \end{bmatrix} \tag{2.12}$$

$u(\theta_\gamma)$ は次式で定義された 2×1 単位ベクトルである.

$$u(\theta_\gamma) \equiv \begin{bmatrix} \cos \theta_\gamma \\ \sin \theta_\gamma \end{bmatrix} \tag{2.13}$$

また,$D(s, \omega_\gamma)$ は,D因子 (D-matrix, D-module) と呼ばれる 2×2 行列であり,次のように定義されている.

$$D(s, \omega_\gamma) \equiv sI + \omega_\gamma J = \begin{bmatrix} s & -\omega_\gamma \\ \omega_\gamma & s \end{bmatrix} \tag{2.14}$$

D因子の対角要素である記号「s」は微分演算子である.一方,逆対角要素の ω_γ はスカラ信号 ($\gamma\delta$ 一般座標系の速度) である.

B. 固定座標系上の数学モデル

$\gamma\delta$ 一般座標系上の (2.1)～(2.7) 式の数学モデルは,これに $\alpha\beta$ 固定座標系の条件 ($\omega_\gamma = 0$, $\theta_\gamma = \theta_\alpha$) を付与する場合には,$\alpha\beta$ 固定座標系上の数学モデルとなる.同数学モデルは,次のように与えられる[1), 2)].

【$\alpha\beta$ 固定座標系上の動的数学モデル】

回路方程式(第1基本式)

$$\begin{aligned} v_1 &= R_1 i_1 + s\phi_1 \\ &= R_1 i_1 + s\phi_i + s\phi_m \\ &= R_1 i_1 + s\phi_i + \omega_{2n} J \phi_m \\ &= R_1 i_1 + s\phi_i + e_m \end{aligned} \tag{2.15}$$

$$\phi_1 = \phi_i + \phi_m \tag{2.16}$$

$$\phi_i = [L_i I + L_m Q(\theta_\alpha)] i_1 \tag{2.17}$$

$$\phi_m = \Phi u(\theta_\alpha) \quad ; \Phi = \text{const} \tag{2.18}$$

$$e_m = \omega_{2n} J \phi_m \tag{2.19}$$

トルク発生式（第2基本式）

$$\begin{aligned}\tau &= N_p \boldsymbol{i}_1^T \boldsymbol{J} \boldsymbol{\phi}_1 \\ &= N_p \boldsymbol{i}_1^T \boldsymbol{J} [L_m \boldsymbol{Q}(\theta_\alpha) \boldsymbol{i}_1 + \boldsymbol{\phi}_m]\end{aligned} \quad (2.20\text{a})$$

$$\tau = \tau_r + \tau_m = N_p L_m \boldsymbol{i}_1^T \boldsymbol{J} \boldsymbol{Q}(\theta_\alpha) \boldsymbol{i}_1 + N_p \boldsymbol{i}_1^T \boldsymbol{J} \boldsymbol{\phi}_m \quad (2.20\text{b})$$

エネルギー伝達式（第3基本式）

$$\begin{aligned}p_{ef} &= \boldsymbol{i}_1^T \boldsymbol{v}_1 \\ &= R_1 \|\boldsymbol{i}_1\|^2 + \frac{s}{2}(\boldsymbol{i}_1^T \boldsymbol{\phi}_i) + \omega_{2m}\tau \\ &= R_1 \|\boldsymbol{i}_1\|^2 + \frac{s}{2}(L_i \|\boldsymbol{i}_1\|^2 + L_m(\boldsymbol{i}_1^T \boldsymbol{Q}(\theta_\alpha) \boldsymbol{i}_1)) + \omega_{2m}\tau\end{aligned} \quad (2.21)$$

■

上式における固定子電圧 $\boldsymbol{v}_1$，固定子電流 $\boldsymbol{i}_1$，固定子磁束 $\boldsymbol{\phi}_1$，固定子反作用磁束 $\boldsymbol{\phi}_i$，回転子磁束 $\boldsymbol{\phi}_m$，誘起電圧 $\boldsymbol{e}_m$ は，αβ固定座標系上で定義された 2×1 ベクトルである。

C. 同期座標系上の数学モデル

γδ 一般座標系上の (2.1)～(2.7) 式の数学モデルは，これに dq 同期座標系の条件（$\omega_\gamma = \omega_{2n}$, $\theta_\gamma = 0$）を付与する場合には，dq 同期座標系上の数学モデルとなる。同数学モデルは，次のように与えられる[1),2)]。

【dq 同期座標系上の動的数学モデル】
回路方程式（第1基本式）

$$\begin{aligned}\boldsymbol{v}_1 &= R_1 \boldsymbol{i}_1 + \boldsymbol{D}(s, \omega_{2n}) \boldsymbol{\phi}_1 \\ &= R_1 \boldsymbol{i}_1 + \boldsymbol{D}(s, \omega_{2n}) \boldsymbol{\phi}_i + \boldsymbol{D}(s, \omega_{2n}) \boldsymbol{\phi}_m \\ &= R_1 \boldsymbol{i}_1 + \boldsymbol{D}(s, \omega_{2n}) \boldsymbol{\phi}_i + \omega_{2n} \boldsymbol{J} \boldsymbol{\phi}_m \\ &= R_1 \boldsymbol{i}_1 + \boldsymbol{D}(s, \omega_{2n}) \boldsymbol{\phi}_i + \boldsymbol{e}_m\end{aligned} \quad (2.22\text{a})$$

$$\begin{bmatrix} v_d \\ v_q \end{bmatrix} = \begin{bmatrix} R_1 + sL_d & -\omega_{2n}L_q \\ \omega_{2n}L_d & R_1 + sL_q \end{bmatrix} \begin{bmatrix} i_d \\ i_q \end{bmatrix} + \begin{bmatrix} 0 \\ \omega_{2n}\Phi \end{bmatrix} \quad (2.22\text{b})$$

$$\boldsymbol{\phi}_1 = \boldsymbol{\phi}_i + \boldsymbol{\phi}_m \quad (2.23)$$

$$\boldsymbol{\phi}_i = \begin{bmatrix} L_d & 0 \\ 0 & L_q \end{bmatrix} \boldsymbol{i}_1 = \begin{bmatrix} L_d i_d \\ L_q i_q \end{bmatrix} \quad (2.24)$$

$$\boldsymbol{\phi}_m = \begin{bmatrix} \Phi \\ 0 \end{bmatrix} \; ; \Phi = \text{const} \quad (2.25)$$

$$e_m = \omega_{2n} \boldsymbol{J} \boldsymbol{\phi}_m = \begin{bmatrix} 0 \\ \omega_{2n} \Phi \end{bmatrix} \tag{2.26}$$

トルク発生式（第2基本式）

$$\tau = N_p \boldsymbol{i}_1^T \boldsymbol{J} \boldsymbol{\phi}_1 = N_p (2 L_m i_d + \Phi) i_q \tag{2.27a}$$

$$\tau = \tau_r + \tau_m = 2 N_p L_m i_d i_q + N_p \Phi i_q \tag{2.27b}$$

エネルギー伝達式（第3基本式）

$$\begin{aligned} p_{ef} &= \boldsymbol{i}_1^T \boldsymbol{v}_1 \\ &= R_1 \|\boldsymbol{i}_1\|^2 + \frac{s}{2}(\boldsymbol{i}_1^T \phi_i) + \omega_{2m}\tau \\ &= R_1 (i_d^2 + i_q^2) + \frac{s}{2}(L_d i_d^2 + L_q i_q^2) + \omega_{2m}\tau \end{aligned} \tag{2.28}$$

■

上式における固定子電圧 $\boldsymbol{v}_1$，固定子電流 $\boldsymbol{i}_1$，固定子磁束 $\boldsymbol{\phi}_1$，固定子反作用磁束 $\boldsymbol{\phi}_i$，回転子磁束 $\boldsymbol{\phi}_m$，誘起電圧 $\boldsymbol{e}_m$ は，dq 同期座標系上で定義された2×1ベクトルである．たとえば，2×1 固定子電圧と固定子電流の d 軸，q 軸の各要素は，次のように定義されている．

$$\boldsymbol{v}_1 \equiv \begin{bmatrix} v_d \\ v_q \end{bmatrix}, \quad \boldsymbol{i}_1 \equiv \begin{bmatrix} i_d \\ i_q \end{bmatrix} \tag{2.29}$$

2.2 電気パラメータの計測

2.2.1 三相座標系上の数学モデル

計測器を利用した簡単なモータパラメータの計測方法を説明する．パラメータ計測の原理は，文献 1)，2) に紹介されている uvw 座標系上の数学モデルに立脚している．同数学モデルを構成する回路方程式（第1基本式）は，次式で与えられる[1),2)]．

回路方程式（第1基本式）

$$\begin{aligned} \boldsymbol{v}_{1t} &= R_1 \boldsymbol{i}_{1t} + s \boldsymbol{\phi}_{1t} \\ &= R_1 \boldsymbol{i}_{1t} + s \boldsymbol{\phi}_{it} + s \boldsymbol{\phi}_{mt} \\ &= R_1 \boldsymbol{i}_{1t} + s \boldsymbol{\phi}_{it} + \omega_{2n} \boldsymbol{J}_t \boldsymbol{\phi}_{mt} \\ &= R_1 \boldsymbol{i}_{1t} + s \boldsymbol{\phi}_{it} + \boldsymbol{e}_{mt} \end{aligned} \tag{2.30}$$

$$\boldsymbol{\phi}_{1t} = \boldsymbol{\phi}_{it} + \boldsymbol{\phi}_{mt} \tag{2.31}$$

$$\boldsymbol{\phi}_{it} = [L_i \boldsymbol{I} + L_m \boldsymbol{Q}_t(\theta_a)] \boldsymbol{i}_{1t} \tag{2.32}$$

$$\boldsymbol{\phi}_{mt} = \Phi_t \boldsymbol{u}_t(\theta_\alpha) \quad ; \Phi_t = \text{const} \tag{2.33}$$

$$\boldsymbol{e}_{mt} = \omega_{2n} \boldsymbol{J}_t \boldsymbol{\phi}_{mt} \tag{2.34}$$

　上記数学モデルにおける $\boldsymbol{v}_{1t}$, $\boldsymbol{i}_{1t}$, $\boldsymbol{\phi}_{1t}$ は，uvw 座標系上で定義された 3×1 ベクトルとしての固定子電圧，固定子電流，固定子磁束である。$\boldsymbol{\phi}_{it}$, $\boldsymbol{\phi}_{mt}$, $\boldsymbol{e}_{mt}$ は，同様に定義された固定子反作用磁束，回転子磁束，誘起電圧である。$\boldsymbol{I}$ は 3×3 単位行列である。$\boldsymbol{J}_t$ と $\boldsymbol{Q}_t(\theta_\alpha)$ は 3×3 行列であり，$\boldsymbol{u}_t(\theta_\alpha)$ は 3×1 ベクトルであり，これらは次のように定義されている。

$$\boldsymbol{J}_t \equiv \frac{1}{\sqrt{3}} \begin{bmatrix} 0 & -1 & 1 \\ 1 & 0 & -1 \\ -1 & 1 & 0 \end{bmatrix} \tag{2.35}$$

$$\boldsymbol{Q}_t(\theta_\alpha) \equiv \frac{2}{3} \begin{bmatrix} \cos 2\theta_\alpha & \cos\left(2\theta_\alpha - \frac{2\pi}{3}\right) & \cos\left(2\theta_\alpha + \frac{2\pi}{3}\right) \\ \cos\left(2\theta_\alpha - \frac{2\pi}{3}\right) & \cos\left(2\theta_\alpha + \frac{2\pi}{3}\right) & \cos 2\theta_\alpha \\ \cos\left(2\theta_\alpha + \frac{2\pi}{3}\right) & \cos 2\theta_\alpha & \cos\left(2\theta_\alpha - \frac{2\pi}{3}\right) \end{bmatrix} \tag{2.36}$$

$$\boldsymbol{u}_t(\theta_\alpha) \equiv \begin{bmatrix} \cos\theta_\alpha & \cos\left(\theta_\alpha - \frac{2\pi}{3}\right) & \cos\left(\theta_\alpha + \frac{2\pi}{3}\right) \end{bmatrix}^T \tag{2.37}$$

なお，$\boldsymbol{J}_t$ と $\boldsymbol{Q}_t(\theta_\alpha)$ は，各行・各列の総和がゼロであり，かつ行と列に関し循環性を有する特殊な行列であり，平衡循環行列 (balanced circular matrix) と呼ばれることもある[1],[2]。$\boldsymbol{J}_t$ は交代行列でもある。

　(2.32) 式は，「固定子抵抗 R_1 は回転子位相 θ_α のいかんにかかわらず一定であるが，固定子インダクタンスは回転子位相 θ_α に依存して正弦的に変化する，すなわち $L_1 = L_i + L_m \cos(2\theta_\alpha + \varphi)$ として変化することを意味している。

2.2.2　固定子パラメータの計測

　利用すべき計測器として，LCR メータを考える。LCR メータを利用する場合，計測が簡単というメリットの反面，微弱な電流による計測のため，インダクタンス計測値に誤差を伴うことがある。インダクタンスは，電流に依存して大きく変化することがあるので，LCR メータによるインダクタンス計測値は補助的な値として捉える必要がある。

　電流に応じてインダクタンスが大きく変化する場合には，しかるべき振幅の電流を通じて，抵抗，インダクタンスを計測することになる。

A. プロフィール法

図2.2におけるu, v, w相端子のいずれか1つを開放し,2端子間の抵抗,インダクタンスを計測する。たとえば,w相端子を開放し,u-v相端子間の抵抗,インダクタンスを計測する。計測の抵抗値は,PMSMが(2.30)～(2.37)式の数学モデルに従う場合には,回転子位相θ_αのいかんにかかわらず一定である。計測した抵抗値の半値が,各相の抵抗R_1を与える。

計測のインダクタス値は,PMSMが(2.30)～(2.37)式の数学モデルに従う場合には,回転子位相θ_αに依存して正弦的に変化する。回転子を電気角で$\pi/2$〔rad〕以上にわたって変位・静止させ,そのつどインダクタンスを計測する。この上で,計測インダクタンスのプロフィールを作成する。プロフィールの最小値,最大値の半値が,おのおのd軸インダクタンス$L_d = L_i + L_m$, q軸インダクタンス$L_q = L_i - L_m$を与える（(2.10)式参照）。

u, v, w相端子の2つを短絡し,短絡端子と他の端子間の抵抗,インダクタンスを計測してもよい。たとえば,v相端子とw相端子を短絡し,短絡したv-w相端子とu相端子間の抵抗,インダクタンスを計測する。この場合には,計測抵抗値の2/3が各相の抵抗R_1を与える。また,計測インダクタンスの最小値,最大値の2/3が,おのおのd軸インダクタンス$L_d = L_i + L_m$, q軸インダクタンス$L_q = L_i - L_m$を与える。

B. ダルトン・カメロン法

B-1. 原理

インダクタンス計測のためのダルトン・カメロン法（Dalton-Cameron method）の原理を説明する。$\pm 2\pi/3$〔rad〕の位相差を有する次の3正弦信号を考える。

$$\left.\begin{array}{l} z_1 = A\cos\theta \\ z_2 = A\cos\left(\theta - \dfrac{2\pi}{3}\right) \\ z_3 = A\cos\left(\theta + \dfrac{2\pi}{3}\right) \end{array}\right\} \quad (2.38)$$

この3信号の平均値は,ゼロである。すなわち,次式が成立している。

$$z_1 + z_2 + z_3 = 0 \quad (2.39)$$

(2.38)式の3信号を用いて,同信号の振幅Aを算定する問題を考える。

第2信号と第3信号との差に関し，次式を得る。

$$z_2 - z_3 = A\cos\left(\theta - \frac{2\pi}{3}\right) - A\cos\left(\theta + \frac{2\pi}{3}\right)$$
$$= \sqrt{3}A\sin\theta \tag{2.40}$$

(2.38) 式の第1式と (2.40) 式とより，3信号の振幅 A に関し次式を得る。

$$z_1^2 + \frac{(z_2 - z_3)^2}{3} = A^2 \tag{2.41}$$

B-2. 算定法

回転子を固定した上で，u-v 相端子間，v-w 相端子間，w-u 相端子間のインダクタンスを計測する。これらをおのおの L_{uv}, L_{vw}, L_{wu} とする。
3インダクタンスの平均は次式で決定される。

$$L_{ave} = \frac{L_{uv} + L_{vw} + L_{wu}}{3} \tag{2.42}$$

PMSM が (2.30)～(2.37) 式の数学モデルに従う場合には，3インダクタンスは空間的に正弦変化する。この場合，正弦部分の振幅は (2.41) 式より次式で計測される。

$$A = \sqrt{(L_{uv} - L_{ave})^2 + \frac{(L_{vw} - L_{wu})^2}{3}} \tag{2.43}$$

(2.42)，(2.43) 式の半値 $L_{ave}/2, A/2$ がおのおの同相インダクタンス「L_i」，鏡相インダクタンスの極性反転値「$-L_m$」を与える。よって，d 軸，q 軸インダクタンスは，次式により計測されることになる。

$$\begin{bmatrix} L_d \\ L_q \end{bmatrix} = \begin{bmatrix} 1 & 1 \\ 1 & -1 \end{bmatrix}\begin{bmatrix} L_i \\ L_m \end{bmatrix} = \frac{1}{2}\begin{bmatrix} 1 & -1 \\ 1 & 1 \end{bmatrix}\begin{bmatrix} L_{ave} \\ A \end{bmatrix} \tag{2.44}$$

2.2.3 回転子パラメータの計測

$\gamma\delta$ 一般座標系上の二相数学モデルにおける磁束強度 $\varPhi$（(2.4) 式参照）は，誘起電圧計測により，決定することができる。以下に，原理を説明する。

PMSM に負荷装置を連結し，負荷装置を用いて PMSM を一定速度 ω_{2m} で駆動する。このとき，PMSM の u，v，w 相端子のいずれか1つを開放し，2端子間の誘起電圧を計測する。誘起電圧の波高値を E_{max} とすると，三相数学モデルにおける (2.33) 式の磁束強度 $\varPhi_t$ は，次式で与えられる。

$$\varPhi_t = \frac{E_{max}}{\sqrt{3}\,\omega_{2n}} = \frac{E_{max}}{\sqrt{3}\,N_p\omega_{2m}} \tag{2.45}$$

γδ一般座標系上の磁束強度 $Φ$ は，$Φ_t$ を用いた次式により，決定することができる。

$$Φ = \sqrt{\frac{3}{2}} Φ_t = \frac{E_{max}}{\sqrt{2}\,ω_{2n}} = \frac{E_{max}}{\sqrt{2}\,N_p ω_{2m}} \tag{2.46}$$

なお，γδ一般座標系上の二相数学モデルにおける磁束強度 $Φ$ と uvw 座標系上の三相数学モデルにおける磁束強度 $Φ_t$ ((2.33)式参照) との間の換算係数 $\sqrt{3/2}$ は，3/2相変換器，2/3相変換器として直交変換 (絶対変換) を利用したことに遠因している[2])。直交変換以外の相変換器を用いる場合には，換算係数が異なるので，注意を要する。相変換器に関しては，後掲の (2.47) 式を参照。

2.3 ベクトル制御系の基本構造

2.3.1 全体構造

PMSM のためのエンコーダ (encoder) などの位置・速度センサ (position sensor, PG と表記) を利用したベクトル制御系の基本構造を図2.4に示した。同図では，簡明性を確保すべく，3×1ベクトルとして表現される三相信号，2×1ベクトルとして表現される二相信号は，1本の太い信号線でこれを表現している。また，ベクトル信号には，座標系との関連を明示すべく，脚符 t (uvw 座標系)，s (αβ 固定座標系)，r (dq 同期座標系) を付与している。

同システムの動作は，以下のように説明される。電流検出器で検出された三相固

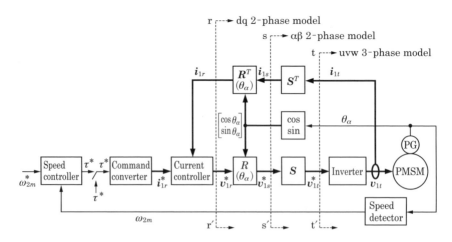

図 2.4 センサ利用ベクトル制御系の代表的構造

定子電流 i_{1t} は，3/2 相変換器 S^T で αβ 固定座標系上の二相電流 i_{1s} に変換された後，ベクトル回転器 $R^T(\theta_\alpha)$ で dq 同期座標系の二相電流 i_{1r} に変換され，電流制御器（current controller）へ送られる．電流制御器は，dq 同期座標系上の二相電流 i_{1r} が，二相の電流指令値 i_{1r}^* に追従すべく dq 同期座標系上の二相電圧指令値 v_{1r}^* を生成しベクトル回転器 $R(\theta_\alpha)$ へ送る．ベクトル回転器 $R(\theta_\alpha)$ では，dq 同期座標系上の二相電圧指令値 v_{1r}^* を αβ 固定座標系上の二相電圧指令値 v_{1s}^* に変換し，2/3 相変換器 S へ送る．2/3 相変換器 S では，二相電圧指令値 v_{1s}^* を三相電圧指令値 v_{1t}^* に変換し，電力変換器（インバータ，inverter）への指令値として出力する．電力変換器は指令値に応じた電圧 v_{1t} を発生し，PMSM へ印加しこれを駆動する．

図 2.4 の相変換器 S，ベクトル回転器 $R(\theta_\alpha)$ は，おのおの 3×2 行列，2×2 行列として次のように定義されている．

$$S \equiv \sqrt{\frac{2}{3}} \begin{bmatrix} 1 & -\frac{1}{2} & -\frac{1}{2} \\ 0 & \frac{\sqrt{3}}{2} & -\frac{\sqrt{3}}{2} \end{bmatrix}^T \tag{2.47}$$

$$R(\theta_\alpha) \equiv \begin{bmatrix} \cos\theta_\alpha & -\sin\theta_\alpha \\ \sin\theta_\alpha & \cos\theta_\alpha \end{bmatrix} \tag{2.48}$$

両行列は，基本的に直交行列であり，行列を構成する 3×1 ベクトル，2×1 ベクトルは互いに直交し，かつそのノルムは 1 である．

dq 同期座標系上の二相電流指令値 i_{1r}^* は，トルク指令値 τ^* から指令変換器（command converter）を介し得ている．指令変換器の働きは，トルク指令値から，トルク指令値に合致したトルクをもたらし，かつ最小損失，広範囲駆動を可能とする電流指令値の生成にある．

2 個のベクトル回転器に使用する回転子位相 θ_α は，位置・速度センサより直接得ている．速度検出器（speed detector）では，位置・速度センサからの位相信号を近似微分処理することにより回転子速度を検出している．同図では，システムの機能を表現するために分離表記したが，実際のシステムでは，速度検出器は位置・速度センサと一体不可分である．

図 2.4 のベクトル制御系では，参考までに，電流制御ループの上位に速度制御ループを構成する場合も例示している．制御目的が発生トルクにある場合には，トルク指令値は外部から直接印加される．これに対し，制御目的が速度制御にある場合には，トルク指令値は，速度指令値と速度応答値を入力信号とする速度制御器（speed controller) の出力信号として得ることになる。

制御器設計においては，制御器側から見た制御対象（PMSM）を把握する必要がある。前掲の図 2.4 には，これをも示した。すなわち，電力変換器が理想的であるとするならば，同図において t-t′ の破線から PMSM を見た場合には，PMSM は，(2.30)～(2.37) 式などの「uvw 座標系上の動的数学モデル」で記述された制御対象として把握される。s-s′ の破線から PMSM を見た場合には，PMSM は，(2.15)～(2.21) 式の「αβ 固定座標系上の動的数学モデル」で記述された制御対象として把握される。さらに，r-r′ の破線から PMSM を見た場合には，PMSM は，(2.22)～(2.28) 式の「dq 同期座標系上の動的数学モデル」で記述された制御対象として把握される。

2.3.2 制御器

図 2.4 のベクトル制御系の電流制御器から見た PMSM は，r-r′ の破線から見たものとなる。この結果，電流制御器は，「制御対象たる PMSM は dq 同期座標系上の動的数学モデルで記述される」ものとして，構成・設計される。dq 同期座標系上で評価した PMSM は，dq 軸間の干渉項を外乱と見なすと，外乱を伴った 1 次系として扱うことができる（(2.22b) 式参照）。この考えを，第 1.1.2 項で説明した制御器設計法特に (1.16)～(1.18) 式に適用すると，次の PI 電流制御器が構成・設計される[1]。

【PI 電流制御器】

$$\boldsymbol{v}_1^* = \begin{bmatrix} \dfrac{d_{d1}s + d_{d0}}{s} & 0 \\ 0 & \dfrac{d_{q1}s + d_{q0}}{s} \end{bmatrix} [\boldsymbol{i}_1^* - \boldsymbol{i}_1] \tag{2.49a}$$

または，

$$\begin{bmatrix} v_d^* \\ v_q^* \end{bmatrix} = \begin{bmatrix} \dfrac{d_{d1}s + d_{d0}}{s}(i_d^* - i_d) \\ \dfrac{d_{q1}s + d_{q0}}{s}(i_q^* - i_q) \end{bmatrix} \tag{2.49b}$$

■

【d 軸電流制御のための PI 制御器設計】

$$d_{d1} = L_d \omega_{ic} - R_1 \approx L_d \omega_{ic} \approx L_i \omega_{ic} \tag{2.50a}$$

$$d_{d0} = L_d w_1 (1 - w_1) \omega_{ic}^2 \approx L_i w_1 (1 - w_1) \omega_{ic}^2 \tag{2.50b}$$

$$0.05 \leq w_1 \leq 0.5 \tag{2.50c}$$

■

2.3 ベクトル制御系の基本構造

ここに，ω_{ic}〔rad/s〕は，電流制御系の帯域幅である．I（積分）制御器係数 d_{d0} を決定づける設計パラメータ w_1 は原則 (2.50c) 式に従って選定する．この場合，$w_1(1-w_1)$ の最大値は 0.25 となるが，電流応答における立ち上がりの向上を目的に，$w_1(1-w_1)$ を 0.5 程度あるいはそれ以上に大きく設定する場合もある．上の (2.50) 式は，d 軸電流制御器の設計法を示したものであるが，q 軸電流制御器の設計法も同様である．

電流制御器への入力信号である電流指令値 i_{1r}^* は，指令変換器においてトルク指令値 τ^* から生成している．トルク指令値は，トルク制御の場合には，外部から直接印加される．速度制御の場合には，速度制御器の出力信号として得る．

速度制御の対象である機械系の特性，すなわち発生トルク τ から機械速度 ω_{2m} に至る特性が，慣性モーメント J_m と粘性摩擦係数 D_m からなる次の 1 次遅れ系として表現されるものとする．

$$\omega_{2m} = \frac{1}{J_m s + D_m} \tau \tag{2.51}$$

速度指令値，速度応答値をおのおの ω_{2m}^*, ω_{2m} とし，第 1.5.2 項の内容を理解した上で，速度制御器を PI 制御器で構成・設計するものとする．これら制御器と設計法は，第 1.1.2 項で説明した制御器設計法特に，(1.16)〜(1.18) 式より，次式で与えられる[1]．

【PI 速度制御器】

$$\tau^* = \frac{d_1 s + d_0}{s}(\omega_{2m}^* - \omega_{2m}) \tag{2.52}$$

■

【速度制御のための PI 制御器設計法】[1]

$$d_1 = J_m \omega_{sc} - D_m \approx J_m \omega_{sc} \tag{2.53a}$$

$$d_0 = J_m w_1(1-w_1)\omega_{sc}^2 \tag{2.53b}$$

$$0.05 \leq w_1 \leq 0.5 \tag{2.53c}$$

■

ここに，ω_{sc}〔rad/s〕は，速度制御系の帯域幅であり，w_1 は I（積分）制御器係数 d_0 を決定づける設計パラメータである．

第3章

単一電流センサを用いたベクトル制御

　通常のベクトル制御法は，三相電流の少なくとも二相分が検出されることを前提に構成されている。一方，電流センサ系に関するロバスト性向上，費用低減などの要求もあり，より少ないあるいはより安価な電流センサで遂行可能なベクトル制御法の研究が展開されている。本章では，三相電流の一相分のみの検出で遂行可能なベクトル制御法を説明する。当該ベクトル制御法は，三相インバータで駆動される交流モータに広く適用可能であるが，本章では，駆動モータとして永久磁石同期モータ（PMSM）を取り上げる。

3.1 背　景

　電力変換器（インバータ，inverter）の直流母線電流（バス電流）を1制御周期内に2度検出し，直流検出値と電力変換器のPWMパタンとを利用して，モータへ流入する三相交流電流（以下，三相電流と略記）を復元し，モータ固定子電流を制御する方法（以下，「直流検出・三相復元・制御法」と略記）が種々報告されている[1)-3)]。直流検出・三相復元・制御法では，最小オン期間を確保した2種PWMパタンの生成，オン期間での2度の直流電流検出，オン期間検出電流の平均化によるオフ期間電流の推定などに関連した諸問題があり，種々の改良が試みられている[1)-3)]。

　直流検出・三相復元・制御法に対して，三相交流電流の内の一相電流を電力変換器のオフ期間に直接検出する一方で，未検出の2つの他相電流を推定的に復元し，三相電流制御する方法（以下，「交流検出・三相復元・制御法」と略記）が報告されている[4)-7)]。これらは，たとえば検出一相電流をu相電流とする場合には，u相電流検出値，v相電流推定値，w相電流推定値の三相信号をもって三相電流（応答電流）の近似値とし，三相電流近似値を三相電流真値と見なして，dq回転座標系（PMSMを対象とする場合には，dq同期座標系と同一）上の電流に変換し，これを制御するものである。

3.1 背景

上記の交流検出・三相復元・制御法の動作に関する十分な解析は与えられていないが，所要の性能を発揮しえた場合には，一般に次の2つの特長をもつであろうと期待される。
(a) 本法は，原理の相違により，直流検出・三相復元・制御法が原理的に直面した諸問題を難なく回避できる。
(b) 本法は，二相分，三相分の交流電流検出を前提とした，標準的な電力変換器のPWMパタンの生成法，電流検出法に何らかの変更を加えることなく利用できる。

一方で，交流検出・三相復元・制御法は，以下に列挙する諸点のいくつかを未解決課題として残置している[4)-7)]。
(a) 電流推定にモータパラメータを必要とする。このため，モータパラメータ変動，パラメータ誤差に対して脆弱である。
(b) 大きな時定数をもつフィルタによる処理を必須とする。ひいては，安定性確保の観点より，電流制御系の帯域幅，速応性を著しく低下させねばならない。
(c) 概して，電流推定のためのアルゴリズムが煩雑であり，電流推定に多大な演算量を必要とする。ひいては高速な演算素子（マイコンなど）を必要とする。
(d) 電流制御周期がモータ回転速度により支配される。このため，低リプル電流制御が不可能あるいは困難である。
(e) 未検出の他相電流の推定に際しては，正相成分のみの直接的推定を目指している。これが電流推定と電流制御の速応性・安定性の低下の遠因となっている。

交流モータの電流制御は，2軸直交座標系の1つであるdq回転座標系上での遂行が基本である。換言するならば，固定子電流の二相化による制御が基本である。本観点に立つならば，交流モータの電流制御においては，三相電流の内の未検出の2つの他相電流を復元する必要はなく，2軸直交座標系上の二相電流を直接的に復元すれば，復元目的が達成されることがわかる[8), 9)]。

上記の考えをさらに推し進めると，「交流モータの電流制御に真に必要な信号は，電流制御器の入力である電流偏差であり，三相電流の一相分の検出電流を用いて電流偏差を合成できれば，電流制御目的が達成される」との認識に至る。電流偏差の直接合成を目指す場合には，未検出の三相電流自体の復元は不要となり，ひいては，交流検出・三相復元・制御法が有した課題を根源的に解決できる可能性が出てくる[9)-11)]。

ここでは，電流偏差の直接合成を目指す方法を，「交流検出・擬似電流偏差合成・制御法」と呼称する。本章では，文献9)～11) を通じ，新中により提案された交流検出・擬似電流偏差合成・制御法を紹介する。本法は，一相電流検出値を用いて，uvw座標系上，αβ固定座標系上，またはdq回転座標系上で擬似電流偏差を直接的に（換言す

るならば，未検出相の電流を一切推定することなく）静的合成し，これをD因子制御器等で処理して，未検出相を含む全相の電圧指令値を生成するものである。静的合成した擬似電流偏差は，正相成分と同レベルの逆相成分の含有を許容するものでもある。

交流検出・擬似電流偏差合成・制御法は，擬似電流偏差の生成座標系の選定いかんによっては，二相分，三相分の交流電流検出を行う通常の電流制御に比較し，演算負荷の点においても優位性を発揮できるという特長も有する。これら諸特性により，交流検出・擬似電流偏差合成・制御法は，従前の交流検出・三相復元・制御法が有する課題の多くを同時解決しうるポテンシャルを備える。

3.2 準 備

本節では，次節以降の原理導出，特性解析の明快性を確保すべく，この基本となる諸事項を整理しておく。

3.2.1 座標系の定義

3種の座標系を表示した図3.1を考える。uvw座標系のu軸，v軸，w軸は，おのおのの交流モータの固定子u相，v相，w相巻線の空間的中心位置に対応した軸であり，互いに位相（位置と同義）$2\pi/3$〔rad〕の開きをもつ。$\alpha\beta$固定座標系のα軸は，u軸と同一であり，β軸はα軸と直交している。uvw座標系，$\alpha\beta$固定座標系はともにモータ固定子に関係した固定座標系である。

これに対して，直交のd軸，q軸からなるdq回転座標系は，空間回転のベクトル物理量に関係した回転座標系である。d軸は，u軸，α軸から見た場合，速度$\omega_d \neq 0$〔rad/s〕で回転し，位相θ_αをもつものとしている。d軸位相は，たとえば，永久磁

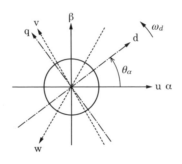

図3.1 3種の座標系

石同期モータ (PMSM) の場合には N 極位相 (あるいは同推定値) に, 誘導モータ (induction motor, IM) の場合には回転子磁束位相 (あるいは同推定値) などに対応させることができる。

3.2.2 ベクトルと行列

ベクトル, 行列を次のように定義する [12), 14)]。

$$\boldsymbol{u}(\theta_\alpha) \equiv \begin{bmatrix} \cos\theta_\alpha \\ \sin\theta_\alpha \end{bmatrix} \tag{3.1}$$

$$\boldsymbol{R}(\theta_\alpha) \equiv \begin{bmatrix} \cos\theta_\alpha & -\sin\theta_\alpha \\ \sin\theta_\alpha & \cos\theta_\alpha \end{bmatrix} \tag{3.2}$$

$$\boldsymbol{J} \equiv \boldsymbol{R}\left(\frac{\pi}{2}\right) = \begin{bmatrix} 0 & -1 \\ 1 & 0 \end{bmatrix} \tag{3.3}$$

$$\boldsymbol{Q}(\theta_\alpha) \equiv \begin{bmatrix} \cos 2\theta_\alpha & \sin 2\theta_\alpha \\ \sin 2\theta_\alpha & -\cos 2\theta_\alpha \end{bmatrix} \tag{3.4}$$

$$\boldsymbol{K} \equiv \boldsymbol{Q}(0) = \begin{bmatrix} 1 & 0 \\ 0 & -1 \end{bmatrix} \tag{3.5}$$

$$\boldsymbol{S} \equiv K_2 \begin{bmatrix} 1 & 0 \\ \frac{-1}{2} & \frac{\sqrt{3}}{2} \\ \frac{-1}{2} & \frac{-\sqrt{3}}{2} \end{bmatrix} \quad ; K_2 = \sqrt{\frac{2}{3}} \tag{3.6}$$

$$\boldsymbol{J}_n \equiv \begin{bmatrix} 0 & -1 & 1 \\ 1 & 0 & -1 \\ -1 & 1 & 0 \end{bmatrix} \tag{3.7}$$

鏡行列 $\boldsymbol{Q}(\theta_\alpha)$ に関しては, 次の等式が成立している [12)]。

$$\boldsymbol{Q}(\theta_\alpha) = \boldsymbol{R}(\theta_\alpha)\boldsymbol{K}\boldsymbol{R}^T(\theta_\alpha) \tag{3.8}$$

$$\boldsymbol{I} + \boldsymbol{Q}(\theta_a) = 2\boldsymbol{u}(\theta_\alpha)\boldsymbol{u}^T(\theta_\alpha) \tag{3.9}$$

$$\boldsymbol{Q}(\theta_\alpha) + \boldsymbol{Q}\left(\theta_\alpha + \frac{2\pi}{3}\right) + \boldsymbol{Q}\left(\theta_\alpha - \frac{2\pi}{3}\right) = \boldsymbol{0} \tag{3.10}$$

3.2.3 電流の指令値と応答値と偏差

uvw 座標系上の電流指令値, 同応答値, 同偏差を次のように定義する。

$$\boldsymbol{i}_{1t}^* \equiv \begin{bmatrix} i_u^* \\ i_v^* \\ i_w^* \end{bmatrix}, \quad \boldsymbol{i}_{1t} \equiv \begin{bmatrix} i_u \\ i_v \\ i_w \end{bmatrix}, \quad \Delta \boldsymbol{i}_{1t} \equiv \begin{bmatrix} \Delta i_u \\ \Delta i_v \\ \Delta i_w \end{bmatrix} = \boldsymbol{i}_{1t}^* - \boldsymbol{i}_{1t} \tag{3.11}$$

αβ 固定座標系上の電流指令値,同応答値,同偏差を次のように定義する.

$$\boldsymbol{i}_{1s}^* \equiv \begin{bmatrix} i_\alpha^* \\ i_\beta^* \end{bmatrix}, \quad \boldsymbol{i}_{1s} \equiv \begin{bmatrix} i_\alpha \\ i_\beta \end{bmatrix}, \quad \Delta \boldsymbol{i}_{1s} \equiv \begin{bmatrix} \Delta i_\alpha \\ \Delta i_\beta \end{bmatrix} = \boldsymbol{i}_{1s}^* - \boldsymbol{i}_{1s} \tag{3.12}$$

dq 回転座標系上の電流指令値,同応答値,同偏差を次のように定義する.

$$\boldsymbol{i}_{1r}^* \equiv \begin{bmatrix} i_d^* \\ i_q^* \end{bmatrix}, \quad \boldsymbol{i}_{1r} \equiv \begin{bmatrix} i_d \\ i_q \end{bmatrix}, \quad \Delta \boldsymbol{i}_{1r} \equiv \begin{bmatrix} \Delta i_d \\ \Delta i_q \end{bmatrix} = \boldsymbol{i}_{1r}^* - \boldsymbol{i}_{1r} \tag{3.13}$$

3 座標系上の諸電流信号(指令値,応答値,偏差)の間には,次の変換関係がおのおの成立している(代表例として指令値を用いて示す)[12]。

$$\begin{bmatrix} i_\alpha^* \\ i_\beta^* \end{bmatrix} = \boldsymbol{R}(\theta_\alpha) \begin{bmatrix} i_d^* \\ i_q^* \end{bmatrix} = \begin{bmatrix} \cos\theta_\alpha & -\sin\theta_\alpha \\ \sin\theta_\alpha & \cos\theta_\alpha \end{bmatrix} \begin{bmatrix} i_d^* \\ i_q^* \end{bmatrix} \tag{3.14}$$

$$\begin{bmatrix} i_u^* \\ i_v^* \\ i_w^* \end{bmatrix} = \boldsymbol{S} \begin{bmatrix} i_\alpha^* \\ i_\beta^* \end{bmatrix} = K_2 \begin{bmatrix} 1 & 0 \\ \dfrac{-1}{2} & \dfrac{\sqrt{3}}{2} \\ \dfrac{-1}{2} & \dfrac{-\sqrt{3}}{2} \end{bmatrix} \begin{bmatrix} i_\alpha^* \\ i_\beta^* \end{bmatrix} \quad ; K_2 = \sqrt{\dfrac{2}{3}} \tag{3.15}$$

$$\begin{bmatrix} i_u^* \\ i_v^* \\ i_w^* \end{bmatrix} = \boldsymbol{SR}(\theta_\alpha) \begin{bmatrix} i_d^* \\ i_q^* \end{bmatrix}$$

$$= K_2 \begin{bmatrix} \cos(-\theta_\alpha) & \sin(-\theta_\alpha) \\ \cos\left(-\theta_\alpha + \dfrac{2\pi}{3}\right) & \sin\left(-\theta_\alpha + \dfrac{2\pi}{3}\right) \\ \cos\left(-\theta_\alpha - \dfrac{2\pi}{3}\right) & \sin\left(-\theta_\alpha - \dfrac{2\pi}{3}\right) \end{bmatrix} \begin{bmatrix} i_d^* \\ i_q^* \end{bmatrix} \tag{3.16}$$

$$= K_2 \begin{bmatrix} \boldsymbol{u}^T(-\theta_\alpha) \\ \boldsymbol{u}^T\left(-\theta_\alpha + \dfrac{2\pi}{3}\right) \\ \boldsymbol{u}^T\left(-\theta_\alpha - \dfrac{2\pi}{3}\right) \end{bmatrix} \boldsymbol{i}_{1r}^* \quad ; K_2 = \sqrt{\dfrac{2}{3}}$$

3.2.4 D因子制御器
A. 3×3 D因子制御器

微分演算子 s の有理関数として記述される次の1入力1出力 (以下, 1×1 と表記) 電流制御器 $G(s)$ を考える。

$$G(s) = \frac{D(s)}{C(s)} \tag{3.17a}$$

$$C(s) = s^m + c_{m-1}s^{m-1} + \ldots + c_0 \qquad ; m \geq 0 \tag{3.17b}$$

$$D(s) = d_m s^m + d_{m-1}s^{m-1} + \ldots + d_0 \qquad ; m \geq 0 \tag{3.17c}$$

1×1 制御器 $G(s)$ に対応した 3×3 D因子制御器 $\boldsymbol{G}(\boldsymbol{D}_n)$ は次式で与えられる[12), 13)]。

$$\boldsymbol{G}\left(\boldsymbol{D}_n\left(s, -\frac{\omega_d}{\sqrt{3}}\right)\right) = \boldsymbol{C}^{-1}\left(\boldsymbol{D}_n\left(s, -\frac{\omega_d}{\sqrt{3}}\right)\right)\boldsymbol{D}\left(\boldsymbol{D}_n\left(s, -\frac{\omega_d}{\sqrt{3}}\right)\right) \tag{3.18a}$$

$$\boldsymbol{C}\left(\boldsymbol{D}_n\left(s, -\frac{\omega_d}{\sqrt{3}}\right)\right) = \boldsymbol{D}_n^m\left(s, -\frac{\omega_d}{\sqrt{3}}\right) + c_{m-1}\boldsymbol{D}_n^{m-1}\left(s, -\frac{\omega_d}{\sqrt{3}}\right) + \cdots + c_0\boldsymbol{I} \tag{3.18b}$$

$$\boldsymbol{D}\left(\boldsymbol{D}_n\left(s, -\frac{\omega_d}{\sqrt{3}}\right)\right) = d_m\boldsymbol{D}_n^m\left(s, -\frac{\omega_d}{\sqrt{3}}\right) + d_{m-1}\boldsymbol{D}_n^{m-1}\left(s, -\frac{\omega_d}{\sqrt{3}}\right) + \cdots + d_0\boldsymbol{I} \tag{3.18c}$$

ただし,

$$\boldsymbol{D}_n\left(s, \frac{\omega_d}{\sqrt{3}}\right) \equiv s\boldsymbol{I} + \left(\frac{\omega_d}{\sqrt{3}}\right)\boldsymbol{J}_n \tag{3.19}$$

三相電流指令値 $\boldsymbol{i}_{1t}^*$ と同応答値 $\boldsymbol{i}_{1t}$ との偏差 $\Delta \boldsymbol{i}_{1t}$ を 3×3 D因子制御器 $\boldsymbol{G}(\boldsymbol{D}_n)$ に用いて, 三相電圧指令値 $\boldsymbol{v}_{1t}^*$ を生成する場合, これら三者の関係は, 次のように記述される[12), 13)]。

$$\boldsymbol{v}_{1t}^* = \boldsymbol{G}\left(\boldsymbol{D}_n\left(s, -\frac{\omega_d}{\sqrt{3}}\right)\right)\Delta \boldsymbol{i}_{1t} \tag{3.20}$$

次の 1×1 PI制御器を考える。

$$G(s) = d_1 + \frac{d_0}{s} \tag{3.21}$$

(3.21) 式に対応した 3×3 PI形D因子制御器 $\boldsymbol{G}(\boldsymbol{D}_n)$ は次式となる[12), 13)]。

$$\boldsymbol{G}\left(\boldsymbol{D}_n\left(s, -\frac{\omega_d}{\sqrt{3}}\right)\right) = \left[d_1\boldsymbol{I} + d_0\boldsymbol{D}_n^{-1}\left(s, -\frac{\omega_d}{\sqrt{3}}\right)\right] \tag{3.22}$$

上の 3×3 D因子制御器を用いた電流制御の構成的様子を, 図3.2に描画した[12), 13)]。同図より明白なように, D因子制御器は, 通常の制御器に比較し, (3.7) 式の, 3×3 交代行列 $\boldsymbol{J}_n$ に従い, 積分器の出力信号を交叉フィードバックしているに過ぎず, 簡

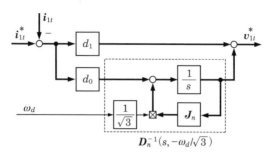

図 3.2　3 入出力 PI 形 D 因子制御器

単に実現される。

B. 2×2 D 因子制御器

(3.17) 式の 1×1 制御器 $G(s)$ に対応した 2×2 D 因子制御器 $G(D)$ は次式で与えられる[12), 13)]。

$$G(D(s,-\omega_d)) = C^{-1}(D(s,-\omega_d))D(D(s,-\omega_d)) \tag{3.23a}$$

$$C(D(s,-\omega_d)) = D^m(s,-\omega_d) + c_{m-1}D^{m-1}(s,-\omega_d) + \cdots + c_0 I \tag{3.23b}$$

$$D(D(s,-\omega_d)) = d_m D^m(s,-\omega_d) + d_{m-1}D^{m-1}(s,-\omega_d) + \cdots + d_0 I \tag{3.23c}$$

ただし,

$$D(s,\omega_d) \equiv sI + \omega_d J \tag{3.24}$$

二相電流指令値 i_{1s}^* と同応答値 i_{1s} との偏差 Δi_{1s} を 2×2 D 因子制御器 $G(D)$ に用いて, 二相電圧指令値 v_{1s}^* を生成する場合, これら三者の関係は, 次のように記述される[12), 13)]。

$$v_{1s}^* = G(D(s,-\omega_d))\Delta i_{1s} \tag{3.25}$$

(3.21) 式の 1×1 PI 制御器に対応した 2×2 PI 形 D 因子制御器は次式となる[12), 13)]。

$$G(D(s,-\omega_d)) = [d_1 I + d_0 D^{-1}(s,-\omega_d)] \tag{3.26}$$

上の D 因子制御器を用いた電流制御の構成的様子を, 図 3.3 に描画した[12), 13)]。同図より明白なように, D 因子制御器は, 通常の制御器に比較し, (3.3) 式の 2×2 交代行列 J に従い, 積分器の出力信号を交叉フィードバックしているに過ぎず, 簡単に実現される。

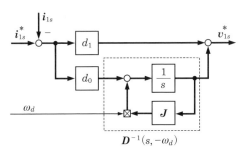

図 3.3　2 入出力 PI 形 D 因子制御器

3.3 静的合成の擬似電流偏差による三相電流制御

　本節で考える技術課題は，「u 相，v 相，w 相電流 i_u, i_v, i_w からなる三相電流のいずれか一相の電流を検出し，一相電流検出値のみを利用して，dq 回転座標系上の電流指令値 i_d^*, i_q^* に追従するように，三相電流を制御する」ことである。

　以下に，本技術課題を解決する 3 種の交流検出・擬似電流偏差合成・制御法を紹介する。3 種の交流検出・擬似電流偏差合成・制御法は，uvw 座標系，αβ 固定座標系，dq 回転座標系の異なった座標系の上で電流制御器を構成するという相違を有する反面，一相電流検出値を利用して所要の擬似電流偏差を直接的に（換言するならば，未検出相の電流を一切推定することなく）静的合成し，合成擬似電流偏差が含有する逆相成分に不感である反面，正相成分に感応して，未検出相を含む全相の電圧指令値を生成して三相電流を制御し，所期の電流制御目的を達成するという共通の特徴を有する。

3.3.1　三相座標系上の擬似電流偏差の合成と制御

A. 擬似電流偏差の静的合成

　uvw 座標系上の擬似電流偏差の静的合成法は，u 相，v 相，w 相電流 i_u, i_v, i_w のいずれか 1 つの検出値と d 軸，q 軸電流指令値 i_d^*, i_q^* とを用いて，3×1 擬似二相電流偏差 $\Delta \tilde{\boldsymbol{i}}_{1t}$ を次のように直接的かつ静的に合成するものである。

【擬似電流偏差の静的合成法】

(a)　u 相電流検出

$$\Delta \tilde{\boldsymbol{i}}_{1t} = \Delta i_u \begin{bmatrix} 2 \\ -1 \\ -1 \end{bmatrix} = (K_2 \, \boldsymbol{i}_{1r}^{*T} \, \boldsymbol{u}(-\theta_\alpha) - i_u) \begin{bmatrix} 2 \\ -1 \\ -1 \end{bmatrix} \tag{3.27}$$

(b) v 相電流検出

$$\Delta \tilde{\boldsymbol{i}}_{1t} = \Delta i_v \begin{bmatrix} -1 \\ 2 \\ -1 \end{bmatrix} = \left(K_2 \, \boldsymbol{i}_{1r}^{*T} \, \boldsymbol{u}\left(-\theta_\alpha + \frac{2\pi}{3}\right) - i_v \right) \begin{bmatrix} -1 \\ 2 \\ -1 \end{bmatrix} \quad (3.28)$$

(c) w 相電流検出

$$\Delta \tilde{\boldsymbol{i}}_{1t} = \Delta i_w \begin{bmatrix} -1 \\ -1 \\ 2 \end{bmatrix} = \left(K_2 \, \boldsymbol{i}_{1r}^{*T} \, \boldsymbol{u}\left(-\theta_\alpha - \frac{2\pi}{3}\right) - i_w \right) \begin{bmatrix} -1 \\ -1 \\ 2 \end{bmatrix} \quad (3.29)$$

■

なお，(3.27)～(3.29)式の各相電流偏差 Δi_u, Δi_v, Δi_w は，(3.11)，(3.16)式に基づき定められている。

(3.27)～(3.29)式の擬似三相電流偏差 $\Delta \tilde{\boldsymbol{i}}_{1t}$ は，次の特徴をもつ。

(a) 三相電流の検出は三相電流 i_u, i_v, i_w の内の一相分であり，擬似三相電流偏差 $\Delta \tilde{\boldsymbol{i}}_{1t}$ には，三相電流偏差真値 Δi_u, Δi_v, Δi_w の内の一相分のみが利用されている。

(b) 擬似三相電流偏差 $\Delta \tilde{\boldsymbol{i}}_{1t}$ の各相成分は一相分電流偏差真値に比例し，これが非ゼロの場合には擬似三相電流偏差も非ゼロとなる。

(c) 擬似三相電流偏差 $\Delta \tilde{\boldsymbol{i}}_{1t}$ はゼロ相成分を有しない。

(d) u 相，v 相，w 相電流の内の一相電流を用いて直接的かつ静的に合成した 3 種の擬似三相電流偏差の総和が，三相電流偏差真値 $\Delta \boldsymbol{i}_{1t}$ の 3 倍値となる。すなわち，次式が成立する。

$$\Delta i_u \begin{bmatrix} 2 \\ -1 \\ -1 \end{bmatrix} + \Delta i_v \begin{bmatrix} -1 \\ 2 \\ -1 \end{bmatrix} + \Delta i_w \begin{bmatrix} -1 \\ -1 \\ 2 \end{bmatrix} = \begin{bmatrix} 2 & -1 & -1 \\ -1 & 2 & -1 \\ -1 & -1 & 2 \end{bmatrix} \begin{bmatrix} \Delta i_u \\ \Delta i_v \\ \Delta i_w \end{bmatrix} = 3\Delta \boldsymbol{i}_{1t} \quad (3.30)$$

なお，(3.30)式の中辺から右辺への展開には，「三相電流偏差真値はゼロ相成分を有しない」との事実が使用されている。

三相電流偏差真値 $\Delta \boldsymbol{i}_{1t}$ の成分は正相成分（ω_d と同一極性の相順成分）のみとするならば，ゼロ相成分を有しない擬似三相電流偏差 $\Delta \tilde{\boldsymbol{i}}_{1t}$ は，正相成分と逆相成分（$-\omega_d$ と同一極性の相順成分）のみから構成されることになる。しかも 3 種の擬似三相電流偏差は，互いに循環的で，その信号レベルは同一である。これは，「3 種の擬似三相電流偏差 $\Delta \tilde{\boldsymbol{i}}_{1t}$ は，おのおの，三相電流偏差真値 $\Delta \boldsymbol{i}_{1t}$ と同一レベルの正相成分を有すると同時に，同一レベルの逆相成分をも有する」ことを意味する（後掲の定理 3.1 を参照）。

3.3 静的合成の擬似電流偏差による三相電流制御

B. D因子制御器による電流制御

上記認識より，擬似三相電流偏差 $\Delta \tilde{i}_{1t}$ に対し，この逆相成分に不感で正相成分のみに有効に働く電流制御器を利用して電流制御を遂行すれば，電流制御目的が達成されることが理解される。この種の電流制御器は，3×3D因子制御器である。すなわち，(3.27)～(3.29) 式のいずれかの擬似三相電流偏差 $\Delta \tilde{i}_{1t}$ を，3×3D因子制御器に用いて三相電圧指令値 v_{1t}^* を生成するならば，次の交流検出・擬似電流偏差合成・制御法が得られる。

【交流検出・擬似電流偏差合成・制御法】

$$v_{1t}^* = G\left(D_n\left(s, -\frac{\omega_d}{\sqrt{3}}\right)\right)\Delta \tilde{i}_{1t} \tag{3.31}$$

■

(3.31) 式の 3×3D因子制御器 $G(D_n)$ は，擬似三相電流偏差 $\Delta \tilde{i}_{1t}$ に含まれる逆相成分に不感である反面，正相成分に感応して動作する。換言するならば，3×3D因子制御器 $G(D_n)$ は，擬似三相電流偏差 $\Delta \tilde{i}_{1t}$ に対して，三相電流偏差真値 Δi_{1t} と同様な三相電圧指令値 v_{1t}^* を出力する。

(3.31) 式の交流検出・擬似電流偏差合成・制御法を，PMSMベクトル制御系に適用した例を図3.4に描画した。同図では，検出すべき一相電流をu相電流としている。すなわち，擬似電流偏差合成器（quasi current error synthesizer）は，検出した一相電流であるu相電流を，(3.27) 式に従って処理し，擬似三相電流偏差 $\Delta \tilde{i}_{1t}$ を合成・出力している。同図のベクトル化器（vectorizer）は，(3.27) 式の 3×1 一定ベクトル $[2 \ -1 \ -1]^T$ による乗算処理を遂行している。

擬似三相電流偏差が含有する逆相成分に不感で，かつ正相成分に感応する電流制御

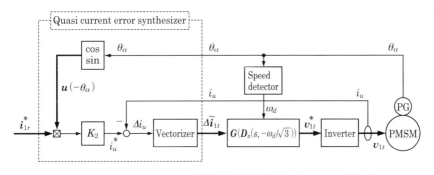

図3.4 PMSMのための三相擬似電流偏差を用いたベクトル制御系
（u相電流検出の例）

器の利用を目指す交流検出・擬似電流偏差合成・制御法は，$\omega_d = 0$ の直流状態では利用できない。直流状態では，擬似三相電流偏差が含有する正相成分と逆相成分との相違が消滅し，両成分の分離的処理は原理的に不可能である。実際的に駆動可能な最低速度は，逆相成分に不感で正相成分に感応する電流制御器の感応特性に加え，モータの種類（同期モータ，誘導モータなど）と特性，負荷，設計仕様によって変化するものと思われる（第3.3節末尾の注3.2参照）。

3.3.2　固定座標系上の擬似電流偏差の合成と制御
A.　擬似電流偏差の静的合成

$\alpha\beta$ 固定座標系上の擬似電流偏差の静的合成法は，u 相，v 相，w 相電流 i_u, i_v, i_w のいずれか1つの検出値と d 軸，q 軸電流指令値 i_d^*, i_q^* とを用いて，$\alpha\beta$ 固定座標系上の 2×1 擬似二相電流偏差 $\Delta\tilde{\boldsymbol{i}}_{1s}$ を次のように直接的かつ静的に合成するものである。

【擬似電流偏差の静的合成法】

(a)　u相電流検出

$$\Delta\tilde{\boldsymbol{i}}_{1s} = K_3 \Delta i_u \begin{bmatrix} 1 \\ 0 \end{bmatrix} = \left(2\,\boldsymbol{i}_{1r}^{*T}\,\boldsymbol{u}(-\theta_\alpha) - K_3\,i_u \right) \begin{bmatrix} 1 \\ 0 \end{bmatrix} \tag{3.32}$$

(b)　v相電流検出

$$\Delta\tilde{\boldsymbol{i}}_{1s} = K_3 \Delta i_v \begin{bmatrix} \dfrac{-1}{2} \\ \dfrac{\sqrt{3}}{2} \end{bmatrix} = \left(2\,\boldsymbol{i}_{1r}^{*T}\,\boldsymbol{u}\!\left(-\theta_\alpha + \dfrac{2\pi}{3}\right) - K_3\,i_v \right) \begin{bmatrix} \dfrac{-1}{2} \\ \dfrac{\sqrt{3}}{2} \end{bmatrix} \tag{3.33}$$

(c)　w相電流検出

$$\Delta\tilde{\boldsymbol{i}}_{1s} = K_3 \Delta i_w \begin{bmatrix} \dfrac{-1}{2} \\ \dfrac{-\sqrt{3}}{2} \end{bmatrix} = \left(2\,\boldsymbol{i}_{1r}^{*T}\,\boldsymbol{u}\!\left(-\theta_\alpha - \dfrac{2\pi}{3}\right) - K_3\,i_w \right) \begin{bmatrix} \dfrac{-1}{2} \\ \dfrac{-\sqrt{3}}{2} \end{bmatrix} \tag{3.34}$$

■

(3.32)～(3.34) 式における係数 K_3 は，(3.6)，(3.15)，(3.16) 式に使用した係数 K_2 を用い，次のように定められている。

$$K_3 = \dfrac{2}{K_2} = \sqrt{6} \tag{3.35}$$

(3.32)～(3.34) 式の 3 種 2×1 擬似二相電流偏差 $\Delta\tilde{\boldsymbol{i}}_{1s}$ は，おのおの，(3.27)～(3.29) 式の 3 種 3×1 擬似三相電流偏差と次の関係を有する。

$$\Delta \tilde{\boldsymbol{i}}_{1s} = \boldsymbol{S}^T \Delta \tilde{\boldsymbol{i}}_{1t} \tag{3.36}$$

また，擬似二相電流偏差 $\Delta \tilde{\boldsymbol{i}}_{1s}$ は，以下の特徴をもつ．

(a) 三相電流の検出は一相のみであり，擬似二相電流偏差 $\Delta \tilde{\boldsymbol{i}}_{1s}$ の合成に利用される三相電流偏差真値は $\Delta i_u, \Delta i_v, \Delta i_w$ のいずれか1つである．

(b) 擬似二相電流偏差 $\Delta \tilde{\boldsymbol{i}}_{1s}$ の各相成分は，三相電流偏差真値 $\Delta i_u, \Delta i_v, \Delta i_w$ の一相分いずれか1つに比例する．

αβ固定座標系上の擬似二相電流偏差に関しては，これが含有する正相成分と逆相成分とに関し，次の定理が成立する．

【定理 3.1】

αβ固定座標系上の3種の擬似二相電流偏差 $\Delta \tilde{\boldsymbol{i}}_{1s}$ の総和は，二相電流偏差真値の3倍値となる．また，おのおのの擬似二相電流偏差 $\Delta \tilde{\boldsymbol{i}}_{1s}$ は，二相電流偏差真値 Δi_{1s} と同一レベルの正相成分と逆相成分とを含有する．

〈証明〉

(3.35) 式を考慮すると，(3.32)～(3.34) 式の総和は次式となる．

$$K_3 \Delta i_u \begin{bmatrix} 1 \\ 0 \end{bmatrix} + K_3 \Delta i_v \begin{bmatrix} \frac{-1}{2} \\ \frac{\sqrt{3}}{2} \end{bmatrix} + K_3 \Delta i_w \begin{bmatrix} \frac{-1}{2} \\ \frac{-\sqrt{3}}{2} \end{bmatrix}$$
$$= 3 \left(\frac{2}{3} \cdot \frac{1}{K_2} \right) \begin{bmatrix} 1 & \frac{-1}{2} & \frac{-1}{2} \\ 0 & \frac{\sqrt{3}}{2} & \frac{-\sqrt{3}}{2} \end{bmatrix} \begin{bmatrix} \Delta i_u \\ \Delta i_v \\ \Delta i_w \end{bmatrix} = 3 \Delta \boldsymbol{i}_{1s} \tag{3.37}$$

(3.37) 式は定理の前半部分を意味する．

定理の後半部分は，まず (3.32) 式を用いて証明する．(3.32) 式の擬似二相電流偏差は，(3.15), (3.35) 式を考慮すると，次のように書き改められる．

$$\Delta \tilde{\boldsymbol{i}}_{1s} = K_3 \Delta i_u \begin{bmatrix} 1 \\ 0 \end{bmatrix} = \left[\begin{bmatrix} \frac{K_3}{2} \Delta i_u \\ \Delta i_\beta \end{bmatrix} + \begin{bmatrix} \frac{K_3}{2} \Delta i_u \\ -\Delta i_\beta \end{bmatrix} \right]$$
$$= \begin{bmatrix} \Delta i_\alpha \\ \Delta i_\beta \end{bmatrix} + \begin{bmatrix} \Delta i_\alpha \\ -\Delta i_\beta \end{bmatrix} \tag{3.38}$$

(3.38) 式右辺第1項は，二相電流偏差真値 $\Delta \boldsymbol{i}_{1s}$ を意味し，第2項は二相電流偏差真値に対する同一レベルの逆相成分を意味する．

(3.33), (3.34) 式は，(3.38) 式と同様な次の形におのおの書き換えられ，ひいては同式と同様な主張が成立する．

$$\Delta \tilde{i}_{1s} = K_3 \Delta i_v \begin{bmatrix} \dfrac{-1}{2} \\ \dfrac{\sqrt{3}}{2} \end{bmatrix} = \boldsymbol{R}\left(\dfrac{2\pi}{3}\right) \left[\begin{bmatrix} \dfrac{K_3}{2}\Delta i_v \\ \Delta i'_\beta \end{bmatrix} + \begin{bmatrix} \dfrac{K_3}{2}\Delta i_v \\ -\Delta i'_\beta \end{bmatrix} \right] \tag{3.39}$$

$$\Delta \tilde{i}_{1s} = K_3 \Delta i_w \begin{bmatrix} \dfrac{-1}{2} \\ \dfrac{-\sqrt{3}}{2} \end{bmatrix} = \boldsymbol{R}\left(\dfrac{-2\pi}{3}\right) \left[\begin{bmatrix} \dfrac{K_3}{2}\Delta i_w \\ \Delta i''_\beta \end{bmatrix} + \begin{bmatrix} \dfrac{K_3}{2}\Delta i_w \\ -\Delta i''_\beta \end{bmatrix} \right] \tag{3.40}$$

3種の擬似二相相電流偏差が，互いに循環的で，その信号レベルは同一であることを考慮すると，(3.38)〜(3.40) 式は定理の後半を意味する。∎

B．D因子制御器による電流制御

静的合成した擬似二相電流偏差 $\Delta \tilde{i}_{1s}$ に対し，定理3.1に基づき，この逆相成分に不感で正相成分のみに有効に働く電流制御器を利用して電流制御を遂行すれば，電流制御目的が達成されることが理解される。この種の電流制御器は，2×2D因子制御器である。すなわち，(3.32)〜(3.34) 式のいずれかの擬似二相電流偏差 $\Delta \tilde{i}_{1s}$ を，正逆相成分に対し選択的感応性を有する 2×2D因子制御器 $\boldsymbol{G}(\boldsymbol{D})$ に用いて，二相電圧指令値 $\boldsymbol{v}^*_{1s}$，三相電圧指令値 $\boldsymbol{v}^*_{1t}$ を生成するならば，次の交流検出・擬似電流偏差合成・制御法が得られる。

【交流検出・擬似電流偏差合成・制御法】

$$\boldsymbol{v}^*_{1t} = \boldsymbol{S}\boldsymbol{v}^*_{1s} = \boldsymbol{S}\boldsymbol{G}(\boldsymbol{D}(s, -\omega_d))\Delta \tilde{i}_{1s} \tag{3.41}$$

∎

(3.41) 式の交流検出・擬似電流偏差合成・制御法を，PMSM ベクトル制御系に適用した例を図3.5に描画した。同図では，検出すべき一相電流をu相電流としている。すなわち，擬似電流偏差合成器は，検出した一相電流であるu相電流を，(3.32) 式に従って直接的に静的処理し，擬似二相電流偏差 $\Delta \tilde{i}_{1s}$ を合成・出力している。同図のベクトル化器は，(3.32) 式の 2×1 一定ベクトル $[1\ 0]^T$ による乗算処理を遂行している。

(3.32) 式の擬似二相電流偏差を利用する場合には，擬似 β 軸電流偏差は常時ゼロであるので，厳密には，ベクトル化器のブロックは不要である。図3.5では，(3.33) 式または (3.34) 式に記述した擬似二相電流偏差の利用も想定して，一般性をもたせて，ベクトル化器のブロックを描画・挿入している。

3.3 静的合成の擬似電流偏差による三相電流制御

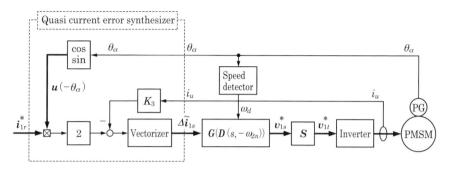

図 3.5　PMSM のための αβ 固定座標系上の二相擬似電流偏差を用いたベクトル制御系
（u 相電流検出の例）

P（比例）制御器係数 d_1，I（積分）制御器係数 d_0 をもつ PI 制御を遂行する場合，一相電流偏差 $2\Delta i_\alpha = K_3 \Delta i_u$ から二相電圧指令値 v_{1s}^* の生成を担う D 因子制御器 $G(D)$ の詳細は，図 3.6 のように描画される。図 3.5〜3.6 より明白なように，「提案方法によれば，三相二相変換器 S_T，ベクトル回転器 $R^T(\theta_\alpha)$，$R(\theta_\alpha)$ を使用することなく，さらには，1 個の P 制御器と 2 個の I 制御器のみで αβ 固定座標系上の電圧指令値 v_{1s}^* を生成できる」という簡単性に秀でた特長を得ることができる。

二相分または三相分の交流電流検出を行う通常の dq 回転座標系上の PI 電流制御では，三相二相変換器と二相三相変換器，2 個のベクトル回転器，2 個の P 制御器，2 個の I 制御器が必要とされる。これに比較し，図 3.6 の D 因子制御器 $G(D)$ による電圧指令値生成工程は，格段に簡略化されており，この交流検出・擬似電流偏差合成・制御法は，計算負荷においても高い優位性をもつ。

なお，擬似二相電流偏差が含有する逆相成分に不感で正相成分に感応する電流制御器の利用を目指す交流検出・擬似電流偏差合成・制御法は，$\omega_d = 0$ の直流状態では利

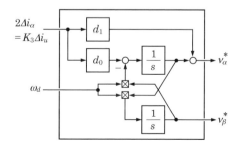

図 3.6　1 入力 2 出力 PI 形 D 因子制御器

用できない．本状態では，正相成分と逆相成分との相違が消滅し，両成分の分離的処理は原理的に不可能である．「図 3.6 において，$\omega_d = 0$ の直流状態では，β軸電圧指令値 v_β^* の更新は停止する」という事実からも，本特性が確認される（第 3.3 節末尾の注 3.2 参照）．

3.3.3 回転座標系上の擬似電流偏差の合成と制御
A. 擬似電流偏差の静的合成

dq 回転座標系上における擬似二相電流偏差 $\Delta \tilde{i}_{1r}$ の静的合成法は，u 相，v 相，w 相電流 i_u, i_v, i_w のいずれか 1 つの検出値と d 軸，q 軸電流指令値 i_d^*, i_q^* とを用いて，dq 回転座標系上の 2×1 擬似二相電流偏差 $\Delta \tilde{i}_{1r}$ を次のように直接的かつ静的に合成するものである．

【擬似電流偏差の静的合成法】

(a) u 相電流検出

$$\begin{aligned}
\Delta \tilde{i}_{1r} &= K_3 \, \Delta i_u \, \boldsymbol{u}(-\theta_\alpha) \\
&= (2 \boldsymbol{i}_{1r}^{*T} \boldsymbol{u}(-\theta_\alpha) - K_3 i_u) \, \boldsymbol{u}(-\theta_\alpha) \\
&= [\boldsymbol{I} + \boldsymbol{Q}(-\theta_\alpha)] \boldsymbol{i}_{1r}^* - K_3 i_u \boldsymbol{u}(-\theta_\alpha)
\end{aligned} \tag{3.42}$$

(b) v 相電流検出

$$\begin{aligned}
\Delta \tilde{i}_{1r} &= K_3 \, \Delta i_v \, \boldsymbol{u}\!\left(-\theta_\alpha + \frac{2\pi}{3}\right) \\
&= \left(2 \boldsymbol{i}_{1r}^{*T} \boldsymbol{u}\!\left(-\theta_\alpha + \frac{2\pi}{3}\right) - K_3 i_v \right) \boldsymbol{u}\!\left(-\theta_\alpha + \frac{2\pi}{3}\right) \\
&= \left[\boldsymbol{I} + \boldsymbol{Q}\!\left(-\theta_\alpha + \frac{2\pi}{3}\right)\right] \boldsymbol{i}_{1r}^* - K_3 i_v \, \boldsymbol{u}\!\left(-\theta_\alpha + \frac{2\pi}{3}\right)
\end{aligned} \tag{3.43}$$

(c) w 相電流検出

$$\begin{aligned}
\Delta \tilde{i}_{1r} &= K_3 \, \Delta i_w \, \boldsymbol{u}\!\left(-\theta_\alpha - \frac{2\pi}{3}\right) \\
&= \left(2 \boldsymbol{i}_{1r}^{*T} \boldsymbol{u}\!\left(-\theta_\alpha - \frac{2\pi}{3}\right) - K_3 i_w \right) \boldsymbol{u}\!\left(-\theta_\alpha - \frac{2\pi}{3}\right) \\
&= \left[\boldsymbol{I} + \boldsymbol{Q}\!\left(-\theta_\alpha - \frac{2\pi}{3}\right)\right] \boldsymbol{i}_{1r}^* - K_3 i_w \, \boldsymbol{u}\!\left(-\theta_\alpha - \frac{2\pi}{3}\right)
\end{aligned} \tag{3.44}$$

∎

(3.42)〜(3.44) 式の第 1 式，第 2 式は，三相電流偏差真値 Δi_u, Δi_v, Δi_w のいずれか 1 つを用いた擬似二相電流偏差 $\Delta \tilde{i}_{1s}$ の静的合成を示すものである．これに対して，第 3 式は，擬似電流指令値 $[\boldsymbol{I} + \boldsymbol{Q}(\cdot)] \boldsymbol{i}_{1r}^*$ を用いた擬似二相電流偏差の静的合成を示

3.3 静的合成の擬似電流偏差による三相電流制御

すものである。(3.42)～(3.44) 式の第 2 式から第 3 式への展開には，(3.9) 式の関係が利用されている。

なお，dq 回転座標系上の擬似二相電流偏差 $\Delta\tilde{i}_{1r}$ は，αβ 固定座標系上の擬似二相電流偏差 $\Delta\tilde{i}_{1s}$ にベクトル回転器 $\boldsymbol{R}^T(\theta_\alpha)$ を作用させた次のものと同一である。

$$\Delta\tilde{i}_{1r} = \boldsymbol{R}^T(\theta_\alpha)\Delta\tilde{i}_{1s} \tag{3.45}$$

dq 回転座標系上での擬似二相電流偏差の特性を検討する。擬似二相電流偏差に関しては，次の定理が成立する。

【定理 3.2】

一相電流検出値と d 軸，q 軸電流指令値とから直接的に静的合成した (3.42)～(3.44) 式の擬似二相電流偏差 $\Delta\tilde{i}_{1r}$ は，おのおの次のように解析される。

$$\Delta\tilde{i}_{1r} = [\boldsymbol{I} + \boldsymbol{Q}(-\theta_\alpha)]\Delta\boldsymbol{i}_{1r} \tag{3.46}$$

$$\Delta\tilde{i}_{1r} = \left[\boldsymbol{I} + \boldsymbol{Q}\left(-\theta_\alpha + \frac{2\pi}{3}\right)\right]\Delta\boldsymbol{i}_{1r} \tag{3.47}$$

$$\Delta\tilde{i}_{1r} = \left[\boldsymbol{I} + \boldsymbol{Q}\left(-\theta_\alpha - \frac{2\pi}{3}\right)\right]\Delta\boldsymbol{i}_{1r} \tag{3.48}$$

〈証明〉

(3.42) 式の擬似二相電流偏差 $\Delta\tilde{i}_{1r}$ は，(3.45) 式を利用の上，(3.8) 式を考慮すると，次のように再展開される。

$$\begin{aligned}
\Delta\tilde{i}_{1r} &= \boldsymbol{R}^T(\theta_\alpha)\Delta\tilde{i}_{1s} \\
&= \boldsymbol{R}^T(\theta_\alpha)2\Delta i_\alpha \begin{bmatrix} 1 \\ 0 \end{bmatrix} \\
&= \boldsymbol{R}^T(\theta_\alpha)\left[\begin{bmatrix} \Delta i_\alpha \\ \Delta i_\beta \end{bmatrix} + \begin{bmatrix} \Delta i_\alpha \\ -\Delta i_\beta \end{bmatrix}\right] \\
&= \boldsymbol{R}^T(\theta_\alpha)\begin{bmatrix} \Delta i_\alpha \\ \Delta i_\beta \end{bmatrix} + [\boldsymbol{R}^T(\theta_\alpha)\boldsymbol{K}\boldsymbol{R}(\theta_\alpha)]\boldsymbol{R}^T(\theta_\alpha)\begin{bmatrix} \Delta i_\alpha \\ \Delta i_\beta \end{bmatrix} \\
&= \Delta\boldsymbol{i}_{1r} + \boldsymbol{Q}(-\theta_\alpha)\Delta\boldsymbol{i}_{1r}
\end{aligned} \tag{3.49}$$

(3.49) 式は，(3.46) 式を意味する。

(3.47)，(3.48) 式は，3 個の鏡行列の和に関して (3.10) 式のゼロ行列の関係が成立し，dq 回転座標系上の 3 種の擬似二相電流偏差 $\Delta\tilde{i}_{1r}$ の総和が二相電流偏差真値 $\Delta\boldsymbol{i}_{1r}$ の 3 倍値となる点を考慮すると，同様に証明される。∎

(3.46) 式を用い，本定理の三相電流制御上の意味を説明する。dq 回転座標系上の二

相電流偏差真値 Δi_{1r} は，一般に，同座標系上では回転しない．ところが，擬似二相電流偏差 $\Delta \tilde{i}_{1r}$ の解析式である (3.46) 式右辺，(3.49) 式最終式の右辺には，鏡行列を伴った第2項 $\boldsymbol{Q}(-\theta_\alpha)\Delta i_{1r}$ が存在する．第2項の存在は，「dq 回転座標系上の擬似二相電流偏差 $\Delta \tilde{i}_{1r}$ は，周波数ゼロの正相成分に加え，周波数 $(-2\omega_d)$ かつ平均ゼロの逆相成分を有し，ひいては，擬似二相電流偏差 $\Delta \tilde{i}_{1r}$ は，dq 回転座標系上で，電流偏差真値を中心として周波数 $(-2\omega_d)$ で回転する」ことを意味する．

なお，(3.42)，(3.46) 式における 2×2 行列 $[\boldsymbol{I}+\boldsymbol{Q}(-\theta_\alpha)]$ は特異であり，この逆行列は存在しない．したがって，(3.46)〜(3.48) 式に $[\boldsymbol{I}+\boldsymbol{Q}(-\theta_\alpha)]$ の逆行列を適用し，擬似二相電流偏差 $\Delta \tilde{i}_{1r}$ から二相電流偏差真値 Δi_{1r} を算定することはできない．

3 座標系（uvw 座標系，$\alpha\beta$ 固定座標系，dq 回転座標系）上の 3 種の擬似電流偏差 $\Delta \tilde{i}_{1t}, \Delta \tilde{i}_{1s}, \Delta \tilde{i}_{1r}$ は，(3.6) 式の二相三相変換器，(3.2) 式のベクトル回転器を介して互いに対応させることができる（(3.36)，(3.45) 式参照）．本事実は，「3 座標系上の 3 種の擬似電流偏差は，電流偏差真値と同一レベルの正相成分に加え，これと同一レベルの逆相成分をも含有するという共通の特性を備えている」ことを意味する．

B. 通常形制御器による電流制御

dq 回転座標系上の擬似二相電流偏差 $\Delta \tilde{i}_{1r}$ の正相成分の周波数がゼロであり，逆相成分の周波数が $(-2\omega_d)$ であることを考慮するならば，「正相成分に感応し逆相成分に不感な電流制御器としては，直流を含む低周波数でハイゲイン，高周波数でローゲインな周波数特性をもつ制御器であればよい」ことがわかる．制御器分母多項式に n 次 s^n 因子をもつ通常形の電流制御器は，この特性を有している．単純なものは，1 次 s 因子をもつ通常の PI 制御器である．

交流検出・擬似電流偏差合成・制御法は，正相成分と逆相成分との周波数差に加え，制御器の周波数特性とを考慮したものである．すなわち，交流検出・擬似電流偏差合成・制御法は，(3.42)〜(3.44) 式の dq 回転座標系上の擬似二相電流偏差 $\Delta \tilde{i}_{1r}$ のいずれか1つを，並列配置された2個の 1×1 電流制御器 $G(s)$ に用いて，dq 回転座標系上，$\alpha\beta$ 固定座標系上，uvw 座標系上の電圧指令値 v_{1r}^*, v_{1s}^*, v_{1t}^* を次のように順次生成するものである．

【交流検出・擬似電流偏差合成・制御法】
$$\boldsymbol{v}_{1t}^* = \boldsymbol{S}\boldsymbol{v}_{1s}^* = \boldsymbol{S}\boldsymbol{R}(\theta_\alpha)\boldsymbol{v}_{1r}^* = \boldsymbol{S}\boldsymbol{R}(\theta_\alpha)[G(s)\Delta\tilde{\boldsymbol{i}}_{1r}] \tag{3.50}$$

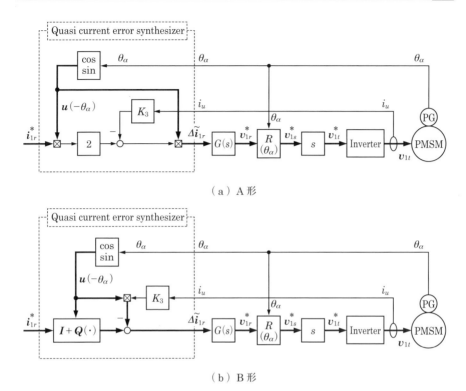

図 3.7 PMSM のため dq 回転座標系上の二相擬似電流偏差を用いたベクトル制御系
(u 相電流検出の例)

(3.50) 式の交流検出・擬似電流偏差合成・制御法を，PMSM ベクトル制御系に適用した 2 例を図 3.7 に描画した。同図では，検出すべき一相電流を u 相電流としている。擬似電流偏差合成器の構成に関し，同図 (a) は (3.42) 式の第 2 式（一相電流偏差真値の利用）に従い，同図 (b) は (3.42) 式の第 3 式（擬似電流指令値 $[\bm{I} + \bm{Q}(\cdot)]\bm{i}_{1r}^*$ の利用）に従った構成例を示している。2 個の 1×1 通常形電流制御器等を用いた電圧指令値 $\bm{v}_{1r}^*$, $\bm{v}_{1s}^*$, $\bm{v}_{1t}^*$ の生成ブロックは，従前の二相分，三相分の交流電流検出を行う通常の電流制御のブロックと同一である。

なお，u 相電流を検出する場合には，ベクトル回転器の余弦正弦信号は，擬似二相電流偏差の合成時に生成したものを直接的に利用でき，演算を効率化できる。図 3.7 では，v 相，w 相電流を検出する場合をも考慮し，ベクトル回転器の余弦正弦信号は別途生成するものとしている。

(**注 3.1**)　uvw 座標系上の三相信号と αβ 固定座標系上あるいは dq 回転座標系上

の二相信号との間の変換には，直交変換（絶対変換）と相対変換がある[12), 14)]。両変換の相違は，基本的には，変換時における係数 K_2 に過ぎない。本書では，基本的に直交変換（絶対変換）を想定して，理論構築と解析を行っている（(3.6) 式参照）。相対変換を利用する場合にも，紹介内容に本質的相違はない。相対変換を利用する場合には，擬似電流偏差合成時に使用した係数 K_2, K_3 をたとえば次式のように変更すればよい。

$$K_2 = \frac{2}{3}, \qquad K_3 = \frac{2}{K_2} = 3$$

$$K_2 = 1, \qquad K_3 = \frac{2}{K_2} = 2$$

(注 3.2) 「交流検出・擬似電流偏差合成・制御法」は，電流周波数がゼロの状態では，原理的に使用できない。実際的には，ゼロ速度を含む低周波領域での利用はできない。本特性は，直流検出，一相検出に起因する共通の本質的問題のようであり，従前の「直流検出・三相復元・制御法」，「交流検出・三相復元・制御法」にも見られる[1)-7)]。

(注 3.3) 交流検出・擬似電流偏差合成・制御法を速度制御モードで使用する場合には，電流制御系の上位に速度制御系を構成することになる。速度制御系の設計法・実現法は，二相分，三相分の交流電流検出を行う通常の電流制御系を利用する場合と同様である。ただし，同一の電流制御器設計値を利用する場合，電流制御系の実効的帯域幅が低下するので，この点を考慮にいれて，速度制御系の帯域幅，速度制御器を設計する必要がある。

3.4 擬似電流偏差合成・制御法の数値実験

交流検出・擬似電流偏差合成・制御法の原理と解析結果の正当性を裏づける数値実験（シミュレーション）を紹介する。ここでは，$\alpha\beta$ 固定座標系上の擬似二相電流偏差 $\Delta \tilde{i}_{1s}$ を利用した同法を中心に，数値実験結果の詳細を説明する。

3.4.1 数値実験システム

$\alpha\beta$ 固定座標系上の擬似二相電流偏差 $\Delta \tilde{i}_{1s}$ を利用した交流検出・擬似電流偏差合成・制御法のための検証システムは，図 3.5 のものと同様である。若干の相違は，検証システムには，供試交流モータすなわち PMSM に負荷装置を連結し，任意の負荷を与

表 3.1 供試 PMSM の特性

R_1	2.259 [Ω]	定格トルク	2.2 [Nm]
L_d	0.0207 [H]	定格速度	183 [rad/s]
L_q	0.0325 [H]	定格電流	1.7 [A, rms]
Φ	0.24 [Vs/rad]	定格電圧	163 [V, rms]
N_p	3	慣性モーメント J_m	0.0016 [kgm^2]
定格出力	400 [W]	粘性摩擦係数 D_m	0.00016 [Nms/rad]

えられるようにした点にある。

PMSM シミュレータとしては,文献 15) で紹介されている uvw 座標系上で構成された三相シミュレータを利用した。三相電力変換器は,三相電圧指令値どおりの三相電圧を発生する理想的特性をもつものとした。また,三相電流制御のために検出すべき一相電流は,図 3.5 と同様の u 相電流とした。電流制御のための D 因子制御器は PI 形とし,図 3.6 に忠実に従って構成した。

3.4.2 数値実験の条件

供試 PMSM の特性を表 3.1 に示した。電流制御のための PI 形 D 因子制御器の P 制御器係数 d_1,I 制御器係数 d_0 は,三相電流の全三相あるいは三相電流の内の二相電流を検出した場合に電流制御系帯域幅として約 2 000 [rad/s] が得られるように,(2.50) 式に $L_i = (L_d + L_q)/2$ を用いて定めた。供試 PMSM の場合,これらは次のようになる。

$$d_1 = 50, \quad d_0 = 22\,000 \tag{3.51}$$

電流制御系の帯域幅 2 000 [rad/s] は,全三相電流あるいは三相電流の内の二相電流を検出する従前の方法においては,標準的な帯域幅である[12), 13), 15)]。しかしながら,一相電流の検出値のみを利用する方法においては,一般には達成が困難な広帯域幅である[1)-7)]。

3.4.3 数値実験の結果
A. 一定速度下電流制御の定常特性

電流制御の最も基本的な特性として,一定速度下の一定電流指令値に対する定常応答を示す。

まず,負荷装置を用い,供試 PMSM を,ゼロ速度と定格機械速度の中間である機械速度 90 [rad/s](電気速度 270 [rad/s])に維持した。この上で,d 軸,q 軸電流

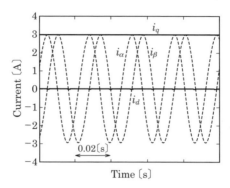

図3.8 一相電流検出によるフィードバック電流制御の定常応答

指令値として，$i_d^* = 0$，$i_q^* = 3$〔A〕（定格電流相当値）を与え，十分時間が経過した後に定常応答を得た．応答の様子を図3.8に示す．

図中の直流的な実線は，おのおののd軸，q軸電流応答値を示している．参考までに，これに対応したα軸，β軸電流を破線で示した．位相進みの信号がα軸電流を示している．これら電流応答値は，三相電流応答値に三相二相変換器，ベクトル回転器を用いた処理を施し得た．非常に優れた定常応答が確認される．

B. 一定速度下電流制御の過渡特性

電流制御の第2基本特性として，一定速度下のステップ電流指令値に対する過渡応答を示す．

まず，負荷装置を用い，供試PMSMを，ゼロ速度と定格機械速度の中間である機械速度90〔rad/s〕（電気速度270〔rad/s〕）に維持し，次に，d軸，q軸電流指令値としてともにゼロを与え，しかる後に定常状態を作り出した．ゼロ電流制御・定常状態下のある瞬時に，電流指令値として $i_d^* = 0$，$i_q^* = 3$〔A〕のステップ指令値（定格値）を与え，固定子電流の過渡応答を得た．応答の様子を図3.9(a)に示す．同図では，ステップ指令値印加の時点を，破線で示した．

本過渡応答の評価基準とするため，すべての三相電流をフィードバック利用したdq回転座標系上の電流制御器（PI形，非干渉器はなし）による過渡応答も調べた．これを図3.9(b)に示す．

図3.9の波形の意味は，図3.8と同一である．一相電流フィードバックによる交流検出・擬似電流偏差合成・制御法は，全三相電流のフィードバックによる電流制御応

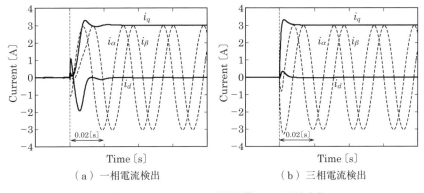

図 3.9　フィードバック電流制御による過渡応答

答に比較し，約 3~4 倍の立ち上がり時間を要しているが，約半周期 (π/ω_{2n}) 経過後には整定が完了している。特に，α 軸電流に限っては，全三相電流のフィードバックによるものに比較し，実質的な違いはない。この応答特性は，擬似二相電流偏差に利用する一相分の電流偏差真値として，α 軸電流偏差真値（u 相電流偏差真値の比例値）を利用したことに起因しているものと思われる（(3.15) 式，図 3.5, 3.6 参照）。「電流ステップ応答における立ち上がり時間の約 3~4 倍増大」は，50% 定格速度で達成しえた実効的電流制御系帯域幅は，設計電流制御系帯域幅 2 000〔rad/s〕の約 1/3~1/4 倍であることを意味する。

C. 可変速度下電流制御の特性

一定速度を条件とした前 2 項の実験につづいて，可変速度下における電流制御の基本特性を調べた。

まず，d 軸，q 軸電流指令値として，定格値の $i_d^*=0$, $i_q^*=3$〔A〕を常時与えておき，負荷装置を用いて，約 50~100% 定格機械速度に相当する機械速度 80~180〔rad/s〕の範囲で供試 PMSM を速度変化させ，速度変化に対する電流制御の基本特性を調べた。変化する機械速度 ω_{2m} ($=N_p\omega_{2n}$) の具体値は，次式とした。

$$\omega_{2m} = 130 + 50\sin 5t \tag{3.52}$$

これは，機械速度で最大値 ± 250〔rad/s²〕，電気速度で最大値 ± 750〔rad/s²〕の（角）加速度をもつ速度変化を意味する。応答の様子を図 3.10(a) に示す。

本応答の評価基準とするため，すべての三相電流をフィードバック利用した dq 回転座標系上の電流制御器（PI 形，非干渉器はなし）による電流応答も調べた。これ

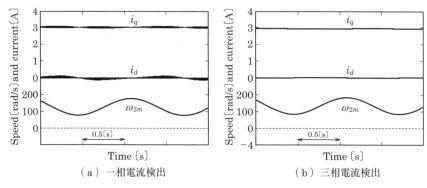

図 3.10　速度変動時のフィードバック電流制御応答

を図 3.10(b) に示す。

同図の波形は，上から，q 軸，d 軸電流の各応答値，回転子機械速度を意味する。最大機械加速度 ±250〔rad/s²〕を伴った速度変化付近では，約 0.1〔A〕の電流変動が見られるが，全般的には良好な電流応答が維持されている。

D. 他座標系上の擬似電流偏差を利用した特性

以上は，αβ 固定座標系上の擬似二相電流偏差を利用した交流検出・擬似電流偏差合成・制御法の数値実験結果である。3 座標系（uvw 座標系，αβ 固定座標系，dq 回転座標系）上の 3 種の擬似電流偏差 $\Delta \tilde{i}_{1t}, \Delta \tilde{i}_{1s}, \Delta \tilde{i}_{1r}$ は，(3.6) 式の二相三相変換器，(3.2) 式のベクトル回転器を介して互いに対応している（(3.36), (3.45) 式参照）。三相電流の内で，擬似電流偏差の静的合成に利用する検出一相電流を同一とする場合には（たとえば u 相電流 i_u），この相互対応性により，3 座標系上の電流制御器の相違にかかわらず，最終的に生成される三相電圧指令値 v_{1t}^* は完全同一となり，ひいては完全同一の電流制御応答が得られる。本事実も，数値実験を通じ確認されている。数値実験結果は，3 種の交流検出・擬似電流偏差合成・制御法は，根源的な原理と特性に関しては，1 つであることを示している。

図 3.8～3.10 を含む多数の数値実験結果は，3 種の交流検出・擬似電流偏差合成・制御法に関し第 3.3 節で説明した原理，特性解析の正当性を，裏づけるものである。また，広帯域幅の達成などの優れた性能を示した数値実験結果は，同法の有用性を裏づけるものでもある。

3.5 擬似電流偏差合成・制御法の実機実験

交流検出・擬似電流偏差合成・制御法の原理と解析結果の正当性を裏づける実機実験を紹介する。

3.5.1 実験のシステムと条件

実験システムの概観を図 3.11 に示す。同図右端の供試 PMSM の特性を表 3.2 に示した。同図中間はトルクセンサであり，左端は負荷装置である。

供試 PMSM に対するベクトル制御系は，図 3.7(a) に忠実に従って構成した。すなわち，擬似電流偏差は dq 回転座標系上で合成した。並列配置の 2 個の 1×1 通常形電流制御器 $G(s)$ としては，PI 制御器を採用した。

本制御器の P 制御器係数 d_1，I 制御器係数 d_0 は，電流偏差真値が得られた場合に電流制御系帯域幅 2 000〔rad/s〕が達成されるように (2.50) 式に $L_i = (L_d + L_q)/2$ を用い定めた。すなわち，d 軸，q 軸とも同一の制御器係数を採用した。電流制御系には，非干渉器は使用していない。また，制御周期，離散時間化のためのサンプリング周期は，ともに，$T_s = 0.0001$〔s〕とした。

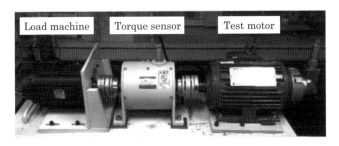

図 3.11　実験システムの概観

表 3.2　供試 PMSM の特性

R_1	1.132〔Ω〕	定格トルク	4.1〔Nm〕
L_d	0.01238〔H〕	定格速度	183〔rad/s〕
L_q	0.01572〔H〕	定格電流	3.4〔A, rms〕
Φ	0.232〔Vs/rad〕	定格電圧	153〔V, rms〕
N_p	3	慣性モーメント J_m	0.0022〔kgm²〕
定格出力	750〔W〕	エンコーダ実効分解能	4×1 024〔p/r〕

3.5.2 実験の結果

電流指令値に対する応答値の追従特性と定常特性を同時に観察すべく,次のような電流指令値を与えた。負荷装置により供試PMSMの速度を一定に維持した上で,まず,d軸,q軸電流指令値としてともにゼロを与えた。電流応答が定常値を示したことを確認した上で,ある瞬時に,ランプ状(変化率25〔A/s〕,定常値(定格値)5〔A〕)のq軸電流指令値を与えた。この際,d軸電流指令値はゼロを維持した。

まず,電流制御性能の基準とすべく,真の電流偏差を利用した電流応答を取得した。これを図3.12に示す。同図(a),(b)は,それぞれ100%定格速度,50%定格速度の応答である。波形は,上から,q軸電流応答値,d軸電流応答値である。次に,u相電流のみに基づく擬似電流偏差を用いた電流応答を取得した。これを図3.13に示す。波形の意味は図3.12と同一である。同様に,v相電流のみに基づく擬似電流偏差を用いた電流応答,w相電流のみに基づく擬似電流偏差を用いた電流応答を取得した。これらをおのおの図3.14, 3.15に示す。図3.12と図3.13~3.15の比較より,擬似電流偏差法による電流制御が,基準応答に迫る良好な追従性能を有することが確認される。

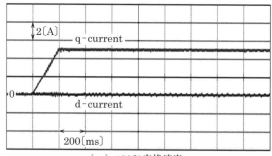

(a) 100%定格速度

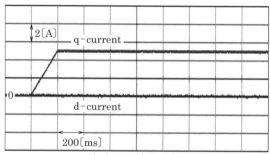

(b) 50%定格速度

図3.12 真の電流偏差を用いた電流応答

3.5 擬似電流偏差合成・制御法の実機実験　77

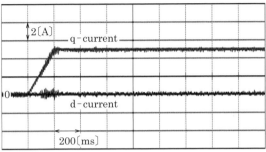

（a）100%定格速度

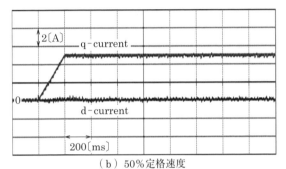

（b）50%定格速度

図3.13　u相電流のみに基づく擬似電流偏差を用いた電流応答

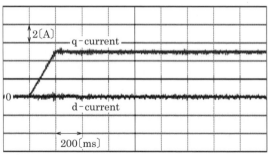

（a）100％定格速度

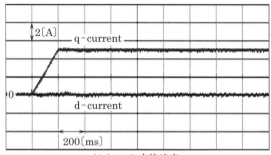

（b）50％定格速度

図3.14 v相電流のみに基づく擬似電流偏差を用いた電流応答

3.5 擬似電流偏差合成・制御法の実機実験　79

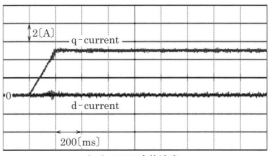

（a）100%定格速度

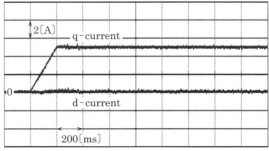

（b）50%定格速度

図3.15　w相電流のみに基づく擬似電流偏差を用いた電流応答

第4章

PMSM の粗分解能センサを用いたベクトル制御

　永久磁石同期モータのベクトル制御には，基本的に，回転子 N 極位相が高精度で必要であり，従来，エンコーダなどの高分解能位置・速度センサが回転子に装着されてきた。しかし，この種のセンサの回転子への装着は，モータ駆動系の信頼性低下などの問題を引起してきた。本章では，廉価，軽量，所要容積が僅少，耐環境性が高いといった特長を有するホールセンサを利用した新たな2種のベクトル制御法を説明する。ホールセンサは粗分解能センサであるが，紹介の2方法では，ベクトル制御系の構築が可能である。

4.1　背　景

　永久磁石同期モータ（PMSM）に高い性能を発揮させる代表的な駆動制御法として，d 軸，q 軸電流制御を伴うベクトル制御法が知られている（第2章参照）[1]。ベクトル制御の遂行には，基本的に，回転子 N 極位相（以下，回転子位相と略記）が高精度で必要であり，従来，エンコーダなどの高分解能位置・速度センサが回転子に装着されてきた（第2章参照）[1]。しかし，この種の位置・速度センサの回転子への装着は，モータ駆動系の信頼性低下，軸方向のモータ容積増大，各種コストの増大などの問題を誘発してきた。応用によっては，機構的あるいは環境制約により，この種の位置・速度センサの装着が困難なこともある[2]。

　高分解能の位置・速度センサに対し，粗い分解能の位置・速度センサとして，ホールセンサ（Hall effect sensor, HES）が知られている。3個の HES 素子を電気角度で $2\pi/3$〔rad〕の位相差をもたせて配置する場合，矩形処理された HES 信号による検出位相は $\pi/3$〔rad〕ごとの6種であり，位相検出値は $\pm\pi/6$〔rad〕の誤差をもつ[3)-12)]。大きな検出誤差をもつ粗分解能 HES ではあるが，PMSM の6ステップ駆動（120度通電，180度通電）には好適なセンサであり，従来，この種の駆動に広く活用されて

きた[12]。また，インクリメンタルエンコーダの初期位相検出に有用なセンサでもある。HES は，高分解能の位置・速度センサに比較し，廉価，軽量，所要容積が僅少，耐環境性が高いといった特長を有する[3)-12)]。

近年，HES の上記特長を活かすべく，これを利用したベクトル制御の研究が行われている[3)-11)]。先行文献によれば，$\pm\pi/6$〔rad〕の位相誤差を有する矩形処理 HES 信号から，PMSM のベクトル制御に利用可能な位相・速度を推定抽出する方法は，次の3法に大別されるようである[3)-11)]。

(a) 近似微分積分法

$\pi/3$〔rad〕の変位ごとに得られる検出位相（過去2～3個分）を近似微分処理して，回転子速度を0次あるいは1次近似推定し，推定速度の近似積分処理により，検出位相間の未知位相を推定的に定める[3)-5)]。

(b) ベクトルトラッキングオブザーバ法

「回転子と負荷を含む機械系は，速度と位相を状態変数とする慣性モーメントのみの単純な2次系としてモデル化できる」と仮定し，機械系のためのある種のオブザーバとして，PID（比例・積分・微分）制御器を備えたトラッキングオブザーバ（tracking observer）を構成する[5)-7)]。オブザーバの安定性確保のため，D（微分）制御器は必要不可欠である[5)-7)]。HES 信号を，ノルム1に正規化された2×1ベクトル信号（正規化二相信号）に変換の上，トラッキングオブザーバへ入力し，入力直後に内積処理を介してこれをスカラ化し，スカラ信号をトラッキングオブザーバで処理し，位相・速度推定値を得る[5)]。

(c) 位相補正法

PMSM は，基本的に，センサレスベクトル制御法に基づき駆動する[8)-11)]。すなわち，位相・速度の推定は，基本的に，PMSM の数学モデルに立脚した状態オブザーバなどを利用し推定する[2)]。状態オブザーバなどによる位相推定の生成に，近似微分積分法で得られた速度推定値を利用する[8)]，あるいは，状態オブザーバなどによる位相推定値の強制修正に，$\pi/3$〔rad〕の回転子変位ごとに得られる検出位相を利用する[9)-11)]。

近似微分積分法の実現には，基本的には，これに特化した専用ハードウェアが必要とされる。また，低速域では，$\pi/3$〔rad〕の変位ごとに得られる検出位相の時間間隔が長く，ベクトル制御に必要な精度で推定値を確保できない。このため，本法は中高速域での利用に限定される[3)-5)]。

ベクトルトラッキングオブザーバ法は，近似微分積分法の問題を解決すべく開発されたもので，総合性能的にはこれを凌駕するといわれている[5)]。しかし，期待性能の

確保には，負荷によって変動する慣性モーメント情報が必要である[5)-8)]。また，安定性確保上不可欠な D 制御器の影響もあり，位相推定値は，定常状態においても，高周波脈動を繰り返す[5)]。これらを解決すべく，2 個のトラッキングオブザーバを直列接続して利用する方法[6)]，トラッキングオブザーバへの入力信号を近似微分積分法で得た位相推定値とする方法[7)]が，提案されている。

位相補正法は，「HES 信号を活用した位相推定」という観点からは，補助的役割に止まっており，HES 信号の処理においては特筆すべきものはないようである[8)-11)]。

本章では，矩形処理された HES 信号を位相・速度推定の中核信号として捉え，PMSM のベクトル制御に利用可能な新たな2種の位相・速度推定法を紹介する[13)-16)]。第1法は，特に耐故障性（fault-tolerance），機能安全性（functional safety）を重視した推定法であり，3 個の HES 素子の1つまたは2つが故障した場合にも，ベクトル制御遂行のための位相・速度推定値を生成できる[13), 15)]。本方法の構造的特徴は，正相成分と逆相成分の分離が可能な2入力2出力（以下2×2と略記）正相逆相分離フィルタを活用する点にある。このときのフィルタは，応速特性（速度に応じた可変特性）を備えた応速フィルタである。本推定法を採用した速度制御系は，3 個の HES 素子が正常の場合には，低速から高速の広い範囲で速度制御系の安定性を確保できる。

第2法は，特に応答性を重視したものであり，本推定法を採用した速度制御系は，加速度 500 $[rad/s^2]$ をもつ速度指令値に追従できる[14), 16)]。これは，従前法の約 10 倍に相当する高追従性能をもたらす[3)-11)]。本推定法の構造的特徴は，高周波積分形 PLL（phase-locked loop）法に基づき構成された応速ノッチフィルタ（notch filter）と応速位相制御器（phase controller）などを備えた PLL にある[19)]。

なお，本章の内容は，新中により文献 13)-16) を通じ提案されたものを再構成したものである点を断っておく。以下の説明では，位相，位置，角度を同義で使用する。これらの単位は $[rad]$ である。

4.2 HES 信号と問題設定

4.2.1 HES 三相信号

図 4.1 を考える。同図は，PMSM が一定速度で回転している状況下での1組の HES 信号（三相信号）の1例を概略的に示したものである。HES による検出直後の矩形処理前の信号は，一般に，歪んだ正弦状の信号である。これをオペアンプなどで矩形処理することにより，図 4.1 のような矩形状の三相信号が生成される。

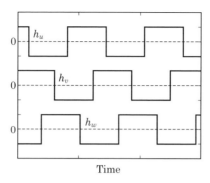

図 4.1 矩形処理された三相 HES 信号の 1 例

3 個の HES 素子は,基本的に,空間的に $2\pi/3$ [rad](電気角評価)の位相差をもたせて固定配置されている。このため,PMSM の回転子が一定速度で回転している状況では,HES 検出信号は,$2\pi/3$ [rad] の位相差をもつことになる。正回転の場合には,u 相,v 相,w 相の HES 信号 h_u, h_v, h_w は,u 相 HES 信号 h_u が v 相 HES 信号 h_v に対して $2\pi/3$ [rad] の位相進みとなる。反対に,逆回転の場合には,u 相 HES 信号 h_u が v 相 HES 信号 h_v に対して $2\pi/3$ [rad] の位相遅れとなる。

図 4.1 は正回転の場合の HES 三相信号の概念的な例示である。概念例示を考慮し,同図では,時間軸,振幅軸の具体値は示していない。信号の 1 周期が空間位相の 2π [rad](電気角評価)に該当する。また,回転子位相・速度の推定の観点からは,信号振幅は十分な S/N 比が得られればよく,この大小は意味をなさない。

4.2.2 HES 三相信号の二相化

HES 三相信号 h_u, h_v, h_w を次式のように 3×1 ベクトル $\boldsymbol{h}_3$ としてベクトル表記する。

$$\boldsymbol{h}_3 \equiv \begin{bmatrix} h_u \\ h_v \\ h_w \end{bmatrix} \tag{4.1}$$

(4.1) 式の HES 三相信号を次式のように二相信号 $\boldsymbol{h}_2$ に変換する。

$$\boldsymbol{h}_2 \equiv \begin{bmatrix} h_\alpha \\ h_\beta \end{bmatrix} = \boldsymbol{S}_{32}^T \boldsymbol{h}_3 \tag{4.2}$$

ここに,$\boldsymbol{S}_{32}^T$ は,次式で定義された 2×3 行列の 3/2 相変換器である。

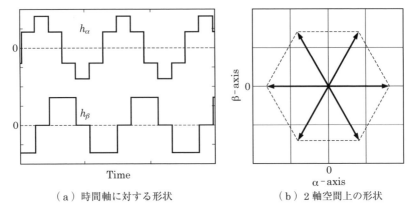

(a) 時間軸に対する形状　　　（b) 2軸空間上の形状

図 4.2　矩形処理された二相 HES 信号の例

$$S_{32}^T \equiv A \begin{bmatrix} 1 & \frac{-1}{2} & \frac{-1}{2} \\ 0 & \frac{\sqrt{3}}{2} & \frac{-\sqrt{3}}{2} \end{bmatrix} \quad ; A = \text{const} \tag{4.3}$$

上式における A は，任意の定数である．

図 4.2(a) は，(4.2) 式に従って，図 4.1 の三相信号 h_3 から生成された二相信号 h_2 の 1 例である．本例では，$A = \sqrt{2/3}$ を使用した．同図より明白なように，二相信号 h_2 の α 要素と β 要素の信号形状は異なる．要素信号の形状相違は，「当該二相信号は，正相成分に加えて，逆相成分を含有している」ことを意味する．

図 4.2(b) は，同図 (a) の二相信号 h_2 を，2 × 1 ベクトルとして，α 軸，β 軸の二軸直交軸からなる座標系上にプロットしたものである（太線）．図より明白なように，二相信号 h_2 がとりうるベクトルは 6 種にすぎない．これは，「三相信号 h_3，二相信号 h_2 が示しうる位相は，$\pm \pi/3$〔rad〕の位相差をもつ 6 種に過ぎない」との事実を裏づけるものでもある．

なお，図 4.2(b) の α 軸の位相は，u 相 HES 素子の中心部の空間的位相に対応する．u 相 HES 素子中心部の位相は，固定子の u 相巻線中心部の位相と必ずしも同一ではない．しかし，同一でない場合の両者の位相差は一定であり，u 相 HES 素子の中心部から評価した回転子位相を，u 相巻線の中心部から評価した回転子位相へ変換することは，簡単な位相差処理で可能である．

この点を考慮し，以降では，簡単のため，u 相 HES 素子，u 相巻線の両位相は同一と仮定する．本仮定のもとでは，図 4.2(b) の固定座標系は，ベクトル制御で広く

利用されている. いわゆる αβ 固定座標系と同一となる.

4.2.3 問題の設定

PMSM のベクトル制御には, 連続的に回転する回転子の連続的な位相情報が, 必要である. $\pm\pi/3$ [rad] の位相差をもった 6 種の回転子位相情報を直接使用して, ベクトル制御を遂行することはできない.

ここで考える問題は, $\pm\pi/3$ [rad] 位相差をもつ 6 パタンの HES 信号 h_3, h_2 を特別なハードウェアを用いることなく処理し, 連続的に回転する回転子の連続的な位相情報と速度情報を, 低速から高速にわたる広い速度領域で, 推定的に抽出することである. さらには, 抽出した位相情報と速度情報を利用したベクトル制御系が安定に動作するように, 従前のベクトル制御系に対して, 所要な改善を施すことである.

4.3 HES を用いたベクトル制御系

4.3.1 座標系の定義

図 4.3 に, 回転子とともに 3 種の 2 軸直交座標系を示した. 同図には, α 軸位相を u 相巻線位相に選定した αβ 固定座標系, d 軸位相を回転子 N 極位相に選定した dq 同期座標系, dq 同期座標系の推定座標系である γδ 準同期座標系を例示している.

α 軸から評価した d 軸位相は, 回転子位相 θ_α と同一である. γδ 準同期座標系の γ 軸位相は, d 軸位相推定値でもある $\hat{\theta}_\alpha$ で示している. また, d 軸速度は回転子電気速度 ω_{2n} と同一とし, γ 軸速度は ω_γ で表現している. 両速度の平均値は同一であるが, 両速度の瞬時値は必ずしも同一ではない.

γ 軸位相 $\hat{\theta}_\alpha$ は, HES 三相信号 h_3 を処理して, 推定的に生成された位相である.

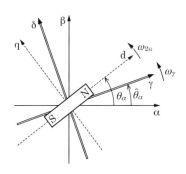

図 4.3　3 座標系上における N 極位相

4.3.2 ベクトル制御系の全体構造

エンコーダなどの位相・速度センサに代わって，HES を用いたベクトル制御系の全体構造の 1 例を図 4.4 に示した（図 2.4 参照）．同図の S^T, S は，3/2 相変換器，2/3 相変換器であり，$R^T(\hat{\theta}_\alpha), R(\hat{\theta}_\alpha)$ はベクトル回転器である．これらは，次のように定義されている（(2.47), (2.48) 式参照）．

$$S \equiv \sqrt{\frac{2}{3}} \begin{bmatrix} 1 & \frac{-1}{2} & \frac{-1}{2} \\ 0 & \frac{\sqrt{3}}{2} & -\frac{\sqrt{3}}{2} \end{bmatrix}^T \tag{4.4}$$

$$R(\theta) \equiv \begin{bmatrix} \cos\theta & -\sin\theta \\ \sin\theta & \cos\theta \end{bmatrix} \tag{4.5}$$

同図では，固定子電圧，固定子電流の表現に関し，これら信号が定義された座標系を明示すべく，脚符 r（$\gamma\delta$ 準同期座標系），s（$\alpha\beta$ 固定座標系），t（uvw 座標系）を付している．

図中の位相速度推定器（phase-speed estimator）は，入力たる HES 三相信号 h_3 を処理して，回転子位相推定値 $\hat{\theta}_\alpha$ の余弦正弦値と回転子電気速度推定値 $\hat{\omega}_{2n}$ とを生成している．位相推定値の余弦正弦値はベクトル回転器へ送られ，電気速度推定値 $\hat{\omega}_{2n}$ は極対数 N_p で除されて速度制御器（speed controller）へ送られている．

図 4.4 は，位相速度推定器が，速度制御器からフィードフォワード的に係数信号 $\hat{\omega}'_{2n}$ を得る例を示している．本例に代わって，位相速度推定器で生成した電気速度推定値 $\hat{\omega}_{2n}$ を利用して，係数信号 $\hat{\omega}'_{2n}$ をフィードバック的に生成することも可能である．なお，本章では，速度真値 ω_{2n} の概略の値を示す速度推定値，速度近似値，速度指令値などを係数信号と総称している．

速度制御器は，原理的には，標準的な PI 制御器と同様である（第 2.3 節の (2.52)，

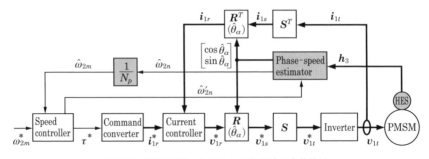

図 4.4 HES を用いたベクトル制御系の全体構造

(2.53)式参照)。ただし,HES 利用に伴う系の不安定化を防止すべく,種々の改良を行っている(第 4.5, 第 4.8 節参照)。指令変換器(command converter),電流制御器(current controller) などの他の機器に関しては,標準的なベクトル制御系に使用されているものと同一である(第 2.3 節参照)。これらに含まれる過電流防止などのためのリミッタ利用も同一である。

図 4.4 では,粗分解能 HES の利用に伴うベクトル制御系の変更箇所をグレーブロックで明示した。変更の中心は,位相速度推定器,速度制御器である。以下,これらに焦点を絞り,その詳細を説明する。

4.4 耐故障形位相速度推定器

4.4.1 推定器の全体構造

図 4.5 に,耐故障形位相速度推定器の内部構造を示した。本位相速度推定器は,HES からの三相信号 h_3 を二相信号 h_2 へ変換する役割を担う 3/2 相変換器 S_{32}^T,二相信号 h_2 からこの基本波成分(基本波二相信号)v_f の抽出を担う基本波成分抽出器(F-component extractor),抽出した基本波二相信号などから回転子の位相・速度推定値の生成を担う位相速度生成器(phase-speed generator)から構成されている。

3/2 相変換器 S_{32}^T に関しては,すでに説明した。以下に,基本波成分抽出器,位相速度生成器の詳細を説明する。

4.4.2 基本波成分抽出器

二相信号 h_2 は,正相成分に加えて逆相成分を含有する(図 4.2(a) 参照)。回転方向の相順をもつ成分を正相成分と定義するならば,位相推定に必要な成分は,正相基本波成分である。本認識に立つならば,基本波成分抽出器としては,正相成分と逆相

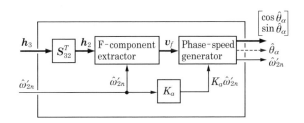

図 4.5 耐故障形位相速度推定器の構造

成分の分離が可能な2×2正相逆相分離フィルタが好適である．しかも，この種のフィルタは，2入力信号の1つを失った場合にも，所期の正相基本波成分を抽出する機能を維持でき [1], [17]-[19]，3個のHES素子の1つあるいは2つが機能を失った場合にも，位相速度推定に資する出力信号を生成できる．

A． D因子フィルタによる実現

2×2正相逆相分離フィルタとしては，2×2D因子フィルタが知られている [1], [17], [18]．1×1アナログローパスフィルタ $F_{lp}(s)$ を次式とする場合，

$$F_{lp}(s) = \frac{a_0}{A(s)} \tag{4.6a}$$

$$A(s) \equiv s^n + a_{n-1}s^{n-1} + \cdots + a_1 s + a_0 \tag{4.6b}$$

これに対応した2×2D因子フィルタは，次式で与えられる [1], [17], [18]．

【D因子フィルタ】

$$F_{lp}(D(s, -\hat{\omega}'_{2n})) = a_0 A^{-1}(D(s, -\hat{\omega}'_{2n})) \tag{4.7a}$$

$$A(D(s, -\hat{\omega}'_{2n})) \equiv D^n(s, -\hat{\omega}'_{2n}) + a_{n-1}D^{n-1}(s, -\hat{\omega}'_{2n}) \\ + \cdots + a_1 D(s, -\hat{\omega}'_{2n}) + a_0 I \tag{4.7b}$$

$$D(s, -\hat{\omega}'_{2n}) \equiv \begin{bmatrix} s & \hat{\omega}'_{2n} \\ -\hat{\omega}'_{2n} & s \end{bmatrix} = sI - \hat{\omega}'_{2n} J \tag{4.7c}$$

■

ここに，I は2×2単位行列を，J は次の2×2交代行列を意味する（(2.11)式参照）．

$$J \equiv \begin{bmatrix} 0 & -1 \\ 1 & 0 \end{bmatrix} \tag{4.8}$$

次数 n を $n=3$ とした場合の2×2D因子フィルタの実現例を図4.6に示した．同図(a)は全体実現例であり，同図(b)は逆D因子 $D^{-1}(s, -\hat{\omega}'_{2n})$ の実現例である．

一定のフィルタ係数 a_i 用いたD因子フィルタによれば，PMSMの中速以上の速度領域で，満足できる基本波二相信号を得ることができる [1], [17], [18]．

B． ベクトル回転器同伴フィルタによる実現

二相信号 h_2 に含有される高調波成分は，基本周波数を超える周波成分を意味する．PMSMの速度が低下すると，基本波成分とともに高調波成分の周波数が低下し，一定のフィルタ係数 a_i 用いたD因子フィルタでは，高調波成分の除去は困難と

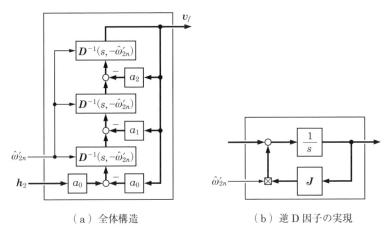

(a) 全体構造　　　　　　　　（b) 逆D因子の実現

図 4.6　定係数を用いた 3 次 D 因子フィルタの実現例

なる。これは，「D 因子フィルタによる帯域幅は，フィルタ係数 a_i により定まり，a_i が一定の場合には，帯域幅は速度いかんにかかわらず一定」との特性による[1), 17), 18)]。

D 因子フィルタの係数 a_i を応速化すれば，低速域でも適用可能な可変帯域幅をもたせることができるが，この場合，フィルタ実現が複雑化する。

2×2 正相逆相分離フィルタは，ベクトル回転器同伴フィルタによっても実現できる[1), 17), 18)]。低速から高速にわたる広い速度領域で適用可能な応速特性を備えた基本波成分抽出器の実現には，ベクトル回転器同伴フィルタが都合よい。図 4.7 に，こ

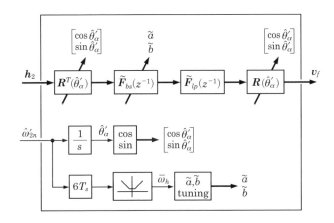

図 4.7　ベクトル回転器同伴フィルタを用いた基本波成分抽出器

の1実現例を示した。

入力端と出力端に配置された2個のベクトル回転器に使用する余弦・正弦値は，係数信号 $\hat{\omega}'_{2n}$ の単純積分により位相 $\hat{\theta}'_\alpha$ を得て，これを用い生成している。内装フィルタは，2種のディジタルフィルタ $\tilde{F}_{lp}(z^{-1})$，$\tilde{F}_{bp}(z^{-1})$ の直列接続により実現している。

後段のディジタルフィルタ $\tilde{F}_{lp}(z^{-1})$ は，一定係数のローパスフィルタである。一般に，ディジタルフィルタ $\tilde{F}_{lp}(z^{-1})$ は，設計済みアナログフィルタに次の新中演算子変換法を適用し，得ることができる[1]。

【新中演算子変換法】

$$s \to \frac{1}{T_s} \cdot \frac{1-z^{-1}}{(1-r)+rz^{-1}} \quad ; 0 \leq r \leq 1 \tag{4.9}$$

∎

ここに，T_s はサンプリング周期（制御周期と同一）である。

文献13）では，D因子フィルタ設計に利用した(4.6)式のアナログフィルタ $F_{lp}(s)$ に(4.9)式の演算子変換を適用し，所期のディジタルフィルタ $\tilde{F}_{lp}(z^{-1})$ を得ている。すなわち，

$$\tilde{F}_{lp}(z^{-1}) = F_{lp}\left(\frac{1}{T_s} \cdot \frac{1-z^{-1}}{(1-r)+rz^{-1}}\right) \quad ; r = 0.5 \tag{4.10}$$

アナログフィルタ $F_{lp}(s)$ を1次とする場合には，対応のディジタルフィルタ $\tilde{F}_{lp}(z^{-1})$ は，次式となる。

【1次ディジタルローパスフィルタ】

$$\tilde{F}_{lp}(z^{-1}) = \frac{\left(\dfrac{a_0 T_s}{2+a_0 T_s}\right)(1+z^{-1})}{1+\left(\dfrac{-2+a_0 T_s}{2+a_0 T_s}\right)z^{-1}} \tag{4.11}$$

∎

アナログフィルタ $F_{lp}(s)$ を2次とする場合には，対応のディジタルフィルタ $\tilde{F}_{lp}(z^{-1})$ は，次式となる。

【2次ディジタルローパスフィルタ】

$$\tilde{F}_{lp}(z^{-1}) = \frac{\tilde{b}_0(1+z^{-1})^2}{1+\tilde{a}_1 z^{-1}+\tilde{a}_2 z^{-2}} \tag{4.12a}$$

$$\left.\begin{aligned}\tilde{a}_1 &= \frac{-8+2a_0 T_s^2}{4+2a_1 T_s + a_0 T_s^2} \\ \tilde{a}_2 &= \frac{4-2a_1 T_s + a_0 T_s^2}{4+2a_1 T_s + a_0 T_s^2} \\ \tilde{b}_0 &= \frac{a_0 T_s^2}{4+2a_1 T_s + a_0 T_s^2}\end{aligned}\right\} \quad (4.12b)$$

■

　直列接続された前段のディジタルフィルタ $\tilde{F}_{bs}(z^{-1})$ は，中心周波数を速度に応じて可変できる応速ノッチフィルタ（狭帯域幅バンドストップフィルタ）である．矩形状のHES三相信号 h_3 から得た二相信号 h_2 は，m を正整数とするとき，$(6m\pm1)$ 次の高調波成分を含有する．二相信号 h_2 をベクトル回転器 $\boldsymbol{R}^T(\hat{\theta}'_\alpha)$ で処理した後では，これらは $6m$ 次高調波成分となる（図4.7参照）．応速ノッチフィルタ $\tilde{F}_{bp}(z^{-1})$ は，これら高調波成分を，特に支配的な6次成分を除去する役割を担う．

　本役割のための応速ノッチフィルタ $\tilde{F}_{bp}(z^{-1})$ としては，次の2次新中ノッチフィルタを利用すればよい[19]．

【2次新中ノッチフィルタ】

$$\tilde{F}_{bs}(z^{-1}) = \frac{\tilde{b}(1-2\cos\bar{\omega}_h z^{-1} + z^{-2})}{(1-\tilde{a}z^{-1})^2} \quad (4.13a)$$

$$\tilde{a} = \frac{\cos\bar{\omega}_h}{1+\sin\bar{\omega}_h} \quad (4.13b)$$

$$\tilde{b} = \frac{1}{1+\sin\bar{\omega}_h} \quad (4.13c)$$

$$\bar{\omega}_h = \begin{cases} 6T_s|\hat{\omega}'_{2n}| & ; \ |\hat{\omega}'_{2n}| \ge \omega_{\min} \\ 6T_s\omega_{\min} & ; \ 0 \le |\hat{\omega}'_{2n}| < \omega_{\min} \end{cases} \quad (4.13d)$$

■

　なお，(4.13d) 式では，$\bar{\omega}_h$ に正の微小下限値 $6T_s\omega_{\min}$ を設定している．この設定は，「$\bar{\omega}_h=0$ では，ノッチフィルタが計算上の不安定化を起す恐れがある」ことを考慮し導入したものである．計算精度に問題がない場合には，$\omega_{\min}=0$，$\bar{\omega}_h=0$ の選択が可能である．

　中高速域での駆動では，定係数ローパスフィルタ $\tilde{F}_{lp}(z^{-1})$，応速ノッチフィルタ $\tilde{F}_{bp}(z^{-1})$ のいずれかのフィルタで所期の高調波成分抑圧性能を得ることができる．低速域の駆動では，応速ノッチフィルタが高調波成分除去に威力を発揮する．

4.4.3 位相速度生成器

位相速度生成器は,基本波成分抽出器の出力信号 v_f を入力信号として受け取り,位相推定値 $\hat{\theta}_\alpha$ の余弦正弦値 (2×1 ベクトル信号),速度推定値 $\hat{\omega}_{2n}$ を生成・出力している。図4.8に,位相速度生成器の内部構造を示した。以下に,構造の原理を中心に,この要点を説明する。

A. 位相余弦正弦値の推定

位相速度生成器では,基本波成分抽出器から得た信号 v_f を正規化することにより,位相推定値の余弦正弦値を生成している。すなわち,

$$\begin{bmatrix} \cos\hat{\theta}_\alpha \\ \sin\hat{\theta}_\alpha \end{bmatrix} = \frac{v_f}{\|v_f\|} \tag{4.14}$$

ベクトル制御系に使用されるベクトル回転器は,位相推定値 $\hat{\theta}_\alpha$ そのものではなく,位相推定値の正弦余弦値を必要とする。すなわち,(4.14)式のベクトル信号こそが必要である。なお,位相推定値 $\hat{\theta}_\alpha$ そのものが必要な場合には,2×1 ベクトル信号 v_f の2要素 $v_{f\alpha}$, $v_{f\beta}$ を用いた逆正接処理により,これを得ることができる。すなわち,

$$\hat{\theta}_\alpha = \tan^{-1}(v_{f\beta}, v_{f\alpha}) \tag{4.15}$$

位相推定値 $\hat{\theta}_\alpha$ がとるべき範囲,位相推定の正弦余弦値がとるべき範囲は,検出された二相信号 h_2 より自明である。二相信号 h_2 を用いて,これら推定値に最終的

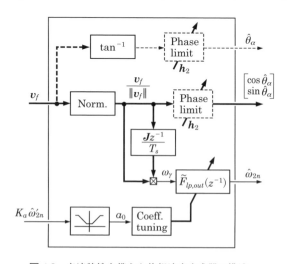

図 4.8 応速特性を備えた位相速度生成器の構造

なリミッタ処理を施すことにより，推定値を自明の範囲内に抑えることも可能である[9)-11)]。図4.8では，本処理は必ずしも必要ないことを考慮し，これを破線ブロックで示した。

B. 回転子速度の推定

位相速度生成器では，位相推定値 $\hat{\theta}_\alpha$ の余弦正弦値を用いた簡単な積和演算により，$\hat{\theta}_\alpha$ の微分値たる基本周波数推定値（γ軸速度と同一，図4.3参照）ω_γ を得て，これを外装した応速ディジタルローパスフィルタ $\tilde{F}_{lp,out}(z^{-1})$ により処理して，回転子電気速度推定値 $\hat{\omega}_{2n}$ を得ている（図4.8参照）。これらは，次のように整理される。

【速度推定法】

$$\omega_\gamma = \frac{[sv_f]^T Jv_f}{\|v_f\|^2} \approx \frac{v_f^T J[z^{-1}v_f]}{T_s \|v_f\|^2} \approx \frac{1}{T_s}\left[\frac{v_f}{\|v_f\|}\right]^T J z^{-1}\left[\frac{v_f}{\|v_f\|}\right] \tag{4.16}$$

$$\hat{\omega}_{2n} = \tilde{F}_{lp,out}(z^{-1})\omega_\gamma \tag{4.17}$$

■

(4.16)式の離散時間式は，$r=0$ を条件に (4.9) 式の新中演算子変換法を連続時間式に適用した上で，$[z^{-1}v_f]/\|v_f\| \approx z^{-1}[v_f/\|v_f\|]$ の近似を用い得ている。

当然のことながら，基本周波数推定値 ω_γ は，位相推定値 $\hat{\theta}_\alpha$ の近似微分処理により得ることもできる。

(4.17) 式の外装ローパスフィルタ $\tilde{F}_{lp,out}(z^{-1})$ の役割は，基本周波数推定 ω_γ に残留した高調波成分の除去にある。この高調波成分の周波数は，回転子速度に応じて変化する。本認識より，「ディジタルローパスフィルタは応速特性を備えるべきである」との結論に至る。

上記目的の外装ローパスフィルタとしては，次の1次フィルタでよい。

$$\tilde{F}_{lp,out}(z^{-1}) = \frac{\left(\dfrac{a_0 T_s}{2+a_0 T_s}\right)(1+z^{-1})}{1+\left(\dfrac{-2+a_0 T_s}{2+a_0 T_s}\right)z^{-1}} \tag{4.18a}$$

(4.18a) 式の1次外装ローパスフィルタ（ディジタルローパスフィルタ）は，帯域幅 a_0 をもつ1次アナログローパスフィルタに，$r=0.5$ を条件に (4.9) 式の演算子変換法を適用し得ている（(4.11) 式参照）。本フィルタの応速化は，帯域幅でもある係数 a_0 の係数信号 $\hat{\omega}'_{2n}$ を用いた自動調整により実現できる。この1例は，次のように与え

られる．

$$a_0 = \begin{cases} a_{0\max} & ; \quad K_a|\hat{\omega}'_{2n}| \geq a_{0\max} \\ K_a|\hat{\omega}'_{2n}| & ; \quad a_{0\min} \leq K_a|\hat{\omega}'_{2n}| \leq a_{0\max} \\ a_{0\min} & ; \quad 0 \leq K_a|\hat{\omega}'_{2n}| \leq a_{0\min} \end{cases} \quad (4.18b)$$

なお，フィルタ係数の上限値 $a_{0\max}$ は，速度制御系の中高速駆動時の帯域幅を考慮し，また下限値 $a_{0\min}$ は，HES信号利用の実質的な最低速度（非ゼロ）を考慮し，選定することになる．

定数 K_a の一応の設計目安は，次のとおりである．

$$\frac{1}{N_p} \leq K_a \leq 1 \quad (4.18c)$$

定数 K_a の下限値は，「ローパスフィルタの緩やかな1次特性を考慮しても，この帯域幅として機械速度程度は必要」との経験的知見から定められている．(4.18)式の具体的選定例は，第4.6節の数値実験例で示す．

4.5 HES利用のための速度制御器

4.5.1 速度制御器の全体構造

図4.4のベクトル制御系における速度制御器は，基本（機械）速度指令値 ω^*_{2m} と（機械）速度推定値 $\hat{\omega}_{2m}$ を得て，トルク指令値 τ^* と係数信号 $\hat{\omega}'_{2n}$ を出力している．この速度制御器の詳細内部構造を図4.9に示した．速度制御器は，大きくは，基本（機械）速度指令値 ω^*_{2m} に対するレイトリミッタ，応速ディジタルPI制御器から構成されている．以下に，機器ごとにその詳細を説明する．

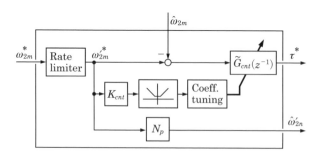

図4.9 応速特性を備えた速度制御器の構造

4.5.2 レイトリミッタ

図 4.9 の例では,電気速度指令値そのものを係数信号 $\hat{\omega}'_{2n}$ として扱っている。第 4.3.2 項で行った係数信号 $\hat{\omega}'_{2n}$ の定義に従うならば,さらには,位相速度推定器での係数信号 $\hat{\omega}'_{2n}$ の利用を考慮するならば,係数信号は速度真値を反映したものでなくてはならない。一般的に,速度指令値の変化低減に応じて,速度指令値に対する速度応答値の追従が改善される。レイトリミッタは,この観点より導入されたものであり,その目的は,次式のように最終速度指令値 ω'^*_{2m} の微分値(すなわち加速度)を一定の上限値 $\alpha_{\max}$ 以下に抑制し,

$$\omega'^*_{2m} = \mathrm{R}_{\mathrm{lmt}}(\omega^*_{2m}) \quad ; \left|s\omega'^*_{2m}\right| \leq \alpha_{\max} \tag{4.19}$$

速度指令値と速度真値との誤差縮小を図ることにある。当然のことながら,モータ発生トルクに発生限界(通常は,トルクリミッタ,電流リミッタで設定した定格値)があるので,加速度上限値(一定値)$\alpha_{\max}$ は予測される負荷トルクに応じてあらかじめ調整することになる。

図 4.9 の例では,レイトリミッタ処理後の最終機械速度指令値を電気速度指令値に変換し,電気速度指令値が速度真値の概略値を示すことを前提に,電気速度指令値を係数信号 $\hat{\omega}'_{2n}$ として扱っている。すなわち,

$$\hat{\omega}'_{2n} = N_p \omega'^*_{2m} \tag{4.20}$$

なお,最終機械速度指令値の係数信号 $\hat{\omega}'_{2n}$ への利用を前提に導入したレイトリミッタは,過電流防止などを目的としたトルクリミッタなどで代用することはできない。

4.5.3 応速ディジタル PI 制御器
A. 速度制御器の設計

応速ディジタル PI 制御器は,次のアナログ PI 制御器 $G_{cnt}(s)$ を基本にして,設計されている((2.52) 式参照)。

$$G_{cnt}(s) = K_p + \frac{K_i}{s} \tag{4.21}$$

(4.21) 式に対して (4.9) 式の演算子変換法を $r=0$ を条件に施し,これに対応したディジタル PI 制御器 $\tilde{G}_{cnt}(z^{-1})$ を次のように得ている。

【ディジタル PI 制御器】

$$\tilde{G}_{cnt}(z^{-1}) = G_{cnt}\left(\frac{1}{T_s} \cdot \frac{1-z^{-1}}{(1-r)+rz^{-1}}\right)$$
$$= \frac{K_p(1-z^{-1}) + T_s K_i}{1-z^{-1}} \quad ; r = 0 \tag{4.22}$$

(4.22) 式における制御器係数 K_p, K_i は，次式に従い設計している（(2.53) 式参照）．

$$K_p = J_m \omega_{sc} \tag{4.23a}$$

$$K_i = J_m w_1(1-w_1)\omega_{sc}^2 \quad ; 0.05 \le w_1 \le 0.5 \tag{4.23b}$$

ここに，J_m は，機械系（回転子とこれに連結された負荷からなる系）の慣性モーメントであり，ω_{sc} は速度制御系の指定帯域幅である．

概略的ながら，「速度制御ループ内にローパスフィルタを有する場合，速度制御系の安定性確保のためには，指定の速度制御系帯域幅は，ローパスフィルタ帯域幅を超えてはならない」との認識がある（後掲の B 項を参照）．第 4.4.3 項で説明したように，電気速度推定値の生成過程では，帯域幅 a_0 をもつローパスフィルタを利用している．上記認識に従うならば，次式が維持されるように帯域幅を選定する必要がある（後掲の (4.29) 式参照）．

$$\omega_{sc} \le a_0 \tag{4.24}$$

上式は，「速度制御ループ内のローパスフィルタの応速化に応じて，速度制御器も応速化する必要がある」ことを意味している．帯域幅 ω_{sc} の簡単な応速化は，(4.18) 式によって自動調整された a_0 を活用した次式によればよい．

$$\omega_{sc} = K_{sc} a_0 \quad ; K_{sc} = \text{const.}, \quad \frac{1}{3} \le K_{sc} \le 1 \tag{4.25}$$

当然のことながら，(4.18) 式のように応速的に定めた帯域幅 ω_{sc} を (4.23) 式に用いて，制御器係数を応速化してもよい．図 4.9 にはこの様子を例示している（後掲の第 4.8 節参照）．

速度推定のために導入したローパスフィルタの帯域幅低減は，(4.18) 式に明示したように，低速駆動時に起きる．低速駆動時でのローパスフィルタの帯域幅低減に応じた速度制御系の帯域幅低減は，速度制御系の安定性確保に必須といえども，高分解能位置・速度センサ利用制御に対する HES 利用制御の性能低下ひいては利用限界をもたらす．

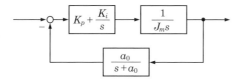

図4.10 簡略化された速度制御系

B. ローパスフィルタを内包する制御系の安定性

ローパスフィルタを内包するフィードバック制御系の安定性に関し，この基本知識を整理しておく．簡単のため，図4.10の簡略化された速度制御系を考える．同図の各ブロックは，信号線に沿って，PI速度制御器，制御対象，ローパスフィルタを意味する．本速度制御系の閉ループ伝達関数は，次式となる．

$$G_s(s) = \frac{K_p s + K_i}{J_m s^2 (s + a_0) + a_0 (K_p s + K_i)} \tag{4.26}$$

(4.26)式に(4.23)式の制御器係数設計法を適用すると，次式を得る．

$$G_s(s) = \frac{\omega_{sc} s + w_1 (1 - w_1) \omega_{sc}^2}{s^3 + a_0 s^2 + a_0 \omega_{sc} s + a_0 w_1 (1 - w_1) \omega_{sc}^2} \tag{4.27}$$

(4.27)式の分母多項式が安定多項式となるための必要かつ十分条件は次式で与えられる[20]．

$$a_0 > w_1 (1 - w_1) \omega_{sc} \tag{4.28}$$

「設計パラメータ w_1 の選定範囲は $0.05 \leq w_1 \leq 0.5$ である」ことを考慮すると，次の(4.29)式の不等式が成立すれば，(4.28)式の条件は満足される．

$$a_0 > 0.25 \omega_{sc} \tag{4.29}$$

(4.24)式の不等式の成立は，(4.29)式の成立ひいては(4.28)式の成立を意味し，この結果，「図4.10の速度制御系は安定である」ことを意味する．

4.6 耐故障形ベクトル制御法の数値実験

耐故障形ベクトル制御法（第4.4節の耐故障形位相速度推定器と第4.5節の速度制御器とを用いたベクトル制御法）の原理と解析結果の正当性を検証・確認すべく，数値実験（シミュレーション）を行った．この際，文献5)に，主たる従前法である近似微分積分法とベクトルトラッキングオブザーバ法との詳細な性能比較データが報告されていることを考慮し，これらと耐故障形ベクトル制御法との性能比較を容易に行

えるように，ここでの実験内容は基本的に文献5)と同様とした。なお，紙幅の関係上，位相速度推定器内の基本波成分抽出器としては，ベクトル回転器同伴フィルタを用いたものに限定する。以下に，数値実験結果の詳細を示す。

4.6.1 数値実験システム

検証システムは，図4.4と同様である。若干の相違は，検証システムには，文献5)に従い，PMSMに摩擦負荷を連結し，任意の摩擦負荷を与えられるようにした点にある。電力変換器（インバータ，inverter）は，理想的特性をもつものとした。

4.6.2 数値実験の条件

A. 供試 PMSM

供試 PMSM の特性は，表3.1と同一である。PMSM単体での粘性摩擦係数 D_m は $D_m = 0.00016$ [Nms/rad] であるが，文献5)に従い，定格速度で定格負荷に該当する摩擦負荷を与えるようにした。これに該当する粘性摩擦係数は $D_m = 0.012$ [Nms/rad] であり，これを供試 PMSM にもたせた。

B. 耐故障形位相速度推定器

耐故障形位相速度推定器は，図4.5に忠実に従って構成した。位相速度推定器内部の 3/2 相変換器 S_{32}^T は，(4.3) 式に従い，$A = \sqrt{2/3}$ として構成した。

位相速度推定器内部の基本波成分抽出器は，ベクトル回転器同伴フィルタを用いた図4.7に従って構成した。基本波成分抽出器内部の内装ローパスフィルタ $\tilde{F}_{lp}(z^{-1})$ は，(4.12) 式の2次ディジタルフィルタとした。この際，設計パラメータは，おおむね 50 [rad/s] 以上の周波数成分が除去でき，かつ処理信号の脈動回避が可能な実数極をもつ次のものを選定した。

$$T_s = 0.0001, \quad a_1 = 100, \quad a_0 = 2500 \tag{4.30}$$

基本波成分抽出器内部の応速ノッチフィルタ $\tilde{F}_{bp}(z^{-1})$ は，(4.13) 式の2次新中ノッチフィルタとし，最小値 $\omega_{\min}$ として $\omega_{\min} = 0$ を選定した。

位相速度推定器内部の位相速度生成器は，図4.8に従い構成した。この際，位相推定値リミッタ（破線ブロック）は省略した。位相速度生成器に用いた外装ローパスフィルタ $\tilde{F}_{lp,out}(z^{-1})$ は，(4.18) 式に基づき構成した。本フィルタの係数 a_0 は，(4.18) 式に次の値を設定し，自動調整させた。

$$K_a = \frac{1}{N_p}, \quad a_{0\min} = 1, \quad a_{0\max} = 50 \tag{4.31}$$

C. 速度制御器

速度制御器は，図 4.9 に従って構成した．レイトリミッタの設定値は，摩擦負荷の存在を考慮し，$\alpha_{\max} = 50\,[\mathrm{rad/s^2}]$ とした．

応速ディジタル PI 制御器は，(4.22) 式に従って構成した．制御器係数 K_p, K_i は，(4.31) 式に基づく外装フィルタの係数 a_0 と係数 $K_{sc} = 1$ とを (4.25) 式に用いて速度制御系の帯域幅 ω_{sc} を定め，帯域幅 ω_{sc} と係数 $w_1 = 0.12$ とを (4.23) 式に用いて，自動設計・自動調整するようにした．

なお，図 4.4 における指令変換器は，簡単のため，次のように構成した．

$$i_\gamma^* = 0, \quad i_\delta^* = \frac{\tau^*}{N_p \Phi} \tag{4.32}$$

上記の構成では，定格負荷 2.2 [Nm] に対する δ 軸電流は約 3 [A] となる (表 3.1 参照)．

4.6.3 全 HES 素子が正常な場合

A. ステップ加速応答

文献 5) に従って，供試 PMSM をゼロ速度に速度制御しておき，ある瞬時に定格速度に該当するステップ状の速度指令値 180 [rad/s] を与えた．数値実験結果を図 4.11 に示す (同図の速度指令値の変更時刻は 0.5 [s])．

同図 (a) は，上から，ステップ速度指令値 ω_{2m}^* をレイトリミッタ処理した直後の最終速度指令値 $\omega_{2m}'^*$，速度真値 ω_{2m}，速度推定値 $\hat{\omega}_{2m}$ をおのおの示している．3 速度信号は，重複を避けるべく，基準のゼロ速度を 50 [rad/s] 相当シフトして描画している．同図 (b) は速度推定誤差 $\hat{\omega}_{2m} - \omega_{2m}$ を，同図 (c) は回転子の位相推定誤差 $\hat{\theta}_\alpha - \theta_\alpha$ を，同図 (d) は固定子電流を示している．固定子電流は，$\gamma\delta$ 準同期座標系上で評価した γ 軸，δ 軸電流と dq 同期座標系上で評価した d 軸，q 軸電流の両者を描画している．

図 4.11 より，加速度 $\alpha_{\max} = 50\,[\mathrm{rad/s^2}]$ をもつ速度指令値への追従と約 3.5 [s] での定格点への整定とが確認される．これらの追従・整定性は，従前の 2 法 (近似微分積分法，ベクトルトラッキングオブザーバ法) を凌駕するものである[5]．速度推定誤差は，追従開始直後に最大で約 -3 [rad/s] となっているが，加速度 $\alpha_{\max} = 50\,[\mathrm{rad/s^2}]$ の定常加速時には約 -1 [rad/s] に減少し，定格の一定速度では実質ゼロとなっている．

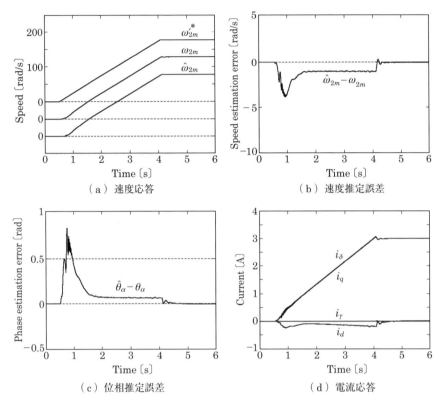

図 4.11　3 個の HES 素子を用いたゼロ速度から定格速度への加速応答
（加速度 $\alpha_{max} = 50 \ [\text{rad/s}^2]$）

同様な応答特性は，位相推定においても観察される。

なお，位相速度生成器では，速度推定値生成に外装ローパスフィルタを使用しているので（図 4.8 参照），$\hat{\omega}_{2n} \neq \omega_\gamma$ であり，同図 (b), (c) に関しては，微積分の関係は成立していない。すなわち，

$$s(\hat{\theta}_\alpha - \theta_\alpha) = \omega_\gamma - \omega_{2n} \neq N_p(\hat{\omega}_{2m} - \omega_{2m}) \tag{4.33}$$

位相推定誤差は正の極性，すなわち位相進みとして出現している。これは γ 軸が d 軸に対して位相進みとなっていることを意味し，γ 軸電流がゼロの場合にも，負極性の d 軸電流が出現することを意味する。図 4.11(d) の電流応答はこれを裏づけるものである。位相推定誤差の極性は，従前法とは真逆である[5]。

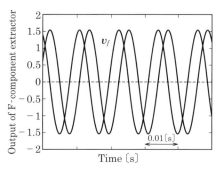
図 4.12　基本波成分抽出器の応答例

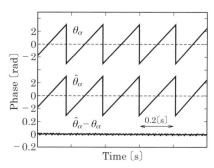
図 4.13　低速時の位相推定例

図 4.11(b), (c) が示すように，速度推定誤差，位相推定誤差には，起動約 0.5 [s] 以降では，高周波脈動は見られない。耐故障形ベクトル制御法は，従来法では不可避であった推定値における激しい高周波脈動の抑圧に成功している[5]。これを裏づけるように，固定子電流には高周波脈動は出現していない。

なお，図 4.11(c) より観察されるように，位相推定誤差は起動直後に一時的に $\pm\pi/6$ [rad] を超えている。この超過は，位相推定値のリミッタ処理により，抑えることができる（図 4.8 参照）。図 4.11 の実験では，リミッタ処理は行っていない。

位相・速度推定の基本信号である基本波成分抽出器の出力信号 v_f の1例を，図 4.12 に示した。同図は，定格速度での定常状態（図 4.11 の 6 [s] 近傍）の応答例である。v_f は歪みのない良質な二相信号となっていることが確認される。基本波成分抽出器の入力信号である二相信号 h_2（図 4.2(a) 参照）と本信号 v_f との相違を確認されたい。

B. 低速定常応答

図 4.11(c) によれば，位相推定誤差が，起動約 0.2 [s] 後にすなわち最終（機械）速度指令値 $\omega_{2m}^{\prime*} = 10$ [rad/s] 近傍で最大に，また，速度推定誤差が，起動約 0.4 [s] 後にすなわち最終（機械）速度指令値 $\omega_{2m}^{\prime*} = 20$ [rad/s] 近傍で最大になっている。これらは，起動直後の過渡特性に起因している。これを確認すべく，（機械）速度指令値 $\omega_{2m}^{*} = 10$ [rad/s] での定常応答を観察した。図 4.13 に数値実験結果を示す。

波形は，上から，位相真値 θ_α，位相推定値 $\hat{\theta}_\alpha$，位相推定誤差 $\hat{\theta}_\alpha - \theta_\alpha$ を示している。同図は，定常状態では，機械速度 10 [rad/s] においても適切な位相推定が可能であることを示すものである。

4.6.4 2個の HES 素子のみが正常な場合

3素子1組での使用を想定した HES において，いずれか1個の HES 素子がセンサ機能を失った場合を設定し実験を行った．

図 4.14 に，w 相 HES 素子がセンサ機能を失ったと仮定した場合の応答を示した．なお，他の実験条件は前項と同一である．速度推定誤差，位相推定誤差，電流応答においては，特に低速域で強い高周波脈動が出現するようになった．これは，w 相 HES 素子がセンサ機能を失ったことにより，図 4.11 では出現しなかった3倍の高調波成分が出現し，さらには低速域ではこれら成分を十分に除去できなかったことに起因している．しかしながら，「速度推定誤差，位相推定誤差，電流応答における強い高周波脈動の出現にもかかわらず，制御系全体としては，諸機能を失うことなくベク

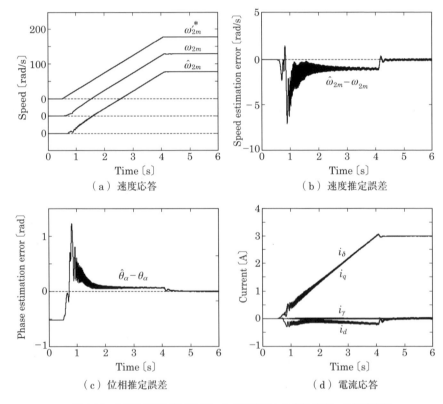

(a) 速度応答　　　　　　　　　　　(b) 速度推定誤差

(c) 位相推定誤差　　　　　　　　　(d) 電流応答

図 4.14　2個の HES 素子を用いたゼロ速度から定格速度への加速応答
(加速度 $\alpha_{max} = 50$ [rad/s^2])

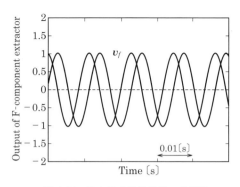

図 4.15　基本波成分抽出器の応答例

トル制御，速度制御を遂行し，この意味において，おおむね図 4.11 と同様の速度制御性能を達成している」ことが確認される（図 4.14(a) 参照）。

なお，駆動開始直後の位相推定誤差は，約 -0.5 [rad] となっているが，これは，w 相 HES 素子がセンサ機能喪失による誤差，すなわち $h_3 = [1 \ -1 \ 0]^T$ に対応した誤差である。

図 4.14 の応答を裏づける位相・速度推定の基本信号である基本波成分抽出器の出力信号 v_f の 1 例を，図 4.15 に示した。同図は，定格速度での定常状態（図 4.14 の 6 [s] 近傍）の応答例である。w 相 HES 素子がセンサ機能を失ったことにより，v_f の振幅は，正常の場合に比較し 2/3 に縮小している。しかし，v_f の形状に関しては，w 相 HES 素子のセンサ機能喪失にもかかわらず，正常の場合に類似した二相信号となっていることが確認される。

4.6.5　1 個の HES 素子のみが正常な場合

耐故障性，機能安全性の限界を把握すべく，3 素子 1 組での使用を想定した HES において，2 個の素子が同時にセンサ機能を失った場合を設定し実験を行った。

図 4.16 に，v 相と w 相の HES 素子がともにセンサ機能を失ったと仮定した場合の応答を示した。なお，他の実験条件は前項と同一である。速度推定誤差，位相推定誤差，電流応答における高周波脈動は，図 4.14 の応答以上に強くなった。しかしながら，図 4.16(a) が示すように，制御系全体としては諸機能を失うことなく，ベクトル制御，速度制御を遂行している。

図 4.16 の応答を裏づける位相・速度推定の基本信号である基本波成分抽出器の出力信号 v_f の 1 例を，図 4.17 に示した。同図は，定格速度での定常状態（図 4.16 の 6 [s]

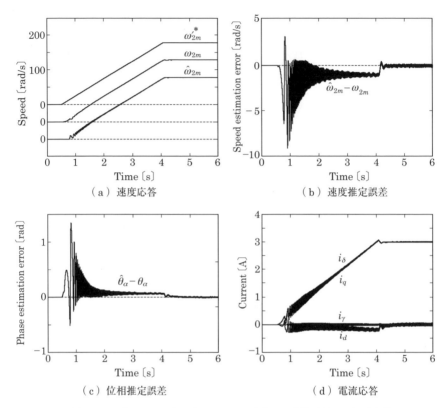

図 4.16 1 個の HES 素子を用いたゼロ速度から定格速度への加速応答
(加速度 $\alpha_{max} = 50$ [rad/s^2])

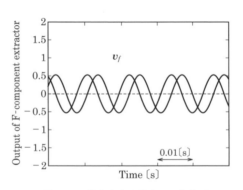

図 4.17 基本波成分抽出器の応答例

近傍）の応答例である．v 相，w 相 HES 素子がともにセンサ機能を失ったことにより，v_f の振幅は，正常の場合に比較し 1/3 に縮小している．しかし，v_f の形状に関しては，v 相，w 相 HES 素子のセンサ機能喪失にもかかわらず，正常の場合に類似した二相信号となっていることが確認される．

以上の実験結果は，「正相逆相分離フィルタに本質的に備わった正相成分抽出機能」を，さらには，「耐故障形ベクトル制御法は，1 相分の HES 信号のみで動作可能であり，ひいては高い耐故障性，機能安全性を有している」ことを裏づけるものである．

4.7 高追従形位相速度推定器

4.7.1 推定器の全体構造

耐故障性，機能安全性を重視した耐故障形位相速度推定器に代わって，追従性を重視した高追従形位相速度推定器を考える．高追従形位相速度推定器の基本的内部構造を図 4.18 に示した．高追従形位相速度推定器の構成に際し採用された回転子位相・速度推定の基本原理は，高周波積分形 PLL 法である [19), 21), 22)]．

高追従形位相速度推定器は，HES からの三相信号 h_3 を二相信号 h_2 へ変換する役割を担う 3/2 相変換器 S_{32}^T，二相信号 h_2 の基本波成分の位相 θ_α （すなわち，回転位相真値）と回転子位相推定値 $\hat{\theta}_\alpha$ との間の位相偏差 $\Delta\theta \equiv \theta_\alpha - \hat{\theta}_\alpha$ の推定値 $\Delta\hat{\theta}$ の抽出を担う基本波位相偏差抽出器（F-phase error extractor），抽出した位相偏差推定値 $\Delta\hat{\theta}$ から回転子の位相・速度推定値の生成を担う位相速度生成器から構成されている．

3/2 相変換器 S_{32}^T は，耐故障形位相速度推定器に使用したものと同一である（(4.3) 式参照）．以下に，基本波位相偏差抽出器，位相速度生成器の詳細を説明する．

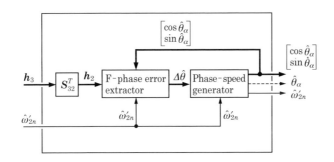

図 4.18　高追従形位相速度推定器の構造

4.7.2 基本波位相偏差抽出器
A. 内部構造

図 4.18 に示したように,基本波位相偏差抽出器は,入力信号として二相信号 h_2,位相推定値 $\hat{\theta}_\alpha$ の余弦・正弦値,係数信号 $\hat{\omega}'_{2n}$ の 3 信号を得て,位相偏差推定値 $\Delta\hat{\theta}$ を抽出・出力する役割を担っている。図 4.19 に,基本波位相偏差抽出器の内部構造を示した。基本波位相偏差抽出器は,大きくは,ベクトル回転器,応速フィルタ部,逆正接器の 3 機器から構成されている(図 4.7 参照)。

ベクトル回転器の定義は,(4.5) 式のとおりである。ベクトル回転器のための余弦・正弦信号としては,位相速度生成器が出力した位相推定値の余弦・正弦信号をフィードバック利用している。逆正接器は,2×1 ベクトル信号の 2 要素を用いた逆正接処理を遂行しているに過ぎない((4.15) 式参照)。中心的機器は応速フィルタ部である。以下に,この詳細を説明する。

B. 応速ノッチフィルタ

応速フィルタ部を構成する基本フィルタは,応速ノッチフィルタ $\tilde{F}_{bs}(z^{-1})$ である。本フィルタとしては,(4.13) 式の 2 次新中ノッチフィルタを利用すればよい。図 4.19 の下段には,応速ノッチフィルタとして (4.13) 式の 2 次新中ノッチフィルタを利用することを想定して,フィルタ係数 $\tilde{a}, \tilde{b}$ の自動調整の様子を併せて描画している(図 4.7 参照)。

C. 内装ローパスフィルタ

$\gamma\delta$ 準同期座標系上の二相信号 $\tilde{h}_2$ には,6 次以上の高調波成分に代表される高周

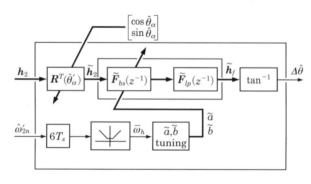

図 4.19 基本波位相偏差抽出器の構造

波成分を含有する．応速ノッチフィルタの直後に配置された内装ローパスフィルタ $\tilde{F}_{lp}(z^{-1})$ は，これら高周波成分を除去する役割を担っている．ここで使用する内装ローパスフィルタ $\tilde{F}_{lp}(z^{-1})$ としては，たとえば，(4.12) 式の 2 次ディジタルローパスフィルタを利用すればよい．当然のことながら，これに対応したアナログフィルタ $F_{lp}(s)$ は，所要の帯域幅を得るべく設計されなければならない．

高周波成分の除去の観点からは，狭帯域の内装ローパスフィルタが望まれる．一方，高周波積分形 PLL 法によれば，内装ローパスフィルタの狭帯域化は，閉ループ系としての PLL を不安定化する[19]．高周波積分形 PLL 法によれば，閉ループ系としての PLL の帯域幅を ω_{PLLc} とし，内装ローパスフィルタの帯域幅を ω_{lc} とするとき，次の「帯域幅の 3 倍ルール」を維持するように，内装ローパスフィルタを設計すれば，一般に PLL の安定性を確保できる[19]．

$$\omega_{lc} \geq 3\omega_{PLLc} \tag{4.34}$$

基本波位相偏差抽出器内の内装ローパスフィルタ $\tilde{F}_{lp}(z^{-1})$ は，PLL の安定性確保を優先し，「帯域幅の 3 倍ルール」に従い設計するものとする．

4.7.3 位相速度生成器

位相速度生成器は，基本波位相偏差抽出器から出力された位相偏差推定値 $\Delta\hat{\theta}$ を入力として受け取り，これを用いて，位相推定値 $\hat{\theta}_{\alpha}$ の余弦正弦値（2×1 ベクトル信号），速度推定値 $\hat{\omega}_{2n}$ を生成・出力している．図 4.20 に，位相速度生成器の内部構造を示した．本構造は，高周波積分形 PLL 法に基づき構成されている[19], [21], [22]．

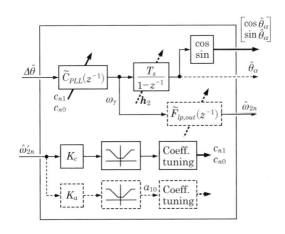

図 4.20 応速特性を備えた位相速度生成器の構造

高周波積分形 PLL におけるフィルタ部 [19), 21), 22)] は，(4.34) 式の成立を条件に，基本波位相偏差抽出器内で応速フィルタ部としてすでに構成している。このため，位相速度生成器としては，高周波積分形 PLL における位相制御器と位相積分器 (phase integrator) [19), 21), 22)] を構成すればよい。以下に，これらの要点を説明する。

A. 位相制御器

高周波積分形 PLL 法に基づく位相制御器 $\tilde{C}_{PLL}(z^{-1})$ としては，アナログ PI 制御器に $r=0$ を条件に (4.9) 式を適用して得た次のディジタル PI 制御器を利用する。

$$\tilde{C}_{PLL}(z^{-1}) = \frac{c_{n1}(1-z^{-1}) + T_s c_{n0}}{1-z^{-1}} \tag{4.35}$$

(4.35) 式における位相制御器係数 c_{n1}, c_{n0} は，(4.34) 式の成立を条件に，次式に従い設計している（相対次数は 1 次として第 1.1.2 項の設計法を適用）。

$$c_{n1} = \omega_{PLLc} \tag{4.36a}$$

$$c_{n0} = w_1(1-w_1)\omega_{PLLc}^2 \quad ; 0.05 \leq w_1 \leq 0.5 \tag{4.36b}$$

(4.36) 式に用いた PLL 帯域幅 ω_{PLLc} としては，一定値を利用することも可能であるが，低速域での推定値脈動を低減すべく，次のように係数信号 $\hat{\omega}'_{2n}$ を用いて応速化している。

$$\omega_{PLLc} = \begin{cases} \omega_{PLLc,\max} & ; \quad K_c|\hat{\omega}'_{2n}| \geq \omega_{PLLc,\max} \\ K_c|\hat{\omega}'_{2n}| & ; \omega_{PLLc,\min} \leq K_c|\hat{\omega}'_{2n}| \leq \omega_{PLLc,\max} \\ \omega_{PLLc,\min} & ; \quad 0 \leq K_c|\hat{\omega}'_{2n}| \leq \omega_{PLLc,\min} \end{cases} \tag{4.37a}$$

なお，定数 K_c の一応の設計目安は，次のとおりである。

$$1 \leq K_c \leq 6 \tag{4.37b}$$

(4.37) 式の応速化された帯域幅 ω_{PLLc} においては，次式が成立すれば，(4.34) 式の「帯域幅の 3 倍ルール」の成立が保証される。

$$\omega_{lc} \geq 3\omega_{PLLc,\max} \tag{4.38}$$

B. 位相積分器

位相制御器直後の位相積分器は，アナログ積分器に $r=0$ を条件に (4.9) 式を適用し得ている。本位相積分器を介して，γδ 準同期座標系の位相 $\hat{\theta}_\alpha$ と速度 ω_γ を得ている（図 4.3 参照）。γδ 準同期座標系の位相 $\hat{\theta}_\alpha$ は，回転子位相推定値 $\hat{\theta}_\alpha$ として取り扱い，この余弦・正弦値を出力している。推定値自体も必要に応じ出力できるようにしてい

る（図 4.20 の破線表示）．

二相信号 h_2 を用いて，回転子位相推定値に対してリミッタ処理を行い，位相推定誤差を $\pm\pi/6$〔rad〕以内に抑えることができる．しかし，多くの場合，本リミッタ処理は必要としない．図 4.20 では，この点を考慮し，リミッタ処理機能を破線の貫徹矢印で概念的に示した．

C. 外装ローパスフィルタ

$\gamma\delta$ 準同期座標系の速度 ω_γ は，回転子速度推定値として出力している．前段に配した基本波位相偏差抽出器の応速フィルタ部の効果により，座標系速度 ω_γ は高周波成分をほぼ含有しない．しかし，低速域では，応速フィルタ部を構成する内装ローパスフィルタの効果が失われ，座標系速度 ω_γ に高周波脈動が出現する．この除去が必要な場合には，座標系速度 ω_γ を外装ローパスフィルタ $\tilde{F}_{lp,out}(z^{-1})$ で処理して，回転子電気速度推定値 $\hat{\omega}_{2n}$ を得ることになる．すなわち，

$$\hat{\omega}_{2n} = \tilde{F}_{lp,out}(z^{-1})\omega_\gamma \tag{4.39}$$

上記目的の外装ローパスフィルタとしては，耐故障形ベクトル制御法で使用した外装ローパスフィルタと同一のもが利用できる．すなわち，(4.18) 式を利用できる．

図 4.20 では，外装ローパスフィルタの利用は必須でないことを考慮し，これは破線で示した．なお，基本波位相偏差抽出器の応速フィルタ部で，内装ローパスフィルタを使用しない場合には，本外装ローパスフィルタは必須である．内装ローパスフィルタと外装ローパスフィルタの相補性は，高周波積分形 PLL 法の共通の特性である[19]．

4.8　HES 利用のための速度制御器

高追従形位相速度推定器に対応した速度制御器は，図 4.9 に示した耐故障形位相速度推定器に対応した速度制御器とおおむね同じである．特に，速度制御器の主要機器の 1 つであるレイトリミッタは，同一である．

速度制御器の他の主要機器である応速ディジタル PI 制御器 $\tilde{G}_{cnt}(z^{-1})$ は，形式的には同一である．すなわち，高追従形ベクトル制御法のための応速ディジタル PI 制御器の伝達関数は，(4.22) 式で与えられる．制御器係数 K_p, K_i を，(4.23) 式に従い，速度制御系の指定帯域幅 ω_{sc} に応じ定める点も同一である．注意すべき相違は，速度制御系の指定帯域幅 ω_{sc} の選定にある．以下，これを説明する．

高追従形位相速度推定器の第 3 構成ブロックである位相速度生成器においては，位相制御器を応速化している（図 4.18, 4.20 参照）．応速位相制御器では，低速域において，速度に応じて PLL 帯域幅を低減するようにしている．このような応速位相制御器を用いる場合には，速度制御系の安定性確保の観点から，速度制御器の応速化が必須となる（第 4.5.3 項の B 項参照）．

応速化は，速度制御系の帯域幅 ω_{sc} を介して行うことになる．この一応の設計目安は次のとおりである．

$$\omega_{sc} < \omega_{PLLc} \tag{4.40}$$

帯域幅 ω_{sc} の自動調整法は，(4.18)，(4.37) 式と同様の次式でよい．

$$\omega_{sc} = \begin{cases} \omega_{sc\max} & ; \quad K_{cnt}\left|\omega_{2m}^{\prime *}\right| \geq \omega_{sc\max} \\ K_{cnt}\left|\hat{\omega}_{2n}^{\prime}\right| & ; \quad \omega_{sc\min} \leq K_{cnt}\left|\omega_{2m}^{\prime *}\right| \leq \omega_{sc\max} \\ \omega_{sc\min} & ; \quad 0 \leq K_{cnt}\left|\omega_{2m}^{\prime *}\right| \leq \omega_{sc\min} \end{cases} \tag{4.41a}$$

なお，定数 K_{cnt} の一応の設計目安は，次のとおりである．

$$1 \leq K_{cnt} \leq N_p \tag{4.41b}$$

4.9 高追従形ベクトル制御法の数値実験

高追従形ベクトル制御法（第 4.7 節の高追従形速度推定器と第 4.8 節の速度制御器とを用いたベクトル制御法）の原理と解析結果の正当性を，さらには有用性を検証・確認すべく，数値実験（シミュレーション）を行った．従前法との性能比較を容易に行えるように，ここでの実験内容は基本的に文献 5) および第 4.6 節と同様とした．実験システムは，第 4.6 節と同一とした．

4.9.1 数値実験の条件
A. 供試 PMSM
供試 PMSM は，第 4.6 節のものと同一とした．

B. 高追従形位相速度推定器
高追従形位相速度推定器は，図 4.18 に忠実に従って構成した．高追従形位相速度推定器内部の 3/2 相変換器 $\boldsymbol{S}_{32}^T$ は，(4.3) 式に従い，$A = \sqrt{2/3}$ として構成した．

高追従形位相速度推定器内部の基本波位相偏差抽出器は，図 4.19 に従って構成した．

基本波位相偏差抽出器内部の応速ノッチフィルタ $\tilde{F}_{bp}(z^{-1})$ は, (4.13) 式の2次新中ノッチフィルタとし, 最小値 $\omega_{\min}$ には $\omega_{\min} = 0$ を設定した. 基本波位相偏差抽出器内部の内装ローパスフィルタ $\tilde{F}_{lp}(z^{-1})$ は, (4.12) 式の2次フィルタとした. この際, 設計パラメータを次のように定めた.

$$T_s = 0.0001, \quad a_1 = 1500, \quad a_0 = 562500 \tag{4.42}$$

高追従形位相速度推定器内部の位相速度生成器は, 図 4.20 に従い構成した. 応速位相制御器の設計パラメータは, 次のように定めた.

$$\left.\begin{array}{l} w_1 = 0.5, \quad \omega_{PLLc,\max} = 150 \\ \omega_{PLLc,\min} = 1, \quad K_c = 1 \end{array}\right\} \tag{4.43}$$

また, 位相積分器には, 簡単のため, リミッタ処理機能は付与しないものとした.

内装ローパスフィルタ帯域幅と PLL 帯域幅との関係に関しては, (4.42), (4.43) 式より次の関係が成立しており, 「帯域幅の3倍ルール」が常時維持されている.

$$\omega_{lc} \approx 4\omega_{PLLc,\max} \tag{4.44}$$

位相速度生成器の外装ローパスフィルタ $\tilde{F}_{lp,out}(z^{-1})$ は, 低速域の性能改善を考慮し用意した. 本フィルタの係数 a_0 は, (4.18) 式に従って自動調整させた. この際, 次の値を設定した.

$$a_{0\max} = 100, \quad a_{0\min} = 1, \quad K_a = \frac{1}{N_p} \tag{4.45}$$

C. 速度制御器

速度制御器は, 図 4.9 および (4.22) 式に従って構成した. 制御器係数 K_p, K_i は, (4.23) 式に係数 $w_1 = 0.12$ を用い, (4.41) 式に次の条件を用い自動調整した.

$$\omega_{sc\max} = 100, \quad \omega_{sc\min} = 1, \quad K_{cnt} = 1 \tag{4.46}$$

(4.46) 式の条件下では, 常時, (4.40) 式に加え, 次の関係が成立している.

$$\omega_{sc} = a_0 \tag{4.47}$$

なお, 図 4.4 における指令変換器は, (4.32) 式に従い構成した.

4.9.2 基準実験

従前法と応答比較すべく, 文献 5) に従って, 供試 PMSM をゼロ速度に速度制御しておき, ある瞬時に定格速度に該当するステップ状の速度指令値 180 [rad/s] を与えた. この際, 速度制御器内のレイトリミッタは, 第 4.6 節と同一の加速度上限値 $\alpha_{\max} = 50$ [rad/s^2] に設定した ((4.19) 式参照). 数値実験結果を図 4.21 に示す (同

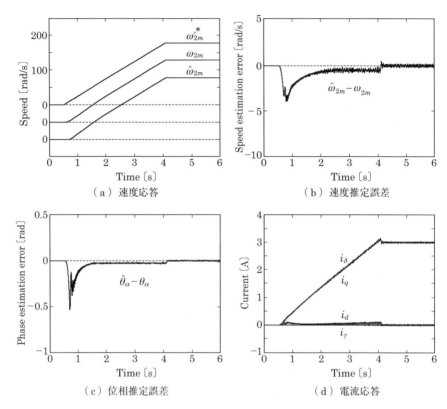

図 4.21 ゼロ速度から定格速度への加速応答（加速度 $\alpha_{max} = 50 \, [\text{rad/s}^2]$）

図の速度指令印加時刻は 0.5 [s]）。

図 4.21(a) は，上から，ステップ速度指令値 ω_{2m}^* をレイトリミッタ処理した直後の最終速度指令値 $\omega_{2m}'^*$，速度真値 ω_{2m}，速度推定値 $\hat{\omega}_{2m}$ をおのおの示している。3 速度信号は，重複を避けるべく，基準のゼロ速度を 50 [rad/s] 相当シフトして描画している。同図 (b) は速度推定誤差 $\hat{\omega}_{2m} - \omega_{2m}$ を，同図 (c) は回転子の位相推定誤差 $\hat{\theta}_\alpha - \theta_\alpha$ を，同図 (d) は固定子電流を示している。固定子電流は，$\gamma\delta$ 準同期座標系上で評価した γ 軸，δ 軸電流と dq 同期座標系上で評価した d 軸，q 軸電流の両者を描画している。

図 4.21 より，加速度 $\alpha_{max} = 50 \, [\text{rad/s}^2]$ をもつ速度指令値への追従と約 3.5 [s] での定格点への整定とが確認される。

なお，外装ローパスフィルタを使用した本場合には，$\hat{\omega}_{2n} \neq \omega_\gamma$ であり（図 4.20 参照），

4.9 高追従形ベクトル制御法の数値実験

図 4.21 (b), (c) に関しては, 微積分の関係は成立していない。すなわち ((4.33) 式参照),
$$s(\hat{\theta}_\alpha - \theta_\alpha) = \omega_\gamma - \omega_{2n} \neq N_p(\hat{\omega}_{2m} - \omega_{2m}) \tag{4.48}$$

図 4.21 の応答は, 第 4.6 節の図 4.11 の応答 (耐故障形ベクトル制御法) と比較し, 次の特徴を有する。

(a) 加速定常時 (2～4 [s] の間) での位相, 速度推定誤差は, 図 4.11 に比較し, 半減以下となっている。

(b) 位相推定誤差の減少に伴い, 加速定常時 (2～4 [s] の間) においても, γ 軸, δ 軸電流と d 軸, q 軸電流の相違は, より微小となっている。

(c) 一定速度定常時 (4 [s] 以降) での位相, 速度の推定値の脈動は, 耐故障形ベクトル制御法に比較し, 若干強くなっている。

(d) 加速時の位相推定誤差の極性は, 耐故障形ベクトル制御法と真逆である。

上記特徴の (a), (b) は, 高追従形ベクトル制御法の高追従性を示唆するものである。これを確認すべく, 高追従実験を実施した。

4.9.3 高追従実験

速度制御器内のレイトリミッタを, 基準応答の 10 倍に当たる加速度上限値 $\alpha_{\max} = 500$ [rad/s^2] に変更して ((4.19) 式参照), 基準実験と同一の実験を行った。数値実験結果を図 4.22 に示す。図 4.22 の時間軸は, 図 4.21 の時間軸に比較し 10 倍拡大されている。図 4.22 では, 図 4.21 との応答比較を考慮し, ステップ速度指令値 ω^*_{2m} の印加時刻を 0.05 [s] に変更している。図 4.22 の波形の意味は, 図 4.21 と同一である。

図 4.22 (a) より, 速度真値 ω_{2m}, 速度推定値 $\hat{\omega}_{2m}$ が, 加速度 $\alpha_{\max} = 500$ [rad/s^2] をもつ最終速度指令値 ω'^*_{2m} に追従している様子が確認される。

同図 (c) より, 加速定常時 (0.2～0.4 [s] の間) での位相推定誤差は, 約 0.25 [rad] であることがわかる。本位相推定誤差は, 加速度 $\alpha_{\max} = 500$ [rad/s^2] を考慮した実際的観点からは, 小さい値である。なお, 最終速度指令値 ω'^*_{2m} への追従開始直後に, 位相推定誤差が一時的に $\pm\pi/6$ [rad] を超えている。二相信号 h_2 を用いた位相推定値へのリミッタ処理により, 位相推定誤差を $\pm\pi/6$ [rad] 以内に抑えることは可能であるが, 高追従の基本性能の確認を目指した本実験では, リミッタ処理は施していない。

同図 (d) では, 固定子電流が一時的に定格値を超えている。高追従の基本性能の

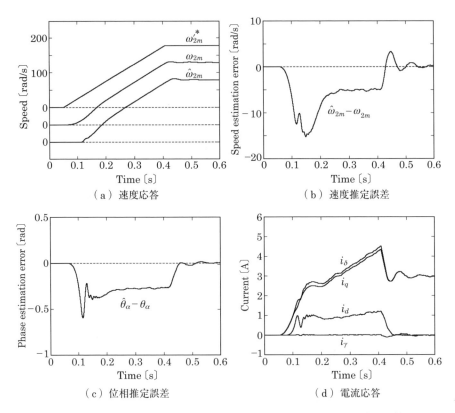

図 4.22 ゼロ速度から定格速度への加速応答（加速度 $\alpha_{\max} = 500\ [\mathrm{rad/s^2}]$）

確認を目指した本実験では，電流リミッタ処理を行っていない。電流リミッタ処理により，応答電流を定格値内に容易に抑えるができる。

図 4.22 の全図を通じ，加速度 $\alpha_{\max} = 500\ [\mathrm{rad/s^2}]$ の位相・速度の変化にもかかわらず，回転子の位相・速度の高周波脈動を抑えた推定が実施され，この結果，固定子電流の高周波脈動を抑えた制御が実施されていることが確認される。

基準実験，高追従実験の結果は，「高追従形ベクトル制御法は，従前法の約 10 倍の高追従性を有し，ひいては高い有用性を有する」ことを裏づけるものである。

4.10 歪み正弦状の HES 信号を対象とする位相速度推定器

4.10.1 歪み正弦状の HES 信号とベクトル制御系

第 4.4 節で提案した耐故障形位相速度推定器，第 4.7 節で提案した高追従形位相速度推定器は，HES 信号として図 4.1 に例示した矩形処理された三相信号を想定していた。矩形処理された三相信号の特色は，主たる高調波成分として 5 次逆相成分，7 次正相成分を含有する点にある。これら高調波成分は，ベクトル回転器で処理した後には，ともに 6 次高調波成分となる。本認識のもとに，耐故障形位相速度推定器における基本波成分抽出器（図 4.7 参照），高追従形位相速度推定器における基本波位相偏差抽出器（図 4.19 参照）では，ベクトル回転器処理後の信号から 6 次高調波成分を除去すべく，これに的を絞った応速ノッチフィルタ $\tilde{F}_{bs}(z^{-1})$ を用意した。また，具体的な応速ノッチフィルタとして，可変周波数の 6 次高調波成分に追従しうる応速形の 2 次新中ノッチフィルタを利用した。その詳細は，(4.13) 式のとおりである。

HES 素子から直接的に出力される信号は，すなわち矩形処理される前の信号は，歪んだ正弦状の信号である。3 個の HES 素子による歪み正弦状の HES 信号は，次の特徴をもつ。

(a) 三相 HES 信号は，基本波成分に加え，ゼロ周波数の直流成分，第 1 次，第 2 次，第 3 次，状況によってはさらに高次の高調波成分を含有しうる。

(b) 上記の直流成分，高調波成分の振幅は，u, v, w 相によって異なりうる。また高調波成分は，正相，逆相の両成分を含有しうる。

(c) u, v, w 相の基本波成分においてさえも，各相間の位相差は $\pm 2\pi/3$ とは限らない。

上記特徴をもつ歪んだ正弦状の三相 HES 信号から，三相の正相基本波成分を抽出できるならば，歪み正弦状の HES 信号を利用したベクトル制御系の構成が可能となる。矩形処理後の三相 HES 信号と歪み正弦状の HES 信号との相違を考慮するならば，矩形処理後の三相 HES 信号を利用するベクトル制御系と歪み正弦状の HES 信号を利用するベクトル制御系との相違は，次のように整理される。

(a) 両者のベクトル制御系の全体構造は，HES 信号の相違にかかわらず，ともに図 4.4 と同一。

(b) 両者の速度制御器は，HES 信号の相違にかかわらず，ともに同一。たとえば，耐故障形位相速度推定器を利用する場合には，ともに図 4.9 と同一。

(c) 両者の位相速度推定器の全体構造は，HES 信号の相違にかかわらず，ともに同一。耐故障形位相速度推定器を利用する場合には，HES 信号の相違にかか

わらず，位相速度推定器の全体構造はともに図 4.5 と同一．高追従形位相速度推定器を利用する場合には，HES 信号の相違にかかわらず，位相速度推定器の全体構造はともに図 4.18 と同一．

(d) 耐故障形位相速度推定器における位相速度生成器は，HES 信号の相違にかかわらず，ともに図 4.8 と同一．高追従形位相速度推定器における位相速度生成器は，HES 信号の相違にかかわらず，ともに図 4.20 と同一．

(e) 耐故障形位相速度推定器における基本波成分抽出器の全体構造は，HES 信号の相違にかかわらず，ともに図 4.7 と同一．ただし，基本波成分抽出器に使用するフィルタは再構成の必要がある．高追従形位相速度推定器における基本波位相偏差抽出器の全体構造は，HES 信号の相違にかかわらず，ともに図 4.19 と同一．ただし，基本波位相偏差抽出器に使用するフィルタは再構成の必要がある．

すなわち，基本波成分抽出器，基本波位相偏差抽出器に使用するディジタルフィルタとして，歪み正弦状の HES 信号の特徴に対処しうるものを用意できるならば，歪み正弦状の HES 信号を用いたベクトル制御系は，矩形処理後の三相 HES 信号を利用するベクトル制御系と同様に，構成可能である．

4.10.2 応速ノッチフィルタを用いた構成

簡単のため，歪み正弦状の HES 信号 h_3 の基本成分周波数を $\omega_{2n} > 0$ とする．この場合，同三相信号から排除すべき直流成分，高調波成分の周波数は「$k'\omega_{2n}$; $k' = 0, \pm 2, \pm 3, \cdots$」と表現される．歪み正弦状の HES 信号 h_3 を 3/2 相変換器で二相 HES 信号 h_2 に変換し，さらに図 4.7，4.19 に用いたようなベクトル回転器 $\boldsymbol{R}^T(\theta_\alpha)$ で処理するならば，処理後の直流成分と高周波成分の周波数成分は次式となる．

$$(k'-1)\omega_{2n} = k\omega_{2n} \quad ; k = \pm 1, \pm 2, \pm 3, \cdots \tag{4.49}$$

すなわち，基本波成分がゼロ周波数となり，排除すべき成分の周波数は基本波周波数の正負の整数倍となる．

これら成分は，周波数「$k\omega_{2n}$; $k = \pm 1, \pm 2, \cdots$」で完全減衰特性をもつノッチフィルタで排除できる．(4.13) 式の 2 次新中ノッチフィルタを利用する場合には，このためのノッチフィルタは次式のように構成される．

【直列接続の応速ノッチフィルタ】

$$\tilde{F}_{bs}(z^{-1}) = \prod_{k=1}^{n} \tilde{F}_{bsk}(z^{-1}) \tag{4.50}$$

ただし,

$$\tilde{F}_{bsk}(z^{-1}) = \frac{\tilde{b}_k(1-2\cos\bar{\omega}_{hk}z^{-1}+z^{-2})}{(1-\tilde{a}_k z^{-1})^2} \tag{4.51a}$$

$$\tilde{a}_k = \frac{\cos\bar{\omega}_{hk}}{1+\sin\bar{\omega}_{hk}} \tag{4.51b}$$

$$\tilde{b}_k = \frac{1}{1+\sin\bar{\omega}_{hk}} \tag{4.51c}$$

$$\bar{\omega}_{hk} = \begin{cases} kT_s|\hat{\omega}'_{2n}| & ; \quad |\hat{\omega}'_{2n}| \geq \omega_{\min} \\ kT_s\omega_{\min} & ; \quad 0 \leq |\hat{\omega}'_{2n}| < \omega_{\min} \end{cases} \tag{4.51d}$$

■

2次新中ノッチフィルタの直列接続数の選定,すなわち k の選定は,正確には,歪み正弦状のHES信号の周波数分布に依存する。しかし,概して,$k=1〜3$ 程度ですなわち総合的に6次ノッチフィルタの構成でよいようである。

歪み正弦状のHES信号を対象とする場合には,基本波成分抽出器,基本波位相偏差抽出器における応速ノッチフィルタ $\tilde{F}_{bs}(z^{-1})$ として,(4.13)式に代わって,(4.50),(4.51)式を用いるようにすればよい。なお,応速ノッチフィルタ $\tilde{F}_{bs}(z^{-1})$ とともに利用された後段の定係数ローパスフィルタ $\tilde{F}_{lp}(z^{-1})$ に関しては,大きな変更は必要とされない。

4.10.3 応速ローパスフィルタを用いた構成

(4.49)式に示した直流成分,高調波成分をまとめて抑圧するフィルタとして,応速ローパスフィルタを用いることも可能である。この場合,次の2点に留意する必要がる。

(a) ローパスフィルタは,電気速度の絶対値に応じて帯域幅を自動調整する応速機能を有する。

(b) ローパスフィルタは,(4.49)式の $k=1$ に対応した第1次成分に対して,所要の減衰特性を付与できる。

上記(b)項に関しては,アナログ全極形高次フィルタを(4.10)式の要領でディジタル化することにより,対応可能である。アナログ全極形高次フィルタの有力な候補は,(1.70)式に与えたバタワースフィルタ (Butterworth filter) である。本フィルタによれば,次数向上に応じて減衰特性を鋭くすることができる。

高次フィルタの簡単な実現としては,(4.11)式の1次フィルタの直列接続が考えられる。この場合の応速化された高次ローパスフィルタは,次のように与えられる。

【直列接続の応速ローパスフィルタ】

$$\tilde{F}_{lp}(z^{-1}) = (\tilde{F}'_{lp}(z^{-1}))^n \tag{4.52}$$

ただし，

$$\tilde{F}'_{lpk}(z^{-1}) = \frac{\tilde{b}(1+z^{-1})}{1-\tilde{a}z^{-1}} \tag{4.53a}$$

$$\tilde{a} = \frac{2-a_0 T_s}{2+a_0 T_s} \tag{4.53b}$$

$$\tilde{b} = \frac{a_0 T_s}{2+a_0 T_s} \tag{4.53c}$$

$$a_0 = \begin{cases} \alpha\omega_{\max} & ; \quad |\hat{\omega}'_{2n}| \geq \omega_{\max} \\ \alpha|\hat{\omega}'_{2n}| & ; \omega_{\min} \leq |\hat{\omega}'_{2n}| < \omega_{\max} \\ \alpha\omega_{\min} & ; \quad 0 \leq |\hat{\omega}'_{2n}| < \omega_{\min} \end{cases} \tag{4.53d}$$

∎

(4.53d) 式における α は，条件 $0 < \alpha < 1$ をもつ設計パラメータである．α は，次数向上に応じ 1 に近づけることが可能であるが，この一応の設計目安は，$0 < \alpha < 0.2$ である．

(4.53d) 式は，応速特性の付与を，$\omega_{\min} \leq |\hat{\omega}'_{2n}| < \omega_{\max}$ の範囲に限定している．上限の設定は，「所要の速応性を得るに足りる十分な帯域幅を確保できれば，これ以上の広帯域化は不要」との認識による．下限の設定は，「安定性の確保」のためである．

- **(注 4.1)** 上述の説明は，ある速度以上での駆動を基本とする速度制御を前提としている．ゼロ速度あるいはこの近傍での駆動を必要とする位置制御には，上述のようなフィルタを用いた課題解決法の適用は困難である．歪み正弦状の HES 信号を用いて位置制御を遂行するには，以下のような課題を，フィルタを用いることなく解決する必要がある．
    - (a) 三相 HES 信号が含有する直流成分への対応
    - (b) 三相 HES 信号が含有する基本波成分の振幅相違への対応
    - (c) 三相 HES 信号が含有する高調波成分の対応
    - (d) u, v, w 相の基本波成分においてさえも，各相間の位相差は $\pm 2\pi/3$ とは限らない．基本波成分の位相差における誤差への対応

第5章

PMSMの自変力率位相形ベクトル制御

　PMSM 駆動用の固定子電圧，電流を用いたセンサレスベクトル制御法（駆動用電圧電流利用法）の1つに，力率位相形ベクトル制御法がある。本法は，固定子の電流と電圧の位相差の制御を通じ，位置・速度センサを用いることなく，PMSM を効率駆動するものである。従前の力率位相形ベクトル制御法は，基本的に，実効的な電圧制限のない定格速度以下での駆動を想定していた。最近，実効的な電圧制限が存在する定格速度以上の速度領域に利用できるように，本法の改良がなされた。本章では，改良後の最新力率位相形ベクトル制御法を説明する。

5.1　背　景

　PMSM の電圧制限下における効率駆動には，指令変換器（command converter）が広く利用されている。この点は，センサ利用ベクトル制御法のみならず，伝統的なセンサレスベクトル制御法においても同様である（図2.4 参照）[1]。指令変換器はトルク指令値から，電流制限，電力変換器（インバータ，inverter）起因の電圧制限を満足した上で，効率を最大化する d 軸電流指令値，q 軸電流指令値を生成する役割を担っている。しかしながら，指令変換器の利用は，概して複雑な計算を必要とし，制御系全体の簡潔性を失うことになる。

　本問題を解決すべく，指令変換器を用いない簡易なセンサレスベクトル制御法がいくつか報告されている[2)-15)]。これらは，位相推定の際に，モータパラメータを積極的に利用するパラメトリックアプローチとモータパラメータの利用を極力回避したノンパラメトリックアプローチに大別される。前者のパラメトリックアプローチは，位相推定を担う状態オブザーバ，外乱オブザーバなどに真値と異なるモータパラメータを意図的に用いて，効率駆動をもたらす固定子電流位相を直接的に決定するものである[2)-12)]。一方，後者のノンパラメトリックアプローチは固定子の電流と電圧の位相差

(以下,「力率位相」と呼称)を制御して,効率駆動を達成するものである[2),13)-15)]。

しかし,上述の既報簡易センサレスベクトル制御法は,一般に,伝統的な指令変換器を用いた方法に比較しベクトル制御系全体の簡潔性は達成しているが,実効的な電圧制限が存在する環境下における,定格速度以上の速度領域での高速かつ効率駆動を一般に考慮していない。

実効的な電圧制限が存在する環境下における定格速度を超える速度領域での高速かつ効率駆動を実現した簡易センサレスベクトル制御法としては,新中・天野より提案された楕円軌跡指向形ベクトル制御法があるにすぎないようである[3),12)]。本法は,実効的な電圧制限が存在しない環境下で効率駆動を目指した軌跡指向形ベクトル制御法[2)](パラメトリックアプローチに基づく簡易センサレスベクトル制御法の一種)を,定格速度を超える領域に適用すべく改良したものである。改良の核心は,位相推定に利用する推定器用インダクタンスの自動調整機能にある。すなわち,軌跡指向形ベクトル制御法において一定値としていた推定器用インダクタンスを,電圧制限状況に応じて自動調整を行うように改良したものである。この改良により得た楕円軌跡指向形ベクトル制御法は,ベクトル制御系全体の簡潔性を維持しつつ電流制限,電圧制限を同時に満足した上で準最小銅損制御を達成している。

上記の楕円軌跡指向形ベクトル制御法を除けば,実効的な電圧制限が存在する環境下で,定格速度を超える速度領域での高速かつ効率駆動を実現した簡易センサレスベクトル制御法はないようである。特に,ノンパラメトリックアプローチにおいては,この種の簡易センサレスベクトル制御法は報告されていないようである。

本章では,ノンパラメトリックアプローチに属する簡易制御法として,実効的な電圧制限下での高速かつ効率駆動を考慮した最新の制御法を紹介する。紹介の方法は,ノンパラメトリックアプローチを採用したセンサレスベクトル制御法の一種である従前の力率位相形ベクトル制御法(電流座標系上,電圧座標系上の2実現がある)を,ベクトル制御系全体の簡潔性を維持しながら,電流制限,電力変換器起因の電圧制限,効率駆動を同時に遂行できるように改良したものである。改良の要点は,位相推定に利用する力率位相の自動調整にある。すなわち,力率位相を,電圧制限状況に応じて準最小銅損が達成されるよう自動調整を行った点にある。自動調整においては,従前の力率位相形ベクトル制御法では利用されていなかった負値の力率位相が積極的に利用されている。なお,本章の内容は,文献17),18)を通じ提案された電流座標系上,電圧座標系上の2改良法を再構成したものである点を断っておく。

5.2 電流座標系

図5.1を考える。図5.1の座標系は，図2.3の座標系と同一である。すなわち，図5.1は，$\alpha\beta$固定座標系，dq同期座標系，$\gamma\delta$一般座標系の3座標系を描画している。同図では，図2.3で未定義であった，α軸から評価したγ軸の位相を$\theta_{\alpha\gamma}$と定義している。

つづいて，図5.2の座標系を考える。本座標系上ではδ軸位相を固定子電流位相と等しく選定している。換言するならば，固定子電流はδ軸上に存在する。また，固定子電流から見た固定子電圧の位相を力率位相θ_{iv}としている。本章では，$\gamma\delta$一般座標系の中で，特に，δ軸位相を固定子電流位相と等しく選定した図5.2の座標系を「$\gamma\delta$電流座標系」と呼称する。$\gamma\delta$電流座標系は，$\gamma\delta$一般座標系上の特別な一場合である。したがって，第2章で示した$\gamma\delta$一般座標系上の数学モデルは，何らの変更なく，$\gamma\delta$電流座標系上で成立する。なお，図5.2は，図5.1の例と異なり，d軸がγ軸より位相遅れの位置にある例を示しているが，位相θ_γの定義などは図5.1と同一である。

5.3 電流座標系上の力率位相形ベクトル制御法

本節では，「実質的な電圧制限がない」との仮定のもとで構築された従前の$\gamma\delta$電流座標系上の力率位相形ベクトル制御法の要点を，文献2),13)を参考に，整理しておく。

図5.3は，従前の力率位相形ベクトル制御法を$\gamma\delta$電流座標系上で実現した場合の全制御系を概略的に示したものである。同図では，固定子電流，固定子電圧に関し，これらが属する座標系を明示すべく，脚符t (uvw座標系)，s ($\alpha\beta$固定座標系)，r ($\gamma\delta$電流座標系) を付している。$\gamma\delta$電流座標系の実現の一環として，γ軸電流指令

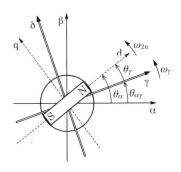

図5.1 3座標系と回転子位相

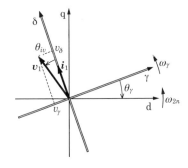

図5.2 $\gamma\delta$電流座標系

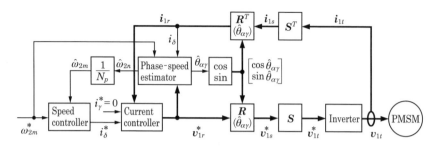

図 5.3 γδ電流座標系上で構成された力率位相形ベクトル制御系

値 i_γ^* は常時ゼロ $i_\gamma^* = 0$ に設定されている[2),13)]。なお，電流制御器は，PI 制御器のみで構成されており，軸間干渉補償，誘起電圧（速度起電力）補償はなされていない（(2.49)，(2.50) 式参照）[2),13)]。

力率位相形ベクトル制御系は，効率駆動をもたらす力率位相指令値 θ_{iv}^* に力率位相 θ_{iv} が追従するよう，γδ電流座標系上で構築された位相速度推定器（phase-speed estimator）によって，αβ固定座標系の基軸から見た γ軸位相推定値 $\hat{\theta}_{\alpha\gamma}$ と回転子速度推定値 $\hat{\omega}_{2n}$ とを直接決定するものである。これらの決定は，(2.1)～(2.7) 式の数学モデルに基づく次の「電流座標系位相の決定法」，「力率位相指令値の決定法」，「速度の推定法」によりなされる[2),13)]。

【電流座標系位相の決定法】

$$\hat{\theta}_{\alpha\gamma} = \frac{1}{s}\omega_\gamma \tag{5.1}$$

$$\omega_\gamma = \omega_1 + \Delta\omega \tag{5.2}$$

$$\omega_1 = K_1 v_\delta \approx K_1 v_\delta^* \quad ; K_1 = \text{const} \tag{5.3}$$

$$\begin{aligned}\Delta\omega &= C(s)(\theta_w - \theta_w^*) \\ &= C(s)\left(\tan^{-1}\frac{-v_\gamma}{v_\delta} - \theta_w^*\right) \approx C(s)\left(\tan^{-1}\frac{-v_\gamma^*}{v_\delta^*} - \theta_{iv}^*\right)\end{aligned} \tag{5.4}$$

$$C(s) = \frac{C_n(s)}{C_d(s)} = \frac{c_{nm}s^m + c_{nm-1}s^{m-1} + \cdots + c_{n0}}{s^m + c_{dm-1}s^{m-1} + \cdots + c_{do}} \tag{5.5}$$

■

(5.4) 式における v_γ^*，v_δ^* は γ軸，δ軸電圧 v_γ，v_δ の指令値である。(5.5) 式における位相制御器 $C(s)$ は，一般化積分形 PLL（phase-locked loop）法に基づき設計法される[2),13)]。(5.4) 式における力率位相指令値 θ_{iv}^* を，固定子電流と速度を考慮した次の (5.6) 式より決定する場合には，固定子電流が準最小電流軌跡近傍に配置されること

5.3 電流座標系上の力率位相形ベクトル制御法

が知られている（後掲の図5.5参照）[2), 13)]。

【力率位相指令値の決定法】

$$\theta_w^* = \tan^{-1}\left(K_2 \frac{N_p |\omega_{2m}^*|}{K_3 + N_p |\omega_{2m}^*|} i_\delta\right) \quad ; \begin{array}{l} K_2 = \text{const} \\ K_3 = \text{const} \end{array} \tag{5.6}$$

■

上式における N_p は極対数であり，ω_{2m}^* は機械速度 ω_{2m} の指令値である．なお，(5.3) 式に用いた定数 K_1，(5.6) 式に用いた定数 K_2, K_3 は，設計者に委ねられた設計パラメータであり，これらの選定指針は次のとおりである[2), 13)]。

$$0 < K_1 < \frac{1}{\Phi} \tag{5.7a}$$

$$-\frac{L_d}{\Phi} \leq K_2 \leq \frac{L_q}{\Phi} \tag{5.7b}$$

$$0 < K_3 \leq \frac{R_1}{\Phi}\tilde{i}_\delta \tag{5.7c}$$

(5.7c) 式の $\tilde{i}_\delta$ は固定子電流定格値である．

回転子の電気速度推定値 $\hat{\omega}_{2n}$ は，座標系速度 ω_γ をローパスフィルタ $F_l(s)$ で処理して生成される[2), 13)]。また，機械速度推定値 $\hat{\omega}_{2m}$ は，電気速度推定値 $\hat{\omega}_{2n}$ を極対数 N_p で除して得られている．これらは，次のように整理される．

【速度推定法】

$$\hat{\omega}_{2n} = F_l(s)\omega_\gamma \tag{5.8}$$

$$F_l(s) = \frac{\omega_c}{s + \omega_c} \tag{5.9}$$

$$\hat{\omega}_{2m} = \frac{1}{N_p}\hat{\omega}_{2n} \tag{5.10}$$

■

以上説明した電流座標系位相の決定法，力率位相指令値の決定法，速度の推定法を用いて構成された位相速度推定器を図5.4 に示す[2), 13)]。位相速度推定器内の力率位相指令器（power factor phase commander, PFPC）には (5.6) 式が実装されている．

力率位相形ベクトル制御法に関連し，以下の特性が知られている．

(a) 後掲の図5.5(a) で例示するように，力率位相は固定子電流と速度の影響を受け，これらと独立して存在しえない．(5.6) 式の力率位相指令値決定法は，固定子電流と速度の依存性を考慮し，構築されている[2), 13)]。

(b) 力率位相形ベクトル制御法では，3種の設計パラメータ K_1, K_2, K_3 を使用する．

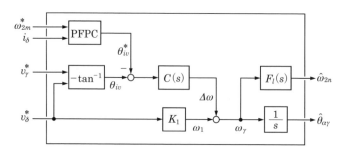

図5.4 位相速度推定器の構造

(5.7)式が示すように,これら設計パラメータは,その上下限はモータパラメータにより規定されているが,広い選択自由度を有する。換言するならば,モータパラメータの真値を必要としない K_1, K_2, K_3 に基づく力率位相形ベクトル制御法は,磁気飽和などに起因するモータパラメータの変動に対してロバストである[2), 13)]。モータパラメータ変動に対するロバスト性は,力率位相形ベクトル制御法に限らず,ノンパラメトリックアプローチを採用した諸法に共通して見られる特性である。

5.4 電流座標系上の自変力率位相形ベクトル制御法

本節では,従前の力率位相形ベクトル制御法が有する「ベクトル制御系の簡潔性」,「電流制限機能」,「効率駆動機能」に加えて,「電圧制限機能」を同時に備えた新たな力率位相形ベクトル制御法(以下,自変力率位相形ベクトル制御法と呼称)の構築を図る。構築は,従前法に電圧制限機能を新たに付与すべく,これへの改良を通じ行う。

5.4.1 電圧制限下の制御

固定子抵抗による電圧低下を相対的に無視できる高速駆動時においては,定常状態での電圧制限は次式で与えられる[1), 13)]。

$$c_v^2 \approx \omega_{2n}^2((L_q i_q)^2 + (L_d i_d + \Phi)^2) \tag{5.11}$$

ここに,c_v は電力変換器の母線電圧(バス電圧,リンク電圧),短絡防止期間(デッドタイム)などにより定まる電圧制限値である。発生する固定子電圧は,この制限値以下でなくてはならない。

(5.11)式は,楕円中心を $i_d = -\Phi/L_d$ とする電圧制限楕円を示している。(5.11)式

が規定する電圧制限楕円は，速度上昇に伴って楕円中心 $i_d = -\Phi/L_d$ に向けて縮小する。「電流ノルムが一定の場合，電圧制限を満足した上で最小銅損状態を達成する電流は，一定ノルムで規定された電流の真円軌跡と電圧制限楕円の交点にある」ことが知られている[1),16)]。本事実は，「電圧制限を考慮した上で高速かつ効率駆動を達成するには，速度向上に応じて縮小する電圧制限楕円内に固定子電流を維持すべく，固定子電流をd軸寄りに変位させる必要がある」ことを意味する。この変位遂行は，実質的な弱め磁束制御の遂行を意味する。

従前法改良の方針は，「力率位相指令値 θ_{iv}^* と単調な関係にあるパラメータ K_2（(5.6)式参照）の電圧制限状況に応じた自変を通じ，力率位相指令値 θ_{iv}^* の自動調整を行い，上述の変位を遂行する」というものである。本方針に従い従前法を改良することで，実効的な電圧制限がある環境下においても，力率位相制御を介し高速かつ効率駆動を達成することができる。「自変力率位相形ベクトル制御法」の名は，この改良方針に由来している。

なお，定格速度を超える高速領域での駆動では，総合損失に占める鉄損の割合が増大する。鉄損も考慮した損失最小化を図る場合には，固定子電流をd軸寄りに変位させる必要がある[1)]。鉄損を含む総合損失の低減の観点からも，上記改良は合理的である。

5.4.2 パラメータ自動調整の範囲

力率位相指令値 θ_{iv}^* の自動調整法構築の準備として，パラメータ K_2 がとりうる最大値，最小値を特定する。特定した最大値，最小値が，力率位相指令値 θ_{iv}^* の自動調整範囲を決定することになる。

A. K_2 の最大値

K_2 がとりうる最大値は，文献2)，13) 提示の従前の力率位相形ベクトル制御法に従い定める。最小銅損を達成する最小電流軌跡は，dq同期座標系上においてq軸と力率1軌跡（力率位相 θ_{iv} がゼロとなる軌跡）との間に存在する[1)]。力率位相 θ_{iv} を同指令値 θ_{iv}^* に収束させることができる場合には，θ_{iv}^* に対して単調な関係にある K_2 に適切な値を付し（(5.6)，(5.7b)式参照），θ_{iv}^* を決定することで最小電流軌跡近傍に δ 軸，すなわち固定子電流を配置することが可能である。これにより最小電流制御に準じた最適な電流制御を遂行できる[2),13)]。

従前の力率位相形ベクトル制御法が用いた (5.7b) 式は，K_2 の上限として L_q/Φ を

与えている．これはいかなる場合にも適用されるべき上限であり，効率駆動をもたらす K_2 はこれ以下の値をとる[2), 13)]．ここでは，次式のようにこの上限に定数 x を乗じ，非電圧制限下で効率駆動をもたらす K_2 を定める．

$$K_2 = x\frac{L_q}{\varPhi} \quad ; 0 < x < 1 \tag{5.12}$$

(5.12) 式の定数 x は，非電圧制限下を条件に，モータパラメータを利用した最小電流軌跡上での力率位相と (5.6) 式より決定する力率位相指令値との比較により設計者が定めることになる[2), 13)]．非電圧制限下で効率駆動をもたらす一定の K_2 を，電圧制限下の自変 K_2 がとりうる最大値とする．

参考までに，表 3.2 の供試 PMSM を利用した δ 軸電流に対する力率位相の 1 例を図 5.5 に示した[2), 13)]．同図 (a) は δ 軸電流を正確に最小電流軌跡に配置し，最小銅損状態を達成した場合の δ 軸電流（固定子電流ノルム）と力率位相の関係を，同図 (b) は力率位相指令値を (5.6) 式に基づいて決定し，かつ力率位相は同指令値に従うとした場合の δ 軸電流（固定子電流ノルム）と力率位相の関係を描画している[2), 13)]．なお，同図 (b) においては，定数 x を $x = 0.75$ とし，(5.6) 式のパラメータ（定数）を次のように設定した．

$$K_2 = x\frac{L_q}{\varPhi} = 0.75\frac{L_q}{\varPhi} \approx 0.06, \quad K_3 = \frac{R_1}{\varPhi}\tilde{i}_\delta \approx 31.5 \tag{5.13}$$

図 5.5(a)，(b) の比較より，「(5.13) 式のパラメータを (5.6) 式に適用し，力率位相指令値 θ_{iv}^* を決定することにより，非電圧制限下で準最適電流制御を遂行できる」ことが確認される[2), 13)]．上記の例のように，従前の力率位相形ベクトル制御法におけ

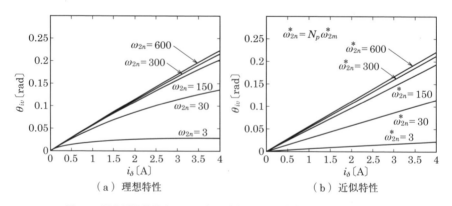

（a）理想特性　　　　　　　　　（b）近似特性

図 5.5　最小電流軌跡上での固定子電流ノルムと力率位相との関係

る K_2 決定法の直接利用により,電圧制限下の自変 K_2 がとりうる最大値(すなわち,非電圧制限下の K_2)を与える定数 x が特定される.

B. K_2 の最小値

先に説明したように,電圧制限下の高速かつ効率駆動には弱め磁束制御が必須である.弱め磁束制御には,負値のパラメータ K_2 が必要である.従前の力率位相形ベクトル制御法は,K_2 が負値をとりうることをすでに示しているが((5.7b) 式参照),この具体的決定法は示していない[2), 13)].自変力率位相形ベクトル制御法は,負値を含む K_2 の自動調整により,弱め磁束制御を遂行するものである.これに必要なパラメータ K_2 の最小値,すなわち K_2 がとりうる最小値を考える.

$\gamma\delta$ 電流座標系上では,力率位相と固定子電圧の間に,次の関係が成立する[2), 13)].

$$\tan\theta_{iv} = \frac{-v_\gamma}{v_\delta} = \frac{\omega_\gamma((L_i - L_m\cos 2\theta_\gamma)i_\delta + \Phi\sin\theta_\gamma)}{R_1 i_\delta + \omega_\gamma(L_m\sin 2\theta_\gamma \cdot i_\delta + \Phi\cos\theta_\gamma)} \tag{5.14}$$

一方,図 5.2 の座標系関係より理解されるように,γ 軸から見た d 軸位相 θ_γ がとりうる最小値は $\theta_\gamma = -\pi/2$ である.$\theta_\gamma = -\pi/2$ の条件と $\omega_\gamma = \omega_{2n} = N_p\omega_{2m} = N_p\omega_{2m}^*$ の条件とを (5.14) 式に適用すると,次式を得る.

$$\tan\theta_{iv} = -\frac{N_p|\omega_{2m}^*|(\Phi - L_d i_\delta)}{R_1 i_\delta} \tag{5.15}$$

力率位相は同指令値に追従しているとの前提のもとで,(5.6) 式の $\tan\theta_{iv}^*$ と (5.15) 式と等置すると,次式を得る.

$$-\frac{N_p|\omega_{2m}^*|(\Phi - L_d i_\delta)}{R_1 i_\delta} = K_2 \frac{N_p|\omega_{2m}^*|}{K_3 + N_p|\omega_{2m}^*|} i_\delta \tag{5.16}$$

(5.16) 式をパラメータ K_2 に関して整理すると次式を得る.

$$\begin{aligned} K_2 &= -\frac{N_p|\omega_{2m}^*|(\Phi - L_d i_\delta)}{R_1 i_\delta} \cdot \frac{K_3 + N_p|\omega_{2m}^*|}{N_p|\omega_{2m}^*| i_\delta} \\ &\approx -\frac{N_p|\omega_{2m}^*|(\Phi - L_d i_\delta)}{K_3' L_q i_\delta} \cdot \frac{L_q}{\Phi} \quad ; K_3' = \frac{R_1}{\Phi} i_\delta \end{aligned} \tag{5.17}$$

(5.17) 式においては,K_2 が最小値をとるのは高速駆動時のみであり,高速駆動領域では次の近似が成立するとした.

$$K_3 + N_p|\omega_{2m}^*| \approx N_p|\omega_{2m}^*| \quad ; N_p|\omega_{2m}^*| \gg K_3 \tag{5.18}$$

(5.17) 式をさらに近似すると，K_2 がとりうる最小値を示す次式を得る．

$$K_2 \approx -\frac{N_p \left|\omega_{2m}^*\right|(\Phi - L_d i_\delta)}{K_3 L_q i_\delta} \cdot \frac{L_q}{\Phi} \quad ; K_3 \approx \frac{R_1}{\Phi}\tilde{i}_\delta \tag{5.19}$$

C. θ_{iv}^* の自動調整範囲

(5.12)，(5.19) 式に示した K_2 がとりうる最大値，最小値より，K_2 の自動調整の範囲は次のようになる．

$$-\frac{N_p \left|\omega_{2m}^*\right|(\Phi - L_d i_\delta)}{K_3 L_q i_\delta} \cdot \frac{L_q}{\Phi} < K_2 \leq x\frac{L_q}{\Phi} \tag{5.20}$$

(5.19) 式の K_2 の最小値は，理論限界値となる条件 $\theta_\gamma = -\pi/2$ に対応し，この限界的最小値ではトルク発生は一切行われない．このため，(5.20) 式では，(5.19) 式で定めた限界的最小値を排除している．

パラメータ K_2 が電圧制限条件に応じて (5.20) 式の範囲で自動調整されるのであれば，力率位相指令値 θ_{iv}^* も同様に (5.6) 式に従い次の範囲で自動調整されることになる．

$$\tan^{-1}\left(-\frac{N_p \left|\omega_{2m}^*\right|(\Phi - L_d i_\delta)}{R_1 i_\delta}\right) \leq \tan^{-1}\left(-\frac{N_p \left|\omega_{2m}^*\right|(\Phi - L_d i_\delta)}{K_3 L_q i_\delta} \cdot \frac{L_q}{\Phi} i_\delta\right)$$
$$< \theta_{iv}^* \leq \tan^{-1}\left(x\frac{L_q}{\Phi} \cdot \frac{N_p \left|\omega_{2m}^*\right|}{K_3 + N_p \left|\omega_{2m}^*\right|} i_\delta\right) \tag{5.21}$$

5.4.3 パラメータ自動調整の方針

(5.20) 式に示したパラメータ K_2 の条件を改良方針に反映し，従前の力率位相形ベクトル制御法を改良する．所期の改良は，「従前法のベクトル制御系（図 5.3）で使用されていた位相速度推定器内に，新たに K_2 の自動調整を行う再帰自動調整器 (recursive self-tuner) を追加する」ことにより簡単に実現される．再帰自動調整器は以下の 3 自動機能をもたせる．

①電圧制限状況に応じて力率位相指令値 θ_{iv}^* の自動調整を行う．
②電圧制限に一切抵触しない場合には，K_2，力率位相指令値 θ_{iv}^* がそれぞれ (5.20) 式，
　(5.21) 式の最大値に再帰的かつ指数的に収斂すべく，K_2 を自動調整させる．
③電圧制限に抵触する場合には，K_2，力率位相指令値 θ_{iv}^* がそれぞれ (5.20)，
　(5.21) 式の選択可能な最小値に再帰的かつ指数的に収斂すべく，K_2 を自動調整させる．

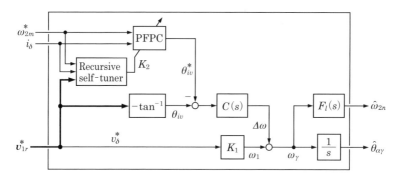

図 5.6 再帰形自動調整機能を備えた位相速度推定器

再帰自動調整器を備えた位相速度推定器の具体的な構成を図 5.6 に示す。同図における再帰自動調整器は，次の第 5.4.4 項に示す 4 種の自動調整法の 1 つが実装されている。

5.4.4 力率位相指令値の自動調整形生成

本項では，K_2 の自動調整機能を備えた力率位相指令値の決定法を示す。K_2 の自動調整法としては，少なくとも 4 種が存在する。これらは，文献 3)，12) を通じ，楕円軌跡指向形ベクトル制御法で提案された自動調整の原理を自変力率位相形ベクトル制御法用に応用したものである。

A. 出力ゲイン形再帰自動調整法 I
【出力ゲイン形再帰自動調整法 I】

$$u(k) = \begin{cases} 0 & ; \|\boldsymbol{v}_1^*(k)\| < c_v(k) \\ 1 & ; \|\boldsymbol{v}_1^*(k)\| \geq c_v(k) \end{cases} \tag{5.22a}$$

$$K_2'(k) = \alpha_1 K_2'(k-1) + (1-\alpha_1)u(k) \quad ; 0 < \alpha_1 < 1 \tag{5.22b}$$

$$K_2(k) = \left(x - \left(\frac{N_p|\omega_{2m}^*|(\Phi - L_d i_\delta)}{K_3 L_q i_\delta + \Delta_0} + x\right)K_2'(k)\right)\frac{L_q}{\Phi} \quad ; \Delta_0 > 0 \tag{5.22c}$$

$$\theta_{iv}^*(k) = \tan^{-1}\left(K_2(k)\frac{N_p|\omega_{2m}^*|}{K_3 + N_p|\omega_{2m}^*|}i_\delta\right) \quad ; K_3 = \frac{R_1}{\Phi}\tilde{i}_\delta \tag{5.22d}$$

∎

上式では，制御周期を T_s と表現する場合，時刻 $t = kT_s$ における信号を簡単に (k) を用いて表現している。(5.22a) 式は固定子電圧指令値が電圧制限値以下である場合には，$u(k) = 0$ とし，電圧制限値以上である場合には，$u(k) = 1$ とすることを意味している。(5.22b) 式は，信号 $u(k)$ を用いて信号 $K_2'(k)$ を再帰的かつ指数的に 0〜1 の範囲で算定している。(5.22c) 式は，信号 $K_2'(k)$ を信号 $K_2(k)$ へ線形変換している。すなわち，$K_2(k)$ 決定の最終工程（換言するならば出力側）で，$K_2'(k)$ に対してゲインを乗じて得た $K_2(k)$ が，(5.20) 式が示す最大値，最小値を満足するようにしている。これが，「出力ゲイン形」の名の由来である。(5.22d) 式は，(5.22c) 式による信号 $K_2(k)$ を用いて，力率位相指令値 θ_{iv}^* を最終的に定めている。

(5.22b) 式の設計パラメータ α_1 は，自動調整の速応性を指定するものである。また，(5.22c) 式では，$i_\delta = 0$ による「ゼロ割り」を回避するべく，微小な正値 $\Delta_0 > 0$ を導入している。

(5.22) 式に従って決定された信号 $K_2'(k)$, $K_2(k)$ に関して次が成立している。

$$0 \leq K_2'(k) \leq 1 \tag{5.23a}$$

$$-\frac{N_p \left|\omega_{2m}^*\right| \left|(\Phi - L_d i_\delta)\right|}{K_3 L_q i_\delta + \Delta_0} \cdot \frac{L_q}{\Phi} \leq K_2(k) \leq x \frac{L_q}{\Phi} \tag{5.23b}$$

$$\tan^{-1}\left(-\frac{N_p \left|\omega_{2m}^*\right| \left|(\Phi - L_d i_\delta)\right|}{K_3 L_q i_\delta + \Delta_0} \cdot \frac{L_q}{\Phi} i_\delta\right) \leq \theta_{iv}^*(k)$$
$$\leq \tan^{-1}\left(x \frac{L_q}{\Phi} \cdot \frac{N_p \left|\omega_{2m}^*\right|}{K_3 + N_p \left|\omega_{2m}^*\right|} i_\delta\right) \tag{5.23c}$$

すなわち，再帰的かつ指数的に定めた $K_2(k)$, 力率位相指令値 $\theta_{iv}^*(k)$ は，おのおの (5.20), (5.21) 式の上下限条件を満足している。なお，(5.22c) 式での $K_2(k)$ 生成に際し導入した微小正値 $\Delta_0 > 0$ により，(5.23b), (5.23c) 式では，左辺との不等記号は等号を含む形にしている。

B. 入力ゲイン形再帰自動調整法 I

出力ゲイン形再帰自動調整法 I は，次のように変更することも可能である。

【入力ゲイン形再帰自動調整法 I 】

$$u(k) = \begin{cases} 0 & ; \left\|\boldsymbol{v}_1^*(k)\right\| < c_v(k) \\ 1 & ; \left\|\boldsymbol{v}_1^*(k)\right\| \geq c_v(k) \end{cases} \tag{5.24a}$$

$$K_2'(k) = \alpha_1 K_2'(k-1) + (1-\alpha_1)\left(\frac{N_p\left|\omega_{2m}^*\right|\left|(\Phi - L_d i_d)\right|}{K_3 L_q i_\delta + \Delta_0} + x\right)u(k) \tag{5.24b}$$

$$; < \alpha_1 < 1, \quad \Delta_0 > 0$$

$$K_2(k) = (x - K_2'(k))\frac{L_q}{\Phi} \tag{5.24c}$$

$$\theta_{iv}^*(k) = \tan^{-1}\left(K_2(k)\frac{N_p\left|\omega_{2m}^*\right|}{K_3 + N_p\left|\omega_{2m}^*\right|}i_\delta\right) \quad ; K_3 = \frac{R_1}{\Phi}\tilde{i}_\delta \tag{5.24d}$$

■

　本方法では，$K_2(k)$ 決定の初期工程（換言するならば入力側）で，(5.20) 式を考慮して信号 $u(k)$ に対してゲイン調整を施し，ゲイン調整済み信号を用いて指数変化する $K_2'(k)$, $K_2(k)$ を得るようにしている。これが，「入力ゲイン形」の名の由来である。

　出力ゲイン形，入力ゲイン形のいずれの再帰自動調整法Ⅰにおいても，(5.20) 式を満足する信号 $K_2(k)$ を算定し，これを (5.22d) 式あるいは (5.24d) 式に用いて，力率位相指令値 θ_{iv}^* を決定するものである。すなわち，両者の指令値決定思想は同一であり，計算手順に関し相違があるに過ぎない。この同一性により，両者は性能的には有意の差を示さない。

C. 出力ゲイン形再帰自動調整法Ⅱ

　再帰自動調整法Ⅰは，(5.20) 式を満足する信号 $K_2(k)$ を再帰的かつ指数的に算定し，これを (5.22d) 式あるいは (5.24d) 式の右辺に利用して，力率位相指令値 $\theta_{iv}^*(k)$ を自動調整していた。しかし，(5.20) 式を満足する $K_2(k)$ の算定を介することなく，(5.21) 式の力率位相上下限条件を直接満足すべく，力率位相指令値 $\theta_{iv}^*(k)$ の自動調整を行うことも可能である。この１つは次式で与えられる。

【出力ゲイン形再帰自動調整法Ⅱ】

$$u(k) = \begin{cases} 0 & , \left\|\boldsymbol{v}_1^*(k)\right\| < c_v(k) \\ 1 & ; \left\|\boldsymbol{v}_1^*(k)\right\| \geq c_v(k) \end{cases} \tag{5.25a}$$

$$K_2(k) = \alpha_1 K_2(k-1) + (1-\alpha_1)u(k) \quad ; 0 < \alpha_1 < 1 \tag{5.25b}$$

$$\theta_{iv}^*(k) = \tan^{-1}\left(x\frac{L_q}{\Phi} \cdot \frac{N_p\left|\omega_{2m}^*\right|}{K_3 + N_p\left|\omega_{2m}^*\right|}i_\delta - \frac{N_p\left|\omega_{2m}^*\right|}{K_3}\left(1 - \frac{L_d}{\Phi}i_\delta\right)K_2(k)\right) \tag{5.25c}$$

■

上の再帰形自動調整法 II における $K_2(k)$ は，再帰形自動調整法 I における $K_2(k)$ とは役割が異なり，単に指数変化の信号を生成しているに過ぎない．この点には注意を要する．(5.25) 式の再帰形自動調整法 II では，力率位相指令値の決定の最終工程で，0～1 の範囲で変動する $K_2(k)$ に対してゲイン調整が行われている．これが，「出力ゲイン形」の名の由来である．

出力ゲイン形再帰自動調整法 II においては，次の関係が成立している．

$$0 \leq K_2(k) \leq 1 \tag{5.26a}$$

$$\tan^{-1}\left(x\frac{N_p\left|\omega_{2m}^*\right|}{K_3+N_p\left|\omega_{2m}^*\right|} \cdot \frac{L_q}{\Phi}i_\delta - \frac{N_p\left|\omega_{2m}^*\right|}{K_3}\left(1-\frac{L_d}{\Phi}i_\delta\right)\right)$$
$$\leq \theta_{iv}^*(k) \leq \tan^{-1}\left(x\frac{L_q}{\Phi} \cdot \frac{N_p\left|\omega_{2m}^*\right|}{K_3+N_p\left|\omega_{2m}^*\right|}i_\delta\right) \tag{5.26b}$$

(5.26b) 式における力率位相指令値 θ_{iv}^* の下限値は，再帰自動調整法 I で利用していた (5.23c) 式の自動調整範囲の下限値に代わって，原式である (5.15) 式，(5.21) 式左辺に基づいて次のように得ている．

$$\begin{aligned}
\theta_{iv}^* &= \tan^{-1}\left(-\frac{N_p\left|\omega_{2m}^*\right|(\Phi-L_d i_\delta)}{R_1 i_\delta}\right) \\
&= \tan^{-1}\left(\left(x\frac{L_q}{\Phi}\cdot\frac{n}{m}i_\delta - x\frac{L_q}{\Phi}\cdot\frac{n}{m}i_\delta\right) - \frac{N_p\left|\omega_{2m}^*\right|(\Phi-L_d i_\delta)}{R_1 i_\delta}\right) \\
&= \tan^{-1}\left(x\frac{L_q}{\Phi}\cdot\frac{n}{m}i_\delta - \frac{n}{K_3}\left(x\frac{L_q}{\Phi}\cdot\frac{K_3}{m}i_\delta + \left(1-\frac{L_d}{\Phi}i_\delta\right)\right)\right) \\
&= \tan^{-1}\left(x\frac{L_q}{\Phi}\cdot\frac{n}{m}i_\delta - \frac{n}{K_3}\left(1-\frac{L_d}{\Phi}i_\delta\right)\right)
\end{aligned} \tag{5.27a}$$

ただし，

$$n \equiv N_p\left|\omega_{2m}^*\right|, \qquad m \equiv K_3 + N_p\left|\omega_{2m}^*\right| \tag{5.27b}$$

(5.27) 式において，力率位相指令値 θ_{iv}^* が最小値をとるのは高速駆動時のみであるため，(5.18) 式の関係が成立している条件では次の近似が成立する．

$$\frac{K_3}{K_3+N_p\left|\omega_{2m}^*\right|} \approx 0 \tag{5.28}$$

D. 入力ゲイン形再帰自動調整法 II

出力ゲイン形再帰自動調整法 II は，次の入力ゲイン形再帰自動調整法 II に変更する

こともできる。
【入力ゲイン形自動調整法Ⅱ】

$$u(k) = \begin{cases} 0 & ; \|\boldsymbol{v}_1^*(k)\| < c_v(k) \\ 1 & ; \|\boldsymbol{v}_1^*(k)\| \geq c_v(k) \end{cases} \tag{5.29a}$$

$$K_2(k) = \alpha_1 K_2(k-1) + \frac{N_p|\omega_{2m}^*|}{K_3}\left(1 - \frac{L_d}{\Phi}i_\delta\right)(1-\alpha_1)u(k) \quad ; 0 < \alpha_1 < 1 \tag{5.29b}$$

$$\theta_{iv}^*(k) = \tan^{-1}\left(x\frac{L_q}{\Phi} \cdot \frac{N_p|\omega_{2m}^*|}{K_3 + N_p|\omega_{2m}^*|}i_\delta - K_2(k)\right) \tag{5.29c}$$

■

再帰形自動調整法Ⅱにおいて、出力ゲイン形に対する入力ゲイン形の相違は、まず、0,1 の値をとる入力側信号 $u(k)$ に対してゲイン調整を行い、次に、指定の範囲で指数変化する $K_2(k)$ を決定する点にある。

出力ゲイン形と入力ゲイン形の再帰形自動調整法Ⅱは、ともに、(5.21) 式の力率位相の上下限条件を直接満足すべく、力率位相指令値 θ_{iv}^* を決定するものである。すなわち、両者の指令値決定思想は同一であり、計算手順に関し相違があるに過ぎない。この同一性により、両者は性能的には有意の差を示さない。

5.4.5 電流制限

自変力率位相形ベクトル制御法は、文献 2), 16) に提示された「符号付き電流ノルム指令に基づく電流制御法」の 1 種であり、電流指令値に単に電流制限値 $I_{\max} > 0$ を設けることで、次の瞬時関係に基づき、ただちに電流制限を遂行できる[2), 16)]。

$$i_u^2 + i_v^2 + i_w^2 = i_\alpha^2 + i_\beta^2 = i_\delta^2 \leq I_{\max}^2 \tag{5.30}$$

$\gamma\delta$ 電流座標系上で構築される自変力率位相形ベクトル制御法は、入力される電流指令値は δ 軸電流指令値のみ、すなわち $i_\gamma = 0$ であるため、簡単に電流制限を遂行できる。

(5.30) 式における $I_{\max} > 0$ はモータの焼損防止のために設けた制限値である。これに (5.11) 式で表される電圧制限楕円を考慮すると次が得られる[2), 16)]。

$$\max\left\{0, \frac{\Phi - \dfrac{c_v}{|\omega_{2n}|}}{L_d}\right\} \leq |i_\delta| \leq \min\left\{I_{\max}, \frac{\Phi}{L_d}\right\} \tag{5.31}$$

(5.31) 式における上限値 $\varPhi/L_d$ は，(5.11) 式で表した電圧制限楕円の d 軸上の中心であり，理論上の無限大速度に対応している[2], [16]。自変力率位相形ベクトル制御法における最終的な電流指令値としては，(5.31) 式の制限処理がされたものを利用することになる。

5.5 実機実験

5.5.1 実験システムの概要

　自変力率位相形ベクトル制御法の高速かつ効率駆動，再帰自動調整法の原理的妥当性と有用性を検証すべく遂行し実機実験を紹介する。図 5.7 に実験システムの外観を示す。供試 PMSM は，750〔W〕である（図 5.7 左端）。供試 PMSM の仕様は表 3.2 と同一である。本モータには実効 4 960〔p/r〕のエンコーダが装着されているが，これは回転子位相と速度とを計測するためのものであり，制御には利用していない。負荷装置としては，2.0〔kW〕PMSM を用意した（図 5.7 右端）。図 5.7 中間は，トルクセンサである。図 5.7 の実験システムは，図 3.11 の実験システムと類似しているが，同一ではない。

5.5.2 設計パラメータの設定

　実機実験に際し，設計パラメータを以下のように設定した。電流制御器は PI 制御器とした。制御器係数は，電流制御帯域幅 $\omega_{ic} = 2\,000$〔rad/s〕に相当する速応性が得られるように表 3.2 のモータパラメータ（同相インダクタンス $L_i = (L_d + L_q)/2$）を (2.50) 式に用いて定めた。γ 軸，δ 軸どちらの電流制御器にも同一の制御器係数を使用した。

　位相速度推定器内の設計パラメータ K_1, K_2 は，(5.7a)，(5.7c) 式の選定指針に基

図 5.7　実験システムの概観

づき次のように選定した[2), 13)]。

$$K_1 = \frac{0.9}{\Phi} \approx 4.25, \quad K_3 = \frac{R_1}{\Phi}\tilde{i}_\delta \approx 31.5 \tag{5.32}$$

位相速度推定器内の位相制御器 $C(s)$ は，PI 制御器とした。制御器係数は，PLL 帯域幅 150〔rad/s〕に相当する速応性が得られるよう，次のように定めた[2), 13)]。

$$C(s) = \frac{c_{n1}s + c_{n0}}{s} = \frac{150s + 5625}{s} \tag{5.33}$$

(5.9) 式に示した回転子速度推定用 1 次ローパスフィルタ $F_l(s)$ の帯域幅 ω_c は，30〔rad/s〕とした。

再帰自動調整器には，(5.22) 式の出力ゲイン形再帰自動調整法 I を実装した。その際に力率位相指令値決定用の K_2 自動調整のための係数は，制御周期を $T_s = 100$〔μs〕として，次の切りのよい値を使用した。

$$\alpha_1 = 0.999, \quad x = 0.75, \quad \Delta_0 = 0.01 \tag{5.34}$$

この場合の K_2 の上下限値は，(5.23b) 式より次のようになる。

$$-0.0741\frac{3\left|\omega_{2m}^*\right|(0.2118 - 0.0123\,i_\delta)}{0.4945\,i_\delta + 0.01} \leq K_2(k) \leq 0.0556 \tag{5.35}$$

当然のことながら，K_2 の下限値は，電流と速度に依存して変化することになる。電圧制限値 c_v は 150〔V〕に設定した。

5.5.3 電流制御実験

図 5.3 のセンサレスベクトル制御系から速度制御系を撤去し，電流制御系のみの構成とした。供試 PMSM の固定子電流を一定に制御した上で，供試 PMSM の速度を負荷装置によって加減速した。この上で，加減速時の電圧制限抵触検出，力率位相指令値の自動調整，dq 軸電流制御機能の動作を確認した。具体的には，供試 PMSM の γ 軸，δ 軸電流指令値は，おのおの $i_\gamma^* = 0$〔A〕，$i_\delta^* = 5$〔A〕の一定値とした。また，負荷装置により制御される供試 PMSM の速度は，20〜200〔rad/s〕の速度範囲において，加速度 ±30〔rad/s²〕で変化する台形状とした。

実験結果を図 5.8 に示す。図 5.8(a) は，上から回転子速度真値 ω_{2m}，同推定値 $\hat{\omega}_{2m}$，電圧制限値 c_v，固定子電圧指令値ノルム $\|\boldsymbol{v}_1^*\|$，q 軸電流応答値 i_q，d 軸電流応答値 i_d，力率位相指令値 θ_{iv}^*，同応答値 θ_{iv} である。このときの d 軸，q 軸電流は，エンコーダ検出の回転子位相を用いて検出電流を座標変換することで得た。

図 5.8(a) より，回転子速度が約 150〔rad/s〕を超えたころから固定子電圧指令値は電圧制限に達し，その後も電圧制限値を維持し続けている。固定子電圧指令値が

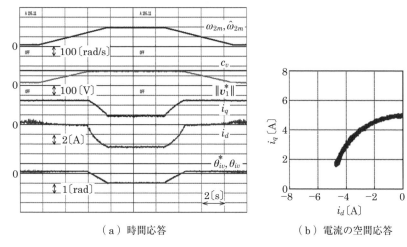

(a) 時間応答　　　　　　　　　　　　(b) 電流の空間応答

図 5.8 電流制御時の応答

電圧制限値に達した後も，回転子速度は最高速度 200 [rad/s] まで加速している。q 軸電流は電圧制限値に達したころから負方向に急激に減少を，d 軸電流は負方向へ増大している。これらの値は，最高速度 200 [rad/s] で一定値を維持している。上述の d 軸，q 軸電流の変化は，弱め磁束制御が実質的に遂行されていることを意味している。これら応答は，力率位相の制御によるものであり，特に，固定子電流の上記変化は，負値（$-\pi/3$ [rad]）に至る力率位相の変化に対応している。

その後，供試 PMSM の回転子速度の減少に応じて力率位相が正方向へ増大することにより，q 軸電流は正方向へ増大を，d 軸電流はゼロ方向へ振幅減少を開始している。減速に応じて固定子電圧指令値ノルムが電圧制限値以下になると，力率位相は正の値へ戻り，最終的には固定子電流は準最小電流に復帰している。これは d 軸，q 軸電流振幅の変化から確認される。上記応答は，改良方針に沿った期待どおりのものである。

図 5.8(b) は，同図 (a) の固定子電流を dq 同期座標系上の空間軌跡として再描画したものである。「電圧制限下において，電流ノルム指令に基づく電流制御を行う場合には，固定子電流は電圧制限楕円と電流指令値の円軌跡の交点に存在する」ことが知られている[1), 12)]。同図 (b) では，速度上昇による電圧制限楕円の縮小に応じて電流制限円との交点を維持し，半径を 5 [A] とする真円軌跡を示している。これより δ 軸電流指令値に従った電流制御が遂行されていることが確認される。また，電圧制限に達している高速駆動時には，固定子電流が d 軸寄りに変位している。この応答は

力率位相を自変することにより得られたものであり，実質的な弱め磁束制御が達成されていることを示している。その後の減速時においても真円軌跡上を維持している。これらより，自変力率位相形ベクトル制御法は，力行，回生を含む加減速時において正常に動作することが確認される。図5.8より，力率位相の制御を介して電流制限，電圧制限，効率高速駆動を達成している様子も確認される。これらは自変力率位相形ベクトル制御法の妥当性を裏づけるものである。

図5.8(a)には，K_2の時間に対する形状を示していない。K_2の時間に対する概略的な形状は，固定子電流ノルムが一定の同図(a)の場合では，力率位相指令値θ_{iv}^*に類似したものとなる。これは，(5.22d)式を書き改めた次式より理解される。

$$K_2(k) = \frac{K_3 + N_p\left|\omega_{2m}^*\right|}{N_p\left|\omega_{2m}^*\right|i_\delta} \tan\theta_{iv}^*(k) \quad ; \begin{array}{l} K_3 = \mathrm{const} \\ i_\delta = \mathrm{const} \end{array} \tag{5.36}$$

5.5.4 速度制御実験

自変力率位相形ベクトル制御法の速度制御への適用可能性を検証すべく速度制御系を構成し，実機実験を行った。

力率位相形ベクトル制御法は「符号付き電流ノルム指令に基づく電流制御法」の1種である[16]。この場合，電流制御系の上位に構成する速度制御系は非線形となることが知られている[16]。非線形性をも考慮し，速度制御系ではワインドアップ対策を施したリミッタ付きPI制御器を使用した[1]。制御器係数は，速度制御系の時定数が約0.1〔s〕となるようにポポフの安定定理を考慮し，設計した[16]。速度制御器（speed controller）内のリミッタは電流制限のためのものであり，制限値は $-5\sim 5$〔A〕とした。速度制御実験のための速度指令値として，$20\sim 200$〔rad/s〕の速度範囲において，加速度約 ± 30〔rad/s^2〕で変化する台形信号を用意した。負荷装置はトルク制御モードで駆動し，供試PMSMに約50%定格トルクに当たる一定負荷トルクを与えた。

実験結果を図5.9に示す。同図(a)における波形の意味は，最上段が速度指令値ω_{2m}^*，同応答値ω_{2m}であることを除き，図5.8(a)と同一である。速度指令値の上昇に応じて，同応答値，固定子電圧指令値ノルムが同様に上昇している。機械速度が約150〔rad/s〕を超えたころから，固定子電圧指令値ノルムは電圧制限値に達し，この制限値に維持されている。その後も速度応答値は同指令値に従い上昇を継続している。一方，固定子電圧指令値ノルムが電圧制限値に達した直後から，力率位相は負側への増大を開始している。それに従いd軸電流も負側への増大を開始している。しかし，q軸電流は電流制御時とは異なりほぼ一定値を維持している。この応答は負荷装置に

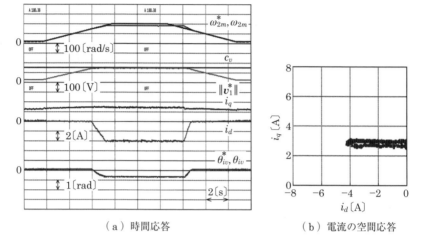

(a) 時間応答　　　　　　　　　(b) 電流の空間応答

図 5.9　速度制御時の応答 (50% 定格負荷)

より一定負荷トルクを与えているためである．これらの応答より，速度制御においても，K_2 を電圧制限状況に応じて変動させることで，力率位相の制御を介し弱め磁束制御が達成されていることがわかる．

その後，速度応答値は約 170〔rad/s〕で同指令値に追従しなくなり，「最高到達速度」は約 190〔rad/s〕であった．最高到達速度では，固定子電圧指令値ノルムは電圧制限値に達し，同時に固定子電流は最大振幅を示している．減速に応じて固定子電圧指令値ノルムが電圧制限値以下になると，電流制御時と同様に，固定子電流は最小銅損を達成する最小電流に復帰している．これは電流振幅の低減から確認される．

図 5.9(b) は，図 5.8(b) と同様に固定子電流を dq 同期座標系上の空間軌跡として再描画したものである．供試 PMSM には，供試 PMSM の速度いかんにかかわらず，負荷装置によって約 50% 定格の一定負荷トルクを与えている．図 5.9(b) は，速度いかんにかかわらず，負荷に対応したトルクを発生している様子を示している．すなわち，固定子電流は，速度上昇に応じて縮小する電圧制限楕円の内部に存在すべく，一定トルク曲線上を d 軸の負方向へ移動（増大）をしている．なお，本供試 PMSM は，表 3.2 のモータパラメータが示すように，突極性が極めて低く，実質的に非突極である．このため，dq 同期座標系上における一定トルク曲線はおおむね平らな直線となる．

この応答より，図 5.9(a) の応答と同様に，弱め磁束制御が遂行されていることが確認される．固定子電流が電流制限円に到達すると負方向への移動が停止している．

これより,「電流制限の適切な動作により,最高到達速度を超える速度上昇が止められた」ことが確認される。その後,減速時には固定子電流がd軸の正方向へ移動(振幅減少)している。これらの結果は改良方針にそった期待どおりの結果である。以上より自変力率位相形ベクトル制御法は,速度制御にも適用でき,加減速駆動においても正常に動作することが確認される。

図5.9の応答から,「自変力率位相形ベクトル制御法によれば,可変電流,可変速度の速度制御においても,電流制限,電圧制限,効率高速駆動を同時に達成される」ことが確認される。

図5.8, 5.9の応答例から理解されるように,自変力率位相形ベクトル制御法によれば,実効的な電圧制限のない動作領域とある動作領域とで,準最小電流制御がシームレスに遂行される。

力率位相指令値 θ_{iv}^* の決定に関し,入力ゲイン形,出力ゲイン形の両再帰形自動調整法Iは,その原理が同一であり,実験的にも有意の性能差は,確認されなかった。また,入力ゲイン形,出力ゲイン形の両再帰形自動調整法IIは,その原理が同一であり,実験的にも有意の性能差は,確認されなかった。再帰形自動調整法Iと再帰形自動調整法IIの性能差が予測されたが,再帰形自動調整法IIによる性能は,本節で紹介した再帰形自動調整法Iと比較し,特筆すべき差は見られなかった。このため,これらの個別のデータ紹介は省略する。

自変力率位相形ベクトル制御法は,この構築過程より理解されるように,非突極性を必要とせず,突極PMSMに適用できる。この点は,従前の力率位相形ベクトル制御法と同様である[2], [13]。なお,γδ電流座標系上で構築された力率位相形ベクトル制御法が突極PMSMに適用される事実は,文献2), 13)に示されている。

5.6 電圧座標系

図5.10のγ軸,δ軸をもつ直交座標系を考える。本座標系上ではδ軸位相を固定子電圧位相と等しく選定している。換言するならば,固定子電圧はδ軸上に存在する。また,固定子電流から見た固定子電圧の位相を力率位相 θ_{iv} としている。力率位相形ベクトル制御法の核心は力率位相の制御にあり,力率位相制御の観点からは,δ軸位相を固定子電圧位相と等しく選定した座標系は,γδ電流座標系と同様に,都合がよい。以降では,図5.10に例示したγ軸,δ軸の直交座標系を「γδ電圧座標系」と呼称する。γδ電圧座標系は,γδ電流座標系と同様に,γδ一般座標系の特別な一場合である(図5.1

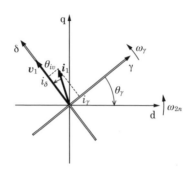

図 5.10　$\gamma\delta$ 電圧座標系

参照)．したがって，第 2 章で示した $\gamma\delta$ 一般座標系上の数学モデルは，何らの変更なく，$\gamma\delta$ 電圧座標系上で成立する．

図 5.10 は，図 5.1 の例と異なり，d 軸が γ 軸より位相遅れの位置にある例を示しているが，位相 θ_γ の定義などは図 5.1 と同一である．

5.7　電圧座標系上の力率位相形ベクトル制御法

本節では，「実質的な電圧制限がない」との仮定のもとで，$\gamma\delta$ 電圧座標系上で構築された従前の力率位相形ベクトル制御法の要点を，文献 15) を参考に，整理しておく．

図 5.11 は，従前の力率位相形ベクトル制御法を $\gamma\delta$ 電圧座標系上で構成した場合の全制御系を概略的に示したものである．同図では，固定子電流，固定子電圧に関し，これらが属する座標系を表示すべく，脚符 t (uvw 座標系)，s ($\alpha\beta$ 固定座標系)，r ($\gamma\delta$ 電圧座標系) を付している．電流制御器は，PI 制御器のみで構成されており，

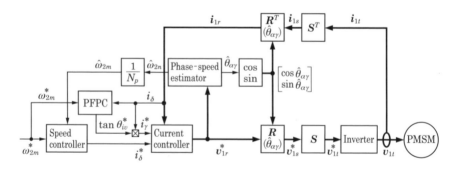

図 5.11　$\gamma\delta$ 電圧座標系上で構成された力率位相形ベクトル制御系

5.7 電圧座標系上の力率位相形ベクトル制御法

軸間干渉補償,誘起電圧(速度起電力)補償は行っていない((2.49),(2.50)式参照)[15]。

$\gamma\delta$ 電圧座標系上で構築された力率位相形ベクトル制御系は,位相速度推定器で $\alpha\beta$ 固定座標系の基軸・α 軸から見た γ 軸位相推定値 $\hat{\theta}_{\alpha\gamma}$ と回転子速度推定値 $\hat{\omega}_{2n}$ とを直接決定し,PFFC ブロックからの力率位相指令値を用いた電流制御を通じ,効率駆動を遂行している。これらの推定的決定と電流制御は,(2.1)〜(2.7) 式の数学モデルに基づく「電圧座標系位相の決定法」,「速度の推定法」,「電流指令値の生成法」によりなされる[15]。

$\gamma\delta$ 電圧座標系を実現するための γ 軸位相の推定的決定法は,γ 軸位相を $\hat{\theta}_{\alpha\gamma}$ とするならば,次のように整理される[15]。

【電圧座標系位相の決定法】

$$\hat{\theta}_{\alpha\gamma} = \frac{1}{s}\omega_\gamma \tag{5.37}$$

$$\omega_\gamma = \omega_1 + \Delta\omega \tag{5.38}$$

$$\omega_1 = K_1 v_\delta \approx K_1 v_\delta^* \quad ; K_1 = \text{const} \tag{5.39}$$

$$\Delta\omega = C(s)\cdot\tan^{-1}\frac{-v_\gamma}{v_\delta} \approx C(s)\cdot\tan^{-1}\frac{-v_\gamma^*}{v_\delta^*} \tag{5.40}$$

$$C(s) = \frac{C_n(s)}{C_d(s)} = \frac{c_{nm}s^m + c_{nm-1}s^{m-1} + \cdots + c_{n0}}{s^m + c_{dm-1}s^{m-1} + \cdots + c_{do}} \tag{5.41}$$

■

(5.37)〜(5.41) 式の電圧座標系位相の決定法は,(5.1)〜(5.5) 式の電流座標系位相の決定法において $\theta_{iv}^* = 0$ としたものに対応している。(5.37)〜(5.41) 式における信号などの意味は,(5.1)〜(5.5) 式のそれらと同一である。

(5.39) 式の設計パラメータ K_1(一定値)は,(5.3) 式のものと同一である。この選定指針は,次のとおり,(5.7) 式と同一である[2],[13],[15]。

$$0 < K_1 < \frac{1}{\Phi} \tag{5.42}$$

パラメータ K_1 は,(5.42) 式を満たす任意の一定値をとりうる。本事実は,$\gamma\delta$ 電圧座標系を定める (5.37)〜(5.41) 式は,モータパラメータの変動に関し,実質不感であることを意味している。

回転子の電気速度推定値 $\hat{\omega}_{2n}$ は,座標系速度 ω_γ をローパスフィルタ $F_l(s)$ で処理して生成される[15]。また,機械速度推定値 $\hat{\omega}_{2m}$ は,電気速度推定値 $\hat{\omega}_{2n}$ を極対数 N_p で

除して得られている．これらは，次のように整理される．

【速度推定法】

$$\hat{\omega}_{2n} = F_l(s)\omega_\gamma \tag{5.43}$$

$$F_l(s) = \frac{\omega_c}{s+\omega_c} \tag{5.44}$$

$$\hat{\omega}_{2m} = \frac{1}{N_p}\hat{\omega}_{2n} \tag{5.45}$$

■

(5.43)～(5.45) 式の速度推定法は，(5.8)～(5.10) 式の速度推定法と同一である．

図 5.12 に，(5.37)～(5.41) 式の電圧座標系位相の決定法，(5.43)～(5.45) 式の速度推定法に従い構築した位相速度推定器を描画した（図 5.11 参照）．図 5.12 の γδ 電圧座標系上の位相速度推定器は，図 5.4 の γδ 電流座標系上の位相速度推定器において $\theta_{iv}^* = 0$ としたものに対応している．

効率駆動の達成には，固定子電流と固定子電圧との間の力率位相 θ_{iv} を制御する必要がある[15]．γδ 電圧座標系上での力率位相の制御は，γδ 電圧座標系の構成を前提に，δ 軸電流 i_δ を使用して算定した力率位相指令値 θ_{iv}^* を利用して，γ 軸電流指令値 i_γ^* を生成することにより，遂行される（図 5.1 参照）[15]．図 5.11 のベクトル制御系においてこの役割を担っている主ブロックが，力率位相指令器である．力率位相指令器に実装された γ 軸電流指令値生成法は，次のように記述される．

【電流指令値生成法】

$$\tan\theta_{iv}^* = K_2 \frac{N_p\left|\omega_{2m}^*\right|}{K_3 + N_p\left|\omega_{2m}^*\right|}i_\delta \quad ; K_3 = \text{const} \tag{5.46}$$

$$i_\gamma^* = \tan\theta_{iv}^* \cdot i_\delta \tag{5.47}$$

■

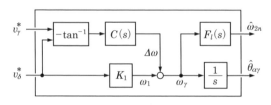

図 5.12 位相速度推定器の構造

(5.46) 式における K_2, K_3 は設計者に委ねられた設計パラメータであり，この選定指針は，固定子電流定格値を $\tilde{i}_n$（$\gamma\delta$ 電流座標系における $\tilde{i}_\delta$ に対応）とするならば，次のように与えられる [2), 13), 15)]．

$$-\frac{L_d}{\Phi} \leq K_2 \leq \frac{L_q}{\Phi} \tag{5.48a}$$

$$0 < K_3 \leq \frac{R_1}{\Phi}\tilde{i}_n \tag{5.48b}$$

このときのパラメータ K_2 は，基本的に一定・不変である [15)]．なお，図 5.11 のベクトル制御系の基本性能は，文献 15) で詳しく説明されている．

5.8 電圧座標系上の自変力率位相形ベクトル制御法

本節では，$\gamma\delta$ 電圧座標系上で構築された従前の力率位相形ベクトル制御法が有する「ベクトル制御系の簡潔性」，「電流制限機能」，「効率駆動機能」に加えて，「電圧制限機能」を同時に備えた新たな力率位相形ベクトル制御法（以下，自変力率位相形ベクトル制御法と呼称）の構築を図る．構築は，従前法に電圧制限機能を新たに付与すべくこれへの改良を通じて行う．

5.8.1 位相速度推定器

$\gamma\delta$ 電圧座標系上で構成された自変力率位相形ベクトル制御法の実現には，まず，$\gamma\delta$ 電圧座標系を構築する必要がある．$\gamma\delta$ 電圧座標系構築の役割を担うのが位相速度推定器である．$\gamma\delta$ 電圧座標系上の自変力率位相形ベクトル制御法のための位相速度推定器としては，$\gamma\delta$ 電圧座標系上の従前の力率位相形ベクトル制御法に利用されたものを，すなわち図 5.12 のものを無修正で利用する．

5.8.2 電流指令値の生成
A. 再帰自動調整法

自変力率位相形ベクトル制御法は，力率位相指令器で使用するパラメータ K_2 の電圧制限状況に応じた自動調整を通じ，K_2 と単調な関係にある γ 軸電流指令値 i_γ^* を自動調整し，実効的な電圧制限下における高速かつ効率駆動を達成するものである．

パラメータ K_2 の電圧制限状況に応じた自動調整法としては，少なくとも 4 種が存在する [3), 12), 17)]．すなわち，第 5.4.4 項で紹介した「出力ゲイン形再帰自動調整法 I」，

「入力ゲイン形再帰自動調整法Ⅰ」,「出力ゲイン形再帰自動調整法Ⅱ」,「入力ゲイン形再帰自動調整法Ⅱ」が存在する。ここでは,$\gamma\delta$ 電流座標系上で構築された自変力率位相形ベクトル制御法との性能比較の観点から,K_2 の自動調整法として,図 5.9,5.10 の実験で利用した出力ゲイン形再帰自動調整法Ⅰを示す。

$\gamma\delta$ 電圧座標系上の自変力率位相形ベクトル制御法のための $\tan\theta_{iv}^*$ の調整法,特に K_2 の出力ゲイン形再帰自動調整法Ⅰに基づく調整法は,次のように整理される [18]。

【出力ゲイン形再帰自動調整法Ⅰ】

$$u(k) = \begin{cases} 0 & ; \|\boldsymbol{v}_1^*(k)\| < c_v(k) \\ 1 & ; \|\boldsymbol{v}_1^*(k)\| \geq c_v(k) \end{cases} \tag{5.49a}$$

$$K_2'(k) = \alpha_1 K_2'(k-1) + (1-\alpha_1)u(k) \quad ; 0 < \alpha_1 < 1 \tag{5.49b}$$

$$K_2(k) = \left(x - \left(\frac{N_p\left|\omega_{2m}^*\right|(\Phi - L_d i_\delta)}{K_3 L_q i_\delta + \Delta_0} + x\right)K_2'(k)\right)\frac{L_q}{\Phi} \quad ; \Delta_0 > 0 \tag{5.49c}$$

$$\tan\theta_w^*(k) = \left(K_2(k)\frac{N_p\left|\omega_{2m}^*\right|}{K_3 + N_p\left|\omega_{2m}^*\right|}i_\delta\right) \quad ; K_3 = \frac{R_1}{\Phi}\tilde{i}_\delta \tag{5.49d}$$

■

(5.49) 式は,(5.22) 式と実質等価である。両式のわずかな違いは,(5.49d) 式が力率位相指令値の正接値を算定しているのに対して,(5.22d) 式が力率位相指令値そのものを算定している点にある。(5.49) 式の意味するところは,(5.22) 式のそれと同一である。この同一性より,K_2', K_2 の上下限値は,おのおの (5.23a),(5.23b) 式と同一となる。同一性を考慮し,(5.49) 式に関するこれ以上の説明は省略する。

なお,以降では,特に断らない限り,「K_2 の自動調整には,出力ゲイン形再帰自動調整法Ⅰを利用する」ものとする。これ以外の再帰形自動調整法を利用する場合は,別途これを指摘する。

B. 電流指令値の生成

$\gamma\delta$ 電圧座標系上の自変力率位相形ベクトル制御法における電流指令値の生成原理は,従前の (5.47) 式と同様である。自変力率位相形ベクトル制御法では,従前の方法を若干変更した次式に従い(原理は同一),γ 軸,δ 軸電流指令値を生成している。

【電流指令値生成法】

$$i_\gamma^* = \tan\theta_w^* \cdot i_\delta \tag{5.50a}$$

$$i_\delta^* = \cos\theta_w^* \cdot i_n^* = \frac{i_n^*}{\sqrt{1+\tan\theta_w^{*2}}} \tag{5.50b}$$

■

(5.50a) 式に用いた δ 軸電流 i_δ は，γδ 電圧座標系が適切に構成され，かつ電流制御系が適切に動作すれば，十分な精度で得ることができる．なお，(5.50b) 式の δ 軸電流指令値 i_δ^* に使用した i_n^* は，符号付きスカラ信号たる電流ノルム指令値である[1), 2), 12), 13), 16)]．

自変 K_2 を用いた (5.50a) 式の γ 軸電流指令値 i_γ^* に関しては，(5.23b)，(5.49d)，(5.50a) 式より次の不等式が成立している（(5.23c) 式参照）．

$$\left(-\frac{N_p\left|\omega_{2m}^*\right|(\Phi - L_d i_\delta)}{K_3 L_q i_\delta + \Delta_0} \cdot \frac{L_q}{\Phi} i_\delta\right) i_\delta \leq i_\gamma^*(k) \leq \left(x\frac{L_q}{\Phi} \cdot \frac{N_p\left|\omega_{2m}^*\right|}{K_3 + N_p\left|\omega_{2m}^*\right|} i_\delta\right) i_\delta \tag{5.51}$$

(5.50) 式に従った電流ノルム指令値に関しては，次の関係が成立する．

$$i_n^{*2} \approx i_\gamma^{*2} + i_\delta^{*2} \tag{5.52}$$

電流ノルム指令値の生成に関しては，文献1), 2) などに示されているため，ここでの説明は省略する[1), 2), 12), 13), 16)]．電流ノルム指令値 i_n^* には，過電流防止と高速駆動の観点から，(5.31) 式と同一の次の制限を設けている．

$$\max\left\{0, \frac{\Phi - \frac{c_v}{|\hat{\omega}_{2n}|}}{L_d}\right\} \leq \left|i_n^*\right| \leq \min\left\{I_{\max}, \frac{\Phi}{L_d}\right\} \tag{5.53}$$

5.8.3 ベクトル制御系の全体構造

γδ 電圧座標系上の自変力率位相形ベクトル制御法に基づくセンサレスベクトル制御系の全体構成を図 5.13 に示した．同図は，速度制御を遂行する場合を想定し，速度制御器と指令生成器（command generator）とを備えた構成としている．

図中の位相速度推定器の詳細は，図 5.12 のとおりである．また，自動調整形力率位相指令器（self-tuning PFPC）には (5.49) 式が実装され，指令生成器には (5.50) 式が実装されている．

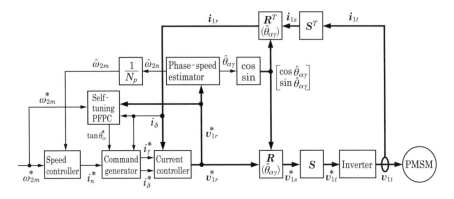

図 5.13 $\gamma\delta$ 電圧座標系上で構築された自変力率位相形ベクトル制御系

5.9 実機実験

5.9.1 実験システムの概要と設計パラメータの設定

$\gamma\delta$ 電圧座標系上の自変力率位相形ベクトル制御法の原理的妥当性と有用性を検証すべく，実機実験を行った．$\gamma\delta$ 電圧座標系上の自変力率位相形ベクトル制御法に基づくセンサレスベクトル制御系の構造は，図 5.13 のとおりである．実機実験システムは，図 5.7 と同一である．

妥当性の検証に際しては，$\gamma\delta$ 電流座標系上で構成された自変力率位相形ベクトル制御法との性能比較が可能なように，これと実質同一条件で実験を遂行した（第 5.5.2 項参照）．また，同形式で実験データを取得・整理した．

5.9.2 電流制御実験

図 5.13 のベクトル制御系から速度制御器を撤去し，電流ノルム指令値を直接付与できるように，システムを変更した．実験条件は第 5.5.3 項と同一である．

実験結果を図 5.14 に示す．同図 (a) は，上から回転子機械速度真値 ω_{2m}，同推定値 $\hat{\omega}_{2m}$，電圧制限値 c_v，固定子電圧指令値ノルム $\|\boldsymbol{v}_1^*\|$，q 軸電流応答値 i_q，d 軸電流応答値 i_d，γ 軸電流指令値 i_γ^*，同応答値 i_γ である．このときの d 軸，q 軸電流は，エンコーダ検出の回転子位相を用いて検出電流を座標変換することで得た．

図 5.14(a) より，機械速度が約 150 [rad/s] を超えたころから，固定子電圧指令値ノルムは電圧制限値に達し，この制限値に維持されている．その後も速度応答値は同指令値に従い上昇し，最高速度 200 [rad/s] を継続している．これらの値は，$\gamma\delta$ 電

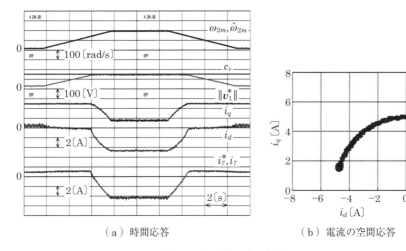

(a) 時間応答   (b) 電流の空間応答

図 5.14 電流制御時の応答

流座標系上の自変力率位相形ベクトル制御法による場合とほぼ同じ値である。γ軸電流は固定子電圧指令値ノルムが電圧制限値に達した直後から負側への増大を開始している。それに従いq軸電流はゼロ方向へ減少，d軸電流は負側へ増大している。これらの応答より，γδ電圧座標系上の自変力率位相形ベクトル制御法は，力率位相を介した固定子電流の自動調整により，弱め磁束制御を遂行していることが確認される。その後，減速に応じて固定子電圧指令値が電圧制限以下に減少している。これに伴い，d軸，q軸電流，およびγ軸電流は，非電圧制限下の最小電流軌跡に復帰している。

上記応答は，γδ電流座標系上の自変力率位相形ベクトル制御法においても観測されたものであり，「自変力率位相形ベクトル制御法が，構成座標系の相違にかかわらず，共通して有する特徴」を裏づけるものである。

図 5.14(b) は，同図 (a) の固定子電流を dq 同期座標系上の空間軌跡として再描画したものである。固定子電流は，電圧制限楕円の縮小に応じて，電流制限円との交点を維持し続けるべく，一定の電流ノルム指令値 $i_n^* = 5$ 〔A〕に従って，半径を 5 〔A〕とする真円軌跡上を移動している。この応答より実質的な弱め磁束制御を正確に達成していることが確認される。

図 5.14(b) の応答を，γδ電流座標系上の自変力率位相形ベクトル制御法による応答と比較した場合（図 5.8(b) 参照），電流軌跡の左端の振動が特徴的である。この振動的応答は，γδ電圧座標系上の自変力率位相形ベクトル制御法のγ軸電流指令値生成法に起因している[15]。電流ノルム指令値 i_n^* を一定とした本実験では，γ軸電流の振

幅増加はδ軸電流の振幅低下を意味する。γ軸電流の絶対値が最大となるときには，δ軸電流の振幅は最小となる。γδ電圧座標系上の自変力率位相形ベクトル制御法では，脈動成分をもつδ軸電流を用いてγ軸電流指令値を生成している（(5.50a)式参照）。このため，δ軸電流の振幅最小時では，電流応答が振動的となる。代わって，しかるべきレベルのδ軸電流が確保できる場合（加減速時を含む）には，電流応答の振動は消滅する。

図 5.14(b) に示した dq 同期座標系上の電流軌跡は，γ軸電流の最大絶対値時を除けば，γδ電流座標系上の自変力率位相形ベクトル制御法のそれと相違は見受けられない（図 5.8(b) 参照）。図 5.14 の 2 図は，「固定子電流指令値生成のための力率位相の自動調整機能は，正常に動作している」ことを意味するものである。また，同図は，γδ電圧座標系上の自変力率位相形ベクトル制御法は電流制限，電圧制限，効率高速駆動を同時達成していることを，ひいてはこの妥当性を裏づけるものである。

5.9.3 速度制御実験

γδ電圧座標系上で構成した自変力率位相形ベクトル制御法の速度制御への適用可能性を検証すべく速度制御系を構成し，実機実験を行った。前項の電流制御実験と同様に，γδ電流座標系上の自変力率位相形ベクトル制御法との比較のため，電流制限，位相・速度推定のための実験条件は，第 5.5.4 項と同一とした。また，速度制御に不可欠な速度制御器も，第 5.5.4 項と同一とした。なお，電流制限目的の速度制御器内リミッタの設定値も，同一の $-5 \sim 5$〔A〕とした。

実機実験には，供試 PMSM の速度指令値に 20～200〔rad/s〕の速度範囲において，加速度約 ± 30〔rad/s^2〕で変化する台形信号を与えた。この際，負荷装置はトルク制御モードで駆動し，供試 PMSM に対し，約 50% 定格トルクに当たる一定負荷トルクを与えた。

実験結果を図 5.15 に示す。同図 (a) における波形の意味は，最上段が速度指令値 ω_{2m}^*，同応答値 ω_{2m} であることを除き，図 5.14(a) と同一である。速度指令値の上昇に伴って同応答値，固定子電圧指令値ノルムが上昇している。固定子電圧指令値ノルムは電圧制限値に達するとこの制限値に維持されているが，速度応答値は電圧制限値到達後も同指令値に従い上昇を続けている。一方，固定子電圧指令値ノルムが電圧制限に達するとγ軸電流指令値，同応答値は負側への増大を開始している。それに従い，d軸電流も負側への増大を開始している。一方，q軸電流はほぼ一定値を維持している。この電流応答は，「供試 PMSM は実質的に非突極であり（表 3.2 参照），かつ負荷装

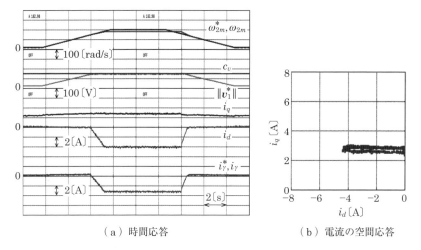

(a) 時間応答　　　　　　　　(b) 電流の空間応答

図 5.15　速度制御時の応答 (50%定格負荷)

置による負荷トルクは一定である」ことに対応しており，$\gamma\delta$ 電圧座標系上の自変力率位相形ベクトル制御法が効率的な電流制御を，すなわち一定トルク曲線に従った弱め磁束制御を遂行していることを示している．

上昇速度指令値に対して，速度応答値は約 170 [rad/s] で同指令値に追従しなくなり，「最高到達速度」は約 190 [rad/s] となった．この値は第 5.5.4 項における $\gamma\delta$ 電流座標系上の自変力率位相形ベクトル制御法の実験結果と同様の値である．その後の減速に応じた，γ 軸電流極性の正値復帰と同振幅の低減により，弱め磁束制御状態から準最適電流制御状態への移行が確認される．

図 5.15(b) は，図 5.14(b) と同様に，固定子電流を dq 同期座標系上の空間軌跡として再描画したものである．固定子電流軌跡は，電圧制限下の速度変化に応じて，一定トルク曲線上の推移を示している．これは，供試 PMSM の非突極性と負荷トルクの一定性とを考慮するならば，効率的な弱め磁束制御が遂行されていることを意味する[1]．電流軌跡推移に関し，右端から左端へ推移と左端から右端への推移との間で，わずかな相違が観察される．これは，摩擦トルクの影響で，力行と回生との間での q 軸電流に摩擦トルク相当の相違が発生したためであり，正常な応答である．なお，電流軌跡の左端は，電流制限値 5 [A] に対応しており，電流制限が適切に遂行されていることも確認される．

上述の実験結果より，$\gamma\delta$ 電圧座標系上の自変力率位相形ベクトル制御法は，速度制御においても適用可能であることが確認される．なお，図 5.15 の応答は，第 5.5.4

項の $\gamma\delta$ 電流座標系上の自変力率位相形ベクトル制御法による応答と同様である。

　$\gamma\delta$ 電圧座標系上の自変力率位相形ベクトル制御法は，$\gamma\delta$ 電流座標系上の自変力率位相形ベクトル制御法と同様に，力率位相指令値 θ_{iv}^* と直接的に関係した K_2 の電圧制限状況に応じた自動調整法として，「出力ゲイン形再帰自動調整法 I」以外に，「入力ゲイン形再帰自動調整法 I」，「出力ゲイン形再帰自動調整法 II」，「入力ゲイン形再帰自動調整法 II」を実装できる。

　また，$\gamma\delta$ 電圧座標系上の自変力率位相形ベクトル制御法は，$\gamma\delta$ 電流座標系上の自変力率位相形ベクトル制御法と同様に，非突極 PMSM のみならず，突極 PMSM にも適用できる。なお，文献 15) には，$\gamma\delta$ 電圧座標系上で構築された従前の力率位相形ベクトル制御法に関し，突極 PMSM を対象に，正常な動作を裏づける実験データが示されている。

第6章

PMSM の搬送高周波電圧印加法

　PMSM 駆動用のセンサレスベクトル制御法の1つに，高周波電圧印加法がある。本法は，PMSM に高周波電圧を強制印加し，その応答である高周波電流を処理して，回転子位相を推定するものである。本法によれば，誘起電圧が存在しないゼロ速度を含む低速領域でセンサレス駆動が可能となる。しかしながら，回転子位相推定の速応性は，印加高周波電圧の周波数の影響を受け，十分に高いとはいえない。近年，この問題を解決すべく，印加高周波電圧の周波数を電力変換器（インバータ，inverter）に利用する PWM 搬送波と同程度に上げた搬送高周波電圧印加法の技術開発が進められ，センサ利用ベクトル制御法に迫る速応性が得られている。本章では，最新かつ体系化された搬送高周波電圧印加法を説明する。

6.1　背　景

　PMSM のセンサレスベクトル制御の中核は，回転子位相（回転子 N 極位相）の推定にある。速度領域を低速と高速に二別する場合，高速領域における回転子位相推定には誘起電圧相当値を処理して位相推定値を得る方法（駆動用電圧電流利用法）が有効である[1],[2]。誘起電圧の信号レベルは速度に比例して増減するため，駆動用電圧電流利用法は，低速領域では位相推定値を安定的に生成しえない[1],[2]。

　低速領域で位相推定値を安定的に生成しうる代表的方法が，高周波電圧印加法 (high-frequency voltage injection method) である[1],[2]。高周波電圧印加法は，高周波電圧を強制印加し（変調，modulation），この応答である高周波電流を処理して突極位相の推定値を得る（復調，demodulation）[1],[2]。本法の適用には，PMSM は高周波電流に対して d 軸，q 軸インダクタンス比 L_q/L_d でおおよそ 1.1 以上の突極特性を有することが必要であるが，幸いにも，非突極 PMSM といえどもこの程度の突極特性は備えているようである。PMSM の材質，構造などに起因し，突極位相は，

駆動用電流に応じ回転子位相との相違を示すが,位相補正を通じ,突極位相推定値を回転子位相に収斂させることは可能である[1),2)]。

従前の高周波電圧印加法においては,印加すべき高周波電圧の周波数は,一般には,次の2条件を同時に満たす必要があった[1),2)]。
 (a) 高周波電圧の周波数は,PMSM の電気速度よりも十分に高い。
 (b) 高周波電圧の周波数は,PWM 搬送波(pulse width modulation carrier)の周波数よりも十分に低い。

条件 (a) が満たされる場合には,PMSM の回転に起因した諸影響を実質的に無視することが可能である。また,条件 (b) が満たされる場合には,連続時間的解析あるいは微分方程式的解析を,PWM 原理に基づく電力変換器による離散時間的な電圧印加の環境下においても,適用することが可能である[1),2)]。上記2条件を考慮の上,従前の高周波電圧印加法は,搬送周波数の約 1/20～1/10 に当たる周波数の高周波電圧を利用してきた[1),2)]。

条件 (a) は,印加すべき高周波電圧として,PMSM の回転を考慮に入れた「一般化楕円形高周波電圧」を採用することで撤去が可能である。事実,ゼロ速度から定格速度の広い速度範囲で適用可能な高周波電圧印加法がすでにいくつか提案されている[1),2)]。

条件 (b) は,上述のように,連続時間的解析あるいは微分方程式的解析を離散時間的環境で適用するための条件であるが,この適用の妥当性を高めるべく,復調には,PWM 周波数に比較し十分に狭い帯域幅(bandwidth)を備えたフィルタの利用が求められることが多々あった[1),2)]。従前の高周波電圧印加法は,採用フィルタの帯域幅制限に起因して位相推定の速応性に課題を残し,ひいてはこれを用いたセンサレスベクトル制御系は,高加減速追従性に課題を残した。

従前の高周波電圧印加法においては,高周波電圧印加に起因する可聴音響ノイズ(acoustic noise)が問題視されることもあった。音響ノイズの不可聴域は,20〔kHz〕以上の超音波領域のみならず,平均的には 16〔kHz〕以上のようである。IGBT に代表される現状パワー素子を用いた電力変換器の利用を想定した場合,条件 (b) の達成は,可聴域の高周波電圧を採用することを意味し,応用によっては可聴音響ノイズの問題を引き起こすこともあった。

上記の諸課題に有効な対策が,PWM 搬送波と同程度の周波数をもつ高周波電圧を印加し,その応答である高周波電流を処理して位相を推定する高周波電圧印加法である[3)-22)]。本書では,PWM 搬送波と同程度の周波数の高周波電圧を印加する高周

波電圧印加法を，特に，搬送高周波電圧印加法（carrier-frequency voltage injection method）と呼ぶ．

　搬送高周波電圧印加法に関する実質的に最初の提案は，著者の知る限りでは，矩形状の搬送高周波電圧を用いた 2000 年初頭の正木によるようである[3]．その後，搬送高周波電圧印加に特化した多くの変調法，復調法が提案されている．

　搬送高周波電圧印加に特化した変調法，復調法は，両者で一体的に提案されることが通常であるが，これらの技術的分類は，変調・復調の観点から実施するのが簡単かつ実際的である．変調は，印加する搬送高周波電圧の座標系（$\alpha\beta$ 固定座標系，$\gamma\delta$ 準同期座標系）と形状（真円形（回転形），直線形（非回転形））の観点から，理論上，4 種の組み合わせが存在する．復調は，搬送高周波電流の処理座標系（$\alpha\beta$ 固定座標系，$\gamma\delta$ 準同期座標系，これ以外）と処理原理（電流微分処理，これ以外）の観点から，理論上，6 種の組み合わせが存在する．復調は，この諸特徴（たとえば，電流差分に対する極性処理，制御周期に対する電流検出周期，高周波電流成分検出に伴うフィルタの要否，正相関特性の改良機能，位相推定値に対する原理的位相補正の要否など）を考慮の上，さらに細分することも可能である．

　従前の搬送高周波電圧印加法の変調に関しては，回転する高周波電圧（以下，真円形搬送高周波電圧と呼称）を印加するものは，印加座標系を $\alpha\beta$ 固定座標系に限定し[6],[7]，反対に，非回転の高周波電圧（以下，直線形搬送高周波電圧と呼称）を印加するものは，印加座標系を $\gamma\delta$ 準同期座標系に限定している[3]-[5]．従前の報告によれば，復調は，印加電圧の 0.5～1 周期分の高周波電流のみを利用して完遂しなければならない．このため，適用可能な復調法は単純なものに限定される．復調法の単純化に関しては，多くのものは，印加電圧の座標系と無関係に，$\alpha\beta$ 固定座標系上で復調を遂行している[3],[5]-[7]．

　以上は，搬送高周波電圧印加法に特化した変調と復調の実状である．従前の特化アプローチに代わって，完成度の高い伝統的な高周波電圧印加法における周波数を向上させた上で，周波数向上に起因して発生する諸問題を解決し，搬送高周波電圧印加法を構築することが考えられる．換言するならば，伝統的な高周波電圧印加法に対して周波数向上に伴う改良を施し，搬送高周波電圧印加法を構築することが考えられる．本書では，このアプローチを改良アプローチと呼ぶ．

　伝統的な高周波電圧印加法では，変調は，回転速度と印加高周波電圧との周波数差の維持の観点から，$\gamma\delta$ 準同期座標系上での実施が有利であり，復調は，変調との整合性上，同じく $\gamma\delta$ 準同期座標系上での実施が実際的である（後掲の (6.40) 式参照）．

回転子位相情報は，高周波電圧印加に起因して高周波電流の振幅に出現する。既報の復調法は，高周波電流の振幅を抽出し，抽出した振幅を用いて回転子位相と正相関を有する正相関信号（positive correlation signal）を合成する方法（高周波電流振幅法，high-frequency current amplitude method と呼称）と，高周波電流の振幅を抽出することなく，高周波電流から正相関信号を直接的に合成する方法（高周波電流相関法，high-frequency current correlation method と呼称）に分類することができる。また，既報の復調法は，正相関信号の合成に利用する高周波電流として，高周波電流の正相逆相成分を分離抽出し利用する方法（正相逆相成分分離法，positive-negative phase component separation method と呼称）と，高周波電流の軸要素成分（$\gamma\delta$ 準同期座標系上の γ 軸電流と δ 軸電流）を利用する方法（軸要素成分分離法，axis component separation method と呼称）とに分類することもできる。したがって，復調法は 4 種の組み合わせが存在する。表 6.1 に，上述の分類と組み合わせを示した。同表では，文献 1)，2) が紹介した従前法がいずれの分類・組み合わせに属するかも明示した。

高周波電流振幅法に関しては，文献 2) ですでに体系づけられている。特に，同文献の第 11 章では正相逆相成分分離法が，第 12 章では軸要素成分分離法が体系づけられている。体系化の中で，高周波電流振幅法と正相逆相成分分離法による復調法の 1 つである公知のベクトルヘテロダイン法（vector heterodyning method），高周波電流振幅法と軸要素成分分離法による復調法の 1 つである公知のスカラヘテロダイン法（scalar heterodyning method, heterodyning method）も再解析されている。

高周波電流相関法に関する初期の体系化は，文献 1) でなされている。高周波電流相関法と正相逆相成分分離法による復調法は，著者の知る限りでは，鏡相推定法（mirror-phase estimation method）のみである。鏡相推定法は同文献の第 10 章に詳しく説明されている。また，高周波電流相関法と軸要素成分分離法による復調法の代

表 6.1 復調法の体系的分類

	高周波電流振幅法	高周波電流相関法
正相逆相成分分離法	文献 2) の第 11 章 ベクトルヘテロダイン法	文献 1) の第 10 章 鏡相推定法
軸要素成分分離法	文献 2) の第 12 章 スカラヘテロダイン法	文献 1) の第 11 章 文献 2) の第 13 章 軸要素乗算法

表は，軸要素乗算法（current component multiplication method）であるが，これは文献 1)の第 11 章および文献 2)の第 13 章で体系化されている。なお，両文献では，軸要素乗算法を狭義の高周波電流相関法と呼称している。

本章では，まず第 6.2～第 6.4 節で以降の節の技術開発のための諸準備を行う。つづく第 6.5～第 6.9 節で，すでに体系化が完了している高周波電圧印加法に対し改良アプローチを適用し，これに対応した搬送高周波電圧印加法を構築する。第 6.10～第 6.11 節で，特化アプローチに基づく新たな搬送高周波電圧印加法（2 種）を構築する。これらの搬送高周波電圧印加法においては，変調，復調とも $\gamma\delta$ 準同期座標系上で遂行される。

なお，第 6.5～第 6.9 節は主として文献 14)～22)を参考に，第 6.10～第 6.11 節は主として文献 9)～13)を参考に再執筆したものであることを断っておく。併せて，改良アプローチによる技術開発は 2 名の弟子（細岡竜君，中村直人君）との刺激的なディスカッション・協同によるところが大であった点を，第 6.6～第 6.9 節の実機実験データは細岡竜君の提供による点を，謝意を込め，記しておく。

6.2 ディジタルフィルタの直接設計

ディジタルフィルタの設計法としては，まずアナログフィルタを設計し，次に設計のアナログフィルタをディジタルフィルタへ変換する方法が知られている[1),2)]。帯域幅が離散時間化周波数に比較し十分に低いという条件下では，本方法で所期の周波数特性を有したディジタルフィルタを得ることができる。しかし，本条件が成立しない場合，本方法ではかならずしも所期のディジタルフィルタを得ることができない。

印加高周波電圧，応答高周波電流の周波数が，固定子電流検出の周波数（通常は，PWM 搬送波の周波数と同一）に近い場合，上記条件が成立しないことになる。本節では，搬送高周波電圧印加法に利用することを想定したディジタルフィルタの直接設計法を示す。このフィルタには，一般に，特定の周波数で正確な周波数応答を有し，さらには広い通過域を有するという周波数特性が求められる。

6.2.1 ローパスフィルタ

実際の周波数 ω [rad/s] をサンプリング周期 T_s [s] で正規化した正規化周波数を $\bar{\omega}$ [rad] で表現する（後掲の (6.20) 式参照）。N_h を 2 以上の整数とし，特定の正規化周波数 $\bar{\omega}_h$ は次式を満足するものとする。

$$\bar{\omega}_h = \frac{2\pi}{N_h} \quad ; N_h \geq 2 \tag{6.1}$$

搬送高周波電圧印加法で有用なディジタルローパスフィルタ（low-pass filter）$F_l(z^{-1})$ としては，$\bar{\omega}=0$ で振幅「1」，位相遅れ「0」の完全通過特性をもち，$\bar{\omega}=\bar{\omega}_h$ で振幅「0」の完全減衰特性をもつことが望ましい。さらには，$N_h \geq 4$，$\bar{\omega}_h \leq \pi/2$ の場合には，$\bar{\omega}=2\bar{\omega}_h w$ でも完全減衰特性をもつことが望ましい。すなわち，

$$F_l(e^{-j\bar{\omega}}) = \begin{cases} 1 & ; \bar{\omega}=0 \\ 0 & ; \bar{\omega}=\bar{\omega}_h \neq 0,\ \bar{\omega}=2\bar{\omega}_h \neq 0 \end{cases} \tag{6.2}$$

この特性をもつ代表的なディジタルフィルタとしては，FIR（finite impulse response）フィルタの1種である移動平均フィルタ（moving average filter）が知られている。これは，次式で与えられる[2]。

【移動平均フィルタ】

$$F_l(z^{-1}) = \frac{1}{N_h} \sum_{k=0}^{N_h-1} z^{-k} \tag{6.3}$$

移動平均フィルタの周波数応答は，次のように評価される。

$$\begin{aligned} F_l(e^{-j\bar{\omega}}) &= \frac{1}{N_h} \cdot \frac{\sin\left(\dfrac{N_h \bar{\omega}}{2}\right)}{\sin\left(\dfrac{\bar{\omega}}{2}\right)} \exp\left(\frac{-j\bar{\omega}(N_h-1)}{2}\right) \\ &= \frac{1}{N_h} \cdot \frac{\sin\left(\dfrac{\bar{\omega}}{\bar{\omega}_h}\pi\right)}{\sin\left(\dfrac{\bar{\omega}}{2}\right)} \exp\left(\frac{-j\bar{\omega}(N_h-1)}{2}\right) \end{aligned} \tag{6.4}$$

(6.4) 式より，「移動平均フィルタは所期の周波数特性を有している」ことがわかる。図6.1に，$N_h=2,\ 3,\ 4$（$\bar{\omega}_h=2\pi/3,\ \pi/2,\ \pi$ に該当）とした1，2，3次移動平均フィルタの周波数応答を例示した。所期の周波数特性が確認される。

6.2.2 バンドパスフィルタ

搬送高周波電圧印加法で有用なディジタルバンドパスフィルタ $F_{bp}(z^{-1})$ としては，$\bar{\omega}=0$ で振幅「0」の完全減衰特性をもち，$\bar{\omega}=\bar{\omega}_h$ で振幅「1」，位相遅れ・進み「0」の完全通過特性をもつことが望ましい。さらには，$\bar{\omega}_h < \pi$ の場合には，$\bar{\omega}=\pi$ でも完全減衰特性をもつことが望ましい。すなわち，

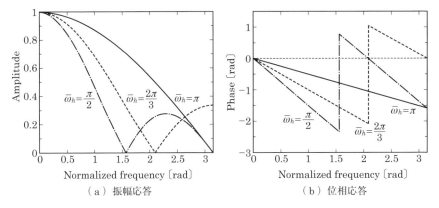
(a) 振幅応答　　　　　　　　　(b) 位相応答

図 6.1　移動平均フィルタの周波数応答

$$F_{bp}(e^{-j\bar{\omega}}) = \begin{cases} 0 & ; \bar{\omega}=0, \ \bar{\omega}=\pi \\ 1 & ; \bar{\omega}=\bar{\omega}_h \neq 0 \end{cases} \quad (6.5)$$

この特性をもつディジタルフィルタとしては，IIR (infinite impulse response) フィルタの1種である「新中バンドパスフィルタ」がある。これは，次式で与えられる。

【新中バンドパスフィルタ】

$$F_{bp}(z^{-1}) = \frac{1-z^{-2}}{2(1-\cos\bar{\omega}_h \, z^{-1})} \quad (6.6)$$

または，

$$F_{bp}(z^{-1}) = \frac{(1+\sin\bar{\omega}_h)\sin\bar{\omega}_h \, (1-z^{-2})}{(1+\sin\bar{\omega}_h - \cos\bar{\omega}_h \, z^{-1})^2} \quad (6.7)$$

■

新中バンドパスフィルタにおいては，正規化周波数 $\bar{\omega}_h$ は (6.1) 式の関係を満足する必要はなく，$0 \leq \bar{\omega}_h \leq \pi$ の間の任意の値が選定されうる。本フィルタは，零点を z 平面の $z=1$ と $z=-1$ とにもち，極を z 平面実軸上の範囲「$0 \sim \cos\bar{\omega}_h$」の近傍にもつという特徴を有する。図 6.2 に，(6.6) 式の新中バンドパスフィルタにおける零点と極の関係を例示した。

(6.6) 式の新中バンドパスフィルタは，次のように，特定の周波数では，z 平面の実軸上で極零相殺が発生し，FIR フィルタとなる。

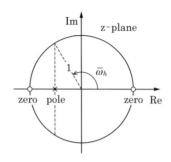

図 6.2 (6.6)式の新中バンドパスフィルタの零点と極の関係

$$F_{bp}(z^{-1}) = \frac{1-z^{-2}}{2(1-\cos\bar{\omega}_h z^{-1})} = \begin{cases} \dfrac{1-z^{-1}}{2} & ; \bar{\omega}_h = \pi \\ \dfrac{1-z^{-2}}{2} & ; \bar{\omega}_h = \dfrac{\pi}{2} \\ \dfrac{1+z^{-1}}{2} & ; \bar{\omega}_h = 0 \end{cases} \quad (6.8)$$

(6.8)式において，$\bar{\omega}_h = \pi$ は $N_h = 2$ に，$\bar{\omega}_h = \pi/2$ は $N_h = 4$ に該当する ((6.1)式参照)。なお，(6.8)式の第1式は1次ハイパスフィルタ (high-pass filter)(後掲の図 6.3 参照)と差分処理を，第3式は1次ローパスフィルタ(図 6.1 参照)と移動平均処理をも意味している。

(6.6)，(6.7)式のディジタルフィルタの周波数応答は，おのおの次式で与えられる。

$$F_{bp}(e^{-j\bar{\omega}}) = \frac{1-e^{-j2\bar{\omega}}}{2(1-\cos\bar{\omega}_h e^{-j\bar{\omega}})} \quad (6.9)$$

$$F_{bp}(e^{-j\bar{\omega}}) = \frac{(1+\sin\bar{\omega}_h)\sin\bar{\omega}_h(1-e^{-j2\bar{\omega}})}{(1+\sin\bar{\omega}_h - \cos\bar{\omega}_h e^{-j\bar{\omega}})^2} \quad (6.10)$$

上式より，「新中バンドパスフィルタは所期の周波数特性を有している」ことがわかる。図 6.3 に，(6.6)式のフィルタに関し，$\bar{\omega}_h = \pi, 2\pi/3, \pi/2$ とした場合の周波数応答を示した。所期の周波数特性が確認される。

6.2.3 バンドストップフィルタ

特定の周波数を排除するフィルタは，バンドストップフィルタ (band-stop filter) と呼ばれる。完全減衰特性を有するフィルタは，特に，ノッチフィルタ (notch filter) と呼ばれる。高周波電圧印加法に有用な広帯域幅ノッチフィルタ $F_{bs}(z^{-1})$ としては，「新中ノッチフィルタ」が知られている[2]。これは，次式で与えられる[2]。

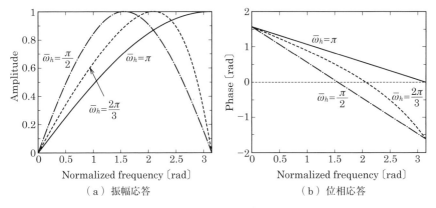

図 6.3 (6.6)式の新中バンドパスフィルタの周波数応答

【新中ノッチフィルタ】

$$F_{bs}(z^{-1}) = \frac{1 - 2\cos\bar{\omega}_h z^{-1} + z^{-2}}{2(1 - \cos\bar{\omega}_h z^{-1})} \tag{6.11}$$

または,

$$\tilde{F}_{bs}(z^{-1}) = \frac{(1 + \sin\bar{\omega}_h)(1 - 2\cos\bar{\omega}_h z^{-1} + z^{-2})}{(1 + \sin\bar{\omega}_h - \cos\bar{\omega}_h z^{-1})^2} \tag{6.12}$$

(6.11), (6.12) 式のノッチフィルタは, おのおの (6.6), (6.7) 式のバンドパスフィルタと双対の関係にある. すなわち, 次の関係が成立している.

$$F_{bp}(z^{-1}) + F_{bs}(z^{-1}) = 1 \tag{6.13}$$

(6.11) 式のノッチフィルタは, (6.8) 式と双対の次の性質をもつ.

$$F_{bs}(z^{-1}) = \frac{1 - 2\cos\bar{\omega}_h z^{-1} + z^{-2}}{2(1 - \cos\bar{\omega}_h z^{-1})} = \begin{cases} \dfrac{1 + z^{-1}}{2} & ; \bar{\omega}_h = \pi \\ \dfrac{1 + z^{-2}}{2} & ; \bar{\omega}_h = \dfrac{\pi}{2} \\ \dfrac{1 - z^{-1}}{2} & ; \bar{\omega}_h = 0 \end{cases} \tag{6.14}$$

(6.14) 式の第 1 式は 1 次ローパスフィルタ (図 6.1, 6.4 参照) と移動平均処理を, 第 3 式は 1 次ハイパスフィルタ (図 6.3 参照) と差分処理をも意味している. 図 6.4 に, (6.11) 式のフィルタに関し, $\bar{\omega}_h = \pi, 2\pi/3, \pi/2$ とした場合の周波数応答を示した. 所期の周波数特性が確認される.

バンドパスフィルタとノッチフィルタとが (6.13) 式の双対性を有する場合には,

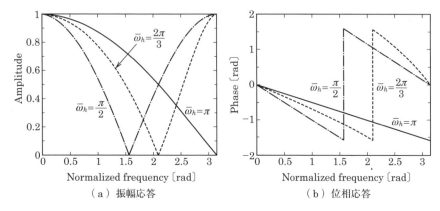

図 6.4 (6.11)式の新中ノッチフィルタの周波数応答

次式のように，いずれか1つのフィルタで周波数に基づく成分の分離・抽出が可能となる。

$$\left. \begin{array}{l} F_{bp}(z^{-1}) = 1 - F_{bs}(z^{-1}) \\ F_{bs}(z^{-1}) = 1 - F_{bp}(z^{-1}) \end{array} \right\} \quad (6.15)$$

(6.15)式を活用すれば，固定子電流に含有される駆動用電流と高周波電流とを簡単に分離・抽出できるようになる。特に，高周波電流の周波数が高い場合には，この分離・抽出は容易である。

6.3 離散時間積分要素と空間的応答

6.3.1 離散時間積分要素

図 6.5(a) の離散時間要素を考える。同要素は，連続時間積分要素 $1/s$ の前後に零次ホールダ (zeroth order holder) とサンプラ (sampler) を備えた離散時間積分要素である。離散時間積分要素における零次ホールダとサンプラは，周期 T_s で同期して動作するものとする。同図では，同期した離散時間刻 $t = kT_s$ における離散時間信号を，脚符 k を用いて簡単に u_k, y_k と表現している。以降では，離散時刻 $t = kT_s$ を，簡単に時刻 k と表現する。連続時間積分要素の入出力信号 $\tilde{u}, y$ は，当然のことながら，連続時間信号である。

図 6.5(b) に，時刻 k の離散時間入力信号 u_k をデルタ関数 (Kronecker delta) とした場合の関連信号を例示した。本例では，離散時間出力信号 y_k の z 変換が，離散時

6.3 離散時間積分要素と空間的応答

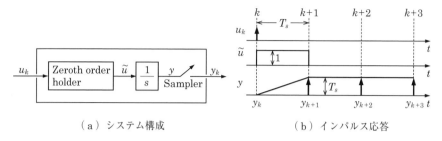

（a）システム構成　　　　　　　　（b）インパルス応答

図 6.5　離散時間積分要素

間積分要素の伝達関数 $G_{i0}(z^{-1})$ を与える。これは，次式となる。

$$G_{i0}(z^{-1}) = \frac{T_s z^{-1}}{1 - z^{-1}} \tag{6.16}$$

時間領域の信号に作用する遅れ演算子（delay operator）を z^{-1} とするならば，(6.16)式の関係は次式のように表現することもできる。

$$y_k = \frac{T_s z^{-1}}{1 - z^{-1}} u_k = \frac{T_s}{1 - z^{-1}} u_{k-1} \tag{6.17a}$$

$$y_k = y_{k-1} + T_s u_{k-1} \tag{6.17b}$$

図 6.5 の離散時間積分要素においては，(6.16)，(6.17)式が明示しているように，時刻 k における出力信号は，時刻 $k-1$ 以前の入力信号によって支配される。この点を考慮し，u_{k-1} と y_k との間の伝達関数 $G_{i1}(z^{-1})$ を，さらにはこの周波数応答を考える。これらは，次の (6.18)，(6.19) 式で与えられる。

$$G_{i1}(z^{-1}) = zG_{i0}(z^{-1}) = \frac{T_s}{1 - z^{-1}} \tag{6.18}$$

$$G_{i1}(e^{-j\bar{\omega}}) = \frac{T_s}{1 - e^{-j\bar{\omega}}} = A_i(\bar{\omega})\exp(j\theta_i(\bar{\omega})) \tag{6.19a}$$

$$A_i(\bar{\omega}) = \frac{T_s}{2\sin\left(\dfrac{\bar{\omega}}{2}\right)} \tag{6.19b}$$

$$\theta_i(\bar{\omega}) = -\frac{\pi - \bar{\omega}}{2} \tag{6.19c}$$

ここに，$\bar{\omega}$ [rad] は，実際の周波数 ω [rad/s] とサンプリング周期 T_s [s] を用いて，次の (6.20) 式のように定義された正規化周波数である。

$$\bar{\omega} \equiv \omega T_s \tag{6.20}$$

(6.19) 式は，正規化周波数が十分に小さい場合には，次のように近似される。

$$G_{i1}(e^{-j\overline{\omega}}) \approx \frac{T_s}{\overline{\omega}} \exp\left(j\frac{\pi}{2}\right) = \frac{1}{j\omega} \qquad ; \overline{\omega} < 0.3 \tag{6.21}$$

(6.21) 式は，連続時間積分要素 $1/s$ の周波数応答にほかならない．

6.3.2 離散時間二相信号に対する空間応答

A. 応答解析

正の整数 $N_h \geq 2$ を用いて構成した次の離散時間二相信号 $\boldsymbol{u}_k$ を考える．

$$\boldsymbol{u}_k = \begin{bmatrix} \cos\theta_k \\ \sin\theta_k \end{bmatrix} \tag{6.22a}$$

$$\theta_k = k\frac{2\pi}{N_h} \qquad ; N_h \geq 2, \quad k \geq 0 \tag{6.22b}$$

離散時間二相信号 $\boldsymbol{u}_k$ の振幅は 1 である．また，その位相 θ_k は離散的に変化し，周期 $N_h T_s$ をもつ．したがって，離散時間二相信号の基本波成分の周波数 ω_h，正規化周波数 $\overline{\omega}_h$ は，おのおの次式となる．

$$\omega_h = \frac{2\pi}{N_h T_s} \tag{6.23a}$$

$$\overline{\omega}_h = \frac{2\pi}{N_h} \tag{6.23b}$$

(6.22) 式の離散時間二相信号 $\boldsymbol{u}_k$ を 2 次元空間上の 2×1 ベクトルと捉える場合には，本ベクトルは，平均速度 ω_h で空間的に回転する．図 6.5(a) の離散時間積分要素を並列に配して，2 入力 2 出力（以下，2×2 と略記）離散時間積分要素を構成する．2×2 同要素に，(6.22) 式の離散時間二相信号 $\boldsymbol{u}_k$ を入力し，その出力である連続時間二相信号 $\boldsymbol{y}$ と離散時間二相信号 $\boldsymbol{y}_k$ の空間的挙動を検討する．これに関しては，次の定理が成立する．

【定理 6.1（空間軌跡定理）】

(6.22) 式で記述される空間的に回転する離散時間二相信号 $\boldsymbol{u}_k$ を二相用離散時間積分要素へ入力し，出力として離散時間出力信号 $\boldsymbol{y}_k$ を考える．このときの離散時間出力信号 $\boldsymbol{y}_k$ は，次の (6.24) 式で示す振幅変化と空間的位相変化を伴い空間的に回転する．

$$\boldsymbol{y}_k = A_i(\overline{\omega}_h) \boldsymbol{R}(\theta_i(\overline{\omega}_h)) \boldsymbol{u}_{k-1} \tag{6.24}$$

ただし，

$$\boldsymbol{R}(\theta_i(\overline{\omega}_h)) \equiv \begin{bmatrix} \cos\theta_i(\overline{\omega}_h) & -\sin\theta_i(\overline{\omega}_h) \\ \sin\theta_i(\overline{\omega}_h) & \cos\theta_i(\overline{\omega}_h) \end{bmatrix} \tag{6.25}$$

⟨証明⟩

離散時間二相信号 u_{k-1}, y_k に関しては，(6.17)，(6.18) 式より次の関係が成立する．

$$y_k = G_{i1}(z^{-1})u_{k-1} = \frac{T_s}{1-z^{-1}}u_{k-1} \tag{6.26a}$$

$$y_k = y_{k-1} + T_s u_{k-1} \tag{6.26b}$$

(6.26a) 式の離散時間二相信号 u_{k-1}, y_k の第1要素，第2要素の振幅特性と位相特性に関しては，(6.19) 式が無修正で適用される．したがって，二相信号の第1要素を主軸要素，第2要素を副軸要素とする2軸直交座標系上の2×1ベクトルとして捉える場合には，定理を意味する次式を得る．

$$\begin{aligned} y_k &= A_i(\bar{\omega}_h)\begin{bmatrix} \cos(\theta_{k-1}+\theta_i(\bar{\omega}_h)) \\ \sin(\theta_{k-1}+\theta_i(\bar{\omega}_h)) \end{bmatrix} \\ &= A_i(\bar{\omega}_h)\boldsymbol{R}(\theta_i(\bar{\omega}_h))\begin{bmatrix} \cos\theta_{k-1} \\ \sin\theta_{k-1} \end{bmatrix} \\ &= A_i(\bar{\omega}_h)\boldsymbol{R}(\theta_i(\bar{\omega}_h))u_{k-1} \end{aligned} \tag{6.26c}$$

∎

(6.24) 式における振幅 $A_i(\bar{\omega}_h)$ とベクトル回転器 $\boldsymbol{R}(\theta_i(\bar{\omega}_h))$ に関しては，正規化周波数 $\bar{\omega}_h$ が十分に小さい場合には，連続時間積分要素の特性と実質等価な次式が成立する．

$$\left.\begin{aligned} A_i(\bar{\omega}_h) &\approx \frac{T_s}{\bar{\omega}_h} = \frac{1}{\omega_h} \\ \theta_i(\bar{\omega}_h) &\approx -\frac{\pi}{2} \quad ; \bar{\omega}_h < 0.3 \\ \boldsymbol{R}(\theta_i(\bar{\omega}_h)) &\approx \boldsymbol{J}^T = -\boldsymbol{J} \end{aligned}\right\} \tag{6.27}$$

ただし，

$$\boldsymbol{J} \equiv \begin{bmatrix} 0 & -1 \\ 1 & 0 \end{bmatrix} \tag{6.28}$$

B. 定理の数値検証

定理 6.1 の解析結果を確認すべく，数値実験（シミュレーション）を行った．以下に数例を示す．なお，例示の出力応答は，初期値などの影響を排除した定常応答である．

(a) $N_h = 2$ の場合

図 6.6 に，$N_h = 2$ の例を，二相信号の第1要素を αβ 固定座標系の α 軸要素，第2要素を β 軸要素として，同座標系上で表示した．同図 (a) は入力信号である離散時間二相信号 u_k を，同図 (b) は，離散時間二相信号 y_k を示している．

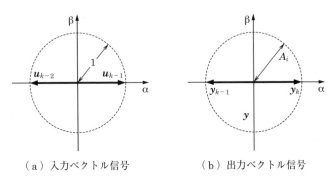

(a) 入力ベクトル信号　　　(b) 出力ベクトル信号

図 6.6　2×2 離散時間積分要素による空間応答例（$N_h = 2$ の場合）

離散時間入出力信号 u_{k-1}, y_k は，(6.26b) 式の関係を満足していることが確認される。本例に関する振幅特性と位相特性は，(6.19b)，(6.19c)，(6.23b) 式より，次式となる。

$$A_i(\overline{\omega}_h) = \frac{T_s}{2\sin\left(\dfrac{\pi}{N_h}\right)} = \frac{T_s}{2} \tag{6.29a}$$

$$\theta_i(\overline{\omega}) = -\pi\left(\frac{1}{2} - \frac{1}{N_h}\right) = 0 \tag{6.29b}$$

時刻 $k-1$ の離散時間二相信号 u_{k-1} に対する時刻 k の離散時間二相信号 y_k の時間的位相遅れ $\theta_i(\overline{\omega})$ は，(6.29b) 式が示しているように $\theta_i(\overline{\omega}) = 0$ となる。これは，図 6.6(b) が示した，両二相信号に関する空間的位相遅れと正確に一致する。図 6.6 は，(6.24) 式の正等性を裏づけるものである。

(b) $N_h = 3$ の場合

図 6.7 に，$N_h = 3$ の例を，二相信号の第 1 要素を αβ 固定座標系の α 軸要素，第 2 要素を β 軸要素として，同座標系上で表示した。同図における二相信号の意味は，図 6.6 と同一である。ただし，図 6.7(b) における正三角形状の実線は，連続時間二相信号の軌跡 y を意味する。

離散時間入出力信号 u_{k-1}, y_k は，(6.26b) 式の関係を満足していることが確認される。図 6.5 より理解されるように，連続時間応答値である y は，時間 $(k-1)T_s \sim kT_s$ の間で，直線的に変化することになる。この様子も，図 6.7(b) より確認される。

本例に関する振幅特性と位相特性は，(6.19b)，(6.19c)，(6.23b) 式より，次式となる。

6.3 離散時間積分要素と空間的応答

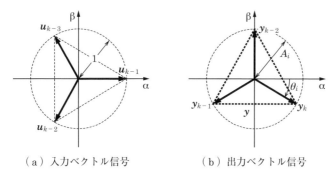

（a）入力ベクトル信号　　　（b）出力ベクトル信号

図 6.7　2×2 離散時間積分要素による空間応答例（$N_h = 3$ の場合）

$$A_i(\overline{\omega}_h) = \frac{T_s}{2\sin\left(\dfrac{\pi}{N_h}\right)} = \frac{T_s}{\sqrt{3}} \tag{6.30a}$$

$$\theta_i(\overline{\omega}) = -\pi\left(\frac{1}{2} - \frac{1}{N_h}\right) = -\frac{\pi}{6} \tag{6.30b}$$

時刻 $k-1$ の離散時間二相信号 u_{k-1} に対する時刻 k の離散時間二相信号 y_k の時間的位相遅れ $\theta_i(\overline{\omega})$ は，(6.30b) 式が示しているように $\theta_i(\overline{\omega}) = -\pi/6$ となる．これは，図 6.7(b) が示した，両二相信号に関する空間的位相遅れと正確に一致する．図 6.7 は，(6.24) 式の正等性を裏づけるものである．

(c)　$N_h = 4$ **の場合**

図 6.8 に $N_h = 4$ の例を示した．同図における二相信号の意味は，図 6.6, 6.7 と同一である．離散時間入出力信号 u_{k-1}, y_k は，(6.26) 式の関係を満足していることが確認

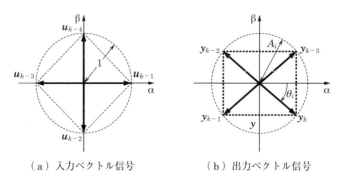

（a）入力ベクトル信号　　　（b）出力ベクトル信号

図 6.8　2×2 離散時間積分要素による空間応答例（$N_h = 4$ の場合）

される。本例に関する振幅特性と位相特性は，(6.19b)，(6.19c)，(6.23b) 式より，次式となる．

$$A_i(\overline{\omega}_h) = \frac{T_s}{2\sin\left(\dfrac{\pi}{N_h}\right)} = \frac{T_s}{\sqrt{2}} \tag{6.31a}$$

$$\theta_i(\overline{\omega}) = -\pi\left(\frac{1}{2} - \frac{1}{N_h}\right) = -\frac{\pi}{4} \tag{6.31b}$$

時刻 $k-1$ の離散時間二相信号 u_{k-1} に対する時刻 k の離散時間二相信号 y_k の時間的位相遅れ $\theta_i(\overline{\omega})$ は，(6.31b) 式が示しているように $\theta_i(\overline{\omega}) = -\pi/4$ となる．これは，図 6.8(b) が示した，両二相信号に関する空間的位相遅れと正確に一致する．図 6.8 は，(6.24) 式の正等性を裏づけるものである．

(注 6.1) (6.24) 式の関係は，$N_h \geq 2$ を満足する任意の実数に関して，成立する．すなわち，(6.24) 式の成立には，N_h は正の整数である必要はなく，正の有理数，実数でよい．しかしながら，信号処理の観点からは，整数の選定が好都合である．

(注 6.2) 電流の検出周期と電圧の印加周期とが同一 T_s の場合にも，電流検出と電圧印加とのタイミングが異なり，図 6.5 に示したタイミング関係が維持されない場合には，図 6.7(b)，6.8(b) が示すように，(6.19)，(6.24) 式の関係は維持されない．この点には，特に注意を要する．

6.4 離散時間高周波電圧と離散時間高周波電流

6.4.1 数学モデル

図 6.9 の座標系を考える．図 6.9 の座標系は，図 2.3 の座標系と基本的に同一である．ただし，図 2.3 の座標系では，主軸・γ 軸と副軸・δ 軸をもつ座標系を $\gamma\delta$ 一般座標系として扱っているのに対して，図 6.9 の座標系では，γ 軸と δ 軸をもつ座標系を $\gamma\delta$ 準同期座標系として扱っている．$\gamma\delta$ 準同期座標系は，$\gamma\delta$ 一般座標系の1例であるが，特に dq 同期座標系への収斂を期待されている座標系である．この点を考慮し，α 軸から見た γ 軸の位相は，d 軸位相（回転子位相，N 極位相）θ_α の推定値として，$\hat{\theta}_\alpha$ と表現している．図 2.3 の場合と同様に，PMSM の回転子 N 極は，γ 軸に対しある瞬時に位相 θ_γ をなしているものとしている．

$\gamma\delta$ 準同期座標系上における PMSM の数学モデル，特に回路方程式（第1基本式）

6.4 離散時間高周波電圧と離散時間高周波電流

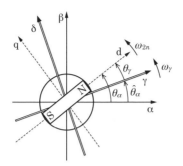

図 6.9 3座標系と回転子位相の関係

は,(2.1)〜(2.5) 式と同一であり,次の (6.32)〜(6.39) 式として再記される。

【回路方程式(第1基本式)】

$$\begin{aligned}\boldsymbol{v}_1 &= R_1\boldsymbol{i}_1 + \boldsymbol{D}(s,\omega_\gamma)\boldsymbol{\phi}_1 \\ &= R_1\boldsymbol{i}_1 + \boldsymbol{D}(s,\omega_\gamma)\boldsymbol{\phi}_i + \boldsymbol{D}(s,\omega_\gamma)\boldsymbol{\phi}_m \\ &= R_1\boldsymbol{i}_1 + \boldsymbol{D}(s,\omega_\gamma)\boldsymbol{\phi}_i + \omega_{2n}\boldsymbol{J}\boldsymbol{\phi}_m\end{aligned} \quad (6.32)$$

$$\boldsymbol{\phi}_1 = \boldsymbol{\phi}_i + \boldsymbol{\phi}_m \quad (6.33)$$

$$\boldsymbol{\phi}_i = [L_i\boldsymbol{I} + L_m\boldsymbol{Q}(\theta_\gamma)]\boldsymbol{i}_1 \quad (6.34)$$

$$\boldsymbol{\phi}_m = \Phi\boldsymbol{u}(\theta_\gamma) \quad ;\Phi = \text{const} \quad (6.35)$$

$$\boldsymbol{D}(s,\omega_\gamma) \equiv s\boldsymbol{I} + \omega_\gamma\boldsymbol{J} \quad (6.36)$$

$$\boldsymbol{Q}(\theta_\gamma) \equiv \begin{bmatrix}\cos 2\theta_\gamma & \sin 2\theta_\gamma \\ \sin 2\theta_\gamma & -\cos 2\theta_\gamma\end{bmatrix} \quad (6.37)$$

$$\boldsymbol{u}(\theta_\gamma) \equiv \begin{bmatrix}\cos\theta_\gamma \\ \sin\theta_\gamma\end{bmatrix} \quad (6.38)$$

$$\begin{aligned}s\theta_\gamma &= s(\theta_\alpha - \hat{\theta}_\alpha) \\ &= \omega_{2n} - \omega_\gamma\end{aligned} \quad (6.39)$$

■

(6.32)〜(6.39) 式における 2×1 ベクトル,モータパラメータの定義は,(2.1)〜(2.5) 式と同一である。

従前の高周波電圧印加法の解析を通じ知られているように,γδ 準同期座標系上で駆動用電圧に高周波電圧を重畳印加する場合,γδ 準同期座標系上の固定子の電圧,電流,磁束に関しては,次式が成立する[1),2)]。

$$
\left.\begin{array}{l}
\boldsymbol{v}_1 = \boldsymbol{v}_{1f} + \boldsymbol{v}_{1h} \\
\boldsymbol{i}_1 = \boldsymbol{i}_{1f} + \boldsymbol{i}_{1h} \\
\boldsymbol{\phi}_1 = \boldsymbol{\phi}_{1f} + \boldsymbol{\phi}_{1h}
\end{array}\right\} \tag{6.40}
$$

ここに,脚符 f, h は,おのおの駆動用成分,高周波成分を意味する.

6.4.2 離散時間高周波電圧

駆動用電圧・電流に対して高周波電圧・電流の周波数が十分に高い場合には,次式が近似的に成立する[1),2)].

$$\boldsymbol{v}_{1h} = \boldsymbol{D}(s, \omega_\gamma) \boldsymbol{\phi}_{1h} \tag{6.41a}$$

$$\boldsymbol{\phi}_{1h} = [L_i \boldsymbol{I} + L_m \boldsymbol{Q}(\theta_\gamma)] \boldsymbol{i}_{1h} \tag{6.41b}$$

(6.41) 式は,次のように書き改められる[1),2)].

$$\boldsymbol{\phi}_{1h} = \boldsymbol{D}^{-1}(s, \omega_\gamma) \boldsymbol{v}_{1h} = \frac{\boldsymbol{D}(s, -\omega_\gamma)}{s^2 + \omega_\gamma^2} \boldsymbol{v}_{1h} \tag{6.42a}$$

$$\begin{aligned}
\boldsymbol{i}_{1h} &= [L_i \boldsymbol{I} + L_m \boldsymbol{Q}(\theta_\gamma)]^{-1} \boldsymbol{\phi}_{1h} \\
&= \frac{1}{L_d L_q} [L_i \boldsymbol{I} - L_m \boldsymbol{Q}(\theta_\gamma)] \boldsymbol{\phi}_{1h} \\
&= \frac{1}{L_d L_q} [L_i \boldsymbol{I} - L_m \boldsymbol{R}(2\theta_\gamma) \boldsymbol{K}] \boldsymbol{\phi}_{1h}
\end{aligned} \tag{6.42b}$$

ただし,

$$\boldsymbol{K} \equiv \boldsymbol{Q}(0) = \begin{bmatrix} 1 & 0 \\ 0 & -1 \end{bmatrix} \tag{6.43}$$

(6.41), (6.42) 式が明示しているように,高周波磁束 $\boldsymbol{\phi}_{1h}$ は高周波電圧 $\boldsymbol{v}_{1h}$ に対し積分的な動的関係にあるが,高周波電流 $\boldsymbol{i}_{1h}$ は高周波磁束 $\boldsymbol{\phi}_{1h}$ に対し静的関係にある.

印加高周波電圧 $\boldsymbol{v}_{1h}$ の平均周波数 ω_h に関しては,座標系速度 ω_γ との相対比において,次の関係が成立しているものとする.

$$\left|\frac{\omega_\gamma}{\omega_h}\right| \ll 1 \tag{6.44}$$

(6.44) 式が成立している状況下では,(6.42a) 式は次のように近似される.

$$\boldsymbol{\phi}_{1h} \approx \frac{1}{s} \boldsymbol{v}_{1h} \tag{6.45}$$

(6.45) 式右辺の連続時間高周波電圧 $\boldsymbol{v}_{1h}$ は,図 6.5 の零次ホールダとしてモデル化される電力変換器を介して印加するものとする.また,時間 $t = kT_s \sim (k+1)T_s$ の連

続時間高周波電圧 v_{1h} に対応した離散時間高周波電圧を $v_{1h,k}$ と表現する。離散時間高周波電圧 $v_{1h,k}$ としては，高周波周期 T_h，平均速度（平均周波数と同一）ω_h で空間的に回転する次の楕円係数 K をもつ一定楕円形高周波電圧を考える[2]。

【一定楕円形高周波電圧】

$$\boldsymbol{v}_{1h,k} = V_h \begin{bmatrix} \cos\theta_{h,k} \\ K\sin\theta_{h,k} \end{bmatrix} \tag{6.46a}$$

$$\theta_{h,k} = kT_s\omega_h, \quad \omega_h = \pm\frac{2\pi}{T_h} \tag{6.46b}$$

$$0 \leq K \leq 1, \quad V_h = \text{const} \tag{6.46c}$$

■

高周波周期 T_h に関しては，簡単のため，離散時間周期 T_s と正の整数 $N_h \geq 2$ を用いた次の関係を保持するように選定するものとする。

$$T_h = N_h T_s \quad ; N_h \geq 2 \tag{6.47}$$

(6.47) 式の高周波周期 T_h の採用は，(6.22b)，(6.23) 式の採用を意味する。

なお，$N_h = 2$ を採用する場合には，楕円係数 K のいかんを問わず，(6.46) 式の高周波電圧は次の直線形電圧となる（図 6.6 参照）。

$$\boldsymbol{v}_{1h,k} = V_h \begin{bmatrix} \cos\theta_{h,k} \\ K\sin\theta_{h,k} \end{bmatrix} = V_h \begin{bmatrix} (-1)^k \\ 0 \end{bmatrix} \quad ; N_h = 2 \tag{6.48}$$

以降の解析では，一般性を失うことなく，PMSM はゼロ速度を含め正方向へ回転するもの，すなわち $\omega_{2n} \geq 0$ とする。これに応じて，$\gamma\delta$ 準同期座標系の速度も非負 $\omega_\gamma \geq 0$ とする。また，高周波電圧の平均周波数 ω_h も正 $\omega_h > 0$ とする。この前提は，印加高周波電圧に起因する高周波磁束，高周波電流の正相成分，逆相成分を区別するためのものである。回転方向あるいは周波数の極性が反転すると，正逆相反転が起きることがある。この前提は，正逆相反転に起因する記述上の混乱を避けるためのものであり，これにより解析の一般性を失うことはない[1], [2]。

上の前提に従い，記述上の簡略化を目的に，正相，逆相の単位ベクトルを次のように定義しておく。

$$\begin{aligned}\boldsymbol{u}_p(\theta_{h,k} + \theta_i(\bar{\omega}_h)) &\equiv \begin{bmatrix} \cos(\theta_{h,k} + \theta_i(\bar{\omega}_h)) \\ \sin(\theta_{h,k} + \theta_i(\bar{\omega}_h)) \end{bmatrix} \\ &= \boldsymbol{R}(\theta_i(\bar{\omega}_h))\begin{bmatrix} \cos\theta_{h,k} \\ \sin\theta_{h,k} \end{bmatrix}\end{aligned} \tag{6.49a}$$

$$\begin{aligned}
\boldsymbol{u}_n(\theta_{h,k}+\theta_i(\bar{\omega}_h)) &\equiv \begin{bmatrix} \cos(\theta_{h,k}+\theta_i(\bar{\omega}_h)) \\ -\sin(\theta_{h,k}+\theta_i(\bar{\omega}_h)) \end{bmatrix} \\
&= \boldsymbol{R}^T(\theta_i(\bar{\omega}_h))\begin{bmatrix} \cos\theta_{h,k} \\ -\sin\theta_{h,k} \end{bmatrix}
\end{aligned} \tag{6.49b}$$

正相単位ベクトルと逆相単位ベクトルの間には，(6.43)式の 2×2 行列 $\boldsymbol{K}$ を介した次の関係が成立している．

$$\left.\begin{aligned}
\boldsymbol{u}_p(\theta_{h,k}+\theta_i(\bar{\omega}_h)) &= \boldsymbol{K}\boldsymbol{u}_n(\theta_{h,k}+\theta_i(\bar{\omega}_h)) \\
&= \boldsymbol{K}\boldsymbol{R}^T(\theta_i(\bar{\omega}_h))\boldsymbol{u}_n(\theta_{h,k}) \\
&= \boldsymbol{R}(\theta_i(\bar{\omega}_h))\boldsymbol{K}\boldsymbol{u}_n(\theta_{h,k}) \\
\boldsymbol{u}_n(\theta_{h,k}+\theta_i(\bar{\omega}_h)) &= \boldsymbol{K}\boldsymbol{u}_p(\theta_{h,k}+\theta_i(\bar{\omega}_h)) \\
&= \boldsymbol{K}\boldsymbol{R}(\theta_i(\bar{\omega}_h))\boldsymbol{u}_p(\theta_{h,k}) \\
&= \boldsymbol{R}^T(\theta_i(\bar{\omega}_h))\boldsymbol{K}\boldsymbol{u}_p(\theta_{h,k})
\end{aligned}\right\} \tag{6.50}$$

(6.46a)式の一定楕円形高周波電圧は，上の正相，逆相単位ベクトルを用い，次のように表現することができる．

【一定楕円形高周波電圧の別表現】

$$\begin{aligned}
\boldsymbol{v}_{1h,k} &= V_h\left[\frac{1+K}{2}\boldsymbol{u}_p(\theta_{h,k})+\frac{1-K}{2}\boldsymbol{u}_n(\theta_{h,k})\right] \\
&= V_h\left[\frac{1+K}{2}\boldsymbol{I}+\frac{1-K}{2}\boldsymbol{K}\right]\boldsymbol{u}_p(\theta_{h,k})
\end{aligned} \tag{6.51a}$$

$$\boldsymbol{v}_{1h,k} = V_h\begin{bmatrix} 1 & 0 \\ 0 & K \end{bmatrix}\boldsymbol{u}_p(\theta_{h,k}) \tag{6.51b}$$

∎

6.4.3　離散時間高周波電流

以上の準備のもと，(6.46)式の離散時間高周波電圧の印加に対する応答としての離散時間高周波電流を解析的に求める．所期の離散時間高周波電流は，次の定理のように整理される．

【定理6.2（高周波電流応答の正相逆相成分定理）】

(6.46)式の離散時間高周波電圧 $\boldsymbol{v}_{1h,k-1}$ の印加に対する離散時間高周波電流 $\boldsymbol{v}_{1h,k}$ は，楕円係数 K が一定の場合には，次の正相成分 $\boldsymbol{i}_{hp,k}$ と逆相成分 $\boldsymbol{i}_{hn,k}$ との和として与えられる．

$$\boldsymbol{i}_{1h,k} = \boldsymbol{i}_{hp,k} + \boldsymbol{i}_{hn,k} \tag{6.52a}$$

$$\begin{aligned}
\boldsymbol{i}_{hp,k} &= \frac{V_h A_i(\overline{\omega}_h)}{2L_d L_q}[(1+K)L_i \boldsymbol{I} - (1-K)L_m \boldsymbol{R}(2\theta_\gamma)]\boldsymbol{u}_p(\theta_{h,k-1}+\theta_i(\overline{\omega}_h)) \\
&= [g_{pi}\boldsymbol{I} + g_{pm}\boldsymbol{R}(2\theta_\gamma)]\boldsymbol{u}_p(\theta_{h,k-1}+\theta_i(\overline{\omega}_h)) \\
&= [c_p\boldsymbol{I} + s_p\boldsymbol{J}]\boldsymbol{u}_p(\theta_{h,k-1}+\theta_i(\overline{\omega}_h))
\end{aligned} \qquad (6.52\text{b})$$

$$\begin{aligned}
\boldsymbol{i}_{hn,k} &= \frac{V_h A_i(\overline{\omega}_h)}{2L_d L_q}[(1-K)L_i \boldsymbol{I} - (1+K)L_m \boldsymbol{R}(2\theta_\gamma)]\boldsymbol{u}_n(\theta_{h,k-1}+\theta_i(\overline{\omega}_h)) \\
&= [g_{ni}\boldsymbol{I} + g_{nm}\boldsymbol{R}(2\theta_\gamma)]\boldsymbol{u}_n(\theta_{h,k-1}+\theta_i(\overline{\omega}_h)) \\
&= [c_n\boldsymbol{I} + s_n\boldsymbol{J}]\boldsymbol{u}_n(\theta_{h,k-1}+\theta_i(\overline{\omega}_h))
\end{aligned} \qquad (6.52\text{c})$$

ただし,

$$\left.\begin{aligned}
g_{pi} &\equiv \frac{V_h A_i(\overline{\omega}_h)}{2L_d L_q}(1+K)L_i \\
g_{pm} &\equiv \frac{V_h A_i(\overline{\omega}_h)}{2L_d L_q}(-(1-K)L_m) \\
g_{ni} &\equiv \frac{V_h A_i(\overline{\omega}_h)}{2L_d L_q}(1-K)L_i \\
g_{nm} &\equiv \frac{V_h A_i(\overline{\omega}_h)}{2L_d L_q}(-(1+K)L_m)
\end{aligned}\right\} \qquad (6.53)$$

$$\begin{bmatrix} c_p \\ s_p \end{bmatrix} \equiv \begin{bmatrix} g_{pi} + g_{pm}\cos 2\theta_\gamma \\ g_{pm}\sin 2\theta_\gamma \end{bmatrix} \qquad (6.54\text{a})$$

$$\begin{bmatrix} c_n \\ s_n \end{bmatrix} \equiv \begin{bmatrix} g_{ni} + g_{nm}\cos 2\theta_\gamma \\ g_{nm}\sin 2\theta_\gamma \end{bmatrix} \qquad (6.54\text{b})$$

〈証明〉

(6.46) 式の離散時間高周波電圧 $\boldsymbol{v}_{1h,k-1}$ に対応した離散時間高周波磁束 $\boldsymbol{\phi}_{1h,k}$ は,楕円係数 K が一定の場合には,(6.51a) 式より次式となる.

$$\begin{aligned}
\boldsymbol{\phi}_{1h,k} &= V_h A_i(\overline{\omega}_h)\left[\frac{1+K}{2}\boldsymbol{I} + \frac{1-K}{2}\boldsymbol{K}\right]\boldsymbol{u}_p(\theta_{h,k-1}+\theta_i(\overline{\omega}_h)) \\
&= V_h A_i(\overline{\omega}_h)\left[\frac{1+K}{2}\boldsymbol{u}_p(\theta_{h,k-1}+\theta_i(\overline{\omega}_h)) + \frac{1-K}{2}\boldsymbol{u}_n(\theta_{h,k-1}+\theta_i(\overline{\omega}_h))\right]
\end{aligned} \qquad (6.55)$$

(6.55) 式を (6.42b) 式に用い,(6.50) 式の性質に注意すると,定理 6.2 の離散時間高周波電流を得る.

∎

【定理 6.3(高周波電流応答の軸要素定理)】

(6.46) 式の離散時間高周波電圧 $\boldsymbol{v}_{1h,k-1}$ の印加に対する離散時間高周波電流 $\boldsymbol{i}_{1h,k}$

(γ軸要素, δ軸要素) は, 楕円係数 K が一定の場合には, 次式で与えられる.

$$\begin{aligned}
\boldsymbol{i}_{1h,k} &= \begin{bmatrix} c_\gamma & -s_\gamma \\ s_\delta & -c_\delta \end{bmatrix} \boldsymbol{u}_p(\theta_{h,k-1} + \theta_i(\overline{\omega}_h)) \\
&= \begin{bmatrix} c_\gamma & s_\gamma \\ s_\delta & c_\delta \end{bmatrix} \boldsymbol{u}_n(\theta_{h,k-1} + \theta_i(\overline{\omega}_h))
\end{aligned} \tag{6.56}$$

$$\left.\begin{aligned}
c_\gamma &\equiv \frac{V_h A_i(\overline{\omega}_h)}{L_d L_q}(L_i - L_m \cos 2\theta_\gamma) \\
s_\gamma &\equiv \frac{V_h A_i(\overline{\omega}_h)}{L_d L_q} K L_m \sin 2\theta_\gamma \\
s_\delta &\equiv \frac{V_h A_i(\overline{\omega}_h)}{L_d L_q}(-L_m \sin 2\theta_\gamma) \\
c_\delta &\equiv \frac{V_h A_i(\overline{\omega}_h)}{L_d L_q}(-K(L_i + L_m \cos 2\theta_\gamma))
\end{aligned}\right\} \tag{6.57}$$

〈証明〉

(6.46) 式の離散時間高周波電圧 $\boldsymbol{v}_{1h,k-1}$ に対応した離散時間高周波磁束 $\boldsymbol{\phi}_{1h,k}$ は, 楕円係数 K が一定の場合には, (6.51b) 式より次式となる.

$$\begin{aligned}
\boldsymbol{\phi}_{1h,k} &= V_h A_i(\overline{\omega}_h) \begin{bmatrix} 1 & 0 \\ 0 & K \end{bmatrix} \boldsymbol{u}_p(\theta_{h,k-1} + \theta_i(\overline{\omega}_h)) \\
&= V_h A_i(\overline{\omega}_h) \begin{bmatrix} 1 & 0 \\ 0 & -K \end{bmatrix} \boldsymbol{u}_n(\theta_{h,k-1} + \theta_i(\overline{\omega}_h))
\end{aligned} \tag{6.58}$$

上式を (6.42b) 式に適用すると, 離散時間高周波電流を次のように得る.

$$\begin{aligned}
\boldsymbol{i}_{1h,k} &= \frac{V_h A_i(\overline{\omega}_h)}{L_d L_q}[L_i \boldsymbol{I} - L_m \boldsymbol{Q}(\theta_\gamma)] \begin{bmatrix} 1 & 0 \\ 0 & K \end{bmatrix} \boldsymbol{u}_p(\theta_{h,k-1} + \theta_i(\overline{\omega}_h)) \\
&= \frac{V_h A_i(\overline{\omega}_h)}{L_d L_q}[L_i \boldsymbol{I} - L_m \boldsymbol{Q}(\theta_\gamma)] \begin{bmatrix} 1 & 0 \\ 0 & -K \end{bmatrix} \boldsymbol{u}_n(\theta_{h,k-1} + \theta_i(\overline{\omega}_h)) \\
&= \frac{V_h A_i(\overline{\omega}_h)}{L_d L_q} \begin{bmatrix} L_i - L_m \cos 2\theta_\gamma & K L_m \sin 2\theta_\gamma \\ -L_m \sin 2\theta_\gamma & -K(L_i + L_m \cos 2\theta_\gamma) \end{bmatrix} \boldsymbol{u}_n(\theta_{h,k-1} + \theta_i(\overline{\omega}_h))
\end{aligned} \tag{6.59}$$

上式は, 定理 6.3 のように整理される.

■

(6.48) 式が成立する $N_h = 2$ の場合には, (6.29), (6.48) 式が成立するので, (6.56) 式は次のような単純なものとなる.

$$\boldsymbol{i}_{1h,k} = (-1)^{k-1} \begin{bmatrix} c_\gamma \\ s_\delta \end{bmatrix} = \mathrm{sgn}(v_{h\gamma,k-1}) \begin{bmatrix} c_\gamma \\ s_\delta \end{bmatrix} \quad ; N_h = 2 \tag{6.60a}$$

$$c_\gamma = \frac{T_s V_h}{2L_d L_q}(L_i - L_m \cos 2\theta_\gamma)$$
$$s_\delta = \frac{T_s V_h}{2L_d L_q}(-L_m \sin 2\theta_\gamma)$$
(6.60b)

定理 6.2, 6.3 で得た離散時間高周波電流の 2 種の 4 振幅 (c_p, s_p, c_n, s_n), $(c_\gamma, s_\gamma, c_\delta, s_\delta)$ の間には，(6.53)，(6.54) 式と (6.57) 式との比較より明白なように，一般に次の直交変換の関係が成立している[2]。

$$\begin{bmatrix} c_\gamma & s_\gamma \\ c_\delta & -s_\delta \end{bmatrix} = \begin{bmatrix} 1 & 1 \\ -1 & 1 \end{bmatrix} \begin{bmatrix} c_p & s_p \\ c_n & -s_n \end{bmatrix}$$
(6.61)

(注 6.3) 条件 $\bar{\omega}_h < 0.3$ が成立する場合には，(6.21) 式が近似的に成立し，すなわち「$\theta_i(\bar{\omega}_h) \approx -\pi/2$」が成立し，(6.49) 式の正相，逆相の単位ベクトルは，文献 1), 2) で定義・利用された正相，逆相単位ベクトルに帰着する。この場合，(6.27) 式も成立し，定理 6.2, 6.3 で示した高周波電流の解析解は，文献 1), 2) で提示された一般化楕円形高周波電圧に対応した高周波電流の解析解に帰着する。文献 2) に示されているように，(6.61) 式に示した高周波電流振幅の直交変換関係は，一般化楕円形高周波電圧を利用する場合にも成立している。

6.5 システムの構造と課題

A. 全体構造

本章で検討するセンサレスベクトル制御系の基本構造を図 6.10 に示す[1), 2)]。同図の S^T, S は，3/2 相変換器，2/3 相変換器であり，$R^T(\hat{\theta}_\alpha), R(\hat{\theta}_\alpha)$ はベクトル回転器

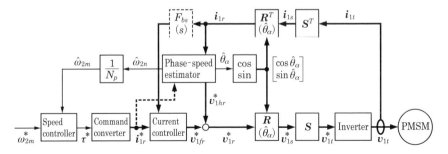

図 6.10 高周波電圧印加法，搬送高周波電圧印加法に基づくセンサレスベクトル制御系の基本構造

である.同図では,固定子電圧,固定子電流の表現に関し,これら信号が定義された座標系を明示すべく,脚符 r ($\gamma\delta$ 準同期座標系),s ($\alpha\beta$ 固定座標系),t (uvw 座標系) を付している(図 6.9 を参照).図 2.4 のセンサ利用ベクトル制御系との基本的相違は,センサ利用ベクトル制御系における位置・速度センサが撤去され,これに代わって位相速度推定器(phase-speed estimator)が搭載されている点にある.位相速度推定器は,$\gamma\delta$ 準同期座標系上で高周波電圧指令値を生成し,この応答である高周波電流を含む固定子電流を処理して,回転子位相と回転子速度の推定値を生成する役割を担っている.回転子位相と回転子速度の情報を得るという役割は,位相速度推定器と位置・速度センサの両者で同一である.図 6.10 の制御系構造は,高周波電圧印加法,搬送高周波電圧印加法を利用したセンサレスベクトル制御系の最も代表的な基本構造である[1],[2].

B. 高周波電流除去フィルタ

図 6.10 の制御系の電流フィードバックループ内に設置された $F_{bs}(z^{-1})$ は,固定子電流に含まれる高周波電流の除去を担ったディジタルフィルタである.高周波電流の周波数が電流フィードバックループ帯域幅外に存在する場合には,本フィルタ $F_{bs}(z^{-1})$ は撤去可能である.この点を考慮し,これを破線ブロックで表示している.フィルタ $F_{bs}(z^{-1})$ としては,第 6.2.3 項で解説したバンドストップフィルタを利用すればよい[2].簡単には,たとえば (6.11) 式の 1 次新中ノッチフィルタを利用すればよい[2].

C. 位相速度推定器

図 6.11 に,位相速度推定器の代表的構造 2 例を示した.位相速度推定器は,大きくは,高周波電流を処理して回転子位相推定値,回転子速度推定値を生成する復調系と,高周波電圧指令値を生成する変調系とから構成されている.同図 (a) を用いて,位相速度推定器の内部構造を具体的に説明する.

回転子位相推定値,回転子速度推定値を生成する復調系の主要機器は,直流成分除去/バンドパスフィルタ(dc-elimination/band-pass filter),相関信号生成器(correlation signal generator),位相同期器(phase synchronizer)である.補助的機器として,位相補償器(phase compensator),ローパスフィルタ(low-pass filter)が用いられることもある.高周波電圧指令値を生成する変調系の主要機器は,高周波電圧指令器(high-frequency voltage commander, HFVC)である.

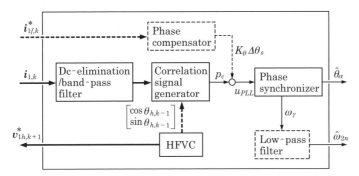

(a) 入力端フィルタを利用した構造

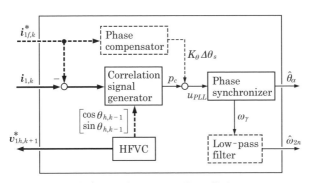

(b) 入力端フィルタを排した構造

図 6.11 $\gamma\delta$ 準同期座標系上の位相速度推定器の構造

D. 直流成分除去/バンドパスフィルタ

本フィルタの役割は，固定子電流から高周波電流を分離抽出することである。第6.4.3項で解析的に明らかにしたように，回転子位相情報は高周波電流に含まれている。この点において，高周波電流の分離抽出は重要である。

固定子電流，駆動用電流，高周波電流の関係を記述した (6.40) 式は，連続時間上のものである。これは，これら信号のサンプル値に対して維持される。すなわち，離散時間固定子電流に関し，次の関係が成立する。

$$i_{1,k} = i_{1f,k} + i_{1h,k} \tag{6.62a}$$

$\gamma\delta$ 準同期座標系上では，離散時間駆動用電流の正規化周波数はおおむねゼロである。一方，離散時間高周波電流の正規化周波数は，印加した離散時間高周波電圧のそれと同一であり，一定である。

離散時間固定子電流から高周波電流成分を分離・抽出するための直流成分除去/バンドパスフィルタとしては，第6.2.2項で説明した新中バンドパスフィルタを利用すればよい。(6.13)，(6.15)式の双対性を活用すれば，本フィルタ処理と高周波電流除去フィルタによる処理とは，追加の演算負荷を伴わない形で遂行できる。なお，直流成分除去/バンドパスフィルタは，後続の相関信号生成器の構成いかんによっては不要なこともある。この点を考慮して，図6.11(a)では，これを破線ブロックで表示した。

駆動用電流の制御が適切に遂行され，駆動用電流の応答値 $i_{1f,k}$ は同指令値 $i_{1f,k}^*$ とおおむね等しいとの前提が成立する場合には，(6.62a)式より，次の近似式が得られる。

$$i_{1h,k} = i_{1,k} - i_{1f,k} \approx i_{1,k} - i_{1f,k}^* \tag{6.62b}$$

図6.11(b)の位相速度推定器は，上式に基づき，固定子電流に含まれる高周波電流を抽出しようとするものである。

E. 相関信号生成器

相関信号生成器の役割は，回転子位相情報を有する高周波電流を処理して，回転子位相 θ_γ と正相関をもつ正相関信号 p_c を生成することである。高周波電圧印加法においては，印加高周波電圧の周波数向上に伴い最も大きな影響を受ける機器である。換言するならば，搬送高周波電圧印加法で，最も重要な機器である。この検討は，次項以降で詳しく行う。

F. 位相同期器

相関信号生成器より正相関信号 p_c を得たならば，これをPLL (phase-locked loop) 処理することにより，αβ固定座標系上で評価した回転子位相の推定値 $\hat{\theta}_\alpha$ を得ることができる[1),2)]。PLLの構成法は，「一般化積分形PLL法」としてすでに体系化され，文献1)，2)で詳しく解説されている。この離散時間形は，次のように与えられる[9)]。

【一般化積分形PLL法（離散時間形）】

$$\omega_\gamma = C(z^{-1})(p_c + K_\theta \Delta\theta_s) \tag{6.63a}$$

$$\hat{\theta}_\alpha = \frac{T_s}{1-z^{-1}} \omega_\gamma \tag{6.63b}$$

$$\hat{\omega}_{2n} = \begin{cases} \omega_\gamma \\ \dfrac{(1+a)(1+z^{-1})}{2(1+az^{-1})}\omega_\gamma \end{cases} \tag{6.63c}$$

$$C(z^{-1}) = \dfrac{c_{n0} + c_{n1}z^{-1} + c_{n1}z^{-2} + \cdots + c_{nm}z^{-m}}{1 + c_{d1}z^{-1} + c_{d1}z^{-2} + \cdots + c_{dm}z^{-m}} \tag{6.63d}$$

■

(6.63a) 式右辺の $K_\theta \Delta \theta_s$ は dq 軸間の軸間磁束干渉などにより発生した突極位相とN極位相の相違を補正するための位相補正信号である[1),2)]。図 6.11 において位相補正信号の生成を担う位相補償器の構成は,文献 1),2) にすでに詳しく解説されているので,これ以上の説明は省略する。

回転子速度推定値 $\hat{\omega}_{2n}$ は,(6.63c) 式に示したように,$\gamma\delta$ 準同期座標系の速度 ω_γ をそのまま用いてもよいし,ディジタルローパスフィルタ処理して用いてもよい[1),2)]。(6.63c) 式には,フィルタ係数 a を備えた1次ローパスフィルタを利用した例を示した。

G. 高周波電圧指令器

図 6.11 における高周波電圧指令器は,(6.46) 式に従って,PWM 搬送波と同程度の周波数(周波数比で,1~1/10 程度)の次の高周波電圧指令値 $v^*_{1h,k}$ を発生する役割を担う。

$$\boldsymbol{v}^*_{1h,k} = V_h \begin{bmatrix} \cos\theta_{h,k} \\ K\sin\theta_{h,k} \end{bmatrix} \quad ; 0 \leq K \leq 1 \tag{6.64}$$

本章が解決すべき課題は,PWM 搬送波と同程度の周波数(周波数比で,1~1/10 程度)を有する高周波電圧指令値 $v^*_{1h,k}$ の印加を前提とした,位相速度推定器に内装された相関信号生成器の新規構成である。

6.6　正相逆相成分分離法に高周波電流振幅法を適用した復調

6.6.1　相関信号生成器

本節で考える問題は,図 6.11 の位相速度推定器の主要機器である相関信号生成器の具体的内容を定めることである。ここで考える相関信号生成器は,大きくは,振幅抽出器(amplitude extractor)と相関信号合成器(correlation signal synthesizer)とから構成される。本節で構築対象とする相関信号生成器は,特に,高周波電流の正相成分と逆相成分の4振幅 (c_p, s_p, c_n, s_n) の抽出を伴うものであり,この基本構造を図

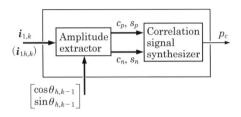

図 6.12　相関信号生成器の基本構造

6.12 に示した。

振幅抽出器は，外部から入力として高周波電流 $i_{1h,k}$ と高周波電圧指令値位相の余弦・正弦値 $[\cos\theta_{h,k-1} \quad \sin\theta_{h,k-1}]^T$ とを受け，高周波電流の正相成分と逆相成分の 4 振幅 (c_p, s_p, c_n, s_n) を抽出し，相関信号合成器へ向け出力する．相関信号合成器は，正相成分と逆相成分の 4 振幅を用いて，回転子位相と正相関を有する正相関信号 p_c を合成し，外部の位相同期器へ向け出力する．以下，使用の高周波が搬送周波数に近いことを前提に（ただし，$N_h \geq 3$），振幅抽出器，相関信号合成器の細部を個別に説明する．

6.6.2 振幅抽出器

離散時間高周波電流を正相逆相表現した場合の 4 振幅 (c_p, s_p, c_n, s_n) の抽出に関しては，次の定理が成立する．

【定理 6.4（正相逆相成分振幅定理）】

$\bar{\omega}_h \leq 2\pi/3$，$N_h \geq 3$ の場合，離散時間高周波電流 $i_{h,k}$ の正相成分 $i_{hp,k}$ の 2 振幅 c_p, s_p は，高周波電流を用いた (6.65a) 式により抽出でき，逆相成分 $i_{hn,k}$ の 2 振幅 c_n, s_n は，高周波電流を用いた (6.65b) 式により抽出できる．

$$\begin{bmatrix} c_p \\ s_p \end{bmatrix} \approx \boldsymbol{R}^T(\theta_i(\bar{\omega}_h)) < \boldsymbol{R}^T(\theta_{h,k-1})\boldsymbol{i}_{1h,k} > \\ = < \boldsymbol{R}^T(\theta_{h,k-1})\boldsymbol{R}^T(\theta_i(\bar{\omega}_h))\boldsymbol{i}_{1h,k} > \tag{6.65a}$$

$$\begin{bmatrix} c_n \\ s_n \end{bmatrix} \approx \boldsymbol{R}(\theta_i(\bar{\omega}_h)) < \boldsymbol{R}(\theta_{h,k-1})\boldsymbol{i}_{1h,k} > \\ = < \boldsymbol{R}(\theta_{h,k-1})\boldsymbol{R}(\theta_i(\bar{\omega}_h))\boldsymbol{i}_{1h,k} > \tag{6.65b}$$

ここに，$<\cdot>$ は，正規化周波数ゼロで減衰ゼロを，また正規化周波数 $2\bar{\omega}_h \pmod{2\pi}$ で十分な減衰を示すディジタルローパスフィルタ処理を意味する．なお，正規化周波数 $2\bar{\omega}_h \pmod{2\pi}$ は，$N_h = 3$ の場合には $\bar{\omega}_h$ に該当し，$N_h \geq 4$ の場合には $2\bar{\omega}_h$ に該当する．

6.6 正相逆相成分分離法に高周波電流振幅法を適用した復調

〈証明〉

(6.65a) 式右辺に (6.52a) 式を用い，(6.52b)，(6.49) 式を考慮すると，これは次のように展開される．

$$\begin{aligned}
&< \boldsymbol{R}^T(\theta_{h,k-1})\boldsymbol{R}^T(\theta_i(\bar{\omega}_h))\boldsymbol{i}_{1h,k} > \\
&= < \boldsymbol{R}^T(\theta_{h,k-1})\boldsymbol{R}^T(\theta_i(\bar{\omega}_h))\boldsymbol{i}_{hp,k} + \boldsymbol{R}^T(\theta_{h,k-1})\boldsymbol{R}^T(\theta_i(\bar{\omega}_h))\boldsymbol{i}_{hn,k} > \\
&= \left\langle \begin{bmatrix} c_p \\ s_p \end{bmatrix} \right\rangle + < \boldsymbol{R}^T(\theta_{h,k-1})\boldsymbol{R}^T(\theta_i(\bar{\omega}_h))\boldsymbol{i}_{hn,k} > \approx \begin{bmatrix} c_p \\ s_p \end{bmatrix}
\end{aligned} \quad (6.66)$$

この際，(6.66) 式右辺の第 1 項は直流成分を，第 2 項は周波数 $2\bar{\omega}_h$ の高周波成分を意味すること，ディジタルローパスフィルタ処理が本高周波成分を十分に除去できることを考慮した．

同様にして，次式を得る．

$$\begin{aligned}
&< \boldsymbol{R}(\theta_{h,k-1})\boldsymbol{R}(\theta_i(\bar{\omega}_h))\boldsymbol{i}_{1h,k} > \\
&= < \boldsymbol{R}(\theta_{h,k-1})\boldsymbol{R}(\theta_i(\bar{\omega}_h))\boldsymbol{i}_{hp,k} + \boldsymbol{R}(\theta_{h,k-1})\boldsymbol{R}(\theta_i(\bar{\omega}_h))\boldsymbol{i}_{hn,k} > \\
&= < \boldsymbol{R}(\theta_{h,k-1})\boldsymbol{R}(\theta_i(\bar{\omega}_h))\boldsymbol{i}_{hp,k} > + \left\langle \begin{bmatrix} c_n \\ s_n \end{bmatrix} \right\rangle \approx \begin{bmatrix} c_n \\ s_n \end{bmatrix}
\end{aligned} \quad (6.67)$$

(6.66)，(6.67) 式は定理を意味する．

∎

定理 6.4 に用いたベクトル回転器は，$\bar{\omega}_h = \pi/2$，$N_h = 4$ の場合には，(6.19c)，(6.22b) 式より，次の単純なものとなる．

$$\boldsymbol{R}(\theta_i(\bar{\omega}_h)) = \boldsymbol{R}\left(-\frac{\pi}{4}\right) = \frac{1}{\sqrt{2}}\begin{bmatrix} 1 & 1 \\ -1 & 1 \end{bmatrix} \quad (6.68a)$$

$$\boldsymbol{R}(\theta_{h,k-1}) = \boldsymbol{J}^{k-1} \quad (6.68b)$$

定理 6.4 に基づき構成した振幅抽出器を概略的に図 6.13 に示した．振幅抽出器への入力信号は，処理対象電流である高周波電流 $\boldsymbol{i}_{1h,k}$ と印加高周波電圧の位相情報 $[\cos\theta_{h,k-1} \quad \sin\theta_{h,k-1}]^T$ であり，出力信号は 4 振幅 (c_p, s_p, c_n, s_n) である．振幅抽出器の最終段に設けられた $F_l(z^{-1})$ は，定理既定の周波数特性を有するディジタルローパスフィルタである．ディジタルローパスフィルタ $F_l(z^{-1})$ が，定理既定の周波数特性に加え，周波数 $\bar{\omega}_h$ の成分に対しても十分な減衰特性を示すことができれば，処理対象電流を高周波電流 $\boldsymbol{i}_{1h,k}$ から固定子電流 $\boldsymbol{i}_{1,k}$ ($\boldsymbol{i}_{1,k} = \boldsymbol{i}_{1f,k} + \boldsymbol{i}_{1h,k}$) へと変更することが可能である．図 6.12 および図 6.13 では，この点を考慮し，入力すべき電流を固定子電流 $\boldsymbol{i}_{1,k}$ または高周波電流 $\boldsymbol{i}_{1h,k}$ としている．所要の減衰特性をもつ簡単なディジタルローパスフィルタ $F_l(z^{-1})$ としては，(6.3) 式の移動平均フィルタがある．

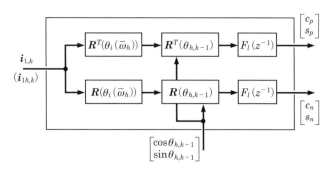

図 6.13 振幅抽出器の基本構造

6.6.3 相関信号合成器

4振幅 (c_p, s_p, c_n, s_n) が得られたならば，これを用いて，回転子位相 θ_γ と正相関をもつ正相関信号 p_c を合成することになる[1),2)]。合成式は次式のように記述される。

$$p_c = f_p(c_p, s_p, c_n, s_n) \tag{6.69}$$

正相関信号 p_c は，ゼロを中心とするある限定範囲で，回転子位相 θ_γ と次の近似線形特性を有する信号である（後掲の図 6.14 参照）[1),2)]。

$$\left.\begin{aligned} \mathrm{sgn}(p_c) &= \mathrm{sgn}(\theta_\gamma) \\ p_c &\approx K_\theta \theta_\gamma \quad ; K_\theta = \mathrm{const} \end{aligned}\right\} \tag{6.70}$$

4振幅 (c_p, s_p, c_n, s_n) を用いた正相関信号合成法 ($f_p(\cdot)$ の決定法) に関しては，文献2) で体系化がなされ，さらには原理を含めた詳述な解説がなされている。相関信号合成法構築上の注意点は，以下のとおりである。

(a) 正相関領域を $-\pi/2 \sim \pi/2$ の近傍まで含む範囲とする場合には，概して，$f_p(\cdot)$ は2変数の逆正接処理 $\tan^{-1}(\cdot,\cdot)$ を伴うことが多い。

(b) 正相関領域を $-\pi/4 \sim \pi/4$ の近傍まで含む範囲とする場合には，概して，$f_p(\cdot)$ は単変数の逆正接処理 $\tan^{-1}(\cdot)$ またはリミッタ処理を伴うことが多い。

(c) 正相関領域が $-\pi/4 \sim \pi/4$ の近傍に至らない限定的範囲の場合には，概して，$f_p(\cdot)$ は逆正接処理，リミッタ処理も不要となることが多い。また，逆正接処理を介して得た信号が，ある領域から負相関特性を示す場合には，$f_p(\cdot)$ は逆正接処理，リミッタ処理も不要となることが多い。

文献2) で体系化された主要な相関信号合成法は，本項で検討している相関信号合成器においても無修正で利用できる。これは，次のように与えられる。

6.6 正相逆相成分分離法に高周波電流振幅法を適用した復調

【相関信号合成法Ⅰ】

$$\begin{aligned} p_c &= \frac{1}{2}\tan^{-1}(s_p c_n + c_p s_n, c_p c_n - s_p s_n) \\ &\approx \frac{1}{2}\tan^{-1}(s_p c_n + c_p s_n, c_p c_n) \end{aligned} \quad (6.71)$$

【相関信号合成法Ⅱ-N】

$$p_c = \frac{1}{2}\tan^{-1}(s_n, c_n) \quad (6.72)$$

【相関信号合成法Ⅱ-P】

$$p_c = \frac{1}{2}\tan^{-1}(s_p, c_p) \quad (6.73)$$

【相関信号合成法Ⅲ-N】

$$p_c = s_n \quad (6.74)$$

【相関信号合成法Ⅲ-P】

$$p_c = s_p \quad (6.75)$$

■

相関信号合成法Ⅰは,元来,正相逆相成分分離法に高周波電流相関法を適用した代表的復調法である鏡相推定法に関連して開発されたものである(後掲の第6.8節参照)[1),2)]。本合成法による正相関信号 p_c は,高周波電流の描く楕円軌跡の長軸位相を意味し,これまでの解析,実験結果では,最も優れた正相関信号と理解されている[1),2)]。正相関信号 p_c は,位相 θ_γ に対し次の正相関特性をもつことが明らかにされている(図6.9参照)[1),2)]。

$$p_c = \frac{1}{2}\tan^{-1}\begin{pmatrix} (1-K^2)r_s^2\sin 4\theta_\gamma + 2(1+K^2)r_s\sin 2\theta_\gamma, \\ (1-K^2)(1+r_s^2\cos 4\theta_\gamma) + 2(1+K^2)r_s\cos 2\theta_\gamma \end{pmatrix} \quad (6.76)$$

ここで,r_s は,次式で定義された突極比である。

$$r_s \equiv \frac{-L_m}{L_i} \quad (6.77)$$

図6.14に,(6.76)式(すなわち,(6.71)式の第1式)による正相関特性を例示した[1),2)]。同図(a),(b)はおのおのの楕円係数 K を $K=0.5$,$K=0$ と選定した場合の例である。正相関特性は楕円係数 K と突極比 r_s とに依存し,ともにこれらが大きくなるにつれ強くなる。なお,$K=1$,$r_s \neq 0$ 場合には,正相関信号 p_c は回転子位相 θ_γ そのものとなる。すなわち,同図(a),(b)における破線の直線となる。図6.14の2つの正相関信号 p_c は,いずれも2変数の逆正接処理を介して得たものであるが,同図(b)より,楕円係数 K を $K=0$ とする場合には,すべての突極比 $0 < r_s \leq 0.5$ にお

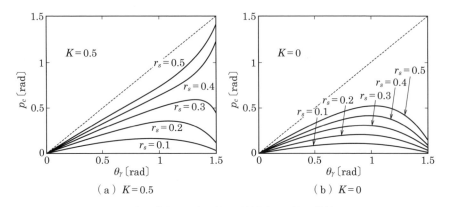

図6.14　回転子位相に対する楕円長軸位相の正相関特性

いて，$1.1 \leq \theta_\gamma \leq \pi/2$ の領域で負相関特性が確認される．このような場合には，正相関信号生成における逆正接処理は不要であり，正相関信号は，第1変数と第2変数の相対比 $(s_p c_n + c_p s_n)/(s_p c_n - c_p s_n)$ でよい（後掲の図6.30，6.31参照）．

相関信号合成法Ⅲ -Nの原形は，Wangらにより2000年に提案されたベクトルヘテロダイン法に該当する[2]．

6.6.4　従前技術との同異

図6.11に示した位相速度推定器の構造は，搬送周波数の$1/20 \sim 1/10$程度の周波数をもつ従前の高周波電圧印加法に基づく位相速度推定器の構造と実質的に同一である（文献2）の図10.2参照）．同様に，図6.12に示した相関信号生成器の構造は，搬送周波数の$1/20 \sim 1/10$程度の周波数をもつ従前の高周波電圧印加法に基づく相関信号生成器の構造と実質的に同一である（文献2）の図11.1参照）．

本書構築の新技術と従前技術の相違は，振幅抽出器にある．図6.13に示した振幅抽出器には，(6.25) 式で定義したベクトル回転器 $\boldsymbol{R}(\theta_i(\overline{\omega}_h))$ が使用されている．これを次に再記した．

$$\theta_i(\overline{\omega}_h) = -\frac{\pi - \overline{\omega}_h}{2} \tag{6.78a}$$

$$\boldsymbol{R}(\theta_i(\overline{\omega}_h)) = \begin{bmatrix} \cos\theta_i(\overline{\omega}_h) & -\sin\theta_i(\overline{\omega}_h) \\ \sin\theta_i(\overline{\omega}_h) & \cos\theta_i(\overline{\omega}_h) \end{bmatrix} \tag{6.78b}$$

印加高周波電圧の周波数が離散時間化の周波数に比較し十分に小さいならば，すなわち，$\overline{\omega}_h < 0.3$ が成立するならば，(6.78) 式は，次のように近似される（(6.27) 式参照）．

$$R(\theta_i(\bar{\omega}_h)) \approx R\left(-\frac{\pi}{2}\right) = \bm{J}^T \quad ; \bar{\omega}_h < 0.3 \tag{6.79}$$

搬送周波数の 1/20～1/10 程度の周波数をもつ従前の高周波電圧印加法に基づく振幅抽出器は，$\bar{\omega}_h < 0.3$ の仮定のもとに，ベクトル回転器 $R(\theta_i(\bar{\omega}_h))$ として (6.79) 式を使用していた（文献 2) の図 11.2 参照）。新技術では，印加すべき高周波電圧の周波数が搬送周波数に近いことを考慮の上，換言するならば (6.79) 式の近似が成立しえないことを考慮の上，厳密式である (6.78) 式を利用している。振幅抽出器におけるこの点が，文献 2) で体系化された高周波電圧印加法（正相逆相成分分離法に高周波電流振幅法を適用した復調）と新規提示の搬送高周波電圧印加法（正相逆相成分分離法に高周波電流振幅法を適用した復調）の本質的かつ唯一の相違である。

6.6.5 実機実験

新規提案法（正相逆相成分分離法に高周波電流振幅法を適用した復調）の理論的妥当性と有用性を確認するため，実機実験を行った。以下にその詳細を説明する。

A. 実験条件

実験システムの構成を図 6.15 に示した。同図の左端が供試 PMSM であり，この特性概要は表 3.2 のとおりである。本供試 PMSM には，実効 4 096〔p/r〕のエンコーダが装着されているが，これは回転子位相の位相真値，速度真値を測定するためのものであり，センサレスベクトル制御には利用されない。供試 PMSM には，トルク計（同図の中央）を介して負荷装置（同図の右端）が接続されている。

図 6.15 の実験システムに対して，図 6.10 のセンサレスベクトル制御系を構築した。同制御系における電流フィードバックループ内のバンドパスフィルタ $F_{bs}(z^{-1})$ と

図 6.15　実験システムの概観

表6.2 主要設計パラメータ

サンプリング周期, 制御周期 T_s	0.0001 [s]
PWM 搬送波の周期	0.0002 [s]
高周波電圧の周期 T_h	0.0004 [s]
高周波電圧の振幅 V_h	50 [V]
高周波電圧の楕円係数 K	1
PLL の帯域幅	450 [rad/s]
速度推定用ローパスフィルタの帯域幅	150 [rad/s]
電流制御系の帯域幅	2 000 [rad/s]
速度制御系の帯域幅	150 [rad/s]

しては,周波数 $\bar{\omega}_h$ で完全減衰を達成する (6.11) 式の1次新中ノッチフィルタを用いた[2]。位相速度推定器は,図6.11(b) を利用した。位相推定を中心とした他の設計パラメータは表6.2 のように定めた。位相速度推定器内の高周波電圧指令器で生成される離散時間高周波電圧指令値 $v^*_{1h,k}$ は,実験結果の考察の平易性を考慮し,楕円係数 $K=1$ の真円形とし,その周期 T_b は制御周期 T_s の4倍 ($N_h=4$) である $T_h=0.0004$ [s] とした。

また,相関信号生成器内の振幅抽出器におけるディジタルローパスフィルタ $F_l(z^{-1})$ としては,(6.3) 式の移動平均フィルタを $N_h=4$ として利用した。また,相関信号生成器内の相関信号合成器は,(6.71) 式の中辺の基本式を実装した。位相同期器は,(6.63) 式を実装した。この際,位相制御器 $C(z^{-1})$ は PI 形とし,PI 制御器係数は 450 [rad/s] の PLL 帯域幅が得られるように定めた (表6.2 参照)。450 [rad/s] の PLL 帯域幅は,搬送周波数の 1/20〜1/10 程度の周波数をもつ従前の高周波電圧印加法で利用された PLL と比較する場合,約3倍に該当する広帯域幅である。なお,(6.63a) 式に示した位相補正信号 $K_\theta \Delta\theta_s$ は生成・利用した。生成方法は文献1),2) に従い,このための設計パラメータは予備実験を通じ事前に定めた。

B. トルク制御

センサレスベクトル制御系から速度制御器を撤去し,電流指令値を直接付与できるようにした。供試 PMSM の速度は,供試 PMSM に連結した負荷装置を用い,制御できるようにした。γ軸 (推定 d 軸) 電流指令値をゼロ一定として,δ軸 (推定 q 軸) 電流指令値として,定格近傍値 ±5 [A] (定格値 5.3 [A]) を与え,搬送高周波電圧印加法における提案位相推定法 (復調法) の定常特性を確認した。

6.6 正相逆相成分分離法に高周波電流振幅法を適用した復調

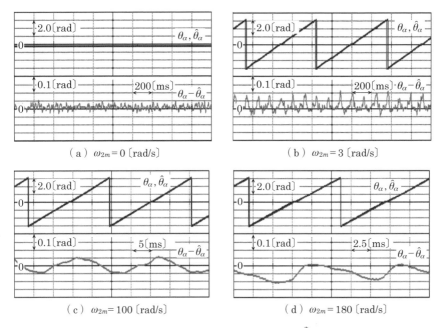

図 6.16 力行トルク制御時の応答 ($K=1$, $i_\delta^* = 5\,\mathrm{[A]}$)

図 6.16 は，力行状態での実験結果である．同図 (a)～(d) は，おのおの機械速度 $\omega_{2m} = 0, 3, 100, 180\,\mathrm{[rad/s]}$ での応答を示している．各図における波形の意味は，上から，回転子位相真値 θ_α (上段)，回転子位相推定値 $\hat{\theta}_\alpha$ (上段)，回転子位相推定誤差 $\theta_\alpha - \hat{\theta}_\alpha$ (下段) である．

静止時の位相推定誤差は N 極の空間的位相に依存し変化するが，$-0.08\sim0.08\,\mathrm{[rad]}$ 程度の微小範囲に収まることを確認している．微速 ($3\,\mathrm{[rad/s]}$) 時において，6 倍周期の大きな位相推定誤差の発生が確認されるが，これは電力変換器の短絡防止期間 ($3\,\mathrm{[\mu s]}$) などの影響を強く受けたものと推測される[2]．特に，駆動用電圧指令値の小さい無負荷時や $10\,\mathrm{[rad/s]}$ 以下の微速域で，この影響を強く受けるようである[2]．位相推定誤差のピーク値が uvw 相電流のゼロクロス点とほぼ一致する事実が，これを裏づけている[1],[2]．同様な特性は，搬送周波数の 1/20～1/10 程度の周波数をもつ従前の高周波電圧印加法 (楕円係数 K を $K=1$ とした高周波電圧利用のもの) にも確認されている[1],[2]．

定格速度・力行負荷時において，他と比較し大きな位相推定誤差が確認されるが，これは電圧制限の影響により，高周波電圧の振幅が十分に確保されなかったことによ

る。以上のように，搬送高周波電圧印加法における提案位相推定法（復調法）は，定格速度 (180 [rad/s]) 力行負荷時を除き，位相推定誤差は最大で 0.1 [rad] 程度であり，良好な位相推定特性を示している。

同様の実験を負トルク発生の回生状態でも実施した。力行状態と同様な良好な応答が確認された。

C. 速度制御（加減速追従性）

加減速制御を通じ，搬送高周波電圧印加法における提案位相推定法（復調法）の速応性を確認すべく，撤去した速度制御器を元に戻し，図 6.10 の速度制御系を構成した。この上で，速度範囲 $-100 \sim 100$ [rad/s]，（角）加速度 ± 500 [rad/s^2] の速度指令値を与え，その応答を確認した。

実験結果を図 6.17 に示した。同図 (a) は無負荷での応答である。波形の意味は，上から，機械速度指令値 ω_{2m}^*，速度真値 ω_{2m}，速度推定値 $\hat{\omega}_{2m}$，δ 軸電流 i_δ，回転子位相推定誤差 $\theta_\alpha - \hat{\theta}_\alpha$，速度制御偏差真値 $\omega_{2m}^* - \omega_{2m}$，速度制御偏差推定値 $\omega_{2m}^* - \hat{\omega}_{2m}$，速度推定誤差 $\omega_{2m} - \hat{\omega}_{2m}$ である。速度真値，速度推定値は，波形重複を回避すべく，-50 [rad/s] 相当，順次下方へシフトして描画している。また，速度の偏差・誤差の表記は，相違を明白にすべく，軸スケーリングを 5 [rad/s] と大きく設定している。

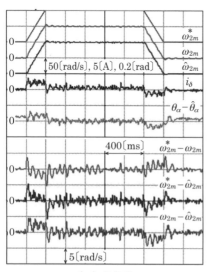
（a）無負荷

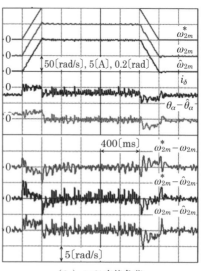
（b）50%定格負荷

図 6.17 加減速追従性

同図より明白なように，速度真値，速度推定値は，速度指令値に対して高い追従性を示している．これは，速度制御系の設計帯域幅150〔rad/s〕が達成されていること，ひいてはこれを可能とした搬送高周波電圧印加法における提案位相推定法（復調法）の高い速応性を裏づけている（表6.2 参照）．

同様の実験を50%定格力行負荷のもとで実施した．図6.17(b)に実験結果を示す．波形の意味は，同図(a)と同一である．力行負荷に応じたδ軸電流の大きさ変化を除き，無負荷と同様な良好な応答が確認される．

D. 速度制御（負荷変動耐性）

負荷の瞬時変動に起因した内部状態変化に対する位相推定法（復調法）の耐性（負荷変動耐性）を調べた．具体的には，供試PMSMの速度制御系にあらかじめゼロ速度指令値を与え，供試PMSMをゼロ速度制御状態に維持した上で，負荷装置により定格負荷を瞬時に印加・除去し，搬送高周波電圧印加法における位相推定法（復調法）の負荷変動耐性を調べた．

定格強の負荷を瞬時印加したときの実験結果を図6.18(a)に示した．波形の意味は，上から，δ軸電流 i_δ，回転子位相推定誤差 $\theta_\alpha - \hat{\theta}_\alpha$，機械速度指令値 ω_{2m}^*，機械速度真値 ω_{2m}，機械速度推定値 $\hat{\omega}_{2m}$ である．δ軸電流の最大値が6〔A〕に抑えられているが，これは，δ軸電流指令値に付与したリミッタ処理が動作していることによる．正常な応答である．瞬時印加直後に，12〔rad/s〕程度の速度制御偏差が生じているが，約0.1〔s〕後には瞬時印加負荷の影響を排除して安定したゼロ速度制御を維持しており，速度制御系の設計帯域幅150〔rad/s〕の達成，ひいてはこれを可能とした搬送高周波

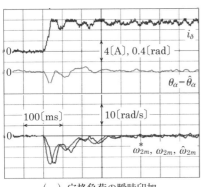
(a) 定格負荷の瞬時印加

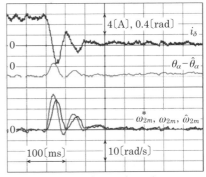
(b) 定格負荷の瞬時除去

図6.18　ゼロ速度制御時の瞬時負荷変化に対する応答

電圧印加法における提案位相推定法（復調法）の高い速応性と負荷変動耐性が確認される（表 6.2 参照）．

供試 PMSM の速度制御系にあらかじめ定格強の負荷を与えておき，瞬時除去したときの応答を確認した．この実験結果を図 6.18(b) に示した．同図の波形の意味は，同図 (a) と同一である．負荷の瞬時印加の場合と同様な良好な応答が確認される．

以上のように，搬送高周波電圧印加法における提案位相推定法（復調法）は，負荷の瞬時変動に起因した内部状態変化に対する所期の負荷変動耐性性能を有する．本耐性は，位相推定の速応性に起因している．

6.7 軸要素成分分離法に高周波電流振幅法を適用した復調

6.7.1 相関信号生成器

本節で考える問題は，図 6.11 の位相速度推定器の主要機器である相関信号生成器の具体的内容を定めることである．ここで考える相関信号生成器は，大きくは，振幅抽出器と相関信号合成器とから構成される．この点は，第 6.6 節で構築した相関信号生成器と同一である．本節で構築する相関信号生成器の基本構造を図 6.19 に示した．同図より理解されるように，構築すべき相関信号生成器は，特に，高周波電流の γ 軸，δ 軸要素の 4 振幅 (c_γ, s_γ, c_δ, s_δ) の抽出を伴うものであり，この点が第 6.6 節の相関信号生成器と異なる．

振幅抽出器は，外部からの入力として高周波電流 $i_{1h,k}$ と高周波電圧指令値位相の余弦・正弦値 $[\cos\theta_{h,k-1} \quad \sin\theta_{h,k-1}]^T$ とを受け，高周波電流の γ 軸，δ 軸要素の 4 振幅 (c_γ, s_γ, c_δ, s_δ) を抽出し，相関信号合成器へ向け出力する．相関信号合成器は，γ 軸，δ 軸要素の 4 振幅を用いて，回転子位相と正相関を有する正相関信号 p_c を合成し，外部の位相同期器へ向け出力する．以下，使用の高周波が搬送周波数に近いことを前提

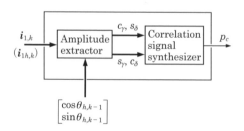

図 6.19 相関信号生成器の基本構造

に（ただし，$N_h \geq 2$），振幅抽出器，相関信号合成器の細部を個別に説明する。

6.7.2 振幅抽出器

軸要素表現高周波電流，すなわち γ 軸，δ 軸高周波電流の 4 振幅 $(c_\gamma, s_\gamma, c_\delta, s_\delta)$ の抽出に関しては，次の定理が成立する。

【定理 6.5（軸要素成分振幅定理）】

高周波電流の γ 軸，δ 軸要素の 4 振幅 $(c_\gamma, s_\gamma, c_\delta, s_\delta)$ に関しては，次式により抽出することができる。

(a) $N_h = 2$ の場合

$$\begin{bmatrix} c_\gamma \\ s_\delta \end{bmatrix} = <\cos(\theta_{h,k-1} + \theta_i(\overline{\omega}_h)) \boldsymbol{i}_{1h,k}> \quad ; N_h = 2 \tag{6.80}$$

(b) $N_h \geq 3$ の場合

$$\begin{bmatrix} c_\gamma \\ s_\delta \end{bmatrix} \approx <2\cos(\theta_{h,k-1} + \theta_i(\overline{\omega}_h)) \boldsymbol{i}_{1h,k}> \quad ; N_h \geq 3 \tag{6.81}$$

$$\begin{bmatrix} s_\gamma \\ c_\delta \end{bmatrix} \approx <-2\sin(\theta_{h,k-1} + \theta_i(\overline{\omega}_h)) \boldsymbol{i}_{1h,k}> \quad ; N_h \geq 3 \tag{6.82}$$

ここに，$<\cdot>$ は，正規化周波数ゼロで減衰ゼロを，また $N_h = 2, 3$ の場合には正規化周波数 $\overline{\omega}_h$ で十分な減衰を示す，$N_h \geq 4$ の場合には $2\overline{\omega}_h$ で十分な減衰を示すディジタルローパスフィルタ処理を意味する。

〈証明〉

(a) $N_h = 2$ の場合

(6.80) 式右辺は，(6.60a) 式を用いると，次のように展開される。

$$\begin{aligned} &\cos(\theta_{h,k-1} + \theta_i(\overline{\omega}_h)) \boldsymbol{i}_{1h,k} \\ &= (-1)^{2(k-1)} \begin{bmatrix} c_\gamma \\ s_\delta \end{bmatrix} = \text{sgn}^2(v_{h\gamma,k-1}) \begin{bmatrix} c_\gamma \\ s_\delta \end{bmatrix} \\ &= \begin{bmatrix} c_\gamma \\ s_\delta \end{bmatrix} \quad ; N_h = 2 \end{aligned} \tag{6.83}$$

(6.83) 式は，フィルタ処理する前の関係を示したものでああある。2 振幅 (c_γ, s_δ) は直流的信号であり，上式左辺をディジタルローパスフィルタ処理後もその値を維持する。

(b) $N_h \geq 3$ の場合

(6.81) 式右辺は，(6.56) 式第 2 式を用いると，次のように展開される。

$$
\begin{aligned}
&< 2\cos(\theta_{h,k-1}+\theta_i(\overline{\omega}_h))\boldsymbol{i}_{1h,k} > \\
&= \begin{bmatrix} c_\gamma & s_\gamma \\ s_\delta & c_\delta \end{bmatrix} < 2\cos(\theta_{h,k-1}+\theta_i(\overline{\omega}_h))\boldsymbol{u}_n(\theta_{h,k-1}+\theta_i(\overline{\omega}_h)) > \\
&= \begin{bmatrix} c_\gamma & s_\gamma \\ s_\delta & c_\delta \end{bmatrix} \left\langle \begin{bmatrix} 1+\cos 2(\theta_{h,k-1}+\theta_i(\overline{\omega}_h)) \\ -\sin 2(\theta_{h,k-1}+\theta_i(\overline{\omega}_h)) \end{bmatrix} \right\rangle \\
&= \begin{bmatrix} c_\gamma \\ s_\delta \end{bmatrix} + \begin{bmatrix} c_\gamma & s_\gamma \\ s_\delta & c_\delta \end{bmatrix} \left\langle \begin{bmatrix} \cos 2(\theta_{h,k-1}+\theta_i(\overline{\omega}_h)) \\ -\sin 2(\theta_{h,k-1}+\theta_i(\overline{\omega}_h)) \end{bmatrix} \right\rangle \\
&\approx \begin{bmatrix} c_\gamma \\ s_\delta \end{bmatrix} \quad ; N_h \geq 3
\end{aligned} \tag{6.84}
$$

この際,(6.84) 式の第 3 式右辺の第 1 項は直流成分を,第 2 項は,周波数 $\overline{\omega}_h$ の高周波成分($N_h = 3$ の場合),$2\overline{\omega}_h$ の高周波成分($N_h \geq 4$ の場合)を意味すること,ディジタルローパスフィルタ処理が本高周波成分を十分に除去できることを考慮した。

同様にして,(6.82) 式右辺は,(6.56) 式第 2 式を用いると,次のように展開される。

$$
\begin{aligned}
&< -2\sin(\theta_{h,k-1}+\theta_i(\overline{\omega}_h))\boldsymbol{i}_{1h,k} > \\
&= \begin{bmatrix} c_\gamma & s_\gamma \\ s_\delta & c_\delta \end{bmatrix} < -2\sin(\theta_{h,k-1}+\theta_i(\overline{\omega}_h))\boldsymbol{u}_n(\theta_{h,k-1}+\theta_i(\overline{\omega}_h)) > \\
&= \begin{bmatrix} c_\gamma & s_\gamma \\ s_\delta & c_\delta \end{bmatrix} \left\langle \begin{bmatrix} -\sin 2(\theta_{h,k-1}+\theta_i(\overline{\omega}_h)) \\ 1-\cos 2(\theta_{h,k-1}+\theta_i(\overline{\omega}_h)) \end{bmatrix} \right\rangle \\
&= \begin{bmatrix} s_\gamma \\ c_\delta \end{bmatrix} - \begin{bmatrix} c_\gamma & s_\gamma \\ s_\delta & c_\delta \end{bmatrix} \left\langle \begin{bmatrix} \sin 2(\theta_{h,k-1}+\theta_i(\overline{\omega}_h)) \\ \cos 2(\theta_{h,k-1}+\theta_i(\overline{\omega}_h)) \end{bmatrix} \right\rangle \\
&\approx \begin{bmatrix} s_\gamma \\ c_\delta \end{bmatrix} \quad ; N_h \geq 3
\end{aligned} \tag{6.85}
$$

■

図 6.20 に,4 振幅 (c_γ, s_γ, c_δ, s_δ) の抽出を担う振幅抽出器を概略的に示した。振幅抽出器の最終段に設けられた $F_l(z^{-1})$ は,所定の周波数特性を有するディジタルロー

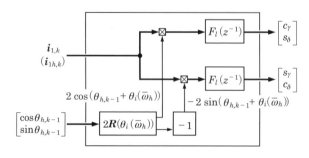

図 6.20　振幅抽出器の基本構造

パスフィルタを意味する。

ディジタルローパスフィルタ $F_l(z^{-1})$ が，定理既定の周波数特性に加え，周波数 $\bar{\omega}_h$ の成分に対しても十分な減衰特性を示すことができれば，処理対象電流を高周波電流 $i_{1h,k}$ から固定子電流 $i_{1,k}$ ($i_{1,k} = i_{1f,k} + i_{1h,k}$) へと変更することが可能である。本減衰特性を備えたディジタルローパスフィルタ $F_l(z^{-1})$ としては，(6.3)式の移動平均フィルタがある。図6.19および図6.20では，この点を考慮し，入力すべき電流を固定子電流 $i_{1,k}$ または高周波電流 $i_{1h,k}$ としている。

6.7.3 相関信号合成器

4振幅 (c_γ, s_γ, c_δ, s_δ) が得られたならば，これを用いて，回転子位相 θ_γ と正相関をもつ正相関信号 p_c を合成することになる[1), 2)]。合成式は次式のように記述される。

$$p_c = f_p(c_\gamma, s_\gamma, c_\delta, s_\delta) \tag{6.86}$$

4振幅 (c_γ, s_γ, c_δ, s_δ) を用いた正相関信号の合成法に関しては，文献2)で体系化がなされ，さらには原理を含めた詳述な解説がなされている。これらは，本項で検討している相関信号合成器においても無修正で利用できる。これは，次のように与えられる[2)]。

【相関信号合成法Ⅰ】

$$\begin{aligned} p_c &= \frac{1}{2}\tan^{-1}(K s_\delta - s_\gamma, K c_\gamma + c_\delta) \\ &= \frac{1}{2}\tan^{-1}(2K s_\delta, K c_\gamma + c_\delta) \\ &= \frac{1}{2}\tan^{-1}(-2s_\gamma, K c_\gamma + c_\delta) = \theta_\gamma \qquad ; K \neq 0 \end{aligned} \tag{6.87}$$

【相関信号合成法Ⅱ】

$$p_c = \frac{1}{2}\tan^{-1}(2(c_\gamma s_\delta + s_\gamma c_\delta), c_\gamma^2 + s_\gamma^2 - s_\delta^2 - c_\delta^2) \tag{6.88}$$

【相関信号合成法Ⅲ】

$$p_c = \frac{1}{1+K_b}\tan^{-1}\left(s_\delta - K_a s_\gamma, \frac{s_\delta - K_a s_\gamma}{c_\gamma + K_a c_\delta}\right) \qquad \begin{array}{l} 0 \leq K_a \leq 1 \\ 0 \leq K_b \leq 1 \end{array} \tag{6.89}$$

【相関信号合成法Ⅳ】

$$p_c = s_\delta - K_a \,\mathrm{sgn}(K_i) s_\gamma \propto \sin 2\theta_\gamma \qquad ; 0 \leq K_a \leq 1 \tag{6.90}$$

■

4振幅 (c_γ, s_γ, c_δ, s_δ) のための相関信号合成法は，正相逆相成分4振幅 (c_γ, s_γ, c_δ, s_δ) のための相関信号合成法に，(6.61)式に与えた2つの4振幅の間の1対1の関係を適用し，変換的に得ることもできる。事実，(6.88)式は(6.71)式にこの1対1の関

係を適用して変換的に得たものであり，(6.76)式の正相関特性を有している（図6.14参照)[2]）。変換的に得た相関信号合成法は，概して複雑になる傾向がある。

なお，(6.90)式において，$K_a = 0$とする場合には，γ軸成分振幅を正相関信号そのもの，すなわち$p_c = s_\delta$とすることになる。この単純な正相関信号の生成の原形は，従前の高周波電圧印加法に関連してJangらにより2002年に提案されており，本生成法はスカラヘテロダイン法あるいは簡単にヘテロダイン法と呼ばれている[2]）。

6.7.4 従前技術との同異

本項で使用する位相速度推定器の構造は，図6.11のとおりである。同図の構造は，搬送周波数の1/20～1/10程度の周波数をもつ従前の高周波電圧印加法に基づく位相速度推定器の構造と実質的に同一である（文献2)の図10.2参照)。図6.11の位相速度推定器には，図6.19の相関信号生成器が利用される。図6.19の相関信号生成器の構造は，搬送周波数の1/20～1/10程度の周波数をもつ従前の高周波電圧印加法に基づく相関信号生成器の構造と実質的に同一である（文献2)の図12.1参照)。

本書構築の新技術と従前技術の相違は，振幅抽出器にある。図6.20に示した振幅抽出器には，(6.19c)式で定義した位相$\theta_i(\bar{\omega}_h)$が使用されている。これは，$\bar{\omega}_h < 0.3$が成立するならば，次のように近似される（(6.27)式参照)。これを下に再記した。

$$\theta_i(\bar{\omega}_h) = -\frac{\pi - \bar{\omega}_h}{2} \approx -\frac{\pi}{2} \qquad ; \bar{\omega}_h < 0.3 \tag{6.91}$$

このとき，振幅抽出器で利用された2つの正弦信号は次のように近似される。

$$\left. \begin{array}{l} 2\cos(\theta_{h,k-1} + \theta_i(\bar{\omega}_h)) \approx 2\sin(\theta_{h,k-1}) \\ -2\sin(\theta_{h,k-1} + \theta_i(\bar{\omega}_h)) \approx 2\cos(\theta_{h,k-1}) \end{array} \right\} \quad ; \bar{\omega}_h < 0.3 \tag{6.92}$$

搬送周波数の1/20～1/10程度の周波数をもつ従前の高周波電圧印加法に基づく振幅抽出器は，$\bar{\omega}_h < 0.3$の前提のもとに，振幅抽出器で利用する2つの正弦信号として，(6.92)式の右辺を使用していた（文献2)の図12.2参照)。新技術では，印加すべき高周波電圧の周波数が搬送周波数に近いことを考慮の上，換言するならば(6.91)式の近似が成立しえないことを考慮の上，(6.92)式の厳密な左辺を利用している。振幅抽出器におけるこの点が，文献2)で体系化された高周波電圧印加法（軸要素成分分離法に高周波電流振幅法を適用した復調）と新規提示の搬送高周波電圧印加法（軸要素成分分離法に高周波電流振幅法を適用した復調）の本質的かつ唯一の相違である。

6.7.5 実機実験

新規提案の位相・速度推定法「軸要素成分分離法に高周波電流振幅法を適用した復調」の理論的妥当性と有用性を確認するため,実機実験を行った。以下にその詳細を説明する。

実験システム,実験条件は,第6.6.5項で説明した「正相逆相成分分離法に高周波電流振幅法を適用した復調」のための実機実験と同一である。この際,相関信号生成器内の4振幅 (c_γ, s_γ, c_δ, s_δ) を用いた相関信号合成器は,(6.88)式の「相関信号合成法II」を利用した(図6.19,6.20参照)。本合成法は,第6.6.5項の実験で利用した(6.71)式の「相関信号合成法I」に対応している。これら同一性を考慮し,以下,実機実験の結果のみを紹介する。

A. トルク制御

実験方法は,第6.6.5項「正相逆相成分分離法に高周波電流振幅法を適用した復調」の図6.16の実験と同一である。実験結果を図6.21に示す。同図 (a)〜(d) は,おのおの機械速度 $\omega_{2m} = 0, 3, 100, 180$ [rad/s] での応答を示している。各図における波形

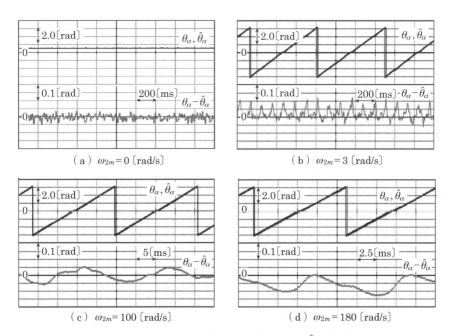

図6.21 力行トルク制御時の応答 ($K = 1$, $i_\delta^* = 5$ [A])

の意味は，上から，回転子位相真値 θ_α（上段），回転子位相推定値 $\hat{\theta}_\alpha$（上段），回転子位相推定誤差 $\theta_\alpha - \hat{\theta}_\alpha$（下段）である。

実験結果は，図 6.16 の実験結果と同様であり，特筆すべき相違は見受けられない。あえて違いを見るならば，図 6.21(a) の静止時の位相推定誤差は，約 0.05〔rad〕であり，若干の改善が見られる。同様に，$\omega_{2m} = 100$〔rad/s〕でも若干の改善が見られる。一方，$\omega_{2m} = 180$〔rad/s〕では，若干の劣化が見られる。いずれも，性能相違は微小である。

B. 速度制御（加減速追従性）

加減速制御を通じ，搬送高周波電圧印加法における提案位相推定法（復調法）の速応性を確認した。実験の方法は，第 6.6.5 項の図 6.17 の実験と同一である。実験結果を図 6.22 に示した。同図 (a) は無負荷での応答である。波形の意味は，上から，機械速度指令値 ω_{2m}^*，速度真値 ω_{2m}，速度推定値 $\hat{\omega}_{2m}$，δ 軸電流 i_δ，回転子位相推定誤差 $\theta_\alpha - \hat{\theta}_\alpha$，速度制御偏差真値 $\omega_{2m}^* - \omega_{2m}$，速度制御偏差推定値 $\omega_{2m}^* - \hat{\omega}_{2m}$，速度推定誤差 $\omega_{2m} - \hat{\omega}_{2m}$ である。同図より明白なように，速度真値，速度推定値は，速度指令値に対して高い追従性を示している。

同様の実験を 50% 定格力行負荷のもとで実施した。図 6.22(b) に実験結果を示す。

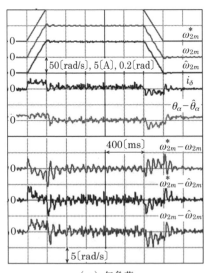
（a）無負荷

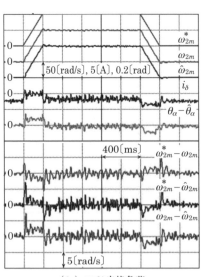
（b）50%定格負荷

図 6.22　加減速追従性

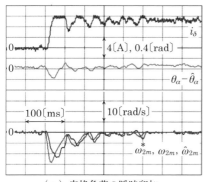
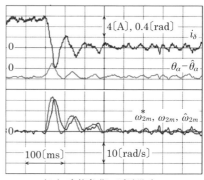

(a) 定格負荷の瞬時印加　　　　　　(b) 定格負荷の瞬時除去

図 6.23　ゼロ速度制御時の瞬時負荷変化に対する応答

波形の意味は，同図 (a) と同一である。力行負荷に応じた δ 軸電流の大きさ変化を除き，無負荷と同様な良好な応答が確認される。

実験結果的には，速度制御系の設計帯域幅 150 [rad/s] が達成されていること（表 6.2 参照），ひいてはこれを可能とした搬送高周波電圧印加法における提案位相推定法（復調法）の高い速応性が確認される。なお，加減速追従性から評価した速応性に関しては，本実験結果は，第 6.6.5 項「正相逆相成分分離法に高周波電流振幅法を適用した復調」の実験結果と大きな相違はない。

C. 速度制御（負荷変動耐性）

負荷の瞬時変動に起因した内部状態変化に対する位相推定法（復調法）の耐性すなわち負荷変動耐性を調べた。実験の方法は，第 6.6.5 項の図 6.18 の実験と同一である。実験結果を図 6.23 に示した。

図 6.23(a) は，定格強の負荷を瞬時印加したときの実験結果である。波形の意味は，上から，δ 軸電流 i_δ，回転子位相推定誤差 $\theta_\alpha - \hat{\theta}_\alpha$，機械速度指令値 ω_{2m}^*，機械速度真値 ω_{2m}，機械速度推定値 $\hat{\omega}_{2m}$ である。同図 (b) は，供試 PMSM の速度制御系にあらかじめ定格強の負荷を与えておき，瞬時除去したときの応答である。同図の波形の意味は，同図 (a) と同一である。

図 6.23 は，搬送高周波電圧印加法における提案位相推定法（復調法）は，負荷の瞬時変動に起因した内部状態変化に対する所期の負荷変動耐性性能を有することを示している。なお，同図の実験結果は，第 6.6.5 項「正相逆相成分分離法に高周波電流振幅法を適用した復調」の実験結果と大きな相違はない。

6.8 正相逆相成分分離法に高周波電流相関法を適用した復調

高周波電流相関法は，高周波電流の振幅を抽出することなく，高周波電流から正相関信号を直接的に合成する方法である．高周波電流振幅法の利用には，印加高周波電圧に対する応答高周波電流の位相 $\theta_i(\overline{\omega}_h)$ への特別の考慮が必要とされたが（第 6.6.4，第 6.7.4 項における「従前技術との同異」を参照），高周波電流相関法の利用においては「直接的合成」の効果により，この考慮は一切不要となる．代わって，正相関信号の合成の観点から，駆動用電流と高周波電流の両者を含有する固定子電流からの高周波電流の抽出に特別の注意が必要とされる．

搬送周波数の 1/20～1/10 程度の周波数をもつ従前の高周波電圧印加法における高周波電流相関法に関する初期の体系化は，文献 1) でなされている．正相逆相成分分離法に適用された高周波電流相関法は，著者の知る限りでは，鏡相推定法のみである．鏡相推定法は同文献の第 10 章に詳しく説明されている．

本節では，使用の高周波が搬送周波数に近いことを前提に（ただし，$N_h \geq 3$），「高周波電流からの正相，逆相成分の抽出」を中心に，「正相逆相成分分離法に高周波電流相関法を適用した復調（すなわち，位相推定）」を説明する．

6.8.1 相関信号生成器

図 6.10 に示した，搬送高周波電圧印加法に基づくセンサレスベクトル制御系を再び考える．同制御系に用いた位相速度推定器は，図 6.11 のとおりである．同図の位相速度推定器において，相関信号生成器以外の機器は，基本的に第 6.6，第 6.7 節のものと同一である．換言するならば，本節と第 6.6，第 6.7 節との相違は，相関信号生成器にある．

本節で考える問題は，図 6.11 の位相速度推定器の主要機器である相関信号生成器の具体的内容を定めることである．ここで考える相関信号生成器は，大きくは，相成分抽出フィルタ（extracting filter）と相関信号合成器とから構成される．本節で構築対象とする相関信号生成器は，特に，高周波電流の正相，逆相成分自体の抽出を伴うものであり，この基本構造は図 6.24 のように描画される．

相成分抽出フィルタは，外部から入力として高周波電流 $i_{1h,k}$ と高周波電圧指令値位相の余弦・正弦値 $[\cos\theta_{h,k-1} \quad \sin\theta_{h,k-1}]^T$ とを受け，高周波電流の正相成分 $i_{hp,k}$ と逆相成分 $i_{hn,k}$ を抽出し，相関信号合成器へ向け出力する．相関信号合成器は，正相成分 $i_{hp,k}$ と逆相成分 $i_{hn,k}$ を用いて，回転子位相と正相関を有する正相関信号 p_c を合

6.8 正相逆相成分分離法に高周波電流相関法を適用した復調

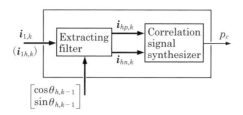

図 6.24 相関信号生成器の基本構造

成し,外部の位相同期器へ向け出力する.以下,相成分抽出フィルタ,相関信号合成器の細部を個別に説明する.

6.8.2 相成分抽出フィルタ

高周波電流の解析式である (6.52) 式が示すように,高周波電流 $i_{1h,k}$ は正相成分 $i_{hp,k}$ と逆相成分 $i_{hn,k}$ を含有する.本項では,相関信号生成器の入力信号である高周波電流 $i_{1h,k}$ から,正相成分 $i_{hp,k}$ と逆相成分 $i_{hn,k}$ を分離・抽出することを考える.

一般に,二相信号から正相,逆相成分を分離・抽出するには,相成分分離機能を備えた正相逆相分離フィルタが必要である.正相逆相分離フィルタとしては,「ベクトル回転器同伴フィルタ」と「D 因子フィルタ」がある[23].両フィルタの構造はまったく異なるが,同一のフィルタ特性をもつことが知られている[23].

両フィルタを,構成上の複雑さから比較する場合,フィルタ次数が低い場合には D 因子フィルタが有利である.搬送高周波信号,すなわち搬送周波数と同程度の周波数をもつ信号を処理する上では,離散時間形式でのフィルタの精度よい実装・実現が必要とされる.この信号処理要請に対しては,ベクトル回転器同伴フィルタが有利である.ここでは,後者の特性を重視し,正相逆相分離フィルタとしてベクトル回転器同伴フィルタを利用する.

ベクトル回転器同伴フィルタを用いる場合,相成分抽出フィルタは図 6.25 のように構成される[23].同図では,正相成分抽出用(上段),逆相成分抽出用(下段)にそれぞれ独立のベクトル回転器同伴フィルタを用いている.

相成分抽出フィルタに利用された 4 個のベクトル回転器 $\boldsymbol{R}(\theta_{h,k-1})$ は,次のように定義されている.

$$\boldsymbol{R}(\theta_{h,k-1}) \equiv \begin{bmatrix} \cos\theta_{h,k-1} & -\sin\theta_{h,k-1} \\ \sin\theta_{h,k-1} & \cos\theta_{h,k-1} \end{bmatrix} \tag{6.93}$$

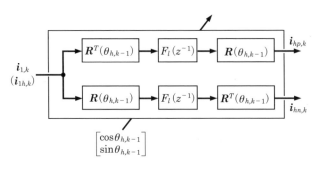

図 6.25 相成分抽出フィルタの基本構造

ベクトル回転器に使用する余弦・正弦値 $[\cos\theta_{h,k-1} \quad \sin\theta_{h,k-1}]^T$ は，高周波電圧指令値の位相であり，制御周期ごとに高周波電圧指令器より直接得る．すなわち，ベクトル回転器自体の生成には特別な演算は必要としない．

相成分抽出フィルタに内装された2入力2出力 (2×2) ディジタルフィルタ $F_l(z^{-1})$ は，2個の1入力1出力 (1×1) ディジタルローパスフィルタを単に並列に配して構成しているにすぎない．このディジタルローパスフィルタは，周波数 $\overline{\omega}_h$ の高周波成分 ($N_h=3$ の場合)，$2\overline{\omega}_h$ の高周波成分 ($N_h \geq 4$ の場合) を十分に減衰できることが望まれる．すなわち，(6.2) 式の周波数特性をもつことが望ましい．換言するならば，相成分抽出フィルタに内装されたディジタルローパスフィルタとしては，(6.3) 式の 1×1 移動平均フィルタを4個利用すればよい．

ディジタルローパスフィルタ $F_l(z^{-1})$ が，周波数 $\overline{\omega}_h$ の成分に対しても十分な減衰特性を示すことができれば，処理対象電流を高周波電流 $i_{1h,k}$ から固定子電流 $i_{1,k}$ ($i_{1,k}=i_{1f,k}+i_{1h,k}$) へと変更することが可能である．(6.3) 式の移動平均フィルタは，本特性を供えている．図6.24 および図6.25 では，この点を考慮し，入力すべき電流を固定子電流 $i_{1,k}$ または高周波電流 $i_{1h,k}$ としている．

6.8.3 相関信号合成器

第6.6，第6.7節で説明した高周波電流振幅法では，まず，高周波電圧指令値の位相情報を用いて高周波電流の4振幅を抽出した．このときの4振幅は，高周波電流の周波数を基準にすれば，実質「一定」であった．次に，抽出の4振幅を用いて，回転子位相と正相関を有する正相関信号 p_c を合成した．

これに代わって，高周波電流相関法は，高周波電流を用いて，直接的に回転子位相と正相関を有する正相関信号 p_c を合成する．特に，本節では，高周波電流 $i_{1h,k}$ の正

6.8 正相逆相成分分離法に高周波電流相関法を適用した復調

相成分 $i_{hp,k}$ と逆相成分 $i_{hn,k}$ とを用いて,直接的に正相関信号 p_c を合成することを考える.正相信号 p_c の合成に関しては,次の定理が成立する.

【定理 6.6(相成分電流相関定理)】

高周波電流 $i_{1h,k}$ の正相成分 $i_{hp,k}$ と逆相成分 $i_{hn,k}$ は,内積の関係において,4 振幅 (c_p, s_p, c_n, s_n) と次の相関をもつ.

$$i_{hp,k}^T Q(\pi/4) i_{hn,k} = s_p c_n + c_p s_n \tag{6.94}$$

$$i_{hp,k}^T Q(0) i_{hn,k} = c_p c_n - s_p s_n \tag{6.95}$$

$$\|i_{hp,k}\|^2 = c_p^2 + s_p^2 \tag{6.96}$$

$$\|i_{hn,k}\|^2 = c_n^2 + s_n^2 \tag{6.97}$$

ここに,$Q(\cdot)$ は,(2.12),(6.37) 式で定義した 2×2 鏡行列である.

〈証明〉

高周波電流 $i_{1h,k}$ の正相成分 $i_{hp,k}$ と逆相成分 $i_{hn,k}$ は,(6.52) 式として記述される.これは,次式のようにベクトル回転器 $R(\cdot)$ を用いて書き改めることができる.

$$i_{hp,k} = R(\theta_{h,k-1} + \theta_i(\bar{\omega}_h)) \begin{bmatrix} c_p \\ s_p \end{bmatrix} \tag{6.98a}$$

$$i_{hn,k} = R^T(\theta_{h,k-1} + \theta_i(\bar{\omega}_h)) \begin{bmatrix} c_n \\ s_n \end{bmatrix} \tag{6.98b}$$

また,位相 θ をもつ鏡行列とベクトル回転器は,次の関係をもつ[23].

$$R^T(\theta_{h,k-1} + \theta_i(\bar{\omega}_h)) Q(\theta) R^T(\theta_{h,k-1} + \theta_i(\bar{\omega}_h)) = Q(\theta) \tag{6.99}$$

鏡行列を重みとする正相成分と逆相成分の内積を考える.この際,正相成分と逆相成分の表現は,(6.98) 式を用いるものとする.この内積は,(6.99) 式の性質に注意すると,次のように整理される.

$$\begin{aligned} i_{hp,k}^T Q(\theta) i_{hn,k} &= \begin{bmatrix} c_p \\ s_p \end{bmatrix}^T Q(\theta) \begin{bmatrix} c_n \\ s_n \end{bmatrix} \\ &= \cos 2\theta (c_p c_n - s_p s_n) + \sin 2\theta (s_p c_n + c_p s_n) \end{aligned} \tag{6.100}$$

(6.100) 式に $\theta = \pi/4, 0$ を代入すると,(6.94),(6.95) 式をおのおの得る.

(6.96),(6.97) 式は,(6.98) 式におけるベクトル回転器が直交行列であることを考慮すると,ただちに得られる. ∎

(6.94) 式を中心とした (6.94)〜(6.97) 式の組み合わせにより，正相関信号合成のための種々の方法を得ることができる．以下に，3 例を示す．

【相関信号合成法 I】

$$p_c = \frac{1}{2}\tan^{-1}(s_p c_n + c_p s_n, c_p c_n - s_p s_n)$$
$$= \frac{1}{2}\tan^{-1}(\boldsymbol{i}_{hp,k}^T \boldsymbol{Q}(\pi/4)\boldsymbol{i}_{hn,k}, \boldsymbol{i}_{hp,k}^T \boldsymbol{Q}(0)\boldsymbol{i}_{hn,k}) \quad (6.101)$$

【相関信号合成法 II -N】

$$p_c = \frac{s_p c_n + c_p s_n}{c_n^2 + s_n^2} = \frac{\boldsymbol{i}_{hp,k}^T \boldsymbol{Q}(\pi/4)\boldsymbol{i}_{hn,k}}{\|\boldsymbol{i}_{hn,k}\|^2} \quad (6.102)$$

【相関信号合成法 II -P】

$$p_c = \frac{s_p c_n + c_p s_n}{c_p^2 + s_p^2} = \frac{\boldsymbol{i}_{hp,k}^T \boldsymbol{Q}(\pi/4)\boldsymbol{i}_{hn,k}}{\|\boldsymbol{i}_{hp,k}\|^2} \quad (6.103)$$

∎

(6.101) 式に与えた相関信号合成法 I は，文献 1) で詳しく解説されている「鏡相推定法」に利用されたものと同一である．鏡相推定法は，厳密には，正相逆相成分分離法に高周波電流相関法を適用した復調の中で，(6.101) 式の相関信号合成法 I を適用したものであるが[2)]，相関信号合成法 I が最も代表的な相関信号合成法であることを考慮すると，広義には，正相逆相成分分離法に高周波電流相関法を適用した復調を鏡相推定法と捉えてよい．相関信号合成法 I の正相関特性は (6.71)，(6.88) 式と同一である．すなわち，相関信号合成法 I は (6.76) 式および図 6.14 の正相関特性を示す．(6.71)，(6.88) 式は，技術開発史的には，(6.101) 式より導出されている．この詳細は，文献 2) に解説されている．

（注 6.4）　正相逆相成分分離法に高周波電流相関法を適用した復調（鏡相推定法）に関し，搬送周波数の 1/20〜1/10 程度の周波数をもつ従前の高周波電圧印加法と，搬送周波数と同程度の周波数をもつ搬送高周波電圧印加法との同異に関し説明しておく．両高周波電圧印加法における相関信号生成器の基本構造は，同一である．また，相関信号生成器の 2 個の主構成要素（相成分抽出フィルタ，相関信号合成器）も，基本的に同一である．あえて，両高周波電圧印加法の相違を指摘するならば，「搬送高周波電圧印加法においては，相成分抽出フィルタの設計・構成に際し，所期の周波数特性確保に特別な注意が必要である」といえる．なお，両高周波

電圧印加法の高い構造的同一性より,「正相逆相成分分離法に高周波電流相関法を適用した復調(鏡相推定法)は,高周波の周波数向上に対して高いロバスト性を有する」といえる。鏡相推定法が種々の形状の高周波電圧に適用できる汎用性を有する」ことは,早期の文献1) に示されている。

6.8.4 実機実験

「正相逆相成分分離法に高周波電流相関法を適用した復調」の理論的妥当性・有用性を確認するため,実機実験を行った。以下にその詳細を説明する。

実験システム,実験条件は,第 6.6.5 項で説明した「正相逆相成分分離法に高周波電流振幅法を適用した復調」,第 6.7.5 項で説明した「軸要素成分分離法に高周波電流振幅法を適用した復調」のための実機実験と基本的に同一である。すなわち,実験システムの構成は図 6.15 のとおりであり,供試 PMSM の特性は表 3.2 のとおりである。図 6.10 のセンサレスベクトル制御系における電流フィードバックループ内のバンドパスフィルタ $F_{bs}(z^{-1})$ として周波数 $\bar{\omega}_h$ で完全減衰を達成する (6.11) 式の1次斬中ノッチフィルタを用いた点も同一である。

位相速度推定器は,図 6.11(a) を利用した。この際,直流成分除去/バンドパスフィルタを設け,本フィルタとして (6.6) 式の斬中バンドパスフィルタを使用した。より具体的には,$\bar{\omega}_h = \pi/2$ の条件の (6.8) 式を使用した。相成分抽出フィルタ用のディジタルローパスフィルタとしては,(6.3) 式の3次移動平均フィルタを用いた。他の主要設計パラメータは表 6.2 と同一とした。すなわち,離散時間高周波電圧指令値 $v_{1h,k}^*$ は,楕円係数 K を $K=1$ とした。

A. トルク制御

実験方法は,第 6.6.5 項の図 6.16 の実験,第 6.7.5 項の図 6.21 の実験と同一である。実験結果を図 6.26 に示す。同図 (a)〜(d) は,おのおの機械速度 $\omega_{2m} = 0, 3, 100, 180$ 〔rad/s〕での応答を示している。各図における波形の意味は,上から,回転子位相真値 θ_α (上段),回転子位相推定値 $\hat{\theta}_\alpha$ (上段),回転子位相推定誤差 $\theta_\alpha - \hat{\theta}_\alpha$ (下段) である。

いずれの速度においても,位相推定誤差 $\theta_\alpha - \hat{\theta}_\alpha$ の特性は,第 6.6.5 項の図 6.16,第 6.7.5 項の図 6.21 と同様であり,特筆すべき相違は見受けられない。すなわち,良好な位相推定が得られている。

第6章 PMSMの搬送高周波電圧印加法

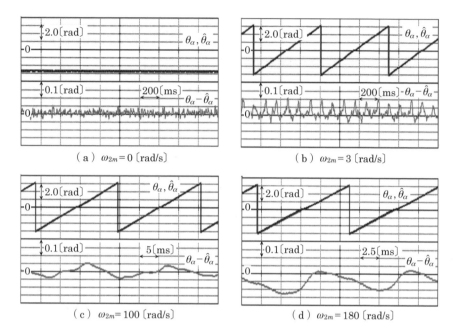

図6.26 力行トルク制御時の応答（$K=1$, $i_\delta^*=5\,[\mathrm{A}]$）

B. 速度制御（加減速追従性）

　加減速制御を通じ，搬送高周波電圧印加法における再構築位相推定法（復調法）の速応性を確認した．実験方法は，第6.6.5項の図6.17の実験，第6.7.5項の図6.22の実験と同一である．実験結果を図6.27に示した．同図(a)は無負荷での応答である．波形の意味は，上から，機械速度指令値 ω_{2m}^*，速度真値 ω_{2m}，速度推定値 $\hat{\omega}_{2m}$，δ軸電流 i_δ，回転子位相推定誤差 $\theta_\alpha - \hat{\theta}_\alpha$，速度制御偏差真値 $\omega_{2m}^* - \omega_{2m}$，速度制御偏差推定値 $\omega_{2m}^* - \hat{\omega}_{2m}$，速度推定誤差 $\omega_{2m} - \hat{\omega}_{2m}$ である．速度真値，速度推定値は，速度指令値に対して高い追従性を示している．

　同様の実験を，50%定格負荷を印加した状態で実施した．実験結果を図6.27(b)に示した．波形の意味は同図(a)と同一である．同図より，無負荷時と同程度の追従性が確認される．同図は，速度制御系の設計帯域幅150[rad/s]が達成されていること（表6.2参照），ひいてはこれを可能とした搬送高周波電圧印加法における位相推定法の速応性が確認される．なお，本実験結果は，第6.6.5項の図6.17，第6.7.5項の図6.22と大きな相違はない．

6.8 正相逆相成分分離法に高周波電流相関法を適用した復調

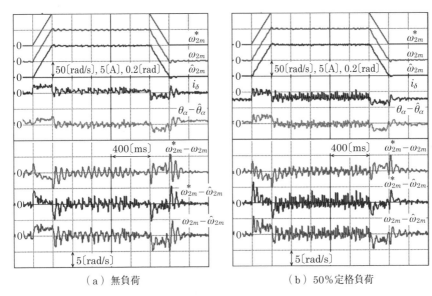

（a）無負荷　　　　　　　　　　　（b）50%定格負荷

図 6.27　加減速追従性

C. 速度制御（負荷変動耐性）

負荷の瞬時変動に起因した内部状態変化に対する位相推定法（復調法）の耐性すなわち負荷変動耐性を調べた．実験の方法は，第 6.6.5 項の図 6.18，第 6.7.5 項の図 6.23 の実験と同一である．実験結果を図 6.28 に示した．

図 6.28(a) は，定格強の負荷を瞬時印加したときの実験結果である．波形の意味は，上から，δ 軸電流 i_δ，回転子位相推定誤差 $\theta_\alpha - \hat{\theta}_\alpha$，機械速度指令値 ω_{2m}^*，機械速度真

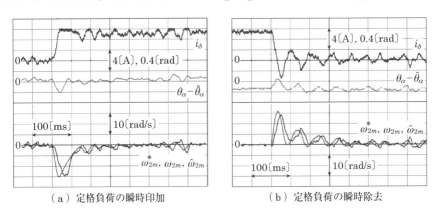

（a）定格負荷の瞬時印加　　　　　　（b）定格負荷の瞬時除去

図 6.28　ゼロ速度制御時の瞬時負荷変化に対する応答

値 ω_{2m},機械速度推定値 $\hat{\omega}_{2m}$ である。同図 (b) は,供試 PMSM の速度制御系にあらかじめ定格強の負荷を与えておき,瞬時除去したときの応答である。同図の波形の意味は,同図 (a) と同一である

図 6.28 は,搬送高周波電圧印加法における位相推定法(復調法)は,負荷の瞬時変動に起因した内部状態変化に対する所期の負荷変動耐性性能を有することを示している。なお,同図の実験結果は,第 6.6.5 項の「正相逆相成分分離法に高周波電流振幅法を適用した復調」,第 6.7.5 項の「軸要素成分分離法に高周波電流振幅法を適用した復調」の実験結果と大きな相違はない。

6.9 軸要素成分分離法に高周波電流相関法を適用した復調

第 6.8 節の「正相逆相成分分離法に高周波電流相関法を適用した復調」は,第 6.6 節の「正相逆相成分分離法に高周波電流振幅法を適用した復調」,第 6.7 節の「軸様相成分分離離法に高周波電流振幅法を適用した復調」に比較し,印加高周波電圧と応答高周波電流との間の位相差に対して,高いロバスト性を有し,印加高周波電圧の周波数を搬送周波数の 1/20〜1/10 程度と想定した従前の復調法を,PWM 搬送波に近い高周波電圧を印加する場合にも,実質無修正で適用できた。本特性は,高周波電流を直接的に用いた正相関信号 p_c の合成に起因している。「軸要素成分分離法に高周波電流相関法を適用した復調」も,正相関信号 p_c の直接的合成を遂行するものであり,同様なロバスト特性が期待される。本節では,この復調を検討する。

搬送周波数の 1/20〜1/10 程度の周波数をもつ従前の高周波電圧印加法における「軸要素成分分離法に高周波電流相関法を適用した復調」は,文献 1) の第 11 章,文献 2) の第 13 章で体系化がなされている。本節では,使用の高周波が搬送周波数に近いことを前提に本復調法を再構築する。

6.9.1 相関信号生成器

図 6.10 に示した,搬送高周波電圧印加法を基づくセンサレスベクトル制御系を再び考える。同制御系に用いた位相速度推定器は,図 6.11(a) を使用するものとする。特に,「直流成分除去/バンドパスフィルタ」を設置するものとする。図 6.11 の位相速度推定器において,相関信号生成器以外の機器は,基本的に第 6.6,第 6.7,第 6.8 節と同一である。換言するならば,本節とこれら前節との相違は,相関信号生成器にある。

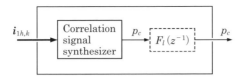

図 6.29　相関信号生成器

本節の主課題は，図 6.11 の位相速度推定器の主要機器である相関信号生成器にある。「軸要素成分分離法に高周波電流相関法を適用した復調」においては，直流成分除去/バンドパスフィルタの出力信号である高周波電流の軸要素成分から直接的に，正相関信号 p_c が生成される。換言するならば，相関信号生成器は，基本的には相関信号合成器のみで構成される。この様子を，図 6.29 に示した。同図では，相関信号合成器にディジタルローパスフィルタ $F_l(z^{-1})$ を追加した構成例を示している。

$K \neq 0$ の楕円係数をもつ高周波電圧の印加，相関信号合成器の構成によっては，相関信号合成器の出力信号には，$2\bar{\omega}_h$ の高周波成分やこの高調波成分が含まれる。ディジタルローパスフィルタ $F_l(z^{-1})$ はこれを除去するためのもので，$2\bar{\omega}_h$ で完全減衰特性をもつフィルタが使用される（図 6.1 参照）。ディジタルローパスフィルタ $F_l(z^{-1})$ は，厳密には，位相同期器内の位相制御器 $C(z^{-1})$ の一部として一体設計されるべきものであるが（(6.63) 式参照）[1],[2]，簡単には，「帯域幅の 3 倍ルール」に従い，位相同期器と独立に設計することも可能である[2]。本節では，「帯域幅の 3 倍ルール」に従いディジタルローパスフィルタ $F_l(z^{-1})$ を独立設計するものとし，$F_l(z^{-1})$ を相関信号生成器側にもたせている。ディジタルローパスフィルタ $F_l(z^{-1})$ としては，第 6.2.1 項で紹介した移動平均フィルタを利用すればよい。楕円係数 $K = 0$ の高周波電圧を利用する場合には，ディジタルローパスフィルタ $F_l(z^{-1})$ は基本的に不要である。この点を考慮し，図 6.29 では同フィルタブロックを破線で示している。

以下，相関信号合成器の詳細を説明する。

6.9.2　相関信号合成器

印加高周波電圧（$N_h \geq 2$）に対する応答しての高周波電流は，一般に，(6.56) 式で与えられた。これを次に再記する。

$$\boldsymbol{i}_{1h,k} = \begin{bmatrix} i_{h\gamma,k} \\ i_{h\delta,k} \end{bmatrix} = \begin{bmatrix} c_\gamma & s_\gamma \\ s_\delta & c_\delta \end{bmatrix} \begin{bmatrix} \cos(\theta_{h,k-1} + \theta_i(\bar{\omega}_h)) \\ -\sin(\theta_{h,k-1} + \theta_i(\bar{\omega}_h)) \end{bmatrix} \quad ; N_h \geq 2 \quad (6.104\text{a})$$

$$\theta_i(\overline{\omega}_h) = -\frac{\pi - \overline{\omega}_h}{2} \tag{6.104b}$$

(6.10) 式における 4 振幅 (c_γ, s_γ, c_δ, s_δ) の定義は，(6.57) 式のとおりである．印加高周波電圧の楕円係数 K を特に $K=0$ と選定する場合には，4 振幅の内の 2 振幅は $s_\gamma = 0$, $c_\delta = 0$ となり，(6.104a) 式は次式となる．

$$\boldsymbol{i}_{1h,k} = \begin{bmatrix} i_{h\gamma,k} \\ i_{h\delta,k} \end{bmatrix} = \begin{bmatrix} c_\gamma \\ s_\delta \end{bmatrix} \cos(\theta_{h,k-1} + \theta_i(\overline{\omega}_h)) \qquad ; N_h \geq 2 \tag{6.105}$$

(6.105) 式の高周波電流に関しては，文献 1) の第 11 章の解析結果が無修正で適用される．これによれば，以下が自明である．(6.105) 式の高周波電流は直線軌跡を描く [1]．(6.105) 式より，本直線軌跡の位相 $\theta_{\gamma e}$ (γ 軸から評価した位相) は，回転子位相 θ_γ と次の関係をもつ [1]．

$$\begin{aligned}
\theta_{\gamma e} &= \tan^{-1}\left(\frac{i_{h\delta,k}}{i_{h\gamma,k}}\right) = \tan^{-1}\left(\frac{s_\delta}{c_\gamma}\right) \\
&= \tan^{-1}\left(\frac{r_s \sin 2\theta_\gamma}{1 + r_s \cos 2\theta_\gamma}\right) \qquad ; r_s \equiv \frac{-L_m}{L_i} \geq 0
\end{aligned} \tag{6.106}$$

図 6.30 に，(6.106) 式に従い，突極比 $r_s = 0.1 \sim 0.5$ の場合について，回転子位相 θ_γ と直線軌跡位相 $\theta_{\gamma e}$ との関係を例示した [1]．なお，参考までに，同図には，$\theta_{\gamma e} = \theta_\gamma$ の関係を破線で示している．同図より明白なように，高周波電流直線軌跡の位相 $\theta_{\gamma e}$ は，突極比に依存するが，回転子位相 θ_γ と良好な正相関特性をもつ．

正相関特性の観点からは，逆正接処理は不要である（第 6.6.3 項参照）．この認識に立つならば，軸要素比である次の正相関信号を考えることができる．

$$p_c = \frac{i_{h\delta,k}}{i_{h\gamma,k}} = \frac{s_\delta}{c_\gamma} = \frac{r_s \sin 2\theta_\gamma}{1 + r_s \cos 2\theta_\gamma} \qquad ; r_s \equiv \frac{-L_m}{L_i} \geq 0 \tag{6.107}$$

(6.107) 式の正相関信号による正相関特性を，突極比 $r_s = 0.1 \sim 0.5$ の場合について，図 6.31 に例示した．逆正接処理を撤去することにより，突極比が大きくなるにつれ，わずかながら正相関領域が広がり，正相関特性が改善されていることが確認される．すなわち，大きい突極比 $r_s = 0.5$ の場合には $|\theta_\gamma| \leq 1.1$ 〔rad〕の領域で正相関が確保され，小さい突極比 $r_s = 0.1$ の場合にも $|\theta_\gamma| \leq 0.8$ 〔rad〕程度（約 45 度）の領域で正相関が確保されることが確認される．

(6.107) 式を参考にするならば，次の相関信号合成法を得る．

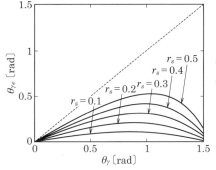

図 6.30 回転子位相に対する高周波電流直線軌跡位相

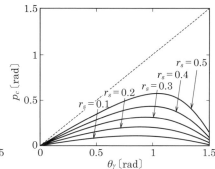

図 6.31 回転子位相に対する正相関特性

【相関信号合成法 I】

$$p_c = \mathrm{Lmt}\left(\frac{i_{h\gamma,k}\, i_{h\delta,k}}{i_{h\gamma,k}^2 + \Delta_0}\right) \quad ; \Delta_0 > 0 \tag{6.108}$$

【相関信号合成法 II】

$$p_c = i_{h\gamma,k}\, i_{h\delta,k} \tag{6.109}$$

【相関信号合成法 III】

$$p_c = \mathrm{sgn}(i_{h\gamma,k})\, i_{h\delta,k} \tag{6.110}$$

■

高周波電流の γ 軸成分はゼロあるいは実質的にゼロをとりうるので，(6.107) 式による場合，「ゼロ割り現象」が発生しうる．(6.108) 式は，ゼロ割り現象を確実に回避すべく，(6.107) 式の分母・分子に γ 軸成分を乗じ，この上で微小正値 $\Delta_0 > 0$ を分母に加算している．また，$\mathrm{Lmt}(\cdot)$ は，「駆動開始直後など，一時的に正相関信号 p_c が過大な値をとる」ことを防止するためのリミッタ関数である．(6.108) 式の正相関信号の正相関特性は，実質的に (6.107) 式のそれと同一である．

(6.108) 式の分母に用いた 2 乗 γ 軸成分の平均値は，おおむね次の一定値として評価される．

$$\begin{aligned}<i_{h\gamma,k}^2> &= <c_\gamma^2 \cos^2(\theta_{h,k-1} + \theta_i(\bar{\omega}_h))> \\ &= \frac{c_\gamma^2}{2} \approx \frac{1}{2}\left(\frac{V_h A_i(\bar{\omega}_h)}{L_d}\right)^2 \end{aligned} \tag{6.111}$$

(6.109) 式の相関信号合成法 II は，(6.110) 式の特性を考慮の上，(6.108) 式における

分母を撤去し，さらには除算を取り除いたものである．本相関信号合成法による正相関信号 p_c は，「軸要素積」と呼ばれる [1], [2]．軸要素積は，次式のように，$\theta_\gamma \neq 0$ の場合には直流成分と mod 2π の高周波 $2\bar{\omega}_h$ 成分とをもつ [1], [2]．

$$i_{h\gamma,k}\ i_{h\delta,k} = \frac{c_\gamma s_\delta}{2}(1+\cos 2(\theta_{h,k-1}+\theta_i(\bar{\omega}_h))) \qquad ; N_h \geq 2 \tag{6.112}$$

印加高周波電圧の周波数を搬送周波数の 1/20～1/10 程度と想定した従前の復調法（軸要素成分分離法に高周波電流相関法を適用した復調法）では，除算排除，簡略化の視点より，正相関信号 p_c としてもっぱら (6.109) 式の「軸要素積」が利用されている．この詳細は，文献 1) の第 11 章に詳説されている．また，文献 2) の第 13 章では，印加高周波電圧の楕円係数 K を $K=0$ 以外に選定する場合にも，図 6.29 のような，「帯域幅の 3 倍ルール」に従ったディジタルローパスフィルタを追加することにより，正相関信号 p_c として「軸要素積」が利用できることが，詳説されている．

(6.110) 式における sgn(·) は，次式で定義された符号関数（シグナム関数）である．

$$\mathrm{sgn}(x) \equiv \begin{cases} 1 & ; x>0 \\ 0 & ; x=0 \\ -1 & ; x<0 \end{cases} \tag{6.113}$$

(6.110) 式の相関信号合成法Ⅲは，高周波電流の δ 軸要素のみを正相関信号として扱うものである．この場合，$\bar{\omega}_h$ で振動する高周波電流 δ 軸要素に対する極性処理が不可避となる．この極性処理を高周波電流の δ 軸要素の極性を利用して実施するものである．相関信号合成法Ⅲは，高周波電流 δ 軸要素がゼロ近傍値をとることがなく，極性の明瞭な有意な値を示す場合に限り有用である．本法による正相関信号 p_c は，$\theta_\gamma \neq 0$ の場合には直流成分と $(2\bar{\omega}_h)$ の整数倍（mod 2π で評価）に当たる多数の高調波成分とをもつ．

(6.104) 式の高周波電流において $N_h=2$ とする場合には，高周波電流における高周波 $2\bar{\omega}_h = 2\pi = 0 \ (\mathrm{mod}\ 2\pi)$ の成分は直流成分となり（(6.23) 式参照），高周波成分は消滅する．この結果，高周波電流は (6.60) 式で記述される単純なもの，すなわち次式となる（(6.48) 式参照）．

$$i_{1h,k} = (-1)^{k-1}\begin{bmatrix} c_\gamma \\ s_\delta \end{bmatrix} = \mathrm{sgn}(v_{h\gamma,k-1})\begin{bmatrix} c_\gamma \\ s_\delta \end{bmatrix} \qquad ; N_h=2 \tag{6.114}$$

直流成分のみの場合，高周波電流自体が高周波電流振幅を示すことになり，高周波電流相関法と高周波電流振幅法との相違はなくなる．ひいては，「軸要素成分分離法に高周波電流振幅法を適用した復調」に用いた (6.88)～(6.90) 式の相関信号合成法を，

$s_\gamma = 0$, $c_\delta = 0$ を条件に,利用できる。また,$N_h = 2$ の条件下で得られた (6.114) 式の高周波電流に対しては,(6.108)〜(6.110) 式の相関信号合成法は,次のように単純化される。

【相関信号合成法Ⅰ】

$$p_c = \frac{i_{h\delta,k}}{i_{h\gamma,k}} = \frac{s_\delta}{c_\gamma} \tag{6.115}$$

【相関信号合成法Ⅱ】

$$p_c = i_{h\gamma,k}\, i_{h\delta,k} = c_\gamma\, s_\delta \tag{6.116}$$

【相関信号合成法Ⅲ】

$$\begin{aligned}p_c &= \mathrm{sgn}(i_{h\gamma,k})\, i_{h\delta,k} \\ &= \mathrm{sgn}(v_{h\gamma,k-1})\, i_{h\delta,k} = \mathrm{sgn}(v^*_{h\gamma,k-1})\, i_{h\delta,k} = s_\delta\end{aligned} \tag{6.117}$$

■

(6.117) 式の第 2 式では,「$(k-1)$ 時点の高周波電圧 γ 軸要素 $v_{h\gamma,k-1}$ の極性と k 時点の高周波電流 γ 軸要素 $i_{h\gamma,k}$ の極性は同一」との性質を利用した(第 6.10.2 項の注 6.6 参照)。この同一性は,(6.114) 式において,(6.57) 式に定義した振幅 c_γ に関して次の正条件が常時成立していることを考慮すると,ただちに得られる[9]。

$$0 < L_d \leq (L_i - L_m \cos 2\theta_\gamma) \leq L_q \tag{6.118a}$$

$$c_\gamma \equiv \frac{V_h A_i(\overline{\omega}_h)}{L_d L_q}(L_i - L_m \cos 2\theta_\gamma) > 0 \tag{6.118b}$$

また,「高周波電圧の指令値 $v^*_{h\gamma,k-1}$ と同発生値 $v_{h\gamma,k-1}$ の極性は同一」とした。(6.117) 式の第 2 式を利用する場合には,当然のことながら,相関信号合成器,相関信号生成器は,高周波電圧指令器より高周波電圧指令値の極性情報を得ることになる(図 6.11,後掲の図 6.38 参照)。

(注 6.5) 軸要素成分分離法に高周波電流相関法を適用した復調に関し,搬送周波数の 1/20〜1/10 程度の周波数をもつ従前の高周波電圧印加法と,搬送周波数と同程度の周波数をもつ搬送高周波電圧印加法との同異に関し説明しておく。両高周波電圧印加法における相関信号生成器,相関信号合成器の基本構造は,同一である。あえて,両高周波電圧印加法の相違を指摘するならば,「搬送高周波電圧印加法においては,相成分抽出フィルタの設計・構成に際し,所期の周波数特性確保に特別な注意が必要である」といえる。なお,両高周波電圧印加法の高い構造的同一性より,「軸要素成分分離法に高周波電流相関法を適用した復調は,高周波の周波数

向上に対して高いロバスト性を有する」といえる。なお，$N_h = 2$ の場合に限り成立する相関信号合成法（たとえば (6.115)～(6.117) 式）は，搬送高周波電圧印加法固有の特徴といえる。

6.9.3 実機実験

（搬送）高周波電圧印加を前提に再構築した「軸要素成分分離法に高周波電流相関法を適用した復調」の理論的妥当性・有用性を確認するため，実機実験を行った。以下にその詳細を説明する。

実験システム，実験条件は，第 6.8.4 項で説明した「正相逆相成分分離法に高周波電流相関法を適用した復調」のための実機実験と同一である。位相推定を中心とした設計パラメータは，前節で利用した表 6.2 のものと同一である。すなわち，印加高周波電圧は，$N_h = 4$ とした。なお，楕円係数 K は，$K = 0$ と $K = 1$ の 2 種を選定した。図 6.29 の相関信号生成器を構成する相関信号合成器は，(6.108) 式の相関信号合成法 I を実装した。相関信号生成器のディジタルローパスフィルタ $F_l(z^{-1})$ としては，$2\bar{\omega}_h = \pi$ で完全減衰特性を有する 1 次移動平均フィルタ（(6.3) 式，図 6.1 参照）を利用した。

まず，楕円係数 K を $K = 0$ とした実験結果を示し，次に，楕円係数 K を $K = 1$ とした実験結果を示す。

A. トルク制御（$K = 0$ の場合）

実験方法は，第 6.6.5 項の図 6.16 の実験，第 6.7.5 項の図 6.21 の実験，第 6.8.4 項の図 6.26 の実験と同一である。実験結果を図 6.32 に示す。同図 6.32(a)～(d) は，おのおの機械速度 $\omega_{2m} = 0, 3, 100, 180$ 〔rad/s〕での応答を示している。各図における波形の意味は，上から，回転子位相真値 θ_α（上段），回転子位相推定値 $\hat{\theta}_\alpha$（上段），回転子位相推定誤差 $\theta_\alpha - \hat{\theta}_\alpha$（下段）である。

第 6.6.5 項の図 6.16，第 6.7.5 項の図 6.21，第 6.8.4 項の図 6.26 は，いずれも，楕円係数 K として $K = 1$ を採用していた。一方，図 6.32 では，楕円係数 K として $K = 0$ を採用した。3 つの前者と比較する場合，位相推定誤差 $\theta_\alpha - \hat{\theta}_\alpha$ に関し相違が見られる。すなわち，ゼロ速度では，3 つの前者より推定性能が劣化しているが，これ以外の速度では，推定性能が改善している。特に，$\omega_{2m} = 3, 180$ 〔rad/s〕で改善が確認される。全般的には，良好な位相推定性能が確認される。

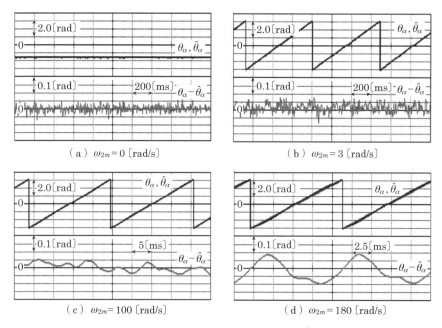

図 6.32 力行トルク制御時の応答 ($K=0$, $i_\delta^*=5\,[\mathrm{A}]$)

B. 速度制御（加減速追従性，$K=0$ の場合）

加減速制御を通じ，搬送高周波電圧印加法における再構築位相推定法（復調法）の速応性を確認した．実験方法は，第 6.6.5 項の図 6.17 の実験，第 6.7.5 項の図 6.22 の実験，第 6.8.4 項の図 6.27 の実験と同一である．実験結果を図 6.33 に示した．同図 (a) は無負荷での応答である．波形の意味は，上から，機械速度指令値 ω_{2m}^*，速度真値 ω_{2m}，速度推定値 $\hat{\omega}_{2m}$，δ 軸電流 i_δ，回転子位相推定誤差 $\theta_\alpha - \hat{\theta}_\alpha$，速度制御偏差真値 $\omega_{2m}^* - \omega_{2m}$，速度制御偏差推定値 $\omega_{2m}^* - \hat{\omega}_{2m}$，速度推定誤差 $\omega_{2m} - \hat{\omega}_{2m}$ である．速度真値，速度推定値は，速度指令値に対して高い追従性を示している．

同様の実験を，50% 定格負荷を印加した状態で実施した．実験結果を図 6.33(b) に示した．波形の意味は同図 (a) と同一である．同図より，無負荷時と同程度の追従性が確認される．同図は，速度制御系の設計帯域幅 150[rad/s] が達成されていること（表 6.2 参照），ひいてはこれを可能とした搬送高周波電圧印加法における位相推定法の速応性が確認される．なお，本実験結果は，第 6.6.5 項の図 6.17，第 6.7.5 項の図 6.22，第 6.8.4 項の図 6.27 と大きな相違はない．

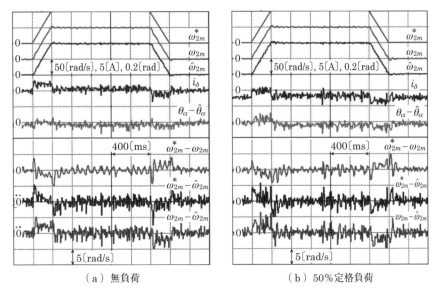

(a) 無負荷 (b) 50%定格負荷

図 6.33　加減速追従性 ($K=0$)

C. 速度制御（負荷変動耐性，$K=0$ の場合）

負荷の瞬時変動に起因した内部状態変化に対する位相推定法（復調法）の耐性すなわち負荷変動耐性を調べた。実験の方法は，第 6.6.5 項の図 6.18，第 6.7.5 項の図 6.23，第 6.8.4 項の図 6.28 の実験と同一である。実験結果を図 6.34 に示した。

図 6.34(a) は，定格強の負荷を瞬時印加したときの実験結果である。波形の意味は，

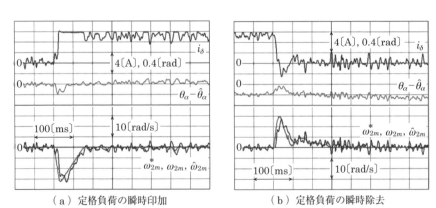

(a) 定格負荷の瞬時印加 (b) 定格負荷の瞬時除去

図 6.34　ゼロ速度制御時の瞬時負荷変化に対する応答 ($K=0$)

上から，δ軸電流 i_δ，回転子位相推定誤差 $\theta_\alpha - \hat{\theta}_\alpha$，機械速度指令値 ω_{2m}^*，機械速度真値 ω_{2m}，機械速度推定値 $\hat{\omega}_{2m}$ である．同図 (b) は，供試 PMSM の速度制御系にあらかじめ定格強の負荷を与えておき，瞬時除去したときの応答である．同図 (b) の波形の意味は，同図 (a) と同一である

図 6.34 は，搬送高周波電圧印加法における位相推定法（復調法）は，負荷の瞬時変動に起因した内部状態変化に対する所期の負荷変動耐性性能を有することを示している．なお，同図の実験結果は，第 6.6.5 項の図 6.18，第 6.7.5 項の図 6.23，第 6.8.4 項の図 6.28 の実験結果と比較する場合，位相推定誤差の変動周波数が高いようである．

D. $K = 1$ の場合の特性

印加高周波電圧の楕円係数 K を $K = 1$ と選定して同様なトルク制御，速度制御の実験を実施した．原理的には，楕円係数 K の向上に応じて相関信号合成器の出力信号に含まれる高周波成分が大きくなる．換言するならば，楕円係数 K の向上に応じて，相関信号合成器の直後に設置したディジタルローパスフィルタ $F_l(z^{-1})$ の役割が増す．実験結果を図 6.35〜6.37 に示した．$K = 0$ の場合に比較し，定常時の位相推定におけ

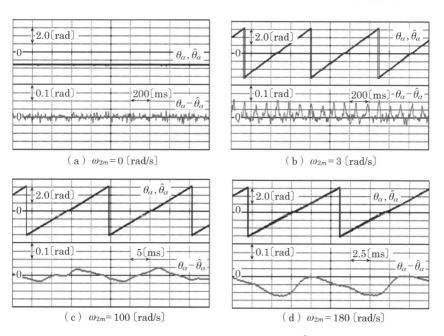

図 6.35 力行トルク制御時の応答（$K = 1$, $i_\delta^* = 5 \text{[A]}$）

る推定誤差が若干大きくなっているが，全般的な応答特性は $K=0$ の場合と大差はない。ディジタルローパスフィルタ $F_l(z^{-1})$ が本来の役割を果たしていることが確認される。

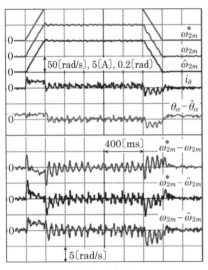

(a) 無負荷

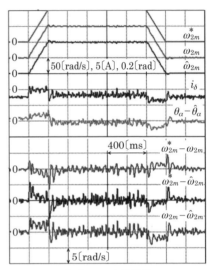

(b) 50％定格負荷

図 6.36 加減速追従性 ($K=1$)

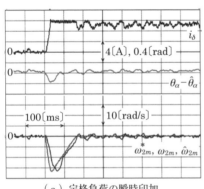

(a) 定格負荷の瞬時印加

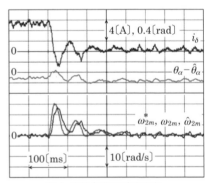

(b) 定格負荷の瞬時除去

図 6.37 ゼロ速度制御時の瞬時負荷変化に対する応答 ($K=1$)

6.10 直線形搬送高周波電圧印加法

6.10.1 課題とシステムの構造
A. 課題
第6.9節では，$N_h = 2$ が成立する場合には，「高周波電流自体が高周波電流振幅を示すことになり，軸要素成分分離法に高周波電流相関法を適用した復調は，軸要素成分分離法に高周波電流振幅法を適用した復調と実質的に同等となる」ことを示した。「高周波電流自体が高周波電流振幅を示す」現象は，印加高周波電圧の軌跡が直線的であれば，すなわち直線形（搬送）高周波電圧が印加される場合には，改良アプローチ採用のいかんにかかわらず，起きる。本節では，この点に着目した特化アプローチによる復調法を，文献9) を参考に示す。

B. システムの構造
本節で検討するセンサレスベクトル制御系の基本構造は，図6.10のものと同一である[1], [2], [9]。解決すべき課題は，$\gamma\delta$ 準同期座標系上の位相速度推定器の新規構築である。本節で構築すべき位相速度推定器の基本構造を，図6.38に示した。同図の構造は，概略的には図6.11と同様であるが，同一ではない。主たる相違は，高周波電流を含有する固定子電流を処理して，正相関信号 p_c を生成する役割を担っている相関信号生成器にある。相関信号生成器の相違に応じて，高周波電圧指令器にも若干の相違が生じている。他の機器は，図6.11と同一である。

図6.38の相関信号生成器は，高周波電圧指令器から，高周波電圧指令値の位相情報に代わって（図6.11参照），この極性情報を必要に応じて得ている。極性情報は必

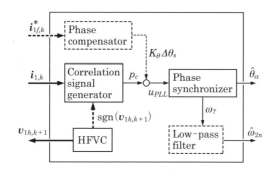

図6.38　$\gamma\delta$ 準同期座標系上の位相速度推定器の構造

ずしも必要とされない点を考慮し，同図では，関連信号線を破線で示している．以下に，相関信号生成器の詳細を説明する．

6.10.2 位相推定の原理
A. 矩形高周波電圧と高周波電流の基本的関係

(6.44)式が成立する場合には，(6.41)式より，$\gamma\delta$準同期座標系上の高周波電圧と高周波電流の関係は，次のように微分表現することもできる．

$$\begin{aligned} s\boldsymbol{i}_{1h} &\approx \frac{1}{L_d L_q}[L_i \boldsymbol{I} - L_m \boldsymbol{Q}(\theta_\gamma)]\boldsymbol{v}_{1h} \\ &= \frac{1}{L_d L_q}\begin{bmatrix} L_i - L_m\cos 2\theta_\gamma & -L_m\sin 2\theta_\gamma \\ -L_m\sin 2\theta_\gamma & L_i + L_m\cos 2\theta_\gamma \end{bmatrix}\begin{bmatrix} v_{h\gamma} \\ v_{h\delta} \end{bmatrix} \end{aligned} \quad (6.119)$$

γ軸印加の高周波電圧 $v_{h\gamma}$ を，振幅 V_h で時間平均ゼロの矩形状の周期電圧とする．本電圧は，正負の二値あるいは正負とゼロの三値をとるものとする．本節では，本電圧を次のように符号関数（シグナム関数）$\mathrm{sgn}(\cdot)$ を用いて表現する（(6.113)式参照）．

$$v_{h\gamma} = \mathrm{sgn}(v_{h\gamma})V_h \qquad ; V_h > 0 \quad (6.120)$$

一方で，δ軸高周波電圧は常時ゼロとする（(6.64)式参照）．矩形高周波電圧印加による高周波電流は，(6.120)式を(6.119)式に用いると，次のように求められる．

$$s\boldsymbol{i}_{1h} = \mathrm{sgn}(v_{h\gamma})\frac{V_h}{L_d L_q}\begin{bmatrix} L_i - L_m\cos 2\theta_\gamma \\ -L_m\sin 2\theta_\gamma \end{bmatrix} \quad (6.121)$$

(6.121)式左辺の高周波電流をサンプリング周期 T_s でサンプルすることを考える．ただし，サンプリング周期 T_s は，矩形高周波電圧の周期 $T_h = 2\pi/\omega_h$ がサンプリング周期の偶数倍 $N_h \geq 2$ になるように選定するものとする．すなわち（(6.23)，(6.47)式参照），

$$T_h = N_h T_s \qquad ; N_h = 2, 4, \cdots \quad (6.122)$$

この際，矩形高周波電圧の周期 T_h は，PMSMの電気時定数（electrical time constant）に比較し，十分に小さいものとする．

なお，(6.122)式の要件は，$N_h = 2$ とする場合には，高周波電圧に関する(6.48)式の成立要件，高周波電流に関する(6.60)，(6.112)式の成立要件と同一である．換言するならば，本節で考える高周波電圧は，$N_h = 2$ の場合に限り，(6.46)式の一定楕円形高周波電圧に対応する．反対に，$N_h \neq 2$ の場合には，(6.46)式の一定楕円形高周波電圧では記述できない電圧となる．

「矩形高周波電圧の周期 T_h は，PMSMの電気時定数に比較し，十分に小さい」と

6.10 直線形搬送高周波電圧印加法

の条件下で,矩形高周波電圧の波形切り換わり時刻とサンプリング時刻とを一致させる場合には,サンプリング時刻間の高周波電流は直線的に変化することになる。したがって,本場合には,高周波電流の微分値は,正確にサンプル値の差分に置換される。すなわち,(6.121),(6.122) 式より,次式を得る。

$$\boldsymbol{i}_{1h,k} - \boldsymbol{i}_{1h,k-1} = \mathrm{sgn}(v_{h\gamma,k-1}) \frac{T_s V_h}{L_d L_q} \begin{bmatrix} L_i - L_m \cos 2\theta_\gamma \\ -L_m \sin 2\theta_\gamma \end{bmatrix} \tag{6.123}$$

ここに,電流の脚符 k は $t = kT_s$ でのサンプリング時刻を意味し,電圧の脚符 $k-1$ は $t = (k-1)T_s \sim kT_s$ の間に,電圧が印加されたことを意味する(図 6.5 参考)。(6.123) 式右辺のインダクタンスに関しては,位相 θ_γ のいかんにかかわらず,(6.118a) 式の関係が成立している。

(6.123) 式の第 1 行(γ 軸要素)と (6.118a) 式は,次の関係が常時成立することを意味する。

$$\mathrm{sgn}(i_{h\gamma,k} - i_{h\gamma,k-1}) = \mathrm{sgn}(v_{h\gamma,k-1}) \tag{6.124}$$

(6.123),(6.124) 式より,次の関係式を得る。

$$\boldsymbol{i}_{1h,k} - \boldsymbol{i}_{1h,k-1} = \mathrm{sgn}(i_{h\gamma,k} - i_{h\gamma,k-1}) \frac{T_s V_h}{L_d L_q} \begin{bmatrix} L_i - L_m \cos 2\theta_\gamma \\ -L_m \sin 2\theta_\gamma \end{bmatrix} \tag{6.125}$$

矩形高周波電圧に対し,追加条件「周期 T_h の矩形高周波電圧は正負二値のみをとり,半周期 $T_h/2$ ごとにその極性を反転する」を付与した上で,矩形波形切り換わり時刻とサンプリング時刻の 2 例を,図 6.39 に示した。同図 (a) は $N_h = 2$ の場合であり,同図 (b) は $N_h = 4$ の場合である。同図には,参考までに,三角 PWM 搬送波の 2 例も示した。電流検出のサンプリング時刻は,三角 PWM 搬送波の山または谷または両者である。

なお,上記の高周波電圧に対応した高周波電圧指令値は,図 6.38 における高周波電圧指令器に,次の発振機能をもつ伝達関数を実装することで,簡単に生成することができる。

$$G(z^{-1}) = \begin{cases} \dfrac{1}{1 + z^{-N_h/2}} \\ \dfrac{V_h}{1 + z^{-N_h/2}} \end{cases} \tag{6.126}$$

(6.126) 式の初期値としては,上段を利用する場合には $\pm V_h$ を,下段を採用する場合には ± 1 を採用することになる。

(注 6.6) 第 6.9 節の (6.117) 式では,$N_h = 2$ を条件に,(6.124) 式に代わって,次

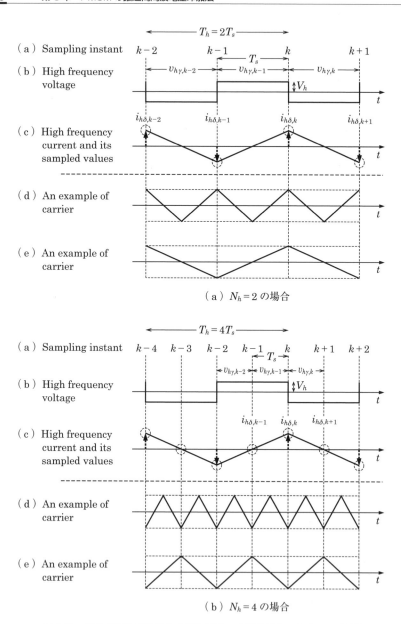

図6.39 三角PWM搬送波と高周波電圧，高周波電流のタイミング関係

の極性関係式を利用している。
$$\mathrm{sgn}(i_{h\gamma,k}) = \mathrm{sgn}(v_{h\gamma,k-1})$$
(6.124) 式は，任意の偶数 $N_h \geq 2$ に適用できる，より汎用性のある関係式である。

B. ベクトル原理式の構築

高周波電圧指令値 $v_{h\gamma,k-1}^*$ と同発生値 $v_{h\gamma,k-1}$ の極性は同一であるとする。達成容易な本前提のもとでは，(6.123) 式から次の (6.127) 式を得る。

$$\mathrm{sgn}(v_{h\gamma,k-1}^*)[\boldsymbol{i}_{1h,k} - \boldsymbol{i}_{1h,k-1}] = \frac{T_s V_h}{L_d L_q}\begin{bmatrix} L_i - L_m \cos 2\theta_\gamma \\ -L_m \sin 2\theta_\gamma \end{bmatrix} \tag{6.127}$$

同様にして，(6.125) 式から次の (6.128) 式を得る。

$$\mathrm{sgn}(i_{h\gamma,k} - i_{h\gamma,k-1})[\boldsymbol{i}_{1h,k} - \boldsymbol{i}_{1h,k-1}] = \frac{T_s V_h}{L_d L_q}\begin{bmatrix} L_i - L_m \cos 2\theta_\gamma \\ -L_m \sin 2\theta_\gamma \end{bmatrix} \tag{6.128}$$

ベクトル量としての電流差分に極性信号を乗じた (6.127)，(6.128) 式が，本節提案の，回転子位相 θ_γ を推定するための最重要なベクトル原理式である。両式の共通の特徴は，ベクトル量としての電流差分に対する乗算極性処理にある。(6.127) 式と (6.128) 式の違いは，乗算極性処理に関し，(6.127) 式が高周波電圧指令値の極性を要するのに対して，(6.128) 式は高周波電圧指令値の極性を一切要しない点にある。

C. ベクトル原理式の意味

(6.127)，(6.128) 式の本節提案のベクトル原理式が有する位相推定上の意味について検討する。両式は，次式のようにベクトル表現することができる。

$$\boldsymbol{v}_{cd} = \boldsymbol{v}_i + \boldsymbol{v}_m \tag{6.129a}$$

(6.129a) 式左辺の 2×1 ベクトル $\boldsymbol{v}_{cd}$ は，(6.127) 式あるいは (6.128) 式の左辺を意味している。一方で，右辺の 2×1 ベクトル $\boldsymbol{v}_i$, $\boldsymbol{v}_m$ は，次式のように定義されている。

$$\left.\begin{aligned}\boldsymbol{v}_i &\equiv \frac{T_s V_h L_i}{L_d L_q}\begin{bmatrix} 1 \\ 0 \end{bmatrix} \\ \boldsymbol{v}_m &\equiv \frac{-T_s V_h L_m}{L_d L_q}\begin{bmatrix} \cos 2\theta_\gamma \\ \sin 2\theta_\gamma \end{bmatrix}\end{aligned}\right\} \tag{6.129b}$$

(6.129) 式の関係は，図 6.40 のように描画される。ベクトル $\boldsymbol{v}_i$, $\boldsymbol{v}_m$ の位相は，回転子位相に対して互いに鏡面対称の関係（$\mp\theta_\gamma$）にある。すなわち，ベクトル $\boldsymbol{v}_i$, $\boldsymbol{v}_m$ は鏡相関係にあり[23]，$\boldsymbol{v}_i$ は γ 軸に対し同相ベクトル（in-phase vector）となっており，

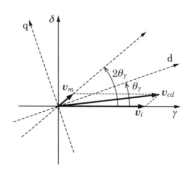

図 6.40 回転子位相と同相,鏡相ベクトルとの関係

v_m は d 軸に対し v_i の鏡相ベクトル (mirror-phase vector) となっている。同相ベクトル v_i,鏡相ベクトル v_m の大きさは,おのおの同相インダクタンス L_i,鏡相インダクタンス L_m に比例している。

回転子位相 θ_γ は,鏡相ベクトルのみに含まれている。本事実は,「ベクトル v_{cd} から,位相情報を有しない同相ベクトル v_i の排除の度合いに応じて,推定特性の異なる回転子位相推定値を得ることができる」ことを認識させる。本認識に基づく,回転子位相 θ_γ の具体的な推定方法は,次項で説明する。

6.10.3 相関信号生成器

A. 基本信号の生成

(6.127),(6.128) 式のベクトル原理式に基づいて位相推定値を得るには,同式右辺と同等な特性を有する基本信号を生成する必要がある。これに関しては,次の定理が成立する。

【定理 6.7(差分電流相関定理)】

次の (6.130),(6.131) 式に従い,固定子電流 i_1 のサンプル値 $i_{1,k}$,$i_{1,k-1}$ を用いて生成した2種の基本信号 $\tilde{c}_\gamma, \tilde{s}_\delta$ は,おのおの (6.127),(6.128) 式のベクトル原理式と実質等価な位相情報を有する。

$$\begin{bmatrix} \tilde{c}_\gamma \\ \tilde{s}_\delta \end{bmatrix} \equiv \mathrm{sgn}(v_{h\gamma,k-1}^*)[i_{1,k} - i_{1,k-1}] \tag{6.130}$$

$$\begin{bmatrix} \tilde{c}_\gamma \\ \tilde{s}_\delta \end{bmatrix} \equiv \mathrm{sgn}(i_{\gamma,k} - i_{\gamma,k-1})[i_{1,k} - i_{1,k-1}] \tag{6.131}$$

〈証明〉

k 時点と $(k-1)$ 時点では，固定子電流の駆動用基本波成分 i_{1f} はおおむね同じであるとすると，(6.130) 式は次のように展開・整理される．

$$\begin{bmatrix} \tilde{c}_\gamma \\ \tilde{s}_\delta \end{bmatrix} \equiv \mathrm{sgn}(v^*_{h\gamma,k-1})[\bm{i}_{1,k} - \bm{i}_{1,k-1}] \\ = \mathrm{sgn}(v^*_{h\gamma,k-1})[[\bm{i}_{1f,k} + \bm{i}_{1h,k}] - [\bm{i}_{1f,k-1} + \bm{i}_{1h,k-1}]] \\ \approx \mathrm{sgn}(v^*_{h\gamma,k-1})[\bm{i}_{1h,k} - \bm{i}_{1h,k-1}] \\ = \frac{T_s V_h}{L_d L_q} \begin{bmatrix} L_i - L_m \cos 2\theta_\gamma \\ -L_m \sin 2\theta_\gamma \end{bmatrix} \tag{6.132}$$

同様にして，(6.131) 式は次のように展開・整理される．

$$\begin{bmatrix} \tilde{c}_\gamma \\ \tilde{s}_\delta \end{bmatrix} \equiv \mathrm{sgn}(i_{\gamma,k} - i_{\gamma,k-1})[\bm{i}_{1,k} - \bm{i}_{1,k-1}] \\ = \mathrm{sgn}((i_{f\gamma,k} + i_{h\gamma,k}) - (i_{f\gamma,k-1} + i_{h\gamma,k-1})) \\ \quad \cdot [[\bm{i}_{1f,k} + \bm{i}_{1h,k}] - [\bm{i}_{1f,k-1} + \bm{i}_{1h,k-1}]] \\ \approx \mathrm{sgn}(i_{h\gamma,k} - i_{h\gamma,k-1})[\bm{i}_{1h,k} - \bm{i}_{1h,k-1}] \\ = \frac{T_s V_h}{L_d L_q} \begin{bmatrix} L_i - L_m \cos 2\theta_\gamma \\ -L_m \sin 2\theta_\gamma \end{bmatrix} \tag{6.133}$$

(6.132)，(6.133) 式は，定理 6.7 を意味する． ∎

矩形高周波電圧に対し，追加条件「周期 T_h の矩形高周波電圧は正負二値のみをとり，半周期 $T_h/2$ ごとにその極性を反転する」を付与する場合には（図 6.39 参照），次の関係が成立する．

$$\mathrm{sgn}(v^*_{h\gamma,k-1}) = -\mathrm{sgn}(v^*_{h\gamma,k-1-N_h/2}) \tag{6.134}$$

定理 6.7 の (6.130) 式に (6.134) 式を考慮すると，ただちに次の系を得る．

【系 6.7-1】

(a) 周期 T_h の矩形高周波電圧は正負二値のみをとり，半周期 $T_h/2 = N_h T_s/2$ ごとにその極性を反転する場合には，(6.130) 式の処理は，次の (6.135) 式の処理で置換することができる．

$$\begin{bmatrix} \tilde{c}_\gamma \\ \tilde{s}_\delta \end{bmatrix} = \mathrm{sgn}(v^*_{h\gamma,k-1})\bm{i}_{1,k} + \mathrm{sgn}(v^*_{h\gamma,k-1-N_h/2})\bm{i}_{1,k-1} \tag{6.135}$$

(b) 特に，$N_h = T_h/T_s = 2$ の場合は，(6.130) 式の処理は，次の (6.136) 式の処理で置換することができる．

$$\begin{bmatrix} \tilde{c}_\gamma \\ \tilde{s}_\delta \end{bmatrix} = \mathrm{sgn}(v_{h\gamma,k-1}^*)\boldsymbol{i}_{1,k} + \mathrm{sgn}(v_{h\gamma,k-2}^*)\boldsymbol{i}_{1,k-1} \tag{6.136}$$

■

系 6.7-1 では, 一見, 固定子電流の差分処理が消滅しているような印象を与えるが, この認識は正しくない. 系 6.7-1 は, 固定子電流の差分処理を遂行する定理 6.7 のもとで成立するものであり, (6.130) 式と同一の固定子電流差分処理を遂行している. 定理 6.7 が成立しない場合には, 基本的には, この下位の系である系 6.7-1 も成立しない.

$N_h = T_h/T_s = 2$ を条件とした (6.136) 式の右辺第 1 項と第 2 項は同一形状の繰り返しとなっており, この点において, (6.136) 式は (6.130) 式より利用しやすい形式といえる. $N_h = T_h/T_s = 2$ を条件とした (6.136) 式は, (6.117) 式の第 3 式の繰り返し利用として捉えなおすこともできる.

(6.130), (6.131), (6.136) 式に基づく 3 種の相関信号生成器を図 6.41(a)～(c) に示した. 図より明白なように, 相関信号生成器は, 基本信号 $\tilde{c}_\gamma, \tilde{s}_\delta$ を生成する前段部と生成基本信号 $\tilde{c}_\gamma, \tilde{s}_\delta$ を用いて正相関信号 p_c を合成する相関信号合成器から構成されている.

図 6.41(a), (b) の前段に配置された差分器「$1 - z^{-1}$」は, 図 6.11(a) の位相速度推定器において相関信号生成器の前に設置された「直流成分除去/バンドパスフィルタ」

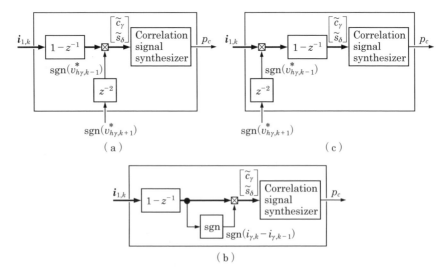

図 6.41 相関信号生成器の 3 種構造

として捉えることもできる。特に，同フィルタとして，(6.8) 式第 1 式の直流成分除去，最大周波数 $\bar{\omega}=\pi$ 通過のバンドパス，ハイパスフィルタを用いたものと捉えることもできる（図 6.3 参照）。また，図 6.41(c) に用いた「$1+z^{-1}$」は，ローパス特性をもつ 1 次移動平均フィルタと捉えることもできる（(6.3) 式，図 6.1 参照）。

6.10.4 相関信号合成器

次の (6.137) 式で記述される相関信号合成器の構築を考える。

$$p_c = f_p(\tilde{c}_\gamma, \tilde{s}_\delta) \tag{6.137}$$

すなわち，基本信号 $\tilde{c}_\gamma, \tilde{s}_\delta$ を用いて，回転子位相 θ_γ と正相関をもつ正相関信号 p_c を合成することを考える。

A. 同相ベクトルの低減を伴う方法

図 6.40 に示したように，位相情報を有しているのは鏡相ベクトルであり，同相ベクトルは位相情報を有していない。この点を考慮の上，(6.130), (6.131) 式の基本信号から同相ベクトル $\bm{v}_i$ の低減を考える。このため，同相ベクトル $\bm{v}_i$ と同一方向をもつ次の補正ベクトル $\bm{v}_{ic}$ を用意する。

$$\bm{v}_{ic} = C_{ic}\begin{bmatrix}1\\0\end{bmatrix} \quad ; 0 \leq C_{ic} \leq \frac{T_s V_h}{L_d L_q}L_i \tag{6.138}$$

補正ベクトル $\bm{v}_{ic}$ を用い，同相ベクトル分を低減した低減ベクトルを次のように生成する。

$$\begin{bmatrix}\tilde{c}_\gamma\\\tilde{s}_\delta\end{bmatrix} - \bm{v}_{ic} = \begin{bmatrix}\tilde{c}_\gamma - C_{ic}\\\tilde{s}_\delta\end{bmatrix} \quad ; 0 \leq C_{ic} \leq \frac{T_s V_h}{L_d L_q}L_i \tag{6.139}$$

低減ベクトルの 2 要素を用いて，正相関信号を次の (6.140) 式あるいは (6.141) 式のように合成する。

【相関信号合成法 I】

$$p_c = \tan^{-1}(\tilde{s}_\delta, \tilde{c}_\gamma - C_{ic}) \quad ; 0 \leq C_{ic} \leq \frac{T_s V_h}{L_d L_q}L_i \tag{6.140}$$

$$p_c = \frac{\tilde{s}_\delta}{\tilde{c}_\gamma - C_{ic}} \quad ; 0 \leq C_{ic} < \frac{T_s V_h}{L_q} \tag{6.141}$$

■

(6.141) 式は，(6.140) 式に比較し，補正量 C_{ic} を抑えた合成式になっている。補正量 C_{ic} を抑えることにより，誤差が存在しない場合には，回転子位相 θ_γ のいかんに

かかわらず正特性 $(\tilde{c}_\gamma - C_{ic}) > 0$ を維持できる。(6.140) 式の合成式に関しては，次の線形定理が成立する。

【定理 6.8】

(6.140) 式の合成式による正相関信号は，2 種の補正量 C_{ic} に対し，全領域にわたり回転子位相 θ_γ と線形特性を維持する。すなわち，次式が成立する。

$$p_c = \tan^{-1}\left(\tilde{s}_\delta, \tilde{c}_\gamma - \frac{T_s V_h L_i}{L_d L_q}\right) = 2\theta_\gamma \qquad ; -\frac{\pi}{2} < \theta_\gamma < \frac{\pi}{2} \tag{6.142}$$

$$p_c = \tan^{-1}\left(\frac{\tilde{s}_\delta}{\tilde{c}_\gamma - \frac{T_s V_h}{L_q}}\right) = \theta_\gamma \qquad ; -\frac{\pi}{2} < \theta_\gamma < \frac{\pi}{2} \tag{6.143}$$

〈証明〉

(6.142) 式に用いた補正量 C_{ic} に関しては，(6.132)，(6.133) 式より，低減ベクトルは次式となる。

$$\begin{bmatrix} \tilde{c}_\gamma - C_{ic} \\ \tilde{s}_\delta \end{bmatrix} = \begin{bmatrix} \tilde{c}_\gamma - \frac{T_s V_h}{L_d L_q} L_i \\ \tilde{s}_\delta \end{bmatrix} = \frac{-T_s V_h L_m}{L_d L_q}\begin{bmatrix} \cos 2\theta_\gamma \\ \sin 2\theta_\gamma \end{bmatrix} \tag{6.144}$$

一方，(6.143) 式に用いた補正量 C_{ic} に関しては，(6.132)，(6.133) 式より，低減ベクトルは次式となる。

$$\begin{bmatrix} \tilde{c}_\gamma - C_{ic} \\ \tilde{s}_\delta \end{bmatrix} = \begin{bmatrix} \tilde{c}_\gamma - \frac{T_s V_h}{L_q} \\ \tilde{s}_\delta \end{bmatrix} = \frac{-T_s V_h L_m}{L_d L_q}\begin{bmatrix} 1 + \cos 2\theta_\gamma \\ \sin 2\theta_\gamma \end{bmatrix}$$

$$= \frac{-T_s V_h L_m}{L_d L_q}(2\cos\theta_\gamma)\begin{bmatrix} \cos\theta_\gamma \\ \sin\theta_\gamma \end{bmatrix} \tag{6.145}$$

(6.144)，(6.145) 式は，おのおの (6.142)，(6.143) 式を意味する。∎

(6.140) 式に基づき合成された正相関信号の特性，さらには定理 6.8 を確認すべく，定量的評価を実施した。補正量 C_{ic} を次式のように定め，種々のパラメータ r_{im}（以下，仮想インダクタンス比と呼称）に対する定量評価の結果を図 6.42(a) に示した。

$$C_{ic} = \frac{T_s V_h}{L_d L_q}(L_i + r_{im} L_m) \qquad ; 0 \leq r_{im} \leq \frac{L_i}{-L_m} \tag{6.146}$$

同図では，仮想インダクタンス比を $0 \leq r_{im} \leq 2$ の範囲で 0.5 刻みに変化させ，正相関特性を例示している。図より，定理 6.8 の特性に加え，次式に示す補正量 C_{ic} の範囲

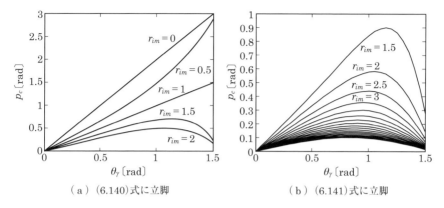

図 6.42 正相関信号 p_c の正相関特性例

では全領域にわたり正相関特性が確保されることがわかる。

$$\frac{T_s V_h}{L_q} \leq C_{ic} \leq \frac{T_s V_h}{L_q} \cdot \frac{L_i}{L_d} \tag{6.147}$$

(6.140),(6.141)式の相関信号合成法における補正量 C_{ic} の導入の目的は,「PMSMが元来有する実インダクタンス比 $L_i/(-L_m)$ ((6.77)式定義の突極比 r_s の逆数と同一)を,正相関信号において仮想インダクタンス比 r_{im} へ縮小変更し,ひいては正相関信号の正相関特性を改善する」ことにある(図 6.42 参照)。このため,仮想インダクタンス比 r_{im} の選定範囲は,(6.146)式となる。すなわち,仮想インダクタンス比 r_{im} の意味ある上限は,(6.146)式が明示しているように実インダクタンス比 $L_i/(-L_m)$ であり,これを超えることはない。

補正量生成に利用するパラメータ(たとえば,高周波電圧振幅 V_h, d軸インダクタンス L_q)の公称値がその実効的値(真値)と異なる場合にも,補正量 C_{ic} は実効的値に対してその上限値を超えてはならない。パラメータ公称値と同実効的値との相違が大きい場合には,パラメータ公称値に基づく補正量 C_{ic} は控えめに選定することになる。(6.141)式の相関信号合成法は,この点を考慮して構築したものである。

(6.141)式の相関信号合成法に基づき合成された正相関信号の正相関特性を図 6.42(b) に示した。同図では,(6.146)式に従い,仮想インダクタンス比を $1.5 \leq r_{im} \leq 10$ の範囲で 0.5 きざみに変化させ,正相関特性を描画した。同図より,仮想インダクタンス比を $r_{im} \leq 3$ 程度とることができれば,位相範囲 $|\theta_\gamma| \leq 1$ [rad](約60度)で線形性のよい正相関特性が得られることがわかる。

B. 同相ベクトルの低減を伴わない方法

同相ベクトルの低減を伴わない方法，すなわち定理 6.7 に従い生成した基本信号 $\tilde{c}_\gamma, \tilde{s}_\delta$ を補正量 C_{ic} で補正することなく，これらを直接的に用いて，正相関信号 p_c を合成する方法を考える．この代表的方法は，次の 3 種である．

【相関信号合成法 II 】

$$p_c = \frac{\tilde{s}_\delta}{\tilde{c}_\gamma}$$

$$\approx \frac{\tilde{s}_\delta}{\tilde{c}_\gamma + \Delta_0} \tag{6.148}$$

$$\approx \mathrm{Lmt}\!\left(\frac{(i_{\gamma,k}-i_{\gamma,k-1})(i_{\delta,k}-i_{\delta,k-1})}{(i_{\gamma,k}-i_{\gamma,k-1})^2+\Delta_0}\right) \quad ; \Delta_0 > 0$$

$$p_c = \tilde{c}_\gamma \tilde{s}_\delta = (i_{\gamma,k}-i_{\gamma,k-1})(i_{\delta,k}-i_{\delta,k-1}) \tag{6.149}$$

$$p_c = \tilde{s}_\delta \tag{6.150}$$

∎

(6.148) 式における Δ_0 は，ゼロ割り現象を確実に回避するための正の小数である．また，$\mathrm{Lmt}(\cdot)$ は，「駆動開始直後など，一時的に正相関信号 p_c が過大な値をとる」ことを防止するためのリミッタ関数である．

(6.148) 式あるいは (6.149) 式の正相関信号 p_c を利用する場合には，同式右辺が明示しているように，極性処理は除去できる．(6.148)～(6.150) 式の相関信号合成法は，(6.108)～(6.110)，(6.115)～(6.117) 式の相関信号合成法と高い類似性を有する．たとえば，(6.148) 式の正相関特性は，(6.132)，(6.133) 式より，次のように評価される．

$$p_c = \frac{r_s \sin 2\theta_\gamma}{1 + r_s \cos 2\theta_\gamma} \quad ; r_s \equiv \frac{-L_m}{L_i} \tag{6.151}$$

(6.151) 式の右辺は，(6.108) 式の正相関特性を示した (6.107) 式の右辺と同一であり，同特性は図 6.31 のように描画される．

図 6.41 の相関信号生成器内における相関信号合成器には，相関信号合成法 I ((6.140)，(6.141) 式)，相関信号合成法 II ((6.148)～(6.150) 式) の中のいずれか 1 つが実装される．

6.10.5　数値実験

提案位相推定法（復調法）の原理的妥当性，さらには位相推定の速応性，高加減速追従性を確認すべく，数値実験（シミュレーション）を行った．以下に，その詳細を

表6.3 主要設計パラメータ

電流制御系の帯域幅	2 000 [rad/s]
サンプリング周期,制御周期	0.0001 [s]
高周波電圧の周期	0.0002 [s]
高周波電圧の振幅	50 [V]
PLL の帯域幅	200 [rad/s]
速度推定用ローパスフィルタの帯域幅	150 [rad/s]
速度制御系の帯域幅	150 [rad/s]

説明する。

A. 実験条件

供試 PMSM の特性は,表3.1 のとおりである。位相推定を中心とした他の設計パラメータは,表6.3 のように定めた。電流制御周期としては,現状での標準的な $T_s = 0.0001$ [s] を採用した。また,高周波電圧の周期 T_h は,(6.122)式の制約を満足する中で,最良の速応性が期待される最小値 $N_h = 2$(すなわち,$T_h = 0.0002$ [s])を採用した。

位相速度推定器は,図6.38 のとおりである。位相速度推定器内部の相関信号生成器は,印加矩形高周波電圧の極性情報を必要としない(6.131)式に従って構成した。すなわち,図6.41(a)を構成した。相関信号合成器は,(6.148)式に従って構成した。この際,ゼロ割り防止の正の微小正値は $\Delta_0 = 0.001$ とし,リミッタ関数 $Lmt(\cdot)$ の上下限値は,$\pm K_\theta = \pm 0.36$ に設定した((6.70),(6.151)式参照)。本上下限値は,位相 θ_γ の換算でおおよそ $\theta_\gamma = \pm 1$ [rad] に相当する。

数値実験では,PMSM 部分(すなわち,純アナログ部分)は刻み幅 0.00001 [s] の 4 次ルンゲ・クッタ法で模擬した。一方,制御・推定部分は実システムと同様のディジタル構成とし,表6.3 に示した制御周期 $T_s = 0.0001$ [s] で離散時間動作させた。以下に,数値実験結果を示す。

B. トルク制御(ゼロ速度)

トルク制御(電流制御)を通じ,位相推定の基本性能を確認した。図6.10 のセンサレスベクトル制御系において,速度制御系を撤去の上,供試 PMSM に負荷装置を連結し,負荷装置で供試 PMSM の速度を正確に制御できるようにした。負荷装置で供試 PMSM の速度を一定に制御した上で,供試 PMSM の γ 軸(d 軸)電流指令値と

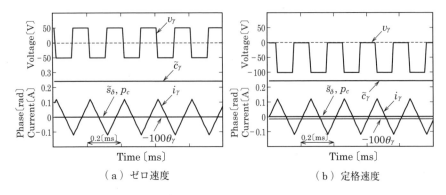

図 6.43　トルク制御の応答例

して 0 [A] を，δ 軸（q 軸）電流指令値として定格の 3 [A] を与え，定常状態に入った状態での位相推定特性を観察した。

図 6.43(a) は，負荷装置でゼロ速度を維持したときの応答である。矩形状信号は γ 軸電圧（固定子電圧の γ 軸要素）`を，三角形状信号は γ 軸電流（固定子電流の γ 軸要素）を示している。ゼロ速度であり，γ 軸電流指令値（駆動用成分の指令値）はゼロであるので，γ 軸電圧と γ 軸電流は，ともに高周波成分のみから構成されている。矩形高周波電圧と三角高周波電流との相互関係は図 6.39 のそれと同一となっている。すなわち，これら電圧・電流信号は，「位相推定法（復調法）構築の前提である図 6.39 の関係が成立する」ことを示している。

基本信号 $\tilde{c}_\gamma, \tilde{s}_\delta$ は，それぞれ一定正値（高周波電流の 2 倍振幅値に一致），ゼロに収斂している。これに応じて，正相関信号 p_c もゼロに収斂している。基本信号 $\tilde{c}_\gamma, \tilde{s}_\delta$ と正相関信号 p_c は，制御周期 T_s の離散時間信号であるが，同図では 0 次ホールド（換言するならば，D/A 変換）して出力した値を表示している。

図 6.43 には，回転子位相 θ_γ の 100 倍値を極性反転（すなわち，d 軸を基準とした γ 軸の位相，位相偏差の 100 倍値）して表示したが，線幅以下の値となった。これら信号は，位相推定が所期のとおり正常に遂行されていることを裏づけている。

C. トルク制御（定格速度）

図 6.43(a) と同様な実験を定格速度 180 [rad/s] で実施した。実験結果を同図 b) に示す。波形の意味は同図 (a) と同一である。両図における波形の違いは，γ 軸電圧と回転子位相 θ_γ の 100 倍極性反転値とにある。

γ軸電圧には，矩形高周波電圧に加えて，モータ回転に応じた駆動用成分の約 −50 〔V〕が出現している。回転子位相 θ_γ に関しては，この100倍極性反転値がわずかに出現した。これによると，定常的な回転子位相（すなわち，d軸と γ軸の位相偏差）は，約 0.001 〔rad〕である。この定常位相偏差は，(6.44)式の非ゼロ周波数比に起因している。本例では，周波数比は次の値となる。

$$\left|\frac{\omega_\gamma}{\omega_h}\right| = \left|\frac{N_p \omega_{2m} \cdot T_h}{2\pi}\right| = 0.0172 \tag{6.152}$$

約 0.001 〔rad〕の位相偏差は，実用上まったく問題のない微小値である。図 6.43(a)，(b) は，「提案法は，原理的には，定格速度に至るまで，所期の推定性能を発揮する」ことを示すものである。

D. 速度制御（一定速制御）

トルク制御（電流制御）につづいて，速度制御実験を実施した。実験システムは図 6.10 のとおりである。ただし，供試 PMSM に負荷装置を連結し，任意の負荷で印加できるようにした。速度制御の設計仕様は表 6.3 のとおりである。

高周波電圧印加法に基づく速度制御系は，概して，速度向上に応じ安定性の維持が困難となる。この点を考慮して，定格速度における速度制御応答を検証した。

図 6.44(a) は，定格力行負荷のもとでの定格速度制御の応答である。波形は，上から，α 軸電流 i_α，α 軸から見た回転子位相真値 θ_α，同推定値 $\hat{\theta}_\alpha$，d 軸と γ 軸との間の位相偏差の100倍値である。位相偏差（約 0.001 〔rad〕）の 100 倍値は，描画上は線幅以下となっている。同図 (b) は，同様な実験を，定格回生負荷のもとで実施した応答

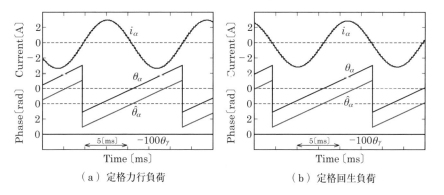

(a) 定格力行負荷　　　　　　　(b) 定格回生負荷

図 6.44　定格負荷下での定常速度応答

である.波形の意味は,同図 (a) と同様である.力行・回生のいずれの定格負荷のもとでも,安定的に定格速度制御が遂行されている様子が確認される.

E. 速度制御(加減速追従性)

高周波電圧印加法に基づく速度制御系は,概して,急激な加減速制御を不得意とする.位相推定の速応性の向上を図った提案法は,これを克服できる潜在力を有する.潜在力を確認すべく,負荷装置を撤去し供試 PMSM 単体の無負荷状態で,加減速実験を行った.設計上の速度制御系帯域幅が 150 [rad/s] である点を考慮し,(角) 加速度を ±500 [rad/s^2],最高速度を定格速度とする機械速度指令値を用意した.

実験結果を図 6.45 に示す.波形の意味は,上から,(機械) 速度指令値 ω_{2m}^*,速度真値 ω_{2m},速度推定値 $\hat{\omega}_{2m}$,速度偏差真値 $(\omega_{2m} - \omega_{2m}^*)$,速度偏差推定値 $(\hat{\omega}_{2m} - \omega_{2m}^*)$ である.ゼロ速度の基準は,速度指令値に対してのみ破線で与えた.速度真値,速度推定値は,波形重複を回避すべく,-50 [rad/s] 相当,順次下方へシフトして描画した.なお,2 種の速度偏差の軸スケーリングは,相違を明瞭にすべく,5 [(rad/s)/div] と大きく設定した.

(角) 加速度 ±500 [rad/s^2] の加減速部分で約 3 [rad/s] の速度偏差真値が出現しているが,速度応答値は同指令値に対し優れた追従性を示しており,設計帯域幅 150 [rad/s] が達成されていることが確認される.

実機実験でも提案法を検証し,数値実験と同様の性能を確認した.しかしながら,紙幅の関係上,本書での記載は省略する.実機実験による応答例は,文献 10),11)

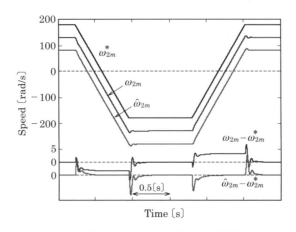

図 6.45 無負荷での加減速追従性

を通じ公開している。

6.11 真円形搬送高周波電圧印加法

6.11.1 課題とシステムの構造
A. 課題
　第6.10節では，直線形高周波電圧を印加することを条件に，特化アプローチによる復調法を示した。直線形高周波電圧の対極に位置するのが真円形高周波電圧である。本節では，真円形高周波電圧の印加を条件に，特化アプローチによる復調法を，文献12）を参考に示す。提示の復調法は，復調の中核をなす相関信号生成器に「固定子電流の差分を利用する反面，電流差分に対する極性処理後には，加算処理して差分を解消する」という独自構造を採用しており，これにより，「正相関信号の正相関領域に関し，パラメータに不感な形で理論限界の $\pm\pi/2$ 〔rad〕の領域を確保できる」という特長を備える。

B. システムの構造
　本節で検討するセンサレスベクトル制御系の基本構造は，図6.10のものと同一である。また，$\gamma\delta$ 準同期座標系上の位相速度推定器の基本構造は，第6.10節の図6.38と同一である。
　第6.10節の位相速度推定器と本節で検討すべき位相速度推定器の相違は，高周波電圧指令器と相関信号生成器にある。高周波電圧指令器は，上述のように真円形高周波電圧指令値を発生する。真円形高周波電圧に対応した高周波電流は，当然のことながら，第6.10節で用いた直線形高周波電圧に対応した高周波電流と異なる。ひいては，高周波電流を含有する固定子電流を処理し，正相関信号の生成を担う相関信号生成器は，第6.10節のものと異なる。以下に，相関信号生成器の詳細を説明する。

6.11.2 位相推定の原理
A. 基本原理式
　印加高周波電圧として，周期 T_h，平均速度 ω_h で空間的に回転する真円形高周波電圧を考える。本電圧は次式で表現される（(6.64) 式参照）。

$$\boldsymbol{v}_{1h} = V_h \begin{bmatrix} \cos\theta_h \\ \sin\theta_h \end{bmatrix} \quad ; V_h = \text{const} \tag{6.153a}$$

$$\omega_h = \left\langle \frac{d}{dt}\theta_h \right\rangle = \frac{2\pi}{T_h} \tag{6.153b}$$

上式における記号 $\langle \cdot \rangle$ は平均処理を意味する．印加高周波電圧の周期 T_h は，制御周期 T_s の整数倍 $N_h \geq 3$ とする（(6.23)，(6.47)，(6.122) 式参照）．すなわち，

$$T_h = N_h T_s \quad ; N_h \geq 3 \tag{6.154}$$

制御周期が PMSM の電気時定数に比較し十分に小さい場合には，(6.119) 式の時間微分の関係は，次のように制御周期ごとの時間差分の関係に改められる（図 6.39，後掲の図 6.47 参照）．

$$\Delta i_{1h,k} = \frac{T_s}{L_d L_q}[L_i \boldsymbol{I} - L_m \boldsymbol{Q}(\theta_\gamma)]\boldsymbol{v}_{1h,k-1} \tag{6.155a}$$

$$\Delta i_{1h,k} \equiv i_{1h,k} - i_{1h,k-1} \tag{6.155b}$$

連続した 2 制御周期にわたって (6.155a) 式を適用するならば，次式を得る．

$$[\Delta i_{1h,k} \quad \Delta i_{1h,k-1}] = \frac{T_s}{L_d L_q}[L_i \boldsymbol{I} - L_m \boldsymbol{Q}(\theta_\gamma)][\boldsymbol{v}_{1h,k-1} \quad \boldsymbol{v}_{1h,k-2}] \tag{6.156}$$

印加高周波電圧は空間的に回転する真円形高周波電圧であるので，(6.156) 式右辺の 2×2 高周波電圧行列は，常時正則となる．すなわち，常時この逆行列が存在する．逆行列の存在条件を (6.156) 式に用いると，次の原理式を得る．

【基本原理式】

$$\begin{aligned}
&V_h[\Delta i_{1h,k} \quad \Delta i_{1h,k-1}][\boldsymbol{v}_{1h,k-1} \quad \boldsymbol{v}_{1h,k-2}]^{-1} \\
&= \frac{V_h[\Delta i_{1h,k} \quad \Delta i_{1h,k-1}]}{\boldsymbol{v}_{1h,k-2}^T \boldsymbol{J} \boldsymbol{v}_{1h,k-1}}\begin{bmatrix} \boldsymbol{v}_{1h,k-2}^T \boldsymbol{J} \\ \boldsymbol{v}_{1h,k-1}^T \boldsymbol{J}^T \end{bmatrix} \\
&= \frac{T_s V_h}{L_d L_q}[L_i \boldsymbol{I} - L_m \boldsymbol{Q}(\theta_\gamma)]
\end{aligned} \tag{6.157}$$

∎

(6.157) 式においては，2×2 高周波電圧行列を振幅 V_h で正規化した形で表現している．高周波電圧と同応答値である高周波電流を (6.157) 式中辺に基づき処理すれば，同式右辺のインダクタンス行列を特定できる．ひいては，回転子位相 θ_γ を特定することができる．

B. 簡略化原理式

(6.157) 式の右辺を精度よく特定するには，同式左辺の 2×2 高周波電圧行列の条件数（condition number of matrix）を下げる必要がある．「整数 N_h の増大に応じ条件数が増大する」という一般的性質を考慮するならば，整数 N_h の実際的な候補は，

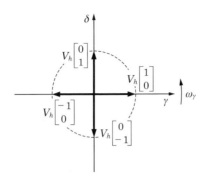

図 6.46 $\gamma\delta$ 準同期座標系上における高周波電圧の例 ($N_h=4$)

$3 \leq N_h \leq 10$ の範囲となる。

最小の条件数 1 をもたらすのは，$N_h = 4$ の場合である。この場合，高周波電圧行列を構成する 2 個の電圧ベクトル $\boldsymbol{v}_{1h,k-1}$，$\boldsymbol{v}_{1h,k-2}$ は，常時直交する。$N_h = 4$ の場合の代表的高周波電圧は，次の 4 個である。

$$\boldsymbol{v}_{1h} = V_h \begin{bmatrix} 1 \\ 0 \end{bmatrix}, \quad V_h \begin{bmatrix} 0 \\ 1 \end{bmatrix}, \quad V_h \begin{bmatrix} -1 \\ 0 \end{bmatrix}, \quad V_h \begin{bmatrix} 0 \\ -1 \end{bmatrix} \tag{6.158}$$

(6.158) 式の高周波電圧は，$\gamma\delta$ 準同期座標系上で位相差 $\pm\pi/2$〔rad〕をもつ 4 個の空間ベクトルとして，図 6.46 のように描画することができる。空間ベクトルの平均回転速度 ω_h を正（負）とする場合には，(6.158) 式の 4 個の 2×1 空間ベクトルを左（右）から右（左）へと選択することになる。

高周波電圧として (6.158) 式を採用する場合には，正規化高周波電圧の逆行列は，正負回転を含め，次の 8 種のいずれかとなる。

$$V_h [\boldsymbol{v}_{1h,k-1} \quad \boldsymbol{v}_{1h,k-2}]^{-1} = \frac{V_h}{\boldsymbol{v}_{1h,k-2}^T \boldsymbol{J} \boldsymbol{v}_{1h,k-1}} \begin{bmatrix} \boldsymbol{v}_{1h,k-2}^T \boldsymbol{J} \\ \boldsymbol{v}_{1h,k-1}^T \boldsymbol{J}^T \end{bmatrix}$$

$$= \begin{cases} \begin{bmatrix} \pm 1 & 0 \\ 0 & \pm 1 \end{bmatrix} \\ \\ \begin{bmatrix} 0 & \pm 1 \\ \pm 1 & 0 \end{bmatrix} \end{cases} \tag{6.159}$$

(6.159) 式は，「極性処理を施す場合には，正規化高周波電圧逆行列は 2 種の単位ベクトルのみから構成される」ことを示している。本事実を考慮し，高周波電圧に極性処理を施した上で，逆行列算定を行うことにする。

高周波電圧に対する極性処理を考慮の上，(6.158) 式の高周波電圧を，符号関数（シグナム関数）sgn(·) を用い次のように表現する（(6.113) 式参照）．

$$\boldsymbol{v}_{1h} = V_h \operatorname{sgn}(\boldsymbol{v}_{1h}) \tag{6.160}$$

ただし，

$$\operatorname{sgn}(\boldsymbol{v}_{1h}) \equiv \begin{bmatrix} \operatorname{sgn}(v_{h\gamma}) \\ \operatorname{sgn}(v_{h\delta}) \end{bmatrix} \tag{6.161}$$

(6.158) 式より，(6.161) 式がとりうる値は，1，0，−1 の三値となる．

簡略化を図るべく，「高周波電圧の指令値 $\boldsymbol{v}^*_{1h,k-1}$ と同発生値 $\boldsymbol{v}_{1h,k-1}$ の極性は同一である」との前提を設ける．本前提のもとでは，(6.157) 式より，これを簡略化した次の簡略化原理式を得る．

【簡略化原理式】

$$\begin{aligned}
& \varDelta \boldsymbol{i}_{1h,k} \operatorname{sgn}(\boldsymbol{v}^{*T}_{1h,k-1}) \\
&= \frac{T_s V_h}{L_d L_q} \begin{bmatrix} L_i - L_m \cos 2\theta_\gamma & -L_m \sin 2\theta_\gamma \\ -L_m \sin 2\theta_\gamma & L_i + L_m \cos 2\theta_\gamma \end{bmatrix} \operatorname{sgn}(\boldsymbol{v}_{1h,k-1})\operatorname{sgn}(\boldsymbol{v}^{*T}_{1h,k-1}) \\
&= \begin{cases} \dfrac{T_s V_h}{L_d L_q}\begin{bmatrix} L_i - L_m \cos 2\theta_\gamma & 0 \\ -L_m \sin 2\theta_\gamma & 0 \end{bmatrix} & ; \operatorname{sgn}(v^*_{h\delta,k-1}) = 0 \\[2mm] \dfrac{T_s V_h}{L_d L_q}\begin{bmatrix} 0 & -L_m \sin 2\theta_\gamma \\ 0 & L_i + L_m \cos 2\theta_\gamma \end{bmatrix} & ; \operatorname{sgn}(v^*_{h\gamma,k-1}) = 0 \end{cases}
\end{aligned} \tag{6.162}$$

■

(6.157) 式の基本原理式に対する (6.162) 式の簡略化原理式の特徴は，4 種の高周波電圧（空間ベクトル）の直交性とゼロ要素の存在とを利用して，インダクタンス行列 $[L_i \boldsymbol{I} - L_m \boldsymbol{Q}(\theta_\gamma)]$ の第 1 列と第 2 列を制御周期ごとに独立的かつ循環的に求める点にある．

(6.162) 式の最終式は，「(6.158) 式に定めた高周波電圧指令値の種類に応じて，換言するならば γ 軸上での印加を求める高周波電圧指令値と δ 軸上での印加を求める高周波電圧指令値に応じて，電流差分の解は 2 種類存在する」，「2 種類の電流差分解は，同一振幅を示さない」ことも示している．

後者の事実は，「完全同期状態 $\theta_\gamma = 0$ の場合の (6.162) 式は次の (6.163) 式となり，2 種類の電流差分解が異なる振幅を示す」ことより，容易に確認される．

6.11 真円形搬送高周波電圧印加法

$$\Delta i_{1h,k}\,\mathrm{sgn}(\boldsymbol{v}_{1h,k-1}^{*T}) = \begin{cases} \dfrac{T_s V_h}{L_d}\begin{bmatrix}1 & 0\\ 0 & 0\end{bmatrix} & ;\mathrm{sgn}(v_{h\delta,k-1}^{*})=0 \\[2mm] \dfrac{T_s V_h}{L_q}\begin{bmatrix}0 & 0\\ 0 & 1\end{bmatrix} & ;\mathrm{sgn}(v_{h\gamma,k-1}^{*})=0 \end{cases} \tag{6.163}$$

制御周期 T_s が一定であることを考慮すると，電流差分解の振幅の相違は，高周波電流自体の振幅の相違を意味している．

図 6.47(a)～(e) に，印加高周波電圧と応答高周波電流の関係に関し，γ 軸要素と δ 軸要素の観点から見た場合を例示した．(6.158) 式に示した 4 個の高周波電圧（空間ベクトル）は，1 制御周期の間，同一値を保持するものとしている．図 6.47 には，高周波電圧の切り換わり時刻とサンプリング時刻の 1 例も示した．同図では，2 種類の電流差分解の存在を考慮して，波形 (e) の高周波電流振幅を波形 (c) の高周波電流振幅より小さく描画している．

例示のように，高周波電圧の切り換わり時刻とサンプリング時刻とを一致させる場合には，サンプリング時刻間の高周波電圧は一定であり，この周期は PMSM の電気

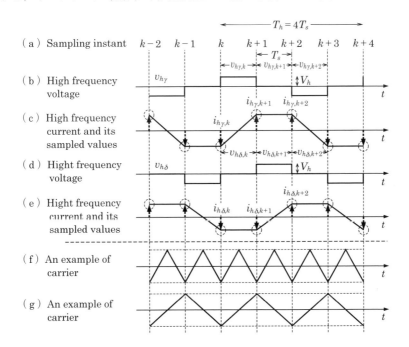

図 6.47 三角 PWM 搬送波と高周波電圧，高周波電流のタイミング関係

時定数に比較し十分に小さいので，高周波電流は直線的に変化することになる。したがって，この場合には，高周波電流の微分値は，サンプル値の差分に高い精度で置換される。換言するならば，高い精度で，(6.155a)，(6.162) 式の電流差分関係が維持される。

(6.119) 式右辺のインダクタンス行列 $[L_i\boldsymbol{I} - L_m\boldsymbol{Q}(\theta_\gamma)]$ の対角要素に関しては，位相 θ_γ のいかんにかかわらず，次の関係が成立している（(6.118a) 式参照）。

$$0 < L_d \le (L_i \pm L_m \cos 2\theta_\gamma) \le L_q \tag{6.164}$$

また，(6.158) 式および図 6.46, 6.51（後掲）に示しているように，ここで採用した真円形高周波電圧は，γ軸，δ軸の両軸に同時に印加されることはない。すなわち，次式が成立している。

$$\mathrm{sgn}(v_{h\gamma,k-1})\mathrm{sgn}(v_{h\delta,k-1}) = 0 \tag{6.165}$$

(6.162)～(6.165) 式は，次の (6.166) 式の関係が常時成立することを意味する。

$$\left.\begin{aligned}
&\mathrm{sgn}(i_{h\gamma,k} - i_{h\gamma,k-1}) = \mathrm{sgn}(v_{h\gamma,k-1}) = \mathrm{sgn}(v^*_{h\gamma,k-1}) \\
&\quad ; \mathrm{sgn}(v_{h\delta,k-1}) = \mathrm{sgn}(v^*_{h\delta,k-1}) = 0 \\
&\mathrm{sgn}(i_{h\delta,k} - i_{h\delta,k-1}) = \mathrm{sgn}(v_{h\delta,k-1}) = \mathrm{sgn}(v^*_{h\delta,k-1}) \\
&\quad ; \mathrm{sgn}(v_{h\gamma,k-1}) = \mathrm{sgn}(v^*_{h\gamma,k-1}) = 0
\end{aligned}\right\} \tag{6.166}$$

なお，(6.158) 式，図 6.46, 6.51 の高周波電圧に対応した γ 軸高周波電圧指令値は，図 6.38 における高周波電圧指令器に，次の発振機能をもつ伝達関数を実装することで，簡単に生成することができる。

$$G(z^{-1}) = \begin{cases} \dfrac{1}{1+z^{-2}} \\ \dfrac{V_h}{1+z^{-2}} \end{cases} \tag{6.167}$$

(6.167) 式の初期値としては，上段を利用する場合には $(V_h, 0)$，$(-V_h, 0)$ のいずれかを，下段を採用する場合には $(1, 0)$，$(-1, 0)$ のいずれかを採用することになる。また，δ 軸高周波電圧指令値は，γ 軸高周波電圧指令値を 1 制御周期遅延または前進することにより生成できる。

6.11.3　相関信号生成器
A.　基本信号の生成

(6.162) 式の簡略化原理式に基づく位相推定法（復調法）について説明する。位相 θ_γ の推定値を得るには，(6.162) 式右辺と同等な特性を有する基本信号を生成する必

要がある．これに関しては，次の定理が成立する．

【定理 6.9】

(a) 次の (6.168) 式に従い，固定子電流 i_1 のサンプル値 $i_{1,k}, i_{1,k-1}$ を用いて生成した 4×4 行列の各要素は，(6.162) 式と実質等価な位相情報を有する．

$$\begin{bmatrix} \tilde{c}_{\gamma,k} & \tilde{s}_{\gamma,k} \\ \tilde{s}_{\delta,k} & \tilde{c}_{\delta,k} \end{bmatrix} \equiv [i_{1,k} - i_{1,k-1}]\mathrm{sgn}(v_{1h,k-1}^{*T}) \tag{6.168}$$

(b) 高周波電圧 v_{1h} が，(6.158) 式に示された順あるいはこの逆順で繰り返す場合には，k 時点と $(k-1)$ 時点における (6.168) 式の 4×4 行列の単純和は，常時，次の (6.169) 式の関係を維持する．

$$\begin{aligned}
\begin{bmatrix} \tilde{c}_{\gamma,k}^+ & \tilde{s}_{\gamma,k}^+ \\ \tilde{s}_{\delta,k}^+ & \tilde{c}_{\delta,k}^+ \end{bmatrix} &\equiv \begin{bmatrix} \tilde{c}_{\gamma,k} & \tilde{s}_{\gamma,k} \\ \tilde{s}_{\delta,k} & \tilde{c}_{\delta,k} \end{bmatrix} + \begin{bmatrix} \tilde{c}_{\gamma,k-1} & \tilde{s}_{\gamma,k-1} \\ \tilde{s}_{\delta,k-1} & \tilde{c}_{\delta,k-1} \end{bmatrix} \\
&= \frac{T_s V_h}{L_d L_q}\begin{bmatrix} L_i - L_m\cos 2\theta_\gamma & -L_m\sin 2\theta_\gamma \\ -L_m\sin 2\theta_\gamma & L_i + L_m\cos 2\theta_\gamma \end{bmatrix}
\end{aligned} \tag{6.169}$$

〈証明〉

(a) k 時点と $(k-1)$ 時点では，固定子電流の駆動用基本波成分 i_{1f} はおおむね同じであると仮定すると，(6.168) 式は次のように展開・整理される．

$$\begin{aligned}
\begin{bmatrix} \tilde{c}_{\gamma,k} & \tilde{s}_{\gamma,k} \\ \tilde{s}_{\delta,k} & \tilde{c}_{\delta,k} \end{bmatrix} &\equiv [i_{1,k} - i_{1,k-1}]\mathrm{sgn}(v_{1h,k-1}^{*T}) \\
&= [[i_{1f,k} + i_{1h,k}] - [i_{1f,k-1} + i_{1h,k-1}]]\mathrm{sgn}(v_{1h,k-1}^{*T}) \\
&\approx \Delta i_{1h,k}\,\mathrm{sgn}(v_{1h,k-1}^{*T}) \\
&= \begin{cases} \dfrac{T_s V_h}{L_d L_q}\begin{bmatrix} L_i - L_m\cos 2\theta_\gamma & 0 \\ -L_m\sin 2\theta_\gamma & 0 \end{bmatrix} & ;\mathrm{sgn}(v_{h\delta,k-1}^*)=0 \\[1em] \dfrac{T_s V_h}{L_d L_q}\begin{bmatrix} 0 & -L_m\sin 2\theta_\gamma \\ 0 & L_i + L_m\cos 2\theta_\gamma \end{bmatrix} & ;\mathrm{sgn}(v_{h\gamma,k-1}^*)=0 \end{cases}
\end{aligned} \tag{6.170}$$

(6.170) 式は，定理 6.9 を意味する

(b) 高周波電圧 v_{1h} が，(6.158) 式に示された順あるいはこの逆順で繰り返す場合には，k 時点と $(k-1)$ 時点における (6.168) 式の 4×4 行列の単純和は，(6.170) 式の最終式における 2 種の 4×4 行列の単純和を意味する．これは，(6.169) 式を意味する． ■

2 制御周期の高周波電圧と高周波電流で算定された 4 信号 $\tilde{c}_{\gamma,k}^+, \tilde{s}_{\delta,k}^+, \tilde{s}_{\gamma,k}^+, \tilde{c}_{\delta,k}^+$ が，基本原理式である (6.157) 式の右辺，すなわち 2 制御周期の高周波電圧と高周波電流で

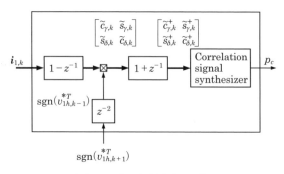

図 6.48　相関信号生成器の構造

算定されたインダクタンス行列に対応する。

以降では，この4信号を基本信号と呼称する。なお，基本信号は，時刻を明示する必要がない場合には，基本信号から時刻表示の脚符を省略・消去して，簡単に $\tilde{c}_\gamma^+, \tilde{s}_\delta^+, \tilde{s}_\gamma^+, \tilde{c}_\delta^+$ と表現する。

B. 相関信号生成器の構造

図 6.48 に，定理 6.9 に立脚した相関信号生成器の内部構造を示した。同器は，大きくは，定理 6.9 に基づき基本信号 $\tilde{c}_{\gamma,k}^+, \tilde{s}_{\delta,k}^+, \tilde{s}_{\gamma,k}^+, \tilde{c}_{\delta,k}^+$ を生成する前段部と後段の相関信号合成器とから構成されている。同図が明瞭に示しているように，相関信号生成器は「固定子電流の差分を利用する反面，電流差分に対する極性処理後には，加算処理して差分を解消する」という独自の構造となっている。なお，相関信号合成器の詳細は，次項で説明する。

C. 固定子電流検出と PWM 搬送波との同期

定理 6.9 の利用は，検出した固定子電流の差分処理を要請する。実システムにおけるノイズの存在を考慮するならば，これは，「定理 6.9 の実システムへの適用には，固定子電流の差分処理に耐えうる電流検出が必須である」ことを意味する。

固定子電流検出は，原理的には，電力変換器のスイッチング状態いかんにかかわらず可能である。しかしながら，低ノイズの電流検出を考慮する場合，電力変換器のスイッチングオフ状態での検出が好ましい。

この観点より，図 6.47(f)，(g) に，三角 PWM 搬送波の2例を示した。両例においては，電流検出のサンプリング時刻は，スイッチングオフとなる三角 PWM 搬送

波の山または谷または両者としている。同図 (f) の三角PWM搬送波の山または谷の時刻で電流検出する例では，三角PWM搬送波周期 T_{ca} は制御周期 T_s と同一となる。これに対して，同図 (g) の三角PWM搬送波の山と谷の両時刻で電流検出する例では，三角PWM搬送波周期 T_{ca} は制御周期 T_s の2倍となる。

上例より明らかなように，単純な三角波比較PWMを利用する場合，電流検出の観点からは，三角PWM搬送波の周期 T_{ca} は，制御周期 T_s に対して次の関係を満足するように選定するのが好ましい。

$$T_{ca} = N_{ca} T_s \quad ; N_{ca} = 1, 2 \tag{6.171}$$

(6.171) 式に (6.154) 式を用いると，三角PWM搬送波周期と高周波電圧周期に関し，次式を得る。

$$T_h = \frac{N_h}{N_{ca}} T_{ca} \quad ; N_{ca} = 1, 2 \tag{6.172}$$

図6.47(f), (g) の $N_h = 4$ の例では，三角PWM搬送波周期に対する高周波電圧の最小周期は $T_h = 2 T_{ca}$ となる。$N_h = 3$ を選定する場合には，三角PWM搬送波周期に対する高周波電圧の最小周期として $T_h = 1.5 T_{ca}$ を得ることもできる。

6.11.4 相関信号合成器

図6.48における相関信号合成器の実現を考える。すなわち，4基本信号 $\tilde{c}_\gamma^+, \tilde{s}_\delta^+, \tilde{s}_\gamma^+, \tilde{c}_\delta^+$ を用い，回転子位相 θ_γ と正相関をもつ正相関信号 p_c を合成することを考える[1), 2)]。本合成は次式で表現される。

$$p_c = f_p(\tilde{c}_\gamma^+, \tilde{s}_\delta^+, \tilde{s}_\gamma^+, \tilde{c}_\delta^+) \tag{6.173}$$

4基本信号を用いた代表的な相関信号合成法として，次のものを考えることができる。

【相関信号合成法】

$$p_c = \tan^{-1}(S_{2p}, C_{2p}) \tag{6.174a}$$

$$\begin{bmatrix} C_{2p} \\ S_{2p} \end{bmatrix} = \begin{bmatrix} K_{0c} c_\gamma^+ - K_{1c} c_\delta^+ \\ s_\delta^+ + K_{1s} s_\gamma^+ \end{bmatrix} \tag{6.174b}$$

$$\left. \begin{array}{l} 0 < K_{0c} \leq 1 \\ 0 \leq K_{1c} \leq 1, \quad 0 \leq K_{1s} \leq 1 \end{array} \right\} \tag{6.174c}$$

∎

(6.174b) 式は，(6.169) 式を考慮すると，次のベクトル合成を意味する．

$$\begin{bmatrix} C_{2p} \\ S_{2p} \end{bmatrix} = \frac{T_s V_h}{L_d L_q} \left[\begin{bmatrix} K_{0c}(L_i - L_m \cos 2\theta_\gamma) \\ -L_m \sin 2\theta_\gamma \end{bmatrix} + \begin{bmatrix} K_{1c}(-L_i - L_m \cos 2\theta_\gamma) \\ K_{1s}(-L_m \sin 2\theta_\gamma) \end{bmatrix} \right] \quad (6.175)$$

(6.174)，(6.175) 式における K_{0c}, K_{1c}, K_{1s} は，設計者に選定が委ねられた設計パラメータである．設計パラメータの選定簡易性を考慮し，以降では，パラメータ K_{0c} は原則 $K_{0c} = 1$ を選定するものとする．簡易選定の場合にも，設計パラメータ K_{1c}, K_{1s} の選定自由度が残されている．設計パラメータ選定方針の観点から，$K_{0c} = 1$ のもとでの (6.174) 式の相関信号合成法は，2 種に細分することができる．以下に，順次これらを示す．

A. 同一合成法

本方法は，設計パラメータ K_{1c}, K_{1s} を常時同じ値に選定するものである．すなわち，

$$K_{1c} = K_{1s} \quad (6.176)$$

同一合成法においては，(6.175) 式は次のベクトル合成に帰着される．

$$\begin{bmatrix} C_{2p} \\ S_{2p} \end{bmatrix} = \frac{T_s V_h}{L_d L_q} \left[\begin{bmatrix} L_i - L_m \cos 2\theta_\gamma \\ -L_m \sin 2\theta_\gamma \end{bmatrix} + K_{1c} \begin{bmatrix} -L_i - L_m \cos 2\theta_\gamma \\ -L_m \sin 2\theta_\gamma \end{bmatrix} \right] \quad (6.177)$$

図 6.49 に，(6.177) 式右辺の 2 個の基本ベクトルと回転子位相の関係を描画した．なお，同図の描画では，2 基本ベクトルに一様に作用するゲイン $(T_s V_h)/(L_d L_q)$ は省略している．

同一合成法に関しては，次の定理が成立する．

【定理 6.10】

特定パラメータを用いた同一合成法により合成された正相関信号は，位相 θ_γ に対

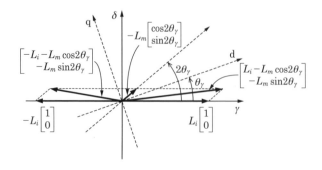

図 6.49 (6.177) 式のベクトルと d 軸との位相関係

して理論最大の正相関領域において線形相関特性を示す。すなわち，次式が成立する。

$$p_c = \tan^{-1}(S_{2p}, C_{2p}) = 2\theta_\gamma \qquad ; K_{1c} = K_{1s} = 1 \tag{6.178}$$

$$p_c = \tan^{-1}(S_{2p}, C_{2p}) = \theta_\gamma \qquad ; K_{1c} = K_{1s} = \frac{L_d}{L_q} \tag{6.179}$$

〈証明〉

(6.177) 式に，パラメータ条件 $K_{1c} = K_{1s} = 1$ を付与すると，次式を得る。

$$\begin{bmatrix} C_{2p} \\ S_{2p} \end{bmatrix} = \frac{T_s V_h (L_q - L_d)}{L_d L_q} \begin{bmatrix} \cos 2\theta_\gamma \\ \sin 2\theta_\gamma \end{bmatrix} \qquad ; K_{1c} = K_{1s} = 1 \tag{6.180}$$

(6.180) 式は，(6.178) 式を意味する。

一方，(6.177) 式に，パラメータ条件 $K_{1c} = K_{1s} = L_d/L_q$ を付与すると，次式を得る。

$$\begin{aligned}
\begin{bmatrix} C_{2p} \\ S_{2p} \end{bmatrix} &= \frac{T_s V_h}{L_d L_q} \left[\begin{bmatrix} L_i - L_m \cos 2\theta_\gamma \\ -L_m \sin 2\theta_\gamma \end{bmatrix} + \frac{L_d}{L_q} \begin{bmatrix} -L_i - L_m \cos 2\theta_\gamma \\ -L_m \sin 2\theta_\gamma \end{bmatrix} \right] \\
&= \frac{T_s V_h (L_q^2 - L_d^2)}{2 L_d L_q^2} \begin{bmatrix} 1 + \cos 2\theta_\gamma \\ \sin 2\theta_\gamma \end{bmatrix} \\
&= \frac{T_s V_h (L_q^2 - L_d^2)}{L_d L_q^2} \cos \theta_\gamma \begin{bmatrix} \cos \theta_\gamma \\ \sin \theta_\gamma \end{bmatrix} \qquad ; K_{1c} = K_{1s} = \frac{L_d}{L_q}
\end{aligned} \tag{6.181}$$

(6.181) 式は，(6.179) 式を意味する。∎

定理 6.10 は，(6.178)，(6.179) 式のいずれかに従えば，「モータパラメータ（インダクタンス）L_i, L_m, L_d, L_q, 制御周期 T_s, 印加電圧振幅 V_h に不感の形で，さらには理論限界である $\pm\pi/2$〔rad〕の範囲で，回転子位相 θ_γ を特定できる」ことを示している。

B. 相違合成法

本方法は，設計パラメータ K_{1c}, K_{1s} を互いに異なる値に選定するものである。すなわち，

$$K_{1c} \neq K_{1s} \tag{6.182}$$

相違合成法に関しては，次の定理が成立する。

【定理 6.11】

パラメータ $K_{1c} = 1$, $K_{1s} = 0$ を用いた相違合成法により合成された正相関信号は，位相 θ_γ に対して理論最大の正相関領域において正相関特性を示す。このときの正相関特性は，次の上下限関係を満足する。

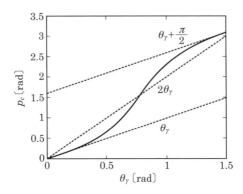

図 6.50 (6.183)式の正相関信号の正相関特性

$$\left.\begin{array}{l} p_c = \tan^{-1}(S_{2p}, C_{2p}) \quad ; K_{1c}=1, \quad K_{1s}=0 \\ |\theta_\gamma| \leq |p_c| \leq |\theta_\gamma| + \dfrac{\pi}{2} \quad ; 0 \leq |\theta_\gamma| \leq \dfrac{\pi}{2} \end{array}\right\} \tag{6.183}$$

〈証明〉

(6.175) 式にパラメータ条件 $K_{1c}=1$, $K_{1s}=0$ を付与すると，次式を得る。

$$\begin{bmatrix} C_{2p} \\ S_{2p} \end{bmatrix} = \frac{T_s V_h (L_q - L_d)}{2 L_d L_q} \begin{bmatrix} 2\cos 2\theta_\gamma \\ \sin 2\theta_\gamma \end{bmatrix} \quad ; K_{1c}=1, \quad K_{1s}=0 \tag{6.184}$$

(6.184) 式を (6.183) 式第1式に用いて合成した正相関信号を図 6.50 に示す。同図より，(6.183) 式第2式の特性が確認される。

図 6.50 より明らかなように，定理 6.11 の合成法は，定理 6.10 で与えた2種の合成法の中間的特性を示すものとなっている。特に，位相の小さい領域に関しては，次式が成立している。

$$p_c \approx \theta_\gamma \quad ; 0 \leq |\theta_\gamma| \leq 0.4 \tag{6.185}$$

定理 6.11，図 6.50 は，(6.183) 式に従えば，「モータパラメータ（インダクタンス）L_i, L_m, L_d, L_q，制御周期 T_s，印加電圧振幅 V_h に不感の形で，さらには理論限界である $\pm \pi/2$ [rad] の範囲で，回転子位相 θ_γ を特定できる」ことを示している。

6.11.5 数値実験

提案位相推定法（復調法）の原理的妥当性を確認すべく，数値実験（シミュレーション）を行った。以下に，その詳細を説明する。

A. 実験条件

供試 PMSM の特性は表 3.1 のとおりであり，位相推定を中心とした設計パラメータは表 6.3 のとおりである．制御周期 T_s，高周波電圧周期 T_h は，可能な限り小さく選定することが望ましいが，実機実験の結果比較と，著者所有の実験システムによる実現性とを考慮し，$N_h = 4$ に対し $N_{ca} = 1$ に該当するやや高めに選定した（(6.171)，(6.172) 式参照）．

センサレスベクトル制御系の構造は，図 6.10 のとおりである．位相速度推定器は，図 6.38 のとおりである．また，位相速度推定器内の相関信号生成器は，図 6.48 のとおりである．相関信号生成器内の相関信号合成器は，「モータパラメータ，真円形高周波電圧の振幅，制御周期に完全不感，理論最大の正相関領域の確立」が難なく保証され，かつ簡単な (6.178) 式に従って構成した．

数値実験では，図 6.10 のセンサレスベクトル制御系において，PMSM 部分（すなわち，純アナログ部分）は刻み幅 0.00001〔s〕の 4 次ルンゲ・クッタ法で模擬した．一方，制御・推定部分は実システムと同様のディジタル構成とし，表 6.3 に示した制御周期 $T_s = 0.0001$〔s〕で離散時間動作させた．以下に，数値実験結果を示す．

B. トルク制御（ゼロ速度）

トルク制御（電流制御）を通じ，位相推定の基本性能を確認した．センサレスベクトル制御系から速度制御器を撤去し電流指令値を直接付与できるようにした．この上で，供試 PMSM に負荷装置を連結し，負荷装置で供試 PMSM の速度を正確に制御できるようにした．負荷装置で供試 PMSM の速度を一定に制御した上で，供試 PMSM の γ 軸（d 軸）電流指令値として 0〔A〕を，δ 軸（q 軸）電流指令値として定格の 3〔A〕を与え，定常状態に入った状態での位相推定特性を観察した．

図 6.51 は，負荷装置でゼロ速度を維持したときの応答である．同図 (a) は γ 軸関係の諸量を，同図 (b) は δ 軸関係の諸量を表示している．同図 (a) の波形は，上から，γ 軸電圧（固定子電圧の γ 軸要素）v_γ，基本信号 $\tilde{c}_\gamma^+$，γ 軸電流（固定子電流の γ 軸要素）i_γ，基本信号と正相関信号 $\tilde{s}_\delta^+$，p_c，回転子位相 θ_γ を 10 倍した上での極性反転値（図 6.9 参照）を示している．同図 (b) の波形は，上から，δ 軸電圧 v_δ，基本信号 $\tilde{c}_\delta^+$，δ 軸電流から 3〔A〕減じた値 $i_\delta - 3$（実質的な高周波電流 δ 軸要素），基本信号と正相関信号 $\tilde{s}_\gamma^+$，p_c，回転子位相 θ_γ の 10 倍極性反転値を示している．なお，δ 軸電圧 v_δ には，＋数〔V〕のオフセットを有しているが，これは駆動用 δ 軸電流 3〔A〕を発生するためのものであり，正常な応答である．

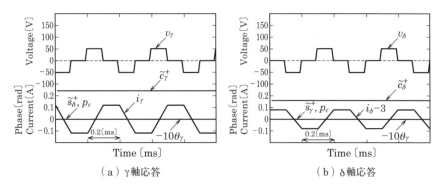

(a) γ軸応答　　　　　　　　　　(b) δ軸応答

図 6.51　ゼロ速度でのトルク応答

応答図は,「高周波電圧と高周波電流との相互関係は図 6.47 のものと同一である」こと, ひいては,「相関信号生成器の構築前提である図 6.47 の関係が成立する」ことを示している.

基本信号 $\tilde{c}_\gamma^+, \tilde{c}_\delta^+ \ (\tilde{c}_\gamma^+ > \tilde{c}_\delta^+)$ は, それぞれ一定正値 (高周波電流 γ 軸要素, δ 軸要素の 2 倍振幅値) 収斂している (((6.163), (6.169) 式参照). また, 基本信号 $\tilde{s}_\delta^+, \tilde{s}_\gamma^+$ はゼロに収斂している. これに応じて, 正相関信号 p_c もゼロに収斂している.

基本信号 $\tilde{c}_\gamma^+, \tilde{s}_\delta^+, \tilde{s}_\gamma^+, \tilde{c}_\delta^+$, 正相関信号 p_c は, 制御周期 T_s の離散時間信号であるが, 同図では 0 次ホールド (換言するならば, D/A 変換) して出力した値を表示している. 基本信号, 正相関信号, 回転子位相の 10 倍極性反転値は, 位相推定が所期のとおり正常に遂行されていることを裏づけている.

C. トルク制御 (定格速度)

図 6.51 と同様な実験を定格速度 180 [rad/s] で実施した. 数値実験結果を図 6.52 に示す. 波形の意味は図 6.51 と同一である. 両図における波形の違いは, 固定子電圧と回転子位相 θ_γ の 10 倍極性反転値とにある.

固定子電圧には, 高周波成分に加えて, モータ回転に応じた駆動用成分 (γ 軸成分が約 −50 [V], δ 軸成分が約 130 [V]) が出現している. 回転子位相 θ_γ に関しては, この 10 倍極性反転値がわずかに出現した. これによると, 定常的な回転子位相 (d 軸と γ 軸の位相偏差, 図 6.9 参照) は, 約 0.004 [rad] である. この定常位相偏差は, (6.44) 式の非ゼロ周波数比に起因している. 本例では, 周波数比は次の値となる ((6.152) 式参照).

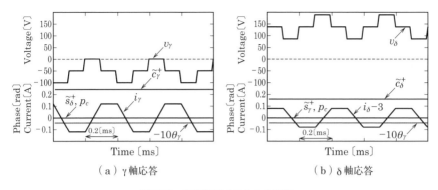

(a) γ軸応答　　　　　　　　　　(b) δ軸応答

図 6.52　定格速度でのトルク応答

$$\left|\frac{\omega_\gamma}{\omega_h}\right| = \left|\frac{N_p \omega_{2m} \cdot T_h}{2\pi}\right| = 0.0344 \tag{6.186}$$

約 0.004〔rad〕の位相偏差は，実用上まったく問題のない微小値である。

図 6.51，6.52 は，「提案の真円形搬送高周波電圧印加法は，原理的には，定格速度に至るまで，所期の推定性能を発揮する」ことを示すものである。

D. 速度制御（一定速制御）

トルク制御（電流制御）につづいて，速度制御実験を実施した。実験システムは，速度制御器を有する図 6.10 のとおりである。速度制御の設計仕様は表 6.3 のとおりである。

高周波電圧印加法に基づく速度制御系は，概して，速度向上に応じ安定性の維持が困難となる。この点を考慮して，定格速度における速度制御応答を検証した。

図 6.53(a) は，定格力行負荷のもとでの定格速度制御の応答である。波形は，上から，α 軸電流 i_α，α 軸から見た回転子位相真値 θ_α，同推定値 $\hat{\theta}_\alpha$，d 軸と γ 軸との間の位相偏差（約 0.004〔rad〕）の 100 倍値である。同図 (b) は，同様な実験を，定格回生負荷のもとで実施した応答である。波形の意味は，同図 (a) と同様である。力行・回生のいずれの定格負荷のもとでも，安定的に定格速度制御が遂行されている様子が確認される。

E. 速度制御（加減速追従性）

高周波電圧印加法に基づく速度制御系は，概して，急激な加減速制御を不得意とする。真円形搬送高周波電圧印加法は，これを克服できる潜在力を有する。潜在力を確認すべく，無負荷状態で，加減速実験を行った。設計上の速度制御系帯域幅が 150〔rad/s〕

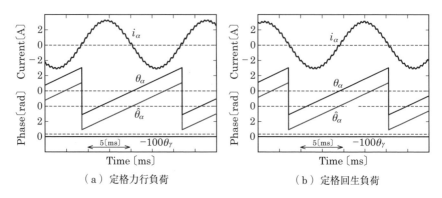

(a) 定格力行負荷　　　　　　　　(b) 定格回生負荷

図 6.53　定格負荷下での定常速度応答

である点を考慮し，(角) 加速度を $\pm 500 \, [\mathrm{rad/s^2}]$，最高速度を定格速度とする機械速度指令値を用意した．

数値実験結果を図 6.54 に示す．波形の意味は，上から，(機械) 速度指令値 ω_{2m}^*，速度真値 ω_{2m}，速度推定値 $\hat{\omega}_{2m}$，速度偏差真値 $(\omega_{2m} - \omega_{2m}^*)$，速度偏差推定値 $(\hat{\omega}_{2m} - \omega_{2m}^*)$ である．ゼロ速度の基準は，速度指令値に対してのみ破線で与えた．速度真値，速度推定値は，波形重複を回避すべく，$-50 \, [\mathrm{rad/s}]$ 相当，順次下方へシフトして描画した．なお，2 種の速度偏差の軸スケーリングは，相違を明瞭にすべく，$5 \, [(\mathrm{rad/s})/\mathrm{div}]$ と大きく設定した．

(角) 加速度 $\pm 500 \, [\mathrm{rad/s^2}]$ の加減速部分で約 3 $[\mathrm{rad/s}]$ の速度偏差真値が出現

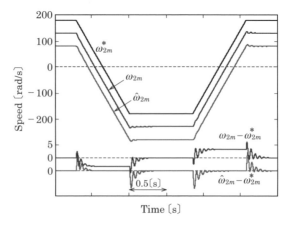

図 6.54　無負荷での加減速追従性

しているが，速度応答値は同指令値に対し優れた追従性を示しており，設計帯域幅 150〔rad/s〕が達成されていることが確認される。

実機実験でも提案法を検証し，数値実験と同様な性能を確認した。しかしながら，紙幅の関係上，本書での記載は省略する。実機実験による応答例は，文献 13) を通じ公開している。

第7章

トルクセンサレス・リプル低減トルク制御

永久磁石同期モータ駆動制御の本質的目的は，トルク指令値に高い精度で従うトルク発生にある。本目的を達成するための有効な手法が，d軸，q軸電流制御を基本とするベクトル制御法である。永久磁石同期モータが標準的な数学モデルで記述される場合には，標準的なベクトル制御により，所期のリプルのないトルク制御性能を得ることができる。しかし，永久磁石同期モータが非正弦的な誘起電圧をもつ場合には，標準的なベクトル制御では，所期のトルク制御性能を得ることができない。本章では，非正弦的な誘起電圧をもつ永久磁石同期モータを対象に，トルクセンサなどの追加的な検出器，ハードウェアを用いることなく，制御アルゴリズムの改修のみで，リプルを抑圧したトルク制御性能を得る方法を説明する。

7.1 背 景

永久磁石同期モータ（PMSM）のトルク制御においては，発生トルクの品質こそが最大の関心事である。PMSMのトルク制御は，基本的には，固定子電流制御を中核としたベクトル制御を介して行われる[1]。基本的なベクトル制御による場合には，電力変換器（インバータ，inverter）が理想的な特性を有しても，誘起電圧歪み，磁気飽和歪み，コギングトルクなどにより，発生トルクはリプル（脈動）をもつ。特に，非正弦誘起電圧に代表されるPMSMの空間歪み的特性に起因するリプルは，回転速度に応じた周期性を示す[2]。

発生トルクに含まれる周期的リプルの補償は，伝統的に，トルク指令値あるいはこれに対応した電流指令値に適切な補償信号を重畳することによりなされる[3)-8)]。電流制御系が補償信号に対して相応の追従性を有する場合には，所望の補償を期待することができる[3)-19)]。

PMSMのトルクリプル補償法は，種々の視点から分類可能と思われるが，上述の

リプル補償の基本構成を考慮するならば，補償信号の生成法，固定子電流の制御法の視座に立つ分類が適切である．

補償信号の生成法は，トルクリプル相当信号の検出のためのトルクセンサなどのセンサを必要としないもの（以降，センサレスと呼称）と [3)-5), 9)-12)]，この利用を必須とするもの（以降，センサ利用と呼称）と [13)-17)] に分類される．

センサレスの前者は，数学モデルに立脚してトルクリプル相当信号をオンライン推定あるいは算定するものと，あらかじめオフライン取得したデータを利用してトルクリプル相当信号を生成するものとに細分される．トルクリプル相当信号をオンライン推定あるいは算定する場合には，推定対象のリプルは，特定の周波数成分（高調波成分）に限定されているのが実情である [3)-5), 9)-11)]．

センサ利用の後者は，原理的には学習モードと制御モードの2モードを使い分ける有本らの学習制御法（learning control method）に立脚するものであり [20), 21)]，学習モードで取得した周期的な補償信号を制御モードでトルク指令値などに重畳するようにしている．センサ利用の方法では，原理的に，次の特徴のいくつかをもつことになるようである [13)-19)]．

(a) 複数の周波数成分からなる周期的リプルを同時に低減できる．
(b) 負荷側のトルクリプルをも低減できる可能性がある．
(c) 回転速度が異なる場合には，学習データに対して補間（interpolation），間引き（decimation）などの信号処理，あるいは再学習が必要とされる．
(d) トルク指令値が異なる場合には，学習データの修正，あるいは再学習が必要とされる．
(e) 慣性モーメント，摩擦係数などの負荷側の物理パラメータが必要とされる．

トルクリプル補償法のための固定子電流制御法としては，伝統的なPI制御器のみを利用するものと，これに加えて，トルクリプルへの高追従性を追及した制御器を併用するものとがある．吉本らは，固定子電流に含まれる5次逆相成分をフィードバック制御するための制御器の併用を提案している [11)]．また，中村らは，モータ逆モデルを利用したフィードフォワード制御器の併用を提案している [17), 18)]．

フィードバック制御は，概して，モータパラメータ変動に対し高いロバスト性を有するが，高追従性と安定性とが相反の関係にあり，高追従性の追及は安定性を損なうことがある．吉本らは高追従性の対象を5次逆相成分に限定することにより，安定性の確保に成功している．フィードフォワード制御は，安定性を損なうことはない．しかし，本制御法はモータパラメータ変動に対する感度が高く，使用パラメータが実際

のパラメータと異なる場合には，期待に反して制御性能を劣化させることがある．

本書・本章は，補償信号の生成法，固定子電流の制御法の両者に関して，新規な方法を用いた，誘起電圧歪みに起因したトルクリプルの補償法を提案するものである．提案の補償信号生成法は，モータモデルに立脚したセンサレス方法であり，逆相の $(k-1)$ 次高調波成分，正相の $(k+1)$ 次高調波成分（k は 6 または 12）に起因した k 次トルクリプル低減のための補償信号を生成できる．具体的には，「新中モデル」と通称される数学モデル[2), 22)]に立脚した次の2法を提案している．

 (a) k 次マグネットトルクリプルの実時間推定に基づく補償信号の生成法
 (b) k 次マグネットトルクリプルの実時間算定に基づく補償信号の生成法

固定子電流の制御法としては，フィードバック制御でありながら，安定性を確保した上で三相電流（基本波成分の周波数は任意かつ可変）における $(k-1)$ 次逆相と $(k+1)$ 次正相の高調波成分に完全追従可能な制御法として，次の2法を提案している．

 (a) 応速特性（速度に応じて変化する特性）を備えた高次電流制御器（以下，応速高次電流制御器，speed-varying high-order current controller と呼称）を利用する方法
 (b) 応速特性を備えたモデルフォローイング制御器（model following controller）を併用した上で，PI 電流制御器を利用する方法

提案法は，従前のセンサレストルクリプル補償法に比較し簡単であり，事前のオフラインデータ取得も必要としない．また，提案法は，任意の速度で動作可能である．すなわち，センサ利用トルクリプル補償法が必須とした，速度に応じた補償信号の再学習や追加的な信号処理を必要としない．

本章は，以下のように構成されている．次の第7.2節では，提案法の構築と解析の準備として，文献2)を参考に，非誘起電圧 PMSM の動的数学モデルを示す．第7.3節では，一般性に富むトルクリプル補償原理を説明する．第7.4節では，実時間性を備えた2種の補償信号生成法を説明する．第7.5節では高追従を可能とする2種の電流制御法を説明する．第7.6～第7.8節では，トルクリプル低減機能を備えたベクトル制御系として，2種の補償信号生成法と2種の電流制御法の組み合わせにより，4種の制御系が構成可能であることを示すとともに，その機能・性能を数値実験，実機実験を通じ，検証する．

なお，本章の内容は，文献3)～5) の内容を，最新の知見を織り込みつつ再構成したものであることを断っておく．

7.2 非正弦誘起電圧を有するPMSMの数学モデル

7.2.1 三相座標系上の数学モデル

PMSMに関し,図7.1の座標系を考える。同図(a)には,固定子uvw巻線の中心をu軸に選定したuvw座標系を示している。同図(b)には,α軸をu軸と等しく選定したαβ固定座標系と,回転子(N極)位相をd軸位相としたdq同期座標系とを示している。さらに,同図(c)には,任意速度ω_γで回転する$\gamma\delta$一般座標系を描き加えている。PMSMの回転子N極は,u軸に対して位相θ_αをなしている。

PMSMのuvw座標系上で定義された固定子電圧v_{1t},固定子電流i_{1t},固定子(鎖交)磁束ϕ_{1t},反作用磁束ϕ_{it},回転子磁束ϕ_{mt},誘起電圧e_{mt}を,各相信号を要素にもつ3×1ベクトルとして,おのおの次のように表現する。

$$\boldsymbol{v}_{1t} \equiv [v_u \quad v_v \quad v_w]^T \tag{7.1a}$$

$$\boldsymbol{i}_{1t} \equiv [i_u \quad i_v \quad i_w]^T \tag{7.1b}$$

$$\boldsymbol{\phi}_{1t} \equiv [\phi_{1u} \quad \phi_{1v} \quad \phi_{1w}]^T \tag{7.1c}$$

$$\boldsymbol{\phi}_{it} \equiv [\phi_{iu} \quad \phi_{iv} \quad \phi_{iw}]^T \tag{7.1d}$$

$$\boldsymbol{\phi}_{mt} \equiv [\phi_{mu} \quad \phi_{mv} \quad \phi_{mw}]^T \tag{7.1e}$$

$$\boldsymbol{e}_{mt} \equiv [e_{mu} \quad e_{mv} \quad e_{mw}]^T \tag{7.1f}$$

上記のベクトル要素により構成される各相信号は,Y形結線(Δ形結線の場合にはY形結線に等価変換後)の中性点から評価した値である。これら各相信号は,一般性を失うことなく,ゼロ相成分を有しないものとする[1]。

回転子位相θ_αを有する3×1ベクトル$\boldsymbol{u}_{tk}$を次のように定義する。

$$\boldsymbol{u}_{tk} \equiv \left[\cos k\theta_\alpha \quad \cos k\left(\theta_\alpha - \frac{2\pi}{3}\right) \quad \cos k\left(\theta_\alpha + \frac{2\pi}{3}\right)\right]^T \tag{7.2}$$

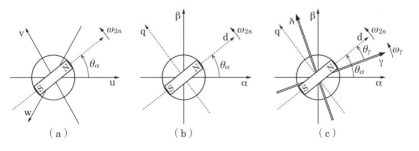

図7.1 座標系と回転子位相の関係

(7.1e), (7.1f) 式における回転子磁束 ϕ_{mt}, 誘起電圧 e_{mt} は, 主たる高調波成分として, 5次逆相成分, 7次正相成分, または11次逆相成分, 13次正相成分をもつものとする[2), 22)]。この種の非正弦誘起電圧をもつ PMSM の動的数学モデルとしては, 「新中モデル」が知られている[2), 22)]。uvw 座標系上の新中モデルは, 次式で与えられる ($w_1=1$ が基本)[2), 22)]。

【非正弦誘起電圧 PMSM の uvw 座標系上の数学モデル】
回路方程式（第1基本式）

$$\begin{aligned} \boldsymbol{v}_{1t} &= R_1\boldsymbol{i}_{1t} + s\phi_{1t} = R_1\boldsymbol{i}_{1t} + s\phi_{it} + s\phi_{mt} \\ &= R_1\boldsymbol{i}_{1t} + s\phi_{it} + \boldsymbol{e}_{mt} \end{aligned} \tag{7.3}$$

$$\phi_{1t} = \phi_{it} + \phi_{mt} \tag{7.4}$$

$$\phi_{it} = [L_i \boldsymbol{I} + L_m \boldsymbol{Q}_t(\theta_a)]\boldsymbol{i}_{1t} \tag{7.5}$$

$$\phi_{mt} = \Phi_t \begin{bmatrix} w_1\boldsymbol{u}_{t1}(\theta_\alpha) + \dfrac{w_5}{5}\boldsymbol{u}_{t5}(\theta_\alpha) + \dfrac{w_7}{7}\boldsymbol{u}_{t7}(\theta_\alpha) \\ + \dfrac{w_{11}}{11}\boldsymbol{u}_{t11}(\theta_\alpha) + \dfrac{w_{13}}{13}\boldsymbol{u}_{t13}(\theta_\alpha) \end{bmatrix} \tag{7.6}$$

$$\boldsymbol{e}_{mt} = \omega_{2n}\Phi_t\boldsymbol{J}_t \begin{bmatrix} w_1\boldsymbol{u}_{t1}(\theta_\alpha) - w_5\boldsymbol{u}_{t5}(\theta_\alpha) + w_7\boldsymbol{u}_{t7}(\theta_\alpha) \\ -w_{11}\boldsymbol{u}_{t11}(\theta_\alpha) + w_{13}\boldsymbol{u}_{t13}(\theta_\alpha) \end{bmatrix} \tag{7.7}$$

トルク発生式（第2基本式）

$$\begin{aligned} \tau &= \tau_r + \tau_m \\ &= N_p L_m \boldsymbol{i}_{1t}^T \boldsymbol{J}_t \boldsymbol{Q}_t(\theta_\alpha) \boldsymbol{i}_{1t} \\ &\quad + N_p \Phi_t \boldsymbol{i}_{1t}^T \boldsymbol{J}_t \begin{bmatrix} w_1\boldsymbol{u}_{t1}(\theta_\alpha) - w_5\boldsymbol{u}_{t5}(\theta_\alpha) + w_7\boldsymbol{u}_{t7}(\theta_\alpha) \\ -w_{11}\boldsymbol{u}_{t11}(\theta_\alpha) + w_{13}\boldsymbol{u}_{t13}(\theta_\alpha) \end{bmatrix} \end{aligned} \tag{7.8}$$

エネルギー伝達式（第3基本式）

$$\begin{aligned} p_{ef} &= \boldsymbol{i}_{1t}^T \boldsymbol{v}_{1t} \\ &= R_1 \|\boldsymbol{i}_{1t}\|^2 + \dfrac{s}{2}(\boldsymbol{i}_{1t}^T \phi_{it}) + \omega_{2m}\tau \\ &= R_1 \|\boldsymbol{i}_{1t}\|^2 + \dfrac{s}{2}(L_i \|\boldsymbol{i}_{1t}\|^2 + L_m(\boldsymbol{i}_{1t}^T \boldsymbol{Q}_t(\theta_\alpha)\boldsymbol{i}_{1t})) + \omega_{2m}\tau \end{aligned} \tag{7.9}$$

∎

上式における R_1, L_i, L_m は固定子の抵抗，同相インダクタンス，鏡相インダクタンスである（(2.10) 式参照）。また，ω_{2n}, ω_{2m} は回転子の電気速度と機械速度である（(2.8) 式参照）。N_p は極対数，τ は発生トルクである。これらの定義は，第2.1節で説明した正弦誘起電圧をもつ PMSM の場合と同一である。

$\boldsymbol{\Phi}_t$ は回転子磁束基本波成分の強度(三相で評価したときの磁束強度)である。$\boldsymbol{I}$ は 3×3 単位行列であり,$\boldsymbol{J}_t$ と $\boldsymbol{Q}_t(\theta_\alpha)$ は次のように定義された 3×3 正方行列である[1),2)]。

$$\boldsymbol{J}_t \equiv \frac{1}{\sqrt{3}}\begin{bmatrix} 0 & -1 & 1 \\ 1 & 0 & -1 \\ -1 & 1 & 0 \end{bmatrix} \tag{7.10}$$

$$\boldsymbol{Q}_t(\theta_\alpha) \equiv \frac{2}{3}\begin{bmatrix} \cos 2\theta_\alpha & \cos\left(2\theta_\alpha - \frac{2\pi}{3}\right) & \cos\left(2\theta_\alpha + \frac{2\pi}{3}\right) \\ \cos\left(2\theta_\alpha - \frac{2\pi}{3}\right) & \cos\left(2\theta_\alpha + \frac{2\pi}{3}\right) & \cos 2\theta_\alpha \\ \cos\left(2\theta_\alpha + \frac{2\pi}{3}\right) & \cos 2\theta_\alpha & \cos\left(2\theta_\alpha - \frac{2\pi}{3}\right) \end{bmatrix} \tag{7.11}$$

$\boldsymbol{J}_t$ と $\boldsymbol{Q}_t(\theta_\alpha)$ は,各行・各列の総和がゼロであり,かつ行と列に関し循環性を有する特殊な行列であり,平衡循環行列(balanced circular matrix)と呼ばれることもある[1),2)]。なお,$\boldsymbol{J}_t$ は交代行列(skew symmetric matrix)でもある。

回路方程式(第1基本式)は,電気回路としてのPMSMの動的特性を記述したものである。トルク発生式(第2基本式)は,トルク発生機としてのPMSMの特性を記述したものである。また,エネルギー伝達式(第3基本式)は,電気エネルギーを機械エネルギーへ変換するエネルギー変換機としてのPMSMの動的特性を記述したものである。数学モデルを構成する(7.3)〜(7.9)式の3基本式は,互いに数学的に整合(自己整合)している[2)]。すなわち,自己整合性を有している。

回転子磁束,誘起電圧の主たる高調波成分は,5次逆相成分,7次正相成分,または11次逆相成分,13次正相成分との前提に従い,回路方程式は回転子磁束,誘起電圧を(7.6),(7.7)式のように表現している。(7.6),(7.7)式における w_k($w_k=1$ が基本)は正負値をとりうる一定重みである。

高調波成分を含む回転子磁束に関しては,半周期ごとの波形の点対称性が維持される場合には,「2」の整数倍に当たる偶数波成分は存在しない[23)]。すなわち,整数 n に対し,$k=2n$ 次の高調波成分は存在しない。本性質は三相,単相の相異に関係なく成立する。また,三相信号において「ゼロ相成分は存在しない」との前提のもとでは,「3」の整数倍に当たる高調波成分は,存在しない[1)]。すなわち,$k=3n$ 次の成分は存在しない。この結果,これら前提のもとの三相回転子磁束,誘起電圧においては,$k=6n\pm1$ の奇数次高調波成分のみが発生することになる。多くの三相PMSMにおいては,回転子磁束,誘起電圧の主要高調波成分は,(6 ± 1)次成分または(12 ± 1)次成分であることが実験的に知られている[19)]。数学モデルにおける(7.6),(7.7)式は,

これらの実験的事実に基づき，高調波成分として5，7，11，13次成分のみをモデル化したものとなっている。

7.2.2 一般座標系上の数学モデル

非正弦誘起電圧 PMSM に関する (7.3)～(7.9) 式の uvw 座標系上の新中モデルは，γ軸とδ軸の直交2軸からなるγδ一般座標系上の数学モデルに変換される（図7.1(c) 参照)。非正弦誘起電圧をもつ PMSM のγδ一般座標系上の新中モデルは，$\Phi=\sqrt{3/2}\Phi_t$ に注意すると，次式で与えられる（$w_1=1$ が基本)[2), 22)]。

【非正弦誘起電圧 PMSM の一般座標系上の数学モデル】

回路方程式（第1基本式）

$$\begin{aligned}\boldsymbol{v}_1 &= R_1\boldsymbol{i}_1 + \boldsymbol{D}(s,\omega_\gamma)\boldsymbol{\phi}_1 \\ &= R_1\boldsymbol{i}_1 + \boldsymbol{D}(s,\omega_\gamma)\boldsymbol{\phi}_i + \boldsymbol{D}(s,\omega_\gamma)\boldsymbol{\phi}_m \\ &= R_1\boldsymbol{i}_1 + \boldsymbol{D}(s,\omega_\gamma)\boldsymbol{\phi}_i + \boldsymbol{e}_m\end{aligned} \quad (7.12)$$

$$\boldsymbol{\phi}_1 = \boldsymbol{\phi}_i + \boldsymbol{\phi}_m \quad (7.13)$$

$$\boldsymbol{\phi}_i = [L_i\boldsymbol{I} + L_m\boldsymbol{Q}(\theta_\gamma)]\boldsymbol{i}_1 \quad (7.14)$$

$$\boldsymbol{\phi}_m = \Phi\begin{bmatrix} w_1\boldsymbol{u}_{p1}(\theta_\gamma) + \dfrac{w_5}{5}\boldsymbol{u}_{n5}(\theta_\gamma) + \dfrac{w_7}{7}\boldsymbol{u}_{p7}(\theta_\gamma) \\ + \dfrac{w_{11}}{11}\boldsymbol{u}_{n11}(\theta_\gamma) + \dfrac{w_{13}}{13}\boldsymbol{u}_{p13}(\theta_\gamma) \end{bmatrix} \quad (7.15)$$

$$\boldsymbol{e}_m = \omega_{2n}\Phi\boldsymbol{J}\begin{bmatrix} w_1\boldsymbol{u}_{p1}(\theta_\gamma) - w_5\boldsymbol{u}_{n5}(\theta_\gamma) + w_7\boldsymbol{u}_{p7}(\theta_\gamma) \\ -w_{11}\boldsymbol{u}_{n11}(\theta_\gamma) + w_{13}\boldsymbol{u}_{p13}(\theta_\gamma) \end{bmatrix} \quad (7.16)$$

トルク発生式（第2基本式）

$$\begin{aligned}\tau &= \tau_r + \tau_m \\ &= N_p L_m \boldsymbol{i}_1^T \boldsymbol{J}\boldsymbol{Q}(\theta_\gamma)\boldsymbol{i}_1 \\ &\quad + N_p \Phi \boldsymbol{i}_1^T \boldsymbol{J}\begin{bmatrix} w_1\boldsymbol{u}_{p1}(\theta_\gamma) - w_5\boldsymbol{u}_{n5}(\theta_\gamma) + w_7\boldsymbol{u}_{p7}(\theta_\gamma) \\ -w_{11}\boldsymbol{u}_{n11}(\theta_\gamma) + w_{13}\boldsymbol{u}_{p13}(\theta_\gamma) \end{bmatrix}\end{aligned} \quad (7.17)$$

エネルギー伝達式（第3基本式）

$$\begin{aligned}p_{ef} &= \boldsymbol{i}_1^T\boldsymbol{v}_1 \\ &= R_1\|\boldsymbol{i}_1\|^2 + \dfrac{s}{2}(\boldsymbol{i}_1^T\boldsymbol{\phi}_i) + \omega_{2m}\tau \\ &= R_1\|\boldsymbol{i}_1\|^2 + \dfrac{s}{2}(L_i\|\boldsymbol{i}_1\|^2 + L_m(\boldsymbol{i}_1^T\boldsymbol{Q}(\theta_\gamma)\boldsymbol{i}_1)) + \omega_{2m}\tau\end{aligned} \quad (7.18)$$

(7.12)～(7.18) 式の数学モデルにおける ω_γ は $\gamma\delta$ 一般座標系の速度である（図 7.1(c) 参照）。2×1 ベクトル $\bm{v}_{1t}$, $\bm{i}_{1t}$, $\bm{\phi}_1$, $\bm{\phi}_i$, $\bm{\phi}_m$, $\bm{e}_m$ の物理的意味は，第 2.1 節で説明した正弦誘起電圧をもつ PMSM の場合と同一である。2×2 行列 $\bm{I}$, $\bm{J}$, $\bm{Q}(\theta_\gamma)$, $\bm{D}(s,\omega_\gamma)$ の定義も，第 2.1 節で説明した正弦誘起電圧をもつ PMSM の場合と同一である。

新たに用いた $\bm{u}_{pk}(\theta_\gamma)$, $\bm{u}_{nk}(\theta_\gamma)$ は，おのおの 2×1 単位正相ベクトル，2×1 単位逆相ベクトルであり，次のように定義されている。

$$\bm{u}_{pk}(\theta_\gamma) \equiv \begin{bmatrix} \cos((k-1)\theta_\alpha + \theta_\gamma) \\ \sin((k-1)\theta_\alpha + \theta_\gamma) \end{bmatrix} \tag{7.19a}$$

$$\begin{aligned}\bm{u}_{nk}(\theta_\gamma) &\equiv \begin{bmatrix} \cos((k+1)\theta_\alpha - \theta_\gamma) \\ -\sin((k+1)\theta_\alpha - \theta_\gamma) \end{bmatrix} \\ &= \begin{bmatrix} \cos(-(k+1)\theta_\alpha + \theta_\gamma) \\ \sin(-(k+1)\theta_\alpha + \theta_\gamma) \end{bmatrix}\end{aligned} \tag{7.19b}$$

7.2.3　同期座標系上の数学モデル

非正弦誘起電圧をもつ PMSM の $\gamma\delta$ 一般座標系上の新中モデルに dq 同期座標系の条件 ($\theta_\gamma = 0$, $\omega_\gamma = \omega_{2n}$) を付与すれば，dq 同期座標系上の新中モデルを得る（図 7.1(b)，(c) 参照）。すなわち，非正弦誘起電圧 PMSM の dq 同期座標系上の新中モデルは，次式で与えられる（$w_1 = 1$ が基本）。

【非正弦誘起電圧 PMSM の同期座標系上の数学モデル】
回路方程式（第 1 基本式）

$$\begin{aligned}\bm{v}_1 &= R_1\bm{i}_1 + \bm{D}(s,\omega_{2n})\bm{\phi}_1 \\ &= R_1\bm{i}_1 + \bm{D}(s,\omega_{2n})\bm{\phi}_i + \bm{D}(s,\omega_{2n})\bm{\phi}_m \\ &= R_1\bm{i}_1 + \bm{D}(s,\omega_{2n})\bm{\phi}_i + \bm{e}_m\end{aligned} \tag{7.20}$$

$$\bm{\phi}_1 = \bm{\phi}_i + \bm{\phi}_m \tag{7.21}$$

$$\bm{\phi}_i = \begin{bmatrix} L_d & 0 \\ 0 & L_q \end{bmatrix} \bm{i}_1 \tag{7.22}$$

$$\bm{\phi}_m = \Phi\left[w_1\bm{u}_{p1} + \frac{w_5}{5}\bm{u}_{n5} + \frac{w_7}{7}\bm{u}_{p7} + \frac{w_{11}}{11}\bm{u}_{n11} + \frac{w_{13}}{13}\bm{u}_{p13}\right] \tag{7.23}$$

$$\bm{e}_m = \omega_{2n}\Phi\bm{J}[w_1\bm{u}_{p1} - w_5\bm{u}_{n5} + w_7\bm{u}_{p7} - w_{11}\bm{u}_{n11} + w_{13}\bm{u}_{p13}] \tag{7.24}$$

トルク発生式（第2基本式）

$$\begin{aligned}\tau &= \tau_r + \tau_m \\ &= N_p L_m \boldsymbol{i}_1^T \boldsymbol{J}\boldsymbol{K}\boldsymbol{i}_1 \\ &\quad + N_p \Phi \boldsymbol{i}_1^T \boldsymbol{J}[w_1 \boldsymbol{u}_{p1} - w_5 \boldsymbol{u}_{n5} + w_7 \boldsymbol{u}_{p7} - w_{11}\boldsymbol{u}_{n11} + w_{13}\boldsymbol{u}_{p13}]\end{aligned} \tag{7.25}$$

エネルギー伝達式（第3基本式）

$$\begin{aligned}p_{ef} &= \boldsymbol{i}_1^T \boldsymbol{v}_1 \\ &= R_1 \|\boldsymbol{i}_1\|^2 + \frac{s}{2}(\boldsymbol{i}_1^T \boldsymbol{\phi}_t) + \omega_{2m}\tau \\ &= R_1 \|\boldsymbol{i}_1\|^2 + \frac{s}{2}\left(\boldsymbol{i}_1^T \begin{bmatrix} L_d & 0 \\ 0 & L_q \end{bmatrix}\boldsymbol{i}_1\right) + \omega_{2m}\tau\end{aligned} \tag{7.26}$$

∎

上の数学モデルにおける $\boldsymbol{u}_{pk}$, $\boldsymbol{u}_{nk}$ は，おのおの 2×1 単位正相ベクトル，2×1 単位逆相ベクトルであり，次のように定義されている．

$$\boldsymbol{u}_{pk} \equiv \begin{bmatrix} \cos((k-1)\theta_\alpha) \\ \sin((k-1)\theta_\alpha) \end{bmatrix} \tag{7.27a}$$

$$\begin{aligned}\boldsymbol{u}_{nk} &\equiv \begin{bmatrix} \cos((k+1)\theta_\alpha) \\ -\sin((k+1)\theta_\alpha) \end{bmatrix} \\ &= \begin{bmatrix} \cos(-(k+1)\theta_\alpha) \\ \sin(-(k+1)\theta_\alpha) \end{bmatrix}\end{aligned} \tag{7.27b}$$

(7.25) 式のトルク発生式より，ただちに次の定理を得る．

【定理7.1（トルクリプル定理）】

固定子電流が一定振幅の純正弦形状に制御された場合には，回転子磁束，誘起電圧の (6 ± 1), (12 ± 1) 次高調波成分に起因するトルクリプルは，おのおの 6, 12 次成分として出現する．

〈証明〉

(7.25) 式の dq 同期座標系上のトルク発生式におけるマグネットトルク τ_m は，次のように評価される．

$$\begin{aligned}\tau_m &= N_p \Phi \boldsymbol{i}_1^T \boldsymbol{J}[w_1 \boldsymbol{u}_{p1} - w_5 \boldsymbol{u}_{n5} + w_7 \boldsymbol{u}_{p7} - w_{11}\boldsymbol{u}_{n11} + w_{13}\boldsymbol{u}_{p13}] \\ &= N_p \Phi \boldsymbol{i}_1^T [\tilde{\boldsymbol{u}}_0 + \tilde{\boldsymbol{u}}_6 + \tilde{\boldsymbol{u}}_{12}] \\ &= \tau_{mf} + \tau_{mh}\end{aligned} \tag{7.28}$$

ただし，

$$\tau_{mf} = N_p \Phi \boldsymbol{i}_1^T \tilde{\boldsymbol{u}}_0 \tag{7.29a}$$

$$\tau_{mh} = N_p \Phi i_1^T \tilde{u}_6 + N_p \Phi i_1^T \tilde{u}_{12} \tag{7.29b}$$

$$\tilde{u}_0 \equiv \begin{bmatrix} 0 \\ 1 \end{bmatrix} \tag{7.30a}$$

$$\tilde{u}_6 \equiv \begin{bmatrix} -(w_7 + w_5)\sin 6\theta_\alpha \\ (w_7 - w_5)\cos 6\theta_\alpha \end{bmatrix} \tag{7.30b}$$

$$\tilde{u}_{12} \equiv \begin{bmatrix} -(w_{13} + w_{11})\sin 12\theta_\alpha \\ (w_{13} - w_{11})\cos 12\theta_\alpha \end{bmatrix} \tag{7.30c}$$

固定子電流が一定振幅の純正弦形状の場合には，d軸，q軸電流 i_d, i_q は一定となる。本事実を考慮するならば，(7.29b)，(7.30b)，(7.30c) 式は定理を意味する。 ∎

証明における (7.29b) 式は，定理を含む次の諸点を明らかにしている。
(a) PMSM が一定電気速度 ω_{2n} で回転し，かつ d 軸，q 軸電流が一定に制御された場合には，6，12 次（すなわち，周波数 $6\omega_{2n}, 12\omega_{2n}$）のトルクリプルが出現する。
(b) d 軸，q 軸電流が一定でない場合（直流成分に加え高調波成分をもつ場合）には，6，12 次成分に加え他次成分のトルクリプルも出現する。
(c) q 軸電流のみならず，d 軸電流もトルクリプル出現の原因となる。
(d) トルクリプルの大きさは，d 軸，q 軸電流の大きさに応じて，変化する。

回転子磁束，誘起電圧の (6 ± 1), (12 ± 1) 次高調波成分を対象とした上記の解析法は，$(6n\pm 1)$ 次高調波成分を対象とする場合にも，直接的に利用可能である。すなわち，固定子電流が正弦形状に制御されている場合には，回転子磁束，誘起電圧の $(6n\pm 1)$ 次高調波成分は $6n$ 次成分のトルクリプルを発生する。

7.3 トルクリプル補償の原理

具体的なトルクリプル補償法の構築準備として，各種補償法共通の基本原理を整理しておく[3)-19)]。電流制御を介してベクトル制御された PMSM が発生するトルク τ は，リラクタンストルク τ_r とマグネットトルク τ_m から構成されるとする。また，発生トルク τ は，トルク指令値 τ^* とおおむね等しい基本波成分 τ_f と空間高調波的な高調波成分 τ_h とからなるものとする。上記の関係は，次のように表現される。

$$\tau = \tau_r + \tau_m = \tau_f + \tau_h \approx \tau^* + \tau_h \tag{7.31a}$$

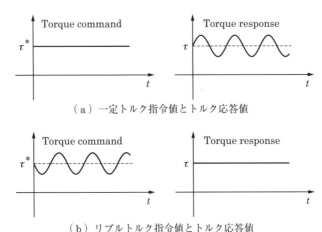

図 7.2 トルクリプル抑圧原理

$$\tau_f \equiv \tau_{rf} + \tau_{mf} \tag{7.31b}$$

上式における脚符 f, h は,おのおの基本波成分,高調波成分を意味する.以下,同様の意味でこの脚符を利用する.図 7.2(a) に,トルク指令値 τ^* を一定とした場合の発生トルクの様子を概略的に例示した.

いま何らかの方法で,トルクリプルすなわち発生トルクの高調波成分 τ_h が検出あるいは算出されたと仮定する.また,高調波成分 τ_h を相殺補償するための補償信号(補償トルク指令値)τ^*_h は,検出あるいは算定された高調波成分 τ_h の極性反転値 $\tau^*_h \approx -\tau_h$ とする.基本波成分 $\tau_f = \tau_{rf} + \tau_{mf}$ に対応した基本波成分トルク指令値 τ^*_f と補償信号(補償トルク指令値)τ^*_f とを用い,最終トルク指令値 τ^* を次のように合成するものとする.

$$\tau^* = \tau^*_f + \tau^*_h \approx \tau^*_f - \tau_h \tag{7.32}$$

(7.32) 式を (7.31) 式に用いると,次の発生トルクを得る.

$$\begin{aligned}\tau &= \tau_f + \tau_h \approx \tau^* + \tau_h \\ &\approx (\tau^*_f - \tau_h) + \tau_h = \tau^*_f\end{aligned} \tag{7.33}$$

図 7.2(b) に,(7.32),(7.33) 式の意味を,基本波成分トルク指令値 τ^*_f を一定として例示した.同図 (b) の左図に示した最終トルク指令値 τ^* は,(7.32) 式の中辺に従い,一定の基本波成分トルク指令値 τ^*_f と高調波成分相殺補償用の補償信号(補償トルク指令値)τ^*_h の和として合成されている.最終トルク指令値 τ^* に補償信号(補償トルク指令値)τ^*_f を含ませることにより,一定の発生トルク τ が得られている.以上が,発生トルク高調波成分すなわちトルクリプルの補償の基本原理である.

なお，(7.32) 式の中辺に示した最終トルク指令値の合成式は，多くの場合，次の d 軸，q 軸の電流指令値の合成式に改めて使用される．

$$\left. \begin{array}{l} i_d^* = i_{df}^* + i_{dh}^* \\ i_q^* = i_{qf}^* + i_{qh}^* \end{array} \right\} \tag{7.34}$$

上式の左辺は，最終的な電流指令値（最終電流指令値）を意味している．また，同式右辺第1項は発生トルクの基本波成分に対応した電流指令値（基本波成分電流指令値）を意味し，第2項は高調波成分すなわちトルクリプルを補償するための補償電流指令値を意味している．

トルクリプルの発生トルク上への出現を上述の原理に基づき補償するには，次の2点の構成成否が補償成否の決め手となる．

(a) 発生トルクにおける6次成分あるいは12次成分のトルクリプル τ_f を検出あるいは算定するための系が構成できる．特に，図7.2(b) の右図のように発生トルクがおおむね一定となった状況下でも，回転子磁束，誘起電圧の5, 7次高調波成分に起因するトルクリプル6次成分，あるいは11, 13次高調波成分に起因するトルクリプル12次成分を検出あるいは算定可能な系が構成できる．

(b) (7.32) 式が示しているように，最終トルク指令値 τ^* は定常状態においても $6\omega_{2n}$ あるいは $12\omega_{2n}$ の周波数成分をもつ．ひいては，これら最終トルク指令値に対応した最終電流指令値も，定常状態においてさえも $6\omega_{2n}$ あるいは $12\omega_{2n}$ の周波数成分をもつ．所要のトルク発生には，電流応答値がこのような電流指令値に追従しうる電流制御系が必要である．換言するならば，この種の空間高調波的指令値に高追従な電流制御系が構成できる．

7.4 補償信号の生成

7.4.1 補償信号の推定的生成

A. q 軸補償電流指令値の生成

発生トルクの中で特にマグネットトルクに含まれるトルクリプルの推定法を考える．ここでは，簡単のため，トルクリプルの中の特に k 次（6次または12次）成分の推定法を考える．必要とされる k 次成分の推定法は，図7.2(b) の右図のように発生のマグネットトルクが実質的に一定の場合にも適用可能なものでなくてはならない．推定法に課せられた本特性を考慮するならば，発生のマグネットトルクそのものからトルクリプル k 次成分を推定するには，トルクセンサに代表される専用センサを

利用の上，学習制御的に補償信号を生成しない限り，困難なように思われる[13)-18)]。
この点を考慮の上，トルクセンサレスを追求する本書では，まず，トルクリプル k 次成分に寄与する誘起電圧の高調波成分を推定し，次に，本推定値を利用してトルクリプル k 次成分を推定することを考える。

誘起電圧は，uvw 座標系上，$\alpha\beta$ 固定座標系上，dq 同期座標系上のいずれの固定子電圧，固定子電流を用いても推定可能である（図 7.1 参照）。発生マグネットトルクにおける k 次成分に相当する uvw 座標系上，$\alpha\beta$ 固定座標系上の誘起電圧は，ともに，$(k-1)$，$(k+1)$ 次の 2 高調波成分となる。一方，dq 同期座標系上では同誘起電圧は，ともに k 次高調波成分となる。本項では，信号処理の平易性を考慮し，dq 同期座標系上で，発生マグネットトルクにおける k 次成分に対応する誘起電圧 k 次高調波成分 e_{mh} を推定することを考える。

本項では，dq 同期座標系上で誘起電圧 k 次高調波成分 e_{mh} を推定し，本推定値を利用してトルクリプル k 次成分を推定する推定器として，次の応速トルクリプルオブザーバ（harmonic torque observer）を提案する。

応速トルクリプルオブザーバ（連続時間形）

$$\hat{e}_{mh} = F_{bp}(s)[\boldsymbol{v}_1 - R_1\boldsymbol{i}_1 - \boldsymbol{D}(s,\omega_{2n})\boldsymbol{\phi}_i]$$
$$= F_{bp}(s)\left[\boldsymbol{v}_1 - \left[R_1\boldsymbol{I} + \omega_{2n}\boldsymbol{J}\begin{bmatrix}L_d & 0\\ 0 & L_q\end{bmatrix}\right]\boldsymbol{i}_1 - s\begin{bmatrix}L_d & 0\\ 0 & L_q\end{bmatrix}\boldsymbol{i}_1\right] \tag{7.35}$$

$$\hat{\tau}_{mh} = \frac{\boldsymbol{i}_1^T \hat{\boldsymbol{e}}_{mh}}{\omega_{2m}} = \frac{N_p \boldsymbol{i}_1^T \hat{\boldsymbol{e}}_{mh}}{\omega_{2n}} \qquad ;\omega_{2n} \neq 0 \tag{7.36}$$

■

ここに，$\hat{e}_{mh}$ は誘起電圧 k 次高調波成分 e_{mh} の推定値である。また，$F_{bp}(s)$ は，中心周波数 $k|\omega_{2n}|$ の応速特性をもつバンドパスフィルタである。また，$\hat{\tau}_{mh}$ はトルクリプル k 次成分 τ_{mh} の推定値である。誘起電圧が発生する限り，$\omega_{2n} \neq 0$ の条件が確保される。したがって，応速特性を備えた (7.36) 式は，誘起電圧が発生する限り適用可能である

中心周波数を $k|\omega_{2n}|$，通過帯域幅を $\Delta\omega$ とする応速バンドパスフィルタ $F_{bp}(s)$ としては，特にその次数を 2 次とする場合には，次式で与えられる[25)]。

アナログ応速バンドパスフィルタ

$$F_{bp}(s) = \frac{\Delta\omega s}{s^2 + \Delta\omega s + k^2\omega_{2n}^2} \tag{7.37}$$

■

トルクリプル k 次成分推定法である (7.35)，(7.36) 式の応速トルクリプルオブザー

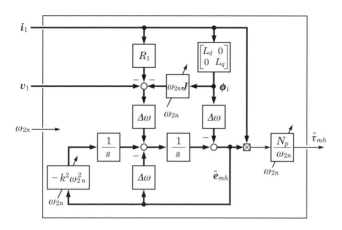

図 7.3 dq 同期座標系上の応速トルクリプルオブザーバ

バ(連続時間形)に,(7.37)式の 2 次バンドパスフィルタを用いた実現例を図 7.3 に描画した。同図における 2×1 ベクトル信号はすべて dq 同期座標系上で定義された信号である。なお,同図では信号線の輻輳を避けるべく,回転子電気速度 ω_{2n} の信号線は簡略的に表現し,ブロックにおける応速特性は慣習に従い貫徹矢印で表現している。

応速トルクリプルオブザーバによりマグネットトルクのリプル推定値 $\hat{\tau}_{mh}$ が得られたならば,これは,極性反転の上,トルクリプル相殺の補償信号(補償トルク指令値)τ^*_{mh} として利用される。すなわち,

$$\tau^*_{mh} = -\hat{\tau}_{mh} \tag{7.38a}$$

マグネットトルクと q 軸電流の両基本波成分間の比例関係を考慮するならば,上式の補償トルク指令値は,次の q 軸補償電流指令値に変換される。

$$i^*_{qh} \approx \frac{\tau^*_{mh}}{N_p \Phi} = -\frac{\hat{\tau}_{mh}}{N_p \Phi} \tag{7.38b}$$

応速トルクリプルオブザーバの利用に際し注意すべき点を以下に整理しておく。

(a) 応速トルクリプルオブザーバへの入力信号(電圧,電流,速度)は,検出真値であることが望ましい。真値に代わって推定値を利用することも可能であるが(たとえば,電圧真値に代わって電圧指令値を利用),真値と推定値の誤差がマグネットトルクリプル推定値に反映される。

(b) 応速トルクリプルオブザーバに利用するモータパラメータは,可能な限り精度を高めておく必要がある。パラメータ誤差は,マグネットトルクリプル推定値に反映される。

(c) マグネットトルクのトルクリプル6次（または12次）成分の推定に適用するには，応速バンドパスフィルタにおけるパラメータ k を $k=6$（または $k=12$）に設定すればよい。さらに，6次成分と12次成分を同時推定する必要がある場合には，応速バンドパスフィルタを(7.37)式から次式へ変更すればよい。

$$F_{bp}(s) = \frac{\Delta\omega s}{s^2 + \Delta\omega s + 36\omega_{2n}^2} + \frac{\Delta\omega s}{s^2 + \Delta\omega s + 144\omega_{2n}^2} \tag{7.39}$$

(7.39)式は，6次成分用，12次成分用の2フィルタの並列配置を意味する。

B. 応速トルクリプルオブザーバの離散時間化

(7.35)式で記述された応速トルクリプルオブザーバ（連続時間形）は，推定周期を T_s とする場合，次のように離散時間化される。

応速トルクリプルオブザーバ（離散時間形）

$$\hat{\boldsymbol{e}}_{mh} = F_{bp}(z^{-1})\left[\boldsymbol{v}_1 - \begin{bmatrix} R_1 + \dfrac{L_d(1-z^{-1})}{T_s} & -\omega_{2n}L_q \\ \omega_{2n}L_d & R_1 + \dfrac{L_q(1-z^{-1})}{T_s} \end{bmatrix}\boldsymbol{i}_1\right] \tag{7.40}$$

$$\hat{\tau}_{mh} = \frac{\boldsymbol{i}_1^T \hat{\boldsymbol{e}}_{mh}}{\omega_{2m}} = \frac{N_p \boldsymbol{i}_1^T \hat{\boldsymbol{e}}_{mh}}{\omega_{2n}} \quad ; \omega_{2n} \neq 0 \tag{7.41}$$

∎

上式における $F_{bp}(z^{-1})$ はディジタル応速バンドパスフィルタである。2次ディジタル応速バンドパスフィルタとして，文献4)提示の次のものを使用する（本項末尾の注7.1参照）。

ディジタル応速バンドパスフィルタ

$$F_{bp}(z^{-1}) = \frac{(1-a)(1-az^{-2})}{1 - 2a\cos(k\bar{\omega}_{2n})z^{-1} + a^2 z^{-2}} \tag{7.42}$$

$$\bar{\omega}_{2n} \equiv \omega_{2n} T_s \tag{7.43}$$

∎

図7.4に，(7.42)式のディジタル応速バンドパスフィルタの極と零を z 平面上に描画した。同フィルタの通過帯域中心周波数 $k\omega_{2n}$ は，$k\bar{\omega}_{2n}$ により指定されている。$\bar{\omega}_{2n}$ は，(7.43)式で定義されているように，推定周期 T_s で正規化された正規化電気速度である。通過帯域幅 $\Delta\omega$ は，帯域幅係数 a を介して指定することになる。サンプ

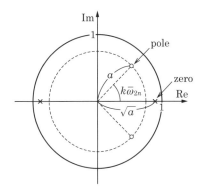

図 7.4　ディジタル応速バンドパスフィルタの極零配置

リング周期 T_s の選定後には，通過帯域幅 $\Delta\omega$ と帯域幅係数 a とは実質的に一意の関係をもつ．

ディジタル応速バンドパスフィルタは，次の周波数特性をもつ．

$$\left.\begin{array}{l} F_{bp}(e^{-k\bar{\omega}_{2n}})=1 \\ F_{bp}(1)=\dfrac{(1-a)^2}{1-2a\cos(k\bar{\omega}_{2n})+a^2} \\ F_{bp}(-1)=\dfrac{(1-a)^2}{1+2a\cos(k\bar{\omega}_{2n})+a^2} \end{array}\right\} \tag{7.44}$$

上式から理解されるように，本フィルタは，(7.37) 式のアナログフィルタと同様に，周波数 $k\omega_{2n}$ で振幅 1，位相ゼロという正確なバンドパス特性を示す．一方，本フィルタは，(7.37) 式のアナログフィルタと異なり，ゼロ周波数 $\omega=0$，最大周波数 $\omega=\pi/T_s$ においても，完全減衰特性を示さない（図 7.4 参照）．

ゼロ周波数，最大周波数における本特性により，本フィルタは，ゼロ速度 $\omega_{2n}=0$ ではローパス特性を示し，理論上の最高速度 $\omega_{2n}=\pi/kT_s$ ではハイパス特性を示す．換言するならば，$\omega_{2n}=0 \sim \pi/kT_s$ の範囲で選択的通過特性を示す．

上記特性の 1 例を示す．たとえば $T_s=0.0001$，$k=6$ と選定する場合には，電気速度 $\omega_{2n}=2\,618$〔rad/s〕で $k\bar{\omega}_{2n}=\pi/2$ となり，ゼロ周波数 $\omega=0$，最大周波数 $\omega=\pi/kT_s$ での両減衰量はともに等しく，(7.44) 式の周波数特性は次式となる．

$$\left.\begin{array}{l} F_{bp}(e^{-k\bar{\omega}_{2n}})=1 \\ F_{bp}(1)=F_{bp}(-1)=\dfrac{(1-a)^2}{1+a^2} \end{array}\right\} \tag{7.45}$$

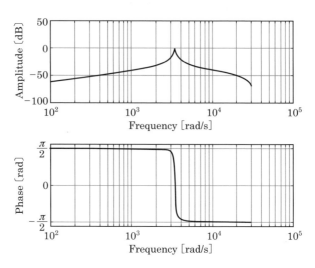

図7.5 ディジタル応速バンドパスフィルタの周波数応答例

なお,電気速度 $\omega_{2n} = 2\,618$ [rad/s] は,一般には,トルクリプル抑圧を必要とする応用上の観点からは十分に高い周波数に該当する。

図7.5に,提案のディジタル応速バンドパスフィルタの周波数応答の1例を,$T_s = 0.0001$,$\omega_{2n} = 568$,$k = 6$,$a = 0.995$ を条件に,周波数範囲 $100 \sim 30\,000$ [rad/s] で,示した。中心周波数で 0 [dB] が,100 [rad/s] 近傍で約 −60 [dB] の減衰が,3 000 [rad/s] 近傍で約 −70 [dB] の減衰が得られており,所期のバンドパス特性が確認される。なお,本例では,帯域幅係数 $a = 0.995$ はおおむね通過帯域幅 $\Delta\omega = 100$ [rad/s] に該当する。

(注7.1) ディジタル応速バンドパスフィルタとしては,(7.44) 式に代わって,次の理想的な基本特性を有するフィルタを設計することも可能である。

$$F_{bp}(e^{-k\bar{\omega}_{2n}}) = 1, \quad F_{bp}(1) = 0, \quad F_{bp}(-1) = 0$$

(6.2),(6.3) 式の新中バンドパスフィルタはこの2例である。(6.2),(6.3) 式のディジタルフィルタは,搬送高周波電圧印加法への応用を意図して広帯域幅をもたせるべく設計されている。これに代わって,周波数選択性を強めた狭帯域幅のディジタルバンドパスフィルタを設計することも可能である。

C. d 軸補償電流指令値の生成

(7.38b) 式の q 軸補償電流指令値は,所要の性能をもつ電流制御系を介して,リプ

ル補償のためのマグネットトルクを生成する。同時に，不本意ながら，脈動的なリラクタンストルクも発生する。q軸補償電流指令値に起因したリラクタンストルクのリプル抑制に関しては，次の定理が成立する。

【定理7.2（d軸補償電流指令値定理）】

電流制御系は，指令値どおりの電流を発生できるものと仮定する。本仮定のもとでは，q軸補償電流指令値 i_{qh}^* に起因するリラクタンストルクのリプルは，d軸補償電流指令値 i_{dh}^* を次式に従い生成することにより，抑圧できる。

$$i_{dh}^* = \frac{-i_{df}^*}{i_q^*} i_{qh}^* = \frac{-i_{df}^*}{i_{qf}^* + i_{qh}^*} i_{qh}^* \tag{7.46}$$

〈証明〉

「電流制御系は指令値どおりの電流を発生できる」との仮定のもとでは，(7.25)，(7.34)式より，基本波成分と高調波成分を含むリラクタンストルク τ_r は次式で与えられる。

$$\tau_r = 2L_m i_d^* i_q^* = 2L_m(i_{df}^* + i_{dh}^*) i_q^* \tag{7.47}$$

(7.47)式右辺の i_{dh}^* に(7.46)式を代入し，(7.34)式の関係を再び考慮すると，(7.47)式のリラクタンストルク τ_r は，基本波成分のみの次式に帰着される。

$$\tau_r = 2L_m i_{df}^* i_{qf}^* \tag{7.48}$$

上式は，(7.46)式の正当性を意味する。

■

(7.38)式と定理7.2とを用い，マグネットトルクリプル推定値 $\hat{\tau}_{mh}$ から d 軸，q 軸補償電流指令値 i_{dh}^*, i_{qh}^* を生成する様子を図7.6に示した。なお，以降では，同図のブロックを補償指令値変換器（compensation command converter, CCC）と呼称する。

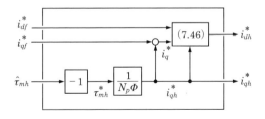

図7.6　マグネットトルクリプル推定値を用いた補償指令値変換器

7.4.2 補償信号の算定的生成
A. q軸補償電流指令値の生成

新中モデルに従い,発生のトルクリプルを算定することができる。本事実は,新中モデルに従うならば,トルクリプル補償のための補償信号を直接的に算定できることを示唆している。これに関しては,次の定理が成立する。

【定理 7.3 (q軸補償電流指令値定理)】

マグネットトルクリプルの6, 12次成分を抑制するためのq軸補償電流指令値 i_{qh}^* は,次式で与えられる。

$$i_{qh}^* = i_{qh6}^* + i_{qh12}^* \tag{7.49a}$$

ただし,

$$i_{qhk}^* \equiv -i_{qf}^*(w_{k+1} - w_{k-1})\cos k\theta_\alpha + i_{df}^*(w_{k+1} + w_{k-1})\sin k\theta_\alpha \tag{7.49b}$$

〈証明〉

(7.24) 式に示したdq同期座標系上の誘起電圧 e_m は,基本波成分(直流成分),6次高調波成分,12次高調波成分から構成されている。誘起電圧に対応して,dq同期座標系上の固定子電流 i_1 も,基本波成分(直流成分)i_{1f},6次高調波成分 i_{1f6},12次高調波成分 i_{1f12} から構成されるものとする。すなわち,

$$i_1 = i_{1f} + i_{1h6} + i_{1h12} \tag{7.50a}$$

ただし,

$$i_1 \equiv \begin{bmatrix} i_d \\ i_q \end{bmatrix}, \quad i_{1f} \equiv \begin{bmatrix} i_{df} \\ i_{qf} \end{bmatrix}, \quad i_{1h6} \equiv \begin{bmatrix} i_{dh6} \\ i_{qh6} \end{bmatrix}, \quad i_{1h12} \equiv \begin{bmatrix} i_{dh12} \\ i_{qh12} \end{bmatrix} \tag{7.50b}$$

(7.28) 式に与えたマグネットトルク τ_m は,(7.50a) 式を適用する場合,次のように展開される。

$$\begin{aligned}
\tau_m &= N_p \Phi i_1^T J[w_1 u_{p1} - w_5 u_{n5} + w_7 u_{p7} - w_{11} u_{n11} + w_{13} u_{p13}] \\
&= N_p \Phi i_1^T [\tilde{u}_0 + \tilde{u}_6 + \tilde{u}_{12}] \\
&= N_p \Phi [i_{1f} + i_{1h6} + i_{1h12}]^T [\tilde{u}_0 + \tilde{u}_6 + \tilde{u}_{12}] \\
&= N_p \Phi \begin{bmatrix} i_{1f}^T \tilde{u}_0 + i_{1h6}^T \tilde{u}_0 + i_{1h12}^T \tilde{u}_0 \\ + i_{1f}^T \tilde{u}_6 + i_{1h6}^T \tilde{u}_6 + i_{1h12}^T \tilde{u}_6 \\ + i_{1f}^T \tilde{u}_{12} + i_{1h6}^T \tilde{u}_{12} + i_{1h12}^T \tilde{u}_{12} \end{bmatrix}
\end{aligned} \tag{7.51}$$

一般に,高調波成分の振幅は,基本波成分の振幅に比較し小さい。本認識のもと,高調波成分同士の積は十分小さいとして無視すると,(7.51) 式は次のように近似される。

7.4 補償信号の生成

$$\tau_m \approx N_p \Phi [\boldsymbol{i}_{1f}^T \tilde{\boldsymbol{u}}_0 + \boldsymbol{i}_{1h6}^T \tilde{\boldsymbol{u}}_0 + \boldsymbol{i}_{1f}^T \tilde{\boldsymbol{u}}_6 + \boldsymbol{i}_{1h12}^T \tilde{\boldsymbol{u}}_0 + \boldsymbol{i}_{1f}^T \tilde{\boldsymbol{u}}_{12}] \tag{7.52}$$

(7.52) 式の右辺第1項は発生マグネットトルクの基本波成分である直流成分 (0 次成分) を, 第2, 第3項は 6 次成分を, 第4, 第5項は 12 次成分を, おのおの意味している.

(7.52) 式において, トルクリプル 6 次成分がゼロとなる条件は, 次式となる.

$$\boldsymbol{i}_{1h6}^T \tilde{\boldsymbol{u}}_0 = -\boldsymbol{i}_{1f}^T \tilde{\boldsymbol{u}}_6 \tag{7.53}$$

(7.53) 式に (7.30), (7.50b) 式を代入すると, 6 次高調波電流 i_{qh6} に関する次式を得る.

$$i_{qh6} = -i_{qf}(w_7 - w_5)\cos 6\theta_\alpha + i_{df}(w_7 + w_5)\sin 6\theta_\alpha \tag{7.54}$$

これより, トルクリプル 6 次成分をゼロとするための q 軸の 6 次補償電流指令値として次式を得る.

$$i_{qh6}^* = -i_{qf}^*(w_7 - w_5)\cos 6\theta_\alpha + i_{df}^*(w_7 + w_5)\sin 6\theta_\alpha \tag{7.55}$$

また, (7.52) 式において, トルクリプル 12 次成分がゼロとなる条件は, 次式となる.

$$\boldsymbol{i}_{1h12}^T \tilde{\boldsymbol{u}}_0 = -\boldsymbol{i}_{1f}^T \tilde{\boldsymbol{u}}_{12} \tag{7.56}$$

(7.56) 式に (7.30), (7.50b) 式を代入すると, 12 次高調波電流 i_{qh12} に関する次式を得る.

$$i_{qh12} = -i_{qf}(w_{13} - w_{11})\cos 12\theta_\alpha + i_{df}(w_{13} + w_{11})\sin 12\theta_\alpha \tag{7.57}$$

これより, トルクリプル 12 次成分をゼロとするための q 軸の 12 次補償電流指令値として次式を得る.

$$i_{qh12}^* = -i_{qf}^*(w_{13} - w_{11})\cos 12\theta_\alpha + i_{df}^*(w_{13} + w_{11})\sin 12\theta_\alpha \tag{7.58}$$

トルクリプル 6 次成分補償用の (7.55) 式とトルクリプル 12 次成分補償用の (7.58) 式の和は, (7.49a) 式の q 軸補償電流指令値 i_{qh}^* を構成する.

∎

定理 7.3 および同証明より, 提案の補償電流指令値生成法は以下の特徴を有することが明らかである.

- (a) (7.49) 式が明確に示しているように, 提案の q 軸補償電流指令値は, 回転子位相 θ_α の k 倍値である $k\theta_\alpha$ の余弦・正弦値と, $(k+1)$ 次正相誘起電圧の振幅係数 w_{k+1}, $(k-1)$ 次逆相誘起電圧の振幅係数 w_{k-1} とを用いて合成される. このため, 補償信号の合理的な合成には, 高い精度での回転子位相 θ_α と誘起電圧振幅係数 w_{k+1}, w_{k-1} の事前同定が必要である. 補償電流指令値生成法は, 回転子位相, 誘起電圧振幅係数の誤差を自動補正する機能を有しない.
- (b) 提案法における q 軸補償電流指令値は, 6, 12 次成分のいずれか 1 つ, あるいは両者とすることができる.

dq 同期座標系上の $(k+1)$ 次正相誘起電圧の振幅係数 w_{k+1}, $(k-1)$ 次逆相誘起電

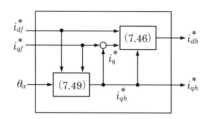

図 7.7 位相情報を利用した補償指令値合成器

圧の振幅係数 w_{k-1} は,後掲の図 7.24 に例示したような線間誘起電圧を実測し,実測値のフーリエ級数展開,FFT などの高調波成分分析より,得ることができる。

定理 7.3 に基づき q 軸補償電流指令値を生成する場合にも,リラクタンストルクを想定した d 軸補償電流指令値の生成には,定理 7.2 が適用される。定理 7.3 に加えて定理 7.2 を利用し,d 軸,q 軸補償電流指令値 i_{dh}^*, i_{qh}^* を生成する様子を図 7.7 に示した。なお,以降では,同図のブロックを補償指令値合成器(compensation command synthesizer, CCS)と呼称する。

(注 7.2) 非突極 PMSM を対象とする場合,所要トルクはマグネットトルクのみを用いて発生することになる((7.31) 式参照)。この場合,トルク発生に寄与しない d 軸基本波成分電流指令値はゼロ,すなわち $i_{df}^* = 0$ に設定される。本条件を (7.49) 式に用いると,電流指令値生成のための簡単な次式を得る。

$$i_{qh}^* = i_{qh6}^* + i_{qh12}^*$$
$$= -i_{qf}^*(w_7 - w_5)\cos 6\theta_\alpha - i_{qf}^*(w_{13} - w_{11})\cos 12\theta_\alpha$$
$$i_q^* = i_{qf}^* + i_{qh}^*$$
$$= i_{qf}^*(1 - (w_7 - w_5)\cos 6\theta_\alpha - (w_{13} - w_{11})\cos 12\theta_\alpha)$$
$$\approx \frac{\tau_f^*}{N_p \Phi(1 + (w_7 - w_5)\cos 6\theta_\alpha + (w_{13} - w_{11})\cos 12\theta_\alpha)}$$

上式は,「(7.25) 式において,d 軸電流ゼロ $i_d = 0$ の条件を付与したものと基本的に同一」の関係を示すものである。

B. 基本波成分のオフセット変動

(7.51) 式から近似的に (7.52) 式を得る際に,「高調波成分同士の積は,十分小さいとして無視」との前提を設けた。同次の高調波成分による積は,2 倍次のリプル発生と同時にゼロ周波数の直流成分をも発生する。この結果,発生トルクにおける直流的

な基本波成分がオフセット変動することになる。これに関しては，次の定理が成立する。

【定理 7.4（基本波成分オフセット変動定理）】

定理 7.3 に基づき q 軸補償電流指令値 i_{qh}^* を生成し，定理 7.2 に基づき d 軸補償電流指令値 i_{dh}^* を生成する場合には，発生マグネットトルクの基本波成分に次の直流的なオフセットトルク $\Delta\tau_m$ をもたらす。

$$\Delta\tau_m = N_p \Phi K_v i_{qf}^* \tag{7.59a}$$

$$\begin{aligned} K_v \equiv &-\frac{(w_7-w_5)^2}{2}+\frac{(w_7+w_5)^2}{2}\left(\frac{i_{df}^*}{i_{qf}^*}\right)^2 \\ &-\frac{(w_{13}-w_{11})^2}{2}+\frac{(w_{13}+w_{11})^2}{2}\left(\frac{i_{df}^*}{i_{qf}^*}\right)^2 \end{aligned} \tag{7.59b}$$

〈証明〉

まず，固定子電流と回転子磁束に関し，6 次高調波成分同士の積を評価する。(7.51) 式より，6 次・6 次高調波成分の積は，次式となる。

$$N_p \Phi \boldsymbol{i}_{1h6}^T \tilde{\boldsymbol{u}}_6 = N_p \Phi [i_{dh6} \quad i_{qh6}] \begin{bmatrix} -(w_7+w_5)\sin 6\theta_\alpha \\ (w_7-w_5)\cos 6\theta_\alpha \end{bmatrix} \tag{7.60}$$

補償電流応答値は補償電流指令値と同一とするならば，q 軸の 6 次補償電流指令値に関連したオフセットトルクは，(7.60) 式に (7.49b) 式を考慮すると，次のように算定される。

$$\begin{aligned} &N_p \Phi (w_7-w_5)\cos 6\theta_\alpha i_{qh6}^* \\ &= N_p \Phi \left(\frac{-(w_7-w_5)^2}{2}(1+\cos 12\theta_\alpha)i_{qf}^* + \frac{(w_7^2-w_5^2)}{2}\sin 12\theta_\alpha i_{df}^* \right) \end{aligned} \tag{7.61}$$

一方，補償電流応答値は補償電流指令値と同一とするならば，d 軸の 6 次補償電流指令値に関連したオフセットトルクは，(7.60) 式に (7.46) 式と (7.49b) 式を考慮すると，次のように算定される。

$$\begin{aligned} &-N_p \Phi (w_7+w_5)\sin 6\theta_\alpha i_{dh6}^* \\ &= N_p \Phi (w_7+w_5)\sin 6\theta_\alpha \frac{i_{df}^*}{i_{qf}^*+i_{qh}^*} i_{qh6}^* \\ &\approx N_p \Phi (w_7+w_5)\sin 6\theta_\alpha \frac{i_{df}^*}{i_{qf}^*} i_{qh6}^* \\ &= N_p \Phi \left(\frac{-(w_7^2-w_5^2)}{2}\sin 12\theta_\alpha i_{qf}^* + \frac{(w_7+w_5)^2}{2}(1-\cos 12\theta_\alpha)i_{df}^* \right) \frac{i_{df}^*}{i_{qf}^*} \end{aligned} \tag{7.62}$$

(7.61), (7.62) 式より，6次・6次高調波成分の積により生じる総合的なオフセットトルクとして，次式を得る．

$$\Delta\tau_m = N_p\Phi\left(-\frac{(w_7-w_5)^2}{2} + \frac{(w_7+w_5)^2}{2}\left(\frac{i_{df}^*}{i_{qf}^*}\right)^2\right)i_{qf}^* \qquad (7.63)$$

同様にして，12次・12次高調波成分の積により生じる総合的なオフセットトルクとして，次式を得る．

$$\Delta\tau_m = N_p\Phi\left(-\frac{(w_{13}-w_{11})^2}{2} + \frac{(w_{13}+w_{11})^2}{2}\left(\frac{i_{df}^*}{i_{qf}^*}\right)^2\right)i_{qf}^* \qquad (7.64)$$

(7.63) 式と (7.64) 式の和は，定理 7.4 を与える． ∎

定理 7.4 は，発生マグネットトルクの基本波成分のオフセット変動に関し，以下の特性を示している．

(a) q 軸補償電流指令値 i_{qh}^* は発生マグネットトルクの直流的な基本波成分の低減効果をもたらす．一方，d 軸補償電流指令値 i_{dh}^* は発生マグネットトルクの直流的な基本波成分の増加効果をもたらす．

(b) 正相成分振幅係数 w_{k+1} と逆相成分振幅係数 w_{k-1} の極性が異なる場合には，発生マグネットトルクの直流的な基本波成分の低減効果が強くなる．反対に，正相成分振幅係数 w_{k+1} と逆相成分振幅係数 w_{k-1} の極性が同じ場合には，発生マグネットトルクの直流的な基本波成分の増加効果が強くなる．

7.5 高追従電流制御器

ベクトル制御系においては，トルク指令値は電流指令値に変換され，電流制御を介してトルク制御が遂行される．(7.34) 式が示しているように，d 軸，q 軸の最終電流指令値 i_d^*, i_q^* は，定常状態においても，直流的な基本波成分 i_{df}^*, i_{qf}^* に加えて，k 次トルクリプルを相殺抑圧するための $k\omega_{2n}$ 高調波成分すなわち補償電流指令値 i_{dh}^*, i_{qh}^* を含有する．補償電流指令値どおりの補償電流を発生するには，$k\omega_{2n}$ 高調波成分を含有する最終電流指令値に追従可能な安定な電流制御系が必要となる．本節では，このような電流制御系の構成・設計の問題を考える．

7.5.1 応速高次電流制御器
A. 応速高次電流制御器の構造

dq同期座標系上でのd軸電流制御,q軸電流制御のためのフィードバック電流制御系は,d軸電流制御系を例とするならば,図7.8(a)のように概略表現される。q軸電流制御系も同図(a)と同様である。同図(a)における電流指令値 i_d^*,外乱(d軸,q軸間の干渉信号などを含む)n_d は,$k\omega_{2n}$ 高調波成分を含有するものとする。この点を考慮し,本書では,同図(a)の電流制御器 $G_{cnt}(s)$ として,次の応速高次電流制御器の利用を提案する。

応速高次電流制御器(連続時間形)

$$G_{cnt}(s) = \frac{D(s)}{C(s)} = \frac{d_3 s^3 + d_2 s^2 + d_1 s + d_0}{s(s^2 + k^2 \omega_{2n}^2)} \tag{7.65}$$

■

(7.65)式の応速高次電流制御器 $G_{cnt}(s)$ を用いたフィードバック電流制御系が安定的に構成されたと,仮定する。本仮定のもとでは,内部モデル原理によれば,定常状態の電流応答値は,直流成分と $k\omega_{2n}$ 高調波成分とからなる外乱の影響を排除して,

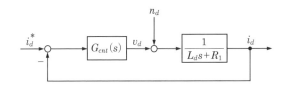

(a) d軸電流制御系の概略構成

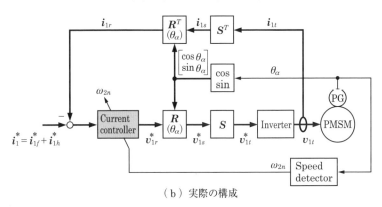

(b) 実際の構成

図7.8 応速高次電流制御器を用いた電流制御系

直流成分（基本波成分電流指令値）と$k\omega_{2n}$高調波成分（補償電流指令値）とからなる最終電流指令値に正確に追従する．すなわち，応速高次電流制御器によれば，定常的には，外乱抑圧性と指令値追従性を同時に達成できる．本制御特性は，$k\omega_{2n}$高調波成分の位相のいかんを問わず達成される．

図7.8(b)に，d軸電流制御器，q軸電流制御器として(7.65)式の応速電流制御器を用いた電流制御系を概略的に示した．同図(b)では，固定子電圧，固定子電流の表現に関し，これら信号が定義された座標系を明示すべく，脚符r（dq同期座標系），s（αβ固定座標系），t（uvw座標系）を付している．図中のグレーブロックが(7.65)式で記述された応速高次電流制御器を意味している．同図(b)では，回転子速度ω_{2n}の情報は，位置・速度センサから得るものとし，制御器係数の応速変化を貫徹矢印で表現している．d軸，q軸制御器とも(7.65)式の形式の応速高次電流制御器が利用されているが，制御器係数は両制御器で必ずしも同一ではない．制御器係数は，フィードバック電流制御系の安定性が確保されるように設計されなければならない（次のB項参照）．

図7.8(b)の応速高次電流制御器を用いた電流制御系において安定性が確保された場合には，「電流応答i_1は，直流成分と$k\omega_{2n}$高調波成分からなる外乱の影響を排除して，直流成分（基本波成分電流指令値）i^*_{1k}と$k\omega_{2n}$高調波成分（補償電流指令値）i^*_{1h}の和である最終電流指令値i^*_1に正確に追従する」という，外乱抑圧性と指令値追従性が同時に確保される（後掲の第7.6.2項参照）．本制御特性は，$k\omega_{2n}$高調波成分の位相のいかんを問わず達成される．

B. 応速高次電流制御器の設計

(7.65)式の応速高次電流制御器を用いて所期の電流制御目的を達するには，フィードバック電流制御系は安定でなくてはならない．本項では，任意の速度ω_{2n}において電流制御系の安定性を保証する応速高次電流制御器の設計法を提示する．

応速高次電流制御器の係数d_iの設計には，文献1), 24)に提示された高次制御器設計法を利用することを考える．本法によれば，主要仕様（速応性，安定性）の1つである速応性は，電流制御系の帯域幅ω_{ic}の設計により指定される．安定性は，まず，次の(7.66)式の4次フルビッツ多項式（安定多項式）$H(s)$を設計し，次に，電流制御系の特性多項式（閉ループ伝達関数の分母多項式）が$H(s)$とおおむね等しくなるように制御器係数d_iを定めることにより指定される．

$$H(s) = s^4 + h_3 s^3 + h_2 s^2 + h_1 s + h_0 \quad ; h_3 = \omega_{ic} \tag{7.66}$$

応速特性を考慮する必要のないゼロ速度近傍 $\omega_{2n} \approx 0$ では，上述の高次制御器設計法に従えば，制御器係数 d_i はただちに次のように定められる[1), 24)]．

$$d_i = L' h_i \qquad ; i = 0 \sim 4 \tag{7.67}$$

(7.67) 式右辺におけるインダクタンス L' としては，d 軸制御器には d 軸インダクタンス L_d または同相インダクタンス L_i を，q 軸制御器には q 軸インダクタンス L_q または同相インダクタンス L_i を利用することになる．

速度が十分に高く，$\omega_{2n} \approx 0$ が成立しない場合，さらには速度が可変で一定でない場合を前提とした応速高次電流制御器の係数 d_i は，基本的には，ゼロ速度近傍 $\omega_{2n} \approx 0$ の条件下で定められた (7.67) 式のものを無修正で利用すればよい．制御器係数に関する本設計の有効性は，次の定理より保証されている．

【定理 7.5（応速高次電流制御器定理）】

図 7.8(a) のフィードバック電流制御系において，(7.65) 式の応速高次電流制御器を利用するものとする．本電流制御系がゼロ速度で安定であれば，他の速度においても安定である．

〈証明〉

次の 4 次多項式を考える．

$$A(s) = s^4 + a_3 s^3 + a_2 s^2 + a_1 s + a_0 \tag{7.68}$$

本多項式がフルビッツ多項式となるための必要十分条件は，次の係数不等式で与えられる[24)]．

$$a_3 a_2 a_1 - a_3^2 a_0 - a_1^2 > 0 \tag{7.69}$$

(7.65) 式の制御器における速度項を一定とする場合，図 7.8(a) の電流制御系の特性多項式 $A(s)$ は，次式で与えられる．

$$\begin{aligned} A(s) = s^4 &+ \frac{d_3 + R_1}{L_d} s^3 + \frac{d_2 + k^2 \omega_{2n}^2 L_d}{L_d} s^2 \\ &+ \frac{d_1 + k^2 \omega_{2n}^2 R_1}{L_d} s + \frac{d_0}{L_d} \end{aligned} \tag{7.70}$$

(7.70) 式の多項式に関し，(7.69) 式の左辺に対応する係数処理を施すと，次式を得る．

$$\begin{aligned} &(d_3 + R_1)(d_2 + k^2 \omega_{2n}^2 L_d)(d_1 + k^2 \omega_{2n}^2 R_1) \\ &\quad - (d_3 + R_1)^2 d_0 - L_d (d_1 + k^2 \omega_{2n}^2 R_1)^2 \\ &= (d_3 + R_1) d_2 d_1 - (d_3 + R_1)^2 d_0 - L_d d_1^2 \\ &\quad + k^4 \omega_{2n}^4 R_1 L_d d_3 \\ &\quad + k^2 \omega_{2n}^2 (R_1 d_2 (d_3 + R_1) + L_d d_1 (d_3 - R_1)) > 0 \end{aligned} \tag{7.71}$$

(7.71) 式の右辺第1項はゼロ速度の安定性より正であり，右辺第2項は明らかに非負である．第3項は，制御器係数設計に際し次の (7.72) 式の関係が維持されるので ((7.66), (7.67) 式参照)，非負である．

$$\left.\begin{array}{l} h_3 = \omega_{ic} \gg \dfrac{R_1}{L_d} \\ d_3 = L_d h_3 \gg R_1 \end{array}\right\} \tag{7.72}$$

この結果，(7.71) 式右辺は任意の速度で正であることが保証され，ひいては応速高次電流制御器により構成された当該電流制御系は任意の速度で安定である．

■

応速高次電流制御器定理は，本定理に従い電流制御器を連続時間実現した場合に有効である．電流制御器を離散時間実現する場合には，制御遅れに応じて位相余裕の低下が起きる．離散時間実現による位相余裕低下が許容範囲内であれば，電流制御系は不安定化することはない．反対に，当初の位相余裕を超える制御遅れは，不安定化を引き起こすことになる[24]．この場合には，制御器係数の再設計が必要である．

なお，(7.65) 式の連続時間応速高次電流制御器に対応した離散時間応速高次電流制御器は，次の形式となる．

応速高次電流制御器（離散時間形）

$$G'_{cnt}(z^{-1}) = \dfrac{d'_0 + d'_1 z^{-1} + d'_2 z^{-2} + d'_3 z^{-3}}{(1-z^{-1})(1-2\cos k\bar{\omega}_{2n} z^{-1} + z^{-2})} \tag{7.73}$$

■

なお，(7.73) 式における $\bar{\omega}_{2n}$ は，制御周期 T_s を用いて正規化された正規化電気速度であり，その定義は (7.43) 式のとおりである．

7.5.2 モデルフォローイング制御器併用 PI 電流制御器

A. 基本波成分電流制御のためのモデルフォローイング制御器

図 7.8 に示した応速高次電流制御器を利用する場合には，直流成分と $k\omega_{2n}$ 高調波成分からなる外乱の影響を排除して，直流成分（基本波成分電流指令値）と $k\omega_{2n}$ 高調波成分（補償電流指令値）からなる最終電流指令値に正確に追従する電流応答を得ることができた．すなわち，応速高次電流制御器によれば，定常的には，外乱抑圧性と指令値追従性を同時に達成できた．本 7.5.2 項では，応速高次電流制御器に代わって，モデルフォローイング制御器併用の PI 電流制御器を用いて，外乱抑圧性と指令値追従性を達成することを考える．

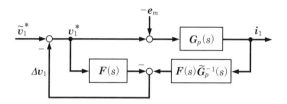

図 7.9　多変数モデルフォローイング制御系

　まず，PMSM の電流制御，特に基本波成分の電流制御における外乱抑圧効果を検討する。第 1.3 節において，モデルフォローイング制御器を用いた制御系構成例を図 1.11 に，またモデルフォローイング制御系を内部ループとする上位制御系の構成例を図 1.14 に示した。両図では，制御系内の信号はすべてスカラ量であった。両図を用いて説明したモデルフォローイング制御器およびこれを利用した制御系は，ベクトル量を扱う多変数系へ拡張できる。

　多変数モデルフォローイング制御器の構成例を図 7.9 に示した。ただし，図中のベクトル信号は，すべて dq 同期座標系上で定義されているものとする。また，同図では，制御対象 $G_p(s)$ は PMSM の動特性を意味し，非正弦誘起電圧 e_m は外乱として扱っている。この場合，$\tilde{G}_p^{-1}(s)$ は $G_p(s)$ の近似逆モデルを意味し，次式のように記述される。

$$\tilde{G}_p^{-1}(s) = \tilde{R}_1 I + D(s, \omega_{2n}) \tilde{L}_1 \tag{7.74a}$$

$$\tilde{L}_1 = \begin{bmatrix} \tilde{L}_d & 0 \\ 0 & \tilde{L}_q \end{bmatrix} \tag{7.74b}$$

近似逆モデルに使用したモータパラメータ $\tilde{R}_1, \tilde{L}_d, \tilde{L}_q$ は公称値であり，必ずしも真値である必要はない。また，$F(s)$ は 2 入力 2 出力（2×2）フィルタを意味する。第 1.3 節で説明したように，モデルフォローイング制御におけるフィルタとしては，一般には，広帯域幅のローパスフィルタを利用する。しかし，ここでは，2×2 フィルタ $F(s)$ として，中心周波数 $k|\omega_{2n}|$ での周波数特性を 1 とする 1×1 応速バンドパスフィルタを 2 個並列配置し利用する。

　応速バンドパスフィルタとしてディジタル形 $F_{bp}(z^{-1})$ を利用し，制御対象を上述の PMSM とする場合には，図 7.9 におけるモデルフォローイング制御器は，次のように記述される。

モデルフォローイング制御器（離散時間形）

$$\Delta v_1 = -F_{bp}(z^{-1})\left[v_1^* - \begin{bmatrix} \tilde{R}_1 + \dfrac{\tilde{L}_d(1-z^{-1})}{T_s} & -\omega_{2n}\tilde{L}_q \\ \omega_{2n}\tilde{L}_d & \tilde{R}_1 + \dfrac{\tilde{L}_q(1-z^{-1})}{T_s} \end{bmatrix} i_1\right] \quad (7.75)$$

■

(7.75) 式におけるディジタル応速バンドパスフィルタとしては，応速トルクリプルオブザーバが利用した (7.42) 式を，無修正で利用すればよい．電流制御を目的に導入されたモデルフォローイング制御器に利用したディジタル応速バンドパスフィルタ $F_{bp}(z^{-1})$ は，電流制御系の帯域幅 ω_{ic} を考慮するならば，おおむね $k\omega_{2n} = 0 \sim \omega_{ic}/2$ [rad/s] の範囲で利用できるようである．

上記のモデルフォローイング制御器は，(7.40) 式の応速トルクリプルオブザーバと酷似している．しかし，その役割はまったく異なっており，形式的には，次の相違がある．

(a) モデルフォローイング制御器に利用される電圧情報は電圧指令値 v_1^* であり，電流情報は電流真値 i_1 である．これらは，他信号で代用はできない．

(b) モデルフォローイング制御器に利用されるモータパラメータは，公称値でよい．必ずしも精度よい値は必要としない．

(c) Δv_1 は，極性反転の上，電圧指令値 v_1^* の前段にフィードバックされなければならない（図 7.9 参照）．

図 7.10 に，内部ループとしてモデルフォローイング制御器を備えた電流制御系の構成を示した．図中の右側のグレーブロックが (7.75) 式で記述されたモデルフォロー

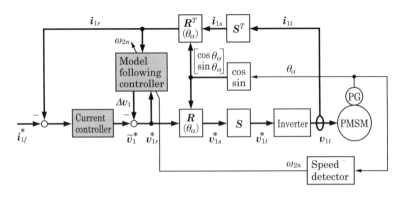

図 7.10　モデルフォローイング制御器併用の電流制御系

イング制御器を意味し，左側のグレーブロックが基本波成分電流指令値 i_{1f}^* のための電流制御器を意味している。電流制御器は実際的には PI 制御器である。電流制御器が構成するフィードバックループの内部に，モデルフォローイング制御器がフィードバックループを構成している。図 7.10 の電流制御器の出力信号が，図 7.9 における電圧指令値 $\tilde{v}_1^*$ に対応している。また，図 7.10 のモデルフォローイング制御器の右側に存在する全白ブロックが一体として，図 7.9 における制御対象（PMSM）$G_p(s)$ に対応している。

図 7.10 のモデルフォローイング制御器併用の PI 電流制御器を備えた電流制御系によれば，直流成分と $k\omega_{2n}$ 高調波成分からなる外乱の影響を排除して，直流的な基本波成分電流指令値 i_{1f}^* に，電流応答値を追従させることができる（後掲の第 7.7.2 項の図 7.21 参照）。

B. 補償電流制御のためのモデルフォローイング制御器

トルクリプルを抑えるには，補償電流指令値に対し高い追従性を発揮する電流制御器が必要である。電流制御器が，直流成分と $k\omega_{2n}$ 高調波成分をもつ外乱を抑圧して，直流的な基本波成分電流指令値への高い追従性を発揮する場合にも，同制御器が $k\omega_{2n}$ 高調波成分の補償電流指令値に対して高い追従性を発揮するとは限らない。図 7.10 のモデルフォローイング制御器と PI 電流制御器とからなる電流制御系において，基本波成分電流指令値の入力端子から，$k\omega_{2n}$ 高調波成分の補償電流指令値を与えても，所期の追従性を得ることはできない。

しかしながら，モデルフォローイング制御器が元来有するハイゲイン特性を利用するならば，$k\omega_{2n}$ 高調波成分の補償電流指令値に対する高い追従性を得ることができる。これには，補償電流指令値のモデルフォローイング制御器への入力端子を変更すればよい。具体的には，図 7.11 のように，モデルフォローイング制御器の出力・固定子電流のフィードバックループの直後に，補償電流指令値 i_{1h}^* を極性反転して印加するようにすればよい。

上記の妥当性は，次のように説明される。図 7.11 において，新設の入力端子（i_{1h}^* 端子）から出力端子（i_1 端子）までの伝達関数 $H(s)$ は，入力端子の極性反転と 2×2 フィルタ $F(s)$ の対角性とを考慮するならば，次式となる。

$$\begin{aligned}
H(s) &= [\boldsymbol{I} + \boldsymbol{G}_p(s)[\boldsymbol{I}-\boldsymbol{F}(s)]^{-1}\boldsymbol{F}(s)\tilde{\boldsymbol{G}}_p^{-1}(s)]^{-1} \\
&\quad \cdot \boldsymbol{G}_p(s)[\boldsymbol{I}-\boldsymbol{F}(s)]^{-1}\boldsymbol{F}(s)\tilde{\boldsymbol{G}}_p^{-1}(s) \\
&= [[\boldsymbol{I}-\boldsymbol{F}(s)]+\boldsymbol{F}(s)\boldsymbol{G}_p(s)\tilde{\boldsymbol{G}}_p^{-1}(s)]^{-1}\boldsymbol{F}(s)\boldsymbol{G}_p(s)\tilde{\boldsymbol{G}}_p^{-1}(s)
\end{aligned} \tag{7.76a}$$

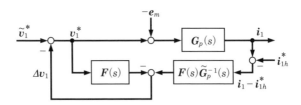

図 7.11 モデルフォローイング制御器を用いた補償電流制御

フィルタ $F(s)$ として応速バンドパスフィルタを用いているので,周波数 $k\omega_{2n}$ の信号に対しては,フィルタ $F(s)$ は実質的に $F(s) \approx I$ なる特性を示す。この場合,(7.76a) 式は次のように近似される。

$$H(s) \approx [F(s)G_p(s)\tilde{G}_p^{-1}(s)]^{-1} F(s)G_p(s)\tilde{G}_p^{-1}(s) \\ = I \quad ; F(s) \approx I \tag{7.76b}$$

(7.76) 式は,「モデルフォローイング制御器のみを介して,補償電流指令値 i_{1h}^* に追従するような補償電流 i_{1h} が固定子電流内に発生・含有される」ことを意味する。(7.76) 式から明白なように,本追従性は,近似逆モデル $\tilde{G}_p^{-1}(s)$ が PMSM の逆特性 $G_p^{-1}(s)$ に正確に等しくない場合にも達成される。

図 7.12 に,モデルフォローイング制御器を備えた電流制御系の構成を示した。同電流制御系は,以下の構造的な特徴を有する。

(a) 基本波成分電流指令値 i_{1f}^* と補償電流指令値 i_{1h}^* は異なる入力端子から入力される。基本波成分電流指令値 i_{1f}^* は PI 電流制御器を擁する外部ループ(上位

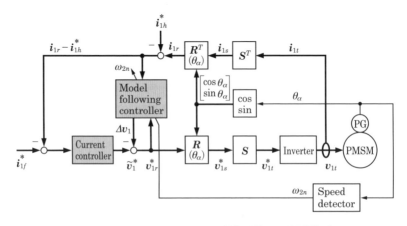

図 7.12 モデルフォローイング制御器併用の電流制御系

制御系）から入力される。一方，補償電流指令値 i_{1h}^* は，モデルフォローイング制御器を擁する内部ループへ直接入力される。

(b) 外部ループの PI 電流制御器へフィードバックされる電流信号は，基本波成分と $k\omega_{2n}$ 高調波成分を含む固定子電流から，$k\omega_{2n}$ 高調波成分の補償電流指令値を減じた信号である。すなわち，実質的に基本波成分電流の応答値である。

(c) 応速電流制御器が単一で成しえた 2 機能「直流成分と $k\omega_{2n}$ 高調波成分からなる外乱の抑圧」，「直流成分（基本波成分電流指令値）と $k\omega_{2n}$ 高調波成分（補償電流指令値）からなる最終電流指令値への追従」を，図 7.12 の電流制御系は，PI 電流制御器とモデルフォローイング制御器の 2 制御器，さらには 2 入力端子を用いて，実現している。

7.6 補償信号の推定的生成と応速高次電流制御器とを用いた構成

7.6.1 システム構成

トルクセンサレス・リプル低減トルク制御のためのシステム構成には，「補償信号生成器」と「高追従電流制御器」とが必要である。前節において，補償信号の生成に関して「補償信号の推定的生成法」，「補償信号の算定的生成法」の 2 法を，高追従電流制御器に関して「応速高次電流制御器」，「モデルフォローイング制御器併用の PI 電流制御器」の 2 器を説明した。2 法，2 器の組み合わせにより，表 7.1 に示した 4 通りのシステム構成 A〜D を考えることができる。

本節では，「システム構成 A」を構築して，トルクセンサレス・リプル低減トルク制御の性能を検証する。図 7.13 に，システム構成 A に基づくベクトル制御系を示した。グレーブロックが，トルクリプル低減関連の機器を示している。応速トルクリプルオブザーバには，(7.35)〜(7.36) 式（あるいは (7.40)〜(7.41) 式）が組み込まれている。本構成例では，電圧情報として，電圧真値に代わって電圧指令値を利用している。応速トルクリプルオブザーバの出力は，マグネットトルクリプル推定値であり，これは補償指令値変換器に送られる。補償指令値変換器には，図 7.6 の機器が実装されており，

表 7.1 補償信号生成器と高追従電流制御器の組み合わせ

	補償信号の推定的生成法	補償信号の算定的生成法
応速高次電流制御器	システム構成 A	システム構成 B
モデルフォローイング制御器併用の PI 電流制御器	システム構成 C	システム構成 D

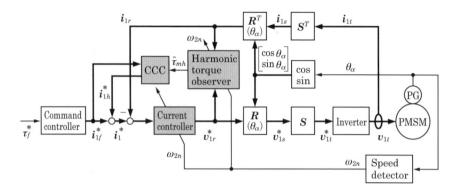

図 7.13 システム構成 A によるトルクリプル補償機能付きベクトル制御系

マグネットトルクリプル推定値から補償電流指令値 i_{1h}^* を生成出力している。補償電流指令値 i_{1h}^* と基本波成分電流指令値 i_{1f}^* は加算されて最終電流指令値 i_1^* となり、応速高次電流制御器へ入力されている。応速高次電流制御器は、(7.65) 式あるいは (7.73) 式が実装されている。

7.6.2 数値実験

A. 設計パラメータの選定

ここでは、第 7.4.1 項で説明した応速トルクリプルオブザーバ、第 7.5.1 項で説明した応速高次電流制御器の妥当性を、数値実験を通じ検証する。検証に利用する供試 PMSM の基本的特性を表 7.2 に示した。本供試 PMSM は、表 3.1 の PMSM と実質同一である。ただし、d 軸, q 軸インダクタンスを同一とし非突極化している。回転子磁束、誘起電圧は次の主要高調波成分をもつものとした[2]。

$$[w_1 \ w_5 \ w_7 \ w_{11} \ w_{13}] = [1 \ -0.17 \ -0.08 \ 0 \ 0] \quad (7.77)$$

すなわち、主要高調波成分は 5, 7 次成分とした。図 7.14 に、(7.77) 式を (7.6) 式に適用した場合の回転子磁束 (uvw 相) の様子を示した。同図より明らかなように、本回転子磁束は、おおむね台形形状を示している。

表 7.2 供試 PMSM の特性

R_1	2.259 [Ω]	定格出力	400 [W]
$L_d = L_q$	0.02662 [H]	定格トルク	2.2 [Nm]
Φ	0.24 [Vs/rad]	定格速度	183 [rad/s]
Φ_t	0.20 [Vs/rad]	定格電流	1.7 [A, rms]
N_p	3	定格電圧	163 [V, rms]

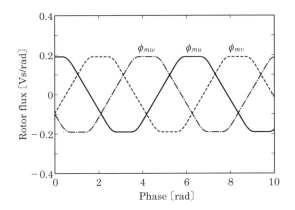

図 7.14 uvw 座標系上での回転子磁束の 1 例

応速トルクリプルオブザーバのバンドパスフィルタは，リプル次数を $k=6$ とし，通過帯域幅 $\Delta\omega = 100$ [rad/s] が得られるように設計した（(7.37), (7.42), (7.43) 式参照）。

応速高次電流制御器は，次のように設計した．電流制御系の帯域幅 ω_{ic} を $\omega_{ic} = 2\,000$ [rad/s] とした[1), 2)]．(7.66) 式の 4 次多項式 $H(s)$ は，4 重根をもつように設計した．すなわち，

$$H(s) = s^4 + h_3 s^3 + h_2 s^2 + h_1 s + h_0$$
$$= \left(s + \frac{\omega_{ic}}{4}\right)^4 \quad ; h_3 = \omega_{ic} = 2\,000 \tag{7.78}$$

(7.78) 式を，$L' = L_d = L_q$ とした上で (7.67) 式に用い，応速高次電流制御器の係数 d_i を次のように定めた．

$$\left.\begin{array}{ll} d_3 = 53.24, & d_2 = 3.993 \cdot 10^4 \\ d_1 = 1.331 \cdot 10^7, & d_0 = 1.664 \cdot 10^9 \end{array}\right\} \tag{7.79}$$

本数値検証においては，供試 PMSM に負荷装置を取り付け，負荷装置で供試 PMSM の速度を制御できるようにした．回転速度に応じたトルクリプルの補償は，一般に，速度向上とともに困難となる．この点を考慮し，種々の速度で提案法の性能（応速トルクリプルオブザーバ，応速高次電流制御器の性能）を確認したが，ここでは，50% 定格速度に当たる $\omega_{2m} = 90$ [rad/s], $\omega_{2n} = 270$ [rad/s] とした場合のものを示す．

基本波成分トルク指令値もモータ速度同様に任意に設定可能であるが，ここでは，定格トルクを参考に，端数のない $\tau_f^* = 2$ [Nm] としたものを示す．

非突極の本供試 PMSM の場合，上の基本波成分トルク指令値は，次の基本波成分電流指令値に変換される．

$$\left.\begin{array}{l} i_{df}^* = 0 \\ i_{qf}^* = \dfrac{\tau_f^*}{N_p \Phi} = \dfrac{2}{0.72} \approx 2.8 \end{array}\right\} \tag{7.80}$$

B. PI 電流制御器による応答

応速高次電流制御器の性能評価の基準とすべく，電流制御器として応速高次電流制御器に代わって，従前の PI 電流制御器を構成した．この際，補償電流指令値 i_{1h}^* の基本波成分電流指令値 i_{1f}^* への加算は停止した．すなわち，6 次トルクリプルの補償を行わない，通常のベクトル制御系を構成し，まずこの応答を確認した．

PI 電流制御器は，帯域幅として $\omega_{ic} = 2\,000$ 〔rad/s〕が得られるように，高次制御器設計法に立脚し，$L' = L_d = L_q$ とした上で，次のように設計した[1), 24)]．

$$G_{cnt}(s) = \dfrac{D(s)}{C(s)} = \dfrac{d_1 s + d_0}{s} \tag{7.81a}$$

$$\left.\begin{array}{l} d_1 = L' \omega_{ic} = 53.24 \\ d_0 = 0.16 L' \omega_{ic}^2 = 1.704 \cdot 10^4 \end{array}\right\} \tag{7.81b}$$

応答結果を図 7.15 に示す．同図 (a) は，一定の d 軸，q 軸電流指令値 $i_d^* = i_{df}^*$, $i_q^* = i_{qf}^*$ と同応答値 i_d, i_q である．d 軸，q 軸電流とも正確に電流制御されず，両電流には 6 次高調波成分（7.3220〔rad/s〕成分）を主とする高調波成分が見受けられる（(7.30c) 式下の (b) 項参照）．これは，「PI 電流制御器は，$6\omega_{2n}$ 周波数の外乱の抑圧には有効でない」ことを示している．同図 (b) は，d 軸，q 軸電流に対応した u 相，v 相，w 相電流 i_u, i_v, i_w である．これらは，対称性を損なった歪みのある形状を呈している[9)-11)]．

同図 (c) は，これら電流に対応した発生トルク τ と，応速トルクリプルオブザーバで推定した 6 次トルクリプル推定値 $\hat{\tau}_{mh}$ である．6 次トルクリプル推定値 $\hat{\tau}_{mh}$ は，応速トルクリプルオブザーバで推定はしているが，補償電流指令値への変換もフィードバック利用もされていない．一定の q 軸電流指令値 $i_q^* = i_{qf}^*$ がこれを裏づけている．発生トルク τ には，トルクリプル 6 次成分に加え，さらに高次成分が含まれている様子が視認される．トルクリプル高次成分の発生は，歪みをもつ固定子電流の影響である（(7.30c) 式下の (b) 項参照）．

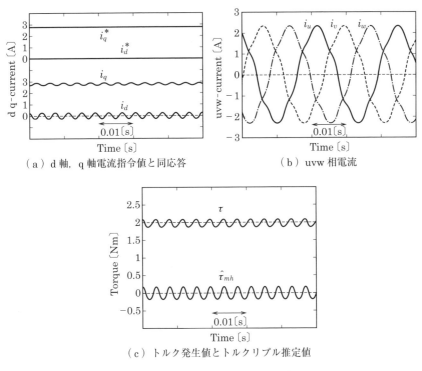

(a) d 軸, q 軸電流指令値と同応答

(b) uvw 相電流

(c) トルク発生値とトルクリプル推定値

図 7.15　PI 電流制御器による応答例

C. 応速高次電流制御器のみによる応答

提案の応速高次電流制御器の効果を検証すべく,電流制御器を PI 電流制御器から応速高次電流制御器に変更した.トルクリプル 6 次成分は応速トルクリプルオブザーバで推定はしているが,補償電流指令値への変換もフィードバック利用もされていない.数値実験結果を図 7.16 に示す.同図の波形の意味は,図 7.15 と同一である.

図 7.16(a) より確認されるように,d 軸, q 軸電流とも同指令値に正確に制御され,6 次高調波成分はもはや出現していない.応速高次電流制御器が $6\omega_{2n}$ 周波数の外乱抑圧性能を発揮していることが確認される.この結果,u 相, v 相, w 相電流 i_u, i_v, i_w は,同図 (b) より確認されるように正確な正弦形状を呈している.

一方,発生トルク τ は同指令値(破線表示)と異なり一定値とはならず,リプルを含んでいる.このトルクリプルは,応速トルクリプルオブザーバで推定した 6 次成分推定値 $\hat{\tau}_{mh}$ と実質同一である.換言するならば,本応答は,「応速トルクリプルオブザーバは,トルクリプルにおける 6 次成分を適切に推定している」ことを示している.

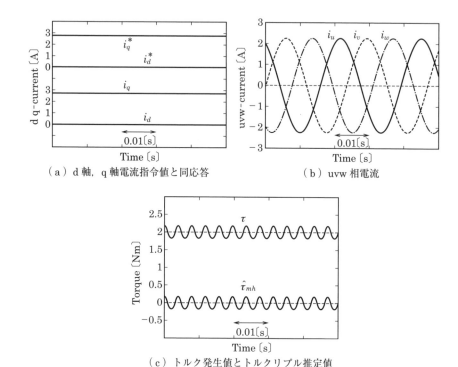

図7.16 応速高次電流制御器による応答例

D. 応速高次電流制御器と応速トルクリプルオブザーバとを用いた応答

応速トルクリプルオブザーバで得たトルクリプル推定値 $\hat{\tau}_{mh}$ から補償電流指令値 i_{1h}^* を生成し、これを基本波成分電流指令値 i_{1f}^* に加算して最終電流指令値 i_1^* を合成した。これを応速高次電流制御器に用いた。すなわち、図7.13のベクトル制御系を構成した。応答結果を図7.17に示す。同図の波形の意味は、図7.15, 7.16と同一である。

図7.17(a) が示しているように、d軸最終電流指令値はゼロ一定であるが、q軸最終電流指令値には一定値の基本波成分電流指令値に補償電流指令値が重畳されている。応速高次電流制御器の効果により、電流応答値は同指令値に高い追従性を示している。これは、「応速高次電流制御器が、$6\omega_{2n}$ 周波数外乱を抑圧した上で、$6\omega_{2n}$ 周波数成分を含む最終電流指令値への追従性能」を裏づけるものである。同図(b)は、d軸、q軸電流に対応したu相、v相、w相電流 i_u, i_v, i_w である。これら三相電流は、対称性は維持しているが、もはや正弦形状を示していない。

しかしながら、同図(c)が示しているように、発生トルク τ は元来の基本波成分ト

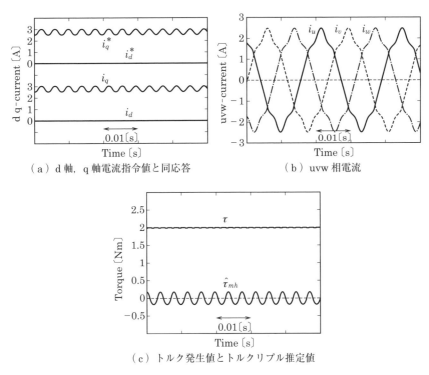

(a) d軸, q軸電流指令値と同応答
(b) uvw相電流
(c) トルク発生値とトルクリプル推定値

図7.17 提案の応速補償法による応答例

ルク指令値 τ_f^* に高い一致性を示し，所期のリプル低減・補償性能（実質的に完全補償，すなわち準完全補償）が達成されている．補償後の発生トルクが実質一定値となっている状態下でも，応速トルクリプルオブザーバは，一定トルク τ に寄与したトルクリプル6次成分を適切に推定している．これらは期待どおりの性能である．

発生トルク τ の細部を拡大観察すると，発生トルクには微小振幅の振動が出現している．これは，6次リプルの周波数 $6\omega_{2n} = 1\,620$ [rad/s] の電流制御帯域幅 $\omega_{ic} = 2\,000$ [rad/s] への接近が主要因のようである．なお，提案法は，6次リプルの周波数が電流制御帯域幅をはるかに超える定格速度（$6\omega_{2n} = 3\,240$ [rad/s] 相当）においても，安定かつ適切に動作することを確認している．

E. 高次トルクリプルを発する PMSM の応答

これまでの検証は，回転子磁束，誘起電圧は，発生トルクにおける6次リプルの原因となる5次逆相成分，7次正相成分のみの高調波成分をもつものとした．回転子磁

束，誘起電圧がさらに高次高調波成分を有し，発生トルクが 6 次リプルに加えてさらに高次リプルを発生しうる場合にも，提案法が 6 次リプルを適切に補償できることを確認するための数値検証を行った．

本数値検証のため，回転子磁束，誘起電圧は次の主要高調波成分をもつものとした．

$$[w_1 \quad w_5 \quad w_7 \quad w_{11} \quad w_{13}] = [1 \quad -0.17 \quad -0.08 \quad 0.02 \quad 0] \tag{7.82}$$

すなわち，主要高調波成分は 5，7 次成分に加えて，11 次成分とした．11 次成分の存在は，発生トルクにおいては 12 次リプルを生ずることになる．

応答結果を図 7.18 に示す．波形の意味は，これまでの応答図と同一である．d 軸，q 軸最終電流指令値，同応答値，u 相，v 相，w 相電流は，図 7.17 のものと同様であり，特筆すべき違いは見受けられない．図 7.18(c) におけるトルクリプル 6 次成分の推定値 $\hat{\tau}_{mh}$ も，図 7.17 のものと同様であり，元来の基本波成分トルク指令値に対してトルクリプル 6 次成分のみが補償されていることが理解される．事実，図 7.18(c) における発生トルクにおいては，トルクリプル 6 次成分は補償され，12 次成分のみが残

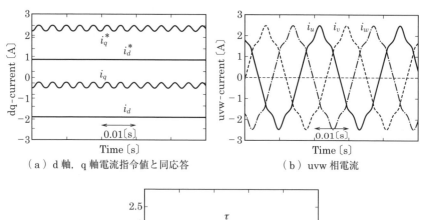

（a）d 軸，q 軸電流指令値と同応答　　　　　（b）uvw 相電流

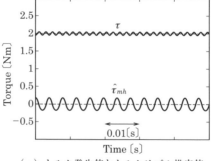

（c）トルク発生値とトルクリプル推定値

図 7.18 提案の応速補償法による応答例

留している。

　図7.18の応答は，発生トルクが6次成分に加えてさらに高次成分のリプルを発生しうる場合にも，提案法が6次成分を選択的に補償できることを示すものである。

7.7 補償信号の算定的生成とモデルフォローイング制御器併用PI電流制御器を用いた構成

7.7.1 システム構成

　本節では，表7.1の「システム構成D」を構築して，トルクセンサレス・リプル低減トルク制御の性能を検証する。図7.19に，システム構成Dに基づくベクトル制御系を示した。グレーブロックが，トルクリプル低減関連の機器を示している。

　補償指令値合成器の詳細は，図7.7のとおりである。同器の実装には，回転子位相 θ_α の精度よい情報が必要である。図7.19では，この様子をブロック貫徹矢印で表現している。補償指令値合成器では，基本波成分電流指令値 i_f^* と回転子位相 θ_α とを用いて，補償電流指令値をフィードフォワード的に合成・生成している。

　電流制御系は，モデルフォローイング制御器併用のPI電流制御器を用いて構成している。本電流制御系の構成は，図7.12と同一である。本電流制御系では，基本波成分電流指令値の入力端子と補償電流指令値の入力端子が異なる。この点は，図7.13の電流制御系と対照的相違である。

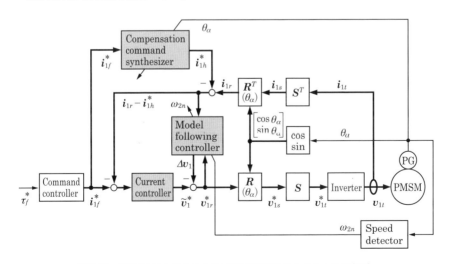

図7.19　構成Dによるトルクリプル補償機能付きベクトル制御系

7.7.2 数値実験
A. 設計パラメータの選定

ここでは，第7.4.2項で説明した補償指令値合成器，第7.5.2項で説明したモデルフォローイング制御器併用のPI電流制御器の妥当性を，数値実験を通じ検証する。

電流制御系の重要機器であるモデルフォローイング制御器の実装に先立ち，(7.42)式のディジタル応速バンドパスフィルタを設計する必要がある。本バンドパスフィルタの帯域幅係数 a は，帯域幅 $\Delta\omega = 100$〔rad/s〕が得られるように次を用いた。

$$a = 0.995 \tag{7.83}$$

B. 電流制御系の特性Ⅰ（外乱抑圧性）

モデルフォローイング制御器併用のPI電流制御器による電流制御性能を確認した。応速高次電流制御器との性能比較の平易性を考慮の上，供試PMSMの特性は，表7.2と同一とした。また，回転子磁束，誘起電圧の主要高調波成分も同一とした。すなわち，(7.77)式の5，7次成分をもつものとした。電流制御系を構成するPI電流制御器は，(7.81)式と同様とした。

PI電流制御器にモデルフォローイング制御器を併用することにより，$k\omega_{2n}$ の周波数成分をもつ外乱の抑圧性が得られる。まず，本事実を数値実験により確認した。

図7.19のベクトル制御系において，供試PMSMに負荷装置を連結した。一方，補償指令値合成器を撤去した。この上で，負荷装置を用いPMSMを機械速度 $\omega_{2m} = 90$〔rad/s〕（電気速度 $\omega_{2n} = 270$〔rad/s〕）に制御し，(7.80)式と同様な次の基本波成分電流指令値を与えた。

$$i_{df}^* = 0, \quad i_{qf}^* = 3 \tag{7.84}$$

図7.20に数値実験結果を示す。同図(a)は，電流制御器としてPI電流制御器のみを用いた場合の応答を（図7.15(a)と同一），同図(b)は，PI電流制御器に加え，提案モデルフォローイング制御器を併用した場合の応答を，おのおの示している。同図(a)では，d軸，q軸電流応答には，外乱に起因した6次高調波リプルが出現している。一方，同図(b)では，6次高調波外乱の影響を排除して，基本波成分電流指令値どおりの電流応答が得られている。すなわち，外乱抑圧に成功している。これら応答例は，提案のモデルフォローイング制御器併用のPI電流制御器が所期の外乱抑圧性を有することを裏づけている。

7.7 補償信号の算定的生成とモデルフォローイング制御器併用 PI 電流制御器を用いた構成

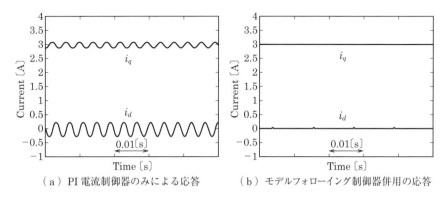

(a) PI 電流制御器のみによる応答　　(b) モデルフォローイング制御器併用の応答

図 7.20　モデルフォローイング制御器による外乱抑圧性能

C. 電流制御系の特性 II（指令値追従性）

モデルフォローイング制御器による $k\omega_{2n}$ 周波数の補償電流指令値に対する追従性を確認した。所期の追従性を平易に把握すべく，供試 PMSM の回転子磁束，誘起電圧は理想的な正弦形状を有するものとした。すなわち，表 7.2 と (7.77) 式において，$w_5 = w_7 = w_{11} = w_{13} = 0$ とした。また，図 7.19 のベクトル制御系より，補償指令値合成器を撤去した。補助電流指令値として次の正弦信号を用意した。

$$\left. \begin{array}{l} i_{dh}^* = 0 \\ i_{qh}^* = 3\sin(k\omega_{2n} t) \quad ; k\omega_{2n} = 6 \cdot 2\pi \cdot 27 \end{array} \right\} \tag{7.85}$$

図 7.21 に数値実験結果を示す。同図 (a) は，図 7.19 のベクトル制御系よりさらにモデルフォローイング制御器を撤去し，電流制御器は PI 電流制御器のみとした上で，(7.85) 式の補助電流指令値を PI 電流制御器に加えた場合の応答である。すなわち，図 7.21(a) は，図 7.19 において，モデルフォローイング制御器を撤去の上，基本波成分電流指令値 i_{1f}^* を印加すべき端子に，基本波成分電流指令値に代わって，上記の補助電流指令値 i_{1h}^* を印加した場合の応答である。同図 (b) は，モデルフォローイング制御器による電流応答である。補償電流指令値 i_{1h}^* は，ベクトル回転器の直後で，極性反転し印加している（具体的な印加端子は，図 7.12, 7.19 を参照）。

PI 電流制御器のみによる図 7.21(a) では，補償電流指令値に対し，d 軸電流応答値には，ゼロ指令値にもかかわらず軸間干渉の影響により $k\omega_{2n}$ 周波数のリプルが発生している。q 軸電流応答値には振幅減衰と位相遅れが発生し，指令値に対する十分な追従性が得られていない。これに対して，同図 (b) では，補償電流指令値に対し，d 軸，q 軸電流はともに線幅程度あるいはそれ以下の誤差で追従している。これらの結果は，

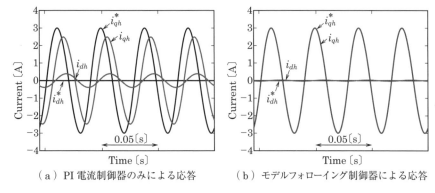

(a) PI 電流制御器のみによる応答　　(b) モデルフォローイング制御器による応答

図 7.21　モデルフォローイング制御器による追従性能

提案のモデルモデルフォローイング制御器が，$k\omega_{2n}$ 周波数の補償電流指令値に対し高い追従性を発揮できることを裏づけるものである。

D. 統合性能

図 7.19 のベクトル制御系の総合性能を確認すべく数値実験を行った。検証に利用する供試 PMSM の基本的特性を表 7.3 に示した。回転子磁束，誘起電圧は次の主要高調波成分をもつものとした[2]。

$$[w_1 \quad w_5 \quad w_7 \quad w_{11} \quad w_{13}] = [1 \quad 0 \quad 0 \quad -0.098 \quad 0.025] \tag{7.86}$$

すなわち，主要高調波成分は 11，12 次成分とした。図 7.22 に，(7.86) 式による u-v 相の線間誘起電圧 e_{uv} の 1 例を示した。図より明らかなように，誘起電圧は，非正弦状となっている。これらは，次項で説明する供試実機を参考に用意した。

モデルフォローイング制御器併用の PI 電流制御器と補償指令値合成器との両機器を用いて，図 7.19 のベクトル制御系を構成した。PI 電流制御器は，帯域幅として $\omega_{ic} = 2\,000$ 〔rad/s〕が得られるように，高次制御器設計法に立脚し，$L' = L_i = (L_d + L_q)/2$ とした上で，次のように設計した[1], [24]。

表 7.3　供試 PMSM の特性

R_1	0.021 〔Ω〕	N_p	2
L_d	0.00020 〔H〕	$\varPhi$	0.0032 〔Vs/rad〕
L_q	0.00041 〔H〕	定格出力	580 〔W〕

7.7 補償信号の算定的生成とモデルフォローイング制御器併用 PI 電流制御器を用いた構成

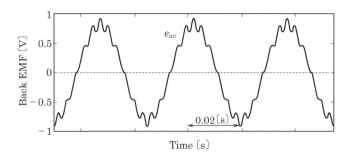

図 7.22 線間誘起電圧の 1 例

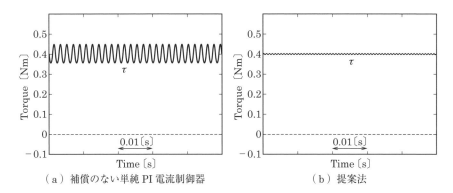

(a) 補償のない単純 PI 電流制御器 (b) 提案法

図 7.23 提案ベクトル制御系による応答例

$$G_{cnt}(s) = \frac{D(s)}{C(s)} = \frac{d_1 s + d_0}{s} \tag{7.87a}$$

$$\left. \begin{array}{l} d_1 = L'\omega_{ic} = 0.6 \\ d_0 = 0.16 L'\omega_{ic}^2 = 192 \end{array} \right\} \tag{7.87b}$$

負荷装置で PMSM を機械速度 $\omega_{2m} = 142$ [rad/s]（電気速度 $\omega_{2n} = 284$ [rad/s]）に制御した上で，基本波成分トルク指令値 $\tau_f^* = 0.4$ [Nm] に該当する次の基本波成分電流指令値を与えた。

$$\left. \begin{array}{l} i_{df}^* = 0 \\ i_{qf}^* = \dfrac{\tau_f^*}{N_p \Phi} = \dfrac{0.4}{0.0064} \approx 63 \end{array} \right\} \tag{7.88}$$

図 7.23 に数値実験結果を示す。同図 (a) は，PI 電流制御器を用いたさらには補償電流指令値を有しない通常のベクトル制御による応答である。代わって，同図 (b) は，

図7.19のベクトル制御系による応答である。図7.23(a), (b) の比較より，提案のベクトル制御系が所期のトルクリプル補償を達成していることが確認される。

7.7.3 実機実験

図7.19のベクトル制御系の性能検証を実機で行った。検証に利用した供試PMSMの基本特性は，表7.3と同様である。本PMSMの線間誘起電圧の実測波形の1例を図7.24に示した[2]。同図より，本モータは，図7.22の波形形状と類似した非正弦誘起電圧をもち，ひいては誘起電圧は12次高調波を多く含んでいることがわかる。

実験システムの概観を図7.25に示した。負荷としては，負荷起因のトルクリプルの影響を極力排除すべく，機械的接触のないヒステリシスブレーキを採用した。また，トルクセンサとしては，トルクリプル観測可能な広帯域幅トルクセンサ（5〔kHz〕に対応可能）を用いた。

供試PMSMを，(7.88) 式のd軸，q軸基本波成分電流指令値を用いて，電流制御したときの発生トルクリプルをトルクセンサで検出した。この際，指定のq軸基

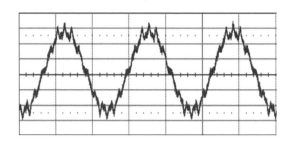

図7.24 供試PMSMの線間誘起電圧

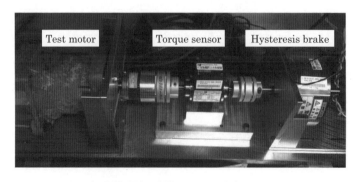

図7.25 実験システムの概観

7.7 補償信号の算定的生成とモデルフォローイング制御器併用 PI 電流制御器を用いた構成

本波成分電流指令値に対し所定の機械速度機械速度 $\omega_{2m} = 142$〔rad/s〕(電気速度 $\omega_{2n} = 284$〔rad/s〕) が得られるように,ヒステリシスブレーキを調整した。これらの条件は,基本的に数値実験の場合と同一である。他の設計パラメータも,数値実験の場合と同一とした。なお,実機実験においては,偶然,機械速度が実験システムの共振周波数に近いものとなった。

図 7.26 に実験結果を示す。同図は,トルクセンサにより検出した発生トルクを (7.42) 式のディジタル応速バンドパスフィルタにより処理し (フィルタの周波数応答に関しては,図 7.5 を参照),発生トルクからトルクリプル 12 次成分のみを抽出した結果である。機械速度 $\omega_{2m} = 142$〔rad/s〕(電気速度 $\omega_{2n} = 284$〔rad/s〕) は実験システムの共振周波数に近く,共振現象が観察されたので,共振の影響を排除して所期のトルクリプル 12 次成分抑圧を,図 7.23 と比較しやすい形で観察すべく,本フィルタを用いた。

図 7.26 (a) は,PI 電流制御器のみを用いかつ補償電流指令値を用意しない通常のベクトル制御系による応答である (図 7.23 (a) に対応)。一方,同図 (b) は,図 7.19

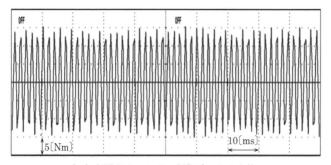

(a) 標準的なベクトル制御系による応答

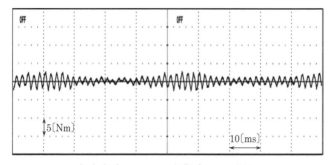

(b) 提案のベクトル制御系による応答

図 7.26 トルク応答の実機実験結果

の提案ベクトル制御系による応答である（図7.23(b) に対応）。図7.26(a), (b) の比較より，提案トルクリプル低減法が所期の性能を発揮していることが確認される。

7.8 他の構成

7.8.1 補償信号の算定的生成と応速高次電流制御器を用いた構成

トルクセンサレス・リプル低減トルク制御のためのシステム構成には，「補償信号生成器」と「高追従電流制御器」が必要である。補償信号の生成に関して「補償信号の推定的生成法」，「補償信号の算定的生成法」の2法があった。また，高追従電流制御器に関して「応速高次電流制御器」，「モデルフォローイング制御器併用のPI電流制御器」の2器があった。第7.6節では，「補償信号の推定的生成法」と「応速高次電流制御器」とを用いたシステム構成 A を提示した。また，これに併せて，同法と同器の特性を紹介した。第7.7節では，「補償信号の算定的生成法」と「モデルフォローイング制御器併用の PI 電流制御器」とを用いたシステム構成 D を提示した。また，これに併せて，同法と同器の特性を紹介した。

本節では，補償信号生成法として「補償信号の算定的生成法」を，「高追従電流制御器」として「応速高次電流制御器」を採用した構成，すなわち表7.1 の「システム構成 B」を提示する。これは，図7.27 のように与えられる。

同図における補償指令値合成器，応速高次電流制御器は，おのおの第7.7，第7.6

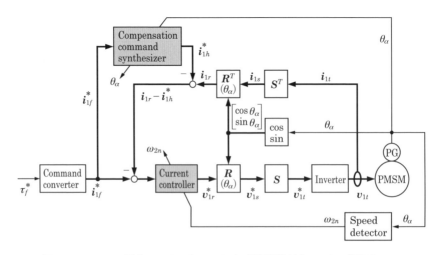

図 7.27　システム構成 B によるトルクリプル補償機能付きベクトル制御系

節で用いたものと同一である．補償指令値合成器，応速高次電流制御器の機能・性能は，前節で確認したとおりである．

図 7.27 の構成では，応速高次電流制御器への入力すなわち電流偏差 $[i_1^* - i_1]$ は，次式の中辺に代わって，右辺に従い生成している．

$$i_1^* - i_1 = [i_{1f}^* + i_{1h}^*] - i_1 = i_{1f}^* - [i_1 - i_{1h}^*] \tag{7.89}$$

図 7.27 より明らかなように，システム構成 B は，トルクリプル補償機能付きベクトル制御系として，最も簡単な構成を与える．

7.8.2 補償信号の推定的生成とモデルフォローイング制御器併用 PI 電流制御器を用いた構成

本項では，補償信号生成法として「補償信号の推定的生成法」を，「高追従電流制御器」として「モデルフォローイング制御器併用の PI 電流制御器」を採用した構成，すなわち表 7.1 の「システム構成 C」を提示する．これは，図 7.28 のように与えられる．

同図における応速トルクリプルオブザーバと補償指令値変換器は，第 7.6 節で用いたものと同一である．また，モデルフォローイング制御器併用の PI 電流制御器は，第 7.7 節で用いたものと同一である．応速トルクリプルオブザーバと補償指令値変換器，モデルフォローイング制御器併用 PI 電流制御器の機能・性能は，前節で確認したとおりである．

応速トルクリプルオブザーバとモデルフォローイング制御器とは，同一のディジタル応速バンドパスフィルタを利用して構成されている．この点において，両機器は高い類似性をもつ．しかしながら，両機器は入力信号に関して，次の相違をもつ．

(a) 入力信号としての電流情報は，応速トルクリプルオブザーバでは電流応答値 i_1

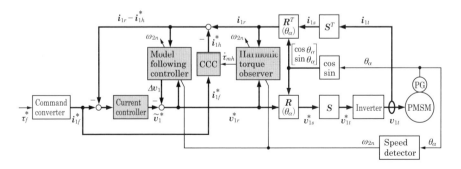

図 7.28　システム構成 C によるトルクリプル補償機能付きベクトル制御系

そのものである．一方，モデルフォローイング制御器では補償電流指令値を含有した信号 $[i_1 - i_{1h}^*]$ である．

(b) 入力信号としての電圧情報は，応速トルクリプルオブザーバでは理想的には電圧真値 v_1 である．電圧真値の近似として電圧指令値 v_1^* を利用している．一方，モデルフォローイング制御器では電圧指令値 v_1^* でなくてはならない．他の信号で代用はできない．

第3部
広範囲高効率駆動用同期モータの ベクトル制御技術

第8章	独立二重三相巻線 PMSM
第9章	ハイブリッド界磁同期モータ
第10章	誘導同期モータ
第11章	同期リラクタンスモータ

第8章

独立二重三相巻線 PMSM

　近年,永久磁石同期モータ (PMSM) を駆動対象としたモータ駆動システムの高性能化,高機能化の一環として,モータ固定子に独立の二重三相巻線を施し,各巻線に独立の電力変換器を配した独立二重駆動システムの開発が進められている。しかし,その開発歴史は短く,さらには実用化に向けて解決しなければならない多数の技術課題が立ちはだかっている。これら技術課題は,従前の一重巻線交流モータでは出現しなかったものであり,新たな技術開発挑戦が展開されている。本章では,最新技術をベースに,独立二重巻線 PMSM の駆動技術を体系的に説明する。

8.1 背 景

A. 総 論

　近年,永久磁石同期モータ (PMSM) を駆動対象としたモータ駆動システムの高性能化,高機能化の一環として,モータ固定子に独立の二重三相巻線を施し,各巻線に独立の電力変換器(インバータ,inverter)を配した独立二重駆動システムの開発が進められている[1)-19)]。独立二重化により,耐故障性の向上,信頼性の向上,効率の向上,駆動領域の拡大,トルクリプルの低減,巻線電流の低減,規格化の平易性などの効果が期待されている[1)-19)]。さらには,EV (electric vehicle),HV (hybrid electric vehicle) を始めとする多方面での応用が開始されている[3), 4), 7)]。

　独立の二重三相巻線を施した PMSM (以下,独立二重巻線 PMSM と略記) は,独立二重三相巻線の配置の観点から,三相同期モータ[1), 16)-19)],六相同期モータ[2)-13), 16)-19)],三相逆同期モータ[14)-19)] の3種に大別される(後掲の図8.5,8.6参照)。いずれの巻線配置を採用する場合にも,第1,第2の両巻線に同時通電する場合,程度の差こそあれ両巻線間で磁気的結合(相互誘導)が発生し,互いに干渉し合う[1)-19)]。また,同干渉のため,各巻線の三相端子から見た独立二重巻線 PMSM の動

特性は複雑化し，しかも複雑化は速度向上とともに増す。このため，電圧，電流，磁束，トルクなどの動的関係は，従前の一重巻線 PMSM と比較し，格段に複雑となる。

以下に，独立二重巻線 PMSM の技術開発状況を，数学モデルの構築，モータシミュレータの構築，安定かつ高速な電流制御の確立，効率駆動の達成，鉄損への対応の 6 視点から概観する。

B. 数学モデル

独立二重巻線 PMSM のための駆動制御技術の解析的開発には，同モータの電圧，電流，磁束，トルクなどの動的関係を記述した完成度の高い数学モデルが不可欠である。すなわち，独立二重巻線 PMSM に関し，電気回路としてのモータ特性を記述した回路方程式（第 1 基本式），トルク発生機としてのモータ特性を記述したトルク発生式（第 2 基本式），電気エネルギーを機械エネルギーへ変換するエネルギー変換機としてのモータ特性を記述したエネルギー伝達式（第 3 基本式）からなる数学モデルが必要である。当然のことながら，これら 3 基本式は数学的に互いに整合（自己整合性）している必要がある。

三相同期モータの数学モデルに関しては，文献 1) の前進である大会報告が，2005 年に，非突極を条件に，dq 同期座標系上の回路方程式を提示している。六相同期モータの数学モデルとしては，文献 7) が，2012 年に，突極特性を考慮した形で，dq 同期座標系上の回路方程式とトルク発生式を提示している。文献 5) は，文献 7) と同一の回路方程式を活用しているが，利用のトルク発生式に過誤がある。文献 8) は，六相永久磁石同期発電機の回路方程式を参考に [10]，2013 年に，両巻線間の磁気的結合（相互誘導）の解放制御に適した回路方程式を示している。三相逆同期モータの数学モデルに関しては，文献 14) が，2016 年に，$\gamma\delta$ 一般座標系上の回路方程式，トルク発生式，エネルギー伝達式を提示している。

文献 14) の数学モデルは，「第 1，第 2 巻線から見たモータ特性は同一」との前提のもとに，第 1，第 2 巻線に関連したモータパラメータは同一としている。これに対し，文献 15) は，2017 年に，三相逆同期モータを対象に，「第 1，第 2 巻線に関連したモータパラメータは異なりうる」ことを考慮した $\gamma\delta$ 一般座標系上の回路方程式，トルク発生式，エネルギー伝達式からなる数学モデルを提示している。さらには，文献 16)〜18) は，文献 15) 提示の $\gamma\delta$ 一般座標系上の完成度の高い数学モデルは，三相逆同期モータに限らず，独立二重巻線 PMSM に広く適用されることを指摘している。

C. モータシミュレータ

モータ物理量(電圧,電流,磁束,トルクなど)の細部にわたる挙動理解,モータ駆動制御法の効率的開発には,モータシミュレータが有用である。独立二重巻線PMSMのモータシミュレータとしては,文献14)が「第1,第2巻線から見たモータ特性は同一」との前提に基づくベクトル信号を用いたシミュレータを提示している。このときのベクトル信号は $\gamma\delta$ 一般座標系上で定義されており,ベクトルシミュレータは高い汎用性を有するものとなっている。文献15)は,文献14)のベクトルシミュレータを,特性同一の前提を必要としないベクトルシミュレータへ発展させている。

D. 電流制御

独立二重巻線PMSMの電流制御は,第1系統(第1巻線と第1電力変換器とからなる系統)と第2系統(第2巻線と第2電力変換器とからなる系統)は互いに「独立」しているといえども,従前の一重巻線PMSMと比較し,格段に難解である。強い磁気的結合を有する独立二重巻線PMSMを対象に,各系統に従前のPI電流制御器を独立適用したフィードバック電流制御系では,制御系の不安定化現象,あるいはこれに準じた振動現象が容易に発生する[1],[6],[16],[17]。独立二重巻線PMSMを用いた駆動システムの実現には,この安定的なフィードバック電流制御系の構築が必須であり,これまで数々の挑戦が展開されてきた[1],[6]-[13],[16],[17]。

独立二重巻線PMSMに対するフィードバック電流制御のアプローチは,多相信号に対する直交変換の観点から,3種に大別することができる[1],[6]-[13],[16],[17]。

第1アプローチは,各系統の2個の三相電流を3/2相変換器で2個の二相電流に変換し,これにベクトル回転器を独立に作用させて2個のdq同期座標系上の二相電流を得,このdq同期座標系上の2個の二相電流を2個の電流制御器に直接的に用いて,フィードバック電流制御系を構成するものである[1],[6],[16]。

本アプローチによる代表的制御法としては,佐竹の方法[1]と新中の方法[16]が知られている。

前者は,元来は非突極三相同期モータを対象としたものであり,フィードバック電流制御器としてP制御器を利用した上で,第1,第2系統間の系統間干渉の緩和を図るべく,他系統の電圧指令値を自系統の電圧指令値に静的加算する電圧形系統間非干渉器を併用する点に構造的特色がある[1]。P制御器利用を前提としているため,定常時においても電流指令値と電流応答値の間にオフセットが発生するなどの問題を残している[1]。

後者は,「強い磁気的結合を有する独立二重巻線PMSMでは,磁気的結合により,

電流変化が高速な高速モード（fast mode）とこれが緩慢な低速モード（slow mode）とが発生することを指摘した上で，PI形のフィードバック電流制御器として高速モード電流制御器（fast-mode current controller）を用意して高速モード電流を制御し，自系統と他系統の両電流を同時かつ動的活用する低速モード電流キャンセラ（slow-mode current canceller）を用意して低速モード電流を制御するものである（「高速モード」，「低速モード」の定義は，本項末尾の注8.1参照）[16]。本制御法は，固定子電流の独立かつ安定な制御に成功しているが，十分に高い速応性は得られていない。

第2アプローチは，元来はAndrioloにより六相モータ（正確には発電機）の電流制御のために開発されたものであり[10]，dq同期座標系上の電流に対して，1，0のみの要素からなる4×4直交行列を用いた直交変換をさらに追加し，追加直交変換後の電流に対してフィードバック電流制御を遂行するものである[8)-10),13]。Kallioらによれば，「第1，第2系統のモータパラメータは同一」との前提が成立する場合には，追加の直交変換は，ゼロ速度状態の独立二重巻線PMSMに対し非干渉化モデルをもたらし[8]，固定子電流を干渉のない状態で制御できる[9),13]。当然のことながら，広範囲効率駆動を狙って，第1，第2系統のモータパラメータを意図的に変更した独立二重巻線PMSMに対しては[15)-18]，上述の直交変換の利用を前提とした電流制御は適用できない。

第3アプローチは，元来は六相誘導モータの電流制御のために開発されたものであり，Wang，Huらにより，$(6k\pm1)$次空間高調波成分の抑圧を目指して六相同期モータに適用されている[11)-13]。本アプローチは，六相同期モータの第1，第2系統の2つの三相電流（2三相電流は位相差を有する）を単一の六相電流として捉え，まずある種の6×6直交行列を用いて直交変換し，次に直交変換後の電流に対して追加直交変換を施し，追加直交変換後の固定子電流に対して電流制御を遂行するものである[11)-13]。本アプローチを具現化した制御法は，VSDC（vector space decomposition control）法と呼ばれる[11)-13]。

元来六相同期モータを対象に開発されたVSDC法の適用には，「第1，第2系統のモータパラメータは同一」，「第1，第2系統の電流指令値は同一」との2前提が必要である[11)-13]。当然のことながら，広範囲効率駆動を狙って，第1，第2系統のモータパラメータを意図的に変更した，さらには，第1，第2系統での異なる電流指令値を前提とした独立二重巻線PMSMには[15)-18]，VSDC法は適用できない。

こうした中，広範囲効率駆動を狙い第1，第2系統のモータパラメータを意図的に変更し，さらには系統ごとに異なる電流指令値を想定した独立二重巻線PMSMへの適用を強く意図した電流制御法が文献17)を通じ，新中より提案されている。新中

の制御法は，dq 同期座標系上の電流に対して追加的な変換（モード変換と呼ばれる）を遂行した上で，電流制御を遂行するという広義的点において，第2アプローチに属する．しかし，その本質は，強い磁気的結合を有する独立二重巻線 PMSM において発生する2種の高速モード電流と2種の低速モード電流を，モード電流ごとに，独立，安定，高速に制御する点にあり，本方法は「独立モード電流制御法」と呼ぶべきものである．独立モード電流制御法は，高い安定性と速応性の達成に成功している．

(注8.1) 制御対象の特性多項式の根を s_i とするとき，s_i に対応した制御対象応答は，時間指数関数 $e^{s_i t}$ によって支配される．制御工学分野では，本関数はモードと呼ばれる．本書では，大きな負値 s_i をもち高速な応答を示すモードを「高速モード」，小さな負値 s_i をもち低速な応答を示すモードを「低速モード」と呼称する．

E. 効率駆動

文献15) は，「第1，第2巻線を大トルク・大誘起電圧，小トルク・小誘起電圧の異なる相補的特性をもつようにこれを構成する場合には，広範囲な領域で効率駆動を重視した二重駆動システムが構築される」と提言している．異なる巻線起因特性をもつ独立二重巻線 PMSM においては，4種の電流（第1，第2の両系統の d 軸，q 軸電流）の多様な組み合わせでトルク発生が可能であり，広範囲効率駆動を可能とする．しかしながら，所定のトルクを得るための4電流の決定は，従前の一重巻線 PMSM に比較し，すなわち所定のトルクを2電流（d 軸，q 軸電流）で決定する一重巻線 PMSM に比較し，格段と難解となる．

新中は，文献18) を通じ，独立二重巻線 PMSM を対象に，さらには，同 PMSM が異なる巻線起因特性をもつことを前提に，この効率駆動制御法，すなわち最小銅損で所定のトルク発生をもたらす4電流指令値の決定法を提案している．新中法は次の工程的特徴をもっている．(1) 最小銅損で所定のトルク発生をもたらす4電流指令値の決定問題を，拘束条件付き最適化問題として捉えた上で，ラグランジュ未定乗数法 (Lagrange's method of undetermined multiplier) を適用して，最適電流解をもたらす5連立の非線形方程式を立てる．(2) 繰り返し形の求解アルゴリズムを用いて，5連立の非線形方程式を実時間求解し，最適電流解を得る．繰り返し形求解アルゴリズムとしては，特色的な3法が提示されている．

F. 鉄損対応

上記概観の独立二重巻線PMSM駆動のための技術開発は,「独立二重巻線PMSMが有する鉄損は小さく無視できる」との前提に立つものである。しかしながら,独立二重巻線PMSMが発生する鉄損を高速領域においても無視できるとは限らない。一般に,交流モータの高速領域での効率駆動には,鉄損への配慮が求められる。特に,定格速度以上の駆動が多く,かつ数パーセントといえども効率向上が期待されている応用(EV,HVなど)においては,この配慮は重要である。

ところが,独立二重巻線PMSMにおいては,鉄損考慮の数学モデルにおいてさえも,ほとんど検討されてはいないようである。鉄損に関する本格的検討は,新中による文献19)があるにすぎないようである。

文献19)は,鉄損考慮を要する独立二重巻線PMSMのための数学モデルとこれに基づくベクトルシミュレータを提示している。提案の数学モデルは,最も汎用性の高い座標系である$\gamma\delta$一般座標系上で,しかも自己整合性を有する3基本式(回路方程式,トルク発生式,エネルギー伝達式)から構築されている。鉄損をモデル化した等価鉄損抵抗は,渦電流損(eddy-currentloss)特性(損失は2乗磁束と2乗周波数の積に比例),ヒステリシス損(hysteresisloss)特性(損失は2乗磁束と周波数絶対値の積に比例)の表現に成功している。さらには,提案数学モデルは,等価鉄損抵抗を取り入れた回路としては,最少ベクトル閉路の回路に対応することが示されている。

鉄損考慮を要する独立二重巻線PMSMのためのベクトルシミュレータは,提案数学モデルに立脚するものであり,$\gamma\delta$一般座標系上の信号を用いて構築されている。A形,B形の2種のベクトルシミュレータが提案されている。

本章では,独立二重巻線PMSMの駆動技術を,数学モデル,モータシミュレータ,電流制御,効率駆動,鉄損対応の視点から,文献15)~19)を参考に新規知見を交え,体系的に解説する。

8.2 単相相互誘導回路の解析と電流制御

8.2.1 モード解析

図8.1の単相相互誘導回路を考える。同回路の動特性は,次の回路方程式で記述される。

$$\begin{bmatrix} v_1 \\ v_2 \end{bmatrix} = \begin{bmatrix} R_1 + sL_1 & sM \\ sM & R_2 + sL_2 \end{bmatrix} \begin{bmatrix} i_1 \\ i_2 \end{bmatrix} \quad ; L_1 L_2 > M^2 \tag{8.1}$$

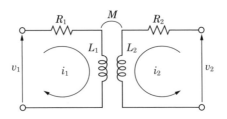

図 8.1　単相相互誘導回路

ここに，v_i, i_i は電圧，電流であり，R_i, L_i は抵抗，自己インダクタンスであり，M は相互インダクタンスである．また，脚符 1, 2 は，おのおの 1 次側，2 次側への属性を意味する．(8.1) 式における抵抗 R_i, 自己インダクタンス L_i は，1 次側と 2 次側とで，一般には異なる．

(8.1) 式は，電流 i_i に関し，次のように書き改められる．

$$\begin{bmatrix} i_1 \\ i_2 \end{bmatrix} = \frac{1}{\sigma L_1 L_2 s^2 + (L_1 R_2 + L_2 R_1)s + R_1 R_2} \begin{bmatrix} R_2 + sL_2 & -sM \\ -sM & R_1 + sL_1 \end{bmatrix} \begin{bmatrix} v_1 \\ v_2 \end{bmatrix} \quad (8.2)$$

または，

$$s \begin{bmatrix} i_1 \\ i_2 \end{bmatrix} = \frac{1}{\sigma L_1 L_2} \begin{bmatrix} -R_1 L_2 & R_2 M \\ R_1 M & -R_2 L_1 \end{bmatrix} \begin{bmatrix} i_1 \\ i_2 \end{bmatrix} + \frac{1}{\sigma L_1 L_2} \begin{bmatrix} L_2 & -M \\ -M & L_1 \end{bmatrix} \begin{bmatrix} v_1 \\ v_2 \end{bmatrix} \quad (8.3)$$

ここに，σ は，次のように結合係数（coupling coefficient）κ を用いて定義された漏れ係数（leakage coefficient）である．

$$\left. \begin{array}{l} \kappa \equiv \dfrac{M}{\sqrt{L_1 L_2}} \\ \sigma \equiv 1 - \kappa^2 = 1 - \dfrac{M^2}{L_1 L_2} \end{array} \right\} \quad (8.4)$$

(8.1) 式で記述される図 8.1 の回路特性は，(8.2) 式右辺の分母多項式，(8.3) 式右辺第 1 項の 2×2 行列により支配される．(8.3) 式右辺第 1 項の 2×2 行列に $\sigma L_1 L_2$ を乗じたものを，次のように 2×2 行列 A として定義する．

$$A \equiv \begin{bmatrix} -R_1 L_2 & R_2 M \\ R_1 M & -R_2 L_1 \end{bmatrix} \quad (8.5)$$

2×2 行列 A に関しては，次の定理が成立する．

【定理 8.1（変換行列定理）】

(a) (8.5) 式で定義された 2×2 行列 A の 2 個の固有値 λ_1, λ_2 は次式で与えられる．

$$\lambda_1 = -\frac{R_1 R_2 (T_1 + T_2 + T_w)}{2} \quad (8.6\text{a})$$

$$\lambda_2 = -\frac{R_1 R_2 (T_1 + T_2 - T_w)}{2} \tag{8.6b}$$

ここに，T_1, T_2, T_w は次式で定義された時定数相当値である。

$$\left.\begin{array}{l} T_1 \equiv \dfrac{L_1}{R_1}, \quad T_2 \equiv \dfrac{L_2}{R_2}, \quad T_m \equiv \dfrac{M}{\sqrt{R_1 R_2}} \\ T_w \equiv \sqrt{(T_1 - T_2)^2 + 4T_m^2} \\ \quad = \sqrt{(T_1 + T_2)^2 - 4(T_1 T_2 - T_m^2)} \end{array}\right\} \tag{8.7}$$

(b) (8.6) 式の固有値 λ_1, λ_2 におのおの対応した 2×1 固有ベクトル $\boldsymbol{x}_1$, $\boldsymbol{x}_2$ は，次式で与えられる。

$$\boldsymbol{x}_1 = K_1 \begin{bmatrix} 1 \\ -\sqrt{\dfrac{R_1}{R_2}} \cdot \dfrac{T_1 - T_2 + T_w}{2T_m} \end{bmatrix} \quad ; K_1 = \text{const} \tag{8.8a}$$

$$\boldsymbol{x}_2 = K_2 \begin{bmatrix} \sqrt{\dfrac{R_2}{R_1}} \cdot \dfrac{T_1 - T_2 + T_w}{2T_m} \\ 1 \end{bmatrix} \quad ; K_2 = \text{cons} \tag{8.8b}$$

また，2×2 行列 $\boldsymbol{A}$ を 2 個の固有値 λ_1, λ_2 で対角化するための 2×2 変換行列 $\boldsymbol{T}$ の1つは，行列式を1とする次式で与えられる。

$$\boldsymbol{T} = K_T \begin{bmatrix} 1 & \sqrt{\dfrac{R_2}{R_1}} t_c \\ -\sqrt{\dfrac{R_1}{R_2}} t_c & 1 \end{bmatrix} \tag{8.9a}$$

$$t_c \equiv \frac{T_1 - T_2 + T_w}{2T_m} \tag{8.9b}$$

$$K_T \equiv \frac{1}{\sqrt{1 + t_c^2}} \tag{8.9c}$$

〈証明〉

(a) (8.5) 式より，変数 λ に関し次式を得る。

$$\lambda \boldsymbol{I} - \boldsymbol{A} = \begin{bmatrix} \lambda + R_1 L_2 & -R_2 M \\ -R_1 M & \lambda + R_2 L_1 \end{bmatrix} \tag{8.10}$$

(8.10) 式の行列式は次式となる。

$$\begin{aligned} \det[\lambda \boldsymbol{I} - \boldsymbol{A}] &= \lambda^2 + (R_1 L_2 + R_2 L_1)\lambda + R_1 R_2 \sigma L_1 L_2 \\ &= \lambda^2 + (R_1 L_2 + R_2 L_1)\lambda + R_1 R_2 (L_1 L_2 - M^2) \end{aligned} \tag{8.11}$$

(8.11) 式をゼロとおいて，根すなわち固有値 λ_1, λ_2 を求めると，次式を得る．

$$\lambda_1 = -\frac{R_1 L_2 + R_2 L_1 + \sqrt{B}}{2} \tag{8.12a}$$

$$\lambda_2 = -\frac{R_1 L_2 + R_2 L_1 - \sqrt{B}}{2} \tag{8.12b}$$

ただし，

$$B \equiv (R_1 L_2 - R_2 L_1)^2 + 4R_1 R_2 M^2 \tag{8.13}$$

(8.12) 式は，(8.7) 式を用いると，(8.6) 式に書き換えられる．

(b) (8.12a) 式の固有値 λ_1 を (8.10) 式に用いると，次式を得る．

$$\begin{aligned}\lambda_1 \boldsymbol{I} - \boldsymbol{A} &= \begin{bmatrix} \lambda_1 + R_1 L_2 & -R_2 M \\ -R_1 M & \lambda_1 + R_2 L_1 \end{bmatrix} \\ &= \begin{bmatrix} \dfrac{R_1 L_2 - R_2 L_1 - \sqrt{B}}{2} & -R_2 M \\ -R_1 M & \dfrac{-R_1 L_2 + R_2 L_1 - \sqrt{B}}{2} \end{bmatrix}\end{aligned} \tag{8.14}$$

(8.14) 式の第1行または第2行に直交するベクトルすなわち固有ベクトル $\boldsymbol{x}_1$ として，定数 K_1 をもつ次式を得る．

$$\boldsymbol{x}_1 = K_1 \begin{bmatrix} 1 \\ \dfrac{R_1 L_2 - R_2 L_1 - \sqrt{B}}{2 R_2 M} \end{bmatrix} \quad ; K_1 = \mathrm{const} \tag{8.15}$$

(8.12b) 式の固有値 λ_2 を (8.10) 式に用いると，次式を得る．

$$\begin{aligned}\lambda_2 \boldsymbol{I} - \boldsymbol{A} &= \begin{bmatrix} \lambda_2 + R_1 L_2 & -R_2 M \\ -R_1 M & \lambda_2 + R_2 L_1 \end{bmatrix} \\ &= \begin{bmatrix} \dfrac{R_1 L_2 - R_2 L_1 + \sqrt{B}}{2} & -R_2 M \\ -R_1 M & \dfrac{-R_1 L_2 + R_2 L_1 + \sqrt{B}}{2} \end{bmatrix}\end{aligned} \tag{8.16}$$

(8.16) 式の第2行または第1行に直交するベクトル，すなわち固有ベクトル $\boldsymbol{x}_2$ として，定数 K_2 をもつ次式を得る．

$$\boldsymbol{x}_2 = K_2 \begin{bmatrix} \dfrac{-R_1 L_2 + R_2 L_1 + \sqrt{B}}{2 R_1 M} \\ 1 \end{bmatrix} \quad ; K_2 = \mathrm{const} \tag{8.17}$$

(8.15)，(8.17) 式は，(8.7) 式を用いると，おのおの (8.8a)，(8.8b) 式に書き改められる．
2×2 行列 $\boldsymbol{A}$ を2個の固有値 λ_1, λ_2 で対角化するための 2×2 変換行列 $\boldsymbol{T}$ は，一般に，

固有値 λ_1, λ_2 におのおの対応した 2×1 固有ベクトル $\boldsymbol{x}_1$, $\boldsymbol{x}_2$ を単に並べたものである。すなわち，

$$\boldsymbol{T}=[\boldsymbol{x}_1 \quad \boldsymbol{x}_2] \tag{8.18}$$

(8.8)式の2個の固有ベクトル $\boldsymbol{x}_1$, $\boldsymbol{x}_2$ における定数 K_1, K_2 は，任意である。(8.18)式右辺を構成する固有ベクトル $\boldsymbol{x}_1$, $\boldsymbol{x}_2$ に関し，任意定数 K_1, K_2 として次の(8.19)式を採用するならば，(8.9)式を得る。

$$K_1 = K_2 = \frac{1}{\sqrt{1+t_c^2}} \tag{8.19}$$

∎

定理8.1より，ただちに次の系が得られる。

【系8.1.1】

(8.5)式の 2×2 行列 $\boldsymbol{A}$ に関し，次の条件が成立するものとする。

$$\frac{R_2}{R_1} = \frac{L_2}{L_1} \tag{8.20}$$

条件(時定数の同一性 $T_1 = T_2$ と等価)のもとでは，$t_c = 1$ となり，2×2 変換行列 $\boldsymbol{T}$ は，インダクタンスの影響を受けず，抵抗相対比のみで決定される。2×2 変換行列 $\boldsymbol{T}$ の1つは，行列式を1とする次式で与えられる。

$$\boldsymbol{T} = \frac{1}{\sqrt{2}}\begin{bmatrix} 1 & \sqrt{\dfrac{R_2}{R_1}} \\ -\sqrt{\dfrac{R_1}{R_2}} & 1 \end{bmatrix} \tag{8.21}$$

【系8.1.2】

(8.5)式の 2×2 行列 $\boldsymbol{A}$ に関し，次の条件が成立するものとする。

$$\frac{R_2}{R_1} = 1 \tag{8.22}$$

本条件下では，2×2 変換行列 $\boldsymbol{T}$ の1つは，次の直交行列となる。

$$\boldsymbol{T} = K_T \begin{bmatrix} 1 & t_c \\ -t_c & 1 \end{bmatrix} \tag{8.23}$$

このとき，(8.9b)式の t_c は，次式のように抵抗の影響を受けず，インダクタンスのみで決定される。

$$t_c \equiv \frac{T_1 - T_2 + T_w}{2T_m}$$
$$= \frac{L_1 - L_2 + \sqrt{(L_1 - L_2)^2 + 4M^2}}{2M} \tag{8.24}$$

【系 8.1.3】

(8.5) 式の 2×2 行列 $\boldsymbol{A}$ に関し,次の条件が成立するものとする。

$$\frac{R_2}{R_1} = \frac{L_2}{L_1} = 1 \tag{8.25}$$

本条件下では,系 8.1.1 と系 8.1.2 が同時に適用され,2×2 変換行列 $\boldsymbol{T}$ は,抵抗およびインダクタンスの両者の影響を受けない定数となる。この1つは,次の直交行列となる。

$$\boldsymbol{T} = \frac{1}{\sqrt{2}} \begin{bmatrix} 1 & 1 \\ -1 & 1 \end{bmatrix} \tag{8.26}$$

■

系 8.1.1〜8.1.3 は,回路パラメータの変動に不感な変換行列を用意する場合に,特に有用である。

定理 8.1 における固有値 λ_1, λ_2 を $\sigma L_1 L_2$ で除した値 $\lambda_1/(\sigma L_1 L_2)$, $\lambda_2/(\sigma L_1 L_2)$ は,(8.3) 式右辺第1項の 2×2 行列の固有値となる。これらは,図 8.1 の単相相互誘導回路が有する高速モードと低速モードにおのおの対応している。$\lambda_1/(\sigma L_1 L_2)$, $\lambda_2/(\sigma L_1 L_2)$ は,(8.2) 式の分母多項式の根でもある。(8.11) 式の多項式と (8.2) 式の分母多項式とは,係数 $\sigma L_1 L_2$ の相違を除けば,本質的に同一である。

$\lambda_1/(\sigma L_1 L_2)$, $\lambda_2/(\sigma L_1 L_2)$ の極性反転逆数は,おのおの高速モード時定数 T_f,低速モード時定数 T_s として,次のように再評価される。

$$\left. \begin{aligned} T_f &\equiv \frac{-\sigma L_1 L_2}{\lambda_1} = \frac{2\sigma T_1 T_2}{T_1 + T_2 + T_w} = \frac{1}{2}(T_1 + T_2 - T_w) \\ T_s &\equiv \frac{-\sigma L_1 L_2}{\lambda_2} = \frac{2\sigma T_1 T_2}{T_1 + T_2 - T_w} = \frac{1}{2}(T_1 + T_2 + T_w) \end{aligned} \right\} \tag{8.27}$$

(8.27) 式に用いた漏れ係数 σ の定義は (8.4) 式のとおりであるが,これは次のように時定数を用いて表現することも可能である。

$$\left. \begin{aligned} \kappa &\equiv \frac{M}{\sqrt{L_1 L_2}} = \frac{T_m}{\sqrt{T_1 T_2}} \\ \sigma &\equiv 1 - \kappa^2 = 1 - \frac{M^2}{L_1 L_2} = 1 - \frac{T_m^2}{T_1 T_2} \end{aligned} \right\} \tag{8.28}$$

8.2.2 モード回路方程式

図 8.1 の単相相互誘導回路は,1 次側と 2 次側で相互に磁気干渉を起こしている。本磁気干渉は,(8.1) 式の回路方程式では,相互インダクタンス M を付随した逆対角要素として出現している。この逆対角要素の存在しない回路方程式の表現法,より具体的には,回路方程式のモードレベルでの表現(以下,モード回路方程式と略記)を考える。

目指すモード回路方程式は,数学的には (8.1)〜(8.3) 式の回路方程式と等価であるが,高速モード電流と低速モード電流との個別独立な制御を可能とする。

構築の準備として,(8.9a) 式の 2×2 行列 $\boldsymbol{T}$ の逆行列 $\boldsymbol{T}^{-1}$ を用意する。これは,次式で与えられる。

$$\boldsymbol{T}^{-1}=K_T\begin{bmatrix} 1 & -\sqrt{\dfrac{R_2}{R_1}}t_c \\ \sqrt{\dfrac{R_1}{R_2}}t_c & 1 \end{bmatrix} \tag{8.29}$$

所期のモード回路方程式に関しては,次の定理 8.2 が成立する。

【定理 8.2(抵抗形モード回路定理)】

図 8.1 の電圧 v_i,電流 i_i に対し,2×2 逆行列 $\boldsymbol{T}^{-1}$ を用いた次の変換(以下,モード変換と呼称)を考える。

$$\begin{bmatrix} i_f \\ i_s \end{bmatrix}=\boldsymbol{T}^{-1}\begin{bmatrix} i_1 \\ i_2 \end{bmatrix} \tag{8.30}$$

$$\begin{bmatrix} v_f \\ v_s \end{bmatrix}=\boldsymbol{T}^{-1}\boldsymbol{K}_v^{-1}\begin{bmatrix} v_1 \\ v_2 \end{bmatrix} \tag{8.31a}$$

$$\boldsymbol{K}_v=\begin{bmatrix} \dfrac{R_1}{K_R} & 0 \\ 0 & \dfrac{R_2}{K_R} \end{bmatrix} \quad ;K_R=\mathrm{const} \tag{8.31b}$$

モード変換後のモード電圧 v_f,v_s,モード電流 i_f,i_s に関しては,第 1 要素と第 2 要素が干渉しない,さらには高速,低速モードの時定数 T_f,T_s を陽に示した次のモード回路方程式が成立する。

$$\begin{bmatrix} v_f \\ v_s \end{bmatrix}=\begin{bmatrix} (K_R+K_RT_fs)\,i_f \\ (K_R+K_RT_ss)\,i_s \end{bmatrix} \tag{8.32}$$

〈証明〉

(8.3)式は,次のように書き改められる.

$$s\begin{bmatrix} i_1 \\ i_2 \end{bmatrix} = \frac{1}{\sigma L_1 L_2} \begin{bmatrix} -R_1 L_2 & R_2 M \\ R_1 M & -R_2 L_1 \end{bmatrix} \begin{bmatrix} i_1 \\ i_2 \end{bmatrix}$$
$$+ \frac{1}{\sigma L_1 L_2} \begin{bmatrix} \dfrac{R_1 L_2}{K_R} & -\dfrac{R_2 M}{K_R} \\ -\dfrac{R_1 M}{K_R} & \dfrac{R_2 L_1}{K_R} \end{bmatrix} \begin{bmatrix} \dfrac{K_R}{R_1} & 0 \\ 0 & \dfrac{K_R}{R_2} \end{bmatrix} \begin{bmatrix} v_1 \\ v_2 \end{bmatrix} \quad (8.33)$$

(8.33)式の両辺に左側より 2×2 変換行列 T^{-1} を乗じ,(8.30),(8.31)式を用いると次式を得る.

$$s\begin{bmatrix} i_f \\ i_s \end{bmatrix} = \frac{1}{\sigma L_1 L_2} T^{-1} \begin{bmatrix} -R_1 L_2 & R_2 M \\ R_1 M & -R_2 L_1 \end{bmatrix} T \begin{bmatrix} i_f \\ i_s \end{bmatrix}$$
$$+ \frac{1}{\sigma L_1 L_2} T^{-1} \begin{bmatrix} \dfrac{R_1 L_2}{K_R} & -\dfrac{R_2 M}{K_R} \\ -\dfrac{R_1 M}{K_R} & \dfrac{R_2 L_1}{K_R} \end{bmatrix} T \begin{bmatrix} v_f \\ v_s \end{bmatrix} \quad (8.34)$$

(8.34)式の右辺に,定理8.1を適用し2個の固有値 λ_1, λ_2 で対角化を図ると次式を得る.

$$s\begin{bmatrix} i_f \\ i_s \end{bmatrix} = \frac{1}{\sigma L_1 L_2} \begin{bmatrix} \lambda_1 & 0 \\ 0 & \lambda_2 \end{bmatrix} \begin{bmatrix} i_f \\ i_s \end{bmatrix} - \frac{1}{\sigma L_1 L_2 K_R} \begin{bmatrix} \lambda_1 & 0 \\ 0 & \lambda_2 \end{bmatrix} \begin{bmatrix} v_f \\ v_s \end{bmatrix} \quad (8.35)$$

(8.35)式は,モード電圧に関し次のように整理される.

$$\begin{bmatrix} v_f \\ v_s \end{bmatrix} = K_R \begin{bmatrix} i_f \\ i_s \end{bmatrix} - K_R \begin{bmatrix} \dfrac{\sigma L_1 L_2}{\lambda_1} & 0 \\ 0 & \dfrac{\sigma L_1 L_2}{\lambda_2} \end{bmatrix} s\begin{bmatrix} i_f \\ i_s \end{bmatrix} \quad (8.36)$$

(8.36)式に(8.27)式を適用すると,(8.32)式を得る. ∎

定理8.2 の(8.32)式においては,第1要素が時定数 T_f で支配される高速モード (v_f, i_f) の関係を,第2要素が時定数 T_s で支配される低速モード (v_s, i_s) の関係を表現している.

定理8.2における K_R は,制御器の設計・実装の平易化を目的に導入したもので,設計者に選定が委ねられた設計パラメータである.(8.32)式のモード回路方程式においては,K_R は,見かけ上の等価固定子抵抗として出現している.本目的のための K_R の候補としては,次のものが考えられる.

$$K_R = R_1, \quad R_2, \quad \sqrt{R_1 R_2} \tag{8.37}$$

(8.32)式のモード回路方程式は，第1要素，第2要素に関し，見かけ上，等価固定子抵抗を同一とし，等価固定子インダクタンスを異なるものとしている。これに代わって，見かけ上，等価固定子インダクタンスを同一とし，等価固定子抵抗を異なるものとするモード回路方程式を構築することもできる。本回路方程式に関しては，次の定理が成立する。

【定理 8.3（インダクタンス形モード回路定理）】

図 8.1 の電圧 v_i，電流 i_i に対し，2×2 逆行列 $\boldsymbol{T}^{-1}$ を用いた次のモード変換を考える。

$$\begin{bmatrix} i_f \\ i_s \end{bmatrix} = \boldsymbol{T}^{-1} \begin{bmatrix} i_1 \\ i_2 \end{bmatrix} \tag{8.38}$$

$$\begin{bmatrix} v_f \\ v_s \end{bmatrix} = \boldsymbol{T}^{-1} \boldsymbol{K}_v^{-1} \begin{bmatrix} v_1 \\ v_2 \end{bmatrix} \tag{8.39a}$$

$$\boldsymbol{K}_v = \begin{bmatrix} \dfrac{L_1}{K_L} & \dfrac{M}{K_L} \\ \dfrac{M}{K_L} & \dfrac{L_2}{K_L} \end{bmatrix} \quad ; K_L = \text{const} \tag{8.39b}$$

モード変換後のモード電圧 v_f, v_s，モード電流 i_f, i_s に関しては，第1要素と第2要素が干渉しない，さらには高速，低速モードの時定数 T_f, T_s を陽に示した次のモード回路方程式が成立する。

$$\begin{bmatrix} v_f \\ v_s \end{bmatrix} = \begin{bmatrix} \left(\dfrac{K_L}{T_f} + K_L s \right) i_f \\ \left(\dfrac{K_L}{T_s} + K_L s \right) i_s \end{bmatrix} \tag{8.40}$$

〈証明〉

(8.1), (8.3) 式は，次のように書き改められる。

$$s \begin{bmatrix} i_1 \\ i_2 \end{bmatrix} = \frac{1}{\sigma L_1 L_2} \begin{bmatrix} -R_1 L_2 & R_2 M \\ R_1 M & -R_2 L_1 \end{bmatrix} \begin{bmatrix} i_1 \\ i_2 \end{bmatrix} + \frac{1}{K_L} \begin{bmatrix} \dfrac{L_1}{K_L} & \dfrac{M}{K_L} \\ \dfrac{M}{K_L} & \dfrac{L_2}{K_L} \end{bmatrix}^{-1} \begin{bmatrix} v_1 \\ v_2 \end{bmatrix} \tag{8.41}$$

(8.41) 式の両辺に左側より 2×2 変換行列 $\boldsymbol{T}^{-1}$ を乗じ，(8.38)，(8.39) 式を用いると次式を得る。

$$s \begin{bmatrix} i_f \\ i_s \end{bmatrix} = \frac{1}{\sigma L_1 L_2} \boldsymbol{T}^{-1} \begin{bmatrix} -R_1 L_2 & R_2 M \\ R_1 M & -R_2 L_1 \end{bmatrix} \boldsymbol{T} \begin{bmatrix} i_f \\ i_s \end{bmatrix} + \frac{1}{K_L} \begin{bmatrix} v_f \\ v_s \end{bmatrix} \tag{8.42}$$

(8.42) 式の右辺第 1 項に，定理 8.1 を適用し 2 個の固有値 λ_1, λ_2 で対角化を図ると次式を得る．

$$s\begin{bmatrix} i_f \\ i_s \end{bmatrix} = \frac{1}{\sigma L_1 L_2} \begin{bmatrix} \lambda_1 & 0 \\ 0 & \lambda_2 \end{bmatrix} \begin{bmatrix} i_f \\ i_s \end{bmatrix} + \frac{1}{K_L} \begin{bmatrix} v_f \\ v_s \end{bmatrix} \tag{8.43}$$

(8.43) 式は，モード電圧に関し次のように整理される．

$$\begin{bmatrix} v_f \\ v_s \end{bmatrix} = -K_L \begin{bmatrix} \dfrac{\lambda_1}{\sigma L_1 L_2} & 0 \\ 0 & \dfrac{\lambda_2}{\sigma L_1 L_2} \end{bmatrix} \begin{bmatrix} i_f \\ i_s \end{bmatrix} + K_L s \begin{bmatrix} i_f \\ i_s \end{bmatrix} \tag{8.44}$$

(8.44) 式に (8.27) 式を適用すると，(8.40) 式を得る． ■

定理 8.3 における K_L は，制御器の設計・実装の平易化を目的に導入したもので，設計者に選定が委ねられた設計パラメータである．(8.40) 式のモード回路方程式においては，K_L は，見かけ上の等価固定子インダクタンスとして出現している．本目的のための K_L の候補としては，次のものが考えられる．

$$K_L = L_1, \quad L_2, \quad M \tag{8.45}$$

8.2.3　簡易なモード電流制御
A.　制御原理

1 次側と 2 次側の磁気的結合が強く，漏れインダクタンス σ が小さい場合には，(8.7) 式に定義した時定数相当値 T_w は，次のように近似される．

$$T_w \equiv \sqrt{(T_1+T_2)^2 - 4(T_1 T_2 - T_m^2)} \approx T_1 + T_2 \tag{8.46}$$

(8.46) 式の近似式を，(8.27) 式に示した高速モード時定数 T_f, 低速モード時定数 T_s に適用すると，これら時定数はおのおの次のように近似される．

$$T_f = \frac{2\sigma T_1 T_2}{T_1 + T_2 + T_w} \approx \frac{\sigma T_1 T_2}{T_1 + T_2} = \frac{\sigma L_1}{R_1 + R_2 \dfrac{L_1}{L_2}} = \frac{\sigma L_2}{R_2 + R_1 \dfrac{L_2}{L_1}} \tag{8.47a}$$

$$T_s = \frac{1}{2}(T_1 + T_2 + T_w) \approx T_1 + T_2 \tag{8.47b}$$

(8.47a) 式の第 4 辺は 1 次側端子から見た表現であり，第 5 辺は 2 次側端子から見た表現である．(8.47a) 式の σL_1, σL_2 は，おのおの 1 次側，2 次側端子から見た漏れインダクタンスを意味している．

(8.47) 式を参考に，(8.1) 式の回路方程式を次のように書き改める．

$$\begin{bmatrix} v_1 \\ v_2 \end{bmatrix} = \begin{bmatrix} \tilde{v}_1 \\ \tilde{v}_2 \end{bmatrix} + \begin{bmatrix} \Delta\tilde{v}_1 \\ \Delta\tilde{v}_2 \end{bmatrix} \tag{8.48a}$$

$$\begin{bmatrix} \tilde{v}_1 \\ \tilde{v}_2 \end{bmatrix} = \begin{bmatrix} R_1 + s\sigma L_1 & 0 \\ 0 & R_2 + s\sigma L_2 \end{bmatrix} \begin{bmatrix} i_1 \\ i_2 \end{bmatrix} \tag{8.48b}$$

$$\begin{bmatrix} \Delta\tilde{v}_1 \\ \Delta\tilde{v}_2 \end{bmatrix} = s \begin{bmatrix} (1-\sigma)L_1 & M \\ M & (1-\sigma)L_2 \end{bmatrix} \begin{bmatrix} i_1 \\ i_2 \end{bmatrix} \tag{8.48c}$$

(8.48b) 式は，(8.47a) 式と同一オーダの時定数を示しており，高速モードの関係を概略的に示している．一方，(8.48c) 式に関しては，同式右辺が第1，第2次側の電流和 $(i_1 + i_2)$ におおむね比例することより，「(8.48c) 式は低速モードの関係を概略的に示している」と理解される．

(8.48) 式の漏れインダクタンス形回路方程式は，図 8.2(a) のように描画することができる．同図 (a) における1次側，2次側の電圧 $\tilde{v}_1, \tilde{v}_2$ は，(8.48b) 式により支配されている．すなわち，1次側，2次側の電圧 $\tilde{v}_1, \tilde{v}_2$ に限っては，他側の影響はない．換言するならば，電圧 $\tilde{v}_1, \tilde{v}_2$ に限っては，見かけ上（数学モデル上），1次側2次側間の干渉は存在しない．(8.48) 式は次の制御方策を示唆している．

【制御方策】

(a) (8.48b) 式に基づき1次側，2次側独立に電流 i_1, i_2 を制御すべく，各側独立の高速モード電流制御器を構成し，この出力を各側の基本電圧指令値 $\tilde{v}_1^*, \tilde{v}_2^*$ とする．

(b) この上で，(8.48a) 式に従い，(8.48c) 式に相当する低速モードキャンセルのためのキャンセリング信号 $\Delta\tilde{v}_1^*, \Delta\tilde{v}_2^*$ を各基本電圧指令値 $\tilde{v}_1^*, \tilde{v}_2^*$ に加算した2信号を生成する．2個の生成信号を各系統の最終電圧指令値 v_1^*, v_2^* とすれば，各系統独立の電流制御をもたらす安定なフィードバック電流制御系が構成されうる．∎

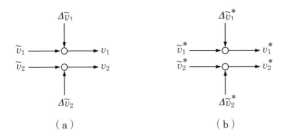

図 8.2　低速モード電流のキャンセリング原理

上記制御方策は，構造的には，次のように数式表現される．

$$v_1^* = \tilde{v}_1^* + \Delta \tilde{v}_1^* \tag{8.49a}$$

$$v_2^* = \tilde{v}_2^* + \Delta \tilde{\boldsymbol{v}}_2^* \tag{8.49b}$$

図 8.2(b) に，(8.49) 式に基づき，最終電圧指令値 v_1^*, v_2^* の生成の様子を描画した．

B. 高速モード電流制御器の設計

1 次側，2 次側の基本電圧指令値 $\tilde{v}_1^*, \tilde{v}_2^*$ の生成を担う電流制御器は，制御方策 (a) に従い，(8.48b) 式に基づき設計する．すでに明らかなように，同式に基づき設計・構成された電流制御器は，高速モード対応である．本項のいう「高速モード電流制御器」とは，具体的には本制御器を意味する．

(8.48b) 式の回路方程式は，RL 回路の回路方程式と形式的に同一である．すなわち，同式は，次の「インダクタンス → 漏れインダクタンスの形式置換」の実施と同一である．

$$L_1 \to \sigma L_1, \quad L_2 \to \sigma L_2 \tag{8.50}$$

形式的同一性は，「基本電圧指令値 $\tilde{v}_1^*, \tilde{v}_2^*$ の生成を担う電流制御器は，従前のものに (8.50) 式の形式的置換を適用すれば，ただちに得られる」ことを意味する．

1 次側，2 次側独立の高速モード電流制御器を単純な PI 制御器とする場合には，これは次のように構成される．

【PI 形高速モード電流制御器】

$$\begin{bmatrix} \tilde{v}_1^* \\ \tilde{v}_2^* \end{bmatrix} = \begin{bmatrix} \dfrac{d_{11}s + d_{10}}{s}(i_1^* - i_1) \\ \dfrac{d_{21}s + d_{20}}{s}(i_2^* - i_2) \end{bmatrix} \tag{8.51}$$

(8.51) 式の 1 次側の PI 制御器係数 d_{11}, d_{10} は，たとえば新中の設計法によるならば [20], [21]，次のように設計される．

【PI 制御器係数設計法】

$$d_{11} = (\tilde{\sigma} L_1)\omega_{ic} \tag{8.52a}$$

$$d_{10} = (\tilde{\sigma} L_1)w_1(1-w_1)\omega_{ic}^2 \quad ; 0.003 \le w_1 \le 0.3 \tag{8.52b}$$

ここに，ω_{ic} は電流制御系の設計帯域幅であり，$\tilde{\sigma}$ は次の範囲の設計パラメータである．

$$\sigma \le \tilde{\sigma} \le \min\{4\sigma, 1\} \tag{8.53}$$

(8.53) 式の $\tilde{\sigma}$ の基準値は,漏れ係数 σ 自体である。また,同式の上下限(1〜4倍値)は,採用の制御器設計法と密接に関連しており,一応の目安である。以降では,漏れ係数と深く関係した $\tilde{\sigma}$ を「修正漏れ係数」と呼称する。なお, $\tilde{\sigma}$ を用いて表現した $(\tilde{\sigma}L_1), (\tilde{\sigma}L_2)$ は,漏れインダクタンス相当値を意味する。本書提案の高速モード電流制御器設計の特徴は,例示の (8.52), (8.53) 式のように,漏れインダクタンス,漏れ係数あるいはこれらの相当値を用いて設計する点にある。

C. 低速モード電流キャンセラの設計

本項のいう「低速モード電流キャンセラ」とは,具体的には,キャンセリング信号 $\Delta\tilde{v}_1^*, \Delta\tilde{v}_2^*$ の生成を担う機器を意味する。低速モード電流キャンセラは,制御方策 (b) に従い,(8.48c) 式に基づき,次のように構成される。

【低速モード電流キャンセラ】

$$\begin{bmatrix}\Delta\tilde{v}_1^*\\ \Delta\tilde{v}_2^*\end{bmatrix} = F_{ad}(s)\begin{bmatrix}(1-\sigma)L_1 i_1 + M i_2\\ M i_1 + (1-\sigma)L_2 i_2\end{bmatrix}$$
$$\approx F_{ad}(s)\begin{bmatrix}M(i_1+i_2)\\ M(i_1+i_2)\end{bmatrix} \tag{8.54}$$
$$\approx F_{ad}(s)\begin{bmatrix}L_1 i_1 + M i_2\\ M i_1 + L_2 i_2\end{bmatrix}$$

∎

(8.54) 式における $F_{ad}(s)$ は,純粋微分を排除すべく導入した近似微分器であり,簡単には,次でよい。

$$F_{ad}(s) = \frac{\omega_{ad} s}{s + \omega_{ad}} \quad ; \omega_{ad} \geq \omega_{ic} \tag{8.55}$$

近似微分器の帯域幅でもある設計パラメータ ω_{ad} は,電流制御系の帯域幅 ω_{ic} と同等あるいはそれ以上に選定することになる。なお,近似微分器の導入は,「低速モード電流キャンセラは,動的処理を遂行する」ことを意味している。(8.54) 式の第 2,第 3 式に示したインダクタンスの近似は,「漏れ係数 σ は微小である」ことを前提に,第 1 式を簡略化したものである。

D. 電流制御系の全体構造

提案の高速モード電流制御器と低速モード電流キャンセラを用いた電流制御系の全体構造を図 8.3 に示した。ただし,1 次側,2 次側の信号をまとめて 2×1 ベクトルと

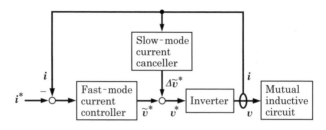

図 8.3 単相相互誘導回路のための簡易なモード電流制御系

して表記している．同図の高速モード電流制御器には，(8.51) 式が実装されている．また，低速モード電流キャンセラには，(8.54) 式が実装されている．図 8.3 より視認されるように，$i \to v^*$ への信号経路として，高速モード電流制御器を介した経路と，低速モード電流キャンセラを介した経路の 2 経路が同時に存在することになる．提案の電流制御系は，「低速モード電流キャンセラが内部電流ループを構成し，高速モード電流制御器が外部電流ループを構成している」と捉えることもできる．

8.2.4 厳密なモード電流制御
A. 電流制御系の基本構造

定理 8.2 あるいは定理 8.3 に基づくならば，フィードバック電流制御系構築の基本方針として次を得る．

(a) 定理 8.2 の (8.32) 式（あるいは定理 8.3 の (8.40) 式）に従い，モード電圧 $[v_f \ v_s]^T$ に対応する指令値 $[v_f^* \ v_s^*]^T$ を生成する．

(b) 定理 8.2 の (8.31) 式（あるいは定理 8.3 の (8.39) 式）に準拠し，モード電圧指令値 $[v_f^* \ v_s^*]^T$ を 1 次側，2 次側の電圧指令値 $[v_1^* \ v_2^*]^T$ に変換する．

上記方針に従うならば，フィードバック電流制御のための制御則は，次式のように構築される．

【電流制御則】

$$\begin{aligned} \boldsymbol{v}^* &= \boldsymbol{G}(s)[\boldsymbol{i}^* - \boldsymbol{i}] \\ &= \boldsymbol{K}_v \boldsymbol{T} \boldsymbol{G}_{fs}(s) \boldsymbol{T}^{-1}[\boldsymbol{i}^* - \boldsymbol{i}] \end{aligned} \tag{8.56a}$$

$$\boldsymbol{G}(s) \equiv \boldsymbol{K}_v \boldsymbol{T} \boldsymbol{G}_{fs}(s) \boldsymbol{T}^{-1} \tag{8.56b}$$

ただし，

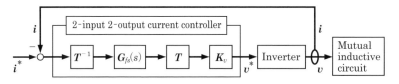

図 8.4 単相相互誘導回路のための定理 8.2 または定理 8.3 に基づいた厳密なモード電流制御系

$$\boldsymbol{v}^* \equiv \begin{bmatrix} v_1^* \\ v_2^* \end{bmatrix}, \quad \boldsymbol{i}^* \equiv \begin{bmatrix} i_1^* \\ i_2^* \end{bmatrix}, \quad \boldsymbol{i} \equiv \begin{bmatrix} i_1 \\ i_2 \end{bmatrix} \tag{8.57a}$$

$$\boldsymbol{G}_{fs}(s) \equiv \begin{bmatrix} G_f(s) & 0 \\ 0 & G_s(s) \end{bmatrix} \tag{8.57b}$$

∎

図 8.1 の単相相互誘導回路の電流制御のための，(8.56) 式の制御則を用いた電流制御系を図 8.4 に示した．

なお，2×2 行列 $\boldsymbol{T}^{-1}$, $\boldsymbol{G}_{fs}(s)$, $\boldsymbol{T}$, $\boldsymbol{K}_v$ による乗算は，個別的に遂行することも，一体的に遂行することも可能である．たとえば，電流制御器 $\boldsymbol{G}_{fs}(s)$ とこの前後の 2×2 変換行列 $\boldsymbol{T}^{-1}$, $\boldsymbol{T}$ を一体的に遂行する場合には，次式となる．

$$\begin{aligned}\boldsymbol{G}(s) &\equiv \boldsymbol{T}\boldsymbol{G}_{fs}(s)\boldsymbol{T}^{-1} \\ &= \frac{1}{1+t_c^2}\begin{bmatrix} t_c^2 G_s(s)+G_f(s) & \sqrt{\dfrac{R_2}{R_1}}t_c(G_s(s)-G_f(s)) \\ \sqrt{\dfrac{R_1}{R_2}}t_c(G_s(s)-G_f(s)) & G_s(s)+t_c^2 G_f(s) \end{bmatrix}\end{aligned} \tag{8.58}$$

B. 電流制御器の設計

高速モード電流制御器 $G_f(s)$, 低速モード電流制御器 $G_s(s)$ としては，有理関数形の種々のものが考えられる．「高速モード，低速モードの電圧・電流関係はともに 1 次遅れである」ことを示している定理 8.2, 8.3 を考慮するならば，高速モード用，低速モード用の電流制御器としては，次の PI 制御器の採用が実際的である．

$$G_f(s) = K_{fp} + \frac{K_{fi}}{s} \tag{8.59a}$$

$$G_s(s) = K_{sp} + \frac{K_{si}}{s} \tag{8.59b}$$

上記 PI 制御器の係数は，種々の方法で設計できる．簡単なものは，極零相殺形のものである．

ω_{fc}, ω_{sc} をおのおの高速，低速モード電流制御系の帯域幅とする。定理8.2を利用する場合の極零相殺形制御器係数設計法は，次のように与えられる。

【定理 8.2 利用時の PI 制御器係数設計法】

$$\left.\begin{array}{l} K_{fp} = T_f K_{fi} = T_f K_R \, \omega_{fc} \\ K_{fi} = K_R \, \omega_{fc} \end{array}\right\} \quad (8.60\mathrm{a})$$

$$\left.\begin{array}{l} K_{sp} = T_s K_{si} = T_s K_R \, \omega_{sc} \\ K_{si} = K_R \, \omega_{sc} \end{array}\right\} \quad (8.60\mathrm{b})$$

■

また，定理8.3を利用する場合の極零相殺形制御器係数設計法は，次のように与えられる。

【定理 8.3 利用時の PI 制御器係数設計法】

$$\left.\begin{array}{l} K_{fp} = K_L \, \omega_{fc} \\ K_{fi} = \dfrac{K_{fp}}{T_f} = \dfrac{K_L \, \omega_{fc}}{T_f} \end{array}\right\} \quad (8.61\mathrm{a})$$

$$\left.\begin{array}{l} K_{sp} = K_L \, \omega_{sc} \\ K_{si} = \dfrac{K_{sp}}{T_s} = \dfrac{K_L \, \omega_{sc}}{T_s} \end{array}\right\} \quad (8.61\mathrm{b})$$

■

なお，(8.60a)式と(8.61a)式の制御器係数設計法は，次式が成立する場合には，同一の係数を与える。

$$\frac{K_L}{K_R} = T_f \quad (8.62\mathrm{a})$$

同様に，(8.60b)式と(8.61b)式の制御器係数設計法は，次式が成立する場合には，同一の係数を与える。

$$\frac{K_L}{K_R} = T_s \quad (8.62\mathrm{b})$$

8.3 巻線配置と数学モデル

図2.1に示したモータと回転軸との関係を前提に，図2.3を考える。同図は，αβ固定座標系，dq同期座標系，γδ一般座標系と回転子の位相と速度の関係を示している。本章では，u相電流に対してv相電流が位相遅れ，v相電流に対してw相電流が位相

遅れとする相順の三相電流を正相三相電流と定義し，正相三相電流を構成する相電流を相順に従っておのおの流すべき相巻線を，u 相巻線，v 相巻線，w 相巻線と定義する．

8.3.1 独立二重三相巻線の従前配置

従前の独立二重三相巻線をもつ PMSM における固定子巻線の配置を，1 極対数 ($N_p=1$) を例に，回転子とともに図 8.5 に概略的に示した（巻線抵抗の描画は省略）．同図では，第 1 巻線と第 1 電力変換器とからなる第 1 系統への属性を脚符 1 で，第 2 巻線と第 2 電力変換器とからなる第 2 系統への属性を脚符 2 で示している．第 1 巻線と第 2 巻線は，異なる中性点を有している．

図 8.5(a) は，独立二重巻線 PMSM の固定子巻線配置の最も基本的な例であり[1), 16)-19)]，以下，簡単に「三相同期モータ」と呼称する．同図 (a) では，第 1 巻線と第 2 巻線との描画上の重複を避けるべく，意図的に，第 2 巻線を若干右へシフトしさらに破線で示している．本配置による独立二重三相巻線は，次の特徴を有する．

(a) 第 1 巻線，第 2 巻線とも，u 相巻線，v 相巻線，w 相巻線は，1 極対数を基準とした空間において，順次 $2\pi/3$ 〔rad〕の空間的位相進みの位置に配置されている．
(b) 原理的には，第 1 巻線と第 2 巻線は，空間上で位相差なく配置されている．
(c) 原理的には，極対数は任意の整数をとりうる．すなわち，奇数または偶数の極対数が採用可能である．
(d) 第 1 巻線と第 2 巻線に同時通電する場合も，いずれか一方の巻線のみに通電する場合も，相数は三相のまま不変である．

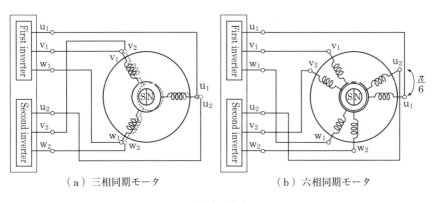

(a) 三相同期モータ　　　　(b) 六相同期モータ

図 8.5　従前の巻線配置

(e) 原理的には,第1巻線と第2巻線との同時通電の場合には,第1系統と第2系統との位相差のない同期が必要である.

図8.5(b)は,独立二重巻線PMSMの固定子巻線配置の第2例である[2)-13), 16)-19)].脚符の意味は,図8.5(a)と同一である.第1巻線と第2巻線が異なる中性点を有し系統的に互いに独立している点も,同図(a)と同様である.ただし,第2巻線の配置を第1巻線に対して,空間的に$\pi/6$〔rad〕シフトしている点が,同図(a)と異なっている.以下,本配置による独立二重巻線PMSMを「六相同期モータ」と呼称する.

図8.5(b)の六相同期モータは,同図(a)の三相同期モータに比較し,次の特徴を有する.

(a) 三相同期モータの(a)項と同様.
(b) 原理的には,第1巻線と第2巻線は,1極対数を基準とした空間において,$\pm\pi/6$〔rad〕の空間的位相差をもつように配置されている.
(c) 三相同期モータの(c)項と同様.
(d) 第1巻線と第2巻線に同時通電する場合は,六相モータとして動作し,いずれか一方の巻線のみに通電する場合には三相モータとして動作する.
(e) 原理的には,第1巻線と第2巻線との同時通電の場合には,第1系統と第2系統とは,空間位相差に対応した位相差をもった同期が必要である.

8.3.2 独立二重三相巻線の新規配置

独立二重三相巻線の新規提案配置を,2極対数($N_p = 2$)を例に,回転子とともに図8.6に概略的に示した(巻線抵抗の描画は省略)[14)-19)].脚符の意味は,図8.5と同一である.第1巻線と第2巻線が異なる中性点を有し系統的に互いに独立している点も,同

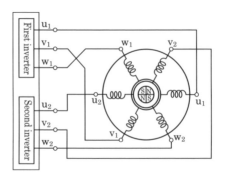

図8.6 三相逆同期モータの巻線配置

図と同様である。

新規提案配置による独立二重三相巻線は，以下の特徴を有する。

(a) 第1巻線，第2巻線とも，u相巻線，v相巻線，w相巻線は，2極対数を基準とした空間において，順次 $2\pi/3$〔rad〕の空間的位相遅れの位置に配置されている。

(b) 原理的には，第1巻線と第2巻線は，2極対数を基準とした空間において，$\pm\pi$〔rad〕の位相差をもつように配置されている。

(c) 極対数は偶数のみとりうる。すなわち，奇数の極対数は採用できない。

(d) 第1巻線と第2巻線に同時通電する場合も，いずれか一方の巻線のみに通電する場合も，相数は三相のまま不変である。

(e) 原理的には，第1巻線と第2巻線との同時通電の場合には，第1系統と第2系統との位相差のない同期が必要である。

(f) (b)項での原理の実際的な実現に応じた巻線方法としては，同一極対数をもつ従前の単一系統のみの一重三相巻線 PMSM の巻線方法を援用できる（巻線の結線と相割当てとを無視する場合，両 PMSM の巻線の空間配置は同様）。

以降では，図8.6の巻線配置をもつ独立二重三相巻線 PMSM を簡単に「三相逆同期モータ」と呼称する。

8.3.3 一重逆同期モータの数学モデル
A. 数学モデル

提案配置の独立二重三相巻線をもつ PMSM の数学モデルの構築を考える。この準備として，第2系統が電気磁気的に完全遮断され，第1系統のみが正常動作している状態を想定した数学モデルを構築する。図8.7に，許容最小極対数である2極対数 ($N_p=2$) に着目して，第1系統のみの固定子巻線と回転子との空間的関係を概略的に示した。以下では，同図に示したようなモータを簡単に「一重逆同期モータ」と呼称する。

図8.7の一重逆同期モータにおける u 相巻線, v 相巻線, w 相巻線は, 2極対数 ($N_p=2$) を基準とした空間において，位相の正方向（反時計方向を正方向に定義）に対して，順次 $2\pi/3$〔rad〕の空間的位相遅れの位置に配置されている。本巻線配置は，標準的な PMSM の巻線配置（u 相巻線，v 相巻線，w 相巻線を順次 $2\pi/3$〔rad〕の空間的位相進みの位置に配置，図2.2参照）とは，真逆の空間配置となっている点には，注意を要する。

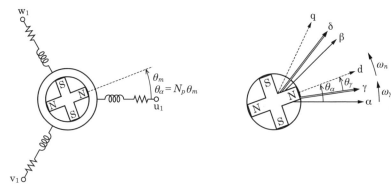

図 8.7　一重逆同期モータの巻線配置　　図 8.8　一重逆同期モータのための座標系

図 8.7 に例示したように，回転子の電気位相 θ_α は，u 相巻線を規準に評価している。電気位相 θ_α と機械位相 θ_m との間には，次の関係が成立している。

$$\theta_\alpha = N_p \theta_m \tag{8.63}$$

図 8.8 は，図 8.7 に対応した αβ 固定座標系，dq 同期座標系，γδ 一般座標系を描画したものである。3 座標系においては，副軸は基軸に対して，機械位相で $\pi/4$ [rad] 位相進みの位置に配置している。これは，2 極対数（$N_p = 1$）を考慮するならば，副軸は，基軸に対して電気位相で $\pi/2$ [rad] 位相進みの位置に配置していることを意味する。すなわち，図 8.8 における 2 軸直交座標系の定義，ひいては座標系の基軸を規準とした位相，速度の定義は，図 2.3 のそれらと同一である。ただし，図 8.8 は，図 2.2 の従前 PMSM とは異なる図 8.7 の固定子巻線と回転子とをもつ一重逆同期モータのために用意したものである。この点には，注意を要する。

図 8.7 に示したような一重逆同期モータの数学モデルの構築に際して，標準的な PMSM のためのモデル構築（すなわち，駆動制御法開発に資することを目的としたモデル構築）に広く採用されている前提，すなわち，第 2.1.1 項で採用した前提 (a)〜(f) を設ける。

本前提が成立する場合には，速度 ω_γ で回転する γδ 一般座標系上で電気位相 θ_γ と電気速度 ω_n をもつ一重逆同期モータ数学モデルとして，3 基本式からなる次を構築することができる。

【γδ 一般座標系上の動的数学モデル】
回路方程式（第 1 基本式）

$$\begin{aligned}
\bm{v}_1 &= R_1\bm{i}_1 + \bm{D}(s,\omega_\gamma)\bm{\phi}_1 \\
&= R_1\bm{i}_1 + \bm{D}(s,\omega_\gamma)\bm{\phi}_{11i} + \omega_n\bm{J}\bm{\phi}_{1m} \\
&= R_1\bm{i}_1 + \bm{D}(s,\omega_\gamma)\bm{\phi}_{11i} + \bm{e}_{1m}
\end{aligned} \tag{8.64}$$

$$\bm{\phi}_1 = \bm{\phi}_{11i} + \bm{\phi}_{1m} \tag{8.65}$$

$$\bm{\phi}_{11i} = [L_{1i}\bm{I} + L_{1m}\bm{Q}(\theta_\gamma)]\bm{i}_1 \tag{8.66}$$

$$\bm{\phi}_{1m} = \Phi_1\bm{u}(\theta_\gamma)\ ;\ \Phi_1 = \mathrm{const} \tag{8.67}$$

$$\bm{e}_{1m} = \omega_n\bm{J}\bm{\phi}_{1m} \tag{8.68}$$

トルク発生式（第 2 基本式）

$$\begin{aligned}
\tau_1 &= \tau_{1r} + \tau_{1m} \\
&= N_p\bm{i}_1^T\bm{J}\bm{\phi}_1 \\
&= N_p L_{1m}\bm{i}_1^T\bm{J}\bm{Q}(\theta_\gamma)\bm{i}_1 + N_p\bm{i}_1^T\bm{J}\bm{\phi}_{1m}
\end{aligned} \tag{8.69}$$

エネルギー伝達式（第 3 基本式）

$$\begin{aligned}
p_{ef} &= \bm{i}_1^T\bm{v}_1 \\
&= R_1\|\bm{i}_1\|^2 + \frac{s}{2}(\bm{i}_1^T\bm{\phi}_{11i}) + \omega_m\tau_1 \\
&= R_1\|\bm{i}_1\|^2 + \frac{s}{2}(L_{1i}\|\bm{i}_1\|^2 + L_{1m}(\bm{i}_1^T\bm{Q}(\theta_\gamma)\bm{i}_1)) + \omega_m\tau_1
\end{aligned} \tag{8.70}$$

∎

(8.64)〜(8.70) 式においては，第 1 系統に関連した電圧，電流などの物理量，モータパラメータには，脚符 1 を付して系統への属性を明示している．以降では，同様に，第 2 系統に関連した物理量，モータパラメータには，脚符 2 を付して系統への属性を明示する．

(8.64)〜(8.70) 式において，γδ 一般座標系上で定義された 2×1 ベクトル $\bm{v}_1$, $\bm{i}_1$, $\bm{\phi}_1$ は，それぞれ固定子の電圧，電流，（鎖交）磁束を意味している．2×1 ベクトル $\bm{\phi}_{11i}$, $\bm{\phi}_{1m}$ は固定子（鎖交）磁束 $\bm{\phi}_1$ を構成する成分を示しており，$\bm{\phi}_{11i}$ は固定子電流 $\bm{i}_1$ に起因した固定子反作用磁束（電機子反作用磁束）であり，$\bm{\phi}_{1m}$ は回転子永久磁石に起因した磁束強度 Φ_1 の回転子磁束である．また $\bm{e}_{1m}$ は回転子磁束と微積分の関係にある誘起電圧（逆起電力，速度起電力）であり，τ_1, p_{ef} は発生トルク，印加（瞬時）有効電力である．第 3 基本式に用いた回転子の機械速度 ω_m は，電気速度 ω_n に対し，(8.63) 式の微分に対応する次の関係を有する．

$$\omega_n = N_p \omega_m \tag{8.71}$$

R_1 は固定子巻線の抵抗である。L_{1i}, L_{1m} は固定子の同相(自己)インダクタンス,鏡相(自己)インダクタンスであり,次のように d 軸,q 軸インダクタンス L_{1d}, L_{1q} の直交変換として定義されている。

$$\begin{bmatrix} L_{1i} \\ L_{1m} \end{bmatrix} \equiv \frac{1}{2} \begin{bmatrix} 1 & 1 \\ 1 & -1 \end{bmatrix} \begin{bmatrix} L_{1d} \\ L_{1q} \end{bmatrix} \tag{8.72}$$

2×2 行列 $\boldsymbol{I}$, $\boldsymbol{J}$, $\boldsymbol{Q}(\theta_\gamma)$, $\boldsymbol{D}(s, \omega_\gamma)$ の定義, 2×1 単位ベクトル $\boldsymbol{u}(\theta_\gamma)$ の定義は, 第 2.1.3 項の標準的 PMSM の数学モデルで利用したそれらと同一である。

一重逆同期モータの数学モデルは,逆配置固定子巻線に対する 2 軸直交座標系を,図 8.7, 8.8 の例示のように定めることにより,(2.1)~(2.7) 式に示した標準的な PMSM の数学モデルと形式的に同一とすることができる。3 基本式(回路方程式,トルク発生式,エネルギー伝達式)の自己整合性は,従前数学モデルとの形式的同一性より,自明である。

B. 数学モデルの構築

(8.64)~(8.68) 式の回路方程式,(8.69) 式のトルク発生式の導出過程を以下に示す。

B-1. 回路方程式(第 1 基本式)

固定子電圧,固定子電流,固定子(鎖交)磁束,固定子反作用磁束,回転子磁束,誘起電圧の u, v, w 相成分を要素とする次の 3×1 ベクトルを考える。

$$\boldsymbol{v}_{1t} = [v_{1u} \quad v_{1v} \quad v_{1w}]^T \tag{8.73a}$$

$$\boldsymbol{i}_{1t} = [i_{1u} \quad i_{1v} \quad i_{1w}]^T \tag{8.73b}$$

$$\boldsymbol{\phi}_{1t} = [\phi_{1u} \quad \phi_{1v} \quad \phi_{1w}]^T \tag{8.73c}$$

$$\boldsymbol{\phi}_{11it} = [\phi_{11iu} \quad \phi_{11iv} \quad \phi_{11iw}]^T \tag{8.73d}$$

$$\boldsymbol{\phi}_{1mt} = [\phi_{1mu} \quad \phi_{1mv} \quad \phi_{1mw}]^T \tag{8.73e}$$

$$\boldsymbol{e}_{1mt} = [e_{1mu} \quad e_{1mv} \quad e_{1mw}]^T \tag{8.73f}$$

これら三相信号に関してはゼロ相成分がない,すなわち,次の関係が成立しているものとする。

$$v_{1u} + v_{1v} + v_{1w} = 0 \tag{8.74a}$$

$$i_{1u} + i_{1v} + i_{1w} = 0 \tag{8.74b}$$

$$\phi_{1u} + \phi_{1v} + \phi_{1w} = 0 \tag{8.74c}$$

$$\phi_{11iu} + \phi_{11iv} + \phi_{11iw} = 0 \tag{8.74d}$$

$$\phi_{1mu} + \phi_{1mv} + \phi_{1mw} = 0 \tag{8.74e}$$

$$e_{1mu} + e_{1mv} + e_{1mw} = 0 \tag{8.74f}$$

図 8.7, 8.8 に示した第 1 巻線のみからなる固定子に対しては，キルヒホッフ (Kirchhoff) 第 2 則に基づく次の関係が無修正で適用される[20]。

$$\boldsymbol{v}_{1t} = R_1 \boldsymbol{i}_{1t} + s\boldsymbol{\phi}_{1t} \tag{8.75}$$

$$\boldsymbol{\phi}_{1t} = \boldsymbol{\phi}_{11it} + \boldsymbol{\phi}_{1mt} \tag{8.76}$$

(8.76) 式は，「固定子（鎖交）磁束 ϕ_{1t} は，固定子反作用磁束 ϕ_{11it} と回転子磁束 ϕ_{1mt} の単純和として記述される」という PMSM に広く共通する原理に基づいている。(8.75), (8.76) 式は，特別の場合として，回転子磁束がゼロ（$\phi_{1mt} = \boldsymbol{0}$）の場合にも維持される。この場合のモデルは，一重逆同期モータから回転子を撤去した状態のモデル，すなわち各種 PMSM において共通の固定子モデルとなる[20]。

一般的な PMSM と図 8.7 の一重逆同期モータのモデル構成上の基本相違は，次の 2 点に整理される。

(a) 従前の一般的な PMSM は，極対数 $N_p = 1$ の空間において，v 相，w 相巻線は，u 相巻線に対し電気位相の意味においておのおの $+2\pi/3$, $-2\pi/3$〔rad〕の位相差を有している（図 2.2 参照）。

(b) 図 8.7 の一重逆同期モータは，極対数 $N_p = 2$ の空間において，v 相，w 相巻線は，u 相巻線に対し機械位相の意味においておのおの $-2\pi/3$, $+2\pi/3$〔rad〕の位相差を有している。

上記基本相違に着目して，一重逆同期モータの固定子（鎖交）磁束 ϕ_{1t} のモデル（すなわち，回転子磁束 ϕ_{1mt}，固定子反作用磁束 ϕ_{11it} のモデル）を構築する。

基本相違に着目するならば，図 8.7 の一重逆同期モータの u, v, w 相の各相巻線に鎖交する回転子磁束 ϕ_{1mt} は，次式となる。

$$\boldsymbol{\phi}_{1mt} = \Phi_{1t} \begin{bmatrix} \cos N_p \theta_m \\ \cos N_p \left(\theta_m + \dfrac{2\pi}{3}\right) \\ \cos N_p \left(\theta_m - \dfrac{2\pi}{3}\right) \end{bmatrix} = \Phi_{1t} \begin{bmatrix} \cos \theta_\alpha \\ \cos \left(\theta_\alpha - \dfrac{2\pi}{3}\right) \\ \cos \left(\theta_\alpha + \dfrac{2\pi}{3}\right) \end{bmatrix} \tag{8.77}$$

$$= \Phi_{1t} \boldsymbol{u}_t(\theta_\alpha) \quad ; N_p = 2$$

ただし，Φ_{1t} は磁束強度であり，また $\boldsymbol{u}_t(\theta_\alpha)$ は次式で定義された 3×1 ベクトルである[20]。

$$\boldsymbol{u}_t(\theta_\alpha) \equiv \begin{bmatrix} \cos\theta_\alpha & \cos\left(\theta_\alpha - \dfrac{2\pi}{3}\right) & \cos\left(\theta_\alpha + \dfrac{2\pi}{3}\right) \end{bmatrix}^T \tag{8.78}$$

誘起電圧 e_{1mt} は，回転子磁束の微分値として次式のように構築される．

$$\boldsymbol{e}_{1mt} = s\boldsymbol{\phi}_{1mt} = \omega_n \boldsymbol{J}_t \boldsymbol{\phi}_{1mt} \tag{8.79}$$

ただし [20]，

$$\boldsymbol{J}_t \equiv \dfrac{1}{\sqrt{3}} \begin{bmatrix} 0 & -1 & 1 \\ 1 & 0 & -1 \\ -1 & 1 & 0 \end{bmatrix} \tag{8.80}$$

一重逆同期モータの固定子反作用磁束 ϕ_{11it} は，限定的な基本相違 2 点に留意するならば，形式的には，次式として記述されることになる [20]．

$$\boldsymbol{\phi}_{1it} = [L_{1i}\boldsymbol{I} + L_{1m}\boldsymbol{Q}_t(\theta_\alpha)]\boldsymbol{i}_{1t} \tag{8.81}$$

ここに，$\boldsymbol{I}$ は 3×3 単位行列を，$\boldsymbol{Q}_t(\theta_\alpha)$ は回転子位相 θ_α に依存した 3×3 行列を意味する．通常の PMSM における回転子位相 θ_α に依存した 3×3 行列に [20]，上記の基本相違を考慮するならば，(8.81) 式の 3×3 行列 $\boldsymbol{Q}_t(\theta_\alpha)$ として次式を得る．

$$\boldsymbol{Q}_t(\theta_\alpha) = \begin{bmatrix} q_{11} & q_{12} & q_{13} \\ q_{21} & q_{22} & q_{23} \\ q_{31} & q_{32} & q_{33} \end{bmatrix} \tag{8.82a}$$

$$\left.\begin{aligned} q_{11} &= q_{23} = q_{32} = \cos N_p(2\theta_m) = \cos 2\theta_\alpha \\ q_{12} &= q_{21} = q_{33} = \cos N_p\left(2\theta_m + \dfrac{2\pi}{3}\right) = \cos\left(2\theta_\alpha - \dfrac{2\pi}{3}\right) \\ q_{13} &= q_{22} = q_{31} = \cos N_p\left(2\theta_m - \dfrac{2\pi}{3}\right) = \cos\left(2\theta_\alpha + \dfrac{2\pi}{3}\right) \end{aligned}\right\} \tag{8.82b}$$

ここに，極対数 N_p は $N_p = 2$（図 8.7，8.8 参照）である．

(8.73)〜(8.82) 式は，突極特性をもつ一重逆同期モータの回路方程式，特に uvw 座標系上の回路方程式を構成する．

B-2. トルク発生式（第 2 基本式）

発生トルクは，マグネットトルク τ_{1m} とリラクタンストルク τ_{1r} の合成となる．マグネットトルクは，(8.79) 式の誘起電圧に起因した瞬時電力からただちに求められる．すなわち，

$$\tau_{1m} = \dfrac{\boldsymbol{i}_{1t}^T \boldsymbol{e}_{1mt}}{\omega_m} \tag{8.83}$$

マグネットトルク τ_{1m} の導出の詳細は，文献 22) の (2.5)，(3.46) 式の場合と同様で

あるので省略する（後掲の (8.111) 式参照）．

リラクタンストルク τ_{1r} は，固定子インダクタンスに蓄積された磁気エネルギーの空間微分により得ることができる．すなわち，

$$\tau_{1r} = \frac{\partial}{\partial \theta_m} \frac{1}{2} (\boldsymbol{i}_{1t}^T \boldsymbol{\phi}_{11t}) \tag{8.84}$$

リラクタンストルク τ_{1r} の導出の詳細は，文献 22) の (3.44) 式の場合と同様であるので省略する（後掲の (8.112) 式参照）．

マグネットトルク τ_{1m} とリラクタンストルク τ_{1r} の合成としての総合トルク τ_1 は，固定子電流と固定子（鎖交）磁束の外積的関係を示した次式で記述されることも証明される．

$$\begin{aligned}\tau_1 &= \tau_{1r} + \tau_{1m} \\ &= N_p \boldsymbol{i}_{1t}^T \boldsymbol{J}_t \boldsymbol{\phi}_{1t} = N_p \boldsymbol{i}_{1t}^T \boldsymbol{J}_t [L_{1m} \boldsymbol{Q}_t(\theta_\alpha) \boldsymbol{i}_{1t} + \boldsymbol{\phi}_{1mt}]\end{aligned} \tag{8.85}$$

上記の uvw 座標系上の回路方程式（第1基本式），トルク発生式（第2基本式）は，形式的には，通常の PMSM のそれらと同一である[20]．本同一性により，一重逆同期モータの $\gamma\delta$ 一般座標系上の数学モデルとして (8.64)～(8.70) 式をただちに得る．

8.3.4 二重逆同期モータの一般座標系上の数学モデル

A. 数学モデルの構築

提案配置の独立二重三相巻線をもつ二重逆同期モータの数学モデルの構築に際して，前記 (a)～(f) にさらに次の前提を追加する．

(g) 第1系統と第2系統の特性は必ずしも同一ではない．一般的には，第1系統と第2系統は異なる特性をもちうる．特別な場合として，両系統は同一の特性をもつ．

(h) 第1，第2巻線間の磁気的結合（相互誘導）は，d 軸，q 軸の相互インダクタンス M_d, M_q で表現される．

第1系統と第2系統の巻線ターン数が異なる場合，固定子パラメータ（抵抗，インダクタンス）のみならず，回転子の電気磁気的パラメータも異なることになる．すなわち，回転子磁束，誘起電圧も異なることになる．数学モデルにおいては，これら回転子側の物理量は，固定子端子から固定子巻線を介して見た値を示している．前提 (g) は，上記のような第1系統と第2系統の相違を考慮したものである（本項末尾の注 8.3 参照）．

前提 (h) のもと，d 軸，q 軸相互インダクタンス M_d, M_q の直交変換に基づき，同相，

鏡相（相互）インダクタンス M_i, M_m を次のように定義する。

$$\begin{bmatrix} M_i \\ M_m \end{bmatrix} \equiv \frac{1}{2} \begin{bmatrix} 1 & 1 \\ 1 & -1 \end{bmatrix} \begin{bmatrix} M_d \\ M_q \end{bmatrix} \tag{8.86}$$

上記前提が成立する場合には，二重逆同期モータの数学モデルとして，電気位相 θ_γ と電気速度 ω_n をもつ $\gamma\delta$ 一般座標系上の3基本式からなる次を構築することができる。

【$\gamma\delta$ 一般座標系上の動的数学モデル】

回路方程式（第1基本式）

$$\begin{aligned} \boldsymbol{v}_1 &= R_1 \boldsymbol{i}_1 + \boldsymbol{D}(s, \omega_\gamma)\boldsymbol{\phi}_1 \\ &= R_1 \boldsymbol{i}_1 + \boldsymbol{D}(s, \omega_\gamma)\boldsymbol{\phi}_{1i} + \omega_n \boldsymbol{J}\boldsymbol{\phi}_{1m} \\ &= R_1 \boldsymbol{i}_1 + \boldsymbol{D}(s, \omega_\gamma)\boldsymbol{\phi}_{11i} + \boldsymbol{D}(s, \omega_\gamma)\boldsymbol{\phi}_{12i} + \boldsymbol{e}_{1m} \end{aligned} \tag{8.87}$$

$$\begin{aligned} \boldsymbol{v}_2 &= R_2 \boldsymbol{i}_2 + \boldsymbol{D}(s, \omega_\gamma)\boldsymbol{\phi}_2 \\ &= R_2 \boldsymbol{i}_2 + \boldsymbol{D}(s, \omega_\gamma)\boldsymbol{\phi}_{2i} + \omega_n \boldsymbol{J}\boldsymbol{\phi}_{2m} \\ &= R_2 \boldsymbol{i}_2 + \boldsymbol{D}(s, \omega_\gamma)\boldsymbol{\phi}_{21i} + \boldsymbol{D}(s, \omega_\gamma)\boldsymbol{\phi}_{22i} + \boldsymbol{e}_{2m} \end{aligned} \tag{8.88}$$

$$\boldsymbol{\phi}_1 = \boldsymbol{\phi}_{1i} + \boldsymbol{\phi}_{1m} \tag{8.89}$$

$$\boldsymbol{\phi}_2 = \boldsymbol{\phi}_{2i} + \boldsymbol{\phi}_{2m} \tag{8.90}$$

$$\boldsymbol{\phi}_{1i} = \boldsymbol{\phi}_{11i} + \boldsymbol{\phi}_{12i} \tag{8.91}$$

$$\boldsymbol{\phi}_{2i} = \boldsymbol{\phi}_{21i} + \boldsymbol{\phi}_{22i} \tag{8.92}$$

$$\boldsymbol{\phi}_{11i} = [L_{1i}\boldsymbol{I} + L_{1m}\boldsymbol{Q}(\theta_\gamma)]\boldsymbol{i}_1 \tag{8.93}$$

$$\boldsymbol{\phi}_{12i} = [M_i\boldsymbol{I} + M_m\boldsymbol{Q}(\theta_\gamma)]\boldsymbol{i}_2 \tag{8.94}$$

$$\boldsymbol{\phi}_{21i} = [M_i\boldsymbol{I} + M_m\boldsymbol{Q}(\theta_\gamma)]\boldsymbol{i}_1 \tag{8.95}$$

$$\boldsymbol{\phi}_{22i} = [L_{2i}\boldsymbol{I} + L_{2m}\boldsymbol{Q}(\theta_\gamma)]\boldsymbol{i}_2 \tag{8.96}$$

$$\boldsymbol{\phi}_{1m} = \Phi_1 \boldsymbol{u}(\theta_\gamma) \quad ; \Phi_1 = \text{const} \tag{8.97}$$

$$\boldsymbol{\phi}_{2m} = \Phi_2 \boldsymbol{u}(\theta_\gamma) \quad ; \Phi_2 = \text{const} \tag{8.98}$$

$$\boldsymbol{e}_{1m} = \omega_n \boldsymbol{J}\boldsymbol{\phi}_{1m} \tag{8.99}$$

$$\boldsymbol{e}_{2m} = \omega_n \boldsymbol{J}\boldsymbol{\phi}_{2m} \tag{8.100}$$

8.3 巻線配置と数学モデル

トルク発生式(第2基本式)

$$\begin{aligned}
\tau &= \tau_1 + \tau_2 \\
&= N_p(\boldsymbol{i}_1^T \boldsymbol{J}\boldsymbol{\phi}_1 + \boldsymbol{i}_2^T \boldsymbol{J}\boldsymbol{\phi}_2) \\
&= N_p(\boldsymbol{i}_1^T \boldsymbol{J}[\boldsymbol{\phi}_{1i} + \boldsymbol{\phi}_{1m}] + \boldsymbol{i}_2^T \boldsymbol{J}[\boldsymbol{\phi}_{2i} + \boldsymbol{\phi}_{2m}]) \\
&= N_p(\boldsymbol{i}_1^T \boldsymbol{J}[L_{1m}\boldsymbol{Q}(\theta_\gamma)\boldsymbol{i}_1 + \boldsymbol{\phi}_{1m}] + \boldsymbol{i}_2^T \boldsymbol{J}[L_{2m}\boldsymbol{Q}(\theta_\gamma)\boldsymbol{i}_2 + \boldsymbol{\phi}_{2m}] \\
&\quad + 2M_m \boldsymbol{i}_1^T \boldsymbol{J}\boldsymbol{Q}(\theta_\gamma)\boldsymbol{i}_2) \\
&= N_p(L_{1m}\boldsymbol{i}_1^T \boldsymbol{J}\boldsymbol{Q}(\theta_\gamma)\boldsymbol{i}_1 + L_{2m}\boldsymbol{i}_2^T \boldsymbol{J}\boldsymbol{Q}(\theta_\gamma)\boldsymbol{i}_2 + 2M_m \boldsymbol{i}_1^T \boldsymbol{J}\boldsymbol{Q}(\theta_\gamma)\boldsymbol{i}_2) \\
&\quad + N_p(\boldsymbol{i}_1^T \boldsymbol{J}\boldsymbol{\phi}_{1m} + \boldsymbol{i}_2^T \boldsymbol{J}\boldsymbol{\phi}_{2m})
\end{aligned} \qquad (8.101)$$

エネルギー伝達式(第3基本式)

$$\begin{aligned}
p_{ef} &= \boldsymbol{i}_1^T \boldsymbol{v}_1 + \boldsymbol{i}_2^T \boldsymbol{v}_2 \\
&= (R_1\|\boldsymbol{i}_1\|^2 + R_2\|\boldsymbol{i}_2\|^2) + \frac{s}{2}(\boldsymbol{i}_1^T \boldsymbol{\phi}_{1i} + \boldsymbol{i}_2^T \boldsymbol{\phi}_{2i}) + \omega_m \tau
\end{aligned} \qquad (8.102)$$

$$\begin{aligned}
\frac{1}{2}(\boldsymbol{i}_1^T \boldsymbol{\phi}_{1i} + \boldsymbol{i}_2^T \boldsymbol{\phi}_{2i}) &= \frac{1}{2}(\boldsymbol{i}_1^T \boldsymbol{\phi}_{11i} + \boldsymbol{i}_2^T \boldsymbol{\phi}_{22i}) + \boldsymbol{i}_1^T \boldsymbol{\phi}_{12i} \\
&= \frac{1}{2}(\boldsymbol{i}_1^T \boldsymbol{\phi}_{11i} + \boldsymbol{i}_2^T \boldsymbol{\phi}_{22i}) + \boldsymbol{i}_2^T \boldsymbol{\phi}_{21i}
\end{aligned} \qquad (8.103)$$

∎

上記数学モデルにおける物理量などの定義は,一重逆同期モータの数学モデルにおけるそれらと同様である.

二重逆同期モータの数学モデル上の特徴は,次の2点である.

(a) 二重逆同期モータの回転子は単一であるが,前提 (g) に従い,第1系統と第2系統で,固定子側パラメータに加え,回転子磁束,誘起電圧を表現した回転子側パラメータも異なる値をもちうるとしている(本項末尾の注 8.3 参照).

(b) 第1,第2巻線間の磁気的結合(相互誘導)すなわち磁気干渉を考慮している.

上記 (b) 項は,二重逆同期モータの電気回路としての特性を記述した回路方程式においては,固定子(鎖交)磁束の詳細成分を定めた (8.89)~(8.98) 式でモデル化されている.

二重逆同期モータのトルク発生機としての特性を記述したトルク発生式においては,(8.101) 式の左辺 τ が第1,第2巻線による全トルクを,右辺がその詳細成分を示している.全トルクは,回転子磁束 ϕ_{1m}, ϕ_{2m} に起因したマグネットトルク τ_m と,固定子反作用磁束 ϕ_{1i}, ϕ_{2i} に起因した(換言するならば,鏡相インダクタンス L_m, M_m と関係した)リラクタンストルク τ_r に解析上分離することができる.すなわち,

$$\tau_m = N_p(\boldsymbol{i}_1^T \boldsymbol{J}\boldsymbol{\phi}_{1m} + \boldsymbol{i}_2^T \boldsymbol{J}\boldsymbol{\phi}_{2m}) \qquad (8.104)$$

$$\begin{aligned}\tau_r &= \tau_{rL} + \tau_{rM} \\ &= N_p(L_{1m}\boldsymbol{i}_1^T\boldsymbol{JQ}(\theta_\gamma)\boldsymbol{i}_1 + L_{2m}\boldsymbol{i}_2^T\boldsymbol{JQ}(\theta_\gamma)\boldsymbol{i}_2) + 2N_pM_m\boldsymbol{i}_1^T\boldsymbol{JQ}(\theta_\gamma)\boldsymbol{i}_2\end{aligned} \quad (8.105)$$

さらに,リラクタンストルク τ_r は,(8.105) 式に示したように,磁束 ϕ_{11i}, ϕ_{22i} に起因した(換言するならば,鏡相自己インダクタンス L_m と関係した)自己リラクタンストルク τ_{rL} と,磁束 ϕ_{12i}, ϕ_{21i} に起因した(換言するならば,鏡相相互インダクタンス M_m と関係した)干渉リラクタンストルク τ_{rM} に解析上分離することができる。

二重逆同期モータは,電気エネルギーを機械エネルギーへ変換するエネルギー変換機でもある。エネルギー変換機としての特性を表現したエネルギー伝達式においては,(8.102) 式左辺が瞬時入力電力(有効電力)を示し,同式右辺が,瞬時入力電力がいかに消耗,蓄積,伝達されるかを示している。(8.102) 式右辺の第 1 項は第 1,第 2 巻線で発生した銅損を,第 2 項は第 1,第 2 巻線に蓄積された磁気エネルギーの瞬時変化を,第 3 項は回転子から出力される瞬時機械的電力を,おのおの意味している。

磁気エネルギーは,(8.103) 式に示したように,第 1,第 2 巻線に鎖交した全固定子反作用磁束に起因したエネルギーであり,第 1,第 2 巻線間の磁気干渉に起因する成分も含んでいる。(8.102) 式右辺第 3 項の瞬時機械的電力の構成要素である発生トルク τ は,(8.101) 式に従うものである。すなわち,第 1,第 2 巻線に起因したマグネットトルク,自己リラクタンストルク,干渉リラクタンストルクを含む全トルクである。

(8.87)〜(8.103) 式の数学モデルは,以上のように物理的意味不明な因子は一切含んでいない,すなわち綻びのない閉じた形(closed form)をしている。(8.103) 式のエネルギー伝達式(第 3 基本式)の構築には,回路方程式(第 1 基本式),トルク発生式(第 2 基本式)が利用されている。第 1 基本式,第 2 基本式の関係を利用して構築された第 3 基本式が閉じた形をしているということは,動的数学モデルを構成する 3 基本式が数学的に矛盾なく自己整合していることを意味する。次に,この自己整合性を解析的に明らかにする。

B. 基本式の自己整合性
B-1 エネルギー伝達式の導出

3 基本式の自己整合性の検証の 1 つとして,回路方程式(第 1 基本式),トルク発生式(第 2 基本式)を用いたエネルギー伝達式(第 3 基本式)の構築過程を以下に示す。

回路方程式の (8.87), (8.88) 式の各第 1 式より,次式を得る。

$$\begin{aligned}p_{ef} &= \boldsymbol{i}_1^T \boldsymbol{v}_1 + \boldsymbol{i}_2^T \boldsymbol{v}_2 \\ &= (R_1 \|\boldsymbol{i}_1\|^2 + R_2 \|\boldsymbol{i}_2\|^2) \\ &\quad + (\boldsymbol{i}_1^T [s\boldsymbol{I} + (\omega_\gamma - \omega_n)\boldsymbol{J}]\boldsymbol{\phi}_1 + \boldsymbol{i}_2^T [s\boldsymbol{I} + (\omega_\gamma - \omega_n)\boldsymbol{J}]\boldsymbol{\phi}_2) \\ &\quad + \omega_n (\boldsymbol{i}_1^T \boldsymbol{J}\boldsymbol{\phi}_1 + \boldsymbol{i}_2^T \boldsymbol{J}\boldsymbol{\phi}_2) \end{aligned} \tag{8.106}$$

(8.106) 式右辺第 2 項は,回路方程式における (8.89)〜(8.98) 式の磁束の関係式を用い,回転子磁束の D 因子処理値と誘起電圧の同一性に留意すると((8.87),(8.88),(8.99),(8.100) 式参照)[20],次のように展開整理される。

$$\begin{aligned}&\boldsymbol{i}_1^T [s\boldsymbol{I} + (\omega_\gamma - \omega_n)\boldsymbol{J}]\boldsymbol{\phi}_1 + \boldsymbol{i}_2^T [s\boldsymbol{I} + (\omega_\gamma - \omega_n)\boldsymbol{J}]\boldsymbol{\phi}_2 \\ &= \boldsymbol{i}_1^T [s\boldsymbol{I} + (\omega_\gamma - \omega_n)\boldsymbol{J}]\boldsymbol{\phi}_{1i} + \boldsymbol{i}_2^T [s\boldsymbol{I} + (\omega_\gamma - \omega_n)\boldsymbol{J}]\boldsymbol{\phi}_{2i} \\ &= \boldsymbol{i}_1^T [s\boldsymbol{I} + (\omega_\gamma - \omega_n)\boldsymbol{J}][\boldsymbol{\phi}_{11i} + \boldsymbol{\phi}_{12i}] + \boldsymbol{i}_2^T [s\boldsymbol{I} + (\omega_\gamma - \omega_n)\boldsymbol{J}][\boldsymbol{\phi}_{21i} + \boldsymbol{\phi}_{22i}] \\ &= \frac{s}{2}(\boldsymbol{i}_1^T \boldsymbol{\phi}_{11i} + \boldsymbol{i}_2^T \boldsymbol{\phi}_{22i}) + \boldsymbol{i}_1^T [s\boldsymbol{I} + (\omega_\gamma - \omega_n)\boldsymbol{J}]\boldsymbol{\phi}_{12i} + \boldsymbol{i}_2^T [s\boldsymbol{I} + (\omega_\gamma - \omega_n)\boldsymbol{J}]\boldsymbol{\phi}_{21i} \end{aligned} \tag{8.107}$$

(8.107) 式最終式の第 1 項は,一重逆同期モータのエネルギー伝達式すなわち (8.70) 式を利用して得ている。(8.107) 式の右辺第 2 項,第 3 項は,再び回路方程式の (8.94),(8.95) 式を用いると,次のように展開整理される。

$$\begin{aligned}&\boldsymbol{i}_1^T [s\boldsymbol{I} + (\omega_\gamma - \omega_n)\boldsymbol{J}]\boldsymbol{\phi}_{12i} + \boldsymbol{i}_2^T [s\boldsymbol{I} + (\omega_\gamma - \omega_n)\boldsymbol{J}]\boldsymbol{\phi}_{21i} \\ &= M_i(\boldsymbol{i}_1^T [s\boldsymbol{i}_2] + [s\boldsymbol{i}_1]^T \boldsymbol{i}_2) \\ &\quad + M_m([s\boldsymbol{i}_1]^T \boldsymbol{Q}(\theta_\gamma)\boldsymbol{i}_2 + \boldsymbol{i}_1^T \boldsymbol{Q}(\theta_\gamma)[s\boldsymbol{i}_2] + 2(\omega_n - \omega_\gamma)\boldsymbol{i}_1^T \boldsymbol{J}\boldsymbol{Q}(\theta_\gamma)\boldsymbol{i}_2) \\ &= s(M_i \boldsymbol{i}_1^T \boldsymbol{i}_2 + M_m \boldsymbol{i}_1^T \boldsymbol{Q}(\theta_\gamma)\boldsymbol{i}_2) \\ &= s(\boldsymbol{i}_1^T [M_i \boldsymbol{I} + M_m \boldsymbol{Q}(\theta_\gamma)]\boldsymbol{i}_2) \\ &= s(\boldsymbol{i}_1^T \boldsymbol{\phi}_{12i}) = s(\boldsymbol{i}_2^T \boldsymbol{\phi}_{21i}) \end{aligned} \tag{8.108}$$

(8.108) 式を (8.107) 式に用いると,次式および (8.103) 式を得る。

$$\begin{aligned}&\boldsymbol{i}_1^T [s\boldsymbol{I} + (\omega_\gamma - \omega_n)\boldsymbol{J}]\boldsymbol{\phi}_1 + \boldsymbol{i}_2^T [s\boldsymbol{I} + (\omega_\gamma - \omega_n)\boldsymbol{J}]\boldsymbol{\phi}_2 \\ &= \frac{s}{2}(\boldsymbol{i}_1^T \boldsymbol{\phi}_{1i} + \boldsymbol{i}_2^T \boldsymbol{\phi}_{2i}) \end{aligned} \tag{8.109}$$

(8.106) 式右辺第 3 項は,トルク発生式 (8.101) 式の第 1 式と (8.71) 式より,次のように整理される。

$$\omega_n(\boldsymbol{i}_1^T \boldsymbol{J}\boldsymbol{\phi}_1 + \boldsymbol{i}_2^T \boldsymbol{J}\boldsymbol{\phi}_2) = \omega_m \tau \tag{8.110}$$

(8.106),(8.109),(8.110) 式より,(8.102) 式のエネルギー伝達式を得る。

B-2 トルク発生式の導出

基本式の自己整合性が維持されている場合には,回路方程式あるいはエネルギー伝達式から,トルク発生式を得ることもできる。この導出を通じて,基本式の自己整合

性を検証することもできる。

マグネットトルク τ_m は，回路方程式上の誘起電圧と直接関係したトルクであり，誘起電圧に起因した瞬時電力より導出することもできる。すなわち，誘起電圧を定めた (8.99)，(8.100) 式に起因する瞬時電力を機械速度で除し，(8.71) 式を考慮すると，次式を得る。

$$\tau_m = \frac{i_1^T e_{1m} + i_2^T e_{2m}}{\omega_m} \tag{8.111}$$
$$= N_p(i_1^T J\phi_{1m} + i_2^T J\phi_{2m})$$

(8.111) 式は，(8.101) 式の最終式の第2項で示したマグネットトルク発生式と同一である。

リラクタンストルク τ_r は，エネルギー伝達式上の磁気エネルギーと直接関係したトルクであり，磁気エネルギーより導出することもできる。エネルギー伝達式上の磁気エネルギーを $\alpha\beta$ 固定座標系上で評価し，空間位相で偏微分をとると（すなわち，機械位相で偏微分をとると），$\alpha\beta$ 固定座標系上の次式を得る。

$$\begin{aligned}\tau_r &= \frac{\partial}{\partial\theta_m}\frac{1}{2}(i_1^T\phi_{1i} + i_2^T\phi_{2i}) \\ &= \frac{\partial\theta_\alpha}{\partial\theta_m}\frac{\partial}{\partial\theta_\alpha}\left\{\begin{array}{l}\frac{1}{2}i_1^T[L_{1i}I + L_{1m}Q(\theta_\alpha)]i_1 + \frac{1}{2}i_2^T[L_{2i}I + L_{2m}Q(\theta_\alpha)]i_2 \\ + i_1^T[M_iI + M_mQ(\theta_\alpha)]i_2\end{array}\right\} \\ &= N_p(L_{1m}i_1^T JQ(\theta_\alpha)i_1 + L_{2m}i_2^T JQ(\theta_\alpha)i_2 + 2M_m i_1^T JQ(\theta_\alpha)i_2)\end{aligned} \tag{8.112}$$

(8.112) 式は，(8.101) 式の最終式の第1項で示したリラクタンストルク発生式と同一である。なお，(8.101) 式は，$\alpha\beta$ 固定座標系を特別な場合として包含する $\gamma\delta$ 一般座標系上で定義されている。

- **(注 8.2)** 二重逆同期モータの数学モデルにおける第2巻線固定子電流をゼロ ($i_2 = 0$) とする場合には，第1巻線関係の数学モデルは一重逆同期モータのための (8.64)〜(8.70) 式の数学モデルに帰着する。また，第1，第2巻線間の磁気干渉を表現した相互インダクタンス M_d, M_q, M_i, M_m をゼロとする場合には，二重逆同期モータの数学モデルは，互いに独立した一重逆同期モータの単純並列の数学モデルとなる。

- **(注 8.3)** 二重逆同期モータは，第1，第2系統の特性が等しくなるようにこれを設計する場合には，耐故障性，機能安全性を重視した二重駆動システムをもたらす。代わって，第1，第2系統が大トルク・大誘起電圧，小トルク・小誘起電圧の異なる相補的特性をもつようにこれを設計する場合

には，電圧制限がある環境においても弱め磁束（界磁）制御を必要としない広範囲効率駆動を重視した二重駆動システムをもたらす．

8.3.5　二重逆同期モータの同期座標系上の数学モデル

(8.87)〜(8.103)式の $\gamma\delta$ 一般座標系上の数学モデルに dq 同期座標系の条件 ($\omega_\gamma = \omega_n$, $\theta_\gamma = 0$) を付与することにより，同数学モデルより，ただちに dq 同期座標系上の数学モデルを得ることができる．これは次式で与えられる．

【dq 同期座標系上の動的数学モデル】
回路方程式（第 1 基本式）

$$\begin{aligned}
\boldsymbol{v}_1 &= R_1 \boldsymbol{i}_1 + \boldsymbol{D}(s, \omega_n) \boldsymbol{\phi}_{1i} + \begin{bmatrix} 0 \\ \omega_n \Phi_1 \end{bmatrix} \\
&= R_1 \boldsymbol{i}_1 + \boldsymbol{D}(s, \omega_n) \begin{bmatrix} L_{1d} i_{1d} \\ L_{1q} i_{1q} \end{bmatrix} + \boldsymbol{D}(s, \omega_n) \begin{bmatrix} M_d i_{2d} \\ M_q i_{2q} \end{bmatrix} + \begin{bmatrix} 0 \\ \omega_n \Phi_1 \end{bmatrix}
\end{aligned} \quad (8.113)$$

$$\begin{aligned}
\boldsymbol{v}_2 &= R_2 \boldsymbol{i}_2 + \boldsymbol{D}(s, \omega_n) \boldsymbol{\phi}_{2i} + \begin{bmatrix} 0 \\ \omega_n \Phi_2 \end{bmatrix} \\
&= R_2 \boldsymbol{i}_2 + \boldsymbol{D}(s, \omega_n) \begin{bmatrix} L_{2d} i_{2d} \\ L_{2q} i_{2q} \end{bmatrix} + \boldsymbol{D}(s, \omega_n) \begin{bmatrix} M_d i_{1d} \\ M_q i_{1q} \end{bmatrix} + \begin{bmatrix} 0 \\ \omega_n \Phi_2 \end{bmatrix}
\end{aligned} \quad (8.114)$$

トルク発生式（第 2 基本式）

$$\begin{aligned}
\tau &= \tau_1 + \tau_2 \\
&= N_p((2L_{1m} i_{1d} + 2M_m i_{2d} + \Phi_1) i_{1q} + (2M_m i_{1d} + 2L_{2m} i_{2d} + \Phi_2) i_{2q}) \\
&= N_p(2L_{1m} i_{1d} i_{1q} + 2L_{2m} i_{2d} i_{2q} + 2M_m(i_{1d} i_{2q} + i_{2d} i_{1q})) \\
&\quad + N_p(\Phi_1 i_{1q} + \Phi_2 i_{2q})
\end{aligned} \quad (8.115)$$

エネルギー伝達式（第 3 基本式）

$$\begin{aligned}
p_{ef} &= \boldsymbol{i}_1^T \boldsymbol{v}_1 + \boldsymbol{i}_2^T \boldsymbol{v}_2 \\
&= (R_1 \|\boldsymbol{i}_1\|^2 + R_2 \|\boldsymbol{i}_2\|^2) + \frac{s}{2}(\boldsymbol{i}_1^T \boldsymbol{\phi}_{1i} + \boldsymbol{i}_2^T \boldsymbol{\phi}_{2i}) + \omega_m \tau
\end{aligned} \quad (8.116)$$

ただし，

$$\boldsymbol{v}_1 \equiv \begin{bmatrix} v_{1d} \\ v_{1q} \end{bmatrix}, \quad \boldsymbol{i}_1 \equiv \begin{bmatrix} i_{1d} \\ i_{1q} \end{bmatrix}, \quad \boldsymbol{v}_2 \equiv \begin{bmatrix} v_{2d} \\ v_{2q} \end{bmatrix}, \quad \boldsymbol{i}_2 \equiv \begin{bmatrix} i_{2d} \\ i_{2q} \end{bmatrix} \quad (8.117)$$

$$\boldsymbol{\phi}_{1i} = \begin{bmatrix} L_{1d} i_{1d} + M_d i_{2d} \\ L_{1q} i_{1q} + M_q i_{2q} \end{bmatrix}, \quad \boldsymbol{\phi}_{2i} = \begin{bmatrix} M_d i_{1d} + L_{2d} i_{2d} \\ M_q i_{1q} + L_{2q} i_{2q} \end{bmatrix} \quad (8.118)$$

∎

（注 8.4）　図 8.6 の三相逆同期モータ（すなわち二重逆同期モータ）の数学モデル

として与えた (8.87)〜(8.103) 式の $\gamma\delta$ 一般座標系上の数学モデルは，図 8.5 の三相同期モータ，六相同期モータを含む独立二重巻線 PMSM の $\gamma\delta$ 一般座標系上の数学モデルとして共通して利用される。ひいては，(8.113)〜(8.118) 式に与えた dq 同期座標系上の数学モデルも，三相逆同期モータ，三相同期モータ，六相同期モータを含む独立二重巻線 PMSM の dq 同期座標系上の数学モデルとして共通して利用される。六相同期モータの $\alpha\beta$ 固定座標系上の数学モデルを得る場合には，第 1 巻線，第 2 巻線のいずれの u 相巻線の位相を α 軸位相に選定してもよい。なお，$\alpha\beta$ 固定座標系上の信号を uvw 座標系上の信号に変換する際には，第 1 巻線，第 2 巻線の位相差 $\pi/6$ 〔rad〕に注意を要する（後掲の (8.142) 式，図 8.14 参照）。

8.4 ベクトルシミュレータ

本節では，独立二重巻線 PMSM のシミュレータの構築を考える。特に，シミュレータ内部の二相信号を単一の 2×1 ベクトルとして扱えるベクトルシミュレータの構築を考える。

8.4.1 数学的準備

爾後の簡易な説明を期して，数学的準備をしておく。2×2 インダクタンス行列として，次を定義する。

$$\boldsymbol{L}_1(\theta_\gamma) \equiv L_{1i}\boldsymbol{I} + L_{1m}\boldsymbol{Q}(\theta_\gamma) \tag{8.119}$$

$$\boldsymbol{L}_2(\theta_\gamma) \equiv L_{2i}\boldsymbol{I} + L_{2m}\boldsymbol{Q}(\theta_\gamma) \tag{8.120}$$

$$\boldsymbol{M}(\theta_\gamma) \equiv M_i\boldsymbol{I} + M_m\boldsymbol{Q}(\theta_\gamma) \tag{8.121}$$

$$\boldsymbol{\Delta}(\theta_\gamma) \equiv \boldsymbol{L}_1(\theta_\gamma)\boldsymbol{L}_2(\theta_\gamma) - \boldsymbol{M}^2(\theta_\gamma) \tag{8.122}$$

上のインダクタンス行列に関しては，次の定理が成立する。

【定理 8.4（インダクタンス定理）】

2×2 インダクタンス行列 $\boldsymbol{L}_1(\theta_\gamma)$, $\boldsymbol{L}_2(\theta_\gamma)$ を対角に，$\boldsymbol{M}(\theta_\gamma)$ を逆対角に配した 4×4 行列を考える。4×4 当該行列の逆行列は，次式で与えられる。

$$\begin{bmatrix} \boldsymbol{L}_1(\theta_\gamma) & \boldsymbol{M}(\theta_\gamma) \\ \boldsymbol{M}(\theta_\gamma) & \boldsymbol{L}_2(\theta_\gamma) \end{bmatrix}^{-1}$$

$$= \begin{bmatrix} \boldsymbol{L}_2(\theta_\gamma) & -\boldsymbol{M}(\theta_\gamma) \\ -\boldsymbol{M}(\theta_\gamma) & \boldsymbol{L}_1(\theta_\gamma) \end{bmatrix} \begin{bmatrix} \boldsymbol{\Delta}^{-1}(\theta_\gamma) & \boldsymbol{0} \\ \boldsymbol{0} & \boldsymbol{\Delta}^{-1}(\theta_\gamma)) \end{bmatrix} \tag{8.123}$$

$$= \begin{bmatrix} \boldsymbol{\Delta}^{-1}(\theta_\gamma) & \boldsymbol{0} \\ \boldsymbol{0} & \boldsymbol{\Delta}^{-1}(\theta_\gamma)) \end{bmatrix} \begin{bmatrix} \boldsymbol{L}_2(\theta_\gamma) & -\boldsymbol{M}(\theta_\gamma) \\ -\boldsymbol{M}(\theta_\gamma) & \boldsymbol{L}_1(\theta_\gamma) \end{bmatrix}$$

ただし,

$$\boldsymbol{\Delta}^{-1}(\theta_\gamma) = \frac{\tilde{L}_i \boldsymbol{I} - \tilde{L}_m \boldsymbol{Q}(\theta_\gamma)}{\tilde{L}_i^2 - \tilde{L}_m^2} \tag{8.124a}$$

$$\begin{aligned} \tilde{L}_i &\equiv (L_{1i}L_{2i} + L_{1m}L_{2m}) - (M_i^2 + M_m^2) \\ \tilde{L}_m &\equiv (L_{1i}L_{2m} + L_{1m}L_{2i}) - 2M_i M_m \end{aligned} \tag{8.124b}$$

〈証明〉

まず,2×2 行列 $\boldsymbol{\Delta}(\theta_\gamma)$ の逆行列 $\boldsymbol{\Delta}^{-1}(\theta_\gamma)$ に関する (8.124) 式の正当性を証明する。$\boldsymbol{\Delta}(\theta_\gamma)$ を (8.119)〜(8.122) 式を用いて評価した上で,この逆行列をとると (8.124) 式を得る。

4 種の 2×2 行列 $\boldsymbol{L}_1(\theta_\gamma)$, $\boldsymbol{L}_2(\theta_\gamma)$, $\boldsymbol{M}(\theta_\gamma)$, $\boldsymbol{\Delta}^{-1}(\theta_\gamma)$ の積に関しては,次の交換法則が成立する。

$$\boldsymbol{AB} = \boldsymbol{BA} \tag{8.125}$$

4 種の 2×2 行列による交換法則に留意すると,次式を得る。

$$\begin{aligned} &\begin{bmatrix} \boldsymbol{L}_1(\theta_\gamma) & \boldsymbol{M}(\theta_\gamma) \\ \boldsymbol{M}(\theta_\gamma) & \boldsymbol{L}_2(\theta_\gamma) \end{bmatrix} \begin{bmatrix} \boldsymbol{L}_2(\theta_\gamma) & -\boldsymbol{M}(\theta_\gamma) \\ -\boldsymbol{M}(\theta_\gamma) & \boldsymbol{L}_1(\theta_\gamma) \end{bmatrix} \\ &= \begin{bmatrix} \boldsymbol{L}_2(\theta_\gamma) & -\boldsymbol{M}(\theta_\gamma) \\ -\boldsymbol{M}(\theta_\gamma) & \boldsymbol{L}_1(\theta_\gamma) \end{bmatrix} \begin{bmatrix} \boldsymbol{L}_1(\theta_\gamma) & \boldsymbol{M}(\theta_\gamma) \\ \boldsymbol{M}(\theta_\gamma) & \boldsymbol{L}_2(\theta_\gamma) \end{bmatrix} \\ &= \begin{bmatrix} \boldsymbol{\Delta}(\theta_\gamma) & \boldsymbol{0} \\ \boldsymbol{0} & \boldsymbol{\Delta}(\theta_\gamma)) \end{bmatrix} \end{aligned} \tag{8.126}$$

上式は,(8.123) 式を意味する。

8.4.2 ベクトルブロック線図

最近のシミュレーションソフトウェアの多くは,ブロック線図の描画を通じてプログラミングする方式を採用している[20]。本認識のもとに,独立二重巻線 PMSM の内部機能を物理的に明解に表現したベクトルブロック線図の構築を考える。

数学的に矛盾のない独立二重巻線 PMSM の動的数学モデルの構築完成は,ベクトル

ブロック線図構築の第1段階準備の完了を意味する.しかしながら,本数学モデルから,独立二重巻線 PMSM の内部機能を物理的に明解に表現したベクトルブロック線図がただちに得られるわけではない.この種のベクトルブロック線図の構築に関しては,従前のベクトルブロック線図の構築を通じ,次の2点が明らかにされている[20].

(a) 一般にモータのブロック線図は,電気系,トルク発生系,機械負荷系の3大部分系から構成される.

(b) 交流モータのブロック線図が物理的意味を明解にした簡潔な形で構成できるか否かは,関係式の展開に基づく電気系およびトルク発生系の構成いかんにかかっている.特に,数学モデル第1基本式をいかに展開するかが要となる.

以下に,電気系,トルク発生系の構成を中心に独立二重巻線 PMSM のベクトルブロック線図の詳細を与える.

8.4.3 A形ベクトルブロック線図

電気系,トルク発生系,機械負荷系を以下のように構成する.

(a) 電気系

固定子(鎖交)磁束 ϕ_1, ϕ_2 に着目するならば,(8.87)〜(8.100) 式の回路方程式(第1基本式)より,次の電気系を得る.

$$\begin{bmatrix} \boldsymbol{D}(s,\omega_\gamma)\boldsymbol{\phi}_1 \\ \boldsymbol{D}(s,\omega_\gamma)\boldsymbol{\phi}_2 \end{bmatrix} = \begin{bmatrix} \boldsymbol{v}_1 - R_1 \boldsymbol{i}_1 \\ \boldsymbol{v}_2 - R_2 \boldsymbol{i}_2 \end{bmatrix} \tag{8.127a}$$

$$\begin{bmatrix} \boldsymbol{\phi}_{1i} \\ \boldsymbol{\phi}_{2i} \end{bmatrix} = \begin{bmatrix} \boldsymbol{\phi}_1 - \boldsymbol{\phi}_{1m} \\ \boldsymbol{\phi}_2 - \boldsymbol{\phi}_{2m} \end{bmatrix} \tag{8.127b}$$

$$\begin{bmatrix} \boldsymbol{i}_1 \\ \boldsymbol{i}_2 \end{bmatrix} = \begin{bmatrix} \boldsymbol{L}_1(\theta_\gamma) & \boldsymbol{M}(\theta_\gamma) \\ \boldsymbol{M}(\theta_\gamma) & \boldsymbol{L}_2(\theta_\gamma) \end{bmatrix}^{-1} \begin{bmatrix} \boldsymbol{\phi}_{1i} \\ \boldsymbol{\phi}_{2i} \end{bmatrix} \tag{8.127c}$$

$$\boldsymbol{\phi}_{1m} = \Phi_1 \boldsymbol{u}(\theta_\gamma) \quad ; \Phi_1 = \mathrm{const} \tag{8.127d}$$

$$\boldsymbol{\phi}_{2m} = \Phi_2 \boldsymbol{u}(\theta_\gamma) \quad ; \Phi_2 = \mathrm{const} \tag{8.127e}$$

$$\boldsymbol{u}(\theta_\gamma) = \begin{bmatrix} \cos\theta_\gamma \\ \sin\theta_\gamma \end{bmatrix} \tag{8.127f}$$

$$s\theta_\gamma = \omega_n - \omega_\gamma \tag{8.127g}$$

(b) トルク発生系

発生トルク τ は,簡単のため,数学モデルのトルク発生式(第2基本式,(8.101) 式)の第1式を用いる.すなわち,

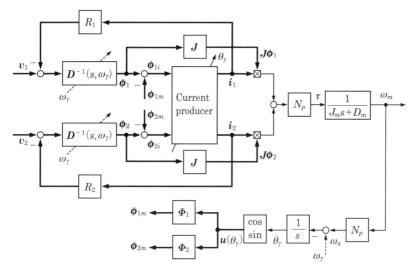

図 8.9 独立二重巻線 PMSM の A 形ベクトルブロック線図

$$\tau = N_p(\mathbf{i}_1^T \mathbf{J}\boldsymbol{\phi}_1 + \mathbf{i}_2^T \mathbf{J}\boldsymbol{\phi}_2) \tag{8.128}$$

(c) 機械負荷系

モータの機械負荷系（回転子およびこれに連結した機械負荷からなる系）は，簡単のため，次式で表現されるものとする。

$$\omega_m = \frac{1}{J_m s + D_m}\tau \tag{8.129}$$

ここに，J_m, D_m は，モータ内発生のトルク τ により駆動される機械負荷系の慣性モーメント，粘性摩擦係数である。

(d) ベクトルブロック線図

(8.123) 式とともに (8.127) 式を用いて電気系を，(8.128) 式を用いてトルク発生系を，(8.129) 式を用いて機械負荷系を構成するならば，図 8.9 に示した A 形ベクトルブロック線図が得られる。

図 8.9 における太い信号線は 2×1 のベクトル信号を意味する。また，ブロック $1/s$ は積分器を，⊠記号は信号と信号とを乗算するための乗算器を意味する。以降，細線はスカラ信号用の信号線を意味するものとし，乗算器⊠は，入力がスカラ信号とベクトル信号の場合にはスカラ信号によるベクトルの各成分との乗算を実行するベクトル乗算器を，入力が 2 個のベクトル信号の場合には内積演算を遂行し結果をスカラ

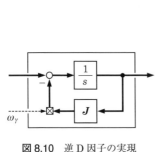

図 8.10　逆 D 因子の実現　　　　図 8.11　電流生成部の実現

信号として出力する内積器を意味するものとする。

　図 8.9 には，D 因子の逆行列が使用されているが，これは，図 8.10 のように構成されている[20]。第 1，第 2 巻線間の磁気的結合（相互誘導）を表現した電流生成部（current producer）は，インダクタンス定理の (8.123), (8.124) 式に従い，図 8.11 のように構成されている。電流生成部は，一般には 4×4 行列の逆行列演算を必要とするが，図 8.11 では，インダクタンス定理が示した解析解（特に (8.123) 式の第 1 式）に従い，2×2 行列による積演算としてこれを遂行している。

　なお，図 8.9〜8.11 では，図の輻輳を避けるため，加算器への入力信号の極性は，正の場合は極性記述を省略し，負の場合のみ極性反転記号「−」を付している。また，同様の理由により，関連ブロックの $\gamma\delta$ 一般座標系の速度 ω_γ，同じく回転子位相 θ_γ への依存性は，貫徹矢印で表現している。

　同図では，独立二重巻線 PMSM の内部物理量である固定子電流，各種磁束，第 1，第 2 巻線間の磁気的結合，トルク発生の様子など，独立二重巻線 PMSM の内部機能の物理的意味が明解な形で簡潔に表現されている。

8.4.4　B 形ベクトルブロック線図

(a)　電気系

　固定子反作用磁束 ϕ_{1i}, ϕ_{2i} に着目するならば，(8.87)〜(8.100) 式の回路方程式（第 1 基本式）より，次の電気系を得る。

$$\begin{bmatrix} \boldsymbol{D}(s,\omega_\gamma)\boldsymbol{\phi}_{1i} \\ \boldsymbol{D}(s,\omega_\gamma)\boldsymbol{\phi}_{2i} \end{bmatrix} = \begin{bmatrix} \boldsymbol{v}_1 - R_1\boldsymbol{i}_1 - \omega_n\boldsymbol{J}\boldsymbol{\phi}_{1m} \\ \boldsymbol{v}_2 - R_2\boldsymbol{i}_2 - \omega_n\boldsymbol{J}\boldsymbol{\phi}_{2m} \end{bmatrix}$$
$$= \begin{bmatrix} \boldsymbol{v}_1 - R_1\boldsymbol{i}_1 - \boldsymbol{e}_{1m} \\ \boldsymbol{v}_2 - R_2\boldsymbol{i}_2 - \boldsymbol{e}_{2m} \end{bmatrix} \tag{8.130a}$$

$$\begin{bmatrix} \boldsymbol{i}_1 \\ \boldsymbol{i}_2 \end{bmatrix} = \begin{bmatrix} \boldsymbol{L}_1(\theta_\gamma) & \boldsymbol{M}(\theta_\gamma) \\ \boldsymbol{M}(\theta_\gamma) & \boldsymbol{L}_2(\theta_\gamma) \end{bmatrix}^{-1} \begin{bmatrix} \boldsymbol{\phi}_{1i} \\ \boldsymbol{\phi}_{2i} \end{bmatrix} \tag{8.130b}$$

$$\boldsymbol{\phi}_{1m} = \varPhi_1\boldsymbol{u}(\theta_\gamma) \quad ; \varPhi_1 = \text{const} \tag{8.130c}$$

$$\boldsymbol{\phi}_{2m} = \varPhi_2\boldsymbol{u}(\theta_\gamma) \quad ; \varPhi_2 = \text{const} \tag{8.130d}$$

$$\boldsymbol{u}(\theta_\gamma) = \begin{bmatrix} \cos\theta_\gamma \\ \sin\theta_\gamma \end{bmatrix} \tag{8.130e}$$

$$s\theta_\gamma = \omega_n - \omega_\gamma \tag{8.130f}$$

(b) トルク発生系

モータの発生トルク τ は,数学モデルのトルク発生式(第2基本式,(8.101)式)の第2式を用いる.すなわち,

$$\tau = N_p(\boldsymbol{i}_1^T\boldsymbol{J}[\boldsymbol{\phi}_{1i}+\boldsymbol{\phi}_{1m}] + \boldsymbol{i}_2^T\boldsymbol{J}[\boldsymbol{\phi}_{2i}+\boldsymbol{\phi}_{2m}]) \tag{8.131}$$

(c) 機械負荷系

機械負荷系は,(8.129)式と同一とする.

(d) ベクトルブロック線図

(8.123)式とともに(8.130)式を用いて電気系を,(8.131)式を用いてトルク発生系を,(8.129)式を用いて機械負荷系を構成するならば,図8.12に示したB形ベクトルブロック線図が得られる.本ベクトルブロック線図は,誘起電圧が直接的に固定子側にフィードバックされる形になっており,誘起電圧の影響を理解する上で都合のよい構成である.

8.4.5 ベクトルシミュレータ

上に提示した独立二重巻線PMSMのA形,B形の各ベクトルブロック線図を最近のシミュレーションソフトウェア上で描画するならば,これはただちに独立二重巻線PMSMのための動的ベクトルシミュレータとなる.

特に,A形,B形の各ベクトルブロック線図に対しαβ固定座標系の条件($\omega_\gamma = 0$,$\theta_\gamma = \theta_\alpha$)を付すと,これは,主軸α軸を固定子u相第1巻線の位相に合わせたαβ固定座標系上のベクトルシミュレータとなる.αβ固定座標系上のベクトルシミュレー

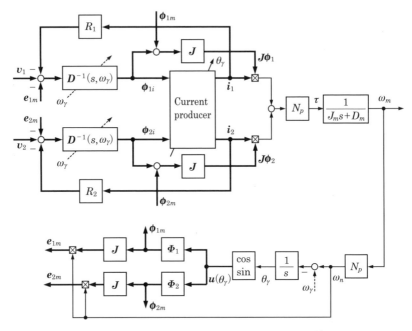

図 8.12 独立二重巻線 PMSM の B 形ベクトルブロック線図

タは，磁束などの独立二重巻線 PMSM の内部物理量を実際の周波数と振幅に合致した形で把握する上で有用である。また，独立二重巻線 PMSM のための駆動制御法を検討する場合には，制御対象としてただちに利用することができる。

A 形，B 形の各ベクトルブロック線図に対し dq 同期座標系の条件（$\omega_\gamma = \omega_n$, $\theta_\gamma = 0$）を付すと，これは，主軸 d 軸を回転子永久磁石 N 極に位相差なく同期させた dq 同期座標系上のベクトルシミュレータとなる。dq 同期座標系上のベクトルシミュレータは，各種磁束を含む内部物理量を直流に近い状態で観測する場合には，都合のよいベクトルシミュレータである。

さらには，A 形，B 形の各ベクトルブロック線図に対し，座標系速度を $\omega_\gamma = \omega_n$ とし，速度偏差 $\omega_n - \omega_\gamma$ に対する積分器の初期値を $\theta_\gamma \neq 0$ と選定する場合には，これは，位相ずれをもたせた揃速座標系上のベクトルシミュレータとなる。

A 形，B 形ベクトルブロック線図の相違は，内部変数のとり方にある。すなわち，A 形は固定子（鎖交）磁束を内部変数にとり，B 形は固定子反作用磁束を内部変数にとっている。このため，A 形，B 形ベクトルブロック線図に従いベクトルシミュレータを構成し，シミュレーション開始前に内部初期値をゼロセットする場合，ベクトル

シミュレータにおけるこれら内部変数がゼロセットされる。内部変数の選定相違が，シミュレーション開始直後（微小期間）の過渡応答の相違として出現する。内部変数の選定相違に起因した初期値セット相違に基づく過渡応答の消滅後は，いかなる過渡応答，定常応答においても A 形，B 形の両ベクトルシミュレータは瞬時，瞬時において同一の応答を示す。

8.5 簡易なモード電流制御

8.5.1 制御方策

(8.119)～(8.121) 式に定義したインダクタンス行列 $L_1(\theta_\gamma)$, $L_2(\theta_\gamma)$, $M(\theta_\gamma)$ を，(8.87)～(8.100) 式の回路方程式（第 1 基本式）における反作用磁束 ϕ_{11i}, ϕ_{12i}, ϕ_{21i}, ϕ_{22i} に適用するならば（(8.127c)，(8.130b) 式参照），同回路方程式より，図 8.13 の仮想ベクトル回路を描画することができる。仮想ベクトル回路上のベクトル信号は，$\gamma\delta$ 一般座標系上で定義された 2×1 ベクトル信号である。すなわち，ベクトル量としての電圧，電流，磁束などの定義は，(8.87)～(8.100) 式の回路方程式（第 1 基本式）と同一である。同図の仮想ベクトル回路は，誘起電圧「$\omega_n J\phi_{1m} = e_{1m}$」，「$\omega_n J\phi_{2m} = e_{2m}$」の存在を除けば，図 8.1 の単相相互誘導回路と高い類似性を有していることが認識される。本認識のもと，第 8.2.3 項で検討した単相相互誘導回路の簡易なモード電流制御法を独立二重巻線 PMSM の電流制御に適用することを考える。

まず，独立二重巻線 PMSM の d 軸，q 軸における結合係数 κ_d, κ_q，漏れ係数 σ_d, σ_q を，(8.4)，(8.28) 式同様，おのおの次式のように定義する。

$$\left.\begin{array}{l}\kappa_d \equiv \dfrac{M_d}{\sqrt{L_{1d}L_{2d}}} \\ \sigma_d \equiv 1 - \kappa_d^2 = 1 - \dfrac{M_d^2}{L_{1d}L_{2d}}\end{array}\right\} \quad (8.132\text{a})$$

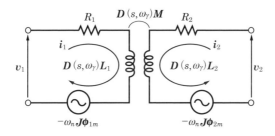

図 8.13 独立二重巻線 PMSM の $\gamma\delta$ 一般座標系上の仮想ベクトル回路

$$\left.\begin{aligned}\kappa_q &\equiv \frac{M_q}{\sqrt{L_{1q}L_{2q}}}\\ \sigma_q &\equiv 1-\kappa_q^2 = 1-\frac{M_q^2}{L_{1q}L_{2q}}\end{aligned}\right\} \tag{8.132b}$$

単相相互誘導回路の回路方程式である (8.1), (8.48) 式を参考に, (8.113), (8.114) 式の dq 同期座標系上の回路方程式を, 漏れインダクタンス $\sigma_d L_{id}$, $\sigma_q L_{iq}$; $i=1,2$ に着目し, 次式のように書き改める.

【漏れインダクタンス形回路方程式】

$$\boldsymbol{v}_1 = \tilde{\boldsymbol{v}}_1 + \Delta \tilde{\boldsymbol{v}}_1 \tag{8.133a}$$

$$\tilde{\boldsymbol{v}}_1 = R_1 \boldsymbol{i}_1 + \boldsymbol{D}(s,\omega_n)\begin{bmatrix}\sigma_d L_{1d} i_{1d}\\ \sigma_q L_{1q} i_{1q}\end{bmatrix} + \begin{bmatrix}0\\ \omega_n \Phi_1\end{bmatrix} \tag{8.133b}$$

$$\Delta \tilde{\boldsymbol{v}}_1 = \boldsymbol{D}(s,\omega_n)\begin{bmatrix}(1-\sigma_d)L_{1d} i_{1d} + M_d i_{2d}\\ (1-\sigma_q)L_{1q} i_{1q} + M_q i_{2q}\end{bmatrix} \tag{8.133c}$$

および,

$$\boldsymbol{v}_2 = \tilde{\boldsymbol{v}}_2 + \Delta \tilde{\boldsymbol{v}}_2 \tag{8.134a}$$

$$\tilde{\boldsymbol{v}}_2 = R_2 \boldsymbol{i}_2 + \boldsymbol{D}(s,\omega_n)\begin{bmatrix}\sigma_d L_{2d} i_{2d}\\ \sigma_q L_{2q} i_{2q}\end{bmatrix} + \begin{bmatrix}0\\ \omega_n \Phi_2\end{bmatrix} \tag{8.134b}$$

$$\Delta \tilde{\boldsymbol{v}}_2 = \boldsymbol{D}(s,\omega_n)\begin{bmatrix}M_d i_{1d} + (1-\sigma_d)L_{2d} i_{2d}\\ M_q i_{1q} + (1-\sigma_q)L_{2q} i_{2q}\end{bmatrix} \tag{8.134c}$$

■

単相相互誘導回路の電流制御方策・(8.49) 式を参考に, (8.133), (8.134) 式の回路方程式に支配される電流の制御方策を次式にように定める.

$$\boldsymbol{v}_1^* = \tilde{\boldsymbol{v}}_1^* + \Delta \tilde{\boldsymbol{v}}_1^* \tag{8.135a}$$

$$\boldsymbol{v}_2^* = \tilde{\boldsymbol{v}}_2^* + \Delta \tilde{\boldsymbol{v}}_2^* \tag{8.135b}$$

$\tilde{\boldsymbol{v}}_1^*, \tilde{\boldsymbol{v}}_2^*$ は, 固定子抵抗 R_1, R_2 と漏れインダクタンス $\sigma_d L_{id}$, $\sigma_q L_{iq}$; $i=1,2$ とにより支配された高速モード対応の電圧指令値である. 一方, $\Delta \tilde{\boldsymbol{v}}_1^*, \Delta \tilde{\boldsymbol{v}}_2^*$ は, 電流和 ($i_{1d} + i_{2d}$, $i_{1q} + i_{2q}$) と関連した低速モード対応の電圧指令値である.

8.5.2 高速モード電流制御器

高速モード対応の電圧指令値 $\tilde{\boldsymbol{v}}_1^*, \tilde{\boldsymbol{v}}_2^*$ は, 高速モード電流制御器を介して生成する. 単相相互誘導回路の (8.51) 式を参考にするならば, 系統独立の高速モード電流制御

器を単純な PI 制御器とする場合には，これは次のように構築される．

【PI 形高速モード電流制御器】

$$\tilde{\boldsymbol{v}}_1^* = \begin{bmatrix} \tilde{v}_{1d}^* \\ \tilde{v}_{1q}^* \end{bmatrix} = \begin{bmatrix} \dfrac{d_{1d1}s + d_{1d0}}{s}(i_{1d}^* - i_{1d}) \\ \dfrac{d_{1q1}s + d_{1q0}}{s}(i_{1q}^* - i_{1q}) \end{bmatrix} \tag{8.136}$$

$$\tilde{\boldsymbol{v}}_2^* = \begin{bmatrix} \tilde{v}_{2d}^* \\ \tilde{v}_{2q}^* \end{bmatrix} = \begin{bmatrix} \dfrac{d_{2d1}s + d_{2d0}}{s}(i_{2d}^* - i_{2d}) \\ \dfrac{d_{2q1}s + d_{2q0}}{s}(i_{2q}^* - i_{2q}) \end{bmatrix} \tag{8.137}$$

■

(8.136) 式の PI 制御器係数は，たとえば第 1 系統 d 軸の PI 制御器係数 d_{1d1}, d_{1d0} は，(8.52) 式と実質同一の次式に従い設計される．

【PI 制御器係数設計法】

$$d_{1d1} = (\tilde{\sigma}_d L_{1d})\omega_{ic} \approx (\tilde{\sigma}_d L_{1i})\omega_{ic} \tag{8.138a}$$

$$\begin{aligned} d_{1d0} &= (\tilde{\sigma}_d L_{1d}) w_1 (1 - w_1) \omega_{ic}^2 \\ &\approx (\tilde{\sigma}_d L_{1i}) w_1 (1 - w_1) \omega_{ic}^2 \quad ; 0.003 \le w_1 \le 0.3 \end{aligned} \tag{8.138b}$$

ここに，ω_{ic} は電流制御系の設計帯域幅であり，修正漏れ係数 $\tilde{\sigma}_d, \tilde{\sigma}_q$ は (8.53) 式と同様の次の範囲の設計パラメータである．

$$\left. \begin{array}{l} \sigma_d \le \tilde{\sigma}_d \le \min\{4\sigma_d, 1\} \\ \sigma_q \le \tilde{\sigma}_q \le \min\{4\sigma_q, 1\} \end{array} \right\} \tag{8.139}$$

■

第 1 系統 q 軸の制御器係数設計，第 2 系統 d 軸，q 軸の制御器係数設計は，(8.138) 式と同様である．なお，第 1，第 2 系統の同相インダクタンス L_{1i}, L_{2i} は次のように定義されている[20), 22)]．

$$L_{1i} \equiv \frac{L_{1d} + L_{1q}}{2}, \qquad L_{2i} \equiv \frac{L_{2d} + L_{2q}}{2} \tag{8.140}$$

8.5.3 低速モード電流キャンセラ

低速モード対応の電圧指令値 $\Delta \tilde{\boldsymbol{v}}_1^*, \Delta \tilde{\boldsymbol{v}}_2^*$ は，低速モード電流キャンセラにより生成する．低速モード電流キャンセラは，単相相互誘導回路の (8.54) 式を参考するならば，次のように構築される．

【低速モード電流キャンセラ】

$$\Delta \tilde{v}_1^* = D(F_{ad}(s), \omega_n) \begin{bmatrix} (1-\sigma_d)L_{1d}i_{1d} + M_d i_{2d} \\ (1-\sigma_q)L_{1q}i_{1q} + M_q i_{2q} \end{bmatrix}$$
$$\approx D(F_{ad}(s), \omega_n) \begin{bmatrix} M_d(i_{1d} + i_{2d}) \\ M_q(i_{1q} + i_{2q}) \end{bmatrix} \quad (8.141\text{a})$$
$$\approx D(F_{ad}(s), \omega_n) \begin{bmatrix} L_{1d}i_{1d} + M_d i_{2d} \\ L_{1q}i_{1q} + M_q i_{2q} \end{bmatrix}$$

$$\Delta \tilde{v}_2^* = D(F_{ad}(s), \omega_n) \begin{bmatrix} M_d i_{1d} + (1-\sigma_d)L_{2d}i_{2d} \\ M_q i_{1q} + (1-\sigma_q)L_{2q}i_{2q} \end{bmatrix}$$
$$\approx D(F_{ad}(s), \omega_n) \begin{bmatrix} M_d(i_{1d} + i_{2d}) \\ M_q(i_{1q} + i_{2q}) \end{bmatrix} \quad (8.141\text{b})$$
$$\approx D(F_{ad}(s), \omega_n) \begin{bmatrix} M_d i_{1d} + L_{2d}i_{2d} \\ M_q i_{1q} + L_{2q}i_{2q} \end{bmatrix}$$

■

(8.141) 式における $F_{ad}(s)$ は，(8.55) 式のとおりである．「低速モードによる影響」を意味する $\Delta \tilde{v}_1, \Delta \tilde{v}_2$ を記述した (8.133c)，(8.134c) 式の右辺において，速度 ω_n 内包の D 因子 $D(s, \omega_n)$ が全電流に作用している事実から理解されるように，$\Delta \tilde{v}_1, \Delta \tilde{v}_2$ 自体は定常的には速度 ω_n の向上に応じて増大する．換言するならば，本特性をもつ $\Delta \tilde{v}_1, \Delta \tilde{v}_2$ のキャンセリングを目的とした (8.141) 式の低速モード電流キャンセラは，高速回転時においてその効果が期待される．低速モード電流キャンセラによる低速モード電流の抑圧・キャンセリング効果は，第8.5.5項で数値実験を通じ検証・確認する．

8.5.4 ベクトル制御系の全体構造

簡易なモード電流制御法を用いたベクトル制御系（電流制御系）の全体構造を図8.14に示した（第2.3節参照）．同図では，固定子電圧，固定子電流の表現に関し，これら信号が定義された座標系を明示すべく，脚符 r（dq 同期座標系），s（αβ 固定座標系），t（uvw 座標系）を付している．また，同図では，回転子（N極）位相 θ_α は，第1系統の u 相巻線の中心位置を基準として定めている（注8.4参照）．

図中の S^T, S は3/2相変換器，2/3相変換器であり，$R^T(\theta_\alpha)$, $R(\theta_\alpha)$ はベクトル回転器である．第2系統の相変換器は，三相同期モータ，三相逆同期モータには (8.142a) 式を，六相同期モータには (8.142b) 式を利用する．

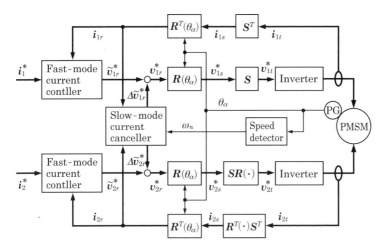

図 8.14 簡易なモード電流制御法に基づく電流制御系の構造

$$SR(\cdot) = SR(0) = \sqrt{\frac{2}{3}} \begin{bmatrix} 1 & 0 \\ \frac{-1}{2} & \frac{\sqrt{3}}{2} \\ \frac{-1}{2} & \frac{-\sqrt{3}}{2} \end{bmatrix} \tag{8.142a}$$

$$SR(\cdot) = SR\left(\frac{-\pi}{6}\right) = \sqrt{\frac{2}{3}} \begin{bmatrix} \frac{\sqrt{3}}{2} & \frac{1}{2} \\ \frac{-\sqrt{3}}{2} & \frac{1}{2} \\ 0 & -1 \end{bmatrix} \tag{8.142b}$$

図中の高速モード電流制御器には，(8.136), (8.137) 式の PI 制御器が実装されている．また低速モード電流キャンセラには，(8.141) 式が実装されている．

図 8.14 より視認されるように，$i_1 \to v_1^*$, $i_2 \to v_2^*$ への信号経路として，高速モード電流制御器を介した経路と，低速モード電流キャンセラを介した経路の 2 経路が同時に存在することになる．低速モード電流キャンセラは，第 1，第 2 の両系統にわたって内部電流ループを形成している．一方，高速モード電流制御器は，系統ごとに外部電流ループを形成している．

8.5.5 数値実験

簡易なモード電流制御法の原理,解析,設計の正当性を,さらには有用性を検証・確認すべく,数値実験(シミュレーション)を行った.以下に,実験結果を示す.

A. 数値実験のシステムと条件

検証システムは,図8.14のものと同様である.若干の相違は,検証システムには,負荷装置を連結し,負荷装置により速度を制御できるようにした点にある.

供試PMSMの特性を,特に第1系統側の特性を表8.1に示した[23].出力,トルク,電流などの定格値は,第1系統側単独のものである.これらの短時間最大値は,定格値の約2.5倍である.第2系統の電気パラメータは,第1系統の電気パラメータの半値とした.また,第1系統と第2系統は,d軸,q軸の漏れ係数が0.1(結合係数換算で約0.95)に相当する強い磁気的結合をもつものとした((8.132)式参照).すなわち,

$$\left. \begin{array}{l} R_2 = 0.5R_1, \quad L_{2d} = 0.5L_{1d}, \quad L_{2q} = 0.5L_{1q} \\ \Phi_2 = 0.5\Phi_1, \quad \sigma_d = \sigma_q = 0.1 \end{array} \right\} \tag{8.143}$$

上記の系統間のパラメータ相違は,「供試PMSMは,広範囲効率駆動が要求される用途(EV, HVなど)向けのものである」ことを暗に示している.なお,供試PMSMの突極比は,両系統とも,$L_{1q}/L_{1d} = L_{2q}/L_{2d} \approx 2.5$ を示している.

つづいて設計条件を示す.修正漏れ係数 $\tilde{\sigma}_d, \tilde{\sigma}_q$ としては,基準値(漏れ係数自体)の2倍値を採用した.すなわち,

$$\tilde{\sigma}_d = 2\sigma_d, \quad \tilde{\sigma}_q = 2\sigma_q \tag{8.144}$$

PI形高速モード電流制御器は,電流帯域幅 $\omega_{ic} = 2\,000$ 〔rad/s〕が得られるように,修正漏れ係数を用いた(換言するならば,漏れインダクタンスを用いた)(8.138)式に準拠して制御器係数を設計した.簡単のため,制御器係数設計には同相インダクタンス L_{1i}, L_{2i} を用い,d軸,q軸の制御器係数は同一とした.この際,設計パラメー

表8.1 供試PMSMの特性

R_1	0.0178 〔Ω〕	定格トルク	40 〔Nm〕
L_{1d}	0.09 〔mH〕	定格速度	400 〔rad/s〕
L_{1q}	0.228 〔mH〕	定格電流	135 〔A, rms〕
Φ_1	0.0335 〔Vs/rad〕	定格電圧	150 〔V, rms〕
N_p	4	慣性モーメント J_m	0.01275 〔kgm^2〕
定格出力	16 〔kW〕	粘性摩擦係数 D_m	0.0012 〔Nms/rad〕

タ w_1 は最大値 $w_1 = 0.3$ を用いた．この条件下では，各系統の PI 制御器係数は次のようになる．

$$\left.\begin{array}{l} d_{1d1} = d_{1q1} = 0.0636 \\ d_{1d0} = d_{1q0} = 26.7 \end{array}\right\} \tag{8.145a}$$

$$\left.\begin{array}{l} d_{2d1} = d_{2q1} = 0.0318 \\ d_{2d0} = d_{2q0} = 13.4 \end{array}\right\} \tag{8.145b}$$

低速モード電流キャンセラとしては，漏れ係数 σ_d, σ_q の微小性を考慮し（(8.143) 式参照），(8.141a)，(8.141b) 式の簡略形第 3 式を利用した．また，これに使用する近似微分器 $F_{ad}(s)$ には，$\omega_{ad} = \omega_{ic}$ を条件に，(8.55) 式を用いた．

「低速モードの高速モードへの影響は，速度向上に応じて大きくなる（(8.133c)，(8.134c) 式参照）」事実を考慮し，数値実験は，基本的な最高速度である定格速度 $\omega_m = 400$〔rad/s〕（電気速度 $\omega_n = 1\,600$〔rad/s〕）で行った．

B. 高速モード電流制御器単独での基本性能

漏れインダクタンス，漏れ係数を用いた高速モード電流制御器設計法の有効性を確認すべく，PI 形高速モード電流制御器のみでフィードバック電流制御系を構成した．すなわち，低速モード電流キャンセラを撤去し，PI 形高速モード電流制御器のみによるフィードバック電流制御系の安定性を検証した．実験は，次の要領で実施した．

まず，負荷装置により供試 PMSM を定格速度 $\omega_m = 400$〔rad/s〕に維持し，第 1，第 2 系統の電流指令値をゼロに設定した．定常を確認の上，ある瞬時に，第 1 系統のみに次の電流指令値を与えた．

$$i_{1d}^* = -100, \quad i_{1q}^* = 200$$

実験結果を図 8.15(a) に示す．波形は，上から，第 1 系統の q 軸，d 軸電流，第 2 系統の d 軸，q 軸電流である．時間軸は，0.1〔s/div〕である．第 2 系統では，ゼロ電流指令値の維持にもかかわらず，第 1 系統の電流指令値の突変に応じ，大きな電流脈動が出現した．第 2 系統の本応答は，第 1 系統から第 2 系統への干渉を示すものである．第 1，第 2 系統の両電流脈動の周期は低速モードに支配されており，両系統の脈動的応答は低速モードによるものであることを裏づけている．また，両系統の脈動応答は，d 軸，q 軸ともに，形状的に高い類似性を示しており，系統間干渉は，実質的に，軸ごとに発生すること（すなわち，第 1，第 2 系統の d 軸同士での干渉，第 1，第 2 系統の q 軸同士での干渉）が確認される．これら脈動的な応答にもかかわらず，第 1，第 2 系統のいずれの電流も約 0.4〔s〕後には電流指令値に整定している．

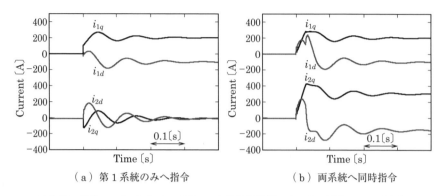

(a) 第1系統のみへ指令　　（b）両系統へ同時指令

図8.15 速度400〔rad/s〕での高速モード電流制御器のみによる電流ステップ応答

つづいて，第1，第2系統の相互の系統間干渉の様子を確認すべく，第1，第2系統の電流指令値はすべてゼロに維持した状態で，ある瞬時にかつ同時に，両系統に次の電流指令値を与えた．

$$i_{1d}^* = -100, \quad i_{1q}^* = 200$$
$$i_{2d}^* = -150, \quad i_{2q}^* = 300$$

実験結果を図8.15(b)に示す．波形の意味は，同図(a)と同一である．低速モードによる低周波の脈動振幅は，定常値を基準に評価した場合，同図(a)に比較し若干大きくなっているが，この場合にも，約0.4〔s〕後には，第1，第2系統のいずれの電流も電流指令値に整定している．また，両系統の脈動応答に関し，d軸，q軸ともに形状的に高い類似性を示している点，系統間干渉が実質的に軸ごとに発生する点も同様である．

図8.15の2つの電流応答は，「微小な漏れ係数（大きな結合係数）に起因した強い系統間干渉が高速回転でさらに高められた場合にも，フィードバック電流制御系の安定性を維持すべくPI形高速モード電流制御器は適切に動作している」ことを示している．ひいては，漏れインダクタンス，漏れ係数を用いた提案の高速モード電流制御器設計法が有効・有用であることを裏づけている．

同時に，図8.15の2つの電流応答は，「高速モード電流制御器は，低速モードに起因した低周波脈動の抑圧には，効果的でない」ことも示している．

C. 低速モード電流キャンセラ併用による総合性能

自系統と他系統の両電流の同時利用によりキャンセリング信号を生成する低速モー

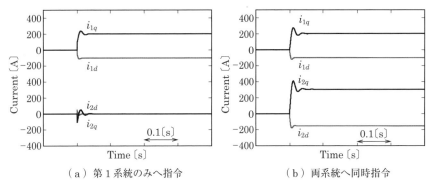

図 8.16 速度 400 [rad/s] での高速モード電流制御器と低速モード電流キャンセラとによる電流ステップ応答

ド電流キャンセラ設計法の効果を確認すべく，低速モード電流キャンセラを接続し，B項と同様な実験をした。低速モード電流キャンセラの役割は，高速モード電流制御器が不得意とした，低速モードに起因した低周波脈動の抑圧・キャンセリングにある。

実験結果を図8.16に示す。波形の意味は図8.15と同一である。図8.16より，低速モードに起因した低周波脈動の急速かつ十分な抑圧が確認される。本応答は，解析結果「低速モード電流キャンセラは低速モードの抑圧・キャンセリングに威力を示す」，「低速モード電流キャンセラは，キャンセリング効果の大きい高速回転時にも動作する」ことを裏づけるものでもある（第8.5.3項参照）。

当然のことながら，低速モード電流キャンセラによるキャンセリング効果は，キャンセリング信号の近似生成の度合いにより異なる。すなわち，低速モード電流キャンセラに利用したインダクタンスの近似度合い，電流相当値 $\tilde{i}_{1d}, \tilde{i}_{1q}, \tilde{i}_{2d}, \tilde{i}_{2q}$ の近似度合いによって，低速モード電流キャンセラによるキャンセリング効果は種々変化する。図8.15と図8.16は，低速モード電流キャンセラに10%程度の誤差をもつ近似インダクタンスを用いた場合にでも，所期のキャンセリング効果が得られることを示すものでもある。

図8.16のステップ応答にオーバーシュートが見られる。一般に，低速モードと高速モードの両者がオーバーシュートに影響を及ぼす（図8.15参照）。図8.16において，低速モードによる低周波脈動の消滅は，低速モード電流キャンセラが，所期の性能を実質的に発揮していることを裏づけている。この上で発生したオーバーシュートは，高速モード電流制御器によるものである。特に，PI制御器の中のI制御器によるものである。

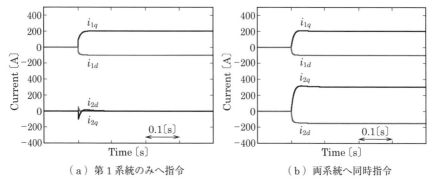

（a）第 1 系統のみへ指令　　　（b）両系統へ同時指令

図 8.17　速度 400〔rad/s〕での高速モード電流制御器と低速モード電流キャンセラとによる電流ステップ応答

本事実を確認すべく，高速モード電流制御器を再設計した．具体的には，(8.138) 式における設計パラメータ w_1 を当初選定値の 0.1 倍に当たる $w_1 = 0.03$ に選定し，次の PI 制御器係数を得た．

$$\left. \begin{array}{l} d_{1d1} = d_{1q1} = 0.0636 \\ d_{1d0} = d_{1q0} = 3.70 \end{array} \right\} \tag{8.146a}$$

$$\left. \begin{array}{l} d_{2d1} = d_{2q1} = 0.0318 \\ d_{2d0} = d_{2q0} = 1.85 \end{array} \right\} \tag{8.146b}$$

(8.146) 式の PI 制御器係数は，(8.145) 式に比較し，P 係数は同一であるが，I 係数は約 0.15 倍に低減されている．すなわち，I 係数のみが低減されている．

PI 制御器係数を (8.146) 式に変更し，他の条件は図 8.16 と同一とした場合の応答を図 8.17 に示す．オーバーシュートが抑圧された所期の応答が確認される．

（注 8.5）　図 8.17 は，「両系統とも，d 軸電流の立ち上がりに比較し，q 軸電流の立ち上がりが緩慢である」ことを示している．これは，各系統とも，PI 形高速モード電流制御器の d 軸，q 軸の PI 係数を，簡略的に同一としたことによる ((8.138) 式の制御器係数設計法では，d 軸側の帯域幅に比較し q 軸側の帯域幅の低下と等価)．各系統の高速モード電流制御器の PI 係数の設計に際し，d 軸，q 軸の特性相違を考慮し，d 軸，q 軸で異なる係数を採用する場合には，さらに同図の応答を改善することができる．

8.6 厳密なモード電流制御

本節では，第 8.2.4 項で検討した単相相互誘導回路の厳密なモード電流制御法を独立二重巻線 PMSM の電流制御に適用することを考える。

8.6.1 フィードバック電流制御則

次の 4×4 行列 I_o を考える。

$$I_o \equiv \begin{bmatrix} 1 & 0 & 0 & 0 \\ 0 & 0 & 1 & 0 \\ 0 & 1 & 0 & 0 \\ 0 & 0 & 0 & 1 \end{bmatrix} \tag{8.147}$$

4×4 行列 I_o は直交行列かつ対称行列であり，次の性質を有する。

$$I_o^{-1} = I_o^T = I_o \tag{8.148}$$

行列 I_o の本質的役割は，後掲の (8.152), (8.155), (8.158) 式に示すように，「系統単位のベクトル」を「軸単位のベクトル」へ変換すること，またその逆変換をすることである。形式的働きは，4×1 ベクトルの第 2 要素と第 3 要素を相互に入れ換えることである。

(8.113), (8.114) 式の回路方程式は，おのおの次の (8.149), (8.150) 式のように書き改められる。

$$\bm{v}_1 = \tilde{\bm{v}}_1 + \Delta \bm{v}_1 \tag{8.149a}$$

$$\tilde{\bm{v}}_1 = \begin{bmatrix} (R_1 + sL_{1d})i_{1d} + sM_d i_{2d} \\ (R_1 + sL_{1q})i_{1q} + sM_q i_{2q} \end{bmatrix} \tag{8.149b}$$

$$\Delta \bm{v}_1 = \omega_n \bm{J} \begin{bmatrix} L_{1d} i_{1d} + M_d i_{2d} + \Phi_1 \\ L_{1q} i_{1q} + M_q i_{2q} \end{bmatrix} \tag{8.149c}$$

および，

$$\bm{v}_2 = \tilde{\bm{v}}_2 + \Delta \bm{v}_2 \tag{8.150a}$$

$$\tilde{\bm{v}}_2 = \begin{bmatrix} (R_2 + sL_{2d})i_{2d} + sM_d i_{1d} \\ (R_2 + sL_{2q})i_{2q} + sM_q i_{1q} \end{bmatrix} \tag{8.150b}$$

$$\Delta \bm{v}_2 = \omega_n \bm{J} \begin{bmatrix} L_{2d} i_{2d} + M_d i_{1d} + \Phi_2 \\ L_{2q} i_{2q} + M_q i_{1q} \end{bmatrix} \tag{8.150c}$$

ここで，2×1 ベクトル $\tilde{\bm{v}}_1, \tilde{\bm{v}}_2, \tilde{\bm{v}}_d, \tilde{\bm{v}}_q, \bm{i}_d, \bm{i}_q$ の構成要素を次のように定義する。

$$\tilde{\boldsymbol{v}}_1 \equiv \begin{bmatrix} \tilde{v}_{1d} \\ \tilde{v}_{1q} \end{bmatrix}, \quad \tilde{\boldsymbol{v}}_d \equiv \begin{bmatrix} \tilde{v}_{1d} \\ \tilde{v}_{2d} \end{bmatrix}, \quad \boldsymbol{i}_d \equiv \begin{bmatrix} i_{1d} \\ i_{2d} \end{bmatrix}$$
$$\tilde{\boldsymbol{v}}_2 \equiv \begin{bmatrix} \tilde{v}_{2d} \\ \tilde{v}_{2q} \end{bmatrix}, \quad \tilde{\boldsymbol{v}}_q \equiv \begin{bmatrix} \tilde{v}_{1q} \\ \tilde{v}_{2q} \end{bmatrix}, \quad \boldsymbol{i}_q \equiv \begin{bmatrix} i_{1q} \\ i_{2q} \end{bmatrix} \quad (8.151)$$

(8.147),(8.151) 式の定義より,ただちに次の関係を得る.

$$\begin{bmatrix} \tilde{\boldsymbol{v}}_d \\ \tilde{\boldsymbol{v}}_q \end{bmatrix} = \boldsymbol{I}_o \begin{bmatrix} \tilde{\boldsymbol{v}}_1 \\ \tilde{\boldsymbol{v}}_2 \end{bmatrix} \quad (8.152\text{a})$$

$$\begin{bmatrix} \boldsymbol{i}_d \\ \boldsymbol{i}_q \end{bmatrix} = \boldsymbol{I}_o \begin{bmatrix} \boldsymbol{i}_1 \\ \boldsymbol{i}_2 \end{bmatrix} \quad (8.152\text{b})$$

(8.152) 式に (8.149b),(8.150b) 式を適用すると,次式を得る.

$$\begin{bmatrix} \tilde{v}_{1d} \\ \tilde{v}_{2d} \end{bmatrix} = \begin{bmatrix} R_1 + sL_{1d} & sM_d \\ sM_d & R_2 + sL_{2d} \end{bmatrix} \begin{bmatrix} i_{1d} \\ i_{2d} \end{bmatrix} \quad (8.153)$$

$$\begin{bmatrix} \tilde{v}_{1q} \\ \tilde{v}_{2q} \end{bmatrix} = \begin{bmatrix} R_1 + sL_{1q} & sM_q \\ sM_q & R_2 + sL_{2q} \end{bmatrix} \begin{bmatrix} i_{1q} \\ i_{2q} \end{bmatrix} \quad (8.154)$$

(8.153),(8.154) 式は,脚符 d,q の有無を除けば,(8.1) 式と形式的に同一である.この同一性は,(8.153),(8.154) 式の右辺の 2×1 電流 $\boldsymbol{i}_d$, $\boldsymbol{i}_q$ を制御するための制御則としては,8.2.4 項で説明した厳密なモード電流制御法すなわち (8.56) 式と形式的に同一のものが利用できることを意味する.(8.56) 式を参考にするならば,電流 $\boldsymbol{i}_d$, $\boldsymbol{i}_q$ を制御するための制御則として,ただちに次の (8.155)~(8.158) 式を得る.

【dq 軸電流制御則】

$$\begin{bmatrix} \boldsymbol{i}_d^* - \boldsymbol{i}_d \\ \boldsymbol{i}_q^* - \boldsymbol{i}_q \end{bmatrix} = \boldsymbol{I}_o \begin{bmatrix} \boldsymbol{i}_1^* - \boldsymbol{i}_1 \\ \boldsymbol{i}_2^* - \boldsymbol{i}_2 \end{bmatrix} \quad (8.155)$$

$$\left.\begin{array}{l} \tilde{\boldsymbol{v}}_d^* = \boldsymbol{G}_d(s)[\boldsymbol{i}_d^* - \boldsymbol{i}_d] \\ \boldsymbol{G}_d(s) \equiv \boldsymbol{K}_{dv} \boldsymbol{T}_d \boldsymbol{G}_{dfs}(s) \boldsymbol{T}_d^{-1} \end{array}\right\} \quad (8.156)$$

$$\left.\begin{array}{l} \tilde{\boldsymbol{v}}_q^* = \boldsymbol{G}_q(s)[\boldsymbol{i}_q^* - \boldsymbol{i}_q] \\ \boldsymbol{G}_q(s) \equiv \boldsymbol{K}_{qv} \boldsymbol{T}_q \boldsymbol{G}_{qfs}(s) \boldsymbol{T}_q^{-1} \end{array}\right\} \quad (8.157)$$

$$\begin{bmatrix} \tilde{\boldsymbol{v}}_1^* \\ \tilde{\boldsymbol{v}}_2^* \end{bmatrix} = \boldsymbol{I}_o \begin{bmatrix} \tilde{\boldsymbol{v}}_d^* \\ \tilde{\boldsymbol{v}}_q^* \end{bmatrix} \quad (8.158)$$

∎

(8.155) 式に示した電流偏差 $[\boldsymbol{i}_d^* - \boldsymbol{i}_d]$, $[\boldsymbol{i}_q^* - \boldsymbol{i}_q]$ の生成は,(8.152b) 式に基づいている.(8.156) 式に用いた $\boldsymbol{T}_d$, $\boldsymbol{G}_{dfs}(s)$, $\boldsymbol{K}_{dv}$ の定義,(8.157) 式に用いた $\boldsymbol{T}_q$, $\boldsymbol{G}_{qfs}(s)$, $\boldsymbol{K}_{qv}$ の定義は,(8.56) 式に用いたものと同様である.すなわち,次のとおりである ((8.7),

(8.9), (8.31b), (8.39b), (8.57b), (8.59) 式参照)。

【d 軸関係の定義】

$$\boldsymbol{T}_d = K_{dT} \begin{bmatrix} 1 & \sqrt{\dfrac{R_2}{R_1}} t_d \\ -\sqrt{\dfrac{R_1}{R_2}} t_d & 1 \end{bmatrix} \tag{8.159a}$$

$$t_d \equiv \frac{T_{1d} - T_{2d} + T_{ud}}{2T_{md}} \tag{8.159b}$$

$$K_{dT} \equiv \frac{1}{\sqrt{1+t_d^2}} \tag{8.159c}$$

$$\left. \begin{aligned} T_{1d} &\equiv \frac{L_{1d}}{R_1}, \quad T_{2d} \equiv \frac{L_{2d}}{R_2}, \quad T_{md} \equiv \frac{M_d}{\sqrt{R_1 R_2}} \\ T_{ud} &\equiv \sqrt{(T_{1d} - T_{2d})^2 + 4T_{md}^2} \end{aligned} \right\} \tag{8.159d}$$

$$\boldsymbol{G}_{dfs}(s) \equiv \begin{bmatrix} G_{df}(s) & 0 \\ 0 & G_{ds}(s) \end{bmatrix} \tag{8.160a}$$

$$\left. \begin{aligned} G_{df}(s) &= K_{dfp} + \frac{K_{dfi}}{s} \\ G_{ds}(s) &= K_{dsp} + \frac{K_{dsi}}{s} \end{aligned} \right\} \tag{8.160b}$$

$$\boldsymbol{K}_{dv} = \begin{bmatrix} \dfrac{R_1}{K_{dR}} & 0 \\ 0 & \dfrac{R_2}{K_{dR}} \end{bmatrix} \quad ; K_{dR} = \text{const} \tag{8.161a}$$

$$\boldsymbol{K}_{dv} = \begin{bmatrix} \dfrac{L_{1d}}{K_{dL}} & \dfrac{M_d}{K_{dL}} \\ \dfrac{M_d}{K_{dL}} & \dfrac{L_{2d}}{K_{dL}} \end{bmatrix} \quad ; K_{dL} = \text{const} \tag{8.161b}$$

【q 軸関係の定義】

$$\boldsymbol{T}_q = K_{qT} \begin{bmatrix} 1 & \sqrt{\dfrac{R_2}{R_1}} t_q \\ -\sqrt{\dfrac{R_1}{R_2}} t_q & 1 \end{bmatrix} \tag{8.162a}$$

$$t_q \equiv \frac{T_{1q} - T_{2q} + T_{wq}}{2T_{mq}} \tag{8.162b}$$

$$K_{qT} \equiv \frac{1}{\sqrt{1+t_q^2}} \tag{8.162c}$$

$$\left. \begin{aligned} T_{1q} &\equiv \frac{L_{1q}}{R_1}, \quad T_{2q} \equiv \frac{L_{2q}}{R_2}, \quad T_{mq} \equiv \frac{M_q}{\sqrt{R_1 R_2}} \\ T_{wq} &\equiv \sqrt{(T_{1q}-T_{2q})^2 + 4T_{mq}^2} \end{aligned} \right\} \tag{8.162d}$$

$$\boldsymbol{G}_{qfs}(s) \equiv \begin{bmatrix} G_{qf}(s) & 0 \\ 0 & G_{qs}(s) \end{bmatrix} \tag{8.163a}$$

$$\left. \begin{aligned} G_{qf}(s) &= K_{qfp} + \frac{K_{qfi}}{s} \\ G_{qs}(s) &= K_{qsp} + \frac{K_{qsi}}{s} \end{aligned} \right\} \tag{8.163b}$$

$$\boldsymbol{K}_{qv} = \begin{bmatrix} \dfrac{R_1}{K_{qR}} & 0 \\ 0 & \dfrac{R_2}{K_{qR}} \end{bmatrix} \quad ; K_{qR} = \text{const} \tag{8.164a}$$

$$\boldsymbol{K}_{qv} = \begin{bmatrix} \dfrac{L_{1q}}{K_{qL}} & \dfrac{M_q}{K_{qL}} \\ \dfrac{M_q}{K_{qL}} & \dfrac{L_{2q}}{K_{qL}} \end{bmatrix} \quad ; K_{qL} = \text{const} \tag{8.164b}$$

■

制御系構築原理を定理8.2（抵抗形モード回路定理）におく場合には，2×2 行列 $\boldsymbol{K}_{dv}$, $\boldsymbol{K}_{qv}$ は，おのおの (8.161a)，(8.164a) 式を採用することになる。また，この場合の (8.160b)，(8.163b) 式の電流制御器係数は，(8.60) 式に基づく次式に従い決定すればよい。

$$\left. \begin{aligned} G_{df}(s) &= K_{dfp} + \frac{K_{dfi}}{s} = K_{dR}\omega_{dfc}\left(T_{df} + \frac{1}{s}\right) \\ G_{ds}(s) &= K_{dsp} + \frac{K_{dsi}}{s} = K_{dR}\omega_{dsc}\left(T_{ds} + \frac{1}{s}\right) \end{aligned} \right\} \tag{8.165a}$$

$$
\left.\begin{aligned}
G_{qf}(s) &= K_{qfp} + \frac{K_{qfi}}{s} = K_{qR}\omega_{qfc}\left(T_{qf} + \frac{1}{s}\right) \\
G_{qs}(s) &= K_{qsp} + \frac{K_{qsi}}{s} = K_{qR}\omega_{qsc}\left(T_{qs} + \frac{1}{s}\right)
\end{aligned}\right\} \quad (8.165b)
$$

ここに,ω_{dfc}, ω_{dsc}, ω_{qfc}, ω_{qsc} は,d 軸,q 軸の高速,低速モード電流制御のための 4 電流制御系帯域幅を意味する.また,T_{df}, T_{ds}, T_{qf}, T_{qs} は,おのおの d 軸,q 軸の高速,低速モードの時定数であり,(8.27) 式に従い次のように定義されている.

$$
\left.\begin{aligned}
T_{df} &\equiv \frac{1}{2}(T_{1d} + T_{2d} - T_{wd}) \\
T_{ds} &\equiv \frac{1}{2}(T_{1d} + T_{2d} + T_{wd})
\end{aligned}\right\} \quad (8.166a)
$$

$$
\left.\begin{aligned}
T_{qf} &\equiv \frac{1}{2}(T_{1q} + T_{2q} - T_{wq}) \\
T_{qs} &\equiv \frac{1}{2}(T_{1q} + T_{2q} + T_{wq})
\end{aligned}\right\} \quad (8.166b)
$$

一方,制御系構築原理を定理 8.3(インダクタンス形モード回路定理)におく場合には,2×2 行列 $\boldsymbol{K}_{dv}$, $\boldsymbol{K}_{qv}$ は,おのおの (8.161b),(8.164b) 式を採用することになる.また,この場合の (8.160b),(8.163b) 式の電流制御器係数は,(8.61) 式に基づく次式に従い決定すればよい.

$$
\left.\begin{aligned}
G_{df}(s) &= K_{dfp} + \frac{K_{dfi}}{s} = K_{dL}\omega_{dfc}\left(1 + \frac{1}{T_{df}s}\right) \\
G_{ds}(s) &= K_{dsp} + \frac{K_{dsi}}{s} = K_{dL}\omega_{dsc}\left(1 + \frac{1}{T_{ds}s}\right)
\end{aligned}\right\} \quad (8.167a)
$$

$$
\left.\begin{aligned}
G_{qf}(s) &= K_{qfp} + \frac{K_{qfi}}{s} = K_{qL}\omega_{qfc}\left(1 + \frac{1}{T_{qf}s}\right) \\
G_{qs}(s) &= K_{qsp} + \frac{K_{qsi}}{s} = K_{qL}\omega_{qsc}\left(1 + \frac{1}{T_{qs}s}\right)
\end{aligned}\right\} \quad (8.167b)
$$

8.6.2 最終電圧指令値合成則

最終的な電圧指令値,すなわち第 1,第 2 系統の電圧指令値 $\boldsymbol{v}_1^*$, $\boldsymbol{v}_2^*$ は,(8.149a),(8.150a) 式に (8.152a) 式を考慮すると,次のように生成することになる.

【最終電圧指令値合成則】

$$\begin{bmatrix} v_1^* \\ v_2^* \end{bmatrix} = \begin{bmatrix} \tilde{v}_1^* \\ \tilde{v}_2^* \end{bmatrix} + \begin{bmatrix} \Delta v_1 \\ \Delta v_2 \end{bmatrix}$$
$$= I_o \begin{bmatrix} \tilde{v}_d^* \\ \tilde{v}_q^* \end{bmatrix} + \begin{bmatrix} \Delta v_1 \\ \Delta v_2 \end{bmatrix} \qquad (8.168)$$

■

(8.168) 式右辺第 2 項の Δv_1, Δv_2 の定義は, (8.149c), (8.150c) 式のとおりであるが, 実装に際しては, 次のように近似を採用することも可能である.

$$\Delta v_1 = \omega_n J \begin{bmatrix} L_{1d} i_{1d} + M_d i_{2d} + \Phi_1 \\ L_{1q} i_{1q} + M_q i_{2q} \end{bmatrix}$$
$$\approx \omega_n' J \begin{bmatrix} L_{1d} i_{1d}' + M_d i_{2d}' + \Phi_1' \\ L_{1q} i_{1q}' + M_q i_{2q}' \end{bmatrix} \qquad (8.169)$$

$$\Delta v_2 = \omega_n J \begin{bmatrix} L_{2d} i_{2d} + M_d i_{1d} + \Phi_2 \\ L_{2q} i_{2q} + M_q i_{1q} \end{bmatrix}$$
$$\approx \omega_n' J \begin{bmatrix} L_{2d} i_{2d}' + M_d i_{1d}' + \Phi_2' \\ L_{2q} i_{2q}' + M_q i_{1q}' \end{bmatrix} \qquad (8.170)$$

(8.169), (8.170) 式の第 2 式における頭符「ダッシュ記号」は, 関連信号の相当値 (真値, 推定値など) を意味する. 第 1, 第 2 系統の d 軸, q 軸の電流相当値, 特に簡単で有用な電流相当値として, 電流指令値をローパスフィルタ処理した次のものが提案されている [17]。

$$\begin{bmatrix} i_{1d}' \\ i_{1q}' \\ i_{2d}' \\ i_{2q}' \end{bmatrix} = \frac{\omega_{vc}}{s + \omega_{vc}} \begin{bmatrix} i_{1d}^* \\ i_{1q}^* \\ i_{2d}^* \\ i_{2q}^* \end{bmatrix} \qquad (8.171)$$

ここに, ω_{vc} はローパスフィルタ帯域幅であり, 電流制御系帯域幅を目安に設計される.

(8.168) 式の最終電圧指令値合成則における Δv_1, Δv_2 は, (8.149), (8.150) 式から理解されるように, 第 1, 第 2 系統間の系統間干渉, dq 軸間の軸間干渉を除去する非干渉化信号を意味し, ひいては, 非干渉化信号 Δv_1, Δv_2 の生成は, 非干渉器の構成を意味する. なお, 非干渉器は, 安定な電流制御の観点からは必須ではなく, 撤去も可能である.

8.6.3 電流制御器の構造

第 1, 第 2 系統の電流偏差から第 1, 第 2 系統の電圧指令値を生成する 4 入力 4 出

8.6 厳密なモード電流制御

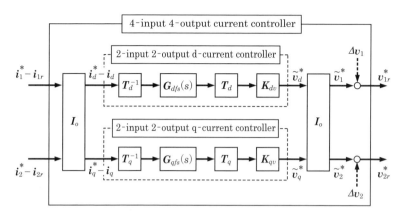

図 8.18 4 入力 4 出力電流制御器の構造

力電流制御器 (4-input 4-output current controller) の代表的構造を，(8.155)〜(8.170) 式に基づき，図 8.18 にブロック図として描画した．同図では，非干渉器の撤去の可能性を想定して，これに関連した信号を破線で示した．

図 8.18 の代表的な構造に対し，種々の変更を加えることもできる．次に数例を示す．

(a) (8.156) 式に用いた d 軸電流制御器 $G_d(s)$, (8.157) 式に用いた q 軸電流制御器 $G_q(s)$ は，各式が示すように個別的に実現することも，(8.58) 式のように一体的に生成することも可能である．

(b) 電流偏差 $[i_d^* - i_d]$, $[i_q^* - i_q]$ と 2×2 変換行列 T_d^{-1}, T_q^{-1} の個別的な行列処理を，次のように，電流偏差 $[i_1^* - i_1]$, $[i_2^* - i_2]$ と 4×4 行列との一体的処理の形に変形することも可能である．

$$\begin{bmatrix} T_d^{-1}[i_d^* - i_d] \\ T_q^{-1}[i_q^* - i_q] \end{bmatrix} = \begin{bmatrix} \begin{bmatrix} T_d^{-1} & 0 \\ 0 & T_q^{-1} \end{bmatrix} I_o \end{bmatrix} \begin{bmatrix} i_1^* - i_1 \\ i_2^* - i_2 \end{bmatrix} \tag{8.172}$$

同様な処理変更は，(8.168) 式の電圧指令値 $\tilde{v}_d^*$, $\tilde{v}_q^*$ の生成に対しても行うことができる．

(c) 非干渉化信号 Δv_1, Δv_2 は，第 1, 第 2 系統の電圧指令値 $\tilde{v}_1^*$, $\tilde{v}_2^*$ に加算する形式の (8.168) 式に代わって，次式のように d 軸，q 軸電圧指令値 $\tilde{v}_d^*$, $\tilde{v}_q^*$ に加算する形式に変更することも可能である．

$$\begin{bmatrix} v_1^* \\ v_2^* \end{bmatrix} = I_o \begin{bmatrix} \begin{bmatrix} \tilde{v}_d^* \\ \tilde{v}_q^* \end{bmatrix} + I_o \begin{bmatrix} \Delta v_1 \\ \Delta v_2 \end{bmatrix} \end{bmatrix} \tag{8.173}$$

さらには，非干渉化信号を電流制御器 $G_{dfs}(s)$, $G_{qfs}(s)$ の出力信号に加算する

形式に変更することも可能である。

8.6.4 ベクトル制御系の全体構造

提案の4入力4出力電流制御器を用いたベクトル制御系（電流制御系）の全体構造を図8.19に示した（第2.3節参照）。同図では，固定子電圧，固定子電流の表現に関し，これら信号が定義された座標系を明示すべく，脚符 r（dq同期座標系），s（αβ固定座標系），t（uvw座標系）を付している。また，同図では，回転子（N極）位相 θ_α は，第1系統のu相巻線の中心位置を基準として定めている。

図中の $\boldsymbol{S}^T$, $\boldsymbol{S}$ は3/2相変換器，2/3相変換器であり，$\boldsymbol{R}^T(\theta_\alpha)$, $\boldsymbol{R}(\theta_\alpha)$ はベクトル回転器である。第2系統の相変換器は，三相同期モータ，三相逆同期モータには (8.142a) 式を，六相同期モータには (8.142b) 式を利用する。図中の4入力4出力電流制御器の詳細は，図8.18のとおりである。

8.6.5 数値実験

提案法の原理，解析，設計の正当性を，さらには有用性を検証・確認すべく，数値実験（シミュレーション）を行った。以下に，実験結果を示す。

A. 数値実験のシステム

検証システムは，図8.19のものと同様である。若干の相違は，検証システムに

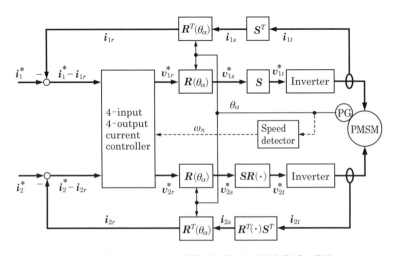

図 8.19　厳密なモード電流制御法に基づく電流制御系の構造

は，負荷装置を連結し，負荷装置により速度を制御できるようにした点にある．供試 PMSM は，第 8.5.5 項の数値実験のものと同一とした．すなわち，表 8.1，(8.143) 式の特性をもつものとした．本供試 PMSM においては，d 軸，q 軸の高速，低速モードの各時定数は，(8.166) 式より，おのおの次式となる．

$$\left.\begin{array}{l} T_{df} = 0.000259 \\ T_{ds} = 0.00985 \end{array}\right\} \tag{8.174a}$$

$$\left.\begin{array}{l} T_{qf} = 0.000657 \\ T_{qs} = 0.0249 \end{array}\right\} \tag{8.174b}$$

(8.174) 式より，高速，低速モードの時定数比は約 38 倍であることがわかる．本時定数比は，供試 PMSM は安定・高速な電流制御が困難なモータであることを示している．

(8.143) 式のもとでは，2×2 変換行列 $\boldsymbol{T}_d$, $\boldsymbol{T}_q$ に関しては系 8.1.1 が適用され，これらは次式となる．

$$\boldsymbol{T}_d = \boldsymbol{T}_q = \begin{bmatrix} 1/\sqrt{2} & 0.5 \\ -1 & 1/\sqrt{2} \end{bmatrix} \tag{8.175}$$

B. 抵抗形モード回路定理に基づく制御器
B-1. 実験条件

定理 8.2（抵抗形モード回路定理）に基づき電流制御器を構成した．具体的には，以下のように定めた．

等価固定子抵抗 K_R は，(8.37) 式を参考に，次のものを選定した．

$$K_{dR} = R_1, \qquad K_{qR} = R_1 \tag{8.176}$$

この場合の $\boldsymbol{K}_{dv}$, $\boldsymbol{K}_{qv}$ は，次の単純なものとなる．

$$\boldsymbol{K}_{dv} = \boldsymbol{K}_{qv} = \begin{bmatrix} 1 & 0 \\ 0 & 0.5 \end{bmatrix} \tag{8.177}$$

d 軸，q 軸電流制御器 $\boldsymbol{G}_{dfs}(s)$, $\boldsymbol{G}_{qfs}(s)$ の制御器係数は，4 電流制御系帯域幅 ω_{dfc}, ω_{dsc}, ω_{qfc}, ω_{qsc} がともに 2 000 〔rad/s〕となるように，(8.165) 式に基づき設計した．(8.176) 式の条件下では，これら制御器の具体値は，次式となる．

$$\left.\begin{array}{l} G_{df}(s) = 35.6 \left(0.000259 + \dfrac{1}{s} \right) \\ G_{ds}(s) = 35.6 \left(0.00985 + \dfrac{1}{s} \right) \end{array}\right\} \tag{8.178a}$$

$$G_{qf}(s) = 35.6\left(0.000657 + \frac{1}{s}\right) \\ G_{qs}(s) = 35.6\left(0.0249 + \frac{1}{s}\right) \Bigg\} \tag{8.178b}$$

B-2 実験 I

非干渉化信号 Δv_1, Δv_2 を用いた標準的な電流応答を確認した。Δv_1, Δv_2 は，おのおの (8.169) 式，(8.170) 式の第2式を利用した。このときの電流相当値は，$\omega_{vc} = 2\,000$ 〔rad/s〕を条件に (8.171) 式に従い合成した。なお，誘起電圧相当値 Φ'_1, Φ'_2 は，電流制御器に PI 制御器を利用していることを考慮し，ともにゼロとした。

数値実験は，第 8.5.5 項と同様，基本的な最高速度である定格速度 $\omega_m = 400$ 〔rad/s〕（電気速度 $\omega_n = 1\,600$ 〔rad/s〕）で行った。実験は，次の要領で実施した。

まず，負荷装置により供試 PMSM を定格速度 $\omega_m = 400$ 〔rad/s〕に維持し，第1，第2系統の電流指令値をゼロに設定した。定常を確認の上，ある瞬時に，第1系統のみに次の電流指令値を与えた。

$$i^*_{1d} = -100, \qquad i^*_{1q} = 200$$

実験結果を図 8.20 (a) に示す。波形は，上から，第1系統の q 軸電流，d 軸電流，第2系統の q 軸電流，d 軸電流である。

つづいて，第1，第2系統の電流指令値はすべてゼロに維持した状態で，ある瞬時にかつ同時に，両系統に次の電流指令値を与えた。

$$i^*_{1d} = -100, \qquad i^*_{1q} = 200 \\ i^*_{2d} = -150, \qquad i^*_{2q} = 300$$

実験結果を図 8.20 (b) に示す。波形の意味は，同図 (a) と同一である。

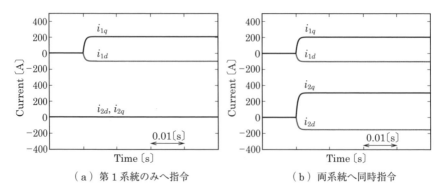

（a）第1系統のみへ指令　　　　（b）両系統へ同時指令

図 8.20　速度 400〔rad/s〕での非干渉器を用いた電流ステップ応答

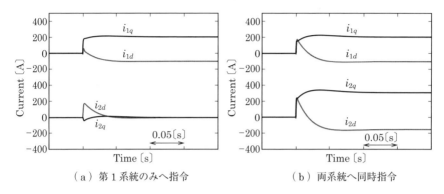

図 8.21 速度 400 [rad/s] での非干渉器を用いない電流ステップ応答

図 8.20 の両電流応答は，系統間干渉の影響も軸間干渉の影響もなく，さらにはオーバーシュートを抑えた上で，設計帯域幅 2 000 [rad/s] に対応した速応性を示している。本速応性は，第 8.5 節の図 8.17 に比較し，約 5〜10 倍である（第 1，第 2 系統の d 軸，q 軸電流により速応性改善比率が異なる）。

B-3 実験 II

非干渉化信号 Δv_1, Δv_2 の影響を確認すべく，これを用いない場合の電流応答を調べた（図 8.18 参照）。非干渉化信号 Δv_1, Δv_2 の有無を除けば，実験の条件・実施は実験 I と同一である。実験結果を図 8.21 に示す。同図の (a)，(b) は，図 8.20 の (a)，(b) に対応している。ただし，図 8.21 の時間軸は，図 8.20 の 5 倍にあたる 0.05 [s/div] に変更している。

過渡時に，系統間，dq 軸間の干渉発生により，特に d 軸側に逆応答が発生しているが，電流制御が安定に遂行されている様子が確認される。すなわち，所期の安定応答が確認される。

C. インダクタンス形モード回路定理に基づく制御器
C-1. 実験条件

定理 8.3（インダクタンス形モード回路定理）に基づき電流制御器を構成した。具体的には，次のように定めた。等価固定子インダクタンス K_{dL}, K_{qL} は，(8.45) 式を参考に，次のものを選定した。

$$K_{dL} = L_{1d}, \qquad K_{qL} = L_{1q} \tag{8.179}$$

この場合の $\boldsymbol{K}_{dv}$, $\boldsymbol{K}_{qv}$ は，次の単純なものとなる。

$$\boldsymbol{K}_{dv} = \boldsymbol{K}_{qv} = \begin{bmatrix} 1 & 0.671 \\ 0.671 & 0.5 \end{bmatrix} \tag{8.180}$$

d 軸, q 軸電流制御器 $G_{dfs}(s)$, $G_{qfs}(s)$ の制御器係数は, 4 電流制御系帯域幅 ω_{dfc}, ω_{dsc}, ω_{qfc}, ω_{qsc} がともに 2 000 [rad/s] となるように, (8.167) 式に基づき設計した. (8.179) 式の条件下では, これら制御器の具体値は, 次式となる.

$$\left. \begin{aligned} G_{df}(s) &= 0.18\left(1+\frac{3850}{s}\right) \\ G_{ds}(s) &= 0.18\left(1+\frac{101}{s}\right) \end{aligned} \right\} \tag{8.181a}$$

$$\left. \begin{aligned} G_{qf}(s) &= 0.456\left(1+\frac{1520}{s}\right) \\ G_{qs}(s) &= 0.456\left(1+\frac{40.1}{s}\right) \end{aligned} \right\} \tag{8.181b}$$

C-2. 実験 I

B-2 項の数値実験と同様に, 非干渉化信号 Δv_1, Δv_2 を用いた標準的な電流応答を確認した. 実験結果を図 8.22 に示す. 波形の意味は, 図 8.20, 8.21 と同一である. 図 8.22 の時間軸は 0.01 [s/div] である. 図 8.22 の電流応答は, 図 8.20 の抵抗形モード回路定理に基づく電流応答と同様な良好な応答を示している. すなわち, 本応答の速応性は, 第 8.5 節の図 8.17 に比較し, 約 5～10 倍である (第 1, 第 2 系統の d 軸, q 軸電流により速応性改善比率が異なる).

C-3. 実験 II

B-3 項の数値実験と同様に, 非干渉化信号 Δv_1, Δv_2 を用いない場合の電流応答を調べた (図 8.18 参照). 実験結果を図 8.23 に示す. 波形の意味は, 図 8.20～8.22 と同

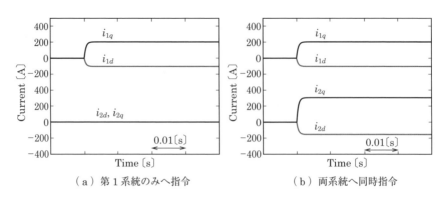

(a) 第 1 系統のみへ指令　　　　(b) 両系統へ同時指令

図 8.22　速度 400 [rad/s] での非干渉器を用いた電流ステップ応答

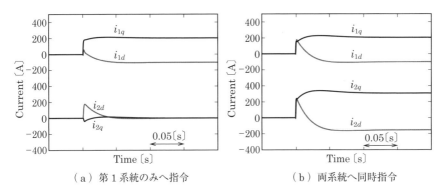

図 8.23　速度 400 [rad/s] での非干渉器を用いない電流ステップ応答

一である。ただし，時間軸は 0.05 [s/div] に変更している。図 8.23 は，抵抗形モード回路定理に基づく図 8.21 と同様，所期の安定な電流応答を示している。

8.7　効率駆動

独立二重巻線 PMSM においては，(8.115) 式のトルク発生式（第 2 基本式）より明白なように，トルクは，第 1 系統の d 軸，q 軸電流と第 2 系統の d 軸，q 軸電流とによる 4 電流の組み合わせで発生される。換言するならば，同一トルクの発生をもたらす軸電流としては，実に多様な組み合わせが存在する。多様な組み合わせの中で，工学的に有用な固定子電流 i_1, i_2 は，「指定のトルクを発生しつつ，銅損を最小化する最小銅損電流」である。

図 8.24 を考える。同図は，図 8.19 に指令変換器（command converter）を追加付与したものである。指令変換器の役割は，トルク指令値から最小銅損電流をもたらす電流指令値を生成することにある。本節では，独立二重巻線 PMSM のための指令変換器の構成法を検討する。すなわち，「電流制御系は所期の動作をしており，電流応答値は電流指令値と実質同一」との前提のもとに，発生すべきトルクに対応した最小銅損電流の実時間求解法について検討する。

8.7.1　最小銅損のための連立非線形方程式

独立二重巻線 PMSM の最小銅損電流に関しては，次の定理が成立する。

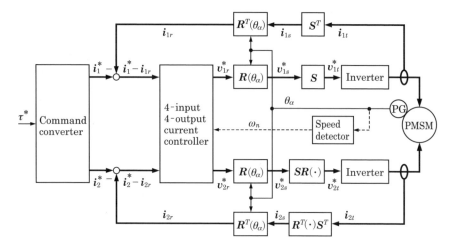

図 8.24 指令変換器を備えたベクトル制御系

【定理 8.5（最小銅損電流定理）】

独立二重巻線 PMSM において，一定の指定トルク $N_p c_\tau$ を発生しつつ，最小銅損をもたらす最小銅損電流 i_1, i_2 は，次の5変数 i_1, i_2, λ に関する5連立の非線形方程式の解として与えられる．

$$f(i_{1d}, i_{1q}, i_{2d}, i_{2q}, \lambda) = \begin{bmatrix} R_1 i_{1d} + \lambda(L_{1m} i_{1q} + M_m i_{2q}) \\ R_1 i_{1q} + \lambda\left(L_{1m} i_{1d} + M_m i_{2d} + \dfrac{\Phi_1}{2}\right) \\ R_2 i_{2d} + \lambda(M_m i_{1q} + L_{2m} i_{2q}) \\ R_2 i_{2q} + \lambda\left(M_m i_{1d} + L_{2m} i_{2d} + \dfrac{\Phi_2}{2}\right) \\ \left(L_{1m} i_{1d} + M_m i_{2d} + \dfrac{\Phi_1}{2}\right) i_{1q} \\ + \left(M_m i_{1d} + L_{2m} i_{2d} + \dfrac{\Phi_2}{2}\right) i_{2q} - \dfrac{c_\tau}{2} \end{bmatrix} = \begin{bmatrix} 0 \\ 0 \\ 0 \\ 0 \\ 0 \end{bmatrix} \quad (8.182)$$

または，

$$i_1 = \frac{-1}{2(a_i^2 - a_m^2)} \begin{bmatrix} a_i & -a_m \\ -a_m & a_i \end{bmatrix} \begin{bmatrix} (L_{2m}\Phi_1 - M_m\Phi_2)\lambda^2 \\ R_2 \Phi_1 \lambda \end{bmatrix} \quad (8.183\text{a})$$

$$i_2 = \frac{-1}{2(a_i^2 - a_m^2)} \begin{bmatrix} a_i & -a_m \\ -a_m & a_i \end{bmatrix} \begin{bmatrix} (L_{1m}\Phi_2 - M_m\Phi_1)\lambda^2 \\ R_1 \Phi_2 \lambda \end{bmatrix} \quad (8.183\text{b})$$

$$(2L_{1m}i_{1d} + 2M_m i_{2d} + \Phi_1)i_{1q} + (2M_m i_{1d} + 2L_{2m}i_{2d} + \Phi_2)i_{2q} - c_\tau = 0 \tag{8.183c}$$

ただし,

$$a_i \equiv R_1 R_2 + (L_{1m}L_{2m} - M_m^2)\lambda^2 \tag{8.184a}$$

$$a_m \equiv (R_1 L_{2m} + R_2 L_{1m})\lambda \tag{8.184b}$$

〈証明〉

(a) (8.182)式の証明

1極対数分による発生トルクを τ_N とするとき,トルク発生式・(8.115)式より,次の関係を得る。

$$\begin{aligned}\tau_N &\equiv \frac{\tau}{N_p} \\ &= (2L_{1m}i_{1d} + 2M_m i_{2d} + \Phi_1)i_{1q} + (2M_m i_{1d} + 2L_{2m}i_{2d} + \Phi_2)i_{2q}\end{aligned} \tag{8.185}$$

指定のトルク c_τ を発生しつつ,これに用いられる固定子電流に起因する銅損の最小化問題は,(8.185)式の発生トルク τ_N を指定トルク c_τ に拘束した上で,エネルギー伝達式・(8.116)式の右辺第1項に示された銅損 $(R_1||\boldsymbol{i}_1||^2 + R_2||\boldsymbol{i}_2||^2)$ の最小化を図る固定子電流を特定する拘束条件付き最適化問題と捉えることができる[20),24)]。このための効果的な解法の1つは,新中が1990年代に文献24)を通じ提示した,ラグランジュ未定乗数法 (Lagrange's method of undetermined multipliers) の利用である[20),24)]。

本認識のもとに,ラグランジュ乗数 (Lagrange multiplier) λ を含む5変数 $\boldsymbol{i}_1, \boldsymbol{i}_2, \lambda$ からなるラグランジアン (Lagrangian) $L(\boldsymbol{i}_1, \boldsymbol{i}_2, \lambda)$ を次のように構成する。

$$L(\boldsymbol{i}_1,\boldsymbol{i}_2,\lambda) = (R_1||\boldsymbol{i}_1||^2 + R_2||\boldsymbol{i}_2||^2) + \lambda(\tau_N - c_\tau) \quad ;c_\tau = \text{const} \tag{8.186}$$

(8.185)式を(8.186)式右辺の τ_N へ適用し,ラグランジアンを5変数 $\boldsymbol{i}_1, \boldsymbol{i}_2, \lambda$ のみで表現する。この上で,当該ラグランジアンを5変数で偏微分し,ゼロとおく。すなわち,

$$\frac{\partial}{\partial \boldsymbol{i}_1}L(\boldsymbol{i}_1,\boldsymbol{i}_2,\lambda) = \boldsymbol{0} \tag{8.187a}$$

$$\frac{\partial}{\partial \boldsymbol{i}_2}L(\boldsymbol{i}_1,\boldsymbol{i}_2,\lambda) = \boldsymbol{0} \tag{8.187b}$$

$$\frac{\partial}{\partial \lambda}L(\boldsymbol{i}_1,\boldsymbol{i}_2,\lambda) = 0 \tag{8.187c}$$

(8.187)式の両辺を2で除すると,定理8.5の(8.182)式を得る。

(b) (8.183)式の証明

(8.187a),(8.187b)式 (すなわち,(8.182)式の第1~第4式) は,次のように行列・ベクトル表記される。

$$\begin{bmatrix} \boldsymbol{A}_1 & \boldsymbol{A}_m \\ \boldsymbol{A}_m & \boldsymbol{A}_2 \end{bmatrix} \begin{bmatrix} \boldsymbol{i}_1 \\ \boldsymbol{i}_2 \end{bmatrix} = \frac{-\lambda}{2} \begin{bmatrix} 0 \\ \boldsymbol{\Phi}_1 \\ 0 \\ \boldsymbol{\Phi}_2 \end{bmatrix} \tag{8.188}$$

ただし，2×2 行列 $\boldsymbol{A}_1$, $\boldsymbol{A}_2$, $\boldsymbol{A}_m$ は，次のように定義されている．

$$\boldsymbol{A}_1 \equiv \begin{bmatrix} R_1 & L_{1m}\lambda \\ L_{1m}\lambda & R_1 \end{bmatrix} = R_1 \boldsymbol{I} + L_{1m}\lambda \boldsymbol{Q}\left(\frac{\pi}{4}\right) \tag{8.189a}$$

$$\boldsymbol{A}_2 \equiv \begin{bmatrix} R_2 & L_{2m}\lambda \\ L_{2m}\lambda & R_2 \end{bmatrix} = R_2 \boldsymbol{I} + L_{2m}\lambda \boldsymbol{Q}\left(\frac{\pi}{4}\right) \tag{8.189b}$$

$$\boldsymbol{A}_m \equiv \begin{bmatrix} 0 & M_m\lambda \\ M_m\lambda & 0 \end{bmatrix} = M_m\lambda \boldsymbol{Q}\left(\frac{\pi}{4}\right) \tag{8.189c}$$

(8.189) 式右辺に示した 2×2 行列 $\boldsymbol{A}_1$, $\boldsymbol{A}_2$, $\boldsymbol{A}_m$ の形式に留意すると，「(8.188) 式左辺の 4×4 行列は定理 8.4（インダクタンス定理）が対象とする行列である（(8.119) 〜(8.121)，(8.123) 式参照）」ことが確認される．(8.188) 式に定理 8.4 を適用すると，同式は，固定子電流の形に整理した次式に変換される．

$$\begin{bmatrix} \boldsymbol{i}_1 \\ \boldsymbol{i}_2 \end{bmatrix} = \frac{-\lambda}{2} \begin{bmatrix} \boldsymbol{A}_1 & \boldsymbol{A}_m \\ \boldsymbol{A}_m & \boldsymbol{A}_2 \end{bmatrix}^{-1} \begin{bmatrix} 0 \\ \boldsymbol{\Phi}_1 \\ 0 \\ \boldsymbol{\Phi}_2 \end{bmatrix} \tag{8.190}$$

ただし，

$$\begin{aligned} \begin{bmatrix} \boldsymbol{A}_1 & \boldsymbol{A}_m \\ \boldsymbol{A}_m & \boldsymbol{A}_2 \end{bmatrix}^{-1} &= \begin{bmatrix} \boldsymbol{A}_2 & -\boldsymbol{A}_m \\ -\boldsymbol{A}_m & \boldsymbol{A}_1 \end{bmatrix} \begin{bmatrix} \boldsymbol{\Delta}^{-1} & \boldsymbol{0} \\ \boldsymbol{0} & \boldsymbol{\Delta}^{-1} \end{bmatrix} \\ &= \begin{bmatrix} \boldsymbol{\Delta}^{-1} & \boldsymbol{0} \\ \boldsymbol{0} & \boldsymbol{\Delta}^{-1} \end{bmatrix} \begin{bmatrix} \boldsymbol{A}_2 & -\boldsymbol{A}_m \\ -\boldsymbol{A}_m & \boldsymbol{A}_1 \end{bmatrix} \end{aligned} \tag{8.191a}$$

$$\begin{aligned} \boldsymbol{\Delta} &\equiv \boldsymbol{A}_1 \boldsymbol{A}_2 - \boldsymbol{A}_m^2 = \boldsymbol{A}_2 \boldsymbol{A}_1 - \boldsymbol{A}_m^2 \\ &= \begin{bmatrix} a_i & a_m \\ a_m & a_i \end{bmatrix} \end{aligned} \tag{8.191b}$$

$$\boldsymbol{\Delta}^{-1} = \frac{1}{a_i^2 - a_m^2} \begin{bmatrix} a_i & -a_m \\ -a_m & a_i \end{bmatrix} \tag{8.191c}$$

(8.191b)，(8.191c) 式におけるスカラ a_i, a_m の定義は，(8.184) 式のとおりである．

(8.190)，(8.191) 式を電流 $\boldsymbol{i}_1$, $\boldsymbol{i}_2$ に関して個別整理すると定理 8.5 の (8.183a)，(8.183b) 式を得る．なお，(8.183c) 式は，(8.187c) 式すなわち (8.182) 式第 5 式その

ものである。　　　　　　　　　　　　　　　　　　　　　　　　　　■

　独立二重巻線 PMSM の電流制御において必要とされるのは，(8.182) 式の解としての固定子電流 i_1, i_2 のみであり，(8.182) 式の解としてのラグランジュ乗数 λ は必要とされない。(8.182) 式の求解に際してこの点を考慮の上，(8.182) 式の第 1～第 4 式からラグランジュ乗数 λ をあらかじめ消去するならば，ただちに次の系を得る。

【系 8.5.1（最小銅損電流系）】

　独立二重巻線 PMSM において，一定の指定トルク $N_p c_\tau$ を発生しつつ，最小銅損をもたらす最小銅損電流 i_1, i_2 は，次の 4 変数 i_1, i_2 に関する 4 連立の非線形方程式の解として与えられる。

$$\left. \begin{array}{l} \dfrac{L_{1m}i_{1q} + M_m i_{2q}}{i_{1d}} = \dfrac{L_{1m}i_{1d} + M_m i_{2d} + \dfrac{\Phi_1}{2}}{i_{1q}} \\[2mm] \dfrac{M_m i_{1q} + L_{2m}i_{2q}}{i_{2d}} = \dfrac{M_m i_{1d} + L_{2m}i_{2d} + \dfrac{\Phi_2}{2}}{i_{2q}} \\[2mm] \dfrac{L_{1m}i_{1q} + M_m i_{2q}}{R_1 i_{1d}} = \dfrac{M_m i_{1q} + L_{2m}i_{2q}}{R_2 i_{2d}} \end{array} \right\} \tag{8.192a}$$

$$\left(L_{1m}i_{1d} + M_m i_{2d} + \frac{\Phi_1}{2} \right) i_{1q} + \left(M_m i_{1d} + L_{2m}i_{2d} + \frac{\Phi_2}{2} \right) i_{2q} = \frac{c_\tau}{2} \tag{8.192b}$$

■

　(8.192a) 式は，i_{1d}, i_{1q}, i_{2d}, i_{2q} を各軸とする 4 次元空間における最小銅損軌跡を記述し，(8.192b) 式は同 4 次元空間における一定トルク軌跡を記述している。4 次元空間における両軌跡の交点が電流解を与える。この点は，1 系統のみからなる PMSM の効率駆動における最小銅損軌跡（MTPA 軌跡）と一定トルク軌跡の関係と同様である[20]。たとえば，(8.192) 式において，鏡相相互インダクタンス M_m をゼロとする場合には，(8.192a) 式の第 1，第 2 式は，磁気的結合（相互誘導）を有しない第 1，第 2 系統おのおのの最小銅損軌跡（MTPA 軌跡）に帰着される。

　指定トルク $N_p c_\tau$ の発生を最小銅損でもたらす固定子電流の特定には，一般には，定理 8.5 提示の 5 連立の非線形方程式（または，これと等価な系 8.5.1 提示の 4 連立の非線形方程式）の求解が必要である。非線形性は，突極性の向上とともに，換言するならば鏡相インダクタンスの向上とともに，強くなる。効率駆動には，突極性と一体不可分の関係にあるリラクタンストルクの活用が重要であり，上記の連立非線形方

程式の求解は，強い非線形を想定しなければならない．

　残念ながら，一般には，強い非線形を有する連立非線形方程式の解析的な求解は，容易ではない．実際的求解は，数値解法による求解である．5連立の非線形方程式の効果的な数値解法として，特色的かつ新規な3方法を以下に提案する．

8.7.2　5連立の非線形方程式の再帰形解法Ⅰ
A.　トルク誤差フィードバック法

　PMSMの最小損失問題においては，連立非線形方程式を構成する指定トルク c_τ と解としてのラグランジュ乗数 λ との間には，次のような関数関係が存在し，

$$\left.\begin{array}{l} \lambda = f(c_\tau) \\ \dfrac{d}{dc_\tau}\lambda = \dfrac{d}{dc_\tau}f(c_\tau) < 0 \end{array}\right\} \tag{8.193}$$

さらには，当該関数は，限定された c_τ に対し，次のように1次近似されることが知られている（後掲の (8.199c) 式参照）[20]．

$$\lambda = f(c_\tau) \approx \frac{-g_{n1}c_\tau}{1+g_{d1}|c_\tau|} \quad ; g_{n1} > 0,\quad g_{d1} > 0 \tag{8.194}$$

　(8.182)，(8.183) 式の5連立の非線形方程式の求解に関し，(8.193)，(8.194) 式の関係を利用するならば，次の再帰形解法Ⅰ（トルク誤差フィードバック法）を新たに得ることができる．

【トルク誤差フィードバック法】
(a)　発生トルクの算定

$$\begin{aligned} \tau_{N,k} =\ & (2L_{1m}i_{1d,k-1} + 2M_m i_{2d,k-1} + \Phi_1)i_{1q,k-1} \\ & + (2M_m i_{1d,k-1} + 2L_{2m}i_{2d,k-1} + \Phi_2)i_{2q,k-1} \end{aligned} \tag{8.195a}$$

(b)　ラグランジュ乗数の求解

$$\Delta\lambda_k = g(c_\tau)(\tau_{N,k} - c_\tau)\bigl|\tau_{N,k} - c_\tau\bigr|^{n-1} \quad ; n \geq 1 \tag{8.195b}$$

$$\lambda_k = \lambda_{k-1} + \Delta\lambda_k \tag{8.195c}$$

(c)　固定子電流の求解

$$\left.\begin{array}{l} a_{i,k} = R_1 R_2 + (L_{1m}L_{2m} - M_m^2)\lambda_k^2 \\ a_{m,k} = (R_1 L_{2m} + R_2 L_{1m})\lambda_k \end{array}\right\} \tag{8.195d}$$

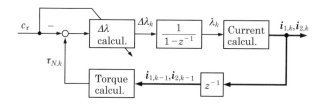

図 8.25　トルク誤差フィードバック法による求解工程

$$\boldsymbol{i}_{1,k} = \begin{bmatrix} i_{1d,k} \\ i_{1q,k} \end{bmatrix}$$
$$= \frac{-1}{2(a_{i,k}^2 - a_{m,k}^2)} \begin{bmatrix} a_{i,k} & -a_{m,k} \\ -a_{m,k} & a_{i,k} \end{bmatrix} \begin{bmatrix} (L_{2m}\Phi_1 - M_m\Phi_2)\lambda_k^2 \\ R_2\Phi_1\lambda_k \end{bmatrix} \tag{8.195e}$$

$$\boldsymbol{i}_{2,k} = \begin{bmatrix} i_{2d,k} \\ i_{2q,k} \end{bmatrix}$$
$$= \frac{-1}{2(a_{i,k}^2 - a_{m,k}^2)} \begin{bmatrix} a_{i,k} & -a_{m,k} \\ -a_{m,k} & a_{i,k} \end{bmatrix} \begin{bmatrix} (L_{1m}\Phi_2 - M_m\Phi_1)\lambda_k^2 \\ R_1\Phi_2\lambda_k \end{bmatrix} \tag{8.195f}$$

■

(8.195) 式における脚符 k は,再帰求解における繰り返し回数を意味し,(8.195b) 式の n は正整数を意味する。(8.195a) 式は (8.183c) 式に,(8.195b),(8.195c) 式は (8.193),(8.194) 式に,(8.195d)〜(8.195f) 式は (8.183a),(8.183b),(8.184a),(8.184b) 式によっている。図 8.25 に,本書提案のトルク誤差フィードバック法をブロック図で示した。

5 変数 $\boldsymbol{i}_1$, $\boldsymbol{i}_2$, λ の解を安定的に得るには,(8.195b) 式におけるゲイン $g(c_\tau)$ の選定が特に重要である。ゲイン $g(c_\tau)$ の 1 例としては,次のものが考えられる。

$$g(c_\tau) = \frac{g_0}{1 + g_1|c_\tau| + \cdots + g_n|c_\tau|^n} \quad ; \quad \begin{array}{l} g_0 > 0 \\ g_i \geq 0, i = 1, 2, \cdots n \end{array} \tag{8.196}$$

(8.196) 式の 1 場合として,ゲイン $g(c_\tau)$ を特に次式とする場合には,

$$g(c_\tau) = \frac{g_0}{1 + |c_\tau|^n} \quad ; g_0 > 0 \tag{8.197}$$

(8.195b) 式の補正項 $\Delta\lambda_k$ は,次の近似実現を意味する。

$$\Delta\lambda_k = \mathrm{sgn}(\tau_{N,k} - c_\tau) g_0 \frac{\left|\tau_{N,k} - c_\tau\right|^n}{1 + \left|c_\tau\right|^n} \qquad (8.198)$$

$$\approx \mathrm{sgn}(\tau_{N,k} - c_\tau) g_0 \left|\frac{\tau_{N,k}}{c_\tau} - 1\right|^n$$

再帰求解には,5変数の初期値が必要であるが,簡単には,これらは次のものでよい[20]。

$$\boldsymbol{i}_{1,0} = \begin{bmatrix} i_{1d,0} \\ i_{1q,0} \end{bmatrix} = \begin{bmatrix} 0 \\ 0 \end{bmatrix} \qquad (8.199\mathrm{a})$$

$$\boldsymbol{i}_{2,0} = \begin{bmatrix} i_{2d,0} \\ i_{2q,0} \end{bmatrix} = \begin{bmatrix} 0 \\ 0 \end{bmatrix} \qquad (8.199\mathrm{b})$$

$$\lambda_0 = \frac{-2R_1 R_2 c_\tau}{R_2(2|L_{1m}c_\tau| + \Phi_1^2) + R_1(2|L_{2m}c_\tau| + \Phi_2^2)} \qquad (8.199\mathrm{c})$$

再帰求解における収斂の高速化には,次の2手段がある。

(i) トルク指定値 c_τ の最大値を参考に,ゲイン $g(c_\tau)$ を大きく選定する。

(ii) ラグランジュ乗数の初期値 λ_0 を適切に選定する。

ゲイン $g(c_\tau)$ が大きすぎる場合には,再帰求解された5変数 $\boldsymbol{i}_1, \boldsymbol{i}_2, \lambda$ が不要な振動を起こし,最悪の場合は真値に収斂しない。このため,選択可能なゲイン $g(c_\tau)$ の最大値は自ずと制限されることになる。実際的には,予測される最大トルク(たとえば,定格値)を基準にゲイン $g(c_\tau)$ の係数を決定することになる。

安定的に急速収斂を得るには,ラグランジュ乗数初期値 λ_0 の選定が効果的である。文献20)を参考に選定した(8.199c)式は,有効な初期値 λ_0 を与える。また,「1制御周期前の再帰求解の最終値を,現制御周期の再帰求解の初期値に利用する」ようにすれば,収斂速度を上げることができる[20]。

B. 求解例

最小銅損をもたらす5変数 $\boldsymbol{i}_1, \boldsymbol{i}_2, \lambda$ の再帰形解法Ⅰ(トルク誤差フィードバック法)の妥当性を,数値実験で検証する。平易な検証を図るべく,理論的な最適解があらかじめわかっている5連立の非線形方程式を用意する。

図8.26を考える。第1巻線では2個のコイル素子を直列に,第2巻線では2個のコイル素子を並列に接続し,巻線を構成するものとする。この際,12個のコイル素子の特性は同一と仮定する。本仮定のもとでは,次の関係が成立する。

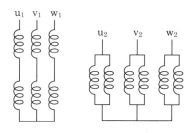

図 8.26 三相巻線の接続例

$$R_2 = \frac{R_1}{4}, \quad L_{2m} = \frac{L_{1m}}{4}, \quad \Phi_2 = \frac{\Phi_1}{4} \tag{8.200}$$

各コイル素子の特性が同一との仮定のもとでは，各素子に同一電流が流れた場合に，最小銅損が達成される．すなわち，(8.200) 式の条件下では，最小銅損をもたらす固定子電流は次式を満足する．

$$i_2 = 2i_1 \tag{8.201}$$

(8.200) 式を条件に，次のパラメータを用いて [20]，

$$\left.\begin{array}{l} R_1 = 2.259, \quad L_{1m} = -0.02352, \quad \Phi_1 = 0.24 \\ M_m = -0.5\sqrt{L_{1m}L_{2m}} \end{array}\right\} \tag{8.202}$$

さらには，トルク指定値を $c_\tau = 1.5$ とし，5変数の初期値をすべてゼロに設定した上で，数値実験を行った．なお，(8.202) 式のパラメータ設定では，5連立の非線形方程式の非線形性を高めるべく，意図的に，鏡相インダクタンス L_{1m}, M_m を大きく選定している（本項末尾の注 8.6 参照）[20]．

本解法固有の設計パラメータであるゲイン $g(c_\tau)$ に関しては，(8.197) 式に $n = 2$，$g_0 = 47$ を設定し利用した．

結果を図 8.27 に示す．同図 (a) はラグランジュ乗数 λ の収束の様子を，同図 (b) は固定子電流 i_1, i_2 の収束の様子を示している．実質1回の演算で，(8.201) 式を満足する固定子電流が得られている，すなわち所期の電流解が得られている．収束後の固定子電流が指定トルクをもたらし，さらには最小銅損を達成している点は，確認している．

なお，数値実験によれば，提案の再帰形解法 I（トルク誤差フィードバック法）においては，収束速度は，突極性の強弱，鏡相インダクタンスの大小の影響を受けにくい．たとえば，鏡相インダクタンスを図 8.27 の 1/4 程度に選定しても，収束速度はほとんど影響を受けない．再帰形解法 I（トルク誤差フィードバック法）においては，突極性の強弱にかかわらず，ゲイン $g(c_\tau)$ の選定が，(8.197) 式の形式においては g_0 の

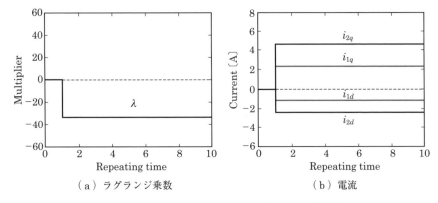

(a) ラグランジュ乗数　　　　　　(b) 電流

図 8.27　トルク誤差フィードバック法による収斂特性

選定が，重要である．

(注 8.6)　(8.202)式に用いた M_m は，厳密には，(8.86)，(8.132)式の定義に従い次のように定められる．

$$\begin{aligned}
M_m &= \frac{1}{2}(M_d - M_q) \\
&= \frac{1}{2}\left(\kappa_d\sqrt{L_{1d}L_{2d}} - \kappa_q\sqrt{L_{1q}L_{2q}}\right) \\
&= \frac{1}{2}\left(\sqrt{(1-\sigma_d)L_{1d}L_{2d}} - \sqrt{(1-\sigma_q)L_{1q}L_{2q}}\right)
\end{aligned} \tag{8.203}$$

8.7.3　5 連立の非線形方程式の再帰形解法 II

A.　変形 5 変数ブーツストラップ法

(8.193)，(8.194)式で示されたラグランジュ乗数 λ とトルク指定値 c_τ との関係に注意しながら，定理 8.5（最小銅損電流定理）に示した 5 連立の非線形方程式の書き改めを図る．(8.182)式の第 2 式，第 3 式より，次式を得る．

$$\left.\begin{aligned}
i_{1q} &= \frac{-\lambda}{R_1}\left(L_{1m}i_{1d} + M_m i_{2d} + \frac{\Phi_1}{2}\right) \\
i_{2q} &= \frac{-\lambda}{R_2}\left(M_m i_{1d} + L_{2m}i_{2d} + \frac{\Phi_2}{2}\right)
\end{aligned}\right\} \tag{8.204}$$

(8.182)式の第 5 式に (8.204)式を用いると，第 5 式は，次のように書き改められる．

$$\frac{\lambda}{R_1}\left(L_{1m}i_{1d} + M_m i_{2d} + \frac{\Phi_1}{2}\right)^2 + \frac{\lambda}{R_2}\left(M_m i_{1d} + L_{2m}i_{2d} + \frac{\Phi_2}{2}\right)^2 + \frac{c_\tau}{2} = 0 \tag{8.205}$$

(8.205)式より，ラグランジュ乗数 λ とトルク指定値 c_τ とに関し，(8.194)，(8.199c)式に類した次式を得る。

$$\lambda = \frac{-R_1 R_2 c_\tau}{f_{cd}} \tag{8.206a}$$

$$f_{cd} \equiv 2R_2\left(L_{1m}i_{1d} + M_m i_{2d} + \frac{\Phi_1}{2}\right)^2 + 2R_1\left(M_m i_{1d} + L_{2m}i_{2d} + \frac{\Phi_2}{2}\right)^2 \tag{8.206b}$$

(8.182)式の第1～第4式と，(8.182)式の第5式に代わって(8.206)式とを順次かつ繰り返し遂行することを考える。繰り返し遂行に際し，文献20)提案の2変数用「非線形連立方程式の再帰形解法Ⅲ-A」が用いたゲイン γ を導入すると，ラグランジュ乗数と固定子電流を交互に求解する次のブーツストラップ形式の再帰形解法Ⅱ（変形5変数ブーツストラップ法）を新規に得る。

【変形5変数ブーツストラップ法】
(a) ラグランジュ乗数の求解

$$f_{1cd,k} = \left(L_{1m}i_{1d,k-1} + M_m i_{2d,k-1} + \frac{\Phi_1}{2}\right)^2 \tag{8.207a}$$

$$f_{2cd,k} = \left(M_m i_{1d,k-1} + L_{2m}i_{2d,k-1} + \frac{\Phi_2}{2}\right)^2 \tag{8.207b}$$

$$f_{cd,k} = 2R_2 f_{1cd,k} + 2R_1 f_{2cd,k} \tag{8.207c}$$

$$\tilde{\lambda}_k = \frac{-R_1 R_2 c_\tau}{f_{cd,k}} \tag{8.207d}$$

$$\lambda_k = \lambda_{k-1} - \gamma(\lambda_{k-1} - \tilde{\lambda}_k) \tag{8.207e}$$

(b) 固定子電流の求解

$$i_{1q,k} = i_{1q,k-1} - \gamma\left(i_{1q,k-1} + \frac{\lambda_k}{R_1}f_{1cd,k}\right) \tag{8.207f}$$

$$i_{2q,k} = i_{2q,k-1} - \gamma\left(i_{2q,k-1} + \frac{\lambda_k}{R_2}f_{2cd,k}\right) \tag{8.207g}$$

$$i_{1d,k} = i_{1d,k-1} - \gamma\left(i_{1d,k-1} + \frac{\lambda_k}{R_1}(L_{1m}i_{1q,k} + M_m i_{2q,k})\right) \tag{8.207h}$$

$$i_{2d,k} = i_{2d,k-1} - \gamma\left(i_{2d,k-1} + \frac{\lambda_k}{R_2}(M_m i_{1q,k} + L_{2m}i_{2q,k})\right) \tag{8.207i}$$

ただし，

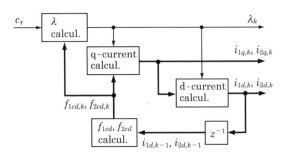

図 8.28 変形 5 変数ブーツストラップ法による求解工程

$$0 < \gamma < 2 \tag{8.207j}$$

(8.207) 式における脚符 k は，(8.195) 式同様，再帰求解における繰り返し回数を意味する．図 8.28 に，提案の変形 5 変数ブーツストラップ法による再帰求解の様子をブロック図で示した．

ゲイン γ の理論上の選定範囲は (8.207j) 式のとおりであるが，実際的な範囲は，文献 20) が指摘しているように，$0 < \gamma \leq 1$ の範囲である．特に，$\gamma = 1$ を選定する場合には，変形 5 変数ブーツストラップ法は，連立方程式を構成する個々の数式を，順次繰り返し演算するいわゆる「ブーツストラップ法」に帰着する[20]．

提示の変形 5 変数ブーツストラップ法には，5 変数の初期値が必要である．これらには，トルク誤差フィードバック法と同一のものすなわち (8.199) 式が無修正で利用できる．特に (8.199c) 式は，良好な初期値を与える．トルク誤差フィードバック法と同様に，「1 制御周期前の再帰求解の最終値を，現制御周期の再帰求解の初期値に利用するようにする」といった工夫は，本方法においても有効である．急速な収斂には，ゲイン γ と初期値の設定が重要である．

B. 求解例

最小銅損をもたらす 5 変数 i_1, i_2, λ の再帰形解法 II（変形 5 変数ブーツストラップ法）の妥当性を，数値実験で検証する．パラメータ，初期値などの数値実験条件は，第 8.7.2 項の場合と同一とした．ゲイン γ は，$\gamma = 0.8$ を利用した．数値実験結果を図 8.29 に示す．波形の意味は，図 8.27 と同一である．実質 3 回の繰り返し演算で真値へ収斂している様子が確認される．

なお，変形 5 変数ブーツストラップ法は，突極性の低下，すなわち鏡相インダクタ

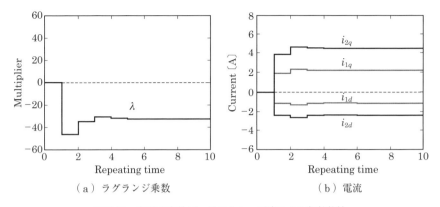

（a）ラグランジュ乗数　　　　　　　（b）電流

図 8.29　変形 5 変数ブーツストラップ法による収束特性

ンスの絶対値低下に応じ，収束速度が向上する．数値実験によれば，鏡相インダクタンスが図 8.29 の 1/4 程度であれば，1～2 回の演算で真値への収束が達成される．

8.7.4　5 連立の非線形方程式の再帰形解法 III
A.　多変数ニュートン・ラプソン法

数値解法の具体的構築に先立って，若干の準備をしておく．多変数ニュートン・ラプソン法（multivariable Newton-Raphson method）は，次のように整理される（詳細は文献 25) 参照）[20),25),26)]．

【多変数ニュートン・ラプソン法】

次のように，$n \times 1$ ベクトルとして表現された変数 $\boldsymbol{x}$ と $n \times 1$ ベクトルとして表現された関数 $\boldsymbol{f}(\boldsymbol{x})$ とを考える．

$$\boldsymbol{x} = [x_1 \quad x_2 \quad \cdots \quad x_n]^T \tag{8.208a}$$

$$\boldsymbol{f}(\boldsymbol{x}) = [f_1(\boldsymbol{x}) \quad f_2(\boldsymbol{x}) \quad \cdots \quad f_n(\boldsymbol{x})]^T \tag{8.208b}$$

$\boldsymbol{f}(\boldsymbol{x}) = \boldsymbol{0}$ により構成された n 連立の非線形方程式は，次の再帰式により求解される．

$$\boldsymbol{x}_k = \boldsymbol{x}_{k-1} - \boldsymbol{J}_c^{-1} \boldsymbol{f}(\boldsymbol{x}_{k-1}) \tag{8.209}$$

(8.209) 式の脚符 k は，繰り返し回数を意味する．また (8.209) 式の $\boldsymbol{J}_c$ は，$(k-1)$ 回目の変数 $\boldsymbol{x}_{k-1}$ を用いて算定された $n \times n$ ヤコビアン（Jacobian）であり，これは次式のように定義されている．

$$\boldsymbol{J}_c \equiv \frac{\partial \boldsymbol{f}(\boldsymbol{x})}{\partial \boldsymbol{x}^T}, \quad \left[\frac{\partial \boldsymbol{f}(\boldsymbol{x})}{\partial \boldsymbol{x}^T}\right]_{ij} \equiv \frac{\partial f_i}{\partial x_j} \tag{8.210}$$

■

B. 逆行列定理

(8.209) 式が明示しているように，多変数ニュートン・ラプソン法では，解 x_k の繰り返し演算のたびに，$n \times n$ ヤコビアン逆行列 J_c^{-1} の演算が必要である。定理 8.5 の結果に上記の多変数ニュートン・ラプソン法を適用する場合には，次に新規提案する逆行列定理が有用である。

【定理 8.6（逆行列定理）】

次の $n \times n$ 行列 Z を考える。

$$Z \equiv \begin{bmatrix} Z_{11} & z_{12} \\ z_{21}^T & 0 \end{bmatrix} \tag{8.211}$$

ただし，Z_{11}, z_{12}, z_{21}^T は，おのおの $(n-1) \times (n-1)$ 行列，$(n-1) \times 1$ ベクトル，$1 \times (n-1)$ ベクトルである。

Z_{11} が正則ならば，行列 Z の逆行列は，次式で与えられる。

$$Z^{-1} \equiv Y \equiv \begin{bmatrix} Y_{11} & y_{12} \\ y_{21}^T & y_{22} \end{bmatrix} \tag{8.212}$$

ただし，

$$Y_{11} = Z_{11}^{-1} - \frac{Z_{11}^{-1} z_{12} z_{21}^T Z_{11}^{-1}}{z_{21}^T Z_{11}^{-1} z_{12}} \tag{8.213a}$$

$$y_{12} = \frac{Z_{11}^{-1} z_{12}}{z_{21}^T Z_{11}^{-1} z_{12}} \tag{8.213b}$$

$$y_{21}^T = \frac{z_{21}^T Z_{11}^{-1}}{z_{21}^T Z_{11}^{-1} z_{12}} \tag{8.213c}$$

$$y_{22} = \frac{-1}{z_{21}^T Z_{11}^{-1} z_{12}} \tag{8.213d}$$

〈証明〉

(8.212) 式の行列 Y と行列 Z の積をとり，これを単位行列とおくと次式を得る。

$$\begin{aligned} YZ &= \begin{bmatrix} Y_{11} & y_{12} \\ y_{21}^T & y_{22} \end{bmatrix} \begin{bmatrix} Z_{11} & z_{12} \\ z_{21}^T & 0 \end{bmatrix} \\ &= \begin{bmatrix} Y_{11} Z_{11} + y_{12} z_{21}^T & Y_{11} z_{12} \\ y_{21}^T Z_{11} + y_{22} z_{21}^T & y_{21}^T z_{12} \end{bmatrix} = \begin{bmatrix} I & 0 \\ 0^T & 1 \end{bmatrix} \end{aligned} \tag{8.214}$$

(8.214) 式の $(1, 1)$ 要素より，次式を得る。

$$Y_{11} = [I - y_{12} z_{21}^T] Z_{11}^{-1} \tag{8.215}$$

(8.215) 式の両辺に右側より z_{12} を乗じ，(8.214) 式の $(1, 2)$ 要素の関係を考慮すると，

次式を得る。
$$Y_{11}z_{12} = [I - y_{12}z_{21}^T]Z_{11}^{-1}z_{12} = 0 \tag{8.216}$$
(8.216) 式を $n \times 1$ ベクトル y_{12} について整理すると，(8.213b) 式を得る。(8.213b) 式を (8.215) 式に用いると，(8.213a) 式を得る。

(8.214) 式の (2, 1) 要素より，次式を得る。
$$y_{21}^T = -y_{22}z_{21}^T Z_{11}^{-1} \tag{8.217}$$
(8.217) 式の両辺に右側より z_{12} を乗じ，(8.214) 式の (2, 2) 要素の関係を考慮すると，次式を得る。
$$y_{21}^T z_{12} = -y_{22}z_{21}^T Z_{11}^{-1} z_{12} = 1 \tag{8.218}$$
(8.218) 式をスカラ y_{22} について整理すると，(8.213d) 式を得る。(8.213d) 式を (8.217) 式に用いると，(8.213c) 式を得る。∎

当然のことながら，(8.212)，(8.213) 式は，(8.214) 式に加えて次の等式を満足している。
$$ZY = \begin{bmatrix} I & 0 \\ 0^T & 1 \end{bmatrix} \tag{8.219a}$$
また，次の関係も成立している。
$$z_{21}^T Y_{11} z_{12} = 0 \tag{8.219b}$$

C. ニュートン・ラプソン直接法

5×1 ベクトル x を，5 変数 i_1, i_2, λ を用い，次のように構成する。
$$\begin{aligned} x &\equiv [i_1^T \quad i_2^T \quad \lambda]^T \\ &= [i_{1d} \quad i_{1q} \quad i_{2d} \quad i_{2q} \quad \lambda]^T \end{aligned} \tag{8.220}$$
上記構成においては，(8.182) 式の非線形関数 $f(x)$ のための 5×5 ヤコビアン J_c は，(8.182) 式を (8.210) 式に適用すると，次の対称行列として求められる。
$$J_c = \frac{\partial f(x)}{\partial x^T} = \begin{bmatrix} Z_{11} & z_{12} \\ z_{12}^T & 0 \end{bmatrix} \tag{8.221}$$
ただし，
$$Z_{11} \equiv \begin{bmatrix} A_1 & A_m \\ A_m & A_2 \end{bmatrix} \tag{8.222a}$$

$$z_{12} \equiv \begin{bmatrix} L_{1m}i_{1q} + M_m i_{2q} \\ L_{1m}i_{1d} + M_m i_{2d} + \Phi_1/2 \\ M_m i_{1q} + L_{2m} i_{2q} \\ M_m i_{1d} + L_{2m} i_{2d} + \Phi_2/2 \end{bmatrix} \tag{8.222b}$$

(8.222a) 式における3種の 2×2 行列 A_1, A_2, A_m は，(8.189) 式に定義したとおりである．

最小銅損をもたらす5変数 i_1, i_2, λ に関する5連立の非線形方程式の解は，(8.220)〜(8.222) 式の (8.209) 式・多変数ニュートン・ラプソン法への直接適用によりただちに得られる．本書では，多変数ニュートン・ラプソン法を直接利用した提案法を，再帰形解法Ⅲ（ニュートン・ラプソン直接法）と呼称する．

再帰形解法Ⅲ（ニュートン・ラプソン直接法）における (8.221) 式の 5×5 ヤコビアン J_c の逆行列は，提案の定理8.6（逆行列定理）を活用した次の手順でただちに算定される．

(i) 4×4 逆対称行列 Z_{11}^{-1} の算定

4×4 対称行列 Z_{11} の逆対称行列 Z_{11}^{-1} を，(8.191) 式に従い算定する．

(ii) 5×5 逆対称行列 J_c^{-1} の算定

算定した 4×4 逆対称行列 Z_{11}^{-1} と 4×1 ベクトル z_{12} とを逆行列定理の (8.212)，(8.213) 式に適用し，5×5 ヤコビアンの逆行列 J_c^{-1} を算定する．この際，対称性より，(8.213) 式は次のように簡略化される．

$$z = Z_{11}^{-1} z_{12} \tag{8.223a}$$

$$y_{22} = \frac{-1}{z_{12}^T Z_{11}^{-1} z_{12}} = \frac{-1}{z_{12}^T z} \tag{8.223b}$$

$$y_{12} = \frac{Z_{11}^{-1} z_{12}}{z_{12}^T Z_{11}^{-1} z_{12}} = -y_{22} z \tag{8.223c}$$

$$\begin{aligned} Y_{11} &= Z_{11}^{-1} - \frac{[Z_{11}^{-1} z_{12}][Z_{11}^{-1} z_{12}]^T}{z_{12}^T Z_{11}^{-1} z_{12}} \\ &= Z_{11}^{-1} + y_{22} zz^T = Z_{11}^{-1} - y_{12} z^T \end{aligned} \tag{8.223d}$$

なお，(8.221) 式の 5×5 ヤコビアン J_c は対称行列であるので，この 5×5 逆行列 J_c^{-1} も対称行列となる．

(注8.7) 最小銅損をもたらす電流解を得るべく，ニュートン・ラプソン法を活用した例は，すでに文献20) に示されている．文献20) は，3連立の非線形方程式を満足するラグランジュ乗数 λ を得るべく単変数ニュートン・

ラプソン法を活用している。

(注 8.8) 多連立の非線形方程式のための汎用的な再帰形解法は，多変数ニュートン・ラプソン法以外にも，いくつか提案されている。

D. 求解例

最小銅損をもたらす5変数 i_1, i_2, λ の再帰形解法Ⅲ（ニュートン・ラプソン直接法）の妥当性を，数値実験で検証する。パラメータ，初期値などの数値実験条件は，第8.7.2，第8.7.3項の場合と同一とした。

数値実験結果を図8.30に示す。波形の意味は，図8.27，8.29と同一である。実質3回の繰り返し演算で，(8.201)式を満足する所期の固定子電流が得られている。

限られた制御周期の中では，再帰求解のため繰り返し回数は制限されることになる。前2解法と同様に，「1制御周期前の再帰求解の最終値を，現制御周期の再帰求解の初期値に利用するようにする」といった工夫により，1～2回の繰り返しで所期の収斂値を得ることができる。

なお，再帰形解法Ⅲ（ニュートン・ラプソン直接法）は，突極性の低下，すなわち鏡相インダクタンスの絶対値低下に応じ，収斂速度が向上する。数値実験によれば，鏡相インダクタンスが図8.30の1/4程度であれば，1回の演算で真値の近傍値が得られる。

(注 8.9) 再帰形解法Ⅱ，Ⅲの原理は，系8.5.1の(8.192)式の4連立の非線形方程式の求解にも適用可能である。適用可能性は，必ずしも，計算量の低減，収斂の高速化を意味しないので注意を要する。たとえば，再帰形解

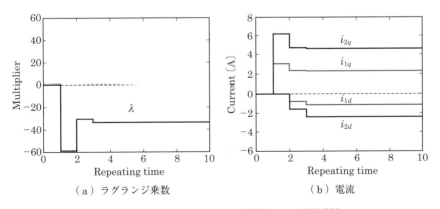

(a) ラグランジ乗数　　　　(b) 電流

図 8.30　ニュートン・ラプソン直接法による収斂特性

法Ⅲを4連立の非線形方程式に適用する場合には，ヤコビアンは4×4行列となるが，対称性を失う．対称性のない4×4行列の逆行列は，対称性を有する5×5行列の逆行列と比較し，計算量の点で必ずしも優位ではない．

8.8　鉄損考慮の数学モデル

これまでは議論は，「独立二重巻線PMSMが有する鉄損は小さく，無視できる」との前提に立つものであった．しかしながら，定格速度以上の高速領域での駆動が多く，かつ数パーセントといえども効率向上が期待されている応用においては，鉄損への考慮が求められる．本節は，独立二重巻線PMSMのための鉄損を考慮した数学モデルの新規構築を行う．

8.8.1　準　備
A.　漏れインダクタンスの定義
鉄損考慮を要する独立二重巻線PMSMの数学モデル構築の準備の一環として，第1，第2巻線のd軸，q軸漏れインダクタンスを次のように定義する．

$$\left.\begin{aligned}l_{1d} &\equiv L_{1d}-M_d\\ l_{1q} &\equiv L_{1q}-M_q\end{aligned}\right\} \tag{8.224a}$$

$$\left.\begin{aligned}l_{2d} &\equiv L_{2d}-M_d\\ l_{2q} &\equiv L_{2q}-M_q\end{aligned}\right\} \tag{8.224b}$$

さらには，d軸，q軸漏れインダクタンスの直交変換として，第1，第2巻線の同相，鏡相漏れインダクタンスを次のように定義する．

$$\begin{bmatrix}l_{1i}\\ l_{1m}\end{bmatrix}\equiv\frac{1}{2}\begin{bmatrix}1 & 1\\ 1 & -1\end{bmatrix}\begin{bmatrix}l_{1d}\\ l_{1q}\end{bmatrix} \tag{8.225a}$$

$$\begin{bmatrix}l_{2i}\\ l_{2m}\end{bmatrix}\equiv\frac{1}{2}\begin{bmatrix}1 & 1\\ 1 & -1\end{bmatrix}\begin{bmatrix}l_{2d}\\ l_{2q}\end{bmatrix} \tag{8.225b}$$

漏れインダクタンスを用いて，第1，第2巻線の2×2漏れインダクタンス行列$\boldsymbol{l}_1(\theta_\gamma)$，$\boldsymbol{l}_2(\theta_\gamma)$を次のように定義する．

$$\boldsymbol{l}_1(\theta_\gamma) \equiv l_{1i}\boldsymbol{I}+l_{1m}\boldsymbol{Q}(\theta_\gamma) \tag{8.226a}$$

$$\boldsymbol{l}_2(\theta_\gamma) \equiv l_{2i}\boldsymbol{I}+l_{2m}\boldsymbol{Q}(\theta_\gamma) \tag{8.226b}$$

(8.226) 式の漏れインダクタス行列 $l_1(\theta_\gamma)$, $l_2(\theta_\gamma)$ は, (8.224), (8.225) 式より, (8.119) ~ (8.121) 式の自己インダクタンス行列 $L_1(\theta_\gamma)$, $L_2(\theta_\gamma)$, 相互インダクタンス行列 $M(\theta_\gamma)$ と次の関係を有する。

$$L_1(\theta_\gamma) = M(\theta_\gamma) + l_1(\theta_\gamma) \tag{8.227a}$$

$$L_2(\theta_\gamma) = M(\theta_\gamma) + l_2(\theta_\gamma) \tag{8.227b}$$

B. 相互回転子磁束と相互誘起電圧

鉄損を無視しうる数学モデルの (8.97)~(8.100) 式で定義した回転子磁束 ϕ_{1m}, ϕ_{2m}, 誘起電圧 e_{1m}, e_{2m} は, 鉄損を考慮する場合にも, 同一定義で利用する。(8.227) 式に示した, 相互インダクタンス行列と漏れインダクタス行列による, 自己インダクタンス行列の分割表記に対応する形で, 回転子磁束 ϕ_{1m}, ϕ_{2m} および誘起電圧 e_{1m}, e_{2m} を次のように分割表記する。

$$\phi_{1m} = \phi_{Mm} + [\phi_{1m} - \phi_{Mm}] \tag{8.228a}$$

$$\phi_{2m} = \phi_{Mm} + [\phi_{2m} - \phi_{Mm}] \tag{8.228b}$$

$$e_{1m} = e_{Mm} + [e_{1m} - e_{Mm}] \tag{8.229a}$$

$$e_{2m} = e_{Mm} + [e_{2m} - e_{Mm}] \tag{8.229b}$$

回転子磁束, 誘起電圧の分割表記に用いた ϕ_{Mm} は, (8.230) 式のように定義され, e_{Mm} と (8.231) 式の関係を有している。

$$\phi_{Mm} \equiv \Phi_M \boldsymbol{u}(\theta_\gamma) \quad ; \Phi_M = \text{const} \tag{8.230}$$

$$e_{Mm} = \omega_n \boldsymbol{J} \phi_{Mm} \tag{8.231}$$

本書で新たに提案・導入した ϕ_{Mm}, e_{Mm} を, 以降では, 「相互回転子磁束」, 「相互誘起電圧 (相互逆起電力)」と呼称する。

(8.230) 式に用いた相互回転子磁束の磁束強度 (定数) Φ_M は, (8.228), (8.229) 式の関係のみに限定するならば, 任意の値をとりうる。Φ_M の選定に際しては, 「自己インダクタンスの分割表記に対応した形での, 回転子磁束, 誘起電圧の分割表記」という本来の目的とともに, 次の2点を考慮する必要がある。

(a) 原理的に, 自己インダクタンスは, 巻線ターン数の二乗に, 相互インダクタンスは第1, 第2巻線ターン数の積に比例する。すなわち, 第1, 第2巻線ターン数をおのおの n_1, n_2 とするとき, 結合係数 κ_d の d 軸インダクタンスに関しては, 原理的に次の関係が成立する。

$$L_{1d} \propto n_1^2, \quad L_{2d} \propto n_2^2, \quad M_d \propto \kappa_d n_1 n_2 \tag{8.232}$$

(b) 回転子磁束の磁束強度 Φ_1, Φ_2 は巻線ターン数に比例する。すなわち，次の関係が成立する。

$$\Phi_1 \propto n_1, \quad \Phi_2 \propto n_2 \tag{8.233}$$

上記考慮のもとでの Φ_M としては，巻線ターン数に着目した次のものが合理的である。

$$\Phi_M = \sqrt{\kappa_d \Phi_1 \Phi_2} \tag{8.234}$$

鉄損を無視できる独立二重巻線 PMSM を対象とした，$\gamma\delta$ 一般座標系上の仮想ベクトル回路は，第 8.5.1 項の図 8.13 のとおりである。本仮想ベクトル回路は，(8.87)～(8.100) 式の回路方程式（第 1 基本式）に忠実に従って構築されている。より具体的には，インダクタンス行列 $L_1(\theta_\gamma)$, $L_2(\theta_\gamma)$, $M(\theta_\gamma)$ を用いて反作用磁束 ϕ_{11i}, ϕ_{12i}, ϕ_{21i}, ϕ_{22i} を表現した回路方程式に忠実に従って構築されている。

(8.87), (8.88) 式の回路方程式は，自己インダクタンス行列 $L_1(\theta_\gamma)$, $L_2(\theta_\gamma)$ を相互インダクタンス行列 $M(\theta_\gamma)$, 漏れインダクタンス行列 $l_1(\theta_\gamma)$, $l_1(\theta_\gamma)$ を用いて再表現し，さらに，回転子磁束 ϕ_{1m}, ϕ_{2m}, 誘起電圧 e_{1m}, e_{2m} を相互回転子磁束 ϕ_{Mm}, 相互誘起電圧 e_{Mm} を用いて再表現するならば，おのおの次式のように変形される。

$$\begin{aligned}
\boldsymbol{v}_1 &= R_1\,\boldsymbol{i}_1 + \boldsymbol{D}(s,\omega_\gamma)[\boldsymbol{l}_1(\theta_\gamma)\boldsymbol{i}_1 + \boldsymbol{\phi}_{1m} - \boldsymbol{\phi}_{Mm}] \\
&\quad + \boldsymbol{D}(s,\omega_\gamma)[\boldsymbol{M}(\theta_\gamma)[\boldsymbol{i}_1 + \boldsymbol{i}_2] + \boldsymbol{\phi}_{Mm}] \\
&= R_1\,\boldsymbol{i}_1 + [\boldsymbol{D}(s,\omega_\gamma)\boldsymbol{l}_1(\theta_\gamma)\boldsymbol{i}_1 + \boldsymbol{e}_{1m} - \boldsymbol{e}_{Mm}] \\
&\quad + [\boldsymbol{D}(s,\omega_\gamma)\boldsymbol{M}(\theta_\gamma)[\boldsymbol{i}_1 + \boldsymbol{i}_2] + \boldsymbol{e}_{Mm}]
\end{aligned} \tag{8.235}$$

$$\begin{aligned}
\boldsymbol{v}_2 &= R_2\,\boldsymbol{i}_2 + \boldsymbol{D}(s,\omega_\gamma)[\boldsymbol{l}_2(\theta_\gamma)\boldsymbol{i}_2 + \boldsymbol{\phi}_{2m} - \boldsymbol{\phi}_{Mm}] \\
&\quad + \boldsymbol{D}(s,\omega_\gamma)[\boldsymbol{M}(\theta_\gamma)[\boldsymbol{i}_1 + \boldsymbol{i}_2] + \boldsymbol{\phi}_{Mm}] \\
&= R_2\,\boldsymbol{i}_2 + [\boldsymbol{D}(s,\omega_\gamma)\boldsymbol{l}_2(\theta_\gamma)\,\boldsymbol{i}_2 + \boldsymbol{e}_{2m} - \boldsymbol{e}_{Mm}] \\
&\quad + [\boldsymbol{D}(s,\omega_\gamma)\boldsymbol{M}(\theta_\gamma)[\boldsymbol{i}_1 + \boldsymbol{i}_2] + \boldsymbol{e}_{Mm}]
\end{aligned} \tag{8.236}$$

(8.235), (8.236) 式の回路方程式に従うならば，図 8.31 の $\gamma\delta$ 一般座標系上の仮想ベクトル T 形等価回路を構築できる。

図 8.31 に提案した仮想ベクトル T 形等価回路の特徴は，図 8.13 の仮想ベクトル回路に比較し，誘起電圧を 2 個から 3 個へ拡大し，さらに，これら誘起電圧を T 形に配置している点にある。

C. 鉄損考慮の仮想ベクトル T 形等価回路

鉄損を無視できる独立二重巻線 PMSM の数学モデル構築に際し採用した鉄損前提 (f) を，次の 2 つの鉄損前提 (f1), (f2) に改める（第 2.1.1, 第 8.3.4 項参照）。

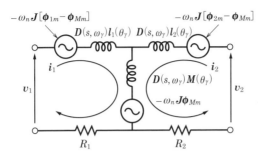

図 8.31 鉄損考慮を要しない独立二重巻線 PMSM ための, 速度逆電力を 3 分割した仮想ベクトル T 形等価回路

(f1) 磁気回路での損失である鉄損は, 漏れインダクタンス行列 $l_1(\theta_\gamma)$, $l_2(\theta_\gamma)$ 関連の磁束に起因した鉄損は無視できる程度に小さく, 相互インダクタンス行列 $M(\theta_\gamma)$ 関連の磁束に起因する鉄損が支配的である.

(f2) 固定子電流は, 固定子鉄損を担う固定子鉄損電流 i_c と磁束およびトルク発生に寄与する固定子負荷電流 i_M とに, 等価的に分離される.

基本的に, 鉄損は磁束ノルムの二乗に比例する. 仮に, 相互インダクタンス $M(\theta_\gamma)$ 関連の磁束と漏れインダクタンス関連の磁束とのノルム相対比を 1/10 とすると, 鉄損相対比は 1/100 となる. 本例より, 理解されるように, 新前提 (f1) は十分な工学的合理性を有する. 図 8.31 の仮想ベクトル T 形等価回路に対し, 上記の前提 (f1), (f2) を考慮すると, 図 8.32 の仮想ベクトル T 形等価回路を得ることができる.

図 8.32 の仮想ベクトル T 形等価回路では, 新前提 (f1) に従い, 磁気回路上の損失である鉄損を電気回路上の損失として等価表現すべく, 等価鉄損抵抗 R_c を導入している (本項末尾の注 8.10 参照). さらには, 同前提に従い, 等価鉄損抵抗 R_c は, 相

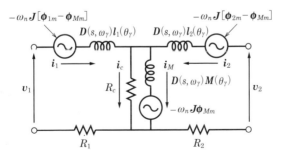

図 8.31 鉄損考慮を要する独立二重巻線 PMSM ための仮想ベクトル T 形等価回路

互インダクタンス $M(\theta_\gamma)$ 関連の磁束に並列な形で配している．代わって，漏れインダクタンス関連の磁束に対応する等価鉄損抵抗は，付与していない．

相互インダクタンス $M(\theta_\gamma)$ 関連の磁束に並列な形での等価鉄損抵抗の配置は，等価鉄損抵抗として並列モデルを採用したことを意味する（本項末尾の注 8.10 参照）．並列モデルは，2 個の固定子電流 i_1, i_2 を固定子鉄損電流 i_c と固定子負荷電流 i_M に分流させることになる．すなわち，並列モデルは，新前提 (f2) に従うものである．

鉄損考慮を要する独立二重巻線 PMSM のベクトル回路が有すべきベクトル閉路の最少数は，3 個である．図 8.32 の仮想ベクトル T 形等価回路は，この条件を満たしており，最もコンパクトなベクトル回路となっている．

(注 8.10) 磁気回路の損失である鉄損を電気回路上の損失として等価的に表現する方法として，等価鉄損抵抗を導入する方法が伝統的に用いられている[20),27),28)]．図 8.32 は，広く受入れられている本伝統に従うものである．等価鉄損抵抗の代表的な用法は，対応インダクタンスに直列あるいは並列に配するものである．通常の PMSM に対する等価鉄損抵抗の用法は，文献 20) に解説されている．同文献には，等価鉄損抵抗の同定法も解説されている．

(注 8.11) 変圧器の等価回路として，理想変圧器に，励磁インダクタンスと 1 次巻線漏れインダクタンスと 2 次巻線漏れインダクタンスとを用いた等価回路が広く利用されている．この種の等価回路で鉄損を考慮する場合には，主要インダクタンスである励磁インダクタンスに限って，これに並列に等価鉄損抵抗を配置することが広く行われている[29)]．図 8.32 の独立二重巻線 PMSM のための仮想ベクトル T 形等価回路では，3 個の誘起電圧の存在を考慮の上，主要インダクタンスである相互インダクタンス行列 $M(\theta_\gamma)$ 関連の磁束に限って，これに並列に等価鉄損抵抗を配置している．誘起電圧の有無などの相違を除けば，主要インダクタンスのみを対象とし，並列配置の等価鉄損抵抗を採用という点において，両者は類似性を有する．なお，変圧器においては，理想変圧器を用いた等価回路と理想変圧器に代わって相互インダクタンスを用いた等価回路とは等価である[29)]．

8.8.2 一般座標系上の数学モデル

図 8.32 の鉄損考慮を要する独立二重巻線 PMSM のための仮想ベクトル T 形等価回

路を参考にするならば,同 PMSM の $\gamma\delta$ 一般座標系上の数学モデルとして,次を新規に構築することができる。

【$\gamma\delta$ 一般座標系上の動的数学モデル】
回路方程式(第1基本式)

$$\begin{aligned}
\boldsymbol{v}_1 &= R_1\boldsymbol{i}_1 + \boldsymbol{D}(s,\omega_\gamma)\boldsymbol{\phi}_{1l} + \boldsymbol{D}(s,\omega_\gamma)\boldsymbol{\phi}_{MM} + \boldsymbol{D}(s,\omega_\gamma)\boldsymbol{\phi}_{1m} \\
&= R_1\boldsymbol{i}_1 + \boldsymbol{D}(s,\omega_\gamma)\boldsymbol{\phi}_{1l} + \boldsymbol{D}(s,\omega_\gamma)\boldsymbol{\phi}_{MM} + \omega_n\boldsymbol{J}\boldsymbol{\phi}_{1m} \\
&= R_1\boldsymbol{i}_1 + \boldsymbol{D}(s,\omega_\gamma)\boldsymbol{\phi}_{1l} + \boldsymbol{D}(s,\omega_\gamma)\boldsymbol{\phi}_{MM} + \boldsymbol{e}_{1m}
\end{aligned} \quad (8.237)$$

$$\begin{aligned}
\boldsymbol{v}_2 &= R_2\boldsymbol{i}_2 + \boldsymbol{D}(s,\omega_\gamma)\boldsymbol{\phi}_{2l} + \boldsymbol{D}(s,\omega_\gamma)\boldsymbol{\phi}_{MM} + \boldsymbol{D}(s,\omega_\gamma)\boldsymbol{\phi}_{2m} \\
&= R_2\boldsymbol{i}_2 + \boldsymbol{D}(s,\omega_\gamma)\boldsymbol{\phi}_{2l} + \boldsymbol{D}(s,\omega_\gamma)\boldsymbol{\phi}_{MM} + \omega_n\boldsymbol{J}\boldsymbol{\phi}_{2m} \\
&= R_2\boldsymbol{i}_2 + \boldsymbol{D}(s,\omega_\gamma)\boldsymbol{\phi}_{2l} + \boldsymbol{D}(s,\omega_\gamma)\boldsymbol{\phi}_{MM} + \boldsymbol{e}_{2m}
\end{aligned} \quad (8.238)$$

$$\begin{aligned}
R_c\boldsymbol{i}_c &= \boldsymbol{D}(s,\omega_\gamma)[\boldsymbol{\phi}_{MM} + \boldsymbol{\phi}_{Mm}] \\
&= \boldsymbol{D}(s,\omega_\gamma)\boldsymbol{\phi}_{MM} + \omega_n\boldsymbol{J}\boldsymbol{\phi}_{Mm} \\
&= \boldsymbol{D}(s,\omega_\gamma)\boldsymbol{\phi}_{MM} + \boldsymbol{e}_{Mm}
\end{aligned} \quad (8.239)$$

$$\boldsymbol{i}_1 + \boldsymbol{i}_2 = \boldsymbol{i}_M + \boldsymbol{i}_c \quad (8.240)$$

ただし,

$$\boldsymbol{\phi}_{MM} \equiv \boldsymbol{M}(\theta_\gamma)\boldsymbol{i}_M \quad (8.241)$$

$$\boldsymbol{\phi}_{1l} \equiv \boldsymbol{l}_1(\theta_\gamma)\boldsymbol{i}_1 \quad (8.242)$$

$$\boldsymbol{\phi}_{2l} \equiv \boldsymbol{l}_2(\theta_\gamma)\boldsymbol{i}_2 \quad (8.243)$$

$$\boldsymbol{\phi}_{1m} \equiv \Phi_1\boldsymbol{u}(\theta_\gamma) \qquad ; \Phi_1 = \text{const} \quad (8.244)$$

$$\boldsymbol{\phi}_{2m} \equiv \Phi_2\boldsymbol{u}(\theta_\gamma) \qquad ; \Phi_2 = \text{const} \quad (8.245)$$

$$\boldsymbol{\phi}_{Mm} \equiv \Phi_M\boldsymbol{u}(\theta_\gamma) \qquad ; \Phi_M = \text{const} \quad (8.246)$$

$$\boldsymbol{e}_{1m} = \omega_n\boldsymbol{J}\boldsymbol{\phi}_{1m} \quad (8.247)$$

$$\boldsymbol{e}_{2m} = \omega_n\boldsymbol{J}\boldsymbol{\phi}_{2m} \quad (8.248)$$

$$\boldsymbol{e}_{Mm} = \omega_n\boldsymbol{J}\boldsymbol{\phi}_{Mm} \quad (8.249)$$

トルク発生式(第2基本式)

$$\begin{aligned}
\tau &= \tau_r + \tau_m \\
&= N_p(l_{1m}\boldsymbol{i}_1^T\boldsymbol{J}\boldsymbol{Q}(\theta_\gamma)\boldsymbol{i}_1 + l_{2m}\boldsymbol{i}_2^T\boldsymbol{J}\boldsymbol{Q}(\theta_\gamma)\boldsymbol{i}_2 + M_m\boldsymbol{i}_M^T\boldsymbol{J}\boldsymbol{Q}(\theta_\gamma)\boldsymbol{i}_M) \\
&\quad + N_p(\boldsymbol{i}_1^T\boldsymbol{J}\boldsymbol{\phi}_{1m} + \boldsymbol{i}_2^T\boldsymbol{J}\boldsymbol{\phi}_{2m} - \boldsymbol{i}_c^T\boldsymbol{J}\boldsymbol{\phi}_{Mm}) \\
&= N_p(l_{1m}\boldsymbol{i}_1^T\boldsymbol{Q}(\theta_\gamma + \pi/4)\boldsymbol{i}_1 + l_{2m}\boldsymbol{i}_2^T\boldsymbol{Q}(\theta_\gamma + \pi/4)\boldsymbol{i}_2 \\
&\qquad + M_m\boldsymbol{i}_M^T\boldsymbol{Q}(\theta_\gamma + \pi/4)\boldsymbol{i}_M) \\
&\quad + N_p(\boldsymbol{i}_1^T\boldsymbol{J}\boldsymbol{\phi}_{1m} + \boldsymbol{i}_2^T\boldsymbol{J}\boldsymbol{\phi}_{2m} - \boldsymbol{i}_c^T\boldsymbol{J}\boldsymbol{\phi}_{Mm})
\end{aligned} \quad (8.250)$$

エネルギー伝達式（第3基本式）

$$\begin{aligned}p_{ef} &= i_1^T v_1 + i_2^T v_2 \\ &= (R_1\|i_1\|^2 + R_2\|i_2\|^2) + R_c\|i_c\|^2 + \frac{s}{2}(i_1^T\phi_{1l} + i_2^T\phi_{2l} + i_M^T\phi_{MM}) + \omega_m\tau\end{aligned} \quad (8.251)$$

■

(8.237)～(8.249)式の回路方程式（第1基本式）は，鉄損考慮を要する独立二重巻線PMSMの電気回路としての特性を記述したものである．特に，(8.237), (8.238), (8.239)式は，キルヒホッフ第2則に従った，おのおの図8.32の左側ベクトル閉路，右側ベクトル閉路，中側ベクトル閉路の関係を記述している．(8.240)式は，キルヒホッフ第1則と前提(f2)とに従った，固定子電流 i_1, i_1, 固定子鉄損電流 i_c, 固定子負荷電流 i_M の関係を記述している．

鉄損考慮を要する独立二重巻線PMSMのトルク発生機としての特性を記述した(8.250)式・トルク発生式においては，(8.250)式の左辺 τ が第1，第2巻線による全トルクを，右辺がその詳細成分を示している．すなわち，(8.250)式は，「全トルクは，d軸，q軸インダクタンス相違に起因したリラクタンストルク τ_r （右辺第1項）と回転子磁束に起因したマグネットトルク τ_m （右辺第2項）に解析上分離される」ことを示している．特に，(8.250)式の右辺第1項は，「リラクタンストルク τ_r は，さらに，漏れインダクタス $l_1(\theta_\gamma)$, $l_2(\theta_\gamma)$, 相互インダクタンス $M(\theta_\gamma)$ に起因したトルクに解析上分離される」，「相互インダクタンス $M(\theta_\gamma)$ に起因したトルクは，新前提(f1)に従い，固定子鉄損電流に応じた低下が起きる」ことを示している．また，(8.250)式の右辺第2項は，「マグネットトルク τ_m も，新前提(f1)に従い，同様に固定子鉄損電流に応じた低下が起きる」ことを示している．

鉄損考慮を要する独立二重巻線PMSMは，電気エネルギーを機械エネルギーへ変換するエネルギー変換機でもある．エネルギー変換機としての特性を表現したエネルギー伝達式は，(8.251)式左辺が瞬時入力電力（有効電力）を示し，同式右辺が「瞬時入力電力がいかに消耗，蓄積，伝達されるか」を示している．(8.251)式右辺の第1項は第1，第2巻線で発生した銅損を，第2項は磁気回路で発生した鉄損を，第3項は漏れインダクタス $l_1(\theta_\gamma)$, $l_2(\theta_\gamma)$, 相互インダクタンス $M(\theta_\gamma)$ に蓄積された磁気エネルギーの瞬時変化を，第4項は回転子から出力される瞬時機械的電力を，おのおの意味している．(8.251)式右辺第3項の瞬時機械的電力の構成要素である発生トルク τ は，(8.250)式に従うものである．すなわち，(8.250)式のリラクタンストルク，マグネットトルクを含む全トルクである．

(8.237)〜(8.251) 式の数学モデルは，以上のように物理的意味不明な因子は一切含んでいない，すなわち綻びのない閉じた形をしている。

(**注 8.12**) 新前提 (f1) に従い，漏れインダクタンス行列関連の磁束に起因した鉄損は無視し，相互インダクタンス行列関連の磁束に起因する鉄損が支配的であるとして，回路方程式を (8.237)〜(8.239) 式の 3 個のベクトル閉路方程式で構成した。図 8.31，8.32 を参考に，漏れインダクタンス行列関連の磁束に起因した鉄損を考慮した数学モデルを構築することは可能である。しかし，この場合，回路方程式に限っても，5 個のベクトル閉路方程式で構成する必要があり，数学モデルは格段に複雑化する。

8.8.3 基本式の自己整合性

(8.237)〜(8.251) 式の 3 基本式は，鉄損考慮を要する同一の独立二重巻線 PMSM を，電気回路，トルク発生機，エネルギー変換機という異なった視点からモデル化したものである。対象の同一性の観点から，当然のことながら，これら 3 基本式は，少なくとも自己整合しなければならない。自己整合性に関しては，次の定理が成立する。

【定理 8.7（自己整合定理）】

(8.237)〜(8.251) 式の 3 基本式は，自己整合している。

〈証明〉

回路方程式（第 1 基本式）とトルク発生式（第 2 基本式）より，エネルギー伝達式（第 3 基本式）が導出されることを示し，3 基本式の自己整合性を証明する。

回路方程式の (8.237), (8.238) 式に固定子電流を作用させて加算し，この上で (8.240) 式を用いると，瞬時有効電力として次式を得る。

$$\begin{aligned}
p_{ef} &= \boldsymbol{i}_1^T \boldsymbol{v}_1 + \boldsymbol{i}_2^T \boldsymbol{v}_2 \\
&= R_1 \|\boldsymbol{i}_1\|^2 + R_2 \|\boldsymbol{i}_2\|^2 + \omega_n \boldsymbol{i}_1^T \boldsymbol{J} \boldsymbol{\phi}_{1m} + \omega_n \boldsymbol{i}_2^T \boldsymbol{J} \boldsymbol{\phi}_{2m} \\
&\quad + \boldsymbol{i}_1^T \boldsymbol{D}(s, \omega_\gamma) \boldsymbol{\phi}_{1l} + \boldsymbol{i}_2^T \boldsymbol{D}(s, \omega_\gamma) \boldsymbol{\phi}_{2l} \\
&\quad + \boldsymbol{i}_1^T \boldsymbol{D}(s, \omega_\gamma) \boldsymbol{\phi}_{MM} + \boldsymbol{i}_2^T \boldsymbol{D}(s, \omega_\gamma) \boldsymbol{\phi}_{MM} \\
&= R_1 \|\boldsymbol{i}_1\|^2 + R_2 \|\boldsymbol{i}_2\|^2 + \omega_n \boldsymbol{i}_1^T \boldsymbol{J} \boldsymbol{\phi}_{1m} + \omega_n \boldsymbol{i}_2^T \boldsymbol{J} \boldsymbol{\phi}_{2m} \\
&\quad + \boldsymbol{i}_1^T \boldsymbol{D}(s, \omega_\gamma) \boldsymbol{\phi}_{1l} + \boldsymbol{i}_2^T \boldsymbol{D}(s, \omega_\gamma) \boldsymbol{\phi}_{2l} \\
&\quad + \boldsymbol{i}_M^T \boldsymbol{D}(s, \omega_\gamma) \boldsymbol{\phi}_{MM} + \boldsymbol{i}_c^T \boldsymbol{D}(s, \omega_\gamma) \boldsymbol{\phi}_{MM}
\end{aligned} \quad (8.252)$$

(8.252) 式右辺第 5〜7 項は，おのおの次のように展開整理される[20]。

$$\begin{aligned}
\boldsymbol{i}_1^T \boldsymbol{D}(s,\omega_\gamma)\boldsymbol{\phi}_{1l} &= \boldsymbol{i}_1^T \boldsymbol{D}(s,\omega_\gamma-\omega_n)\boldsymbol{\phi}_{1l} + \omega_n \boldsymbol{i}_1^T \boldsymbol{J}\boldsymbol{\phi}_{1l} \\
&= \frac{s}{2}(\boldsymbol{i}_1^T \boldsymbol{\phi}_{1l}) + \omega_n l_{1m} \boldsymbol{i}_1^T \boldsymbol{JQ}(\theta_\gamma)\boldsymbol{i}_1
\end{aligned} \tag{8.253a}$$

$$\begin{aligned}
\boldsymbol{i}_2^T \boldsymbol{D}(s,\omega_\gamma)\boldsymbol{\phi}_{2l} &= \boldsymbol{i}_2^T \boldsymbol{D}(s,\omega_\gamma-\omega_n)\boldsymbol{\phi}_{2l} + \omega_n \boldsymbol{i}_2^T \boldsymbol{J}\boldsymbol{\phi}_{2l} \\
&= \frac{s}{2}(\boldsymbol{i}_2^T \boldsymbol{\phi}_{2l}) + \omega_n l_{2m} \boldsymbol{i}_2^T \boldsymbol{JQ}(\theta_\gamma)\boldsymbol{i}_2
\end{aligned} \tag{8.253b}$$

$$\begin{aligned}
\boldsymbol{i}_M^T \boldsymbol{D}(s,\omega_\gamma)\boldsymbol{\phi}_{MM} &= \boldsymbol{i}_M^T \boldsymbol{D}(s,\omega_\gamma-\omega_n)\boldsymbol{\phi}_{MM} + \omega_n \boldsymbol{i}_M^T \boldsymbol{J}\boldsymbol{\phi}_{MM} \\
&= \frac{s}{2}(\boldsymbol{i}_M^T \boldsymbol{\phi}_{MM}) + \omega_n M_m \boldsymbol{i}_M^T \boldsymbol{JQ}(\theta_\gamma)\boldsymbol{i}_M
\end{aligned} \tag{8.253c}$$

(8.252) 式右辺第8項は，(8.239) 式を用いると，次のように展開整理される．

$$\boldsymbol{i}_c^T \boldsymbol{D}(s,\omega_\gamma)\boldsymbol{\phi}_{MM} = R_c \|\boldsymbol{i}_c\|^2 - \omega_n \boldsymbol{i}_c^T \boldsymbol{J}\boldsymbol{\phi}_{Mm} \tag{8.254}$$

(8.252) 式は，(8.253), (8.254) 式を用いると，次のように整理される．

$$\begin{aligned}
p_{ef} &= \boldsymbol{i}_1^T \boldsymbol{v}_1 + \boldsymbol{i}_2^T \boldsymbol{v}_2 \\
&= (R_1 \|\boldsymbol{i}_1\|^2 + R_2 \|\boldsymbol{i}_2\|^2) + R_c \|\boldsymbol{i}_c\|^2 + \frac{s}{2}(\boldsymbol{i}_1^T \boldsymbol{\phi}_{1l} + \boldsymbol{i}_2^T \boldsymbol{\phi}_{2l} + \boldsymbol{i}_M^T \boldsymbol{\phi}_{MM}) \\
&\quad + \omega_n \begin{pmatrix} l_{1m}\boldsymbol{i}_1^T \boldsymbol{JQ}(\theta_\gamma)\boldsymbol{i}_1 + l_{2m}\boldsymbol{i}_2^T \boldsymbol{JQ}(\theta_\gamma)\boldsymbol{i}_2 + M_m \boldsymbol{i}_M^T \boldsymbol{JQ}(\theta_\gamma)\boldsymbol{i}_M \\ + (\boldsymbol{i}_1^T \boldsymbol{J}\boldsymbol{\phi}_{1m} + \boldsymbol{i}_2^T \boldsymbol{J}\boldsymbol{\phi}_{2m} - \boldsymbol{i}_c^T \boldsymbol{J}\boldsymbol{\phi}_{Mm}) \end{pmatrix}
\end{aligned} \tag{8.255}$$

(8.255) 式の右辺第4項に，(8.250) 式・トルク発生式を適用し，電気速度と機械速度に関する (8.71) 式を考慮すると，(8.251) 式を得る．∎

8.8.4 鉄損表現能力

提案モデルにおける等価鉄損抵抗が，単なる損失ではなく，固定子鉄損の特性を備えた損失を適切に表現しうるか否かの確認は，モデルの妥当性を検証する上で欠くことはできない．ここでは，この観点より，磁束ノルムが一定との条件下で，等価鉄損抵抗の損失表現能力を検討する．なお，定常状態では，磁束ノルム一定条件が必然的に満される．

まず，若干の準備をしておく．新前提 (f1) に従った，鉄損を発生する磁束は，(8.239) 式より $[\phi_{MM}+\phi_{Mm}]$ となる．本磁束のノルムが一定の場合には，すなわち次の (8.256a) 式が成立する場合には，つづく (8.256b), (8.256c) 式が成立する．

$$\|\phi_{MM}+\phi_{Mm}\| = \text{const} \tag{8.256a}$$

$$\boldsymbol{D}(s,\omega_\gamma)[\phi_{MM}+\phi_{Mm}] = \omega_n \boldsymbol{J}[\phi_{MM}+\phi_{Mm}] \tag{8.256b}$$

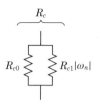

図 8.33 等価鉄損抵抗の詳細

$$\|\boldsymbol{D}(s,\omega_\gamma)[\phi_{MM}+\phi_{Mm}]\|=|\omega_n|\|\phi_{MM}+\phi_{Mm}\| \tag{8.256c}$$

また，等価鉄損抵抗を次のように 2 種の抵抗でより詳細に表現するものとする[20]．

$$\frac{1}{R_c}=\frac{1}{R_{c0}}+\frac{1}{R_{c1}|\omega_n|} \quad ; \quad \begin{array}{l} R_{c0}=\text{const} \\ R_{c1}=\text{const} \end{array} \tag{8.257}$$

図 8.33 からも理解されるように，上式は等価鉄損抵抗 R_c を 2 種の抵抗の並列配置による構成を，また上式右辺第 2 項に対応する抵抗は周波数比例特性を有する抵抗を意味する[20]．

以上の準備のもとに，損失の詳細評価に入る．(8.251) 式の右辺第 2 項として示された等価鉄損抵抗による損失は，(8.239) 式を用い次のように評価することもできる．

$$R_c\|\boldsymbol{i}_c\|^2=\frac{1}{R_c}\|\boldsymbol{D}(s,\omega_\gamma)[\phi_{MM}+\phi_{Mm}]\|^2 \tag{8.258}$$

(8.258) 式は，(8.256a) 式の条件下では，(8.256c) 式の適用により次式となる．

$$R_c\|\boldsymbol{i}_c\|^2=\frac{\omega_n^2}{R_c}\|\phi_{MM}+\phi_{Mm}\|^2 \tag{8.259}$$

(8.259) 式にさらに (8.257) 式を用いると，鉄損評価式として次式を得る．

$$R_c\|\boldsymbol{i}_c\|^2=\frac{\omega_n^2}{R_{c0}}\|\phi_{MM}+\phi_{Mm}\|^2+\frac{|\omega_n|}{R_{c1}}\|\phi_{MM}+\phi_{Mm}\|^2 \tag{8.260}$$

(8.260) 式の右辺第 1 項は渦電流損を，第 2 項はヒステリシス損を示すものとなっている．モータコアを構成する電磁鋼板の鉄損の主成分である渦電流損とヒステリシス損との定常特性に関しては，渦電流損は 2 乗磁束と 2 乗周波数の積に比例し，またヒステリシス損は 2 乗磁束と周波数の積に比例することが知られている[27]．(8.260) 式は，電磁鋼板のこの鉄損特性を適切に表現しており，しかも，このときの等価鉄損抵抗 R_{c0}, R_{c1} は磁束に依存しない定数となっている．鉄損が特に問題化する中高速域では渦電流損が支配的になるが，提案モデルによれば，基本的にこの等価抵抗を定数 $R_{c0}=\text{const}$ として表現できる．また，鉄損は上記のように 2 乗磁束などに比例するが，

等価鉄損抵抗の逆数が物理的意味の高いこれらの比例係数になっている。

8.8.5 同期座標系上の数学モデル

ベクトル制御系の設計などでは，dq 同期座標系上の数学モデルが有用である。本モデルは，(8.237)～(8.251) 式の $\gamma\delta$ 一般座標系上の数学モデルに対し，dq 同期座標系の条件（$\theta_\gamma = 0$, $\omega_\gamma = \omega_n$）を適用すると，次のように得られる。

【dq 同期座標系上の動的数学モデル】
回路方程式（第 1 基本式）

$$\begin{aligned}\boldsymbol{v}_1 &= R_1 \boldsymbol{i}_1 + D(s,\omega_n)l_1\boldsymbol{i}_1 + D(s,\omega_n)\boldsymbol{M}\boldsymbol{i}_M + \omega_n \boldsymbol{J}\boldsymbol{\phi}_{1m} \\ &= R_1 \boldsymbol{i}_1 + D(s,\omega_n)l_1\boldsymbol{i}_1 + D(s,\omega_n)\boldsymbol{M}\boldsymbol{i}_M + \boldsymbol{e}_{1m}\end{aligned} \quad (8.261)$$

$$\begin{aligned}\boldsymbol{v}_2 &= R_2 \boldsymbol{i}_2 + D(s,\omega_n)l_2\boldsymbol{i}_2 + D(s,\omega_n)\boldsymbol{M}\boldsymbol{i}_M + \omega_n \boldsymbol{J}\boldsymbol{\phi}_{2m} \\ &= R_2 \boldsymbol{i}_2 + D(s,\omega_n)l_2\boldsymbol{i}_2 + D(s,\omega_n)\boldsymbol{M}\boldsymbol{i}_M + \boldsymbol{e}_{2m}\end{aligned} \quad (8.262)$$

$$\begin{aligned}R_c\boldsymbol{i}_c &= D(s,\omega_n)\boldsymbol{M}\boldsymbol{i}_M + \omega_n \boldsymbol{J}\boldsymbol{\phi}_M \\ &= D(s,\omega_n)\boldsymbol{M}\boldsymbol{i}_M + \boldsymbol{e}_{Mm}\end{aligned} \quad (8.263)$$

$$\boldsymbol{i}_1 + \boldsymbol{i}_2 = \boldsymbol{i}_M + \boldsymbol{i}_c \quad (8.264)$$

トルク発生式（第 2 基本式）

$$\begin{aligned}\tau &= \tau_r + \tau_m \\ &= N_p(l_{1m}\boldsymbol{i}_1^T \boldsymbol{Q}(\pi/4)\boldsymbol{i}_1 + l_{2m}\boldsymbol{i}_2^T \boldsymbol{Q}(\pi/4)\boldsymbol{i}_2 + M_m \boldsymbol{i}_M^T \boldsymbol{Q}(\pi/4)\boldsymbol{i}_M) \\ &\quad + N_p(\boldsymbol{i}_1^T \boldsymbol{J}\boldsymbol{\phi}_{1m} + \boldsymbol{i}_2^T \boldsymbol{J}\boldsymbol{\phi}_{2m} - \boldsymbol{i}_c^T \boldsymbol{J}\boldsymbol{\phi}_{Mm}) \\ &= 2N_p(l_{1m}i_{1d}i_{1q} + l_{2m}i_{2d}i_{2q} + M_m i_{Md}i_{Mq}) \\ &\quad + N_p(\varPhi_1 i_{1q} + \varPhi_2 i_{2q} - \varPhi_M i_{cq})\end{aligned} \quad (8.265)$$

エネルギー伝達式（第 3 基本式）

$$\begin{aligned}p_{ef} &= \boldsymbol{i}_1^T \boldsymbol{v}_1 + \boldsymbol{i}_2^T \boldsymbol{v}_2 \\ &= (R_1 \|\boldsymbol{i}_1\|^2 + R_2 \|\boldsymbol{i}_2\|^2) + R_c \|\boldsymbol{i}_c\|^2 \\ &\quad + \frac{s}{2}(\boldsymbol{i}_1^T \boldsymbol{l}_1 \boldsymbol{i}_1 + \boldsymbol{i}_2^T \boldsymbol{l}_2 \boldsymbol{i}_2 + \boldsymbol{i}_M^T \boldsymbol{M} \boldsymbol{i}_M) + \omega_m \tau\end{aligned} \quad (8.266)$$

■

ただし，

$$\boldsymbol{i}_1 \equiv \begin{bmatrix} i_{1d} \\ i_{1q} \end{bmatrix}, \quad \boldsymbol{i}_2 \equiv \begin{bmatrix} i_{2d} \\ i_{2q} \end{bmatrix}, \quad \boldsymbol{i}_M \equiv \begin{bmatrix} i_{Md} \\ i_{Mq} \end{bmatrix}, \quad \boldsymbol{i}_c \equiv \begin{bmatrix} i_{cd} \\ i_{cq} \end{bmatrix} \quad (8.267)$$

$$\boldsymbol{M} \equiv \boldsymbol{M}(0), \quad \boldsymbol{l}_1 \equiv \boldsymbol{l}_1(0), \quad \boldsymbol{l}_2 \equiv \boldsymbol{l}_2(0) \quad (8.268)$$

8.9 ベクトルシミュレータ

8.9.1 ベクトルブロック線図

第8.4節において，鉄損を無視できる独立二重巻線PMSMのシミュレータの構築に際して説明したように，最近のシミュレーションソフトウェアの多くは，ブロック線図の描画を通じてプログラミングする方式を採用している。シミュレーションソフトウェアの利用を前提とするならば，ベクトル信号を用いたベクトルブロック線図の構築が，シミュレータの実質的構築を意味する。

また，同節において，次の2点を指摘した。

(a) 一般にモータのブロック線図は，電気系，トルク発生系，機械負荷系の3大部分系から構成される。

(b) 交流モータのブロック線図が簡潔な形で構成できるか否かは，関係式の展開に基づく電気系およびトルク発生系の構成いかんにかかっている。特に，数学モデル第1基本式をいかに展開するかが要となる。

再び図8.32の仮想ベクトルT形等価回路を考える。当該の仮想ベクトルT形等価回路は，3個のベクトル閉路を有する。基本的なベクトル閉路は，第1巻線側のベクトル閉路，第2巻線側のベクトル閉路，相互インダクタンス行列 $M(\theta_\gamma)$ と等価鉄損抵抗 R_c によるベクトル閉路である。第1巻線側のベクトル閉路，第2巻線のベクトル閉路としては，相互インダクタンス行列を経由するものと，等価鉄損抵抗を経由するものとが考えられる。

本書では，第1巻線側のベクトル閉路，第2巻線のベクトル閉路に相互インダクタンス行列 $M(\theta_\gamma)$ を含ませる形式に基づくベクトルブロック線図を，インダクタンス形ベクトルブロック線図と呼称する。代わって，等価鉄損抵抗 R_c をを含ませる形式に基づくベクトルブロック線図を，抵抗形ベクトルブロック線図と呼称する。

以下に，鉄損考慮を要する独立二重巻線PMSMを対象にした，$\gamma\delta$ 一般座標系上のベクトルブロック線図として，インダクタンス形と抵抗形を個別に提示する。これら提示は，電気系，トルク発生系の構成を中心にしたものとする。

8.9.2 インダクタンス形ベクトルブロック線図

A. インダクタンスA形ベクトルブロック線図

(a) 電気系

(8.237)～(8.249)式の回路方程式より，D因子付き固定子（鎖交）磁束 ϕ_1, ϕ_2 に着

目し，電気系を次のように構成する。

$$\begin{bmatrix} \boldsymbol{D}(s,\omega_\gamma)\boldsymbol{\phi}_1 \\ \boldsymbol{D}(s,\omega_\gamma)\boldsymbol{\phi}_2 \end{bmatrix} = \begin{bmatrix} \boldsymbol{v}_1 - R_1\boldsymbol{i}_1 \\ \boldsymbol{v}_2 - R_2\boldsymbol{i}_2 \end{bmatrix} \tag{8.269a}$$

$$\begin{bmatrix} \boldsymbol{\phi}_1 \\ \boldsymbol{\phi}_2 \end{bmatrix} \equiv \begin{bmatrix} \boldsymbol{\phi}_{1l} + \boldsymbol{\phi}_{MM} + \boldsymbol{\phi}_{1m} \\ \boldsymbol{\phi}_{2l} + \boldsymbol{\phi}_{MM} + \boldsymbol{\phi}_{2m} \end{bmatrix} \tag{8.269b}$$

第1, 第2巻線の電流 i_1, i_2 と固定子反作用磁束 ϕ_{1i}, ϕ_{2i} に関しては，(8.227), (8.240) ～(8.246) 式より，次の関係が成立している。

$$\begin{bmatrix} \boldsymbol{L}_1(\theta_\gamma)\boldsymbol{i}_1 + \boldsymbol{M}(\theta_\gamma)\boldsymbol{i}_2 \\ \boldsymbol{M}(\theta_\gamma)\boldsymbol{i}_1 + \boldsymbol{L}_2(\theta_\gamma)\boldsymbol{i}_2 \end{bmatrix} = \begin{bmatrix} \boldsymbol{\phi}_1 - \boldsymbol{\phi}_{1m} \\ \boldsymbol{\phi}_2 - \boldsymbol{\phi}_{2m} \end{bmatrix} + \begin{bmatrix} \boldsymbol{M}(\theta_\gamma)\boldsymbol{i}_c \\ \boldsymbol{M}(\theta_\gamma)\boldsymbol{i}_c \end{bmatrix}$$
$$= \begin{bmatrix} \boldsymbol{\phi}_{1i} + \boldsymbol{M}(\theta_\gamma)\boldsymbol{i}_c \\ \boldsymbol{\phi}_{2i} + \boldsymbol{M}(\theta_\gamma)\boldsymbol{i}_c \end{bmatrix} \tag{8.270}$$

$$\begin{bmatrix} \boldsymbol{\phi}_{1i} \\ \boldsymbol{\phi}_{2i} \end{bmatrix} \equiv \begin{bmatrix} \boldsymbol{\phi}_{1l} + \boldsymbol{\phi}_{MM} \\ \boldsymbol{\phi}_{2l} + \boldsymbol{\phi}_{MM} \end{bmatrix} \tag{8.271}$$

$$\boldsymbol{\phi}_{1m} = \Phi_1 \boldsymbol{u}(\theta_\gamma) \quad ; \Phi_1 = \text{const} \tag{8.272a}$$

$$\boldsymbol{\phi}_{2m} = \Phi_2 \boldsymbol{u}(\theta_\gamma) \quad ; \Phi_2 = \text{const} \tag{8.272b}$$

$$\boldsymbol{u}(\theta_\gamma) = \begin{bmatrix} \cos\theta_\gamma \\ \sin\theta_\gamma \end{bmatrix} \tag{8.272c}$$

第8.4節で提示した定理8.4(インダクタンス定理)を活用するならば，第1, 第2巻線の電流 i_1, i_2 は，(8.270) 式右辺を用い，次のように生成される。

$$\begin{bmatrix} \boldsymbol{i}_1 \\ \boldsymbol{i}_2 \end{bmatrix} = \begin{bmatrix} \boldsymbol{L}_1(\theta_\gamma) & \boldsymbol{M}(\theta_\gamma) \\ \boldsymbol{M}(\theta_\gamma) & \boldsymbol{L}_2(\theta_\gamma) \end{bmatrix}^{-1} \begin{bmatrix} \boldsymbol{\phi}_{1i} + \boldsymbol{M}(\theta_\gamma)\boldsymbol{i}_c \\ \boldsymbol{\phi}_{2i} + \boldsymbol{M}(\theta_\gamma)\boldsymbol{i}_c \end{bmatrix} \tag{8.273}$$

$$\begin{bmatrix} \boldsymbol{L}_1(\theta_\gamma) & \boldsymbol{M}(\theta_\gamma) \\ \boldsymbol{M}(\theta_\gamma) & \boldsymbol{L}_2(\theta_\gamma) \end{bmatrix}^{-1}$$
$$= \begin{bmatrix} \boldsymbol{L}_2(\theta_\gamma) & -\boldsymbol{M}(\theta_\gamma) \\ -\boldsymbol{M}(\theta_\gamma) & \boldsymbol{L}_1(\theta_\gamma) \end{bmatrix} \begin{bmatrix} \boldsymbol{\Delta}^{-1}(\theta_\gamma) & 0 \\ 0 & \boldsymbol{\Delta}^{-1}(\theta_\gamma) \end{bmatrix} \tag{8.274}$$
$$= \begin{bmatrix} \boldsymbol{\Delta}^{-1}(\theta_\gamma) & 0 \\ 0 & \boldsymbol{\Delta}^{-1}(\theta_\gamma) \end{bmatrix} \begin{bmatrix} \boldsymbol{L}_2(\theta_\gamma) & -\boldsymbol{M}(\theta_\gamma) \\ -\boldsymbol{M}(\theta_\gamma) & \boldsymbol{L}_1(\theta_\gamma) \end{bmatrix}$$

$$\boldsymbol{\Delta}^{-1}(\theta_\gamma) = \frac{\tilde{L}_i \boldsymbol{I} - \tilde{L}_m \boldsymbol{Q}(\theta_\gamma)}{\tilde{L}_i^2 - \tilde{L}_m^2} \tag{8.275a}$$

$$\tilde{L}_i \equiv (L_{1i}L_{2i} + L_{1m}L_{2m}) - (M_i^2 + M_m^2)$$
$$\tilde{L}_m \equiv (L_{1i}L_{2m} + L_{1m}L_{2i}) - 2M_i M_m \tag{8.275b}$$

固定子負荷電流 i_M, 固定子鉄損電流 i_c は, (8.239), (8.240) 式を改めた次の固定子電流 i_1, i_2 との関係に従い, 生成される。

$$\boldsymbol{D}(s,\omega_\gamma)[\boldsymbol{M}(\theta_\gamma)\boldsymbol{i}_M + \boldsymbol{\phi}_{Mm}] = R_c \boldsymbol{i}_c \tag{8.276a}$$

$$\boldsymbol{D}(s,\omega_\gamma)\boldsymbol{M}(\theta_\gamma)\boldsymbol{i}_M = R_c \boldsymbol{i}_c - \omega_n \boldsymbol{J}\boldsymbol{\phi}_{Mm} \tag{8.276b}$$

$$\boldsymbol{i}_c = \boldsymbol{i}_1 + \boldsymbol{i}_2 - \boldsymbol{i}_M \tag{8.276c}$$

(b) トルク発生系

発生トルク τ の生成には, (8.250) 式を用いる。

(c) 機械負荷系

モータの機械負荷系 (回転子およびこれに連結した機械負荷からなる系) は, 簡単のため, 次式で表現されるものとする。

$$\omega_m = \frac{1}{J_m s + D_m}\tau \tag{8.277}$$

ここに, J_m, D_m は, モータ内発生のトルク τ により駆動される機械負荷系の慣性モーメント, 粘性摩擦係数である。

(d) ベクトルブロック線図

(8.269)〜(8.276) 式を用いて電気系を, (8.250) 式を用いてトルク発生系を, (8.277) 式を用いて機械負荷系を構成するならば, 図8.34に示したインダクタンスA形ベクトルブロック線図が得られる。図中における太い信号線は2×1のベクトル信号を意味する。同図では, 図の輻輳を避けるため, 加算器への入力信号の極性は, 正の場合は極性記述を省略し, 負の場合のみ極性反転記号「－」を付している。また, 同様の理由により, D因子の逆行列を簡略表現している。さらには, D因子の逆行列の速度依存性, インダクタンス行列の位相依存性は, 関連信号の貫徹矢印で表現している。同図に使用されているD因子の逆行列は, 第8.4.3項の図8.10のように構成されている。

電流生成部は, 図8.35に示したように, 固定子電流生成部 (stator current producer) と負荷・鉄損電流生成部 (load-loss current producer) のフィードバック結合により実現されている。フィードバック結合により発生しうる「代数ループ」の発生を回避すべく, 固定子電流生成部と負荷・鉄損電流生成部の間には, ディジタル実現を想定した上で, 1離散化刻みの遅延 z^{-1} (破線表示) を挿入している。固定子電流生成部は, (8.273)〜(8.275) 式に基づき実現されている。具体的構造は, 図8.11と同一である。

負荷・鉄損電流生成部の詳細を図8.36に示した。負荷・鉄損電流生成部は, (8.276)

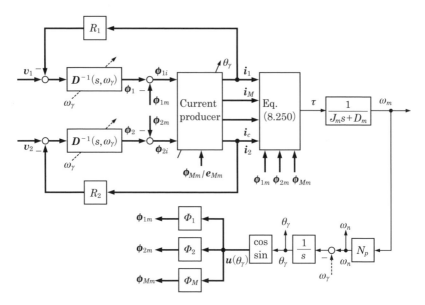

図 8.34 鉄損考慮を要する独立二重巻線 PMSM のインダクタンス A 形ベクトルブロック線図

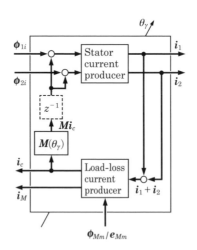

図 8.35 電流生成部の実現

式に基づき実現されている．図 8.36(a) は，入力信号として，第 1，第 2 巻線の固定子電流の和 $[i_1 + i_2]$ と相互回転子磁束 ϕ_{Mm} を用いた実現例を示している．代わって，同図 (b) は，入力信号として，第 1，第 2 巻線の固定子電流の和 $[i_1 + i_2]$ と相互誘起

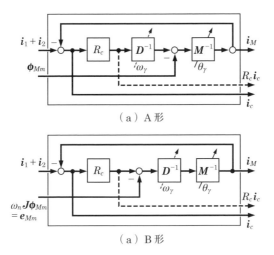

図 8.36　負荷・鉄損電流生成部の実現

電圧 e_{Mm} を用いた実現例を示している．このように，負荷・鉄損電流生成部は，相互回転子磁束 ϕ_{Mm}，相互誘起電圧 e_{Mm} のいずれを用いても実現される．この点を考慮し，図 8.34, 8.35 では，負荷・鉄損電流生成部への入力信号を ϕ_{Mm}/e_{Mm} と表記している．

なお，図 8.36 では，信号 $R_c i_c$ も出力するようにしているが，これは抵抗形ベクトルブロック線図での利用を考え用意したものである．このため，破線信号線を用いた．

B. インダクタンス B 形ベクトルブロック線図
(a)　電気系

(8.237)〜(8.249) 式の回路方程式より，D 因子付き固定子反作用磁束 ϕ_{1i}, ϕ_{2i} に着目し，電気系を次のように構成する．

$$\begin{bmatrix} D(s,\omega_\gamma)\phi_{1i} \\ D(s,\omega_\gamma)\phi_{2i} \end{bmatrix} = \begin{bmatrix} v_1 - R_1 i_1 - \omega_n J\phi_{1m} \\ v_2 - R_2 i_2 - \omega_n J\phi_{2m} \end{bmatrix}$$
$$= \begin{bmatrix} v_1 - R_1 i_1 - e_{1m} \\ v_2 - R_2 i_2 - e_{2m} \end{bmatrix} \quad (8.278)$$

固定子反作用磁束 ϕ_{1i}, ϕ_{2i} に対する以降の処理は，(8.270)〜(8.276) 式と同一である．

(b)　トルク発生系

発生トルク τ の生成には，(8.250) 式を用いる．

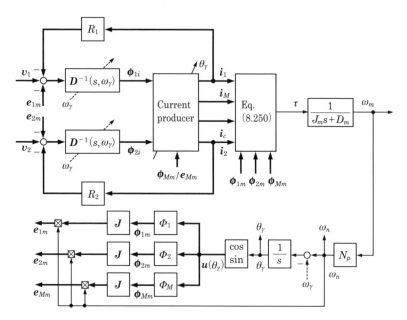

図 8.37 鉄損考慮を要する独立二重巻線 PMSM のインダクタンス B 形ベクトルブロック線図

(c) 機械負荷系

モータの機械負荷系には，(8.277) 式を用いる．

(d) ベクトルブロック線図

(8.278) 式に (8.273)～(8.276) 式を用いて電気系を，(8.250) 式を用いてトルク発生系を，(8.277) 式を用いて機械負荷系を構成するならば，図 8.37 に示したインダクタンス B 形ベクトルブロック線図が得られる．

(**注 8.13**) 図 8.35 に提示した電流生成部の構成において，等価鉄損抵抗 R_c を有する唯一のブロックである負荷・鉄損電流生成部を撤去する場合には，図 8.34, 8.37 のインダクタンス形ベクトルブロック線図は，「鉄損を無視できる独立二重巻線 PMSM のためのベクトルブロック線図」である図 8.9, 8.12 におのおの帰着する．

8.9.3 抵抗形ベクトルブロック線図

A. 抵抗 A 形ベクトルブロック線図

(a) 電気系

(8.237)～(8.249) 式の回路方程式より，D 因子に着目し，電気系を次のように構成

する。

$$D(s,\omega_\gamma)[l_1(\theta_\gamma)i_1 + [\phi_{1m} - \phi_{Mm}]] = v_1 - R_1 i_1 - R_c i_c \tag{8.279a}$$

$$D(s,\omega_\gamma)[l_2(\theta_\gamma)i_2 + [\phi_{2m} - \phi_{Mm}]] = v_2 - R_2 i_2 - R_c i_c \tag{8.279b}$$

(8.239), (8.240) 式の固定子電流 i_1, i_2, 固定子鉄損電流 i_c, 固定子負荷電流 i_M の関係を, D因子に着目し, 次のように改める。

$$D(s,\omega_\gamma)[M(\theta_\gamma)i_M + \phi_{Mm}] = R_c i_c \tag{8.280a}$$

$$D(s,\omega_\gamma)M(\theta_\gamma)i_M = R_c i_c - \omega_n J \phi_{Mm} \tag{8.280b}$$

$$i_c = i_1 + i_2 - i_M \tag{8.280c}$$

(b) トルク発生系

発生トルク τ の生成には, (8.250) 式を用いる。

(c) 機械負荷系

モータの機械負荷系は, (8.277) 式を利用する。

(d) ベクトルブロック線図

(8.279), (8.280) 式を用いて電気系を, (8.250) 式を用いてトルク発生系を, (8.277) 式を用いて機械負荷系を構成するならば, 図 8.38 に示した抵抗 A 形ベクトルブロック線図が得られる。負荷・鉄損電流生成部は, 図 8.36(a) または (b) のように構成されている。負荷・鉄損電流生成部は, 実線信号で表示した固定子負荷電流 i_M, 固定子鉄損電流 i_c に加えて, 破線信号線で表示した信号 $R_c i_c$ も出力している。

B. 抵抗 B 形ベクトルブロック線図

(a) 電気系

(8.237)〜(8.249) 式より, 電気系を次のように構成する。

$$D(s,\omega_\gamma)l_1(\theta_\gamma)i_1 = v_1 - R_1 i_1 - R_c i_c - \omega_n J[\phi_{1m} - \phi_{Mm}] \tag{8.281a}$$

$$D(s,\omega_\gamma)l_2(\theta_\gamma)i_2 = v_2 - R_2 i_2 - R_c i_c - \omega_n J[\phi_{2m} - \phi_{Mm}] \tag{8.281b}$$

(8.239), (8.240) 式の固定子電流 i_1, i_2, 固定子鉄損電流 i_c, 固定子負荷電流 i_M の関係を, D因子に着目し, (8.280) 式のように改める。

(b) トルク発生系

発生トルク τ の生成には, (8.250) 式を用いる。

(c) 機械負荷系

モータの機械負荷系には, (8.277) 式を用いる。

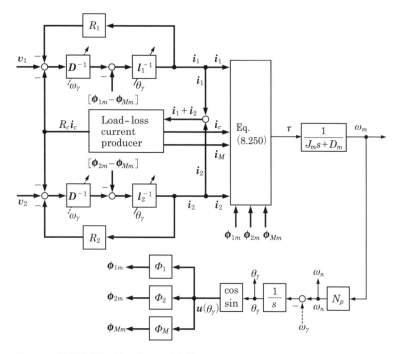

図 8.38　鉄損考慮を要する独立二重巻線 PMSM の抵抗 A 形ベクトルブロック線図

(d) ベクトルブロック線図

(8.280), (8.281) 式を用いて電気系を, (8.250) 式を用いてトルク発生系を, (8.277) 式を用いて機械負荷系を構成するならば, 図 8.39 に示した抵抗 B 形ベクトルブロック線図が得られる。

8.9.4　ベクトルシミュレータ

上に提示した独立二重巻線 PMSM のベクトルブロック線図を最近のシミュレーションソフトウェア上で描画するならば, これはただちに独立二重巻線 PMSM のための動的ベクトルシミュレータとなる。

特に, ベクトルブロック線図に対し αβ 固定座標系の条件 ($\omega_\gamma = 0$, $\theta_\gamma = \theta_\alpha$) を付すと, これは, 主軸 α 軸を固定子第 1 巻線 u 相の位相に合わせた αβ 固定座標系上のベクトルシミュレータとなる。本ベクトルシミュレータは, 独立二重巻線 PMSM の制御アルゴリズム開発のための制御対象としてただちに利用できる。また, 独立二重巻線 PMSM の電圧, 電流, 磁束, トルクなどの物理量の波形, 具体値の把握に有用

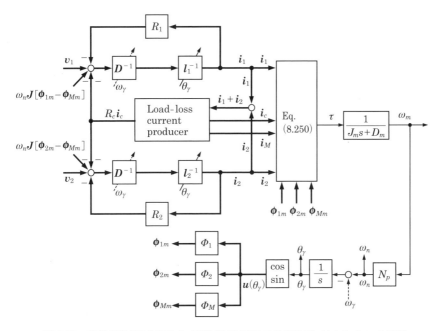

図 8.39　鉄損考慮を要する独立二重巻線 PMSM の抵抗 B 形ベクトルブロック線図

である。(8.251) 式のエネルギー伝達式を併用するならば，銅損，鉄損からなる総合損失の把握も可能となる。

　ベクトルブロック線図に対し dq 同期座標系の条件 ($\omega_\gamma = \omega_n$, $\theta_\gamma = 0$) を付すと，これは，主軸 d 軸を回転子永久磁石 N 極に位相差なく同期させた dq 同期座標系のためのベクトルシミュレータとなる。dq 同期座標系上のベクトルシミュレータは，各種磁束を含む内部物理量を直流に近い状態で観測する場合には，都合がよい。

　さらには，ベクトルブロック線図に対し，座標系速度を $\omega_\gamma = \omega_n$ とし，速度偏差 $\omega_n - \omega_\gamma$ に対する積分器の初期値を $\theta_\gamma \neq 0$ と選定する場合には，これは，位相ずれをもたせた揃速座標系上のベクトルシミュレータとなる。

8.9.5　応答例

　提案のベクトルシミュレータが，数学モデルが示した特性を模擬できるか検証した。このための対象特性としては，鉄損考慮を要する独立二重巻線 PMSM の最重要特性である鉄損特性とした。より具体的には，鉄損を一意に定める固定子鉄損電流とした。検証に使用するベクトルシミュレータは，インダクタンス A 形ベクトルブロック線

図を市販シミュレーションソフトフェア上で描画することにより，実現した。

A. 固定子鉄損電流の解析解

検証の準備として，数学モデルに基づき，固定子鉄損電流の解析解を求めておく。dq 同期座標系上では，数学モデルの (8.239)，(8.240) 式（または (8.263)，(8.264) 式）より次の関係を得る。

$$R_c \boldsymbol{i}_c = \boldsymbol{D}(s, \omega_n)\left[\boldsymbol{M}(0)[\boldsymbol{i}_1 + \boldsymbol{i}_2 - \boldsymbol{i}_c] + \Phi_M \begin{bmatrix} 1 \\ 0 \end{bmatrix}\right] \tag{8.282a}$$

$$[R_c \boldsymbol{I} + \boldsymbol{D}(s, \omega_n)\boldsymbol{M}(0)]\boldsymbol{i}_c = \boldsymbol{D}(s, \omega_n)\left[\boldsymbol{M}(0)[\boldsymbol{i}_1 + \boldsymbol{i}_2] + \Phi_M \begin{bmatrix} 1 \\ 0 \end{bmatrix}\right] \tag{8.282b}$$

上式より，固定子鉄損電流 $\boldsymbol{i}_c$ の解析解として次式を得る。

$$\boldsymbol{i}_c = [R_c \boldsymbol{I} + \boldsymbol{D}(s, \omega_n)\boldsymbol{M}(0)]^{-1}\left[\boldsymbol{D}(s, \omega_n)\boldsymbol{M}(0)[\boldsymbol{i}_1 + \boldsymbol{i}_2] + \begin{bmatrix} 0 \\ \omega_n \Phi_M \end{bmatrix}\right] \tag{8.283}$$

特に定常状態では，(8.283) 式は次式のように整理される。

$$\boldsymbol{i}_c = \frac{\omega_n}{R_c^2 + \omega_n^2 M_d M_q} \left[\begin{bmatrix} \omega_n M_d M_q & -R_c M_q \\ R_c M_d & \omega_n M_d M_q \end{bmatrix}[\boldsymbol{i}_1 + \boldsymbol{i}_2] + \begin{bmatrix} \omega_n M_q \\ R_c \end{bmatrix}\Phi_M\right] \tag{8.284}$$

B. モータパラメータ

検証に利用する供試 PMSM は，表 8.1 と同一とした。ただし，第 2 系統の電気パラメータは，簡単のため，第 1 系統の電気パラメータと同一とした。また，第 1 系統と第 2 系統は，d 軸，q 軸の漏れ係数 0.1 に対応する結合係数約 0.95 の強い磁気的結合をもつものとした。すなわち，

$$\sigma_d = \sigma_q = 0.1, \quad \kappa_d = \kappa_q = 0.9487 \tag{8.285a}$$

この場合の相互回転子磁束の磁束強度 Φ_M は，(8.234) 式より，次の値をとる。

$$\Phi_M = \sqrt{\kappa_d \Phi_1 \Phi_2} = 0.0326 \tag{8.285b}$$

また，等価鉄損抵抗は，検証に都合のよいように，比較的大きな鉄損を発生する次の値を利用した。

$$R_c = 10 \tag{8.285c}$$

C. ベクトル制御系の構成

供試 PMSM に対しベクトル制御系を構成し,第1,第2巻線の電流を任意に制御できるようにした。ベクトル制御系は,図 8.14 の「簡易なモード電流制御法に基づく電流制御系」に忠実に従って構成した。電流制御器の係数は,簡易なモード電流制御法のための設計法に従い,帯域幅 2 000〔rad/s〕が得られるように設計した(第 8.5.2,第 8.5.3 項参照)。供試 PMSM には負荷装置を連結し,供試 PMSM の速度は負荷装置で制御できるようにした。

供試 PMSM のためのベクトル制御系への電流指令値は,第 8.5.5 項の数値実験と同一の次のものとした。

$$i_{1d}^* = -100, \quad i_{1q}^* = 200$$
$$i_{2d}^* = -150, \quad i_{2q}^* = 300$$

第1,第2系統で異なる電流指令値は,電流の独立制御の様子を確認する上で都合がよい。

D. ゼロ速度での応答

(8.284) 式の解析解によれば,ゼロ速度 $\omega_{1n} = 0$ 〔rad/s〕では,固定子鉄損電流 i_c はゼロとなる。これは,(8.259) 式が意味する「ゼロ速度では鉄損はゼロ」という鉄損特性と整合している。

供試 PMSM のベクトルシミュレータが本特性を適切に示しうるか検証した。図 8.40 は,提案ベクトルシミュレータによるゼロ速度での応答である。同図 (a) は,電流制御応答値としての固定電流 i_1, i_2 を,同図 (b) は,このときの固定子鉄損電流の 10

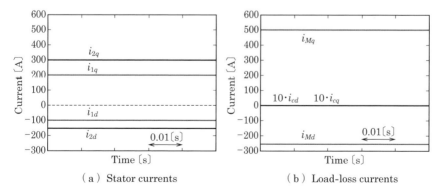

図 8.40 ゼロ速度での定常電流応答

倍値 $10 \cdot i_c$ と固定子負荷電流 i_M を示している．なお，4電流は，dq同期座標系上の信号へ変換し表示している（(8.267)式参照）．

同図より，次の応答特性が確認される（固定子鉄損電流のd軸，q軸要素は，ともにゼロとして重なっている）．

$$i_c = \begin{bmatrix} i_{cd} \\ i_{cq} \end{bmatrix} = \begin{bmatrix} 0 \\ 0 \end{bmatrix}$$

$$i_M = \begin{bmatrix} i_{Md} \\ i_{Mq} \end{bmatrix} = i_1 + i_2 - i_c = \begin{bmatrix} -250 \\ 500 \end{bmatrix}$$

上記は，所期の応答特性である．

E. 定格速度での応答

定格速度 $\omega_{1m} = 400, \omega_{2n} = 1\,600$〔rad/s〕での固定子鉄損電流 i_c を検証した．(8.284)式の定常解析解によれば，定格速度 $\omega_{2n} = 1\,600$〔rad/s〕での固定子鉄損電流 i_c は，次となる．

$$i_c = \begin{bmatrix} 0.000472 & -0.0346 \\ 0.0137 & 0.000472 \end{bmatrix} [i_1 + i_2] + \begin{bmatrix} 5.53 \\ 160 \end{bmatrix} \Phi_M$$

$$= \begin{bmatrix} -17.2 \\ 2.04 \end{bmatrix}$$

図 8.41 は，提案ベクトルシミュレータによる定格速度での応答である．波形の意味は，図 8.40 と同一である．同図より，次の特性を含め，電流応答と電流解析解との一致が確認される．

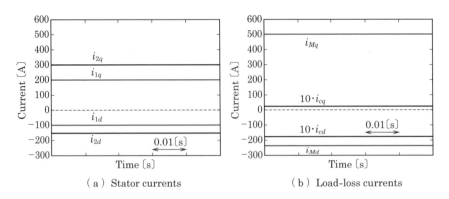

図 8.41 定格速度 400〔rad/s〕での定常電流応答

$$i_M = \begin{bmatrix} i_{Md} \\ i_{Mq} \end{bmatrix} = i_1 + i_2 - i_c = \begin{bmatrix} -233 \\ 498 \end{bmatrix}$$

　ベクトルシミュレータの応答例示は，紙幅の関係上，上記のゼロ速度と定格速度の2速度に限定したが，他の任意の速度において，ベクトルシミュレータ応答値と解析解との一致を確認している．

第9章

ハイブリッド界磁同期モータ

　EV（electric vehicle），HV（hybrid electric vehicle）などでは，低速大トルク駆動と高効率広範囲駆動の両機能が同時に要求される．PMSMにおいては，低速大トルク駆動と高効率広範囲駆動の両要求は相反する．相反の原因は，「回転子磁束強度が一定」というPMSM固有の機構にある．PMSMに回転子磁束の強度を変更できる可変界磁機能を付与できるならば，本相反は克服でき，低速大トルク駆動と高効率広範囲駆動とを同時に達成できる．このような可変界磁同期モータとして，回転子に永久磁石と界磁用巻線との両者を備え，励磁電流（界磁回路の電流）の直接的あるいは間接的制御を通じ回転子磁束強度を自在に変更できるようにしたハイブリッド界磁同期モータがある．本章では，この種のモータの駆動制御技術の要点を説明する．

9.1　背　景

　永久磁石同期モータ（PMSM）は，一般に，実質的な電圧制限のない定格速度近傍の速度領域で高効率駆動が可能である．また，低速域では，短時間であれば定格を超える大トルク発生も可能である．EV，HVのような用途では，低速域での大トルク発生と定格速度を超える広範囲駆動とが同時に要求される．PMSMによる場合にも，低速大トルク発生と広範囲駆動は可能であるが，実質的な電圧制限のある定格速度以上の高速域では，弱め磁束（弱め界磁）制御が必要とされ，ひいては，この速度域では駆動効率は著しく低下する．PMSMにおいても効率駆動と広範囲駆動とを同時に実現することは，可能である．しかし，この場合には，低速域での大トルク発生を放棄せざるをえない．上記の相反特性の本質的原因は，PMSMにおいては「回転子永久磁石による界磁が一定」というPMSM固有のモータ機構にある．

　本問題を解決すべく，近年，種々の可変界磁同期モータの試作が試みられている．その１つが，回転子に永久磁石に加えて界磁巻線をもたせ，界磁巻線への励磁

電流（excitation current）を回転子側より直接制御し，永久磁石と界磁巻線の両者による総合界磁を能動的に制御するようにした他励式ハイブリッド界磁同期モータ（separately-excited hybrid field synchronous motor, SepE-HFSM）である[1)-16)]。なお，以降では，本モータを他励式 HFSM と略称する。

他励式 HFSM に所期の駆動性能を発揮させるには，この動特性の理解が不可欠であり，動特性の理解には，本モータの数学モデルの構築，および構築モデルを用いた解析が有用かつ実際的である。他励式 HFSM の数学モデルとしては，2002 年に初等的な Amara モデルが提案され[5)]，2004 年に体系的な新中モデルが提案されている[14)]。

新中モデルは，電気回路としてのモータ特性を記述した回路方程式（第1基本式），トルク発生機としてのモータ特性を記述したトルク発生式（第2基本式），電気エネルギーを機械エネルギーへ変換するエネルギー変換機としてのモータ特性を記述したエネルギー伝達式（第3基本式）からなる数学モデルとなっている。当然のことながら，これら3基本式は数学的に互いに整合している。すなわち，自己整合性を有している。さらには，突極性を考慮した上で，$\alpha\beta$ 固定座標系，dq 同期座標系などの諸座標系を特別な場合として包含する $\gamma\delta$ 一般座標系上で構築されている。

モータの内部物理量の細部にわたる挙動理解，モータ駆動制御法の効率的開発には，動的なモータシミュレータが有用である。他励式 HFSM のモータシミュレータとしては，新中が，文献 14) を通じ，上記数学モデルをベースにしたベクトルシミュレータを提示している。同シミュレータは，突極特性を有しうる他励式 HFSM を対象に，内部物理量である各種磁束，固定子，回転子の電流，固定子巻線・回転子界磁巻線間の磁気的結合（相互誘導），トルク発生の様子などの内部物理量をベクトル形式で簡潔に表現したものになっている。

他励式 HFSM が製造できれば，ただちに高効率広範囲駆動が達成されるわけではない。他励式 HFSM の駆動は，固定子電流制御系と励磁電流制御系とからなるベクトル制御により行うことになる。他励式 HFSM においては，固定子電流・励磁電流と発生トルクとは，非線形な関係にあり，同一の発生トルクをもたらす固定子電流，励磁電流の組み合わせは無数存在する。このため，他励式 HFSM の高効率広範囲駆動には，電流制御法が重要となる。電流制御法は，大きくは，安定な電流制御系の設計法，高効率広範囲駆動を可能とする電流指令値の生成法（以下，電流指令法と略記）から構成される。

前者においては，固定子電流と励磁電流との間に発生する磁気的結合（相互誘導）に起因する固定子，回転子界磁の両電流制御系の不安定化を抑え込み，さらには広帯

域幅化を可能とする電流制御器の設計が要となる。しかしながら，この種の電流制御器設計法は十分に検討されていないようである。

後者に関する初等的検討は，文献3)～5)を通じAmaraらによりなされている。本格的検討は，文献15), 16)を通じ新中らによりなされている。文献15), 16)は，次の3電流指令法(a)～(c)を実機検証とともに提示している。(a) 実効的な電圧制限がない状況下で，指定トルクを発生しつつ，固定子巻線と回転子界磁巻線に生ずる総合銅損を最小化する電流指令法，(b) 実効的な電圧制限が存在する状況下で，電圧制限を満足した上で，指定トルクを発生しつつ，最小総合銅損を達成する電流指令法，(c) 電圧制限のために，与えられたトルク指令値に合致したトルク発生が不可能な駆動領域での最良トルクともいうべき，最大トルクをもたらす電流指令法。

他励式HFSMに対して，自励式ハイブリッド界磁同期モータ (self-excited hybrid field synchronous motor, SelE-HFSM) と呼ぶべき可変界磁同期モータが提案されている[20)-28)]。野中らにより1980年代前半に提案された初期のものは，巻線形同期モータに対して，回転子界磁巻線をダイオード短絡した上で，固定子より高周波誘導を介し界磁巻線を励磁するように改修したものである[17)-19)]。この自励式同期モータの高性能化を図るべく，ダイオード短絡界磁巻線に加えて回転子に永久磁石を併せもたせた自励式ハイブリッド界磁同期モータが，小山らにより1980年代後半に提示されている[20)]。なお，以降では，本モータを自励式HFSMと略称する。

自励式HFSMは，他励式HFSMに対し次の2特徴を有する。

(a) 回転子界磁回路は，固定子側からの高周波誘導と半波整流とにより励磁電流を受け，励磁される。換言するならば，励磁電流は固定子電流（高周波電流）を通じて間接的に制御される

(b) 回転子界磁は，機械的接触を要しない。

自励式HFSMに関する初期の回路方程式，回路形モータシミュレータは，小山らにより文献20), 21)を通じ，提案されている。自励式HFSMの界磁回路の特性解析は，励磁機構から推測されるように難解である[20), 21)]。難解原因の1つが，非線形な動的応答を創出するダイオード短絡界磁回路の抵抗の存在である[20), 21), 24)]。本難解性を解決した数学モデル，ベクトルシミュレータ（モータシミュレータ）は，新中により文献26), 27)を通じ，提案されている。新中の数学モデル，ベクトルシミュレータは，他励式HFSMのそれらを，自励式HFSMの特徴を取り込むべく改修したものである。この結果，新中による自励式HFSMの数学モデル，ベクトルシミュレータは，他励式HFSMのそれらの特徴を継承している。一方で，ベクトルシミュレータは，当初より

界磁回路の抵抗の存在を考慮しており，非線形な動的特性の模擬に成功している。これによれば種々の動的応答を再現・観察でき，ひいては新たな知見を得ることができる。

自励式 HFSM 駆動制御のための技術開発において基盤的に重要な数学モデル，モータシミュレータの完成により，センサレス駆動制御法のベースとなる回転子静止位相（初期位相）推定法の研究・開発が可能となった。初期の回転子静止位相推定法は，阿部らによるものである[24]。しかし，阿部法は，無数の座標系での電流印加，電圧検出・処理を伴う大変煩雑なものであった[24]。これに代わって，新中らは，より簡便な静止位相推定法を提案している[28]。新中法は，単一座標系上で回転高周波電圧を印加し，応答高周波電流の最大振幅をもたらす電流位相より，ただちに回転子静止位相を推定するものである[28]。

本章では，他励式 HFSM に関しては主として文献 14)～16) を参考に，自励式 HFSM に関しては主として文献 26)～28) を参考に，新たな知見を交えつつ HFSM 駆動制御技術の要点を説明する。

9.2 他励式 HFSM の数学モデル

9.2.1 統一固定子数学モデル

第 2.1.2 項で定義した図 2.3 の座標系を考える。以下に扱う電圧，電流，磁束を表現した 2×1 ベクトルは，任意の速度 ω_γ で回転する $\gamma\delta$ 一般座標系上で定義されているものとする。制御系設計のための数学モデル構築に必要な合理的な近似前提，すなわち第 2.1.1 項で導入した前提 (a)～(f) をここでも採用する。

本前提のもとでは，誘導モータ，PMSM，HFSM などの交流モータ共通の $\gamma\delta$ 一般座標系上の統一固定子数学モデルとして，回路方程式，トルク発生式，エネルギー伝達式の 3 式からなる次のモデルが得られる[32]。

【交流モータの $\gamma\delta$ 一般座標系上の統一固定子数学モデル】
回路方程式（第 1 基本式）
$$\boldsymbol{v}_1 = R_1 \boldsymbol{i}_1 + \boldsymbol{D}(s, \omega_\gamma)\boldsymbol{\phi}_1 \tag{9.1}$$
トルク発生式（第 2 基本式）
$$\tau = N_p \boldsymbol{i}_1^T \boldsymbol{J} \boldsymbol{\phi}_1 \tag{9.2}$$
エネルギー伝達式（第 3 基本式）
$$\boldsymbol{i}_1^T \boldsymbol{v}_1 = R_1 \|\boldsymbol{i}_1\|^2 + \boldsymbol{i}_1^T \boldsymbol{D}(s, \omega_\gamma)\boldsymbol{\phi}_1 \tag{9.3}$$

∎

ここに，2×1 ベクトル v_1, i_1, ϕ_1 は，$\gamma\delta$ 一般座標系上で定義された固定子電圧，固定子電流，および固定子鎖交磁束（固定子磁束と同義）であり，τ, N_p, R_1 は発生トルク，極対数，固定子巻線の抵抗（固定子抵抗）である。これらの定義は，PMSMの数学モデルの場合と同一である。

9.2.2　一般座標系上の数学モデル

永久磁石と界磁巻線とを併せもつ他励式ハイブリッド界磁回転子を考える。図9.1に，3座標系上の同回転子を概略的に描画した。第2.1.1項で導入した前提 (a)〜(f) に加え，永久磁石と界磁巻線との関係に関する次の前提 (g) を追加する。

(g) 永久磁石と界磁巻線による両磁束の位相は，正確に同相である。

前提 (g) のもとでは，固定子巻線に鎖交する磁束を，次のように $\gamma\delta$ 一般座標系上でモデル化することができる。

【他励式ハイブリッド界磁による固定子鎖交磁束の数学モデル】

$$\phi_1 = \phi_i + \phi_m + \phi_2 \tag{9.4}$$

$$\phi_i = [L_i \boldsymbol{I} + L_m \boldsymbol{Q}(\theta_\gamma)]\boldsymbol{i}_1 \tag{9.5}$$

$$\phi_m = \Phi \boldsymbol{u}(\theta_\gamma) \quad ; \Phi = \text{const} \tag{9.6}$$

$$\phi_2 = M i_2 \boldsymbol{u}(\theta_\gamma) \tag{9.7}$$

$$v_2 = (R_2 + sL_2)i_2 + sM(\boldsymbol{i}_1^T \boldsymbol{u}(\theta_\gamma)) \tag{9.8}$$

■

ここに，ϕ_i, ϕ_m, ϕ_2 は，おのおの，固定子電流に起因する反作用磁束，回転子永久磁石に起因する永久磁石磁束，回転子の界磁巻線に起因する界磁巻線磁束である。

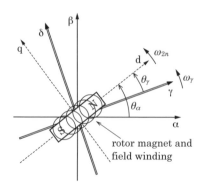

図9.1　3座標系とハイブリッド界磁回転子

(9.8) 式は，回転子界磁回路の動的関係を示したものであり，同式における v_2, i_2 は，回転子界磁回路の界磁電圧，界磁電流であり，R_2 は界磁巻線の抵抗（界磁抵抗）である。また，L_2, M は，おのおの，界磁インダクタンス，固定子・回転子間のd軸相互インダクタンス（d軸方向の相互インダクタンス）である。(9.4)～(9.8) 式における他の定義は，第2.1.3項で説明したPMSMの数学モデルにおける定義と同一である（(2.8)～(2.14) 式参照）。

回転子界磁巻線の動的関係を記述した (9.8) 式，界磁巻線磁束 ϕ_2 の固定子鎖交の様子を記述した (9.7) 式を撤去する場合には，(9.4)～(9.8) 式の固定子鎖交磁束モデルは，PMSMの固定子鎖交磁束モデルに帰着する（(2.2)～(2.4) 式参照）。

(9.4)～(9.8) 式を (9.1)～(9.3) 式に用いると，他励式HFSMの $\gamma\delta$ 一般座標系上の動的数学モデルを次のように構築することができる。

【他励式HFSMの $\gamma\delta$ 一般座標系上の数学モデル】
回路方程式（第1基本式）

$$\begin{aligned}\boldsymbol{v}_1 &= R_1\boldsymbol{i}_1 + \boldsymbol{D}(s,\omega_\gamma)\boldsymbol{\phi}_1 \\ &= R_1\boldsymbol{i}_1 + \boldsymbol{D}(s,\omega_\gamma)[\boldsymbol{\phi}_i + \boldsymbol{\phi}_2] + \omega_{2n}\boldsymbol{J}\boldsymbol{\phi}_m\end{aligned} \quad (9.9)$$

$$v_2 = (R_2 + sL_2)i_2 + sM(\boldsymbol{i}_1^T \boldsymbol{u}(\theta_\gamma)) \quad (9.10)$$

$$\boldsymbol{\phi}_1 = \boldsymbol{\phi}_i + \boldsymbol{\phi}_m + \boldsymbol{\phi}_2 \quad (9.11)$$

$$\boldsymbol{\phi}_i = [L_i\boldsymbol{I} + L_m\boldsymbol{Q}(\theta_\gamma)]\boldsymbol{i}_1 \quad (9.12)$$

$$\boldsymbol{\phi}_m = \boldsymbol{\varPhi}\boldsymbol{u}(\theta_\gamma) \quad ;\varPhi = \text{const} \quad (9.13)$$

$$\boldsymbol{\phi}_2 = M i_2 \boldsymbol{u}(\theta_\gamma) \quad (9.14)$$

トルク発生式（第2基本式）

$$\begin{aligned}\tau &= N_p \boldsymbol{i}_1^T \boldsymbol{J}\boldsymbol{\phi}_1 \\ &= N_p \boldsymbol{i}_1^T \boldsymbol{J}[L_m\boldsymbol{Q}(\theta_\gamma)\boldsymbol{i}_1 + \boldsymbol{\phi}_m + \boldsymbol{\phi}_2]\end{aligned} \quad (9.15)$$

エネルギー伝達式（第3基本式）

$$\begin{aligned}\boldsymbol{i}_1^T \boldsymbol{v}_1 &= R_1\|\boldsymbol{i}_1\|^2 + \frac{s}{2}(\boldsymbol{i}_1^T \boldsymbol{\phi}_i) + \boldsymbol{i}_1^T \boldsymbol{u}(\theta_\gamma)sMi_2 + \omega_{2m}\tau \\ &= R_1\|\boldsymbol{i}_1\|^2 + \frac{s}{2}(L_1\|\boldsymbol{i}_1\|^2 + L_m\boldsymbol{i}_1^T\boldsymbol{Q}(\theta_\gamma)\boldsymbol{i}_1) + \boldsymbol{i}_1^T \boldsymbol{u}(\theta_\gamma)sMi_2 + \omega_{2m}\tau\end{aligned} \quad (9.16\text{a})$$

$$i_2 v_2 = R_2 i_2^2 + \frac{s}{2}L_2 i_2^2 + i_2 sM(\boldsymbol{i}_1^T \boldsymbol{u}(\theta_\gamma)) \quad (9.16\text{b})$$

または，

$$\begin{aligned}
\boldsymbol{i}_1^T \boldsymbol{v}_1 + i_2 v_2 &= (R_1 \|\boldsymbol{i}_1\|^2 + R_2 i_2^2) + \frac{s}{2}(\boldsymbol{i}_1^T \boldsymbol{\phi}_i + L_2 i_2^2 + 2M \boldsymbol{i}_1^T \boldsymbol{u}(\theta_\gamma) i_2) + \omega_{2m}\tau \\
&= (R_1 \|\boldsymbol{i}_1\|^2 + R_2 i_2^2) \\
&\quad + \frac{s}{2}(L_i \|\boldsymbol{i}_1\|^2 + L_m \boldsymbol{i}_1^T \boldsymbol{Q}(\theta_\gamma)\boldsymbol{i}_1 + L_2 i_2^2 + 2M \boldsymbol{i}_1^T \boldsymbol{u}(\theta_\gamma) i_2) \\
&\quad + \omega_{2m}\tau \\
&= (R_1 \|\boldsymbol{i}_1\|^2 + R_2 i_2^2) \\
&\quad + \frac{s}{2}(l_d \|\boldsymbol{i}_1^T \boldsymbol{u}(\theta_\gamma)\|^2 + l_q \|\boldsymbol{i}_1^T \boldsymbol{J}\boldsymbol{u}(\theta_\gamma)\|^2 + l_2 i_2^2 + M \|\boldsymbol{i}_1 + i_2 \boldsymbol{u}(\theta_\gamma)\|^2) \\
&\quad + \omega_{2m}\tau
\end{aligned} \quad (9.17)$$

■

数学モデルにおける ω_{2n}, ω_{2m} は，(2.8) 式の関係を有する電気速度，機械速度である．また，エネルギー伝達式における漏れインダクタンスは，d 軸相互インダクタンス M を基準値とし，次のように定義されている．

$$\left.\begin{aligned} l_d &\equiv L_d - M \\ l_q &\equiv L_q - M \\ l_2 &\equiv L_2 - M \end{aligned}\right\} \quad (9.18)$$

(9.15) 式第 2 式のトルク発生式においては，右辺第 1 項が突極特性に起因したリラクタンストルクを，第 2 項が回転子永久磁石に起因したマグネットトルクを，第 3 項が回転子界磁巻線に起因した界磁トルクを意味している．(9.16)，(9.17) 式のエネルギー伝達式は，同式左辺に示した入力の瞬時電力がいかに消耗，蓄積，伝達されるかを示している．たとえば，(9.17) 式第 3 式においては，右辺第 1 項は固定子巻線と回転子の界磁巻線による銅損を，第 2 項は固定子インダクタンスおよび回転子界磁インダクタンスに蓄積された磁気エネルギーの瞬時変化を，第 2 項は軸出力である機械的電力を，おのおの意味している．

(9.16)，(9.17) 式は，物理的意味不明な因子は一切含んでいない，すなわち閉じた形をしている．(9.16)，(9.17) 式の構築には，回路方程式，トルク発生式も利用されている．たとえば，(9.16a) 式には，次の関係が利用されている．

$$\boldsymbol{i}_1^T \boldsymbol{D}(s,\omega_\gamma)\boldsymbol{\phi}_1 = \boldsymbol{i}_1^T[s\boldsymbol{I} + (\omega_\gamma - \omega_{2n})\boldsymbol{J}]\boldsymbol{\phi}_1 + \omega_{2n}\boldsymbol{i}_1^T \boldsymbol{J}\boldsymbol{\phi}_1 \quad (9.19)$$

$$\begin{aligned}
&\boldsymbol{i}_1^T[s\boldsymbol{I}+(\omega_\gamma-\omega_{2n})\boldsymbol{J}]\boldsymbol{\phi}_1\\
&=\boldsymbol{i}_1^T[s\boldsymbol{I}+(\omega_\gamma-\omega_{2n})\boldsymbol{J}][\boldsymbol{\phi}_i+\boldsymbol{\phi}_m+\boldsymbol{\phi}_2]\\
&=\boldsymbol{i}_1^T[s\boldsymbol{I}+(\omega_\gamma-\omega_{2n})\boldsymbol{J}][\boldsymbol{\phi}_i+\boldsymbol{\phi}_2]\\
&=\boldsymbol{i}_1^T[(\omega_{2n}-\omega_\gamma)L_m\boldsymbol{J}\boldsymbol{Q}(\theta_\gamma)\boldsymbol{i}_1+[L_i\boldsymbol{I}+L_m\boldsymbol{Q}(\theta_\gamma)]s\boldsymbol{i}_1]+\boldsymbol{i}_1^T\boldsymbol{u}(\theta_\gamma)sMi_2\\
&=\frac{L_i}{2}s\|\boldsymbol{i}_1\|^2+\frac{L_m}{2}\boldsymbol{i}_1^T[2(\omega_{2n}-\omega_\gamma)\boldsymbol{J}\boldsymbol{Q}(\theta_\gamma)\boldsymbol{i}_1+2\boldsymbol{Q}(\theta_\gamma)s\boldsymbol{i}_1]+\boldsymbol{i}_1^T\boldsymbol{u}(\theta_\gamma)sMi_2\\
&=\frac{s}{2}(L_i\|\boldsymbol{i}_1\|^2+L_m(\boldsymbol{i}_1^T\boldsymbol{Q}(\theta_\gamma)\boldsymbol{i}_1))+\boldsymbol{i}_1^T\boldsymbol{u}(\theta_\gamma)sMi_2\\
&=\frac{s}{2}(\boldsymbol{i}_1^T\boldsymbol{\phi}_i)+\boldsymbol{i}_1^T\boldsymbol{u}(\theta_\gamma)sMi_2
\end{aligned} \quad (9.20)$$

$$\omega_{2n}\boldsymbol{i}_1^T\boldsymbol{J}\boldsymbol{\phi}_1=\omega_{2m}\tau \quad (9.21)$$

回路方程式,トルク発生式の関係を用いて構築されたエネルギー伝達式が閉じた形をしているということは,動的数学モデルを構成する3基本式((9.9)~(9.17)式)が矛盾なく整合していること,ひいては自己整合性を有していることを意味する。

他励式 HFSM は,励磁電流 i_2 を常時ゼロとする場合には,原理的に,PMSM と同一の挙動をする。上記の数学モデルは,本事実に整合する形で,常時 $i_2=0$ とする場合には PMSM の数学モデルに帰着する（(2.1)~(2.7) 式参照）。

主軸 α 軸を固定子巻線 u 相の中心に一致させた αβ 固定座標系は,γδ 一般座標系の特別の場合,すなわち条件 $\omega_\gamma=0,\ \theta_\gamma=\theta_\alpha$ を付した特別の場合として扱える（図 9.1 参照）。(9.9)~(9.17) 式に αβ 固定座標系の条件（$\omega_\gamma=0,\ \theta_\gamma=\theta_\alpha$）を付すと αβ 固定座標系上の動的数学モデルをただちに得ることができる。同数学モデルは,D 因子を微分演算子 s で形式置換するだけで得られる。

9.2.3 同期座標系上の数学モデル

主軸 d 軸を回転子 N 極に位相差なく同期させた dq 同期座標系は,γδ 一般座標系の特別の場合,すなわち条件 $\omega_\gamma=\omega_{2n},\ \theta_\gamma=0$ を付した特別の場合として扱える（図 9.1 参照）。(9.9)~(9.17) 式に dq 同期座標系の条件（$\omega_\gamma=\omega_{2n},\ \theta_\gamma=0$）を付すと,dq 同期座標系上の動的数学モデルを次のように得る。

【他励式 HFSM の dq 同期座標系上の数学モデル】
回路方程式（第 1 基本式）

$$\begin{bmatrix}v_d\\v_q\\v_2\end{bmatrix}=\begin{bmatrix}R_1+sL_d & -\omega_{2n}L_q & sM\\ \omega_{2n}L_d & R_1+sL_q & \omega_{2n}M\\ sM & 0 & R_2+sL_2\end{bmatrix}\begin{bmatrix}i_d\\i_q\\i_2\end{bmatrix}+\begin{bmatrix}0\\ \omega_{2n}\Phi\\0\end{bmatrix} \quad (9.22\mathrm{a})$$

または，

$$\begin{bmatrix} v_2 \\ v_d \\ v_q \end{bmatrix} = \begin{bmatrix} R_2 + sL_2 & sM & 0 \\ sM & R_1 + sL_d & -\omega_{2n}L_q \\ \omega_{2n}M & \omega_{2n}L_d & R_1 + sL_q \end{bmatrix} \begin{bmatrix} i_2 \\ i_d \\ i_q \end{bmatrix} + \begin{bmatrix} 0 \\ 0 \\ \omega_{2n}\Phi \end{bmatrix} \quad (9.22\mathrm{b})$$

トルク発生式（第2基本式）

$$\tau = N_p(2L_m i_d + \Phi + M i_2) i_q \quad (9.23)$$

エネルギー伝達式（第3基本式）

$$\begin{aligned}
\boldsymbol{i}_1^T \boldsymbol{v}_1 + i_2 v_2 &= (R_1 \|\boldsymbol{i}_1\|^2 + R_2 i_2^2) \\
&\quad + \frac{s}{2}(l_d i_d^2 + l_q i_q^2 + l_2 i_2^2 + M((i_d + i_2)^2 + i_q^2)) + \omega_{2m}\tau \\
&= (R_1 \|\boldsymbol{i}_1\|^2 + R_2 i_2^2) \\
&\quad + \frac{s}{2}(L_q i_q^2 + M(i_d + i_2)^2 + l_d i_d^2 + l_2 i_2^2) + \omega_{2m}\tau
\end{aligned} \quad (9.24)$$

■

数学モデルにおける固定子の電圧，電流の脚符 d, q は，おのおのd軸，q軸要素を意味する．(9.22b) 式は，第1〜2行が固定子側のd軸と回転子側の界磁との電気回路的関係を表現し，第2〜3行が固定子側のd軸とq軸との電気回路的関係を表現している．

9.3　他励式 HFSM のベクトルシミュレータ

9.3.1　界磁回路の再構成

第8.4，第8.9節において指摘したように，最近のシミュレーションソフトウェアの多くは，ブロック線図の描画を通じてプログラミングする方式を採用している．シミュレーションソフトウェアの利用を前提とするならば，他励式 HFSM のベクトル信号を用いたベクトルブロック線図の構築が，モータシミュレータの実質的構築を意味する．

また，同節において，次の2点を指摘した．
(a) 一般にモータのブロック線図は，電気系，トルク発生系，機械負荷系の3大部分系から構成される．
(b) 交流モータのブロック線図が簡潔な形で構成できるか否かは，関係式の展開に基づく電気系およびトルク発生系の構成いかんにかかっている．特に，数学モデル第1基本式をいかに展開するかが要となる．

9.3 他励式 HFSM のベクトルシミュレータ

以下に，他励式 HFSM を対象に，電気系，トルク発生系の構成を中心に，$\gamma\delta$ 一般座標系上のベクトルブロック線図の詳細を与える。

他励式 HFSM の最大の特色は，(9.4)～(9.8) 式で表現され 3 磁束 ϕ_i, ϕ_m, ϕ_2 による固定子巻線，界磁巻線の磁気的結合（相互誘導）にある。ブロック線図の上記特色 (b) に併せて本特色を考慮するならば，他励式 HFSM のためのベクトルブロック線図の成否は，3 磁束による磁気的結合（相互誘導）を表現した数学モデルにおける回路方程式の展開が特に重要であることが，認識される。本認識を踏まえ，ベクトルブロック線図構築の準備として，回路方程式を構成する回転子界磁回路の動特性を表現した (9.10) 式を，固定子巻線，界磁巻線の磁束による磁気的結合（相互誘導）に留意して構成しなおす。

(9.10) 式の回転子界磁回路は，次のように再構成される。

$$v_2 = R_2 i_2 + s\phi_2' \tag{9.25}$$

$$\begin{aligned}\phi_2' &= \frac{M}{L_d}(L_d \boldsymbol{i}_1^T \boldsymbol{u}(\theta_\gamma) + Mi_2) + l_2' i_2 \\ &= \frac{M}{L_d}[\boldsymbol{\phi}_i + \boldsymbol{\phi}_2]^T \boldsymbol{u}(\theta_\gamma) + l_2' i_2\end{aligned} \tag{9.26}$$

$$l_2' \equiv \frac{L_2 L_d - M^2}{L_d} = L_2 - \frac{M^2}{L_d} \tag{9.27}$$

回転子界磁回路から見た場合，動的変化をする磁束は，巻線への電流により発生した磁束のみとなる。巻線への電流により発生した磁束である ϕ_i, ϕ_2 は，固定子巻線への鎖交の立場で，かつ $\gamma\delta$ 一般座標系上で評価したものであるが，これらは界磁巻線にも鎖交している。(9.26) 式の第 2 式はこの様子を陽に捉えている。なお，ϕ_2' は回転子界磁巻線へのスカラ鎖交磁束（界磁巻線鎖交磁束）を，係数 M/L_d は鎖交の強さを，l_2' は等価的な漏れインダクタンスを，おのおの意味している。

9.3.2 A 形ベクトルブロック線図

以上の準備のもとに，電気系，トルク発生系，機械負荷系を次のように構成する。

(a) 電気系

まず，固定子側から考える。固定子鎖交磁束 ϕ_1 に着目し，固定子鎖交磁束と固定子電圧の関係に関しては交流モータの原式 (9.1) 式（すなわち (9.9) 式第 1 式）を用いる。回転子の永久磁石に起因し，固定子巻線に鎖交する永久磁石磁束 ϕ_m に関しては，(9.13) 式を用いる。ϕ_1 と ϕ_m とに対する磁束 $[\phi_1 + \phi_2]$ の関係は，(9.11) 式を用いる。$[\phi_1 + \phi_2]$ と ϕ_2 とに対する ϕ_i の関係も，(9.11) 式を用いる。ϕ_i と固定子電流との関係は，(9.12) 式を用いる。この際，回転子位相に関し，鏡行列 $\boldsymbol{Q}(\theta_\gamma)$ と ϕ_m と

の位相的整合性を図る。

次に，回転子側を考える。界磁電圧 v_2 と新たに定義した界磁巻線鎖交磁束 ϕ'_2 とを (9.25) 式を用いて関係づける。ϕ'_2 と $[\phi_1+\phi_2]$ とに対する界磁巻線の漏れ磁束 $(l'_2 i'_2)$ を考え，これらを (9.26) 式第2式を用いて関係づける。励磁電流 i_2 は，漏れ磁束 $(l'_2 i'_2)$ より関係づける。

以上の関係づけより，他励式 HFSM 数学モデルの回路方程式（第1基本式）である (9.9)～(9.14) 式は，次の11基本要素へ展開することができる。

固定子電気系

$$\phi_1 = \boldsymbol{D}^{-1}(s,\omega_\gamma)[\boldsymbol{v}_1 - R_1 \boldsymbol{i}_1] \tag{9.28}$$

$$\theta_\gamma = \frac{1}{s}(\omega_{2n} - \omega_\gamma) \tag{9.29}$$

$$\boldsymbol{u}(\theta_\gamma) = \begin{bmatrix} \cos\theta_\gamma \\ \sin\theta_\gamma \end{bmatrix} \tag{9.30}$$

$$\boldsymbol{\phi}_m = \Phi \boldsymbol{u}(\theta_\gamma) \quad ; \Phi = \mathrm{const} \tag{9.31}$$

$$[\boldsymbol{\phi}_i + \boldsymbol{\phi}_2] = \boldsymbol{\phi}_1 - \boldsymbol{\phi}_m \tag{9.32}$$

$$\boldsymbol{\phi}_i = [\boldsymbol{\phi}_i + \boldsymbol{\phi}_2] - \boldsymbol{\phi}_2 \tag{9.33}$$

$$\boldsymbol{\phi}_2 = M i_2 \boldsymbol{u}(\theta_\gamma) \tag{9.34}$$

$$\boldsymbol{Q}(\theta_\gamma) = \boldsymbol{Q}(0)\begin{bmatrix} \boldsymbol{u}^T(\theta_\gamma) \\ -\boldsymbol{u}^T(\theta_\gamma)\boldsymbol{J} \end{bmatrix}^2 \tag{9.35}$$

$$\boldsymbol{i}_1 = \frac{[L_i \boldsymbol{I} - L_m \boldsymbol{Q}(\theta_\gamma)]}{L_i^2 - L_m^2} \boldsymbol{\phi}_i \tag{9.36}$$

回転子電気系

$$\phi'_2 = \frac{1}{s}(v_2 - R_2 i_2) \tag{9.37}$$

$$(l'_2 i_2) = \phi'_2 - \frac{M}{L_d}[\boldsymbol{\phi}_i + \boldsymbol{\phi}_2]^T \boldsymbol{u}(\theta_\gamma) \tag{9.38}$$

$$i_2 = \frac{(l'_2 i_2)}{l'_2} \tag{9.39}$$

(b) トルク発生系

他励式 HFSM の発生トルク τ は，簡明な実現を図るべく，統一モデル原式 (9.2) 式，換言するならば他励式 HFSM 数学モデルのトルク発生式である (9.15) 式第1式を用いる。すなわち，

$$\tau = N_p i_1^T J \phi_1 \tag{9.40}$$

(c) 機械負荷系

他励式 HFSM の機械負荷系（回転子およびこれに連結した機械負荷からなる系）の動特性は，簡単のため，次式で表現されるものとする．

$$\omega_{2m} = \frac{1}{J_m s + D_m} \tau \tag{9.41}$$

ここに，J_m, D_m は，他励式 HFSM 発生のトルク τ により駆動される機械負荷系の慣性モーメント，粘性摩擦係数である．

(d) ブロック線図

(9.28)〜(9.39) 式を用いて電気系を，(9.40) 式を用いてトルク発生系を，(9.41) 式を用いて機械負荷系を構成するならば，図 9.2 に示した A 形ベクトルブロック線図が得られる．描画ルールは，第 8.4，第 8.9 節などの場合と同一である．$\gamma\delta$ 一般座標系の速度 ω_γ を示すスカラ信号線は，同ルールに従い，破線で示している．逆 D 因子 $\boldsymbol{D}^{-1}(s, \omega_\gamma)$ の実現法は，図 8.10 のとおりである．

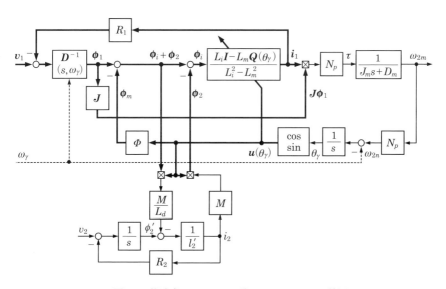

図 9.2 他励式 HFSM の A 形ベクトルブロック線図

9.3.3　B形ベクトルブロック線図
(a)　電気系

他励式 HFSM 数学モデルを構成する回路方程式（第1基本式）の (9.9) 式第2式に基づいて，磁束 $[\phi_i + \phi_2]$ に着目し，さらに A 形ベクトルブロック線図の構築に際し展開した (9.29)～(9.31) 式，(9.33)～(9.39) 式を活用するならば，11 基本要素から構成される次の電気系を得ることができる．

固定子電気系

$$[\phi_i + \phi_2] = \boldsymbol{D}^{-1}(s, \omega_\gamma)[\boldsymbol{v}_1 - R_1 \boldsymbol{i}_1 - \omega_{2n} \boldsymbol{J} \boldsymbol{\phi}_m] \tag{9.42}$$

$$\theta_\gamma = \frac{1}{s}(\omega_{2n} - \omega_\gamma) \tag{9.43}$$

$$\boldsymbol{u}(\theta_\gamma) = \begin{bmatrix} \cos\theta_\gamma \\ \sin\theta_\gamma \end{bmatrix} \tag{9.44}$$

$$\boldsymbol{\phi}_m = \Phi \boldsymbol{u}(\theta_\gamma) \quad ; \Phi = \text{const} \tag{9.45}$$

$$\boldsymbol{\phi}_i = [\phi_i + \phi_2] - \boldsymbol{\phi}_2 \tag{9.46}$$

$$\boldsymbol{\phi}_2 = M i_2 \boldsymbol{u}(\theta_\gamma) \tag{9.47}$$

$$\boldsymbol{Q}(\theta_\gamma) = \boldsymbol{Q}(0) \begin{bmatrix} \boldsymbol{u}^T(\theta_\gamma) \\ -\boldsymbol{u}^T(\theta_\gamma)\boldsymbol{J} \end{bmatrix}^2 \tag{9.48}$$

$$\boldsymbol{i}_1 = \frac{[L_i \boldsymbol{I} - L_m \boldsymbol{Q}(\theta_\gamma)]}{L_i^2 - L_m^2} \boldsymbol{\phi}_i \tag{9.49}$$

回転子電気系

$$\phi_2' = \frac{1}{s}(v_2 - R_2 i_2) \tag{9.50}$$

$$(l_2' i_2) = \phi_2' - \frac{M}{L_d}[\phi_i + \phi_2]^T \boldsymbol{u}(\theta_\gamma) \tag{9.51}$$

$$i_2 = \frac{(l_2' i_2)}{l_2'} \tag{9.52}$$

(b)　ブロック線図

(9.42)～(9.52) 式を用いて電気系を，(9.40) 式を用いてトルク発生系を，(9.41) 式を用いて機械負荷系を構成するならば，図 9.3 の B 形ベクトルブロック線図を得ることができる．本ベクトルブロック線図は，誘起電圧（逆起電力，速度起電力）が入力端にフィードバックされる構造となっている点に特色がある．

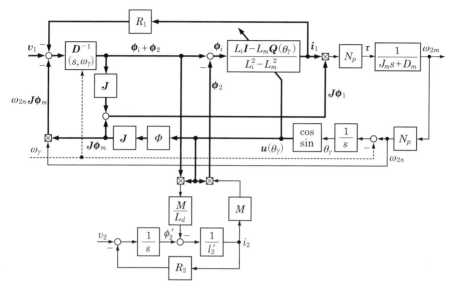

図 9.3 他励式 HFSM の B 形ベクトルブロック線図

9.3.4 ベクトルシミュレータ

以上に提示した他励式 HFSM の A 形,B 形の各ベクトルブロック線図に,αβ 固定座標系の条件 ($\omega_\gamma = 0$, $\theta_\gamma = \theta_\alpha$) を付与する場合には,これは αβ 固定座標系上のベクトルブロック線図となる。αβ 固定座標系上のベクトルブロック線図は,他励式 HFSM のベクトルシミュレータとしてただちに活用することができる。すなわち,最近のシミュレーションソフトウェアの多くは,ブロック線図の描画を通じてプログラミングする方式を採用しているが,この種のシミュレーションソフトウェア上で αβ 固定座標系上のベクトルブロック線図を描画すれば,ただちに,他励式 HFSM のベクトルシミュレータを得ることができる。

また,A 形,B 形の各ベクトルブロック線図に,dq 同期座標系の条件 ($\omega_\gamma = \omega_{2n}$, $\theta_\gamma = 0$) を付与する場合には,これは dq 同期座標系のためのベクトルブロック線図ひいてはベクトルシミュレータとなる。dq 同期座標系のためのベクトルブロック線図は,制御器設計を検討する場合には都合のよいブロック図である。同ブロック線図において,速度偏差 $\omega_{2n} - \omega_\gamma$ に対する積分器の初期値を $\theta_\gamma \neq 0$ と選定する場合には,これは,位相ずれをもたせた dq 同期座標系のためのベクトルブロック線図ひいてはベクトルシミュレータとなる。

9.4 他励式 HFSM の電流制御

他励式 HFSM に対する基本的なベクトル制御系の構造を図 9.4 に示す。他励式 HFSM は，固定子と回転子の電圧・電流を考える場合，3 種の電圧印加と 3 種の電流応答からなる 3 入力 3 出力（3×3）システムとなる。これに対応して，フィードバック電流制御器は，3×3 入出力となる。ここで考える問題は，固定子電流偏差と励磁電流偏差を入力とし，対応の電圧指令値を出力する 3×3 電流制御器（3-input 3-output current controller）の設計である。

dq 同期座標系上の回路方程式すなわち (9.22b) 式を (9.53) 式として次に再記した。

$$\begin{bmatrix} v_2 \\ v_d \\ v_q \end{bmatrix} = \begin{bmatrix} R_2 + sL_2 & sM & 0 \\ sM & R_1 + sL_d & -\omega_{2n}L_q \\ \omega_{2n}M & \omega_{2n}L_d & R_1 + sL_q \end{bmatrix} \begin{bmatrix} i_2 \\ i_d \\ i_q \end{bmatrix} + \begin{bmatrix} 0 \\ 0 \\ \omega_{2n}\Phi \end{bmatrix} \tag{9.53}$$

独立二重巻線 PMSM の厳密なモード電流制御を参考にするならば（第 8.6 節参照），(9.53) 式は，次のように書き改める。

$$\begin{bmatrix} v_2 \\ v_d \\ v_q \end{bmatrix} = \begin{bmatrix} v_2 \\ \tilde{v}_d \\ \tilde{v}_q \end{bmatrix} + \begin{bmatrix} 0 \\ \Delta v_d \\ \Delta v_q \end{bmatrix} \tag{9.54a}$$

$$\begin{bmatrix} v_2 \\ \tilde{v}_d \\ \tilde{v}_q \end{bmatrix} \equiv \begin{bmatrix} R_2 + sL_2 & sM & 0 \\ sM & R_1 + sL_d & 0 \\ 0 & 0 & R_1 + sL_q \end{bmatrix} \begin{bmatrix} i_2 \\ i_d \\ i_q \end{bmatrix} \tag{9.54b}$$

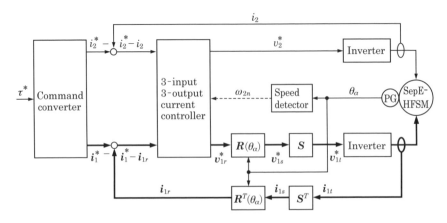

図 9.4 他励式 HFSM のためのベクトル制御系

$$\begin{bmatrix} \Delta v_d \\ \Delta v_q \end{bmatrix} \equiv \omega_{2n} \begin{bmatrix} -L_q i_q \\ M i_2 + L_d i_d + \Phi \end{bmatrix} \tag{9.54c}$$

(9.54b) 式の第 1~2 行の関係は,形式的に (8.153) 式と同一である.この同一性を活用するならば,励磁電流,d 軸電流制御のための 2×2 電流制御器として,(8.156), (8.159)~(8.161) 式よりただちに次を得る.

【励磁・d 軸電流制御器】

$$\left. \begin{array}{l} \begin{bmatrix} v_2^* \\ \tilde{v}_d^* \end{bmatrix} = \boldsymbol{G}(s) \begin{bmatrix} i_2^* - i_2 \\ i_d^* - i_d \end{bmatrix} \\ \boldsymbol{G}(s) \equiv \boldsymbol{K}_v \boldsymbol{T} \boldsymbol{G}_{fs}(s) \boldsymbol{T}^{-1} \end{array} \right\} \tag{9.55}$$

ただし,

$$\boldsymbol{T} = K_T \begin{bmatrix} 1 & \sqrt{\dfrac{R_1}{R_2}} t_d \\ -\sqrt{\dfrac{R_2}{R_1}} t_d & 1 \end{bmatrix} \tag{9.56a}$$

$$t_d \equiv \frac{T_2 - T_d + T_w}{2 T_m} \tag{9.56b}$$

$$K_T \equiv \frac{1}{\sqrt{1 + t_d^2}} \tag{9.56c}$$

$$\left. \begin{array}{l} T_d \equiv \dfrac{L_d}{R_1}, \quad T_2 \equiv \dfrac{L_2}{R_2}, \quad T_m \equiv \dfrac{M}{\sqrt{R_1 R_2}} \\ T_w \equiv \sqrt{(T_d - T_2)^2 + 4 T_m^2} \end{array} \right\} \tag{9.56d}$$

$$\boldsymbol{G}_{fs}(s) \equiv \begin{bmatrix} G_f(s) & 0 \\ 0 & G_s(s) \end{bmatrix} \tag{9.57a}$$

$$\left. \begin{array}{l} G_f(s) = K_{fp} + \dfrac{K_{fi}}{s} \\ G_s(s) = K_{sp} + \dfrac{K_{si}}{s} \end{array} \right\} \tag{9.57b}$$

$$\boldsymbol{K}_v = \begin{bmatrix} \dfrac{R_2}{K_R} & 0 \\ 0 & \dfrac{R_1}{K_R} \end{bmatrix} \quad ; K_R = \text{const} \tag{9.58a}$$

$$K_v = \begin{bmatrix} \dfrac{L_2}{K_L} & \dfrac{M}{K_L} \\ \dfrac{M}{K_L} & \dfrac{L_d}{K_L} \end{bmatrix} \quad ; K_L = \text{const} \tag{9.58b}$$

q軸電流制御器としては,(9.54b)式の第3行より理解されるように,RL回路の電流制御のための次のPI制御器でよい.

【q軸電流制御器】

$$\tilde{v}_q^* = G_q(s)(i_q^* - i_q) \tag{9.59a}$$

$$G_q(s) = K_{qp} + \dfrac{K_{qi}}{s} \tag{9.59b}$$

軸間非干渉器は,(9.54c)式に従い,次のように構成される.

【軸間非干渉器】

$$\begin{aligned}
\begin{bmatrix} \Delta v_d \\ \Delta v_q \end{bmatrix} &= \omega_{2n} \begin{bmatrix} -L_q i_q \\ M i_2 + L_d i_d + \varPhi \end{bmatrix} \\
&= \omega'_{2n} \begin{bmatrix} -L_q i'_q \\ M i'_2 + L_d i'_d + \varPhi' \end{bmatrix}
\end{aligned} \tag{9.60}$$

(9.57)式における制御器係数は,極零相殺形の(8.60),(8.61)式に従って設計すればよい.また,(9.59)式の制御器係数は種々の設計法に従って設計可能であるが,整合性の観点からは,極零相殺形がよいであろう.

(9.60)式の第2式における頭符「ダッシュ記号」は,関連信号の相当値(真値,推定値など)を意味する.簡単で有用な電流相当値としては,電流指令値をローパスフィルタ処理した次のものが知られている((8.171)式参照).

$$\begin{bmatrix} i'_{1d} \\ i'_{1q} \\ i'_2 \end{bmatrix} = \dfrac{\omega_{vc}}{s + \omega_{vc}} \begin{bmatrix} i^*_{1d} \\ i^*_{1q} \\ i^*_2 \end{bmatrix} \tag{9.61}$$

ここに,ω_{vc}はローパスフィルタ帯域幅であり,電流制御系帯域幅を目安に設計される.

最終的な固定子電圧指令値は,(9.54a)式に従い,次のように合成される.

【最終固定子電圧指令値合成則】

$$\boldsymbol{v}_1^* = \tilde{\boldsymbol{v}}_1^* + \Delta \boldsymbol{v}_1 \tag{9.62a}$$

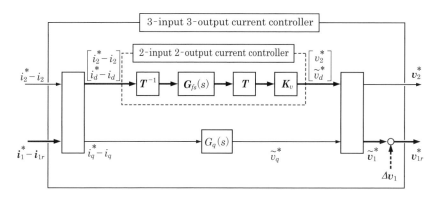

図 9.5 3×3 電流制御器

$$\boldsymbol{v}_1^* \equiv \begin{bmatrix} v_d^* \\ v_q^* \end{bmatrix}, \quad \tilde{\boldsymbol{v}}_1^* \equiv \begin{bmatrix} \tilde{v}_d^* \\ \tilde{v}_q^* \end{bmatrix}, \quad \Delta \boldsymbol{v}_1 \equiv \begin{bmatrix} \Delta v_d \\ \Delta v_q \end{bmatrix} \tag{9.62b}$$

■

(9.55)〜(9.62)式に基づく3×3電流制御器を図9.5に示した。同図においては，入力端直後，出力端直前の白ブロックは，スカラ信号（細線）とベクトル信号（太線）の組み替えを意味している。また，同図においては，軸間非干渉器には必ずしも必要でないことを考慮し，非干渉化信号は破線で示している。

界磁回路とd軸回路との磁気的結合（相互誘導）の強さを示す結合係数がおおよそ0.5以下の場合には，励磁電流制御器，d軸電流制御器は，(9.55)〜(9.58)式に代わって，(9.59)式と同様な次式に従って構成することも可能である。

【励磁電流制御器】

$$v_2^* = G_2(s)(i_2^* - i_2) \tag{9.63a}$$

$$G_2(s) = K_{2p} + \frac{K_{2i}}{s} \tag{9.63b}$$

【d軸電流制御器】

$$\tilde{v}_d^* = G_d(s)(i_d^* - i_d) \tag{9.64a}$$

$$G_d(s) = K_{dp} + \frac{K_{di}}{s} \tag{9.64b}$$

■

9.5 他励式 HFSM の効率駆動

再び図 9.4 を考える。本節では,図 9.4 における指令変換器(command converter)の設計問題を考える。指令変換器の役割は,トルク指令値から最適な電流指令値を生成することにある。最適な電流指令値とは,最小損失で所定のトルク発生をもたらす電流指令値である。以降では,適切なトルク発生のための,固定子電流制御系,および励磁電流制御系がすでに構成されているものと仮定して,問題解決を図る。本仮定に従い,さらには表現の輻輳化を避けるため,今後,指令値と同指令値に対応した応答値とは同一の変数を使用するものとする。

他励式 HFSM のための電流指令値の決定においては,他励式 HFSM の駆動領域を考慮する必要がある。以降の説明の簡明性を確保すべく,駆動領域を,図 9.6 のように RⅠ,RⅡ,RⅢ の 3 領域に概略的に分割する。また,試作した供試他励式 HFSM の関係上(後掲の図 9.17 参照),他励式 HFSM は非突極とする。非突極他励式 HFSM のための問題解決手法は,突極他励式 HFSM にも応用できる。

9.5.1 非電圧制限下の最小総合銅損電流指令法

A. 最小総合銅損電流の軌跡と特性

領域 RⅠ は,固定子の電圧制限内で問題なくトルク発生が可能な領域である(図 9.6 参照)。換言するならば,実質的に電圧制限のない領域といえる。本領域での電流指令法の1つは,最小総合銅損で指定トルクを発生する最小総合銅損規範によるものである。ここでは,指定トルク $\tau/N_p = c_\tau$ に対し,最小総合銅損規範に基づく電流指令

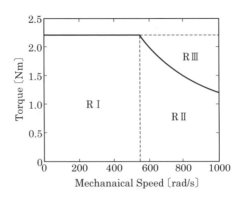

図 9.6 駆動領域分割の 1 例

法を考える。

　非突極の場合には鏡相インダクタンスはゼロ ($L_m = 0$) であり，d 軸電流は，トルク発生に寄与しない（(9.23) 式参照）．したがって，最小総合銅損規範では，d 軸電流はゼロに選定することになる．すなわち，

$$i_d = 0 \tag{9.65}$$

(9.65) のもとでは，固定子電流による銅損に，励磁電流による銅損を加えた総合銅損 p_w は，(9.24) 式の右辺第 1 項より，次式で評価される．

$$p_w = R_1 \|\boldsymbol{i}_1\|^2 + R_2 i_2^2 = R_1 i_q^2 + R_2 i_2^2 \tag{9.66}$$

　以上の準備のもとに，最小総合銅損規範に基づく最適電流軌跡の導出を図る．最小総合銅損規範に基づく電流指令法は，「指定トルク $\tau/N_p = c_\tau$ を発生し，かつこのときの総合銅損 p_w を最小にする励磁電流 i_2, q 軸電流 i_q を決定する」という拘束条件付き最適化問題の解法として捉えることができる．この観点より，ラグランジュ乗数 λ を有する次のようなラグランジアンを構成する[29]．

$$L(i_2, i_q, \lambda) = (R_1 i_q^2 + R_2 i_2^2) + \lambda((\Phi + Mi_2)i_q - c_\tau) \qquad ; c_\tau = \mathrm{const} \tag{9.67}$$

(9.67) 式の両辺を 3 変数（励磁電流 i_2, q 軸電流 i_q, ラグランジュ乗数 λ）で偏微分しゼロとおくと，次式を得る．

$$\left.\begin{aligned}
\frac{\partial}{\partial i_2} L(i_2, i_q, \lambda) &= 2R_2 i_2 + \lambda M i_q = 0 \\
\frac{\partial}{\partial i_q} L(i_2, i_q, \lambda) &= 2R_1 i_q + \lambda(\Phi + Mi_2) = 0 \\
\frac{\partial}{\partial \lambda} L(i_2, i_q, \lambda) &= (\Phi + Mi_2)i_q - c_\tau
\end{aligned}\right\} \tag{9.68}$$

(9.68) 式においては，上 2 式がラグランジュ乗数 λ を有する．同 2 式より，ラグランジュ乗数 λ を消去すると，最小総合銅損規範に基づく最適電流軌跡を次のように得る．

$$R_2(\Phi + Mi_2)i_2 - R_1 Mi_q^2 = 0 \tag{9.69a}$$

または，

$$R_2 \left(i_2 + \frac{\Phi}{2M} \right)^2 - R_1 i_q^2 = R_2 \left(\frac{\Phi}{2M} \right)^2 \tag{9.69b}$$

(9.69) 式が示す最適電流軌跡は，$i_2 = 0$, $i_q = 0$ を通過し，次の漸近直線をもつ双曲線を描く．

$$i_q = \pm\sqrt{\frac{R_2}{R_1}}\left(i_2 + \frac{\Phi}{2M}\right) \tag{9.70}$$

表 9.1 に例示した他励式 HFSM に関し，(9.69) 式に基づく最適電流軌跡の 1 例を図 9.7 に示した．また，同図には，参考までにトルク指令値 $\tau = 1, 1.5, 2$ [Nm] に対応した一定トルク軌跡も示した．

図 9.7 より明白なように，最小総合銅損規範のための励磁電流は常時非負である．すなわち次の関係が成立する．

$$i_2 \geq 0, \quad |\tau| \geq 0 \tag{9.71}$$

(9.71) 式は，効率改善の観点からは，励磁電流は非負値のみが価値あることを意味する．本認識は，他励式 HFSM における励磁電流の利用上，特に重要である．

B. 非線形連立方程式の高速求解

トルク指令値 $\tau/N_p = c_\tau$ に対する具体的な最適電流は，(9.68) 式に示した 3 連立の非線形方程式の解として与えられる．同最適電流は，(9.68) 式の第 3 式と (9.69) 式

表 9.1 供試他励式 HFSM の特性

R_1	0.855 [Ω]	R_2	5.6 [Ω]
L_d	0.0042 [H]	L_2	0.0595 [H]
L_q	0.0042 [H]	M	0.015 [H]
Φ	0.033 [Vs/rad]	J_m	0.00215 [kgm^2]
N_p	4	D_m	0.0002 [Nms/rad]

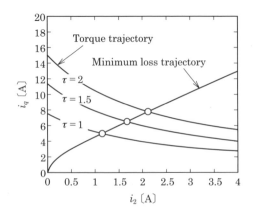

図 9.7 最小総合銅損規範に基づく最適電流軌跡の例

との2連立の非線形方程式の解としても得ることができる。図9.7においては，後者の立場に立ち，(9.69)式による最適電流軌跡と(9.68)式第3式による一定トルク軌跡を描画した。最適電流は，図中の交点（図中に○印で明示）に対応する。

電流制御の遂行に際しては，(9.69)式と(9.68)式第3式の非線形連立方程式を高速に求解する必要がある。この求解には，新中によってPMSMの最小銅損規範，最大力率規範に基づく電流指令法のために開発された再帰形解法（ブーツストラップ法）を利用することができる（第8.7.3項参照）[29]。この1つを，(9.69)式と(9.68)式第3式に適用すると，次の再帰形解法が得られる。

【非線形連立方程式の再帰形解法 I（ブーツストラップ法）】

$$i_q(k) = \text{Lmt}\left(\frac{c_\tau}{K_t(k-1)}\right) \tag{9.72}$$

$$i_2(k) = \sqrt{\left(\frac{\Phi}{2M}\right)^2 + \frac{R_1}{R_2}i_q^2(k)} - \frac{\Phi}{2M} \tag{9.73}$$

$$K_t(k) = \Phi + Mi_2(k) \tag{9.74}$$

∎

ここに，Lmt(·)はリミッタ処理を遂行するリミッタ関数を，またkは繰り返し回数を意味する。q軸電流のリミッタ範囲は，正トルクの場合は0〜正制限値，負トルクの場合は負制限値〜0に設定すればよい。初期値は次の条件を満足すればよい。

$$i_2(0) \geq 0 \tag{9.75}$$

図9.8に，表9.1のモータパラメータを利用して，トルク指令値 $\tau = 1.5\,[\text{Nm}]$ に対し，

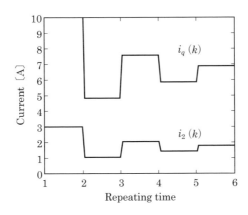

図9.8　再帰形解法Iの収斂特性の例

初期値を下限界値 $i_d(0) = 0$ 〔A〕, q 軸電流リミッタ上限値を $i_q(k) \leq 10$ 〔A〕に選定した場合の求解の様子を示す。横軸は繰り返し回数を示している。特異な初期値に対しても，5 回の繰り返しで，おおむね真値に収束している。トルク指令値が連続的に変化する場合には，前制御周期の電流を初期値に利用すれば，1, 2 回の繰り返しで最適電流が得られる [29]。また，ゲイン $0 < \gamma < 2$ を導入することで，収束特性を改善することもできる（第 8.7.3 項参照）[29]。

指令変換器には，(9.72)〜(9.74) 式のような再帰形解法が組み込まれ，トルク指令値に対応した電流指令値を実時間で生成している。

9.5.2 電圧制限下の最小総合銅損電流指令法
A. 最適電流の存在と特性

領域 R II に属するトルク指令値が与えられた場合の電流指令値の決定法について考える（図 9.6 参照）。本領域は，与えられたトルク指令値に合致したトルクを発生する電流指令値は，一応は存在する。しかし，電圧制限があり，すべての電流指令値が採用できるわけではない。この点が領域 R I との大きな違いである。本領域では，電圧制限を満足し，かつ指定トルクの発生を可能とし，この上で最小総合銅損を達成する最適電流指令値を得ることを目指す。このため，改めて損失特性を検討する。

表 9.1 のモータパラメータに対し，1 例としてトルク $\tau = 1, 1.5, 2$ 〔Nm〕を満足する q 軸電流と励磁電流を用い，(9.66) 式の総合銅損を算定した結果を図 9.9 に示す。同図では，励磁電流を横軸にとり，本総合銅損を描画している。同図の例が示すように，総合銅損は一般に次の特性を有する。

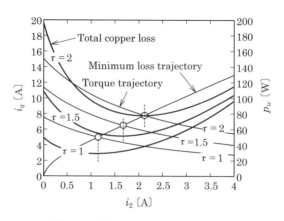

図 9.9 励磁電流に対する総合銅損特性

総合銅損特性

(a) 一定トルクに対し，電流に関してグローバル（以下，電流グローバルと略記）な最小総合銅損を与える電流は唯一存在する。本電流グローバル最小総合銅損を与える電流は，図9.7における最適電流軌跡と一定トルク軌跡との交点と整合する。

(b) 一定トルクに対する総合銅損は，励磁電流が，電流グローバル最小総合銅損を与える励磁電流値より原点（$i_2 = 0$）へ近づくに従い，単調に増加する。

電流グローバル最小総合銅損を与える励磁電流，q軸電流は，電圧制限がない場合には，第9.5.1項の手法で決定・選択しうる。しかし，電圧制限下では，電流グローバルな本最小総合銅損をとりうるとは限らない。上記(a)，(b)の観察により，次のように結論づけられる。

電流指令法I

一定トルク指令値に対し，電流グローバル最小総合銅損をとりえない場合の次善の励磁電流，q軸電流は，一定トルク軌跡上の電流であり，かつ原点（$i_2 = 0$）から見て電流グローバル最小総合銅損点に最も近い，選択可能な励磁電流および同対応q軸電流である。 ∎

以上の結論を踏まえ，図9.10を考える。定常状態では，固定子電圧の2乗ノルムは，(9.22)式より次のように評価される。

$$\|\boldsymbol{v}_1\|^2 = v_d^2 + v_q^2 \\ = (R_1 i_d - \omega_{2n} L_1 i_q)^2 + (R_1 i_q + \omega_{2n}(\Phi + M i_2 + L_1 i_d))^2 \tag{9.76}$$

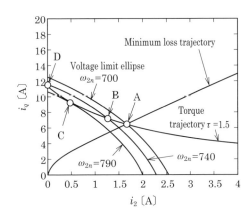

図9.10　トルク軌跡，電圧制限楕円，最小総合銅損電流軌跡の1関係例

トルク発生に寄与しない d 軸電流をゼロに選定すると，すなわち (9.65) 式の条件を適用すると，(9.76) 式は次のように評価される．

$$\|\boldsymbol{v}_1\|^2 = v_d^2 + v_q^2 \\ = (\omega_{2n}L_1 i_q)^2 + (R_1 i_q + \omega_{2n}(\Phi + Mi_2))^2 \qquad (9.77)$$

図 9.10 には，1 例として，電圧制限値 $\|\boldsymbol{v}_1\| = c_v = 50$ 〔V〕に対応した電圧制限楕円を，(9.77) 式に基づき回転子速度 $\omega_{2n} = 700, 740, 790$ 〔rad/s〕の条件で描画した（本項末尾の注 9.1, 9.2 を参照）．また，$\tau = 1.5$ 〔Nm〕に対応する一定トルク軌跡を (9.23) 式に従い，最小総合銅損規範に基づく最適電流軌跡を (9.69) 式に従い描画した．

図 9.10 において，速度 $\omega_{2n} = 740$ 〔rad/s〕の状態でトルク指令値 $\tau = 1.5$ 〔Nm〕が入力されたとする．電流グローバルな最小総合銅損点は，一定トルク軌跡上の A 点に存在するが，電圧制限楕円の外部にあり，電圧制限下では採用することはできない．電圧制限下で，指定のトルク指令値を一応満足する電流指令値は，上下 2 個の電圧制限楕円に挟まれている B 点から D 点までの一定トルク軌跡上のものでなくてはならない．しかし，これらすべてが，同一の損失を有しているわけではない．

図 9.9 を用いて検討した電流指令法 I より，電圧制限下の最小総合銅損を与える励磁電流，q 軸電流は，一定トルク軌跡上の電流であり，かつ原点 $(i_2 = 0)$ から見て電流グローバルな最小総合銅損点に最も近い選択可能な励磁電流および同対応 q 軸電流である．これによれば，本例の電圧制限下の最小総合銅損点は，B 点となる．B 点は取りも直さず，一定トルク軌跡と電圧制限楕円の交点である．これより，次の電流指令法 II が構築される．

電流指令法 II

電圧制限下で，トルク指令値を満足する電流グローバルな最小総合銅損電流は存在しないが，トルク指令値を満足する電流が存在する場合，達成可能な最小総合銅損点は，一定トルク軌跡と電圧制限楕円の交点で，かつ励磁電流が大きい交点で与えられる． ∎

B. 非線形連立方程式の高速求解

電流指令法 II によれば，電圧制限値 c_v の領域 R II に属するトルク $\tau/N_p = c_\tau$ に対する最適電流は，電圧制限楕円を規定する (9.77) 式と一定トルク軌跡を規定する (9.23) 式との非線形連立方程式の解として与えられる．図 9.10 では，電圧制限楕円と一定トルク軌跡との交点（図中に〇印で明示）がこの解を与える．本非線形連立方

程式は,文献29)提示の再帰形解法を適用することにより,容易に求解できる[29]。(9.77)式と (9.23) 式を対象とした再帰形解法は,次のように与えられる。

【非線形連立方程式の再帰形解法Ⅱ】

$$i_2(k) = \text{Lmt}(i_2(k-1) - g(\hat{c}_v^2(k-1) - c_v^2)) \tag{9.78}$$

$$i_q(k) = \frac{c_\tau}{\Phi + Mi_2(k)} \tag{9.79}$$

$$\hat{c}_v^2(k) = (\omega_{2n} L_1 i_q(k))^2 + (R_1 i_q(k) + \omega_{2n}(\Phi + Mi_2(k)))^2 \tag{9.80}$$

∎

ここに,g は真の解への収束速度を調整するためのゲインであり,これは次式のように決定すればよい。

$$g = \frac{\alpha \Phi}{c_v^2 M} \qquad ; 0.1 \leq \alpha \leq 2 \tag{9.81}$$

リミッタ関数 $\text{Lmt}(\cdot)$ におけるリミッタ値の下限はゼロ,上限は電流制限値でよい。また,初期値は簡単な次のものでよい。

$$i_2(0) = 0, \qquad \hat{c}_v^2(0) = 0 \tag{9.82}$$

図 9.11 に,表 9.1 のモータパラメータを利用して,本解法による求解の様子を例示した。横軸は繰り返し回数を示している。なお,駆動条件および初期値などは次のように選定した。

$\tau = 1.5 \text{ [Nm]}, \quad \omega_{2n} = 740 \text{ [rad/s]}, \quad c_v = 50 \text{ [V]}$

$\alpha = 1.3, \quad i_d(0) = 0, \quad \hat{c}_v^2(0) = 0$

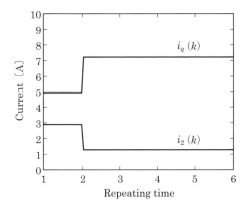

図 9.11 再帰形解法Ⅱの収束特性の例

任意に与えた初期値に対し，2度の繰り返しで真の電流を得ていることが確認される。なお，第1回計算で大きな狂いを発生しているが，これは初期値を任意に与えたことに起因している。トルク指令値が連続的に変化する場合には，前制御周期の解を初期値に利用でき，1～2回の繰り返し計算で確実に最適電流を得ることができる。

(注9.1)　(9.77)式によって規定された電圧制限楕円の長軸は，固定子抵抗のため，q軸と平行にはならない。長軸は，正回転の場合には左側に，負回転の場合に右側に，わずかながら傾斜する。

(注9.2)　表9.1の供試他励式HFSMは，回転子永久磁石による磁束強度Φが小さく抑えられていることより明白なように，高速回転用である。このため，産業界で通常使用されている機械速度200〔rad/s〕程度の速度で，電圧制限時の特性を観察するには，電圧制限を低く設定する必要がある。この観点より，電圧制限値を $||v_1|| = c_v = 50$〔V〕と設定した。電圧制限の低設定により達成可能な機械速度が低下し，この結果，通常の産業用モータを他励式HFSMのための負荷機として結合利用することが可能となる（後掲の図9.17参照）。なお，駆動可能な速度は，電圧制限値の増減に実質比例して伸縮するが，トルク/速度の基本的特性は，速度域の伸縮を除けば同一である（図9.6参照）。

9.5.3　電圧制限下の最大トルク電流指令法

A.　最適電流の軌跡と特性

与えられたトルク指令値が，発生トルク能力を超える領域RⅢに属する場合を考える（図9.6参照）。本領域RⅢは，指定トルクの発生に必要な固定子電圧が電圧制限を超える領域であり，この発生は不可能である。領域RⅢにおける最大の制約は電圧制限であり，本領域では，電圧制限下で許容される最大トルクがトルク指令値に対する最良の近似であり，最大トルクの発生が現実的である。本項では，本規範に基づく電流指令法を考える。

まず，本規範に基づく最適電流軌跡の構築を図る。最大トルク規範に基づく電流指令法は，電圧制限値 c_v の2乗値 c_v^2 で，発生トルクを最大にする電流指令値を決定するという拘束条件付き最適化問題として捉えることができる[29]。この観点より，(9.77)式を利用して，ラグランジュ乗数 λ を有する次のようなラグランジアンを構成する[29]。

$$L(i_2,i_q,\lambda)=\frac{\tau}{N_p}+\lambda((\omega_{2n}L_1 i_q)^2+(R_1 i_q+\omega_{2n}(\Phi+Mi_2))^2-c_v^2) \tag{9.83}$$
$$; c_v = \mathrm{const}$$

(9.83) 式のトルク τ に (9.23) 式を用い，この両辺を3変数（励磁電流 i_2, q 軸電流 i_q, ラグランジュ乗数 λ）で偏微分してゼロとおくと次式を得る．

$$\left.\begin{aligned}&\frac{\partial}{\partial i_2}L(i_2,i_q,\lambda)=Mi_q+2\lambda\omega_{2n}M(R_1 i_q+\omega_{2n}(\Phi+Mi_2))=0\\&\frac{\partial}{\partial i_q}L(i_2,i_q,\lambda)\\&=(\Phi+Mi_2)+2\lambda((\omega_{2n}L_1)^2 i_q+R_1(R_1 i_q+\omega_{2n}(\Phi+Mi_2)))=0\\&\frac{\partial}{\partial \lambda}L(i_2,i_q,\lambda)=(\omega_{2n}L_1 i_q)^2+(R_1 i_q+\omega_{2n}(\Phi+Mi_2))^2-c_v^2=0\end{aligned}\right\} \tag{9.84}$$

(9.84) 式においては，上2式がラグランジュ乗数 λ を有する．同2式より，ラグランジュ乗数 λ を消去すると，最大トルク規範に基づく最適電流軌跡を次のように得る．

$$(\omega_{2n}(\Phi+Mi_2))^2-(R_1^2+(\omega_{2n}L_1)^2)i_q^2=0 \tag{9.85a}$$

または，

$$i_q=\pm\frac{M}{\sqrt{\left(\dfrac{R_1}{\omega_{2n}}\right)^2+L_1^2}}\left(i_2+\frac{\Phi}{M}\right) \tag{9.85b}$$

(9.85) 式が示す軌跡は，$i_2=-\Phi/M$ を通過する直線を意味する．この傾きは，正トルクの場合には $0\sim M/L_1$ の範囲で，負トルクの場合には $0\sim -M/L_1$ の範囲で，速度に応じて変化する．本最大トルク規範が適用される高速回転では，(9.85b) 式の軌跡は，$\omega_{2n}=\infty$ 〔rad/s〕の場合に相当する次の軌跡におおむね収斂する．

$$i_q=\pm\frac{M}{L_1}\left(i_2+\frac{\Phi}{M}\right) \tag{9.86}$$

図 9.12 に，表 9.1 のモータパラメータを利用して，本最適電流軌跡の様子を，$\omega_{2n}=700, 740, 790, \infty$ 〔rad/s〕の条件で示した．$\omega_{2n}=700\sim790$ 〔rad/s〕の3軌跡が，(9.86) 式の軌跡すなわち $\omega_{2n}=\infty$ 〔rad/s〕に収斂している様子が確認される．同図では，(9.77) 式で規定された電圧制限楕円も，電圧制限値 c_v を $c_v=50$ 〔V〕とした上で，$\omega_{2n}=700, 740, 790$ 〔rad/s〕の条件で参考までに示した．

最大トルク規範に基づく電流指令法は，最大トルク発生に主眼があり，損失を考慮していない．概して，損失を考慮しない電流指令法は，力率の低下も招く．この点を考慮し，最大トルク規範が適用されている状況下での力率について解析しておく．

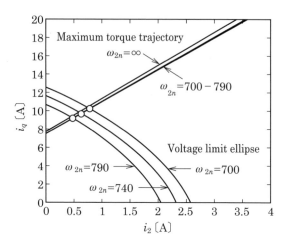

図 9.12 電圧制限下の最大トルク規範に基づく最適電流軌跡と電圧制限楕円の例

まず，(9.85a) 式が次のように展開されることに注意する．

$$\omega_{2n}(\Phi + Mi_2) = \mathrm{sgn}(\omega_{2n}i_q)\sqrt{R_1^2 + (\omega_{2n}L_1)^2}\,i_q \\ = \mathrm{sgn}(\omega_{2n}i_q)Z_1 i_q \tag{9.87}$$

$$Z_1 = \sqrt{R_1^2 + (\omega_{2n}L_1)^2} \tag{9.88}$$

$$\mathrm{sgn}(\omega_{2n}i_q) = \begin{cases} 1 & ;\text{motoring} \\ -1 & ;\text{regerating} \end{cases} \tag{9.89}$$

(9.87) 式より，最適電流軌跡は，回転子磁束の回転により発生した誘起電圧と q 軸のインピーダンス降下電圧とがバランスする軌跡でもあることがわかる．

(9.77) 式成立の条件である定常状態においては，(9.22) 式の回路方程式は，(9.87) 式に示した最適電流軌跡上では，次のように整理される．

$$\begin{bmatrix} v_d \\ v_q \end{bmatrix} = \begin{bmatrix} -\omega_{2n}L_1 \\ R_1 + \mathrm{sgn}(\omega_{2n}i_q)Z_1 \end{bmatrix} i_q \tag{9.90}$$

したがって，その電圧比および同極限は次式のように整理される．

$$\left. \begin{aligned} \frac{v_d}{v_q} &= \frac{-\omega_{2n}L_1}{R_1 + \mathrm{sgn}(\omega_{2n}i_q)Z_1} \\ \frac{v_d}{v_q} &= -\mathrm{sgn}(i_q) \quad ; |\omega_{2n}| = \infty \end{aligned} \right\} \tag{9.91}$$

(9.91) 式は，「固定子電流が q 軸上にあることを考慮するならば，固定子電圧と固定子電流の位相差（力率位相）は，速度とともに増加するが，最大位相差でも $\pi/4$ [rad]

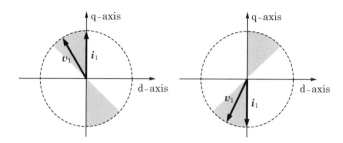

図9.13 最大トルク規範適用時の固定子の電流と電圧の位相関係

を超えることはない」ことを意味している。すなわち，本最大トルク規範によれば，力率は低下するが，最悪でも力率 0.7 が確保されることを意味している。図 9.13 に，固定子電圧と固定子電流の位相関係を概念的に示した。グレー部分が，固定子電圧が相対的にとりうる位相を示している。

B. 最大電流の決定

所定の電圧制限値 c_v における最大トルクを発生する最適電流は，(9.85) 式が描く軌跡上の 1 点である．換言するならば，最適電流は，電圧制限値 c_v によって規定される電圧制限楕円と最適電流軌跡の交点である（図 9.12 の〇印参照）．ここでは，この最適電流の具体的解法について考える．

最大トルク規範が適用されているときの固定子電圧の 2 乗ノルムは，(9.90) 式より，次のように再評価される．

$$\begin{aligned}\|\boldsymbol{v}_1\|^2 &= v_d^2 + v_q^2 \\ &= ((\omega_{2n}L_1)^2 + (R_1 + \mathrm{sgn}(\omega_{2n}i_q)Z_1)^2)i_q^2 \\ &= 2(Z_1^2 + \mathrm{sgn}(\omega_{2n}i_q)R_1Z_1)i_q^2 \end{aligned} \quad (9.92)$$

また，q 軸電流と発生トルクの間には，(9.23) 式より，次の関係が成立している．

$$\mathrm{sgn}(i_q) = \mathrm{sgn}(\tau) \quad (9.93)$$

電圧制限値 c_v に対する具体的な励磁電流，q 軸電流の解は，(9.85b)，(9.92)，(9.93) 式より，次のように求められる．

$$i_q = \mathrm{sgn}(\tau)\frac{c_v}{\sqrt{2(Z_1^2 + \mathrm{sgn}(\omega_{2n}\tau)R_1Z_1)}} \quad (9.94)$$

$$i_2 = -\frac{\Phi}{M} + \frac{Z_1}{M}\left|\frac{i_q}{\omega_{2n}}\right| \geq 0 \quad (9.95)$$

(9.94),(9.95) 式は,最大トルク規範が適用される高速回転時には,次のように近似される.

$$i_q \approx \text{sgn}(\tau) \frac{c_v}{\sqrt{2}|\omega_{2n}|L_1} \tag{9.96}$$

$$i_2 \approx -\frac{\Phi}{M} + \frac{c_v}{\sqrt{2}|\omega_{2n}|M} \geq 0 \tag{9.97}$$

(9.96),(9.97) 式より明白なように,最大トルクを達成する最適な q 軸電流,励磁電流は,電圧制限値 c_v の低下に比例して,また速度に反比例して低下する.

図9.12に例示しているように,回転速度の向上とともに電圧制限楕円は小さくなる.このため,回転速度の向上につれ,ついには,選択しうる励磁電流がゼロになる.これが,d 軸電流をゼロに保持した状態の,最大トルク規範による許容最高速度である.これ以上の高速回転には,電圧制限を緩和する必要がある.電圧制限の緩和に関しては,次項で説明する.

9.5.4 d 軸電流の利用
A. 力率の改善

他励式 HFSM の駆動には,電力変換器(インバータ)を利用することになる.電力変換器の小容量化の観点において,他励式 HFSM への印加電力の力率向上すなわち力率改善は有用である.力率は,固定電圧と固定子電流との位相差(力率位相)で決まることより理解されるように,力率改善には,d 軸電流の制御が不可欠である.ここでは,d 軸電流利用の 1 例として,力率改善の方法を示す.

定常状態時に,力率の最高値である力率 1 を達成するには,固定子電流 i_1 と固定子鎖交磁束 ϕ_1 が直交する必要がある.この直交性は次のように評価される.

$$\begin{bmatrix} i_d & i_q \end{bmatrix} \begin{bmatrix} L_1 i_d + \Phi + M i_2 \\ L_1 i_q \end{bmatrix} = L_1 i_d^2 + (\Phi + M i_2) i_d + L_1 i_q^2 = 0 \tag{9.98}$$

(9.98) 式より,力率 1 達成のための d 軸電流は次のように求められる.

$$i_d = \frac{-(\Phi + M i_2)}{2L_1} + \sqrt{\left(\frac{\Phi + M i_2}{2L_1}\right)^2 - i_q^2} \tag{9.99}$$

ただし,

$$|i_q| \leq \frac{\Phi + M i_2}{2L_1} = \frac{M}{2L_1}\left(i_2 + \frac{\Phi}{M}\right) \tag{9.100}$$

第 9.5.1〜 第 9.5.3 項に提示した電流指令法に従う限りにおいては,トルク発生時の

9.5 他励式 HFSM の効率駆動

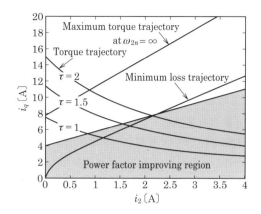

図 9.14 力率改善が可能な領域

他励式 HFSM の励磁電流は常に正である。正の励磁電流は，(9.23) 式のトルク発生式が，さらには図 9.7 の一定トルク軌跡が示すように，q 軸電流の低減を意味する。換言するならば，力率改善の条件である (9.100) 式を満足することが比較的簡単となる。表 9.1 のモータパラメータを利用して，力率改善が可能な励磁電流と q 軸電流の範囲，すなわち (9.100) 式を満足する範囲を図 9.14 に例示した。同図には，トルク指令値 $\tau = 1, 1.5, 2$ 〔Nm〕に対応した一定トルク軌跡 (9.23) 式，最小総合銅損規範に基づく最適電流軌跡 (9.69) 式，最大トルク規範に基づく最適電流の極限軌跡 (9.86) 式も参考までに示した。これより，本供試他励式 HFSM の発生可能な最大トルクの範囲（約 2〔Nm〕）まで，幅広い領域で力率改善が可能であることがわかる。なお，図 9.13 を用いて示したように，最大トルク規範に基づく最適電流の極限軌跡の近傍においても，力率 0.7 は確保されている（後掲の C 項を参照）。

非ゼロの d 軸電流は総合銅損を増加させることになるので，必ずしも力率 1 が総合的に最良とは限らない。実際的には，次の範囲で，d 軸電流を調整すればよい。

$$\frac{-(\Phi + Mi_2)}{2L_1} + \sqrt{\left(\frac{\Phi + Mi_2}{2L_1}\right)^2 - i_q^2} \leq i_d \leq 0 \tag{9.101}$$

B. 電圧制限の緩和

前項までに説明した d 軸電流をゼロに保った電流指令法で，他励式 HFSM の速度向上を続けると，電圧制限のため，最終的には q 軸電流が非ゼロ，d 軸電流がゼロの状態になる。この状態が最高到達速度である。これ以上の高速回転を望む場合には，

電圧制限を緩和する必要がある。

他励式 HFSM における d 軸電流を考慮した電圧制限は，(9.76) 式で支配される。同式の $(Mi_2 + L_1 i_d)$ 項が明瞭に示しているように，電圧制限の緩和に限っては，励磁電流と d 軸電流とは等価な作用を有する。原則として，励磁電流の利用は非負（正またはゼロ）であり，d 軸電流の利用は非正（ゼロまたは負）である点を考慮すると，電圧制限の緩和には d 軸電流を活用することになる。電圧制限の緩和は総合銅損増加という代償を不可避的に伴うが，d 軸電流の利用が損失上有利である。

励磁電流がゼロ状態での d 軸電流による電圧制限緩和の方法は，従前の PMSM を対象とする公知の方法と同一である。このため，この説明は省略する。

C. 他励式 HFSM の定常力率特性

他励式 HFSM の定常力率特性に関し，この定量的様子を表 9.1 のモータパラメータを用いて示しておく。力率 f_p は次のように定義される。

$$f_p = \frac{\boldsymbol{i}_1^T \boldsymbol{v}_1}{\|\boldsymbol{i}_1\| \|\boldsymbol{v}_1\|} \tag{9.102}$$

上式に (9.65) 式の条件（ゼロ d 軸電流の条件）を用いると，力率は次式に示すように固定子電圧のみで定まる。

$$f_p = \frac{\mathrm{sgn}(i_q) v_q}{\sqrt{v_d^2 + v_q^2}} \tag{9.103}$$

ここで，定常状態を仮定し，(9.22) 式を (9.103) 式に用いると，他励式 HFSM の力率は次のように評価される。

$$f_p = \frac{\mathrm{sgn}(i_q)(R_1 i_q + \omega_{2n}(Mi_2 + \Phi))}{\sqrt{(\omega_{2n} L_1 i_q)^2 + (R_1 i_q + \omega_{2n}(Mi_2 + \Phi))^2}} \tag{9.104}$$

(9.104) 式が明示しているように，力率は q 軸電流 i_q，励磁電流 i_2，電気速度 ω_{2n} の関数となる。

図 9.15 に，電気速度 $\omega_{2n} = 0, 200, 400, 600, 800$ [rad/s] の場合の i_q と i_2 に対する力率特性の例を，表 9.1 のモータパラメータを用いて，示した。

9.5.5 電流指令値の生成例

以上，他励式 HFSM のための励磁電流を積極的に活用した電流指令法として，「非電圧制限下の最小総合銅損規範」，「電圧制限下の最小総合銅損規範」，「電圧制限下の

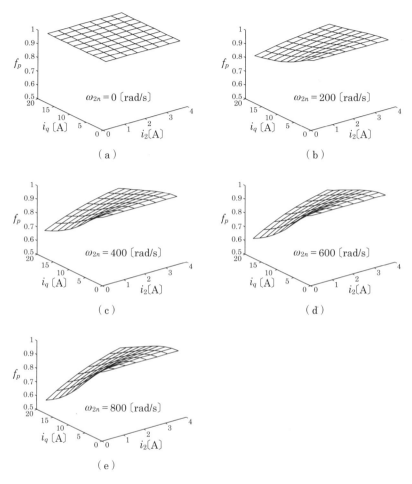

図 9.15 HFSM の力率特性の 1 例

最大トルク規範」という 3 種の規範による電流指令法を提案した。本項では，これら 3 種の電流指令法が有機的に結合され，連続的な電流指令値を生成する様子を，トルク制御を例にとり，総合的に説明する。

簡単のため，停止時の他励式 HFSM に一定のトルク指令値 $\tau = 1.5$〔Nm〕が与えられ，他励式 HFSM がゼロ速から加速している駆動状況を，図 9.16 とともに考える。同図 (a) はトルク指令値に対応して選択された電流指令値を，同図 (b) はトルク／速度図を用いてトルク指令値と同応答値の概略的関係を，示したものである。なお，

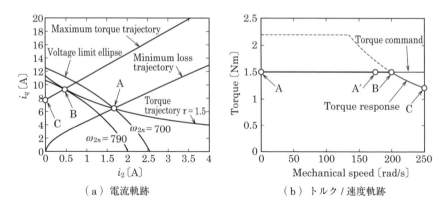

図 9.16 一定トルク指令値で加速した場合の 1 例

同図 (a) は，表 9.1 のモータパラメータを利用し電圧制限値を $c_v = 50$ [V] として描画している（第 9.5.2 項末尾の注 9.2 参照）。

図 9.16(a) を考える。非電圧制限下での最適動作点は，非電圧制限下の最小総合銅損規範に基づく電流指令法によって選択され，停止時は A 点を最適動作点とする。加速につれ電圧制限楕円が縮小するが，電圧制限楕円が A 点に至るまで，最適動作点としては A 点が維持される。すなわち，この間，同一の電流指令法が維持される。同図 (b) においては，この間の動作は，A 点から A′ 点までの駆動に対応する。

本例では，おおよそ電気速度 $\omega_{2n} = 700$ [rad/s] で電圧制限を受け始める。しかし，電圧制限下の最小総合銅損規範に基づく電流指令法に従えば，引き続き一定トルク指令値に応じたトルク発生は可能であり，加速が続く。この間，最適動作点すなわち電流指令値はトルク軌跡上の A 点から B 点へ移動する。図 9.16(b) においては，この間の動作は，A′ 点から B 点の駆動に対応する。

本例では，おおよそ電気速度 $\omega_{2n} = 790$ [rad/s] で図 9.16 の B 点に到達し，これ以上の速度では，電圧制限のため，一定トルク指令値に応じたトルク発生は不能となる。このため，一定トルク軌跡から離脱し，電圧制限下の最大トルク規範に基づく最適電流軌跡に移る。本軌跡に乗った時点で，他励式 HFSM は少なくとも力率 0.7 を有する最大出力状態に突入したことになる。加速につれて，電圧制限楕円が縮小するため，電流指令値は最大トルク規範に基づく最適電流軌跡上の B 点から C 点に向かって制御される。なお，最大トルク規範に基づく最適電流軌跡は速度の関数であるので，速度増加とともに若干変化することになるが，本例では，図の輻輳を避けるため 1 軌跡のみを描画している。図 9.16(b) においては，この間の動作は，B 点から C 点の駆

図 9.17 実験システムの概観

動に対応する。

9.5.6 実機実験

図 9.16 を用いて説明した前項のトルク制御を,試作の他励式 HFSM を用い,実験的に検証した。図 9.17 に実験システムの概観を示す。右端の試作他励式 HFSM は,トルクセンサを介して,左端の負荷装置 (2〔kW〕PMSM) に結合されている。試作他励式 HFSM の特性は表 9.1 とおおむね同様であり,また,設計上の定格電圧は約 160〔V〕である。本実験では,負荷装置は同駆動装置によりシステムオン・フリーラン状態に保ち,実質的には,増加慣性モーメントとして利用した。

負荷装置の最高速度・制限速度を考慮の上 (第 9.5.2 項末尾の注 9.2 参照),停止時の試作他励式 HFSM に,電圧制限値を意図的に約 $c_v = 50$〔V〕とし,一定トルク指令値 $\tau = 1.5$〔Nm〕を与えたときの応答を図 9.18 に示す。同図 (a) は生成された電流指令値を,同図 (b) はトルク / 速度応答を示したものである。また,同図 (c) は,同図 (b) と同一の回転子機械速度,発生トルクに加え,q 軸電流指令値,励磁電流指令値を,時間応答として表現したものである。

図 9.18(a)〜(c) の 3 図は互いに正確に対応している。より具体的には,3 図においては,A,A',B,C の各動作点が互いに対応している。これら 3 図は定常応答ではなく,動的な瞬時応答である点には注意を要する。なお,同図 (a) においては,実際の電流指令値に加えて,設計上の各種軌跡も破線で描画している。また,同図 (b),(c) におけるトルク応答は,トルクセンサが本実験に耐えうる速応性を有しないため,q 軸電流,励磁電流の実測値から (9.23) 式に基づき算定したものである点を断っておく。

電流指令値生成における規範の利用状況は,以下のとおりである。非電圧制限下の最小総合銅損規範は,図 9.18(b),(c) においては A〜A'点で,また同図 (a) においては A 点で使用されている。また,電圧制限下の最小総合銅損規範は,同図 (b),(c)

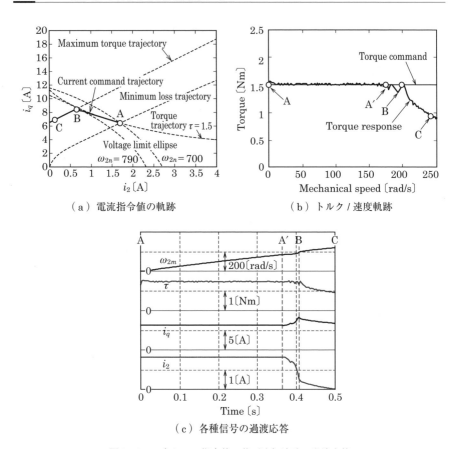

図 9.18　一定トルク指令値に基づく加速時の過渡応答

においては A′～B 点で，また同図 (a) においては A～B 点で使用されている．電圧制限下の最大トルク規範は，全 3 図において，B～C 点で使用されている．最小総合銅損規範が適用されている際の（瞬時）総合銅損の発生状況は，おおむね図 9.9 のとおりである．また，最大トルク規範が適用されている際の瞬時トルクの発生状況は，図 9.18(b)，(c) が示すとおりである．なお，このときの力率状態に関しては，第 9.5.4 項 C を参照してほしい．

　図 9.18(b) の瞬時的なトルク／速度応答によれば，軌跡変更を伴う B 点前後で，若干のトルク変動が見られる．これは過渡応答の影響と思われる．事実，同図 (c) の電流応答によれば，電流指令値は期待どおりに生成されている．同図 (a) からも，所期の電流指令値が生成されていることが確認される．

9.6　自励式HFSMの数学モデル

HFSMの特徴は，回転子に永久磁石と界磁巻線とを備える点にある。他励式HFSMでは，界磁巻線への励磁電流は回転子側より直接供給した。これに対して，自励式HFSMでは，界磁巻線をダイオード短絡した上で，固定子側より励磁電流を高周波誘導により間接的に供給する。本節では，自励式HFSMの数学モデルを構築する。

図9.19を考える。同図は，$\gamma\delta$一般座標系，$\alpha\beta$固定座標系，dq同期座標系の3座標系と回転子の関係を概略的に示している。同図は，他励式HFSMの説明に利用した図9.1と基本的に同一である。自励式HFSMのための図9.19と他励式HFSMのための図9.1との唯一の相違は，図9.19では，回転子界磁巻線がダイオード短絡されている点にある。

自励式HFSMの数学モデルの構築に際し，他励式HFSMの数学モデルの構築に用いた前提を，同様に採用する。本前提のもとでは，自励式HFSMのための$\gamma\delta$一般座標系上の数学モデルは，他励式HFSMのための$\gamma\delta$一般座標系上の数学モデルとおおむね同一となる。他励式HFSMの数学モデルが，動的な電気磁気的関係を記述した回路方程式（第1基本式），トルク発生のメカニズムを記述したトルク発生式（第2基本式），動的なエネルギー変換伝達過程を記述したエネルギー伝達式（第3基本式）の3基本式より自己整合性がとれた形で構成される点も同一である。

自励式HFSMのための$\gamma\delta$一般座標系上の数学モデルと他励式HFSMのための$\gamma\delta$一般座標系上の数学モデルとの唯一の相違は，回路方程式（第1基本式）における界磁回路方程式にある。より具体的には，他励式HFSMの数学モデルである(9.9)～

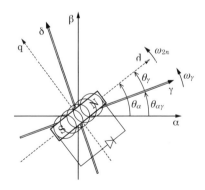

図9.19　3座標系とダイオード短絡ハイブリッド界磁回転子

(9.17) 式において，界磁回路を記述した (9.10) 式を次の (9.105) 式で差し替えることにより，自励式 HFSM の数学モデルが得られる．

$$0 = (R_2 + sL_2)i_2 + sM(\boldsymbol{i}_1^T \boldsymbol{u}(\theta_\gamma)) \qquad ; i_2 \geq 0 \tag{9.105}$$

自励式 HFSM の界磁回路方程式では，界磁電圧 v_2 にゼロ条件 $v_2 = 0$ が付与され，かつ励磁電流 i_2 に非負条件 $i_2 \geq 0$（ダイオードのオン条件と等価）が付与されている．当然のことながら，界磁電圧のゼロ条件は，エネルギー伝達式にも付与される．

自励式 HFSM のための $\gamma\delta$ 一般座標系上の数学モデルから，ただちに，$\alpha\beta$ 固定座標系上の，dq 同期座標系上の数学モデルを得ることができる．たとえば，dq 同期座標系上の動的数学モデルが次のよう得られる（(9.22)〜(9.24) 式参照）．

【自励式 HFSM の同期座標系上の動的数学モデル】
回路方程式（第1基本式）

$$\begin{bmatrix} v_d \\ v_q \end{bmatrix} = \begin{bmatrix} R_1 + sL_d & -\omega_{2n}L_q & sM \\ \omega_{2n}L_d & R_1 + sL_q & \omega_{2n}M \end{bmatrix} \begin{bmatrix} i_d \\ i_q \\ i_2 \end{bmatrix} + \begin{bmatrix} 0 \\ \omega_{2n}\Phi \end{bmatrix}$$
$$= \begin{bmatrix} R_1 + sL_d & -\omega_{2n}L_q \\ \omega_{2n}L_d & R_1 + sL_q \end{bmatrix} \begin{bmatrix} i_d \\ i_q \end{bmatrix} + \begin{bmatrix} sMi_2 \\ \omega_{2n}(\Phi + Mi_2) \end{bmatrix} \tag{9.106a}$$

$$0 = (R_2 + sL_2)i_2 + sMi_d \qquad ; i_2 > 0 \tag{9.106b}$$

トルク発生式（第2基本式）

$$\tau = N_p(2L_m i_d + \Phi + Mi_2)i_q \tag{9.107}$$

エネルギー伝達式（第3基本式）

$$\boldsymbol{i}_1^T \boldsymbol{v}_1 = (R_1 \|\boldsymbol{i}_1\|^2 + R_2 i_2^2) + \frac{s}{2}(l_d i_d^2 + l_q i_q^2 + l_2 i_2^2 + M((i_d + i_2)^2 + i_q^2)) + \omega_{2m}\tau$$
$$= (R_1 \|\boldsymbol{i}_1\|^2 + R_2 i_2^2) + \frac{s}{2}(L_q i_q^2 + M(i_d + i_2)^2 + l_d i_d^2 + l_2 i_2^2) + \omega_{2m}\tau \tag{9.108}$$

■

9.7　自励式 HFSM のベクトルブロック線図

9.7.1　誘導負荷を有する半波整流回路のブロック線図

他励式 HFSM に対する自励式 HFSM の最大の特色は，ダイオード短絡による回転子界磁回路の非線形性である．本認識の上，自励式 HFSM ブロック線図の構築準備として，図 9.20(a) のような，誘導負荷と理想的なダイオードで構成された半波整流回路のブロック線図の構築を考える．

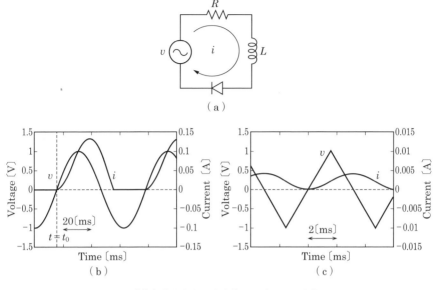

図 9.20 誘導負荷を有する半波整流回路とその応答例

A. 半波整流回路の特性

本回路のダイオードがオフ状態からオン状態に転ずる時期は，電源電圧が負から正へゼロクロスする時期であり，ダイオードがオフする時期は電流がゼロになる時期である．この結果，電流の動特性は次の微分方程式として記述することができる．

$$(sL+R)i = v \quad ; i > 0 \tag{9.109}$$

仮に，(9.109) 式における電源電圧を次のように正弦電圧とすると，

$$v = V\sin\omega_e(t-t_0) \tag{9.110}$$

ダイオードオン直後 ($t > t_0$) の電流は，(9.109) 式の微分方程式の解として，次のように与えられる．

$$i = \frac{V}{Z}\sin(\omega_e(t-t_0)+\varphi) + \frac{\omega_e LV}{Z^2}\exp\left(-\frac{R}{L}(t-t_0)\right) \quad ; t > t_0 \tag{9.111}$$

ただし，

$$Z = \sqrt{R^2 + (\omega_e L)^2}, \quad \varphi = -\tan^{-1}\frac{\omega_e L}{R} \tag{9.112}$$

図 9.20(b) は，ダイオードオンの条件を考慮の上，(9.111) 式の電流応答を次の条件で描画したものである．

$$v = \sin(100(t-t_0))$$
$$R = 5.6\ [\Omega], \qquad L = 0.0595\ [H] \quad \Bigg\} \qquad (9.113)$$

(9.111) 式の解の1例である図9.20(b) が明快に示しているように，抵抗がゼロでない場合には，非線形応答（ダイオードオフ・電流ゼロ）の期間が常に存在する。なお，本例のインピーダンス比は $\omega_e L/R = 1.06$ である。

周波数 ω_e を向上させ，ひいてはインピーダンス比を向上させることにより，ダイオードオフ・電流ゼロの期間を短くできるが，本期間を消滅させることはできない。図9.20(c) は，同図 (a) において電圧 v を波高値1，基本周波数 $\omega_e = 1\,000$ [rad/s] の三角波とした場合の1応答例である。このときのパラメータは次のとおりである[21), 24)]．

$$R = 3.62\ [\Omega], \qquad L = 0.379\ [H] \qquad (9.114)$$

インピーダンス比は十分に大きい $\omega_e L/R = 104.7$ である。当然のことながら，周波数向上に応じ，電流はスムージングされ，一定振幅電圧下の電流レベルは低下することになる。なお，周波数が高くなると，入力電圧波形が正弦波，三角波のいずれもの場合も，スムージング効果のため電流応答の実質的違いはなくなる。

半波整流回路における電流応答が，ダイオードオフ・電流ゼロ期間をもち，ひいては脈動的となるのは，同回路の本質的な特性である。本特性は，図9.20(b), (c) の例のように，周期電圧信号の周波数，波形のいかんによらない。

B. 半波整流回路のブロック線図

ブロック線図入力形のソフトウェア上でブロック線図を描画することにより，ただちにシミュレータが構築されることを考える場合，誘導負荷を有する半波整流回路のブロック線図は，上述の非線形な動特性を正確に反映したものでなくてはならない。本動特性は，次に新規提案するリミッタ付き積分器により実現することができる。

$$i = \mathrm{I}_{\mathrm{Lmt}}\left(\frac{v - Ri}{L}\right) \qquad (9.115)$$

ここに，$\mathrm{I}_{\mathrm{Lmt}}(\cdot)$ は下限値をゼロに設定したリミッタ付き積分器を意味する。なお，リミッタ付き積分器は，一般に，ブロック線図入力形のソフトウェアには標準関数として用意されている。図9.21は，(9.115) 式に従い描画したブロック線図である。

9.7.2 ダイオード短絡された回転子界磁回路のブロック線図

他励式 HFSM のためのベクトルブロック線図構築を通じて，「この種のブロック線

9.7 自励式 HFSM のベクトルブロック線図

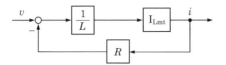

図 9.21 誘導負荷を有する半波整流回路のブロック線図

図構築の成否は，固定子巻線，永久磁石，界磁巻線による 3 磁束 ϕ_i, ϕ_m, ϕ_2 の磁気的結合（相互誘導）を表現した回路方程式の展開が特に重要である」ことが認識された。他励式 HFSM の成果を参考に，自励式 HFSM のベクトルブロック線図構築の準備として，回路方程式を構成する回転子界磁回路の動特性を表現した (9.105) 式を，(9.25)〜(9.27) 式と同様な次式に構成しなおす。

$$0 = R_2 i_2 + s\phi_2' \qquad ; i_2 > 0 \tag{9.116}$$

$$\begin{aligned}\phi_2' &= \frac{M}{L_d}(L_d \boldsymbol{i}_1^T \boldsymbol{u}(\theta_\gamma) + M i_2) + l_2' i_2 \\ &= \frac{M}{L_d}[\boldsymbol{\phi}_i + \boldsymbol{\phi}_2]^T \boldsymbol{u}(\theta_\gamma) + l_2' i_2\end{aligned} \qquad ; i_2 > 0 \tag{9.117}$$

$$l_2' \equiv L_2 - \frac{M^2}{L_d} = L_2\left(1 - \frac{M^2}{L_2 L_d}\right) \tag{9.118}$$

(9.116)，(9.117) 式の微分方程式として記述された非線形な動特性は，前項で提案したリミッタ付き積分器を用いた次式で実現される。

$$i_2 = \mathrm{I}_{\mathrm{Lmt}}\left(\frac{-1}{l_2'}\left(R_2 i_2 + s\frac{M}{L_d}[\boldsymbol{\phi}_i + \boldsymbol{\phi}_2]^T \boldsymbol{u}(\theta_\gamma)\right)\right) \tag{9.119}$$

図 9.22 は，(9.119) 式に従い描画した自励式 HFSM の回転子界磁回路のベクトルブロック線図である。図中における太い信号線は 2×1 のベクトル信号を，細線はスカラ信

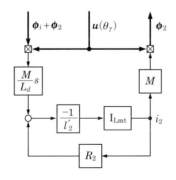

図 9.22 自励式 HFSM の回転子界磁回路のベクトルブロック線図

号を意味している。また，⊠記号は信号と信号とを乗算するための乗算器を意味している。以降，乗算器⊠は，入力がスカラ信号とベクトル信号の場合にはスカラ信号によるベクトルの各成分との乗算を実行するベクトル乗算器を，入力が2個のベクトル信号の場合には内積演算を遂行し結果をスカラ信号として出力する内積器を意味するものとする。

図 9.22 の構成は，回転子界磁回路のダイオードは，次の (9.120) 式が示す誘起電圧が正から負へゼロクロスするときオンすることを意味する。

$$s\frac{M}{L_d}[\phi_i+\phi_2]^T\boldsymbol{u}(\theta_\gamma) = s\frac{M}{L_d}(L_d i_d + L_2 i_2) \tag{9.120}$$

「ダイオードオフ状態では $i_2 = 0$ であるので，回転子界磁回路の本ダイオードオン条件は，誘起電圧 sMi_d または si_d が正から負へゼロクロスするときにオンすることを意味している」と言い換えることができる。ダイオードのオフ条件は，励磁電流 i_2 が正からゼロになるときである。

9.7.3 自励式 HFSM のベクトルブロック線図

図 9.2 の他励式 HFSM の A 形ベクトルブロック線図における界磁回路部分を，図 9.22 に提示した自励式 HFSM 用の回転子界磁回路のブロック線図で置換するならば，自励式 HFSM の A 形ベクトルブロック線図を得ることができる。図 9.23 にこれを示した。

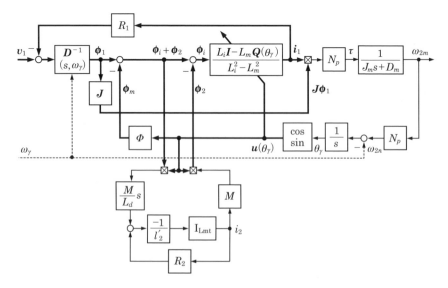

図 9.23 自励式 HFSM の A 形ベクトルブロック線図

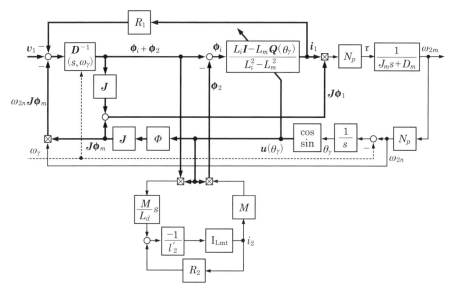

図 9.24 自励式 HFSM の B 形ベクトルブロック線図

同様にして，図 9.3 の他励式 HFSM の B 形ベクトルブロック線図における界磁回路部分を，図 9.22 に提示した自励式 HFSM 用の回転子界磁回路のブロック線図で置換するならば，自励式 HFSM の B 形ベクトルブロック線図を得ることができる。図 9.24 にこれを示した。

図 9.23，9.24 に示した A 形，B 形ベクトルブロック線図において，回転子永久磁石の磁束強度 Φ をゼロにセットすると，永久磁石を有しない自励式同期モータ[17)-19)]のためのベクトルブロック線図を得ることもできる。この場合，A 形，B 形の違いは消滅する。

9.8 自励式 HFSM 駆動システムの基本応答

9.8.1 自励式 HFSM ベクトルシミュレータの構成と利用

最近のシミュレーションソフトウェアの多くは，ブロック線図の描画を通じてプログラミングする方式を採用している。この種のシミュレーションソフトウェア上で自励式 HFSM の αβ 固定座標系上のベクトルブロック線図を描画すれば，自励式 HFSM のための効率のよい動的なベクトルシミュレータ（モータシミュレータ）をただちに得ることができる。本シミュレータは，励磁機構的に難解とされている自励

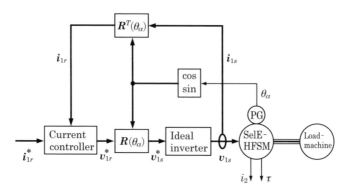

図 9.25 駆動システムシミュレータの構造

式 HFSM の界磁回路特性の把握，特に，界磁回路の抵抗に起因する非線形応答（ダイオードオフ・励磁電流ゼロ）の把握に有用である．

本節では，本ベクトルシミュレータを活用して，難解とされている界磁回路の興味深い応答を例示する．併せて，本ベクトルシミュレータの動的応答を，dq 同期座標系上での数学モデルの定性的特性をもとに検証し，本検証を通じ，数学モデルに対するベクトルシミュレータおよびベクトルブロック線図の正当性を確認する．

図 9.25 に，自励式 HFSM のベクトルシミュレータを中核にしたベクトル制御系（シミュレータ）を示した．図中の自励式 HFSM が，A 形ブロック線図を $\alpha\beta$ 固定座標系上で構成・作成した動的ベクトルシミュレータである．自励式 HFSM のベクトルシミュレータには負荷装置を連結し，負荷装置で自励式 HFSM の速度を制御できるようにしている．ベクトル制御系は，同自励式 HFSM の固定子電流，α 軸から評価した回転子位相 θ_α，回転子速度をモニターし，ベクトル回転器 $R(\cdot)$ を介して dq 同期座標系上で固定子電流を制御できるようにしている．二相電力変換器は伝達関数が 1 の理想的とし，電圧指令値どおりの電圧が発生できるものとしている．なお，同図では，電圧，電流が評価された座標系を明示すべく，これらに脚符 s（$\alpha\beta$ 固定座標系），r（dq 同期座標系）を付している．

9.8.2 シミュレータ応答例 1

供試自励式 HFSM は，表 9.1 の他励式 HFSM と同一の特性をもつものとした．本供試自励式 HFSM に対して，簡単のため，(9.59)，(9.64) 式の各軸用 PI 電流制御器を用意した．これらの制御器係数は，電流制御帯域幅 500〔rad/s〕が得られるよう

9.8 自励式 HFSM 駆動システムの基本応答

に設計した。この上で，次の電流指令値を与えた。

$$\boldsymbol{i}_1^* = \begin{bmatrix} i_d^* \\ i_q^* \end{bmatrix} = \begin{bmatrix} 8\sin(\omega_e t) \\ 8 \end{bmatrix} \tag{9.121}$$

d 軸電流指令値 i_d^* が，回転子界磁回路に励磁電流 i_2 を流すための指令値，すなわち励磁電流指令値となる。指令値どおりの電流応答を得るには，電流指令値の周波数成分は，電流制御帯域幅内に含まれなくてはならない。電流制御帯域幅 500 [rad/s] を考慮の上，励磁周波数は，帯域幅的に余裕のある $\omega_e = 100$ [rad/s] を一応の基準とした（第 9.8.5 項末尾の注 9.3 参照）。図 9.20 の半波整流回路の検討より明らかにしたように，「ダイオードオフ・電流ゼロ期間をもち脈動的となる」という半波整流回路における電流応答の本質的な特性は，入力周期信号の周波数，波形のいかんによらない。本励磁周波数の選定はこうした点も考慮し決定した。

図 9.26 は，励磁周波数を $\omega_e = 100$ [rad/s] とし，負荷装置で速度を 0 [rad/s] に

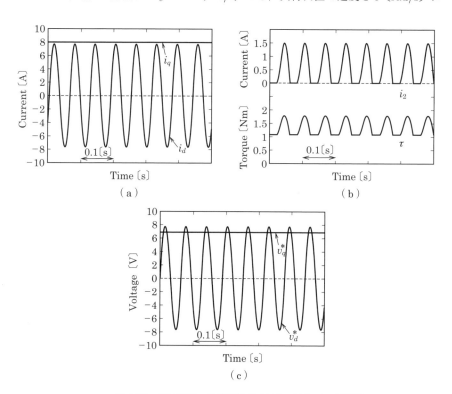

図 9.26　ゼロ速度，励磁周波数 100 [rad/s] での応答例

制御した場合の周期的定常応答である.同図 (a) は d 軸, q 軸電流応答を, 同図 (b) は励磁電流, 発生トルクを, 同図 (c) はこれらに対応した d 軸, q 軸電圧指令値を示している. d 軸, q 軸電流とも正確に制御されていることが確認される.

d 軸電流と磁気的結合 (相互誘導) された励磁電流 (半波整流) は図 9.26(b) のように脈動的となる. 図 9.22 に関連して,「回転子界磁回路のダイオードは, 励磁電流微分値 si_d (界磁回路への誘導電圧) が正から負へゼロクロスするときにオンし, 励磁電流 i_2 が正からゼロになるときオフする」ことを解析的に明らかにした. 図 9.26(a), (b) より, 本解析の妥当性が確認される. 発生トルクは, (9.107) 式に示した dq 同期座標系上でのトルク発生式すなわち次式と整合していることも確認される.

$$\tau = N_p(\Phi + Mi_2)i_q = 1.056 + 0.48i_2 \qquad (9.122)$$

図 9.26(b) の発生トルクにおいて, 底部平坦分が (9.122) 式右辺第 1 項, 脈動分が右辺第 2 項に対応している.

9.8.3 シミュレータ応答例 2

励磁周波数 $\omega_e = 100$ [rad/s] を維持し, 速度のみを負荷装置で 400 [rad/s] に変更して同様なシミュレーションを行った. 速度以外の条件は, 励磁周波数を含め, 図 9.26 の場合と同一である. 周期的定常応答を図 9.27 に示す. 同図の各応答の意味は図 9.26 と同一である.

興味深いことに, q 軸電圧指令値は, d 軸電圧指令値以上に振動的になっている. q 軸電流に若干の脈動が残っているものの, 全体的には d 軸, q 軸電流が適切に制御されていることより理解されるように, 本電圧指令値は適切な指令値である. 振動的な q 軸電圧指令値をもつ本電圧指令値の妥当性は, dq 同期座標系上の (9.106a) 式とも整合している.

図 9.26, 9.27 の両図比較より理解されるように, 固定子電流の制御さえ正確に行うことができれば, 回転子界磁回路に誘起される励磁電流は, 速度によらず, 一様である. 本特性は, dq 同期座標系上でのトルク発生式である (9.122) 式と整合する.

9.8.4 シミュレータ応答例 3

速度を 400 [rad/s] に保ったまま, 励磁周波数を $\omega_e = 50$ [rad/s] に半減し, 同様なシミュレーションを行った. 励磁周波数以外の条件は, 速度を含め, 図 9.27 の場合と同一である. 周期的定常応答を図 9.28 に示す. 同図の各応答の意味は図 9.26,

9.8 自励式 HFSM 駆動システムの基本応答

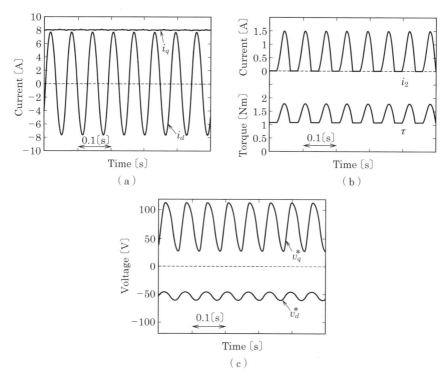

図 9.27 速度 400 [rad/s], 励磁周波数 100 [rad/s] での応答例

9.27と同一である。d軸, q軸電圧指令値のレベルは, 速度に支配されるため, 図 9.27 と同様である。q軸電流の脈動は, 励磁周波数 50[rad/s]が電流制御帯域幅 500[rad/s]の十分内側に入っているため消滅し, d軸, q軸電流とも正確に制御されている。d軸電流と磁気的結合（相互誘導）された励磁電流（半波整流）の振幅は, 図 9.27 に比較し約 2/3 に低減している。これに応じ, 励磁電流寄与分の発生トルクの振幅も図 9.27 に比較し, 約 2/3 に低減している。

励磁電流および励磁電流寄与分の発生トルクの低減は, 界磁抵抗によるものである。励磁周波数の低減に応じて, 界磁抵抗の影響は大きくなり, 励磁周波数をゼロにする場合には, 励磁電流の振幅はゼロとなる。反面, 励磁周波数の増加に応じて, 励磁電流オフ期間が減少し, 励磁電流の振幅が増大するが, 振幅には上限が存在する。d軸電流指令値が振幅 I_d の正弦波であり, かつd軸電流が精度よく制御されている場合には, 励磁電流の最高値は $2I_d M/L_2$ を超えることはない。本例では, 最高値は約 2.0

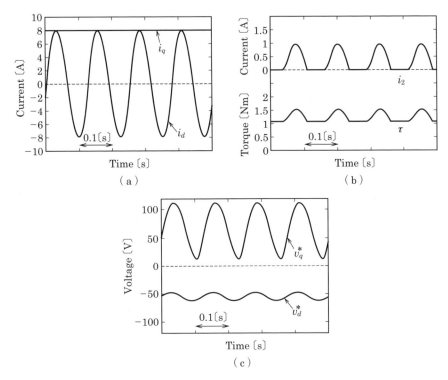

図 9.28 速度 400 [rad/s], 励磁周波数 50 [rad/s] での応答例

となる。なお，本シミュレータで確認された励磁電流振幅の周波数依存特性は，dq 同期座標系上の励磁電流回路方程式・(9.106b) 式と整合するものである。

9.8.5 シミュレータ応答例 4

突極性の影響を確認すべく，供試自励式 HFSM の突極比率が 2.0 となるように固定子インダクタンスを次の (9.123) 式のように変更し，図 9.27 と同一条件でシミュレーションを行った。

$$\left. \begin{array}{ll} L_d = 0.0042, & L_q = 0.0084 \\ L_i = 0.0063, & L_m = -0.0012 \end{array} \right\} \quad (9.123)$$

周期的定常応答を図 9.29 に示す。同図の各応答の意味は図 9.26〜9.28 と同一である。q 軸電圧指令値のレベルは図 9.27 と同様であるが，d 軸電圧指令値は負側へ約 2 倍シフトしている。これは，q 軸インダクタンスの影響 $-\omega_{2n} L_q i_q$ を示す (9.106a) 式と整

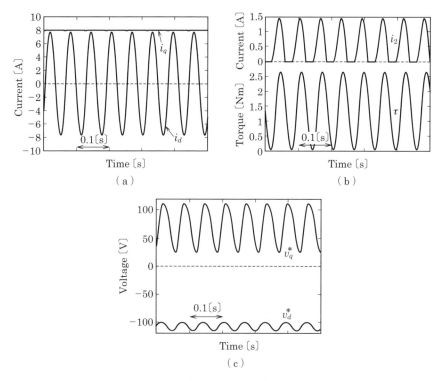

図 9.29 速度 400〔rad/s〕,励磁周波数 100〔rad/s〕での応答例(突極比 2.0)

合している。図 9.27 と同様に,d 軸,q 軸電流が適切に制御されていることより理解されるように,本電圧指令値は適切な指令値である。図 9.29(b) 上段に示した励磁電流の様子は,非突極自励式 HFSM を対象とした図 9.27 と同様である。本事実は,「励磁電流生成の源である界磁回路への固定子鎖交磁束の鎖交成分は,d 軸要素のみである」という自励式 HFSM の構造的特性,また (9.106b) 式と整合するものである。図 9.29(b) 下段に示すように,発生トルクが大きく振動しているが,これは正弦的に制御した d 軸電流によるリラクタンストルクの正弦変化によるものであり,(9.107) 式と整合している。すなわち,

$$\tau = N_p \left(2L_m i_d + \Phi + M i_2 \right) i_q \\ = -0.0768\, i_d + 1.056 + 0.48\, i_2 \tag{9.124}$$

上式右辺第 1 項がリラクタンストルクによる寄与分を示している ((9.122) 式参照)。これは,図 9.27(b) と図 9.29(b) における発生トルクの差でもある。

突極特性をもつ自励式 HFSM では，回転子界磁回路励磁のための d 軸電流励磁成分によってもリラクタンストルクが発生する．d 軸電流励磁成分の平均はゼロであるので，これに起因する振動的なリラクタンストルクの平均もゼロである．すなわち，突極特性をもつ自励式 HFSM では，d 軸電流励磁成分により，平均ゼロの振動リラクタンストルクが発生し，この結果，トルク脈動が一段と大きくなりうる．「突極特性をもつ自励式 HFSM の発生トルクの脈動は，非突極のものに比較し，一段と大きくなりうる」という本事実には注意を要する．

(注 9.3) 固定子電流制御のもとでの励磁周波数 ω_e の向上は，界磁回路のダイオードオフ期間の短縮，励磁電流振幅の上昇に効果がある．しかし，実効的にとりうる励磁周波数の上限は，電流制御帯域幅により制限される．すなわち，励磁電流生成の源たる d 軸電流指令値どおりの電流制御を行うには，励磁周波数は，最大でも電流制御帯域幅内に選定する必要がある．したがって，達成可能な電流制御帯域幅が問題となるが，電流制御帯域幅は，一般には，電力変換器のスイッチング周波数，デッドタイムなどに強く影響され，むやみに向上できない．これに加え，「自励式 HFSM は，他励式 HFSM と同様，d 軸電流，励磁電流の間の磁気的結合（相互誘導）が強い場合には，電流制御帯域幅の拡大が困難」という特性を有している．回転子速度あるいは励磁周波数の向上につれて，励磁電流発生に要する電圧レベルも向上する（図 9.20, 9.26〜9.29 を参照）．上記諸点を考慮の上，電圧制限の存在する実際的環境下での自励式 HFSM の駆動を考える場合，低速域に限って所定の励磁周波数で励磁を行い，高速域では励磁を止めるような駆動が実際的と思われる．以上は，本書提案の動的数学モデルに基づく理論的解析，およびベクトルシミュレータによる定量評価に基づく，自励式 HFSM の利用法の結論である．

9.8.6 実機実験

前項では，自励式 HFSM のための提案数学モデルに基づくベクトルブロック線図，ベクトルシミュレータの正当性を，これを用いたベクトル制御系（シミュレータ）を構成の上，確認した．本項では，実機応答との比較を通じ，自励式 HFSM のための提案数学モデルに基づくベクトルシミュレータの正当性を確認する．

図 9.30 に供試自励式 HFSM の概観を示した．本供試自励式 HFSM は，他励式 HFSM の界磁回路の入力端子をダイオード短絡することにより，用意した（図 9.17

9.8 自励式 HFSM 駆動システムの基本応答　*455*

図 9.30　供試自励式 HFSM の概観

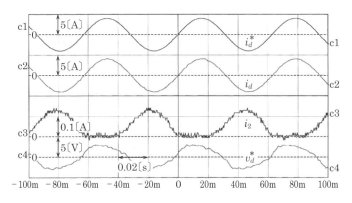

図 9.31　励磁周波数 100〔rad/s〕，ゼロ速度での実機応答例

参照)。同図の手前のダイオードが，界磁回路用ダイオードである。本供試自励式 HFSM の場合，励磁電流の観測が可能であり，ベクトルシミュレータの正当性の確認には都合がよい。なお，本供試自励式 HFSM の特性は，固定子側に限っては，$L_m = 0$ の場合の表 9.1 とおおむね同様である。以下の実験では，供試自励式 HFSM の速度は，供試自励式 HFSM 自体による速度制御を通じ一定に保った。

図 9.31 は，励磁周波数を $\omega_e = 100$〔rad/s〕とし，ゼロ速度制御時での応答である。波形は，上から，d 軸電流指令値，同応答値，励磁電流，d 軸電圧指令値である。時間軸は，20〔ms/div〕である。ベクトルシミュレータによる図 9.26 と同様な応答特性が得られていることが確認される。

図 9.32 は，同様の速度制御実験を，速度 $\omega_{2m} = 200$〔rad/s〕で行ったときの応答である。波形は，上から，d 軸電流指令値，同応答値，励磁電流，q 軸電流応答値で

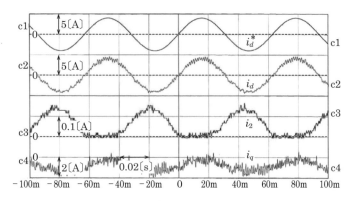

図 9.32 励磁周波数 100 [rad/s],速度制御 200 [rad/s] での実機応答例

ある。時間軸は,同じく 20 [ms/div] である。図 9.31,9.32 は,固定子電流を正確に制御できれば,回転子界磁回路に誘起される励磁電流は,速度によらず,一様であることを示している。本応答特性は,図 9.26,9.27 に示したベクトルシミュレータによると応答特性と同様である。

図 9.32 においては,励磁電流の増加・減少に応じて q 軸電流が減少・増加している。一定摩擦負荷のもとでは,一定速度制御に必要とされる発生トルクは一定である。発生トルクが一定の場合には,q 軸電流の減少・増加は,トルク係数の増加・減少を意味する。すなわち,図 9.32 は,励磁電流の増加・減少に応じたトルク係数の増加・減少,ひいてはベクトルシミュレータが利用した (9.107) 式などのトルク発生式の妥当性を裏づけるものになっている。

以上のように,実機による図 9.31,9.32 の応答特性は,提案数学モデルひいてはこれに立脚したベクトルシミュレータの正当性を裏づけるものである。

9.9 自励式 HFSM の静止位相推定

9.9.1 概 要

自励式 HFSM の動的数学モデル,ベクトルシミュレータの完成により,自励式 HFSM のためのモデルベースドな駆動制御法の検討が可能となった。本節では,センサレス駆動制御において解決すべき課題の1つである回転子静止位相推定について検討する。

本書提案の静止位相推定法は,文献 31) などで紹介された PMSM 用の簡易静止位

相推定法の思想を活用する一方で，自励式 HFSM の固有の特徴すなわちダイオード短絡界磁巻線における界磁抵抗の存在を考慮したものである．提案法は，次の特徴をもつ．

(a) 回転子位相（N 極位相）検出用信号を印加する座標系（以降，印加検出座標系と呼称）は単一である．印加検出座標系の u 相巻線に対する位相差は，任意でよい．

(b) 印加信号は，印加検出座標系上で回転する正相および逆相の高周波電圧であり，検出信号は，高周波電流である．

(c) 回転子位相は，高周波電流ノルムの最大値検出を通じ，ただちに推定される．ノルム評価に要する計算量は，僅少である．推定時の NS 極性判定は，界磁抵抗の存在により，必要としない．

(d) 一方，位相推定値は，界磁抵抗および固定子抵抗の存在にもかかわらず，これら抵抗の影響を排除でき，センサレス駆動開始時の静止位相（初期位相）として，所要の推定精度が確保される．

9.9.2 磁気飽和の影響が無視できる場合の位相推定原理

自励式 HFSM のための dq 同期座標系上の回路方程式，すなわち (9.106) 式を考える．(9.106) 式に静止条件 $\omega_{2n}=0$ を付与すると，静止状態の回路方程式として軸間干渉のない次式を得る．

$$\begin{bmatrix} i_d \\ i_q \end{bmatrix} = \begin{bmatrix} G_d(s) & 0 \\ 0 & G_q(s) \end{bmatrix} \begin{bmatrix} v_d \\ v_q \end{bmatrix} \tag{9.125}$$

ただし，

$$G_d(s) = \begin{cases} \dfrac{L_2 s + R_2}{(L_d L_2 - M^2)s^2 + (R_1 L_2 + R_2 L_d)s + R_1 R_2} & ; i_2 > 0 \\ \dfrac{1}{L_d s + R_1} & ; i_2 = 0 \end{cases} \tag{9.126}$$

$$G_q(s) = \frac{1}{L_q s + R_1} \tag{9.127}$$

ダイオードオン時（$i_2 > 0$）の (9.126) 式は，高周波電圧，高周波電流に対しては，その高周波性により高次項が支配的となり，次式のように近似される．

$$G_d(s) \approx \frac{L_2}{(L_d L_2 - M^2)s + (R_1 L_2 + R_2 L_d)}$$
$$= \frac{1}{\left(L_d - \frac{M^2}{L_2}\right)s + \left(R_1 + R_2 \frac{L_d}{L_2}\right)} \quad ; i_2 > 0 \tag{9.128}$$

上式は，高周波電圧，高周波電流に影響を与えるダイオードオン時 ($i_2 > 0$) の d 軸の支配的時定数は，おおむね次式となることを意味する．

$$T'_{cd} = \frac{l'_d}{R'_d} \quad ; i_2 > 0 \tag{9.129a}$$

ただし，

$$\left. \begin{array}{l} R'_d \equiv R_1 + R_2 \dfrac{L_d}{L_2} = R_1 \left(1 + \dfrac{L_d}{R_1} \cdot \dfrac{R_2}{L_2}\right) \\[2mm] l'_d \equiv L_d - \dfrac{M^2}{L_2} = L_d \left(1 - \dfrac{M^2}{L_d L_2}\right) \end{array} \right\} \tag{9.129b}$$

(9.126)，(9.128)，(9.129) 式は，ダイオードオン時では，オフ時に比較し，振幅的意味において大きな d 軸電流が流れることを意味する．

ダイオードオン時 ($i_2 > 0$) の高周波電流に対しては，(9.106b) 式においては，高次項が支配的となり，同式は次式のように近似される．

$$i_d \approx -\frac{L_2}{M} i_2 \quad ; i_2 > 0 \tag{9.130}$$

(9.130) 式は，ダイオードオン時では，励磁電流 i_2 が最大値をとる近傍で，d 軸電流 i_d が最大の負値をとることを示している．

支配的時定数変動に関する本特性は，ダイオードのオン・オフに起因する d 軸固有のものであり，次の (9.131) 式が成立する非突極の場合にも維持される．

$$L_m \equiv \frac{L_d - L_q}{2} = 0 \tag{9.131}$$

静止状態の自励式 HFSM に対し，次の (9.132) 式のような，時間的位相差 $\pm \pi/2$ と任意一定位相 $\Delta\theta$ をもつ，一定振幅，一定周波数の高周波電圧を d 軸，q 軸上で印加することを考える[31]．

$$\boldsymbol{v}_1 = \begin{bmatrix} v_d \\ v_q \end{bmatrix} = V_h \begin{bmatrix} \cos(\omega_h t + \Delta\theta) \\ \sin(\omega_h t + \Delta\theta) \end{bmatrix} \quad ; \begin{array}{l} V_h = \text{const} \\ \omega_h = \text{const} \end{array} \tag{9.132}$$

自励式 HFSM においては，一般に，時定数に関し次式の関係が成立する．

9.9 自励式 HFSM の静止位相推定

$$T'_{cd} \ll T_q = \frac{L_q}{R_1} \tag{9.133}$$

(9.133) 式と (9.130) 式は,「(9.132) 式の電圧印加に対し, d 軸電流の最大絶対値は, 空間的位相的に S 極近傍で発生する」ことを意味する.

上記理解のもと, αβ 固定座標系の α 軸に対して任意一定位相 $\theta_{\alpha\gamma}$, ゼロ速度 $\omega_\gamma = 0$ の印加検出座標系 (静止した $\gamma\delta$ 一般座標系と同一) を考える (図 9.19 参照). つづいて, 本座標系上で, 次の空間的に回転する高周波電圧を印加し,

$$\boldsymbol{v}_1 = \begin{bmatrix} v_\gamma \\ v_\delta \end{bmatrix} = V_h \begin{bmatrix} \cos \omega_h t \\ \sin \omega_h t \end{bmatrix} \quad ; \begin{array}{l} V_h = \text{const} \\ \omega_h = \text{const} \end{array} \tag{9.134}$$

同座標系上で最大ノルムを発する高周波電流 $\boldsymbol{i}_1^{\max}$ を検出する. 上記理解によれば, 回転子位相 θ_γ は, 次のように推定されることになる.

$$\hat{\theta}_\gamma \approx \text{Arg}(-\boldsymbol{i}_1^{\max}) \tag{9.135}$$

(9.135) 式第 1 式の高周波電流ベクトル $\boldsymbol{i}_1^{\max}$ が S 極を正確に指向するには, ダイオードオン時の d 軸等価的リアクタンス $\omega_h l'_d$ は, d 軸等価的抵抗 R'_d に比較し, 十分大きくなくてはならない. これは高周波数 ω_h を向上させることにより可能であるが, 高周波数の向上はダイオードのオフ時間を短くし, ひいては, N 極を指向する高周波電流ベクトルのノルムが最大値に迫り, NS 極の判定を困難とする[31]. また, デッドタイムを有する電力変換器を介して高周波電圧を印加する場合, 利用可能な高周波数 ω_h は自ずと上限がある. パワー素子として現状 IGBT を利用した電力変換器では, $\omega_h = 2\pi \cdot 400 \sim 2\pi \cdot 500$ [rad/s] 程度が一応の上限目安である (厳密には, パワー素子個々の性能に依存する).

利用可能な現実的な高周波数を採用する場合, 固定子抵抗, 界磁抵抗により, 位相推定値はある程度の誤差をもつことになる. 空間的な本位相誤差は, 抵抗による時間的な位相遅れによるものであり,「正相 $\omega_h > 0$ と逆相 $\omega_h < 0$ とでは空間的に符号が反転する」という特性をもつ. したがって, 次の (9.136) 式に示すように, 正相高周波電圧により最大ノルムを発する高周波電流 $\boldsymbol{i}_1^{+\max}$ と逆相高周波電圧により最大ノルムを発する高周波電流 $\boldsymbol{i}_1^{-\max}$ との平均処理により, 最終的位相推定値を決定すれば, これら抵抗の影響を実効的に排除した推定値を得ることができる.

$$\begin{aligned}\hat{\theta}_\gamma &= \text{Arg}\left(-\frac{\boldsymbol{i}_1^{+\max}}{\|\boldsymbol{i}_1^{+\max}\|} - \frac{\boldsymbol{i}_1^{-\max}}{\|\boldsymbol{i}_1^{-\max}\|}\right) \\ &\approx \text{Arg}(-\boldsymbol{i}_1^{+\max} - \boldsymbol{i}_1^{-\max})\end{aligned} \tag{9.136}$$

(注 9.4) 文献 31) には，周期的に変化する高周波電流から，最大振幅の高周波電流の位相を，すなわち (9.135) 式に示した位相を自動算定するためのアルゴリズムが示されている．

9.9.3 磁気飽和の影響が無視できる場合の原理検証
A. 検証システム

前項で検討した静止位相推定法の原理的妥当性を検証すべく数値実験を行った．図 9.33 に，検証システムを電圧印加・電流検出の視点から示した．図中の自励式 HFSM には，図 9.24 の B 形ベクトルブロック線図に基づくベクトルシミュレータを利用した．また，二相電力変換器は理想的特性をもつものとした．同システムでは，高周波電圧印加と高周波電流検出を行う印加検出座標系は，既知かつ固定の位相 $\theta_{\alpha\gamma}$，ゼロ速度 $\omega_\gamma = 0$ の静止した $\gamma\delta$ 一般座標系としている（図 9.19 参照）．また，印加検出座標系から見た自励式 HFSM の回転子位相 θ_γ を推定するものとしている．なお，同図では，固定子の電圧，電流に関しては，関連座標系を示すべく，脚符 s（$\alpha\beta$ 固定座標系），r（$\gamma\delta$ 一般座標系）を付している．

B. 静止位相ゼロ [rad] での応答例

ベクトルシミュレータに使用したモータパラメータは，基本的には表 9.1 のとおりである．なお，本供試自励式 HFSM の設計上の定格電圧，定格電流は，おのおの約 160 [V, rms]，約 5 [A, rms] である．

印加検出座標系の位相をゼロ $\theta_{\alpha\gamma} = 0$ とし，さらには，回転子位相（N 極位相）をゼロ $\theta_\alpha = \theta_\gamma = 0$ として，$V_h = 30$ [V]，$\omega_h = 2\pi \cdot 400$ [rad/s] の正相高周波電圧を印加した場合の高周波電流（固定子電流）の応答を図 9.34 に示した．同図 (a) は空間

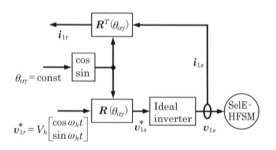

図 9.33 シミュレーションのためのシステム構成

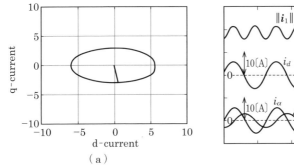
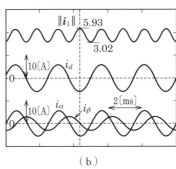

図 9.34 位相 0 〔rad〕における正相電圧に対する応答例

的軌跡を，同図 (b) は時間的応答を示している。同図 (b) の波形は，上から，高周波電流のノルム，d 軸電流（高周波電流の d 軸要素），α 軸および β 軸電流（高周波電流の α 軸および β 軸要素）を示している。高周波電流ノルムに関しては，スケーリングの目安として，最大値と最小値の数値を示した。時間軸は 2 〔ms/div〕である。

図 9.34(a) より，S 極位相（±π〔rad〕）近傍で高周波電流ノルムが最大値をとっている様子が確認される。同図 (b) より，高周波電流ノルムの最大値は d 軸電流の負最大値近傍で発生していることがわかる。これらは互いに対応している。

同様の実験を，周波数の極性を反転して行った。すなわち，同一振幅，負周波数 $\omega_h = -2\pi \cdot 400$ 〔rad/s〕の逆相高周波電圧を印加した。応答結果を図 9.35 に示す。波形の意味は，図 9.34 と同一である。図 9.35(b) の α 軸電流と β 軸電流の間における相対的な位相進み・遅れの関係は，図 9.34(b) に比較し逆転している。しかしながら，ノルム最大値に対応した高周波電流の位相は，おおむね $-\pi$〔rad〕，すなわち S 極位

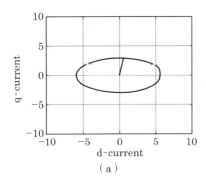
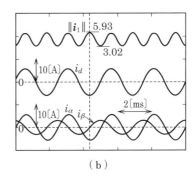

図 9.35 位相 0 〔rad〕における逆相電圧に対する応答例

相を示している。本事実は，図 9.35(a) からも確認される。

C. 静止位相 π/3 〔rad〕での応答例

同様な検証実験を他の位相でも行った。図 9.36 は，回転子の静止位相を π/3 〔rad〕とし，図 9.34 と同一の正相高周波電圧を印加した場合の応答例である。図 9.36(a)，(b) の波形の意味は，図 9.34 と同一である。図 9.36 のノルム応答，d 軸電流応答に関しては，図 9.34 と実効的に同一であるが，対応の α 軸，β 軸電流は位相変位を示している。特に，ノルム最大値に対応した α 軸，β 軸電流の位相は，S 極位相を適切に示していることが確認される。

図 9.37 は，逆相の高周波電圧を印加した場合の応答である。この場合にも，ノルム最大値に対応した α 軸，β 軸電流の位相は，S 極位相を適切に示していることが確認される。

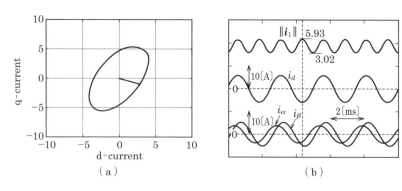

図 9.36　位相 π/3 〔rad〕における正相電圧に対する応答例

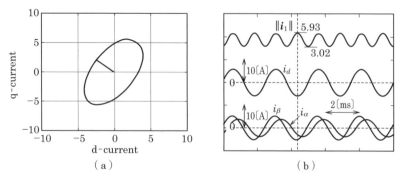

図 9.37　位相 π/3 〔rad〕における逆相電圧に対する応答例

他の静止位相に関しても，図 9.34〜9.37 と同様な高周波電流の応答を確認している。これらの応答は，高周波電流を用いた位相推定式である (9.135) 式の正当性を裏づけるものである。

なお，図 9.34〜9.37 に示した例では，抵抗の影響が比較的小さく，正相高周波電圧あるいは逆相高周波電圧いずれかで，十分な精度の静止位相推定値が得られているが，両高周波電圧の印加を利用した (9.136) 式を利用すれば，さらに精度を向上させることは可能である[31]。本特性は，モータパラメータを変更した数値実験で確認している。

9.9.4 磁気飽和の影響が無視できない場合の位相推定原理

第 9.9.2 項で提示した静止位相推定法は，構築過程より明らかなように，「自励式 HFSM は磁気飽和 (magnetic saturation) を有しない」との仮定に基づくものである。自励式 HFSM に印加される自励用高周波電流は，その周波数は約 800π [rad/s] であり，その振幅は回転子界磁を励磁するのに十分なレベルを有している。このような高周波電流に対し，一般に，交流モータは無視できない磁気飽和と鉄損を生ずる。これは，自励式 HFSM においても例外ではなく，自励式 HFSM は，自励に必要な振幅と周波数をもつ高周波電流に対して，磁気飽和を生ずる。

第 9.9.2 項で提示した (9.134)〜(9.136) 式の静止位相推定法は，元来，PMSM の静止位相推定法として開発されたものであり，そこでは，磁気飽和を起こすに足りる高周波電流を印加させることを前提としている（詳細は，文献 31) を参照）。この場合の主要な磁気飽和は，回転子位相（N 極位相）で起き，平均値に対して，N 極位相の d 軸インダクタンスが小さくなり，S 極位相の d 軸インダクタンスが大きくなる。このため，PMSM においては，印加検出座標系（静止した $\gamma\delta$ 一般座標系と同一）上で，(9.134) 式の空間的に回転する高周波電圧を印加する場合には，おおむね，N 極位相で高周波電流のノルムが最大を示した[31]。

自励式 HFSM においては，図 9.34〜9.37 を用いて確認したように，磁気飽和が存在しないとした理想的状況下でも，高周波電流ノルムは，N 極近傍で，S 極近傍に次いで大きな値を示す。磁気飽和がある場合には，高周波電流のノルムは，S 極近傍で抑えられ，N 極近傍で増長される。このため，磁気飽和の度合いによっては，高周波電流のノルムは，N 極近傍で最大値をとり，S 極近傍でこれに次ぐ大きさを示すことが起こりえる。

上記のような強い磁気飽和特性をもつ自励式 HFSM に対しては，(9.134) 式の高周波電圧の印加に対して，(9.135)，(9.136) 式に代わって，次式により N 極位相を推定

すればよい。
$$\hat{\theta}_\gamma \approx \mathrm{Arg}(i_1^{\max}) \tag{9.137}$$
または，
$$\hat{\theta}_\gamma = \mathrm{Arg}\left(\frac{i_1^{+\max}}{\|i_1^{+\max}\|} + \frac{i_1^{-\max}}{\|i_1^{-\max}\|} \right)$$
$$\approx \mathrm{Arg}(i_1^{+\max} + i_1^{-\max}) \tag{9.138}$$

9.9.5 磁気飽和の影響が無視できない場合の原理検証
A. ベクトルシミュレータの準備

(9.137)，(9.138)式に提示した自励式 HFSM のための静止位相推定法の原理的妥当性を数値実験により検証すべく，このための自励式 HFSM のベクトルシミュレータを構築した。自励式 HFSM のベクトルシミュレータの構築には，固定子電流に対する固定子鎖交磁束の飽和特性に代わって，この逆特性である固定子鎖交磁束に対する固定子電流の特性が必要とされる[31]。磁気飽和を無視した数学モデルに対して，静止位相推定法の検証のための数値実験に使用することを条件に，文献 31) を参考に，固定子反作用磁束に関し次の変更を行った。

$$\left. \begin{array}{l} i_d = f(\phi_{id}) \approx a_1 \phi_{id} + a_2 \phi_{id}^2 + a_3 \phi_{id}^3 \\ i_q = \dfrac{1}{L_q} \phi_{iq} \end{array} \right\} \tag{9.139a}$$

ただし，
$$a_1 = 0.025, \quad a_2 = 0.225, \quad a_3 = 5.25 \tag{9.139b}$$

磁気飽和は，(9.139)式が示しているように，d 軸のみに発生するものとしている[31]。このときの磁気飽和特性は，d 軸電流がゼロとなるときの動的インダクタンスが公称値になるようにして，(9.139b)式の値を得た[31]。図 9.38 に，d 軸における磁束と電流の特性を示した。なお，静止位相推定法の検証のための数値実験においては，上記の簡単な磁気飽和モデルで，飽和現象を概略的ながら再現できることが知られている[31]。

(9.139)式の特性をもつベクトルシミュレータを構築し（他のモータパラメータに関しては，第 9.9.3 項の場合と同一），これを用いて図 9.33 のシステムを再構築し，(9.137)，(9.138)式に示した静止位相推定法の原理検証のための数値実験を行った。以下に，その結果を示す。

（注 9.5） (9.139)式では，固定子反作用磁束に対する固定子電流の非線形特性を，

9.9 自励式 HFSM の静止位相推定

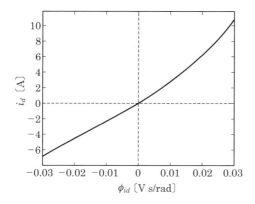

図 9.38 ベクトルシミュレータに使用した磁気飽和特性の 1 例

多項式関数で近似した。近似関数としては，これ以外に，有理関数，正接関数，対数関数などが考えられる。後掲の第 11.7.4 項にこの詳細を説明している。

B. 静止位相ゼロ〔rad〕での応答例

印加検出座標系の位相をゼロ $\theta_{\alpha\gamma}=0$ とし，さらには，回転子位相（N極位相）をゼロ $\theta_\alpha = \theta_\gamma = 0$ として，$V_h = 30$〔V〕，$\omega_h = 2\pi \cdot 400$〔rad/s〕の正相高周波電圧を印加した場合の高周波電流（固定子電流）の応答を図 9.39 に示す。同図の波形に意味は，図 9.34 と同一である。高周波電流ノルムに関しては，スケーリングの目安として，最大値と最小値の数値を示した。時間軸は 2〔ms/div〕である。

図 9.39(a) より，N極位相（0〔rad〕）近傍で高周波電流ノルムが最大値をとって

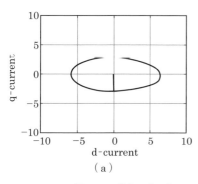
(a)

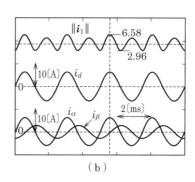
(b)

図 9.39 位相 0〔rad〕における正相電圧に対する応答例

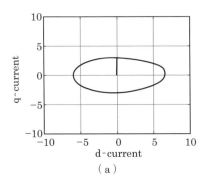
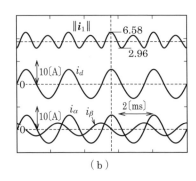

図 9.40　位相 0 [rad] における逆相電圧に対する応答例

いる様子が，さらには，同図 (b) より，高周波電流ノルムの最大値は d 軸電流の正最大値近傍で発生していることが確認される．これらは互いに対応している．

同様の実験を，周波数の極性を反転して行った．すなわち，同一振幅の逆相高周波電圧を印加した．応答結果を図 9.40 に示す．波形の意味は，図 9.39 と同一である．図 9.40(b) の α 軸電流と β 軸電流の間における相対的な位相進み・遅れの関係は，図 9.39(b) に比較し逆転している．しかしながら，ノルム最大値に対応した高周波電流の位相は，おおむね 0 [rad]，すなわち N 極位相を示している．本事実は，図 9.40(a) からも確認される．

C. 静止位相 π/3 [rad] での応答例

同様な検証実験を他の位相でも行った．図 9.41 は，回転子の静止位相を π/3 [rad] とし，図 9.39 と同一の正相高周波電圧を印加した場合の応答例である．図 9.41(a)，(b)

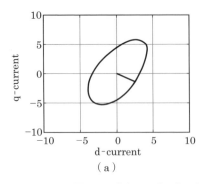
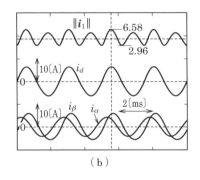

図 9.41　位相 π/3 [rad] における正相電圧に対する応答例

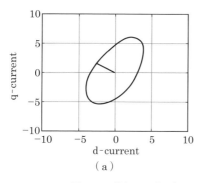
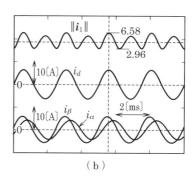

図 9.42 位相 $\pi/3$ [rad] における逆相電圧に対する応答例

の波形の意味は，図 9.39 と同一である．図 9.41 のノルム応答，d 軸電流応答に関しては，図 9.39 と実効的に同一であるが，対応の α 軸，β 軸電流は位相変位を示している．特に，ノルム最大値に対応した α 軸，β 軸電流の位相は，N 極位相をおおむね示していることが確認される．

図 9.42 は，逆相の高周波電圧を印加した場合の応答である．この場合にも，ノルム最大値に対応した α 軸，β 軸電流の位相は，N 極位相をおおむね示していることが確認される．

他の静止位相に関しても，図 9.39～9.42 と同様な高周波電流の応答を確認している．これら応答は，高周波電流を用いた (9.137), (9.138) 式の正当性を裏づけるものである．

(**注 9.6**) 図 9.39～9.42 より確認されるように，自励式 HFSM の高周波電流ノルムの基本波成分は，印加高周波電圧の周波数の 2 倍である．この点は，高周波電流ノルムの基本波成分が印加高周波電圧の周波数と同一となる PMSM と，注目すべき違いとなっている[31]．

9.9.6 実機実験
A. 検証システム

第 9.9.2, 第 9.9.4 項で提示した静止位相推定法の有効性を実機で検証した．供試自励式 HFSM の概略的公称値は表 9.1 のとおりである．表 9.1 の特性は，基本特性の概略値を示しており，磁気飽和特性などの詳細な特性は含まれていない点には，注意して欲しい．供試自励式 HFSM の概観は，図 9.30 のとおりである．

供試自励式 HFSM のための実験システムは，原理的には，図 9.33 と同一である．電力変換器としては三相電力変換器を使用し，2/3 相変換器を用いて二相電圧指令値

を三相電圧指令値に変換後，これを電力変換器の入力とした．また，検出した三相の高周波電流（固定子電流）は，3/2 相変換器で αβ 固定座標系上の二相高周波電流に変換した．

B. 静止位相ゼロ〔rad〕での応答

第 9.9.2 項の図 9.34, 9.35, 第 9.9.4 項の図 9.39, 9.40 に対応した実験の結果を示す．すなわち，印加検出座標系の位相をゼロ $\theta_{\alpha\gamma} = 0$ とし，さらには，回転子位相（N 極位相）をゼロ $\theta_\alpha = \theta_\gamma = 0$ として，$V_h = 30$〔V〕，$\omega_h = \pm 2\pi \cdot 400$〔rad/s〕の高周波電圧を印加し，この応答である高周波電流を調べた．図 9.43 は，正相高周波電圧（$\omega_h > 0$）を印加した場合の高周波電流である．波形の意味は，図 9.34 および図 9.39 と同様である．磁気飽和を考慮した図 9.39 と類似性の高い電流応答が得られている．図 9.44 は，

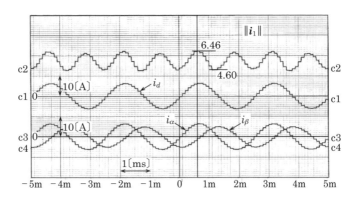

図 9.43 位相 0〔rad〕における正相電圧に対する応答例

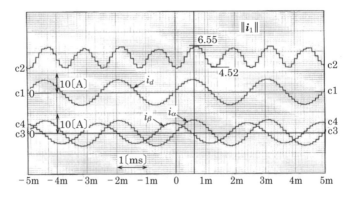

図 9.44 位相 0〔rad〕における逆相電圧に対する応答例

逆相の高周波電圧 ($\omega_h < 0$) を印加した場合の高周波電流である．これは，磁気飽和を考慮した図 9.40 と類似性の高い電流応答を示している．

C. 静止位相 $\pi/3$〔rad〕での応答

第 9.9.2 項の図 9.36，9.37，第 9.9.4 項の図 9.41，9.42 に対応した実験の結果を示す．すなわち，印加検出座標系の位相をゼロ $\theta_{\alpha\gamma} = \pi/3$〔rad〕とし，さらには，回転子位相（N 極位相）をゼロ $\theta_\alpha = \theta_\gamma = 0$〔rad〕として，$V_h = 30$〔V〕，$\omega_h = \pm 2\pi \cdot 400$〔rad/s〕の高周波電圧を印加し，この応答である高周波電流を調べた．図 9.45，9.46 は，おのおの正相（$\omega_h > 0$），逆相（$\omega_h < 0$）の高周波電圧を印加した場合の高周波電流である．波形の意味は，図 9.36，9.37 および図 9.41，9.42 と同様である．磁気飽和を考慮した図 9.41，9.42 に類似した電流応答が得られている．

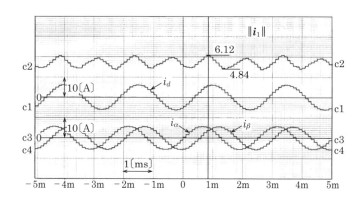

図 9.45 位相 $\pi/3$〔rad〕における正相電圧に対する応答例

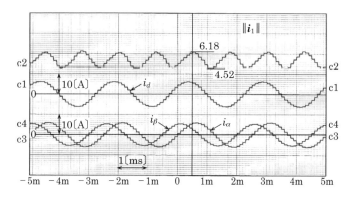

図 9.46 位相 $\pi/3$〔rad〕における逆相電圧に対する応答例

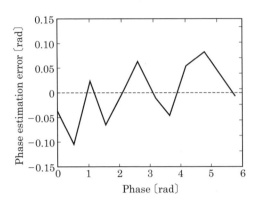

図 9.47 位相推定誤差の空間プロファイル例

同様な実験を種々の静止位相（回転子位置）について調べた結果，本供試自励式HFSMに関しては，磁気飽和を考慮して位相推定を行う必要があること，ひいては(9.137)，(9.138)式が有用であることがわかった。

さらには，回転子位相（回転子位置）に依存した推定誤差が発生することもわかった。図 9.47 は，4 極対数内のある位相 $0～2\pi$〔rad〕における推定誤差の 1 例である。同図では，横軸が空間的な回転子位相を，縦軸が位相推定誤差を示している。位相推定誤差の算定には，供試自励式 HFSM に装着したエンコーダによる値を基準とした。また，描画に際しては，エンコーダ装着誤差に起因した一定オフセット分は補正した。同図より理解されるように，最大誤差は，電気角で約 ± 0.1〔rad〕（約 ± 6 度），機械角で約 ± 0.03〔rad〕（約 ± 1.7 度）であることも判明した。誤差は静止回転子位相によって異なっており，自励式 HFSM の構造，電力変換器の特性などに起因するものと推測される。なお，電気角で約 ± 0.1〔rad〕の誤差は，センサレス駆動を目的とした静止位相推定には，問題なく許容できる。

本供試自励式 HFSM に関しては，強い磁気飽和の存在を前提とした (9.137)，(9.138)式が有用であったが，すべての自励式 HFSM に対して (9.137)，(9.138) 式が適用できるとは限らない。磁気飽和の弱い自励式 HFSM に対しては，(9.135)，(9.136) 式を適用することになる。(9.135)，(9.136) 式，または (9.137)，(9.138) 式のいずれを適用するかは自励式 HFSM の磁気飽和特性いかんによる。

また，高周波電流ノルムが S 極近傍，N 極近傍で同程度の値を示す自励式 HFSM が存在しうることは，否定できない。このような自励式 HFSM に対しては，NS 判定処理を追加的に行う必要がある。

第10章

誘導同期モータ

　代表的な三相交流モータは，誘導モータ (induction motor) と同期モータ (synchronous motor) である。両モータは，原理的に，固定子は同一であり，回転子に相違がある。誘導モータの回転子には，短絡された三相界磁巻線または導体かごが利用される。一方，同期モータの回転子は，単相界磁巻線または永久磁石により界磁を生成している。両モータ回転子の構造的特徴を一体的に備えた回転子が存在しうる。この種の回転子をもつモータでは，両モータ駆動特性の同時継承が期待される。両モータの長所的特性を活かすことができれば，EV (electric vehicle)，HV (hybrid electric vehicle) のセンサレス駆動への応用が期待される。本章では，この種のモータの駆動制御技術開発の基礎として，数学モデルとベクトルシミュレータを構築する。

10.1　背　景

　再び，図9.1の回転子をもつ他励式ハイブリッド界磁同期モータ (SepE-HFSM)，図9.19の回転子をもつ自励式ハイブリッド界磁同期モータ (SelE-HFSM) を考える。前者では，回転子界磁回路の励磁電流 (excitation current) は，回転子側に設けられた界磁電流制御系により，直接的に供給された (図9.2〜9.4参照)。一方，後者では，回転子界磁回路の励磁電流は，固定子側からの高周波誘導により間接的に供給された (図9.23〜9.25参照)。また，後者では，高周波誘導を介しつつも直流的な励磁電流を生成すべく，回転子界磁回路はダイオード短絡されていた (図9.25参照)。

　回転子界磁回路を，ダイオード短絡に代わって，ダイオードを用いることなく単に短絡した場合 (換言するならば，「短絡単相界磁巻線」を使用した場合)，HFSMは，いかなる挙動を示すであろうか。さらには，回転子界磁回路として，短絡単相界磁巻線に代わって短絡三相界磁巻線を用いた場合には，いかなる挙動を示すであろうか。

　後者の場合，短絡三相界磁巻線は，三相巻線形IMにおける短絡三相界磁巻線 (短

絡三相回転子巻線)のような働きをすると推測される。この結果，同モータは，三相巻線形 IM と三相 PMSM の特性を併せもつことになると推測される。より正確には，同モータは，回転子電気速度が固定子電源周波数と同一の「同期状態」では，PMSM のように振る舞い，回転子電気速度と固定子電源周波数とが異なる「すべり状態」では，IM のように振る舞うと推測される。この推測の根拠は，「IM におけるトルク発生にはすべりが必須であり[1]，一方，SM における安定したトルク発生には，すべりのない同期が必須である[2]」との認識による。

　センサレス駆動を前提に両モータを比較する場合，停止からの加速駆動に関しては，概して IM が容易である。一方，中高速域での定常駆動における効率は，概して SM が高い。停止からの加速には，三相界磁巻線を短絡して IM のように立ち上げ，定常状態で三相界磁巻線を開放・直流励磁して SM として駆動すれば，両モータの特長を活かした駆動が可能となる。三相交流モータの回転子に三相巻線をもたせた上で，同巻線の短絡と開放・直流励磁を可能としたモータは，一般に，誘導同期モータ (synchronous induction motor, SIM) と呼ばれる。誘導同期モータは，IM 駆動モードと SM 駆動モードを意図的に切り換えられるようにしたモータと捉えることもできる。

　誘導同期モータにおける 2 駆動モードの切り換えを自動化することも可能である。モード切り換えの自動化には，前述の推測のように，回転子に，三相巻線形 IM と同様な「短絡三相界磁巻線」と三相 PMSM と同様な「永久磁石」とを併せもたせることになる。回転子のための「短絡三相界磁巻線」としては，実際的には，三相かご形 IM と同様な「導体かご (squirrel cage)」が利用されることが多い。導体かごは，短絡三相界磁巻線と同様な機能・性能をもつ。2 駆動モードの自動切り換え機能を有するこの種の三相交流モータは，一般に，始動巻線付き永久磁石同期モータ (starting winding permanent-magnet synchronous motor)，あるいは制動巻線付き永久磁石同期モータ (damper winding permanent-magnet synchronous motor) と呼ばれ，特性解析が重ねられている[3)-13)]。

　本書では，巻線形 IM と同様な短絡三相界磁巻線と PMSM と同様な永久磁石とを回転子に備えた三相交流モータ，かご形 IM と同様な導体かごと PMSM と同様な永久磁石とを回転子に備えた三相交流モータを，簡単に，誘導同期モータ (SIM) と総称する。

　SIM は，純粋な PMSM に比較し，短絡三相界磁巻線 (導体かご) の効果により，概して，次のような特性改善が得られる[3)-12)]。

(a) 自己始動特性の改善

(b) 同期化特性の改善
(c) 乱調抑制特性の改善

当然のことながら，所要の特性改善を得るには，これに見合った短絡三相界磁巻線（導体かご）を用意する必要がある。

上記の概略的特性に対して，SIM の詳細な特性，実際の過渡挙動は，大変複雑であり，これらの解析・算定の努力が続けられている[3)-12)]。しかしながら，これらは，次のいくつかを課題として残置しているようである[3)-12)]。

(a) 非同期・同期を問わず，一定速での定常状態を想定し，解析は静的特性に限定。
(b) 解析は，一定振幅・一定周波数の電圧印加，一定負荷に限定。
(c) 発生トルクを記述したトルク発生式は，対応の等価回路とモデル的に整合しなければならない。しかし，数学モデルの自己整合性に関する検証が行われていない。
(d) 固定子端子側の電圧，電流情報などを用いた等価回路上のモータパラメータの同定が困難，あるいは不可能。
(e) 有限要素法（finite element method, FEM）モデルの構築と膨大な演算を要する FEM の利用とを前提とする。さらには，FEM モデルに基づく FEM 解析の結果に対し，実機データに基づく検証が不十分。

過渡特性の解析・把握には，各種電流，各種磁束，各種周波数，回転子速度の瞬時変化の記述が可能な微分方程式を用いる必要がある。しかしながら，SIM に関しては，終始一貫した微分方程式による解析は，一定振幅一定周波数の電圧印加と無負荷といったような特別な場合を除き[12)]，行われていないようである[3)-12)]。

SIM の挙動解析を難解にしている主要因は，IM 的特性と PMSM 的特性とによる瞬時かつ非線形なインタラークション（相互作用，相互影響）である。しかし，このインタラクティヴな特性こそが，SIM の本質的特徴である。

本書では，SIM のインタラクティヴな特性の解析・把握に，さらにはこの駆動制御システム設計に資することを目的に，この動的数学モデルとベクトルシミュレータを新規に構築・提案する。これらは，数学的には，微分方程式として記述され，任意形状かつ非定常の電圧，電流，磁束を扱える。なお，解析・把握の対象をインタラクティヴな特性に絞るべく，SIM の突極性は無視できるものとしている[15)]。

提案のベクトルシミュレータは，上記の動的数学モデルに基づく動的モータシミュレータである。ベクトルシミュレータによれば，通常の定常応答，過渡応答，力行・回生応答はもとより，印加電圧，機械的負荷などの突変に対する SIM の各種磁束，各

種電流，各種トルク，速度の瞬時応答を定量的かつ簡単に観察・把握することができる。

なお，本章の内容は，著者による文献14)を再構成したものであることを断っておく。

10.2 数学モデル

10.2.1 統一固定子数学モデル

図10.1を考える。同図には，uvw座標系と$\gamma\delta$一般座標系を描画している。uvw座標系は固定子のu，v，w相の各巻線の中心位置をu，v，w軸の位相とする3軸の三相座標系（固定座標系）である（図7.1参照）。一方，$\gamma\delta$一般座標系は，γ軸とδ軸の直交2軸をもつ，任意の瞬時速度ω_γで回転する一般性の高い座標系である。これら座標系の定義は，第2.1.2項で定義した図2.3の座標系の定義と同一である。以下に扱う電圧，電流，磁束を表現した2×1ベクトルは，$\gamma\delta$一般座標系上で定義されているものとする。制御系設計のための数学モデル構築に必要な合理的な近似前提，すなわち第2.1.1項で導入した前提(a)～(f)をここでも採用する。

本前提のもとでは，IM，PMSM，HFSMなどの交流モータ共通の$\gamma\delta$一般座標系上の統一固定子数学モデルとして，回路方程式，トルク発生式，エネルギー伝達式の3式からなる(9.1)～(9.3)式が構築される（第9.2.1項参照）。

10.2.2 SIMの固定子鎖交磁束モデル
A. 固定子鎖交磁束のモデル化

IM，PMSM，HFSMなどの交流モータにおいては，その相違は回転子にある。駆動制御のための数学モデルは，回転子特性を固定子側の視点からモデル化することにより，得ることになる。具体的には，固定子鎖交磁束を通じて回転子特性をモデル化

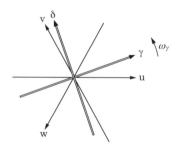

図10.1 uvw座標系と$\gamma\delta$一般座標系

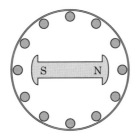

図 10.2　SIM の回転子

することにより，数学モデルを得る。

　SIM は，回転子に，PMSM が有するような永久磁石と，IM が有するような短絡三相界磁巻線（導体かご）の二者をもつ．図 10.2 に，極対数を 1 とした場合の回転子の概略的様子を示した．同図では，簡単のため，「永久磁石」を横に配した NS バー（グレー部分）で概略表現し，「短絡三相界磁巻線（導体かご）」を回転子周辺の回転子バー（rotor bar）（グレー小丸部分）として概略表現している．

　構築予定の SIM の数学モデルは，同モータの駆動制御に資することを目指したものである．この点を考慮し，第 2.1.1 項で導入した前提 (a)〜(f) に加え，SIM の回転子に関し次の前提を設ける．

　(g) 突極性は無視できる[15]．
　(h) 永久磁石に起因する磁束は一定・不変である．
　(i) 磁束分布は正弦的である．
　(j) 磁気飽和は無視できる．
　(k) 短絡三相界磁巻線（導体かご）に生起する磁束は，永久磁石に起因する磁束に直接的には影響されない．

　前提 (k) は，「回転子内では，回転子の回転速度いかんを問わず，短絡三相界磁巻線（導体かご）と永久磁石の相対位置は不変であり，ひいては，短絡三相界磁巻線（導体かご）に鎖交する永久磁石起因の磁束は直流的かつ一定不変である」との認識に基づいている．

　上記前提のもとに，本書では，SIM の固定子鎖交磁束 ϕ_1 の数学モデルとして，次を提案する．

【SIM のための固定子鎖交磁束モデル】

$$\phi_1 = \phi_i + \phi_{2n} + \phi_m \tag{10.1}$$

$$\phi_i = l_{1t} \boldsymbol{i}_1 \tag{10.2}$$

$$\boldsymbol{D}(s, \omega_\gamma)\phi_{2n} = -[W_2 \boldsymbol{I} - \omega_{2n}\boldsymbol{J}]\phi_{2n} + R_2 \boldsymbol{i}_1 \tag{10.3}$$

$$\phi_m = \Phi u(\theta_\gamma) \qquad ; \Phi = \text{const} \tag{10.4}$$

$$\left.\begin{array}{l} L_1 = l_{1t} + M_n \\ M_n = \dfrac{R_{2n}}{W_2} \end{array}\right\} \tag{10.5}$$

$$u(\theta_\gamma) \equiv \begin{bmatrix} \cos\theta_\gamma \\ \sin\theta_\gamma \end{bmatrix} \tag{10.6}$$

$$s\theta_\gamma = \omega_{2n} - \omega_\gamma \tag{10.7}$$

■

(10.1)〜(10.7) 式の磁束モデルにおいては，ϕ_i, ϕ_{2n}, ϕ_m は，それぞれ，固定子電流 i_1 によって誘導発生した反作用磁束（回転子短絡三相界磁巻線（導体かご）の視点からは，固定子総合漏れ磁束），固定子巻線と回転子短絡三相界磁巻線（導体かご）との相互誘導によりに発生した磁束（以下，相互磁束と呼称），回転子永久磁石に起因する磁束（以下，マグネット磁束と呼称）を意味している。相互磁束 ϕ_{2n} は，固定子電流を根源とした (10.3) 式の動的関係に従い生成されている。(10.3) 式は，前提 (k) に従い，マグネット磁束 ϕ_m の影響を排除したものとなっている。これら3磁束は，$\gamma\delta$ 一般座標系上の 2×1 ベクトル量として定義されている。

相互磁束 ϕ_{2n} に直接的に関係した L_1, l_{1t}, M_n は，固定子インダクタンス，固定子総合漏れインダクタンス，固定子巻線と回転子短絡三相界磁巻線（導体かご）との間の正規化相互インダクタンスである[1]。R_{2n}, W_2 は,回転子短絡三相界磁巻線(導体かご)の正規化回転子抵抗，時定数の逆数（以下，回転子逆時定数と呼称）である[1]。パラメータ L_1, l_{1t}, M_n, R_{2n}, W_2 の間には (10.5) 式の関係があり，パラメータ L_1, l_{1t}, M_n, R_{2n}, W_2 においては，独立パラメータは3個に過ぎない[1]。(10.1)〜(10.7) 式の固定子鎖交磁束モデルに使用した独立的パラメータは，回転子磁束強度 Φ を含め4個に過ぎない。なお，回転子磁束強度 Φ は，前提 (h) に従い，一定としている。したがって，電気・磁気的特性を記述するための独立パラメータは，固定子抵抗 R_1 を考慮した5個となる（たとえば，R_1, l_{1t}, R_{2n}, W_2, Φ）。

θ_γ は，$\gamma\delta$ 一般座標系の主軸 γ 軸から見た回転子の N 極位相であり，ω_{2n} は回転子の電気速度である（図2.3参照）。図10.3 に，3磁束 ϕ_i, ϕ_{2n}, ϕ_m と同周波数 ω_{1f}, ω_{2f}, ω_{2n} とを概略的に示した。次の (10.8)，(10.9) 式に周波数 ω_{1f}, ω_{2f}, ω_{2n} を用いて定義した周波数差 ω_s, ω'_s は，おのおの「すべり周波数」，「準すべり周波数」と呼ばれる[1]。

$$\omega_s \equiv \omega_{2f} - \omega_{2n} \tag{10.8}$$

$$\omega'_s \equiv \omega_{1f} - \omega_{2n} \tag{10.9}$$

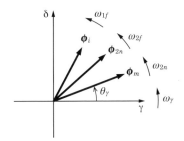

図 10.3 SIM における 3 磁束の瞬時関係例

B. 固定子鎖交磁束モデルの妥当性

(10.1)〜(10.7) 式の固定子鎖交磁束モデルの妥当性を検討する。SIM の回転子から短絡三相界磁巻線（導体かご）を撤去するならば，これは PMSM の回転子と同様となる。反対に，SIM の回転子から永久磁石を撤去するならば，これは IM の回転子と同様となる。SIM 固定子鎖交磁束の合理的数学モデルとしては，上記の特性を維持したものでなくてはならない。この観点より，SIM 固定子鎖交磁束の数学モデルの妥当性を検討する。

(a) 短絡三相界磁巻線の撤去

回転子からの短絡三相界磁巻線（導体かご）撤去は，数学モデル上では，正規化回転子抵抗と回転子逆時定数とを無限大，すなわち $R_{2n} \to \infty$, $W_2 = R_{2n}/M_n \to \infty$ とすることにより達成される。(10.3) 式に $R_{2n} \to \infty$, $W_2 \to \infty$ を適用すると，次式を得る。

$$0 = -W_2 \phi_{2n} + R_{2n} i_1 \qquad (10.10\text{a})$$

$$\phi_{2n} = M_n i_1 \qquad (10.10\text{b})$$

(10.3) 式に代わって，(10.10b) 式を (10.1)〜(10.7) 式に用いると，次の固定子鎖交磁束 ϕ_1 を得る。

$$\phi_1 = \phi_i + \phi_{2n} + \phi_m = L_1 i_1 + \phi_m \qquad (10.11\text{a})$$

$$\phi_m = \Phi u(\theta_\gamma) \qquad ; \Phi = \text{const} \qquad (10.11\text{b})$$

(10.11) 式は，非突極 PMSM の $\gamma\delta$ 一般座標系上における固定子鎖交磁束モデルにほかならない（(2.2)〜(2.4) 式参照）。

(b) 永久磁石の撤去

回転子からの永久磁石撤去は，数学モデル上では，マグネット磁束強度をゼロ，すなわち $\Phi \to 0$ とすることにより達成される。(10.1)〜(10.7) 式に $\Phi \to 0$ を適用すると，

次の固定子鎖交磁束 ϕ_1 を得る。

$$\phi_1 = \phi_i + \phi_{2n} = l_{1t}i_1 + \phi_{2n} \tag{10.12a}$$

$$D(s,\omega_\gamma)\phi_{2n} = -[W_2 I - \omega_{2n}J]\phi_{2n} + R_{2n}i_1 \tag{10.12b}$$

(10.12) 式は，IM の $\gamma\delta$ 一般座標系上における固定子鎖交磁束モデルにほかならない[1]。

10.2.3　SIM の数学モデル
A.　数学モデルの構築

(10.1)〜(10.7) 式の固定子鎖交磁束モデルを (9.1)〜(9.3) 式の統一固定子数学モデルに用いると，SIM の $\gamma\delta$ 一般座標系上の数学モデルを次のように新規構築できる。

【SIM の一般座標系上の数学モデル】
回路方程式（第 1 基本式）

$$\begin{aligned}
v_1 &= R_1 i_1 + D(s,\omega_\gamma)\phi_1 \\
&= R_1 i_1 + D(s,\omega_\gamma)[l_{1t}i_1 + \phi_{2n} + \phi_m] \\
&= R_1 i_1 + D(s,\omega_\gamma)[l_{1t}i_1 + \phi_{2n}] + \omega_{2n}J\phi_m
\end{aligned} \tag{10.13}$$

$$R_{2n}i_1 = D(s,\omega_\gamma)\phi_{2n} + [W_2 I - \omega_{2n}J]\phi_{2n} \tag{10.14}$$

$$\phi_1 = l_{1t}i_1 + \phi_{2n} + \phi_m \tag{10.15}$$

$$\phi_m = \Phi u(\theta_\gamma) \quad ; \Phi = \mathrm{const} \tag{10.16}$$

$$u(\theta_\gamma) \equiv \begin{bmatrix} \cos\theta_\gamma \\ \sin\theta_\gamma \end{bmatrix} \tag{10.17}$$

$$s\theta_\gamma = \omega_{2n} - \omega_\gamma \tag{10.18}$$

トルク発生式（第 2 基本式）

$$\begin{aligned}
\tau &= \tau_i + \tau_m \\
&= N_p i_1^T J \phi_{2n} + N_p i_1^T J \phi_m
\end{aligned} \tag{10.19}$$

エネルギー伝達式（第 3 基本式）

$$\begin{aligned}
p_{ef} &= i_1^T v_1 \\
&= \left(R_1 \|i_1\|^2 + R_{2n} \left\| \frac{W_2}{R_{2n}}\phi_{2n} - i_1 \right\|^2 \right) + s\left(\frac{W_2}{2R_{2n}}\|\phi_{2n}\|^2 + \frac{1}{2l_{1t}}\|l_{1t}i_1\|^2 \right) + \omega_{2m}\tau
\end{aligned} \tag{10.20}$$

■

(10.20) 式における ω_{2m} は回転子の機械速度であり，電気速度 ω_{2n} と (2.8) 式の関係が成立している。同じく (10.20) 式における W_2/R_{2n} は，(10.5) 式に従い，$1/M_n$

10.2 数学モデル　*479*

で置換することができる。

(10.19) 式のトルク発生式においては，左辺 τ が発生した全トルクを，右辺がその詳細を意味している。すなわち，同式右辺第 1 項 τ_i が回転子の相互磁束に起因したトルク（以下，誘導トルクと呼称）を，第 2 項 τ_m がマグネット磁束に起因したトルク（以下，マグネットトルクと呼称）を意味している。

誘導トルク τ_i は，相互磁束 ϕ_{2n} のノルムが一定の場合には，(10.8) 式で定義したすべり周波数 ω_s と比例する[1]。換言するならば，すべりが存在する非同期の状況下（一定周波数電源始動時，同期引き込み時，乱調抑制時など）で，主役となるトルクである。これに対して，マグネットトルク τ_m は，大きなすべりを伴う一定周波数電源始動時には逆トルク（ブレーキトルク）を発生する。同期引き込みが完了した同期状態では，実質的に，誘導トルク τ_i は消滅し，マグネットトルク τ_m が全トルクとなる。一定周波数電源による非同期始動から同期状態までの過程では，誘導トルク τ_i とマグネットトルク τ_m とが複雑にインタラクションしながら，全トルク τ の主従を交代する。

(10.20) 式のエネルギー伝達式は，同式左辺に示した入力の瞬時電力（有効電力）がいかに消耗，蓄積，伝達されるかを示している。(10.20) 式右辺の第 1 項は，固定子巻線と回転子短絡三相界磁巻線（導体かご）とに発生した銅損を，第 2 項は，固定子・回転子間の正規化相互インダクタンス $M_n = R_{2n}/W_2$，固定子総合漏れインダクタンス l_t に蓄積された磁気エネルギーの瞬時変化を，第 3 項は，回転子から出力される瞬時機械的電力を，おのおの意味している。瞬時機械的電力の構成要素である発生トルク τ は，(10.19) 式に従うものであり，誘導トルク τ_i とマグネットトルク τ_m とによる全トルクである。

(10.19)，(10.20) 式は，このように物理的意味不明な因子は一切含んでいない，すなわち綻びのない閉じた形（closed form）をしている。(10.20) 式のエネルギー伝達式（第 3 基本式）の構築には，回路方程式（第 1 基本式），トルク発生式（第 2 基本式）が利用されている（次の B 項参照）。第 1 基本式，第 2 基本式の関係を利用して構築された第 3 基本式が閉じた形をしているということは，数学モデルを構成する 3 基本式が数学的に矛盾なく整合していることを，すなわち数学モデルが自己整合性を有することを意味する。

(10.13)～(10.20) 式の $\gamma\delta$ 一般座標系上の数学モデルに対して，$\alpha\beta$ 固定座標系の条件（$\omega_\gamma = 0, \theta_\gamma = \theta_\alpha$）を付す場合には，これは，主軸 α 軸を固定子 u 相巻線の中心に合わせた $\alpha\beta$ 固定座標系上の数学モデルとなる。また，dq 同期座標系の条件（$\omega_\gamma = \omega_{2n}$, $\theta_\gamma = 0$）を付す場合には，これは，主軸 d 軸をマグネット磁束の発生源である回転子

永久磁石の N 極に位相差なく同期させた dq 同期座標系上の数学モデルとなる。

(注 10.1) (10.13)〜(10.20) 式の数学モデルに $R_{2n} \to \infty$, $W_2 \to \infty$ の条件を適用すると，これは，非突極 PMSM の数学モデルに帰着する ((2.1)〜(2.7) 式参照)。また，(10.13)〜(10.20) 式の数学モデルに $\Phi \to 0$ の条件を適用すると，これは，IM の数学モデル[1]に帰着する。

B. 基本式の自己整合性

3 基本式の数学的な自己整合性検証の 1 つとして，回路方程式（第 1 基本式），トルク発生式（第 2 基本式）を用いたエネルギー伝達式（第 3 基本式）の構築過程を以下に示しておく。

(10.14) 式は，次式のように書き換えられる。

$$0 = R_{2n}\boldsymbol{i}_{2n} + \boldsymbol{D}(s,\omega_\gamma)\boldsymbol{\phi}_{2n} - \omega_{2n}\boldsymbol{J}\boldsymbol{\phi}_{2n} \tag{10.21}$$

ただし，$\boldsymbol{i}_{2n}$ は次式で定義された正規化回転子電流である[1]。

$$\boldsymbol{i}_{2n} \equiv \frac{W_2}{R_{2n}}\boldsymbol{\phi}_{2n} - \boldsymbol{i}_1 \tag{10.22}$$

(10.19) 式右辺の誘導トルクは，(10.22) 式の $\boldsymbol{i}_{2n}$ を用いて，次式のように再表現される。

$$\tau_i = N_p \boldsymbol{i}_1^T \boldsymbol{J}\boldsymbol{\phi}_{2n} = -N_p \boldsymbol{i}_{2n}^T \boldsymbol{J}\boldsymbol{\phi}_{2n} \tag{10.23}$$

(10.21) 式の両辺に対して，左側より $\boldsymbol{i}_{2n}^T$ を乗じ，(10.23) 式を用い，電気速度 ω_{2n} と機械速度 ω_{2m} の関係 ((2.8) 式参照) に注意すると，次式を得る。

$$0 = R_{2n}\|\boldsymbol{i}_{2n}\|^2 + \boldsymbol{i}_{2n}^T \boldsymbol{D}(s,\omega_\gamma)\boldsymbol{\phi}_{2n} + \omega_{2m}\tau_i \tag{10.24}$$

ここで，(10.13) 式の第 3 式の両辺に対して，左側より $\boldsymbol{i}_1^T$ を乗じた上で，(10.19) 式および電気速度 ω_{2n} と機械速度 ω_{2m} の関係 ((2.8) 式参照) を用いて整理し，さらに (10.24) を加算すると，次式を得る。

$$\begin{aligned}
p_{ef} &= \boldsymbol{i}_1^T \boldsymbol{v}_1 \\
&= R_1\|\boldsymbol{i}_1\|^2 + \boldsymbol{i}_1^T \boldsymbol{D}(s,\omega_\gamma)[l_{1t}\boldsymbol{i}_1 + \boldsymbol{\phi}_{2n}] + \omega_{2n}\boldsymbol{i}_1^T \boldsymbol{J}\boldsymbol{\phi}_m \\
&= R_1\|\boldsymbol{i}_1\|^2 + \boldsymbol{i}_1^T \boldsymbol{D}(s,\omega_\gamma)[l_{1t}\boldsymbol{i}_1 + \boldsymbol{\phi}_{2n}] + \omega_{2m}\tau_m \\
&\quad + R_{2n}\|\boldsymbol{i}_{2n}\|^2 + \boldsymbol{i}_{2n}^T \boldsymbol{D}(s,\omega_\gamma)\boldsymbol{\phi}_{2n} + \omega_{2m}\tau_i \\
&= R_1\|\boldsymbol{i}_1\|^2 + R_{2n}\|\boldsymbol{i}_{2n}\|^2 + \omega_{2m}\tau \\
&\quad + \boldsymbol{i}_1^T \boldsymbol{D}(s,\omega_\gamma)[l_{1t}\boldsymbol{i}_1 + \boldsymbol{\phi}_{2n}] + \boldsymbol{i}_{2n}^T \boldsymbol{D}(s,\omega_\gamma)\boldsymbol{\phi}_{2n}
\end{aligned} \tag{10.25}$$

(10.25) 式右辺の第 4，第 5 項は，(10.22)，(10.23) 式を用いると，次のように評価

される。

$$
\begin{aligned}
\boldsymbol{i}_1^T &\boldsymbol{D}(s,\omega_\gamma)[l_{1t}\boldsymbol{i}_1+\boldsymbol{\phi}_{2n}]+\boldsymbol{i}_{2n}^T\boldsymbol{D}(s,\omega_\gamma)\boldsymbol{\phi}_{2n}\\
&=\boldsymbol{i}_1^T[sl_{1t}\boldsymbol{i}_1]+\boldsymbol{i}_1^T[s\boldsymbol{\phi}_{2n}]+\boldsymbol{i}_{2n}^T[s\boldsymbol{\phi}_{2n}]+\omega_\gamma(\boldsymbol{i}_1^T\boldsymbol{J}\boldsymbol{\phi}_{2n}+\boldsymbol{i}_{2n}^T\boldsymbol{J}\boldsymbol{\phi}_{2n})\\
&=\frac{1}{2l_{1t}}\|l_{1t}\boldsymbol{i}_1\|^2+\boldsymbol{i}_1^T[s\boldsymbol{\phi}_{2n}]+\left[\frac{W_2}{R_{2n}}\boldsymbol{\phi}_{2n}-\boldsymbol{i}_1\right]^T[s\boldsymbol{\phi}_{2n}]\\
&=\frac{s}{2l_{1t}}\|l_{1t}\boldsymbol{i}_1\|^2+\frac{W_2}{R_{2n}}\boldsymbol{\phi}_{2n}[s\boldsymbol{\phi}_{2n}]\\
&=s\left(\frac{1}{2l_{1t}}\|l_{1t}\boldsymbol{i}_1\|^2+\frac{W_2}{2R_{2n}}\|\boldsymbol{\phi}_{2n}\|^2\right)
\end{aligned}
\quad (10.26)
$$

(10.22), (10.25), (10.26) 式は, (10.20) 式のエネルギー伝達式 (第3基本式) を意味する.

(注 10.2) SIM の5電気パラメータの1同定法の原理を, 参考までに, 示しておく. 負荷装置で SIM を一定速度で回転した上で, 開放三相端子の定常状態における線間電圧より, 回転子磁束強度 $\varPhi$ をただちに同定できる (第2.2節参照). SIM に対し IM と同様の無負荷試験を実施し, 固定子側パラメータ L_1, R_1 を同定できる[1]. また, SIM に対し IM と同様の拘束試験を実施し, 他の回転子側パラメータ l_{1t}, W_2 を同定できる[1]. M_n, R_{2n} は, L_1, l_{1t}, W_2 を (10.5) 式に適用すればただちに特定できる.

IM の他のパラメータ同定法を援用するならば[1], 無負荷試験, 拘束試験によらずともパラメータ R_1, L_1, l_{1t}, M_n, R_{2n}, W_2 の同定は可能である.

10.3　ベクトルシミュレータ

第8章では独立二重三相巻線 PMSM を対象に, 第9章では他励式 HFSM, 自励式 HFSM を対象に, ベクトルシミュレータの有用性, このためのベクトルブロック線図について説明してきた. 特に, ベクトルブロック線図の構築においては, 次の2点が重要であることを説明してきた.

(a) 一般にモータのブロック線図は, 電気系, トルク発生系, 機械負荷系の3大部分系から構成される.

(b) 交流モータのブロック線図が物理的意味を明解にした簡潔な形で構成できるか否かは, 関係式の展開に基づく電気系およびトルク発生系の構成いかんにかかっている. 特に, 数学モデルの第1基本式をいかに展開するかが要となる.

上記2点は，SIMに対しても無修正で適用される．以上の認識のもと，電気系，トルク発生系の構成を中心にSIMのベクトルブロック線図の詳細を与える．

10.3.1　Ａ形ベクトルブロック線図

電気系，トルク発生系，機械負荷系を次のように構成する．

(a)　電気系

固定子鎖交磁束 ϕ_1 に着目するならば，(10.13)～(10.18) 式の回路方程式（第1基本式）より，次の電気系を得る．

$$D(s,\omega_\gamma)\phi_1 = [\boldsymbol{v}_1 - R_1 \boldsymbol{i}_1] \tag{10.27a}$$

$$l_{1t}\boldsymbol{i}_1 = \phi_1 - [\phi_{2n} + \phi_m] \tag{10.27b}$$

$$(s+W_2)\phi_{2n} = R_{2n}\boldsymbol{i}_1 + (\omega_{2n} - \omega_\gamma)\boldsymbol{J}\phi_{2n} \tag{10.27c}$$

$$\phi_m = \Phi \boldsymbol{u}(\theta_\gamma) \quad ; \Phi = \text{const} \tag{10.27d}$$

$$\boldsymbol{u}(\theta_\gamma) = \begin{bmatrix} \cos\theta_\gamma \\ \sin\theta_\gamma \end{bmatrix} \tag{10.27e}$$

$$s\theta_\gamma = \omega_{2n} - \omega_\gamma \tag{10.27f}$$

(b)　トルク発生系

SIMの発生トルク τ は，交流モータ統一固定子数学モデルの原式たる (9.2) 式，またはSIM数学モデルのトルク発生式（第2基本式）を用いる．すなわち，

$$\begin{aligned}\tau &= N_p \boldsymbol{i}_1^T \boldsymbol{J} \phi_1 \\ &= N_p \boldsymbol{i}_1^T \boldsymbol{J} [\phi_{2n} + \phi_m]\end{aligned} \tag{10.28}$$

(c)　機械負荷系

SIMの機械負荷系（回転子およびこれに連結した機械負荷からなる系）は，簡単のため，次式で表現されるものとする．

$$\omega_{2m} = \frac{1}{J_m s + D_m}\tau \tag{10.29}$$

ここに，J_m，D_m は，SIM発生のトルク τ により駆動される機械負荷系の慣性モーメント，粘性摩擦係数である．

(d)　ブロック線図

(10.27) 式を用いて電気系を，(10.28) 式を用いてトルク発生系を，(10.29) 式を用いて機械負荷系を構成するならば，図 10.4 に示したＡ形ベクトルブロック線図が得られる．図中における太い信号線は 2×1 のベクトル信号を意味している．また，ブロック

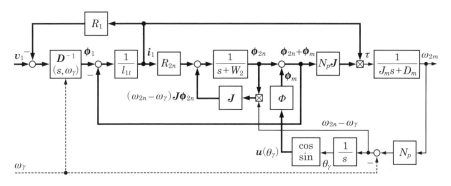

図 10.4　誘導同期モータの A 形ベクトルブロック線図

$1/s$ は積分器を，⊗記号は信号と信号とを乗算するための乗算器を意味している．以降，細線はスカラ信号用の信号線を意味するものとし，乗算器⊗は，入力がスカラ信号とベクトル信号の場合にはスカラ信号によるベクトルの各成分との乗算を実行するベクトル乗算器を，入力が 2 個のベクトル信号の場合には内積演算を遂行し結果をスカラ信号として出力する内積器を意味するものとする．同図には，D 因子の逆行列が使用されているが，これは，たとえば図 8.10 のように構成されている．図 10.4 では，図の輻輳を避けるため，加算器への入力信号の極性は，正の場合は極性記述を省略し，負の場合のみ極性反転記号「-」を付している．また，同様の理由により，$\gamma\delta$ 一般座標系の速度 ω_γ のスカラ信号線は破線で示している．

図 10.4 においては，SIM の内部物理量である各種磁束，固定子，固定子巻線・回転子巻線間の磁気的結合（相互誘導），トルク発生の様子など，SIM の内部機能を物理的意味が明解な形で簡潔に表現されている．

SIM の非線形特性の存在は，図 10.4 におけるベクトル乗算器，内積器の存在より，容易に視認される．また，イターラクティヴな特性の存在は，複数のフィードバック信号の存在より，容易に確認される．

10.3.2　B 形ベクトルブロック線図

電気系，トルク発生系，機械負荷系を次のように構成する．

(a)　電気系

固定子総合漏れ磁束 $l_{1t}\boldsymbol{i}_1$ に着目するならば，(10.13)，(10.14) 式より，次式を得る．

$$\begin{aligned}\boldsymbol{D}(s,\omega_\gamma)l_{1t}\boldsymbol{i}_1 &= \boldsymbol{v}_1 - R_1\boldsymbol{i}_1 - \boldsymbol{D}(s,\omega_\gamma)\boldsymbol{\phi}_{2n} - \omega_{2n}\boldsymbol{J}\boldsymbol{\phi}_m \\ &= \boldsymbol{v}_1 - (R_1+R_{2n})\boldsymbol{i}_1 - [\omega_{2n}\boldsymbol{J}-W_2\boldsymbol{I}]\boldsymbol{\phi}_{2n} - \omega_{2n}\boldsymbol{J}\boldsymbol{\phi}_m\end{aligned} \quad (10.30\text{a})$$

また，回路方程式（第2基本式）の他部分より次式を得る。

$$D(s,\omega_\gamma)\phi_{2n} = R_{2n}i_1 + [\omega_{2n}J - W_2I]\phi_{2n} \tag{10.30b}$$

$$\phi_m = \Phi u(\theta_\gamma) \quad ; \Phi = \text{const} \tag{10.30c}$$

$$u(\theta_\gamma) = \begin{bmatrix} \cos\theta_\gamma \\ \sin\theta_\gamma \end{bmatrix} \tag{10.30d}$$

$$s\theta_\gamma = \omega_{2n} - \omega_\gamma \tag{10.30e}$$

(b) トルク発生系

SIM の発生トルク τ は，SIM 数学モデルのトルク発生式（第2基本式）を改めた次式を用いる。

$$\tau = N_p i_1^T [J\phi_{2n} + J\phi_m] \tag{10.31}$$

(c) 機械負荷系

機械負荷系は，(10.29) 式と同一とする。

(d) ブロック線図

(10.30) 式を用いて電気系を，(10.31) 式を用いてトルク発生系を，(10.29) 式を用いて機械負荷系を構成するならば，図 10.5 に示した B 形ベクトルブロック線図が得られる。本ブロック線図は，誘起電圧（逆起電力，速度起電力）が直接的に固定子側にフィードバックされる形になっており，誘起電圧の影響を理解する上で都合のよい構成である。

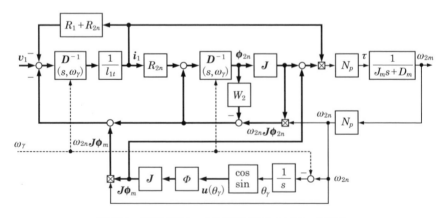

図 10.5 誘導同期モータの B 形ベクトルブロック線図

10.3.3 ベクトルシミュレータ

上に提示した SIM の A, B 形の各ベクトルブロック線図を最近のシミュレーションソフトウェア上で描画するならば,これはただちに SIM のための動的ベクトルシミュレータとなる。

特に,A, B 形の各ベクトルブロック線図に対し,αβ 固定座標系の条件 ($\omega_\gamma = 0$, $\theta_\gamma = \theta_\alpha$) を付す場合には,これは αβ 固定座標系上のベクトルシミュレータとなる。αβ 固定座標系上のベクトルシミュレータは,SIM の磁束などの内部物理量を実際の周波数と振幅に合致した形で把握する上で有用である。また,SIM のための駆動制御法を検討する場合には [13],制御対象としてただちに利用することができる。

A, B 形の各ベクトルブロック線図に対し,dq 同期座標系の条件 ($\omega_\gamma = \omega_{2n}$, $\theta_\gamma = 0$) を付す場合には,これは,dq 同期座標系上のベクトルシミュレータとなる。dq 同期座標系上のシミュレータは,各種磁束を含む内部物理量を直流に近い状態で観測する場合には,都合のよいシミュレータである。

さらには,A, B 形の各ベクトルブロック線図に対し,座標系速度を $\omega_\gamma = \omega_{2n}$ とし,速度偏差 $\omega_{2n} - \omega_\gamma$ に対する積分器の初期値を $\theta_\gamma \neq 0$ と選定する場合には,これは,位相ずれをもたせた揃速座標系上のベクトルシミュレータとなる。

10.4 数値実験

提案数学モデルの数値的検証と,これに基づく提案ベクトルシミュレータの有用性を確認すべく,ベクトルシミュレータを構成し,この応答を観察した。なお,ベクトルシミュレータは,図 10.5 の B 形ベクトルブロック線図を αβ 固定座標系の条件を付してシミュレーションソフトフェア上で描画し,構成した。表 10.1 に,供試 SIM の主要パラメータを与えた。表 10.1 には,5 電気パラメータ (R_1, l_{1t}, R_{2n}, W_2, Φ) に加え,参考までに,(10.5) 式に従った固定子インダクタンス L_1 の値も示している。なお,供試 SIM の想定軸出力は,約 0.2 [kW] である。

表 10.1 供試 SIM の特性

R_1	2.3 [Ω]	W_2	7.57 [Ω/H]
L_1	0.27 [H]	Φ	0.24 [V s/rad]
l_{1t}	0.027 [H]		
R_{2n}	1.84 [Ω]	N_p	3

10.4.1 始動応答例

一定周波数電源による非同期始動から同期状態に至る始動の様子を観察すべくシミュレーションを行った。供試 SIM には，(10.29) 式で記述される機械負荷を用意した。具体的には，次式とした。

$$J_m = 0.0048 \text{ [kg m}^2\text{]}, \quad D_m = 0.0144 \text{ [Nm s/rad]} \tag{10.32}$$

これらは，約 0.2 [kW] の供試 SIM には，十分に大きな慣性モーメント，摩擦負荷となっている。

印加電圧は，線間電圧 200 [V, rms]，周波数 50 [Hz] の一定周波数電源から得た次式とした。

$$\boldsymbol{v}_1 = 200 \begin{bmatrix} \cos 100\pi t \\ \sin 100\pi t \end{bmatrix} \tag{10.33}$$

図 10.6 に，すべり状態から同期状態へ至る，電圧印加開始後 0〜0.4 [s] の様子を示した。同図 (a) の波形は，上から，機械速度 ω_{2m} の 0.1 倍値，誘導トルク τ_i，全トルク τ，マグネットトルク τ_m である。電圧印加開始の約 10 [ms] 後から，マグネットトルクが負方向の逆トルクを発生している様子が観察される。同図 (b) は，同図 (a) に対応した固定子電流 i_1 を dq 同期座標系上へ変換したものを，すなわち固定子の d 軸電流 i_{1d}，q 軸電流 i_{1q} を表示している。同図 (a), (b) より，q 軸電流 i_{1q} とマグネットトルク τ_m との比例関係が確認される。

回転子の所定速度への到達に応じて，固定子電流の低減が起こり，さらには誘導トルク τ_i の低下，マグネットトルク τ_m の増加が起きている。摩擦負荷に応じた一定の全トルク τ が発生されている状況下で，誘導トルク τ_i とマグネットトルク τ_m のイン

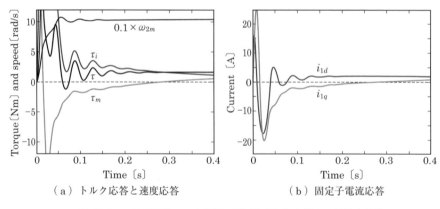

(a) トルク応答と速度応答　　　　(b) 固定子電流応答

図 10.6　一定周波数・一定振幅の電圧を印加した場合の過渡応答例

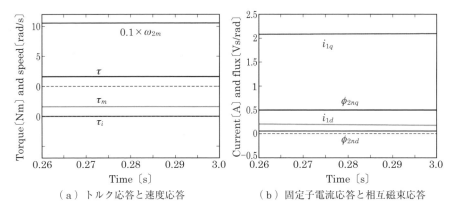

(a) トルク応答と速度応答　　　(b) 固定子電流応答と相互磁束応答

図 10.7　一定周波数・一定振幅の電圧を印加した場合の定常応答例

ターラクティヴな主従交代の様子，すなわち同期引き込みの様子が観察される。

図10.7は，電圧印加開始後 0.26～3〔s〕の同期状態の様子を示したものである。波形の意味は，図10.6 と同一である。図 10.7(a) より，実質的に，誘導トルク τ_i はゼロとなり，全トルクの構成成分はマグネットトルク τ_m となっていることが確認される。なお，同図では，波形応答の重複を回避すべく，誘導トルク τ_i とマグネットトルク τ_m の基準位置を下方へシフトし表記している。

図10.7(b) は，同図 (a) に対応した固定子電流 i_1 を，dq 同期座標系上へ変換し表示したものである。全電流の約 10% 程度が，d 軸電流として残留していることが観察される。同図には，参考までに，相互磁束 ϕ_{2n} を dq 同期座標系へ変換し表示している。相互磁束が固定子電流と比例関係にあることがわかる。

図10.8(a) は，図10.7 を参考に，定常的な同期状態におけるマグネット磁束 ϕ_m，相互磁束 ϕ_{2n}，固定子電流 i_1 の関係を，dq 同期座標系上で概略的に示したものである。非突極 SIM の同期状態における最小銅損は，固定子電流の q 軸上配置により達成される[2]。本例の固定子電流は，q 軸寄りではあるが，第1象限側に存在している。

10.4.2　力行外乱に対する制動応答例

力行外乱に対する制動応答の1例を示す。機械負荷系の特性を (10.32) 式のものから，摩擦負荷を低減した次式とした。

$$J_m = 0.0048 〔\text{kg m}^2〕, \quad D_m = 0.0048 〔\text{Nm s/rad}〕 \quad (10.34)$$

この上で，(10.33) 式の電圧を印加し定常状態に達した後のある瞬時に，1〔Nm〕の

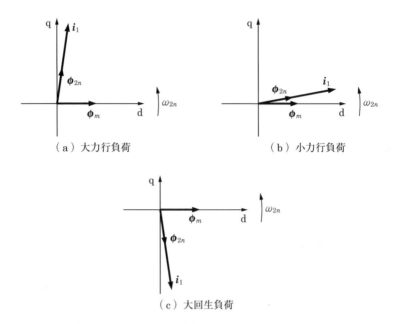

図 10.8 定常状態における磁束と固定子電流の関係

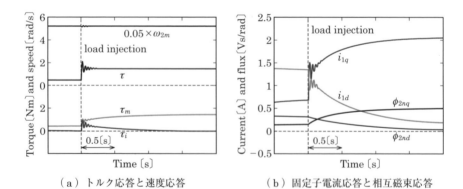

図 10.9 力行外乱に対する過渡制動応答

力行外乱トルクを加えた。図 10.9 は，この過渡応答である。同図の波形の意味は，図 10.7 と同一である。ただし，回転子の機械速度 ω_{2m} は，0.05 倍値で表記している。また，同図には，外乱トルクの瞬時印加の時点を縦破線で示している。

図 10.9(a) より，外乱トルクの瞬時印加の直後に，全トルク（力行トルク）が急増し，かつ速やかに整定している様子が確認される。急増の全トルクの内訳は，誘導トルク

であり,マグネットトルクは比較的緩やかに立ち上がっている。また,マグネットトルクの立ち上がりに応じて誘導トルクが減衰している。これらのインターラクティヴな応答は,力行外乱に対しては,短絡三相界磁巻線(導体かご)が有効に動的制動機能を発揮している様子を示すものである。

図 10.9(b) は,同図 (a) に対応した固定子電流と相互磁束の応答である。外乱印加前(同図 (b) の縦破線の左側)の同期状態におけるマグネット磁束 ϕ_m,相互磁束 ϕ_{2n},固定子電流 i_1 の dq 同期座標系上での概略的関係は,図 10.8(b) のように描画される。一方,外乱印加後の同期状態におけるこれら物理量の dq 同期座標系上での概略的関係は,図 10.8(a) のように描画される。すなわち,図 10.9(b) は,「SIM は,力行外乱トルクの印加に応じて,図 10.8(b) の状態から図 10.8(a) の状態へ遷移する」ことを示している。

10.4.3 回生外乱に対する制動応答例

前項と同様なシミュレーションを回生外乱に対して行った。瞬時印加の回生外乱トルクは 2 [Nm] とし,他の条件は前項と同一とした。図 10.10 は,この過渡応答である。図 10.10 の波形の意味は,図 10.9 と同一である。

図 10.10(a) より,外乱トルクの瞬時印加の直後に,全トルク(回生トルク)が急増し,かつ速やかに整定している様子が確認される。全トルク,誘導トルク,マグネットトルクの立ち上がり・整定のインターラクティヴな応答特性は,力行外乱の場合と同様であり,回生外乱に対しても,短絡三相界磁巻線(導体かご)が有効に動的制動機能を発揮している様子が確認される。

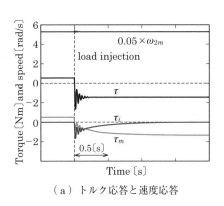

(a) トルク応答と速度応答

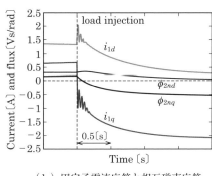

(b) 固定子電流応答と相互磁束応答

図 10.10 回生外乱に対する過渡制動応答

図 10.10(b) は，同図 (a) に対応した固定子電流と相互磁束の応答である。外乱印加後に（同図 (b) の縦破線の右側），新たな定常状態（同期状態）に達したマグネット磁束 ϕ_m，相互磁束 ϕ_{2n}，固定子電流 i_1 の dq 同期座標系上での概略的関係は，図 10.8(c) のように描画される。図 10.10(b) の応答は，「SIM は回生外乱トルクの印加に応じて，図 10.8(b) の状態から図 10.8(c) の状態へ遷移する」ことを示している。

なお，図 10.8 のように，相互磁束 ϕ_{2n} と固定子電流 i_1 とが同相の状態では，誘導トルク τ_i はゼロとなり，発生の全トルク τ はマグネットトルク τ_m のみで構成される（(10.19) 式参照）。誘導トルクがゼロの状態では，正規化回転子電流 i_{2n} もゼロとなり，回転子の短絡三相界磁巻線（導体かご）は銅損を発生しない（(10.20) 式参照）[1]。換言するならば，SIM が SM 駆動モードにある場合には，回転子銅損は生じない。

10.4.4 特性の要約

図 10.6～10.10 の応答例は，SIM の自己始動特性，同期化特性，乱調抑圧特性，力行回生特性を示しており [3)-12)]，提案のベクトルシミュレータ，ひいては数学モデルの妥当性を裏づけるものである。

図 10.6～10.10 の SIM の応答例より，さらに，次の諸点が確認される。

(a) 一定電圧，一定周波数で駆動された SIM は，マグネット磁束を基準にした dq 同期座標系上の第 1, 第 4 象限で，基本的に動作する。なお，PMSM における本象限はミール領域（MIR）と呼ばれ，図 10.8 のような特性はミール特性と呼ばれる [16]。

(b) 一般に，永久磁石に起因するマグネットトルクと回転子突極性に起因するリラクタンストルクとを発生する同期モータにおいては，固定子電流が第 1, 第 4 象限に存在する場合には，リラクタンストルクはマグネットトルクを打ち消す逆トルクとして働く [2)]。SIM を一定電圧，一定周波数で駆動する場合には（(a) 項参照），逆トルクとして働くリラクタンストルクを実質生じない回転子，すなわち突極性のない回転子（本書の例）あるいは低い回転子が好ましい。

(c) 原則として，交流モータの効率駆動には，負荷に応じた固定子電流の振幅と位相の制御が不可欠である [16)]。SIM においても，本原則が適用される。SIM の効率駆動には，電力変換器（インバータ，inverter）と電流制御器からなる電流制御系の構築が不可欠である。

(d) 電流制御系の構成を前提とする場合，SIM への突極性付与に合理性が発生する。

第11章

同期リラクタンスモータ

　高速回転に適したモータとして，同期リラクタンスモータ（SynRM）がある。SynRMの発明は100年以上遡るが，本格的な実用化はインバータ駆動開始以降である。鉄芯のみの回転子を使用するSynRMは，生来，頑健，廉価などの特長を有する。近年，大きな効率改善がなされ，一般産業応用として上市されている。さらにはPMSM，IMと並んで，EV，HVの主駆動モータとしての利用が期待され，研究・開発が進められている。本章では，最新の知見を交えつつ，SynRMの駆動技術の要点を体系的に解説する。

11.1 背　景

　前章までは，回転子に永久磁石を有する「永久磁石形」ともいうべき同期モータに関し解説してきた。この種の同期モータの代表が永久磁石同期モータ（PMSM）である。PMSMは，高効率で高出力密度という特徴を有している。本特徴は，主に，レアアースを用いた高性能な永久磁石によって支えられている[1)-3)]。近年，省資源化の観点から，レアアースを要しない交流モータの要請が高まっている。

　本要請に応えうる可能性を備えたモータの1つが，同期リラクタンスモータ（synchronous reluctance motor, SynRM）である。SynRMの回転子は，PMSMと異なり永久磁石を有しない，また誘導モータ（induction motor, IM）と異なり導体かごも有しない[1)-28)]。SynRMの代表的な回転子は，空状スリットをもつ電磁鋼板（珪素鋼板）の軸方向積層により構成される。簡単にいえば，回転子は鉄芯のみである。本回転子特徴に起因して，SynRMは，高速回転に適する，頑健で耐環境性に優れる，廉価であるといった本質的特長を備える[5)-35)]。本特長を活かしたEV（electric vehicle），HV（hybrid electric vehicle）への応用も試みられている[28)-35)]。

　一方，SynRMは，従来，トルクリプルが大きい，力率が低い，効率が低い，モー

タ容積が大きい，といった問題も有してきた[12)-15), 21), 22)]．近年，SynRMに対し，回転子の空状スリット形状を中心に種々の改善が試みられ，これらの問題が解決されつつある[12)-15)]．一般産業用として，IE4効率（「スーパープレミアム効率」とも呼ばれる）を保証した上で，上市を果たした例もある．

　SynRMに高い駆動性能を発揮させるには，ベクトル制御（vector control）を用いることになる．ベクトル制御はモデルベースド制御（model based control）であり，ベクトル制御系の設計にはSynRMの数学モデルが不可欠である．SynRMの数学モデルとしては，簡単には，PMSMのそれが援用される[1)]．しかし，SynRMは，PMSMとは異なる特性を有しており，ベクトル制御の利用を前提に，SynRMに特化した数学モデルの構築・解析が進められている[5), 16)]．

　SynRMのベクトル制御は，これまでは，エンコーダ（encoder）などの位置・速度センサの利用が一般的であった．SynRMは，PMSMに比較し，「磁気飽和（magnetic saturation）が強い，鉄損（iron loss）が強い」などの特性を有する．本特性を制御により克服すべく，SynRMのセンサ利用ベクトル制御（sensor-used vector control）では，PMSM用のセンサ利用ベクトル制御法を援用しつつも，種々の工夫・変更がなされてきた[17)-22)]．

　センサ利用ベクトル制御には，当然のことながら，位置・速度センサの回転子への装着が求められる．しかし本装着は，頑健，廉価などのSynRMの特長を損なう．さらには，モータ容積も増大する．SynRMの特長を活かすには，センサレスベクトル制御（sensorless vector control）による駆動が望ましい．同制御の中核は回転子位相推定にある．SynRMの回転子位相推定法は，概して，PMSMのそれが重要な示唆を与える．PMSMの回転子位相推定法は，回転子の突極を利用する方法（「高周波電圧印加法（high-frequency voltage injection method）」と通称される）と，回転子が発する回転子磁束に基づく方法（「駆動用電圧電流利用法」と通称される）とに二分される[2), 3)]．前者は，低中速域用であり，突極を特色とするSynRMと高い親和性をもつ．また，概して大きな改変なく適用される．後者は，中高速域用であるが，回転子磁束を有しないSynRMの適用には，回転子位相推定原理から再検討が必要とされる．高速回転に適したSynRMのための回転子位相推定法としては，後者がより重要である．

　SynRMのための既報の駆動用電圧電流利用法は，SynRMの鏡相磁束の推定に基づく方法[6), 8)]，固定子磁束（固定子鎖交磁束，固定子反作用磁束）の再構成により得た直相磁束の推定に基づく方法[7), 8)]，PMSMと同様な拡張誘起電圧の推定に基づく方法と[9), 23), 24)]に大別される．

鏡相磁束推定法は，鏡相磁束推定値と固定子電流の比例値とを用いて，回転子位相を推定するものである．本推定法は，電気学会論文誌初の SynRM 用回転子位相推定法ではあるが，鏡相磁束推定に固定子磁束の推定が必要であり，固定子磁束推定に利用した近似積分に起因し，低速域で位相誤差（位相推定誤差）を発生する[6]．

直相磁束推定法は，位相誤差問題を克服すべく開発されたもので，元来 PMSM 用に開発された最小次元 D 因子磁束状態オブザーバ($\gamma\delta$ 一般座標系上で構築)[2]を用い，直相磁束を推定し，これより回転子位相推定値を得るものである[7]．

拡張誘起電圧推定法は，$\alpha\beta$ 固定座標系上で回転子位相推定するものと[9]，$\gamma\delta$ 準同期座標系上で回転子位相推定するものと[23],[24]に二分される．いずれも，回転子位相推定原理は，PMSM のそれと同様である[10]．

SynRM は，PMSM に比較し，概して，強い磁気飽和，鉄損を有する．SynRM の効率駆動には，これらへの考慮が欠かせない．「SynRM が，無視できない磁気飽和，鉄損を有する場合には，銅損（copper loss），鉄損を最小化する最適電流は，これを無視しうる場合と異なる」ことが実験的に観察，認識されている[12]-[15],[17]-[22]．本認識のもと，新中，野口らにより，最小損失をもたらす最適電流の理論解析が推し進められている[10],[11],[26],[27]．

本章は，SynRM のベクトル制御に資することを目的に，SynRM の基本的な数学モデルと特性，基本的なセンサ利用ベクトル制御，センサレスベクトル制御系の基本構造と共通技術，駆動用電圧電流を利用した回転子位相推定法，磁気飽和あるいは鉄損を考慮した効率駆動などを含む基本駆動制御技術を，統一的かつ体系的に解説するものである．なお，本章の内容は，著者の既報論文5)～11) を，最新の知見を交え大幅に修正・加筆したものでもあることを断っておく．

11.2 数学モデルと特性

11.2.1 回転子の構造と座標系の定義

A. 回転子構造

原理的に，PMSM と SynRM の固定子は同一である．両モータの相違は，回転子にある．図11.1 に，極対数 N_p を $N_p = 2$ とした場合の SynRM の回転子構造例を概略的に示した．円状の回転子電磁鋼板（珪素鋼板）は，上下左右の4箇所で，異なる径の円弧空状スリットを有する．本スリットは，フラックスバリア（磁束障壁）を形成し，ひいては磁気抵抗を増大させる．SynRM の回転子は，PMSM の回転子と異な

図 11.1 回転子の概略構造例（2 極対数）

り永久磁石を有せず，本例のように，円弧空状スリットを有する電磁鋼板の軸方向積層で構成されることが多い。

B. 2軸直交座標系

図 11.2 を考える。同図には，SynRM のための 2 軸直交座標系として，d 軸，q 軸からなる dq 同期座標系，α 軸，β 軸からなる αβ 固定座標系，γ 軸，δ 軸からなる γδ 一般座標系の 3 座標系を描画している。いずれの 2 軸も，前者が基軸であり，後者が副軸である。基軸から副軸の方向を正方向としている。したがって，副軸は，主軸に対して $\pi/2$〔rad〕位相進みの位置にある。

図 11.2(a) は回転子の順突極（正突極，positive saliency）の位相を θ_α とし，同図(b) は回転子の逆突極（負突極，negative saliency）の位相を θ_α としている。このときの位相 θ_α は，α 軸を基準としている。なお，以降では，順突極，逆突極の区別の

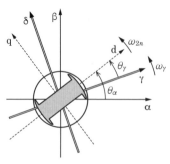

（a）順突極位相が d 軸位相

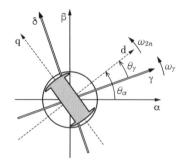

（b）逆突極位相が d 軸位相

図 11.2 3 座標系と回転子位相

要がない場合には，簡単に「突極」と呼称する。

$\alpha\beta$ 固定座標系は，基軸・α 軸を固定子の u 相巻線の中心位置にとった座標系である。dq 同期座標系は，基軸・d 軸の位相を回転子の順突極または逆突極の位相 θ_α と一致させた座標系である。当然のことながら，dq 同期座標系は，回転子と同期して，回転子電気速度 ω_{2n} で回転することになる。

$\gamma\delta$ 一般座標系は，主軸・γ 軸が任意の瞬時速度 ω_γ で回転する座標系である。図 11.2 では，γ 軸から評価した回転子突極の位相（回転子位相と同義）を θ_γ としている。$\gamma\delta$ 一般座標系に $\alpha\beta$ 固定座標系の条件（$\omega_\gamma = 0$，$\theta_\gamma = \theta_\alpha$）を付与する場合には，本座標系は $\alpha\beta$ 固定座標系となる。代わって，$\gamma\delta$ 一般座標系に dq 同期座標系の条件（$\omega_\gamma = \omega_{2n}$，$\theta_\gamma = 0$）を付与する場合には，これは dq 同期座標系となる。

SynRM のための 3 種の 2 軸直交座標系は，回転子位相を逆突極位相に選定する場合には，PMSM のための 3 種の 2 軸直交座標系と同一である（図 2.3 参照）。

11.2.2　SynRM の数学モデルとベクトルシミュレータ
A.　数学モデル

SynRM の基本的な駆動制御技術の研究開発に資することを目的とするとき，このための数学モデルの構築には，多くの場合，次のような近似のための前提を設けることが実際的であり，有用である[1)-3)]。

(a) u, v, w 相の各巻線の電気磁気的特性は同一である。
(b) 電流，磁束の高調波成分は無視できる。
(c) 磁気回路の飽和特性などの非線形特性は無視できる。
(d) 磁気回路での dq 軸間の軸間磁束干渉は無視できる。
(e) 磁気回路での損失である鉄損は無視できる。

上記前提は，PMSM の数学モデル構築の際に採用した前提と同一である（第 2.1.1 項参照）。

上記前提のもとでは，SynRM の数学モデルとして，電気回路としての動的特性を記述した回路方程式（第 1 基本式），トルク発生機としてのトルク発生関係を記述したトルク発生式（第 2 基本式），電気エネルギーを機械エネルギーへ変換するエネルギー変換機としての動的関係を記述したエネルギー伝達式（第 3 基本式）の 3 基本式よりなり，さらには 3 基本式の自己整合性を備えた，次の数学モデルが成立する[1)-3), 5), 6)]。

【γδ 一般座標系上の数学モデル】
回路方程式（第１基本式）

$$\boldsymbol{v}_1 = R_1 \boldsymbol{i}_1 + \boldsymbol{D}(s, \omega_\gamma) \boldsymbol{\phi}_1 \tag{11.1}$$

$$\boldsymbol{\phi}_1 = [L_i \boldsymbol{I} + L_m \boldsymbol{Q}(\theta_\gamma)] \boldsymbol{i}_1 \tag{11.2}$$

$$s\theta_\gamma = \omega_{2n} - \omega_\gamma \tag{11.3}$$

トルク発生式（第２基本式）

$$\begin{aligned}\tau &= N_p \boldsymbol{i}_1^T \boldsymbol{J} \boldsymbol{\phi}_1 \\ &= N_p L_m \boldsymbol{i}_1^T \boldsymbol{J} \boldsymbol{Q}(\theta_\gamma) \boldsymbol{i}_1 \end{aligned} \tag{11.4}$$

エネルギー伝達式（第３基本式）

$$\begin{aligned}\boldsymbol{i}_1^T \boldsymbol{v}_1 &= R_1 \|\boldsymbol{i}_1\|^2 + \frac{s}{2}(\boldsymbol{i}_1^T \boldsymbol{\phi}_1) + \omega_{2m}\tau \\ &= R_1 \|\boldsymbol{i}_1\|^2 + \frac{s}{2}(L_i \|\boldsymbol{i}_1\|^2 + L_m \boldsymbol{i}_1^T \boldsymbol{Q}(\theta_\gamma) \boldsymbol{i}_1) + \omega_{2m}\tau \end{aligned} \tag{11.5}$$

■

上記数学モデルの 2×1 ベクトル $\boldsymbol{v}_1$, $\boldsymbol{i}_1$, $\boldsymbol{\phi}_1$ は，γδ 一般座標系上で定義された固定子電圧，固定子電流，固定子磁束（固定子鎖交磁束，固定子反作用磁束）である。τ は発生トルクであり，ω_{2n}, ω_{2m} は回転子の電気速度および機械速度である。また，N_p, R_1, L_i, L_m は，極対数，固定子抵抗，同相インダクタンス（in-phase inductance），鏡相インダクタンス（mirror-phase inductance）である。

回転子の位相と速度に関しては，次の関係が成立している。

$$s\theta_\alpha = \omega_{2n} = N_p \omega_{2m} \tag{11.6}$$

$$s\theta_\gamma = \omega_{2n} - \omega_\gamma \tag{11.7}$$

上記数学モデルにおける鏡相インダクタンス L_m は，回転子位相 θ_γ を順突極位相，逆突極位相のいずれに選定するかによって極性が異なる。順逆の突極位相に関し次の定理が成立する。

【定理 11.1（位相定理）】

(11.1)～(11.5) 式の数学モデルにおいては，回転子位相を順突極（逆突極）位相から逆突極（順突極）への変更には，鏡相インダクタンスの極性を形式的に反転するだけでよい。

〈証明〉

仮に，(11.1)～(11.5) 式の数学モデルは，γδ 一般座標系の γ 軸から見た順突極（逆突極）位相を回転子位相 θ_γ として構築されているものとする。ここで，θ_γ' を逆突極（順

突極）位相とすると，順，逆突極の位相に関して次式が成立する．

$$\theta'_\gamma = \theta_\gamma \pm \frac{\pi}{2} \tag{11.8}$$

(11.8) 式より次式を得る．

$$L_m \boldsymbol{Q}(\theta_\gamma) = L_m \boldsymbol{Q}\left(\theta'_\gamma \mp \frac{\pi}{2}\right) = -L_m \boldsymbol{Q}(\theta'_\gamma) \tag{11.9}$$

(11.1)～(11.5) 式の数学モデルを構成する3基本式すべてにおいて，鏡行列 $\boldsymbol{Q}(\theta'_\gamma)$ が常に鏡相インダクタンスと一体的に出現することを考慮すると，回転子位相の順逆突極位相の変換 $\theta_\gamma \leftrightarrow \theta'_\gamma$ は，(11.9) 式より，鏡相インダクタンスの形式的な極性変換 $L_m \leftrightarrow (-L_m)$ で達成されることが明らかである．

【系 11.1-1】

図 11.2 の dq 同期座標系を考える．回転子位相を順突極（逆突極）位相に選定し，d 軸，q 軸方向のインダクタンスをおのおの L_d, L_q とするとき，次の関係が成立する．

$$\begin{bmatrix} L_i \\ L_m \end{bmatrix} = \frac{1}{2}\begin{bmatrix} 1 & 1 \\ 1 & -1 \end{bmatrix}\begin{bmatrix} L_d \\ L_q \end{bmatrix} \tag{11.10a}$$

$$\begin{bmatrix} L_d \\ L_q \end{bmatrix} = \begin{bmatrix} 1 & 1 \\ 1 & -1 \end{bmatrix}\begin{bmatrix} L_i \\ L_m \end{bmatrix} \tag{11.10b}$$

■

上の系 11.1-1 によれば，d 軸位相たる回転子位相を順突極（逆突極）位相に選定する場合には，明らかに $(L_m > 0)$ $((L_m < 0))$ が成立し，ひいては，位相定理（定理 11.1）に述べた鏡相インダクタンスの極性反転が自動的に成立する．(11.1)～(11.5) 式の数学モデルに (11.10) 式を併用するならば，これは回転子位相のとり方いかんにかかわらず一切の修正を加えることなく成立する．

なお，(11.1)～(11.5) 式に示した SynRM の数学モデルは，特に逆突極を回転子位相に選定する場合には，(2.1)～(2.7) 式の PMSM の数学モデルにおいて，回転子磁束強度をゼロ（すなわち $\Phi = 0$）としたものと同一である．

(11.1)～(11.5) 式に，dq 同期座標系の条件「$\omega_\gamma = \omega_{2n}, \theta_\gamma = 0$」を付与すると，dq 同期座標系上の数学モデルを次のように得る．

【dq 同期座標系上の数学モデル】

回路方程式（第1基本式）

$$\begin{bmatrix} v_d \\ v_q \end{bmatrix} = \begin{bmatrix} R_1 + sL_d & -\omega_{2n}L_q \\ \omega_{2n}L_d & R_1 + sL_q \end{bmatrix}\begin{bmatrix} i_d \\ i_q \end{bmatrix} \tag{11.11}$$

トルク発生式（第2基本式）

$$\tau = 2N_p L_m i_d i_q \tag{11.12}$$

エネルギー伝達式（第3基本式）

$$\boldsymbol{i}_1^T \boldsymbol{v}_1 = R_1 \|\boldsymbol{i}_1\|^2 + \frac{s}{2}(L_d i_d^2 + L_q i_q^2) + \omega_{2m}\tau \tag{11.13}$$

■

B. ベクトルシミュレータ

最近のシミュレーションソフトウェアの多くは，ブロック線図の描画を通じ，プログラミングを行うものとなっている。換言するならば，ブロック線図の描画がシミュレータの構築を実質的に意味する。本認識のもとに，SynRM のベクトルブロック線図の構築を図る。

SynRM の数学モデルと PMSM の数学モデルとの類似性より容易に推測されるように，PMSM のベクトルブロック線図にゼロ回転子磁束強度（すなわち $\Phi = 0$）を付与することにより，SynRM のベクトルブロック線図をただちに得ることができる。文献1）の第3.3節に解説された PMSM の $\gamma\delta$ 一般座標系上のベクトルブロック線図より，SynRM の $\gamma\delta$ 一般座標系上のベクトルブロック線図を図11.3のように得る。

特に，$\gamma\delta$ 一般座標系上のベクトルブロック線図に対し $\alpha\beta$ 固定座標系の条件 ($\omega_\gamma = 0, \theta_\gamma = \theta_\alpha$) を付与すると，これは，$\alpha\beta$ 固定座標系上のベクトルシミュレータとなる。同様に，$\gamma\delta$ 一般座標系上のベクトルブロック線図に対し dq 同期座標系の条件 ($\omega_\gamma = \omega_{2n}, \theta_\gamma = 0$) を付与すると，これは，dq 同期座標系上のベクトルシミュレータとなる。さらには，$\gamma\delta$ 一般座標系上のベクトルブロック線図に対し，座標系速度を $\omega_\gamma = \omega_{2n}$ とし，速度偏差 $\omega_{2n} - \omega_\gamma$ に対する積分器の初期値を $\theta_\gamma \neq 0$ と選定する場

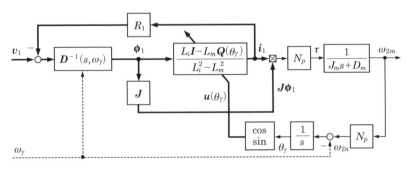

図 11.3　SynRM の $\gamma\delta$ 一般座標系上のベクトルブロック線図

合には，これは，位相ずれをもたせた揃速座標系上のベクトルシミュレータとなる。

11.2.3 鏡相特性と固定子磁束特性
A. 鏡相特性

(11.1)〜(11.3) 式の SynRM 回路方程式においては，回転子位相 θ_γ は鏡行列 $Q(\theta_\gamma)$ のみに含まれる。センサレスベクトル制御の核心は，鏡行列に含まれる回転子位相をいかに推定するかにある。本認識のもと，回転子位相推定に有益な鏡相特性（mirror-phase characteristic）を，次に定理の形で整理しておく [2], [6]。

【定理 11.2（鏡相定理 I）】

任意の 2×1 ベクトル $\boldsymbol{x}$ に対する鏡行列 $Q(\theta_\gamma)$ の作用は，$\boldsymbol{x}$ を鏡行列の位相 θ_γ に対し大きさが同一で異極性の位相差をもつベクトルに変換することである。すなわち，変換前後の 2 ベクトルは，あたかも位相 θ_γ に置かれた鏡に対し互いに鏡面反射をしたような位相関係をとる。

【定理 11.3（鏡相定理 II）】

$\gamma\delta$ 一般座標系上のベクトル $\boldsymbol{x}_i, \boldsymbol{x}_m$ が，正数 $a > 0$ を用いた次の関係を満足するときには，

$$\boldsymbol{x}_m = a\boldsymbol{Q}(\theta_\gamma)\boldsymbol{x}_i \quad ; a > 0 \tag{11.14a}$$

$$\boldsymbol{x}_i = \frac{1}{a}\boldsymbol{Q}(\theta_\gamma)\boldsymbol{x}_m \quad ; a > 0 \tag{11.14b}$$

位相 θ_γ を基準とした $\boldsymbol{x}_i$ と $\boldsymbol{x}_m$ の両ベクトルの位相偏差は，大きさが同一で異極性である。すなわち，ベクトル $\boldsymbol{x}_i, \boldsymbol{x}_m$ は，位相 θ_γ に対し，互いに鏡相の関係にある。

【系 11.3-1】

$\gamma\delta$ 一般座標系上において，鏡行列の位相，同相信号 $\boldsymbol{x}_i$ の位相，鏡相信号 $\boldsymbol{x}_m$ の位相をおのおの $\theta_\gamma, \theta_i, \theta_m$ とするならば，次式が成立する。

$$\theta_\gamma = \frac{\theta_i + \theta_m}{2} \tag{11.15}$$

【定理 11.4（鏡相定理 III）】

鏡行列 $Q(\theta_\gamma)$ の位相 θ_γ は，(11.14) 式の関係にある同相信号 $\boldsymbol{x}_i$，鏡相信号 $\boldsymbol{x}_m$ を用いて，次の 3 方法のいずれかに従い求めることができる。

(a) 2 倍位相による方法

$$\begin{bmatrix} C_{2p} \\ S_{2p} \end{bmatrix} = [\boldsymbol{x}_i \quad \boldsymbol{J}\boldsymbol{x}_i]\boldsymbol{x}_m = [\boldsymbol{x}_m \quad \boldsymbol{J}\boldsymbol{x}_m]\boldsymbol{x}_i \tag{11.16a}$$

$$\theta_\gamma = \frac{1}{2}\tan^{-1}(S_{2p}, C_{2p}) \tag{11.16b}$$

(b) 同一ノルムベクトルの加算による方法

$$\begin{bmatrix} C_{1p} \\ S_{1p} \end{bmatrix} = \frac{\boldsymbol{x}_i}{\|\boldsymbol{x}_i\|} + \frac{\boldsymbol{x}_m}{\|\boldsymbol{x}_m\|} \tag{11.17a}$$

$$\theta_\gamma = \tan^{-1}\left(\frac{S_{1p}}{C_{1p}}\right) \tag{11.17b}$$

(c) 同一ノルムベクトルの減算による方法

$$\begin{bmatrix} C_{1p} \\ S_{1p} \end{bmatrix} = -\boldsymbol{J}\left[\frac{\boldsymbol{x}_i}{\|\boldsymbol{x}_i\|} - \frac{\boldsymbol{x}_m}{\|\boldsymbol{x}_m\|}\right] \tag{11.18a}$$

$$\theta_\gamma = \tan^{-1}\left(\frac{S_{1p}}{C_{1p}}\right) \tag{11.18b}$$

∎

　定理11.3（鏡相定理Ⅱ）は，$a=1$ の場合には，定理11.2（鏡相定理Ⅰ）と同一である。換言するならば，鏡相定理Ⅱは，鏡相定理Ⅰの位相のみに着目した定理である。定理11.3におけるベクトル $\boldsymbol{x}_i$, $\boldsymbol{x}_m$ は，おのおの同相信号（in-phase signal），鏡相信号（mirror-phase signal）と呼ばれる。系11.6-1，定理11.4における同相信号，鏡相信号は，この意味で使用している。なお，(11.16b) 式における2変数の逆正接関数は，位相 θ_γ を $-\pi \leq \theta_\gamma \leq \pi$ の範囲で決定することを意味する。代わって，(11.17b)，(11.18b) 式における単変数の逆正接関数は，位相 θ_γ を $-\pi/2 \leq \theta_\gamma \leq \pi/2$ の範囲で決定することを意味する。突極特性の π [rad] 空間周期性より，突極特性を利用した回転子位置推定は $\pm\pi$ [rad] の不確定性を本質的に内蔵する。しかし，この不確定性は，SynRMのベクトル制御の観点からは，推定の跳躍が発生しない限り問題とならない。

　定理11.2～11.4の証明に関しては，原著論文である文献6），またはこれを整理した文献2）の第10.2節に詳しく与えられている。このため，本書での証明は省略する。定理11.2～11.4の意味合いを，順次，図11.4～11.6に概略的に示した。

B. 固定子磁束特性

　SynRMのセンサレスベクトル制御においては，回転子位相 θ_γ の推定が求められる。回転子位相 θ_γ の推定の観点からは，回路方程式が回転子位相 θ_γ を単純な形で備えるように，固定子磁束（固定子鎖交磁束，固定子反作用磁束）ϕ_1 を表現すると都合がよい。このような表現方法に関しては，次の定理が成立する[1), 6)]。

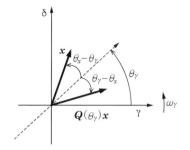
図 11.4　鏡相特性の 1 例

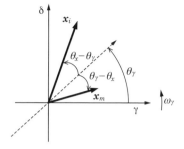
図 11.5　鏡相特性の 1 例

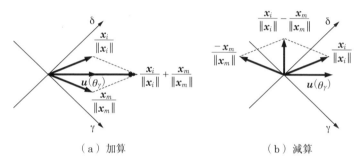

（a）加算　　　　　　　　　　　（b）減算

図 11.6　同一ノルムベクトルの加算，減算による位相決定

【定理 11.5（反作用磁束定理 I）】[1), 6)]

(11.2) 式の $\gamma\delta$ 一般座標系上の固定子磁束（固定子鎖交磁束，固定子反作用磁束）は，回転子位相 θ_γ を単位ベクトル $\boldsymbol{u}(\theta_\gamma)$ として備えた次の形で表現することも可能である。

$$\boldsymbol{\phi}_1 = L_q \boldsymbol{i}_1 + 2L_m i_d \boldsymbol{u}(\theta_\gamma) \tag{11.19}$$

または，

$$\boldsymbol{\phi}_1 = L_d \boldsymbol{i}_1 - 2L_m i_q \boldsymbol{J}\boldsymbol{u}(\theta_\gamma) \tag{11.20}$$

ただし，

$$\left.\begin{array}{l} i_d = \boldsymbol{i}_1^T \boldsymbol{u}(\theta_\gamma) \\ i_q = \boldsymbol{i}_1^T \boldsymbol{J}\boldsymbol{u}(\theta_\gamma) \end{array}\right\} \tag{11.21}$$

〈証明〉

(11.2) 式に (11.10b) 式の第 2 行を用いると，次式を得る。

$$\begin{aligned} \boldsymbol{\phi}_1 &= [L_i \boldsymbol{I} + L_m \boldsymbol{Q}(\theta_\gamma)]\boldsymbol{i}_1 \\ &= (L_i - L_m)\boldsymbol{i}_1 + L_m[\boldsymbol{I} + \boldsymbol{Q}(\theta_\gamma)]\boldsymbol{i}_1 \\ &= L_q \boldsymbol{i}_1 + 2L_m i_d \boldsymbol{u}(\theta_\gamma) \end{aligned} \tag{11.22}$$

(11.2) 式に (11.10b) 式の第 1 行を用いると，次式を得る．

$$\begin{aligned}\boldsymbol{\phi}_1 &= [L_i \boldsymbol{I} + L_m \boldsymbol{Q}(\theta_\gamma)]\boldsymbol{i}_1 \\ &= (L_i + L_m)\boldsymbol{i}_1 - L_m[\boldsymbol{I} - \boldsymbol{Q}(\theta_\gamma)]\boldsymbol{i}_1 \\ &= L_d \boldsymbol{i}_1 - 2L_m i_q \boldsymbol{J}\boldsymbol{u}(\theta_\gamma)\end{aligned} \tag{11.23}$$

【定理 11.6（反作用磁束定理Ⅱ）】[1),6)]

$\gamma\delta$ 一般座標系上の D 因子を作用させた固定子磁束（固定子鎖交磁束，固定子反作用磁束）は，次のように再表現することができる．

$$\begin{aligned}\boldsymbol{D}(s,\omega_\gamma)\boldsymbol{\phi}_1 &= \boldsymbol{D}(s,\omega_\gamma)[L_q \boldsymbol{i}_1] + 2\omega_{2n} L_m \boldsymbol{J}\,\boldsymbol{i}_1 + 2L_m((si_d) + \omega_{2n} i_q)\boldsymbol{u}(\theta_\gamma) \\ &= [\boldsymbol{D}(s,\omega_\gamma)L_q + 2\omega_{2n} L_m \boldsymbol{J}]\,\boldsymbol{i}_1 + 2L_m((si_d) + \omega_{2n} i_q)\boldsymbol{u}(\theta_\gamma)\end{aligned} \tag{11.24}$$

または，

$$\begin{aligned}\boldsymbol{D}(s,\omega_\gamma)\boldsymbol{\phi}_1 &= \boldsymbol{D}(s,\omega_\gamma)[L_d \boldsymbol{i}_1] - 2\omega_{2n} L_m \boldsymbol{J}\,\boldsymbol{i}_1 + 2L_m(\omega_{2n} i_d - (si_q))\boldsymbol{J}\boldsymbol{u}(\theta_\gamma) \\ &= [\boldsymbol{D}(s,\omega_\gamma)L_d - 2\omega_{2n} L_m \boldsymbol{J}]\,\boldsymbol{i}_1 + 2L_m(\omega_{2n} i_d - (si_q))\boldsymbol{J}\boldsymbol{u}(\theta_\gamma)\end{aligned} \tag{11.25}$$

〈証明〉

(a) 次の関係が $\gamma\delta$ 一般座標系上で成立することに注意する．

$$\boldsymbol{J}\boldsymbol{i}_1 = \boldsymbol{J}[i_d \boldsymbol{u}(\theta_\gamma) + i_q \boldsymbol{J}\boldsymbol{u}(\theta_\gamma)] = -i_q \boldsymbol{u}(\theta_\gamma) + i_d \boldsymbol{J}\boldsymbol{u}(\theta_\gamma) \tag{11.26}$$

(11.19) 式より，ただちに次の関係を得る．

$$\boldsymbol{D}(s,\omega_\gamma)\boldsymbol{\phi}_1 = \boldsymbol{D}(s,\omega_\gamma)(L_q \boldsymbol{i}_1) + \boldsymbol{D}(s,\omega_\gamma)(2L_m i_d \boldsymbol{u}(\theta_\gamma)) \tag{11.27}$$

上式右辺第 2 項は次のように展開整理される．

$$\boldsymbol{D}(s,\omega_\gamma)(2L_m i_d \boldsymbol{u}(\theta_\gamma)) = 2L_m[(si_d)\boldsymbol{I} + \omega_{2n} i_d \boldsymbol{J}]\boldsymbol{u}(\theta_\gamma) \tag{11.28a}$$

(11.26) 式の関係を用い上式の $[i_d \boldsymbol{J}\boldsymbol{u}(\theta_\gamma)]$ 因子を書き改めると，次式を得る．

$$\boldsymbol{D}(s,\omega_\gamma)(2L_m i_d \boldsymbol{u}(\theta_\gamma)) = 2\omega_{2n} L_m \boldsymbol{J}\,\boldsymbol{i}_1 + 2L_m((si_d) + \omega_{2n} i_q)\boldsymbol{u}(\theta_\gamma) \tag{11.28b}$$

(11.27) 式と (11.28b) 式は (11.24) 式を意味する．

(b) (11.20) 式より，ただちに次の関係を得る．

$$\boldsymbol{D}(s,\omega_\gamma)\boldsymbol{\phi}_1 = \boldsymbol{D}(s,\omega_\gamma)[L_d \boldsymbol{i}_1] - \boldsymbol{D}(s,\omega_\gamma)(2L_m i_q \boldsymbol{J}\boldsymbol{u}(\theta_\gamma)) \tag{11.29}$$

上式右辺第 2 項は次のように展開整理される．

$$\boldsymbol{D}(s,\omega_\gamma)(2L_m i_q \boldsymbol{J}\boldsymbol{u}(\theta_\gamma)) = -2L_m[\omega_{2n} i_q \boldsymbol{I} - (si_q)\boldsymbol{J}]\boldsymbol{u}(\theta_\gamma) \tag{11.30a}$$

上式に (11.26) 式の関係を用い上式の $[i_q \boldsymbol{u}(\theta_\gamma)]$ 因子を書き改めると，次式を得る．

$$\boldsymbol{D}(s,\omega_\gamma)(2L_m i_q \boldsymbol{J}\,\boldsymbol{u}(\theta_\gamma)) = 2\omega_{2n} L_m \boldsymbol{J}\,\boldsymbol{i}_1 - 2L_m(\omega_{2n} i_d - (si_q))\boldsymbol{J}\boldsymbol{u}(\theta_\gamma) \tag{11.30b}$$

(11.29) 式と (11.30b) 式は (11.35) 式を意味する． ∎

11.2.4 回路方程式の変形

SynRM の回路方程式は, (11.1)~(11.3) 式のとおりである. 本回路方程式に従い, ベクトルブロック線図, ベクトルシミュレータも構成されている.

頑健性, 廉価性に優れた SynRM の特長は, センサレスベクトル制御において活かされる (後掲の第 11.4~第 11.6 節参照). 本項では, センサレスベクトル制御への利用を想定し, 回路方程式の変形を行っておく.

A. 磁束形回路方程式

固定子磁束 (固定子鎖交磁束, 固定子反作用磁束) ϕ_1 を一体的に捉えた (11.1), (11.2) 式の回路方程式は, 本磁束を, 回転子位相 θ_γ を有しない成分と有する成分とに分割表現することにより, 次の形に変更することができる.

【鏡相磁束形回路方程式】

$$\boldsymbol{v}_1 = R_1 \boldsymbol{i}_1 + \boldsymbol{D}(s, \omega_\gamma)\boldsymbol{\phi}_{in-i} + \boldsymbol{D}(s, \omega_\gamma)\boldsymbol{\phi}_{mr} \tag{11.31a}$$

$$\left. \begin{array}{l} \boldsymbol{\phi}_{in-i} \equiv L_i \boldsymbol{i}_1 \\ \boldsymbol{\phi}_{mr} \equiv L_m \boldsymbol{Q}(\theta_\gamma)\boldsymbol{i}_1 \end{array} \right\} \tag{11.31b}$$

【直相磁束形回路方程式】

$$\boldsymbol{v}_1 = R_1 \boldsymbol{i}_1 + \boldsymbol{D}(s, \omega_\gamma)\boldsymbol{\phi}_{in-q} + \boldsymbol{D}(s, \omega_\gamma)\boldsymbol{\phi}_u \tag{11.32a}$$

$$\left. \begin{array}{l} \boldsymbol{\phi}_{in-q} \equiv L_q \boldsymbol{i}_1 \\ \boldsymbol{\phi}_u \equiv 2L_m i_d \boldsymbol{u}(\theta_\gamma) \end{array} \right\} \tag{11.32b}$$

【矩相磁束形回路方程式】

$$\boldsymbol{v}_1 = R_1 \boldsymbol{i}_1 + \boldsymbol{D}(s, \omega_\gamma)\boldsymbol{\phi}_{in-d} + \boldsymbol{D}(s, \omega_\gamma)\boldsymbol{\phi}_j \tag{11.33a}$$

$$\left. \begin{array}{l} \boldsymbol{\phi}_{in-d} \equiv L_d \boldsymbol{i}_1 \\ \boldsymbol{\phi}_j \equiv -2L_m i_q \boldsymbol{J}\boldsymbol{u}(\theta_\gamma) \end{array} \right\} \tag{11.33b}$$

∎

(11.31) 式は, (11.1), (11.2) 式より自明である. (11.32), (11.33) 式は, (11.1) 式に定理 11.5 を適用することによりただちに得られる. 以降では, 回転子位相 θ_γ を有せず, 固定子電流 $\boldsymbol{i}_1$ と同相の 3 磁束 $\boldsymbol{\phi}_{in-i}, \boldsymbol{\phi}_{in-q}, \boldsymbol{\phi}_{in-d}$ をおのおの i 形, q 形, d 形同相磁束 (in-phase flux) と呼称する. 代わって, 回転子位相 θ_γ を有する 3 磁束 $\boldsymbol{\phi}_{mr}, \boldsymbol{\phi}_u, \boldsymbol{\phi}_j$ をおのおの鏡相磁束 (mirror-phase flux), 直相磁束 (direct-phase flux), 矩相磁束 (quadrature-phase flux) と呼称する.

図 11.7 に, 順突極位相を d 軸位相とする dq 同期座標系上における (図 11.2(a) 参照),

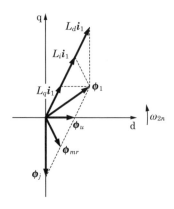

図11.7 dq同期座標系上における固定子磁束,3同相磁束,鏡相磁束,直相磁束,矩相磁束の関係例

固定子磁束,3同相磁束,鏡相磁束,直相磁束,矩相磁束の関係を概略的に例示した。

B. 擬似誘起電圧形回路方程式

(11.1) 式の回路方程式において,(11.2) 式に代わって,定理 11.6 の (11.24) 式あるいは (11.25) 式を用いると,次の擬似誘起電圧形回路方程式を得る。

【擬似誘起電圧形回路方程式】

$$\begin{aligned} \boldsymbol{v}_1 &= R_1\boldsymbol{i}_1 + \boldsymbol{D}(s,\omega_\gamma)[L_q\boldsymbol{i}_1] + 2\omega_{2n}L_m\boldsymbol{J}\,\boldsymbol{i}_1 + 2L_m((si_d)+\omega_{2n}i_q)\boldsymbol{u}(\theta_\gamma) \\ &= [R_1\boldsymbol{I} + \boldsymbol{D}(s,\omega_\gamma)L_q + 2\omega_{2n}L_m\boldsymbol{J}]\,\boldsymbol{i}_1 + 2L_m((si_d)+\omega_{2n}i_q)\boldsymbol{u}(\theta_\gamma) \end{aligned} \quad (11.34)$$

または,

$$\begin{aligned} \boldsymbol{v}_1 &= R_1\boldsymbol{i}_1 + \boldsymbol{D}(s,\omega_\gamma)[L_d\boldsymbol{i}_1] - 2\omega_{2n}L_m\boldsymbol{J}\,\boldsymbol{i}_1 + 2L_m(\omega_{2n}i_d-(si_q))\boldsymbol{J}\boldsymbol{u}(\theta_\gamma) \\ &= [R_1\boldsymbol{I} + \boldsymbol{D}(s,\omega_\gamma)L_d - 2\omega_{2n}L_m\boldsymbol{J}]\,\boldsymbol{i}_1 + 2L_m(\omega_{2n}i_d-(si_q))\boldsymbol{J}\boldsymbol{u}(\theta_\gamma) \end{aligned} \quad (11.35)$$

■

(11.35) 式右辺の $\boldsymbol{J}\boldsymbol{u}(\theta_\gamma)$ 因子を含む項は,「拡張誘起電圧(extended back EMF)」と呼ばれる [2), 9), 16), 23), 24]。本書では,簡単に,(11.34) 式右辺の $\boldsymbol{u}(\theta_\gamma)$ 因子を含む項を直相形擬似誘起電圧(direct-phase quasi-back-EMF),(11.35) 式右辺の $\boldsymbol{J}\boldsymbol{u}(\theta_\gamma)$ 因子を含む項を矩相形擬似誘起電圧(quadrature-phase quasi-back-EMF)と呼称する。また,両者を示す場合には単に擬似誘起電圧(quasi-back-EMF)と呼称する。

(11.31)〜(11.35) 式の回路方程式に関しては,次の注意が必要である。

(a) 5回路方程式における電圧 $\boldsymbol{v}_1$,電流 $\boldsymbol{i}_1$ は同一である。

(b) 5回路方程式はともに,同一の回転子位相を採用している。

(c) 採用すべき回転子位相は，順突極，逆突極のいずれの位相でもよい．
(d) 位相定理（定理11.1）の結論は，5回路方程式のいずれにも適用される．

(11.32)～(11.35) 式の回路方程式に関しては，さらに次の定理が成立する．

【定理 11.7（双対定理）】

回転子位相として順突極位相（逆突極位相）を選定し，(11.32)（(11.34)）式の回路方程式を利用することは，回転子位相として逆突極位相（順突極位相）を選定し，(11.33)（(11.35)）式の回路方程式を利用することと等価である．

〈証明〉

仮に，(11.32)（(11.34)），(11.33)（(11.35)）式のすべての回路方程式は，回転子位相 θ_γ として順突極位相を採用しているものとする．また，本順突極位相に対し，逆突極位相 θ'_γ を次式のように選定するものとする．

$$\theta'_\gamma = \theta_\gamma - \frac{\pi}{2} \tag{11.36}$$

この場合には，次式が成立する．

$$\boldsymbol{u}(\theta_\gamma) = \boldsymbol{u}\left(\theta'_\gamma + \frac{\pi}{2}\right) = \boldsymbol{J}\boldsymbol{u}(\theta'_\gamma) \tag{11.37}$$

参考までに，図 11.8 に，回転子位相として順突極位相を採用した同期座標系を d 軸 q 軸を用いて，回転子位相として逆突極位相を採用した同期座標系を d′ 軸 q′ 軸を用いて描画した．この際，2 つの同期座標系には，(11.36) 式の関係を付与した．

以上の準備のもとで，回転子位相を順突極位相に選定した (11.32)（(11.34)）式を，逆突極位相を用いて再表現することを考える．このため，まず (11.37) 式を (11.32)（(11.34)）式に用い，次に (11.36) 式に従い選定した逆突極位相を d′ 軸位相と考え，逆突極位相 θ'_γ の使用に応じて，(11.32)（(11.34)）式のインダクタンス，電流の定義変更を「$L_q \to L_d$, $L_m \to (-L_m)$, $i_d \to i_q$, $i_q \to (-i_d)$」と行う（図 11.8 参照）．すると，

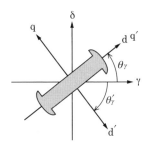

図 11.8 順突極位相，逆突極位相を基軸とする dq, d′q′ 同期座標系の例

このときの (11.32) 式は次の (11.38) 式に帰着され,

$$\boldsymbol{v}_1 = R_1 \boldsymbol{i}_1 + \boldsymbol{D}(s, \omega_\gamma)\boldsymbol{\phi}_{in-d} + \boldsymbol{D}(s, \omega_\gamma)\boldsymbol{\phi}_j \tag{11.38a}$$

$$\left.\begin{array}{l}\boldsymbol{\phi}_{in-d} \equiv L_d \boldsymbol{i}_1 \\ \boldsymbol{\phi}_j \equiv -2L_m i_q \boldsymbol{J}\boldsymbol{u}(\theta'_\gamma)\end{array}\right\} \tag{11.38b}$$

(11.34) 式は次の (11.39) 式に帰着される.

$$\boldsymbol{v}_1 = [R_1 \boldsymbol{I} + \boldsymbol{D}(s, \omega_\gamma)L_d - 2\omega_{2n}L_m \boldsymbol{J}]\boldsymbol{i}_1 + 2L_m(\omega_{2n}i_d - (si_q))\boldsymbol{J}\boldsymbol{u}(\theta'_\gamma) \tag{11.39}$$

上の (11.38) ((11.39)) 式は, 回転子位相を逆突極位相に選定した場合の (11.33) ((11.35)) 式そのものである.

「回転子位相として逆突極位相を選定した上での (11.32) ((11.34)) 式の利用は, 回転子位相として順突極位相を選定した上での (11.33) ((11.35)) 式の利用と等価である」ことも, 同様に証明される. ■

11.3 センサ利用ベクトル制御

SynRM の数学モデルと PMSM の数学モデルとの類似性から推測されるように, SynRM のためのベクトル制御系は PMSM のベクトル制御系と高い類似性を有する.

SynRM のためのエンコーダなどの位置・速度センサ (PG と表記) を利用したベクトル制御系の基本構造を図 11.9 に示した. 同図のベクトル信号には, 座標系との

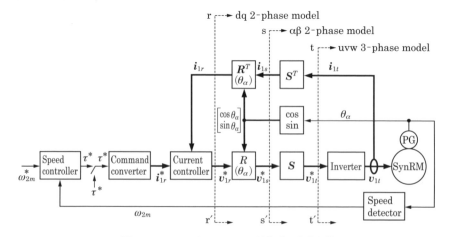

図 11.9 センサ利用ベクトル制御系の代表的構造

関連を明示すべく，脚符 t (uvw 座標系)，s ($\alpha\beta$ 固定座標系)，r (dq 同期座標系) を付与した．

SynRM のベクトル制御系を示した図 11.9 と PMSM のベクトル制御系を示した図 2.4 との比較より明白なように，両制御系においては，相変換器 S，ベクトル回転器 $R(\theta_\alpha)$ を用いた電流制御系は，基本的に同一である．電流制御器の設計法も，第 2.3.2 項に与えた PMSM のものと基本的に同一である．

両ベクトル制御系の相違は，トルク指令値の電流指令値への変換を担う指令変換器 (command converter) にある．dq 同期座標系上の指令変換器は，dq 同期座標系上のトルク発生式・(11.12) 式に基づき構成されている．

電流応答において過渡応答を重視する場合には，順突極側の電流指令値を一定に保ち，逆突極側の電流指令値をトルク指令値に比例して変更するようにする．(11.12) 式に基づき，たとえば順突極位相を d 軸位相とする場合（すなわち $L_m > 0$ の場合）には，指令変換器は次のように構成される．

$$\left.\begin{aligned} i_d^* &= \text{const} & ; i_d^* > 0 \\ i_q^* &= \frac{\tau^*}{2N_p L_m i_d^*} & ; L_m > 0 \end{aligned}\right\} \tag{11.40}$$

代わって，定常応答での効率を重視する場合には，トルク発生式・(11.12) 式に従って所定のトルクを発生しつつ，エネルギー伝達式・(11.13) 式の右辺第 1 項の銅損 $R_1 \|i_1\|^2$ を最小化するように電流を制御する必要がある．これには，両軸の電流指令値の絶対値が等しくなるように電流指令値を決定し，さらには，トルク指令値の極性に応じた電流指令値の極性を，逆突極側の電流指令値に担わせるようにすればよい．すなわち，順突極位相を d 軸位相とする $L_m > 0$ の場合には，指令変換器は次のように構成すればよい．

$$\left.\begin{aligned} i_d^* &= \frac{\sqrt{|\tau^*|}}{\sqrt{2N_p L_m}} \\ i_q^* &= \text{sgn}(\tau^*)\frac{\sqrt{|\tau^*|}}{\sqrt{2N_p L_m}} \end{aligned}\right\} \tag{11.41}$$

上記方針に基づく電流指令値の軌跡を図 11.10 に概略的に例示した．同図 (a) は (11.40) 式に基づく軌跡の例を，同図 (b)，(c) は (11.41) 式に原理的に基づく軌跡の例を示している．同図 (b) では，トルク指令値の絶対値がある指定値以下の場合には

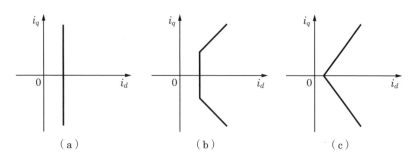

図 11.10 順突極位相を d 軸位相とする場合の電流指令値の軌跡例

(11.40) 式に従い,指定値以上の場合に限り (11.41) 式を利用するようにしている[23]。一方,同図 (c) は,原理的に (11.41) 式に従い一定勾配を維持しつつも,常時 d 軸電流を正に保つべく,工夫している[21]。

数学モデルに記述されていない電磁鋼板などの特性を考慮すると (図 11.31 参照),SynRM の駆動では最低限の電流は維持する必要がある。このため,順突極側の軸電流は励磁電流 (excitation current) と呼ばれることもある。dq 同期座標系上における (11.41) 式の電流軌跡は,正確に勾配 $\pm\pi/4$ [rad] をもつ直線軌跡を示している。しかし,実際の駆動では,たとえば,「磁気飽和,鉄損の影響を考慮し直線状電流軌跡の勾配を大きくする,電流軌跡を直線から逆突極側の軸へ寄った曲線へ変更する」といったような工夫もなされる (第 11.7,第 11.8 節参照)。

11.4 センサレスベクトル制御系の基本構造と共通技術

11.4.1 基本構造

SynRM のベクトル制御の基本は,dq 同期座標系上の電流制御に基づくトルク発生にあり,これには dq 同期座標系上で評価された固定子電流が,ひいては dq 同期座標系の位相を指定するベクトル回転器が必要である (図 11.9 参照)。ベクトル回転器に必要とされる回転子位相は,αβ 固定座標系の α 軸から見た回転子位相 θ_α である (図 11.2,11.11 参照)。

しかしながら,エンコーダなどの位置・速度センサの回転子への装着は,モータ駆動系の信頼性低下,軸方向のモータ容積増大,センサ用ケーブルの引き回し,各種コストの増大などの問題を引き起こす。鉄芯のみの回転子をもつ SynRM の特長は頑健性,廉価性であり,位置・速度センサの装着は SynRM の特長を損なう。SynRM の

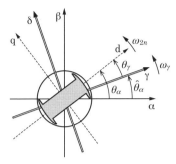
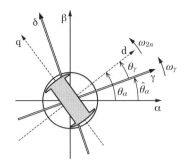

(a) 順突極位相がd軸位相　　　(b) 逆突極位相がd軸位相

図11.11 $\alpha\beta$固定座標系とdq同期座標系に対する$\gamma\delta$準同期座標系の関係

駆動には，他モータ以上に，位置・速度センサを要しないセンサレスベクトル制御が望まれる。

センサレスベクトル制御の成否は，概して，回転子の位相と速度の推定成否に支配される。回転子位相推定法は，推定に利用する信号の観点から，大きくは，SynRMのトルク発生に直接的に寄与する駆動用電圧・電流の基本波（fundamental driving frequency）成分を活用する方法いわゆる駆動用電圧電流利用法と，回転子位相探査信号として高周波電圧を強制印加する方法いわゆる高周波電圧印加法とに分類される。

回転子位相・速度の推定法を実現した機器は，位相速度推定器（phase-speed estimator）と呼ばれる。位相速度推定器は，$\alpha\beta$固定座標系上で構成することも，dq同期座標系への位相差のない追従を目指した$\gamma\delta$準同期座標系上で構成することも可能である。図11.11に$\alpha\beta$固定座標系，dq同期座標系に対する$\gamma\delta$準同期座標系の関係を図示した（図11.2参照）。$\gamma\delta$準同期座標系は，$\gamma\delta$一般座標系に包含される座標系の中で，特にdq同期座標系へ収斂することを期待された座標系である。すなわち，$\gamma\delta$準同期座標系の位相$\hat{\theta}_\alpha$と速度ω_γは，dq同期座標系の位相θ_αと速度ω_{2n}に収斂することが期待されている。

本項では，SynRMのための，位相速度推定器を備えたセンサレスベクトル制御系全体の基本構造を説明する。

A. $\alpha\beta$固定座標系上の位相速度推定器を利用した構造

図11.12に，$\alpha\beta$固定座標系上の駆動用電圧・電流の基本波成分を利用して回転子位相・速度推定を行うセンサレスベクトル制御系の代表的構成例を示した。本センサ

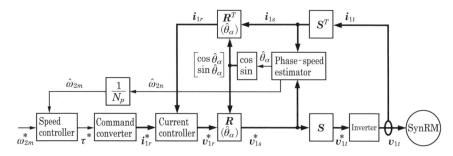

図 11.12　αβ 固定座標系上の位相速度推定器を利用した
センサレスベクトル制御系の構成例

レスベクトル制御系と位置・速度センサを利用したベクトル制御系の違いは，位置・速度センサに代わって，αβ 固定座標系上の電圧・電流情報を処理し回転子の位相と速度を推定する位相速度推定器の存在にあり，他は同一である。

位相速度推定器は，αβ 固定座標系上で定義された固定子電流の実測値 i_{1s} と固定子電圧の指令値 v_{1s}^* を受け取り，ベクトル回転器に使用される回転子位相推定値（すなわち，γδ 準同期座標系の位相）$\hat{\theta}_\alpha$ と回転子の電気速度推定値 $\hat{\omega}_{2n}$ とを出力している。回転子の電気速度推定値 $\hat{\omega}_{2n}$ は，極対数 N_p で除されて機械速度推定値 $\hat{\omega}_{2m}$ に変換された後，速度制御器へ送られている。位相速度推定器に入力される固定子電圧としては，推定精度上は電圧実測値の利用が好ましいが，システム構成の簡易性の観点から本例のように電圧指令値を利用することが多い。

位相速度推定器の構成例を図 11.13 に示した。これは位相推定器（phase estimator）と速度推定器（speed estimator）から構成されている。位相推定器は，α 軸から評価した回転子の初期位相推定値 $\hat{\theta}_\alpha'$ を出力すべく，入力信号として，同座標系上で定義された固定子電流と固定子電圧の信号に加えて，電気速度推定値 $\hat{\omega}_{2n}$ とを得ている。速度推定器は初期位相推定値 $\hat{\theta}_\alpha'$ を処理して，所期の回転子最終位相推定値 $\hat{\theta}_\alpha$ と速度推定値 $\hat{\omega}_{2n}$ を外部に向け出力している。

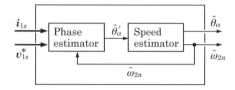

図 11.13　αβ 固定座標系上の位相速度推定器の構成例

B. γδ準同期座標系上の位相速度推定器を利用した構造

図 11.14 に，γδ準同期座標系上の駆動用電圧・電流の基本波成分を利用して回転子位相・速度推定を行うセンサレスベクトル制御系の代表的構成例を示した。本センサレスベクトル制御系と位置・速度センサを利用したベクトル制御系の違いは，位置・速度センサに代わって，γδ準同期座標系上の電圧・電流情報を処理し回転子の位相と速度を推定する位相速度推定器の存在にあり，他は同一である。

γδ準同期座標系上で構成された位相速度推定器の機能は，αβ固定座標系上で構成された位相速度推定器のそれと同一である。すなわち，γδ準同期座標系上の位相速度推定器は，γδ準同期座標系上で定義された固定子電流の実測値 i_{1r} と固定子電圧の指令値 v_{1r}^* を受け取り，ベクトル回転器に使用される回転子位相推定値（すなわち，γδ準同期座標系の位相）$\hat{\theta}_\alpha$ と回転子の電気速度推定値 $\hat{\omega}_{2n}$ とを出力している。

γδ準同期座標系上の位相速度推定器の構成例を図 11.15 に示した。これは位相偏差推定器（phase error estimator）と位相同期器（phase synchronizer）から構成されている。位相偏差推定器は，γδ準同期座標系のγ軸から評価した回転子位相の推定値 $\hat{\theta}_\gamma$ を出力すべく，入力信号として，同座標系上で定義された固定子電流と固定子

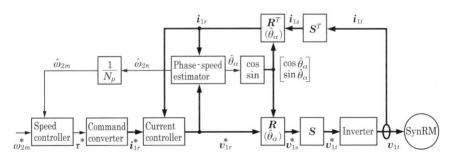

図 11.14　γδ準同期座標系上の位相速度推定器を利用したセンサレスベクトル制御系の構成例

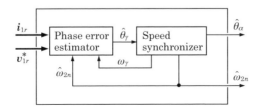

図 11.15　γδ準同期座標系上の位相速度推定器の構成例

電圧の信号に加えて，座標系速度 ω_γ と電気速度推定値 $\hat{\omega}_{2n}$ とを得ている。位相同期器は，回転子位相推定値 $\hat{\theta}_\gamma$ を利用して，所期の回転子位相推定値 $\hat{\theta}_\alpha$ と速度推定値 $\hat{\omega}_{2n}$ を外部に向け出力している。

11.4.2 共通技術
A. 積分フィードバック形速度推定法

図 11.13 の位相速度推定器は，位相推定器と速度推定器から構成されている。位相推定器のための位相推定法は，種々存在する。しかし，種々の位相推定法に対応した形で種々の速度推定器を用意する必要はない。単一の速度推定法に基づく速度推定器が，種々の位相推定器に対応可能である。代表的な速度推定法は，2003 年に新中より PMSM のセンサレスベクトル制御用として開発された「積分フィードバック形速度推定法（integral-feedback speed estimation method）」である[2), 3)]。同法は「αβ 固定座標系上の一般化積分形 PLL 法」と別称されることもある。PMSM 用の同速度推定法におけるモジュラ処理に小さな改変を加えるだけで，同速度推定法を SynRM に適用できる。改変後の速度推定法は次のように与えられる。

【SynRM 用の積分フィードバック形速度推定法】

$$\hat{\omega}_{2n} = sF_C(s)\hat{\theta}'_\alpha = C(s)\mathrm{mod}\left(\pm\frac{\pi}{2}, (\hat{\theta}'_\alpha - \hat{\theta}_\alpha)\right) \tag{11.42a}$$

$$\hat{\theta}_\alpha = \frac{1}{s}\hat{\omega}_{2n} \tag{11.42b}$$

ここに，$F_C(s)$，$C(s)$ は，おのおの次のように定義された，安定ローパスフィルタ，位相制御器（phase controller）である。

$$\begin{aligned}F_C(s) &= \frac{F_N(s)}{F_D(s)} \\ &= \frac{f_{n,m-1}s^{m-1} + f_{n,m-2}s^{m-2} + \cdots + f_{n,0}}{s^m + f_{d,m-1}s^{m-1} + \cdots + f_{d,0}} \quad ; f_{d,0} = f_{n,0} > 0\end{aligned} \tag{11.42c}$$

$$C(s) = \frac{sF_N(s)}{F_D(s) - F_N(s)} \tag{11.42d}$$

∎

(11.42a) 式における $\mathrm{mod}(\cdot,\cdot)$ は，位相偏差 $(\hat{\theta}'_\alpha - \hat{\theta}_\alpha)$ に対する範囲 $-\pi/2\sim+\pi/2$ のモジュラ処理を意味する。元来の PMSM 用速度推定法では，モジュラ処理の範囲は $-\pi\sim+\pi$ であったが，SynRM 用速度推定法では，これが $-\pi/2\sim+\pi/2$ へ変更さ

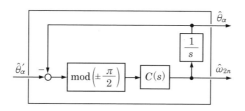

図 11.16 SynRM 用積分フィードバック形速度推定法の構成例

れている。

積分フィードバック形速度推定法は，(11.42) 式より明白なように，位相推定器より得た初期位相推定値 $\hat{\theta}'_a$ を近似微分処理して速度推定値 $\hat{\omega}_{2n}$ を得るものである。最終位相推定値 $\hat{\theta}_\alpha$ は，初期位相推定値 $\hat{\theta}'_a$ をローパスフィルタリングして得ている。最終位相推定値 $\hat{\theta}_\alpha$ は，余弦・正弦値へ変更された上で，ベクトル回転器で使用されるため，最終位相推定値は，基本的に $-\pi\sim\pi$ の範囲の値をとりえればよい。代わって，初期位相推定値 $\hat{\theta}'_a$ は，一般には，$-\pi/2\sim+\pi/2$ の範囲の値をとる。このため，原則的には，初期位相推定値 $\hat{\theta}'_a$ 自体を最終位相推定値として利用することはできない。

図 11.16 に (11.42a) 式第 2 式と (11.42b) 式に基づく積分フィードバック形速度推定法を示した。同図では，同速度推定法において不可欠な範囲 $-\pi/2\sim+\pi/2$ のモジュラ処理を，$\mathrm{mod}(\pm\pi/2)$ と表現している。

ローパスフィルタ $F_C(s)$ は高い設計自由度を有しており，本自由度を利用して，フィルタを次のように設計することを考える。

$$F_N(s) = F_D(s) - s^m \tag{11.43a}$$

(11.43a) 式の設計に関しては，ローパスフィルタ $F_C(s)$ の帯域幅はおおむね $f_{d,m-1}$ となる。また，これに対応した位相制御器 $C(s)$ は，次の (11.43b) 式となり，その係数はフィルタの分母多項式の係数と同一となる。

$$C(s) = \frac{sF_N(s)}{F_D(s)-F_N(s)} = \frac{f_{d,m-1}s^{m-1}+\cdots+f_{d,0}}{s^{m-1}} \tag{11.43b}$$

なお，積分フィードバック形速度推定法の動作原理に関しては，文献 2) に詳しく解説されている。

B. 一般化積分形 PLL 法

図 11.15 の位相速度推定器は，位相偏差推定器と位相同期器から構成される。位相

偏差推定器のための位相推定法は，種々存在する。しかし，種々の位相推定法に対応した形で種々の位相同期器を用意する必要はない。単一の位相同期器が，多様な位相偏差推定器に対応可能である。汎用性の高い位相同期器の構成原理は，PLL 法 (phase-locked loop method) にある。2003 年に新中より，種々の PLL 法は PMSM のセンサレスベクトル制御用に体系化され，体系化後の PLL 法は一般化積分形 PLL 法 (generalized integral-type phase-locked loop method) と呼ばれている[2),3)]。SymRM 用にさらに改変された一般化積分形 PLL 法は，次のように与えられる[2),3)]。

【SynRM 用の一般化積分形 PLL 法】

$$\omega_\gamma = C(s)\hat{\theta}_\gamma \qquad ;-\frac{\pi}{2} \leq \hat{\theta}_\gamma \leq \frac{\pi}{2} \tag{11.44a}$$

$$\hat{\theta}_\alpha = \frac{1}{s}\omega_\gamma \tag{11.44b}$$

$$\hat{\omega}_{2n} = \omega_\gamma \tag{11.44c}$$

ただし，

$$F_C(s) = \frac{F_N(s)}{F_D(s)}$$

$$= \frac{f_{n,m-1}s^{m-1} + f_{n,m-2}s^{m-2} + \cdots + f_{n,0}}{s^m + f_{d,m-1}s^{m-1} + \cdots + f_{d,0}} \quad ; f_{d,0} = f_{n,0} > 0 \tag{11.44d}$$

$$C(s) = \frac{sF_N(s)}{F_D(s) - F_N(s)} \tag{11.44e}$$

■

図 11.17 に，一般化積分形 PLL 法に基づく位相同期器の構成例を示した。SynRM 用 PLL 法と PMSM 用 PLL 法との原理は同一である。一般化積分形 PLL 法の原理に関しては，文献2) に体系的かつ詳しく解説されている。このため，この説明は省略する。

SynRM 用 PLL 法と PMSM 用 PLL 法との相違は，入力信号である位相偏差推定値 $\hat{\theta}_\gamma$ の範囲にある。SynRM 用 PLL 法においては，(11.44a) に示しているように，範囲 $-\pi/2 \sim +\pi/2$ のモジュラ処理を受けたものとなっている。定理 11.4（鏡相定理Ⅲ）

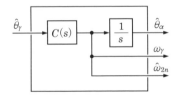

図 11.17　一般化積分形 PLL 法に基づく位相同期器の構成例

を利用して位相偏差推定値 $\hat{\theta}_\gamma$ を決定する場合には，範囲 $-\pi/2 \sim +\pi/2$ のモジュラ処理は，特別な追加処理なく自動的に遂行される（後掲の (11.60)～(11.65) 式参照）。

一般化積分形 PLL 法におけるローパスフィルタ $F_C(s)$ の設計は，積分フィードバック形速度推定法のそれと同一である。したがって，(11.43a) 式のようにフィルタを設計するならば，(11.44e) 式の位相制御器 $C(s)$ は (11.43b) 式となり，位相制御器 $C(s)$ の係数はフィルタの分母多項式の係数と同一となる。位相制御器 $C(s)$ の同一性からも理解されるように，$\gamma\delta$ 準同期座標系上で構成された一般化積分形 PLL 法と $\alpha\beta$ 固定座標系上で構成された積分フィードバック形速度推定法とは，双対の関係にある。

11.5 磁束推定を介した回転子位相推定

11.5.1 磁束推定のための D 因子フィルタ

文献3) は，速度 ω_γ で回転する $\gamma\delta$ 一般座標系上の回転子磁束を推定するための 2 入力 2 出力 (2×2) フィルタとして，全極形 D 因子フィルタ $\boldsymbol{F(D)}$ を提案している。本 D 因子フィルタは，以下の手順により構築される。

まず，次の (11.45) 式で定義される実数係数（以下，実係数と略記）a_i をもつ n 次フルビッツ多項式（安定多項式）$A(s)$ を用意する。

$$A(s) = s^n + a_{n-1}s^{n-1} + \cdots + a_0 \quad ; a_i > 0 \tag{11.45}$$

次に，実係数の周波数シフト係数 g_1 として，$0 \leq g_1 \leq 1$ を条件に用意する。このとき，磁束推定のための全極形 D 因子フィルタ $\boldsymbol{F(D)}$ は，次のように構築される[3]。

【磁束推定のための全極形 D 因子フィルタ】

$$\boldsymbol{F}(\boldsymbol{D}(s, \omega_\gamma - (1-g_1)\omega_{2n})) = \boldsymbol{A}^{-1}(\boldsymbol{D}(s, \omega_\gamma - (1-g_1)\omega_{2n}))\boldsymbol{G} \tag{11.46}$$

または，

$$\boldsymbol{F}(\boldsymbol{D}(s, \omega_\gamma - (1-g_1)\omega_{2n})) = \boldsymbol{G}\boldsymbol{A}^{-1}(\boldsymbol{D}(s, \omega_\gamma - (1-g_1)\omega_{2n})) \tag{11.47}$$

ただし，

$$\begin{aligned}\boldsymbol{A}(\boldsymbol{D}&(s, \omega_\gamma - (1-g_1)\omega_{2n})) \\ &= \boldsymbol{D}^n(s, \omega_\gamma - (1-g_1)\omega_{2n}) + a_{n-1}\boldsymbol{D}^{n-1}(s, \omega_\gamma - (1-g_1)\omega_{2n}) + \cdots \\ &\quad + a_1\boldsymbol{D}(s, \omega_\gamma - (1-g_1)\omega_{2n}) + a_0\boldsymbol{I}\end{aligned} \tag{11.48}$$

$$\boldsymbol{G} = g_{re}\boldsymbol{I} + g_{im}\boldsymbol{J} \tag{11.49}$$

$$g_{re} = g_1(a_1 - a_3(g_1\omega_{2n})^2 + a_5(g_1\omega_{2n})^4 - a_7(g_1\omega_{2n})^6 + \cdots) \tag{11.50a}$$

$$g_{im} = \frac{-a_0}{\omega_{2n}} + a_2 g_1^2 \omega_{2n} - a_4 g_1^4 \omega_{2n}^3 + a_6 g_1^6 \omega_{2n}^5 - \cdots$$
$$= -\mathrm{sgn}(\omega_{2n})\left(\frac{a_0}{|\omega_{2n}|} - a_2 g_1^2 |\omega_{2n}| + a_4 g_1^4 |\omega_{2n}|^3 - a_6 g_1^6 |\omega_{2n}|^5 + \cdots\right) \quad (11.50\mathrm{b})$$
$$0 \leq g_1 \leq 1 \quad (11.50\mathrm{c})$$

特に,フィルタ次数 n を $n=1$ とする場合には,(11.46)〜(11.50) 式の全極形 D 因子フィルタは次式となる[3]。

【磁束推定のための 1 次全極形 D 因子フィルタ】

$$\boldsymbol{F}(\boldsymbol{D}(s, \omega_\gamma - (1-g_1)\omega_{2n})) = [\boldsymbol{D}(s, \omega_\gamma - (1-g_1)\omega_{2n}) + a_0 \boldsymbol{I}]^{-1} \boldsymbol{G} \quad (11.51)$$

または,

$$\boldsymbol{F}(\boldsymbol{D}(s, \omega_\gamma - (1-g_1)\omega_{2n})) = \boldsymbol{G}[\boldsymbol{D}(s, \omega_\gamma - (1-g_1)\omega_{2n}) + a_0 \boldsymbol{I}]^{-1} \quad (11.52)$$

ただし,

$$\boldsymbol{G} = g_{re}\boldsymbol{I} + g_{im}\boldsymbol{J} = g_1 \boldsymbol{I} - \frac{a_0}{\omega_{2n}}\boldsymbol{J} \quad (11.53)$$

$$0 \leq g_1 \leq 1 \quad (11.54)$$

(11.53) 式のフィルタゲイン $\boldsymbol{G}$ の選定候補は種々存在し,文献 3) には,具体的な設計例が体系的に示されている。代表的設計の 1 つは a_0 を次式のように,電気速度 ω_{2n} を利用して応速とするものである[3]。

$$a_0 = g_2 |\omega_{2n}| \quad ; g_2 = \mathrm{const} > 0 \quad (11.55)$$

この場合,(11.53) 式のフィルタゲイン $\boldsymbol{G}$ 自体は,次のように,速度に依存しない固定ゲインとなる。

$$\boldsymbol{G} = g_1 \boldsymbol{I} - \mathrm{sgn}(\omega_{2n}) g_2 \boldsymbol{J} \quad ; 0 \leq g_1 \leq 1, \quad g_2 > 0 \quad (11.56)$$

11.5.2 一般化磁束推定法を用いた位相推定

A. 回転子位相推定法

SynRM の回転子位相推定法の構築準備として,(2.1)〜(2.7) 式に記載された PMSM の回路方程式を再考する。PMSM 回路方程式を構成する (2.1) 式,特に第 2 式は次のとおりであった。

$$\boldsymbol{v}_1 = R_1 \boldsymbol{i}_1 + \boldsymbol{D}(s, \omega_\gamma)\boldsymbol{\phi}_i + \boldsymbol{D}(s, \omega_\gamma)\boldsymbol{\phi}_m \quad (11.57)$$

文献 3) では,(11.57) 式右辺第 3 項の回転子磁束推定のための一般化磁束推定法を与

11.5 磁束推定を介した回転子位相推定

えている。これは，「(11.46)〜(11.50) 式の全極形 D 因子フィルタを用いて，(11.57) 式右辺第 3 項の回転子磁束相当値をフィルタ処理し，フィルタ処理値を回転子磁束推定値とする」ものである。具体的には，PMSM のための一般化磁束推定法は次式で与えられる。

$$\hat{\phi}_m = F(D(s, \omega_\gamma - (1-g_1)\hat{\omega}_{2n})) [v_1 - R_1 i_1 - D(s, \omega_\gamma)\phi_i] \tag{11.58}$$

上式における $\hat{\omega}_{2n}$ は，回転子速度 ω_{2n} の推定値である。

ここで，(11.31)〜(11.33) 式に与えた SynRM の鏡相磁束形，直相磁束形，矩相磁束形の各回路方程式を考える。(11.57) 式と (11.31)〜(11.33) 式との比較より，「PMSM の回路方程式・(11.57) 式に対し次の磁束置換を実施するならば，SynRM の鏡相磁束形，直相磁束形，矩相磁束形の各回路方程式すなわち (11.31)〜(11.33) 式が得られる」ことがわかる。

$$\left.\begin{array}{ll} \phi_i \to \phi_{in-i}, & \phi_m \to \phi_{mr} \\ \phi_i \to \phi_{in-q}, & \phi_m \to \phi_u \\ \phi_i \to \phi_{in-d}, & \phi_m \to \phi_j \end{array}\right\} \tag{11.59}$$

SynRM は，PMSM 位相推定問題における本質的根拠となった回転子磁束を有しない。しかし，「回路方程式の置換性は，回路方程式に立脚した位相推定法の置換性を示している」と認識される。本認識に基づき，PMSM のための「一般化回転子磁束推定法」に対して[3]，(11.59) 式の置換を実施すると，次に示す SynRM のための磁束推定法と回転子位相推定値決定法が新たに得られる。

【鏡相磁束推定法と回転子位相推定値決定法】

$$\begin{aligned}\hat{\phi}_{mr} &= F(D(s, \omega_\gamma - (1-g_1)\hat{\omega}_{2n})) [v_1 - R_1 i_1 - D(s, \omega_\gamma)\phi_{in-i}] \\ &= F(D(s, \omega_\gamma - (1-g_1)\hat{\omega}_{2n})) [v_1 - R_1 i_1 - D(s, \omega_\gamma)[L_i i_1]] \end{aligned} \tag{11.60}$$

$$\begin{bmatrix} C_{2p} \\ S_{2p} \end{bmatrix} = \mathrm{sgn}(L_m)[i_1 \quad Ji_1]\phi_{mr} = \mathrm{sgn}(L_m)[\phi_{mr} \quad J\phi_{mr}]i_1 \tag{11.61a}$$

$$\hat{\theta}_\gamma = \frac{1}{2}\tan^{-1}(S_{2p}, C_{2p}) \tag{11.61b}$$

【直相磁束推定法と回転子位相推定値決定法】

$$\begin{aligned}\hat{\phi}_u &= F(D(s, \omega_\gamma - (1-g_1)\hat{\omega}_{2n})) [v_1 - R_1 i_1 - D(s, \omega_\gamma)\phi_{in-q}] \\ &= F(D(s, \omega_\gamma - (1-g_1)\hat{\omega}_{2n})) [v_1 - R_1 i_1 - D(s, \omega_\gamma)[L_q i_1]] \end{aligned} \quad ; i_d \neq 0 \tag{11.62}$$

$$\hat{\theta}_\gamma = \tan^{-1}\left(\frac{\hat{\phi}_{u\delta}}{\hat{\phi}_{u\gamma}}\right) \tag{11.63}$$

【矩相磁束推定法と回転子位相推定値決定法】

$$\hat{\boldsymbol{\phi}}_j = \boldsymbol{F}(\boldsymbol{D}(s, \omega_\gamma - (1-g_1)\hat{\omega}_{2n}))[\boldsymbol{v}_1 - R_1 \boldsymbol{i}_1 - \boldsymbol{D}(s, \omega_\gamma)\boldsymbol{\phi}_{in-d}]$$
$$= \boldsymbol{F}(\boldsymbol{D}(s, \omega_\gamma - (1-g_1)\hat{\omega}_{2n}))[\boldsymbol{v}_1 - R_1 \boldsymbol{i}_1 - \boldsymbol{D}(s, \omega_\gamma)[L_d \boldsymbol{i}_1]] \quad ; i_q \neq 0 \quad (11.64)$$

$$\hat{\theta}_\gamma = \tan^{-1}\left(-\frac{\hat{\phi}_{j\gamma}}{\hat{\phi}_{j\delta}}\right) = -\tan^{-1}\left(\frac{\hat{\phi}_{j\gamma}}{\hat{\phi}_{j\delta}}\right) \quad (11.65)$$

■

上記3種の磁束推定法，回転子位相推定値決定法は，$\alpha\beta$固定座標系，$\gamma\delta$準同期座標系を特別な場合として包含する$\gamma\delta$一般座標系の上で構築している。(11.61) 式の回転子位相推定値決定法は，定理 11.4 の (11.16) 式に基づいている。なお，(11.62) 式の直相磁束推定法において，特にフィルタ次数 n を $n=1$ とする場合には，これは著者の既報提案法に帰着する[7]。

(11.60) 式の鏡相磁束推定法に，(11.46)，(11.47) 式の n 次全極形 D 因子フィルタを用いた場合の鏡相磁束推定の様子を図 11.18 に概略的に示した。同図 (a)，(b) の実現は，おのおの外装 I 形実現，外装 II 形実現と呼ばれる。同様に，(11.60) 式の鏡相磁束推定法に，(11.51)，(11.52) 式の 1 次全極形 D 因子フィルタを用いた場合の鏡相磁束推定の様子を，具体的・実際的な構造とともに，図 11.19 に示した。

鏡相磁束推定法の実現を示した図 11.18，11.19 において，インダクタンスの形式置換 $L_i \to L_q$ を行うと，これは直相磁束推定法の実現となる。同様に，インダクタンスの形式置換 $L_i \to L_d$ を行うと，これは矩相磁束推定法の実現となる。

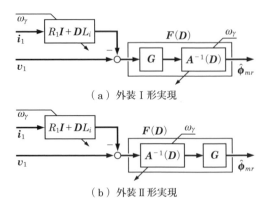

(a) 外装 I 形実現

(b) 外装 II 形実現

図 11.18　$\gamma\delta$ 一般座標系上の n 次鏡相磁束推定法

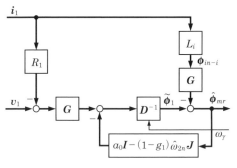

(a) 外装I形実現

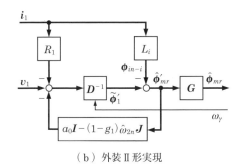

(b) 外装II形実現

図 11.19 $\gamma\delta$ 一般座標系上の 1 次鏡相磁束推定法

B. インダクタンス誤差と磁束推定誤差

上に説明したように,3種の磁束(鏡相磁束,直相磁束,矩相磁束)の推定における唯一の相違は,一般化磁束推定法に用いるインダクタンスにある.これは,「一般化磁束推定法に用いるインダクタンスが真のインダクタンスと異なる場合には,磁束推定値の位相は,所期磁束の位相と異なる」ことを意味する.本項では,インダクタンス誤差がもたらす磁束推定値の誤差を解析する.

解析の準備として,次の定理を考える(図 11.7 参照).

【定理 11.8(位相含有磁束定理)】

(a) 固定子電流 i_1 に鏡行列 $Q(\theta_\gamma)$ を作用させる場合,次の関係が成立する.

$$Q(\theta_\gamma)i_1 = i_d u(\theta_\gamma) - i_q Ju(\theta_\gamma) \tag{11.66}$$

(b) 鏡相磁束 ϕ_{mr},直相磁束 ϕ_u,矩相磁束 ϕ_j は次の関係を有する.

$$\phi_{mr} = \frac{1}{2}[\phi_u + \phi_j] \tag{11.67a}$$

$$\phi_u - \phi_{mr} = \phi_{mr} - \phi_j \tag{11.67b}$$

$$\begin{aligned}\phi_u - \phi_j &= 2[\phi_u - \phi_{mr}]\\ &= 2[\phi_{mr} - \phi_j]\\ &= 2L_m \boldsymbol{i}_1\end{aligned} \tag{11.67c}$$

〈証明〉

(a) 鏡行列は，任意の 2×1 電流に対し，次の性質を示す[1]。

$$[\boldsymbol{I} + \boldsymbol{Q}(\theta_\gamma)]\boldsymbol{i}_1 = 2i_d \boldsymbol{u}(\theta_\gamma) \tag{11.68a}$$

$$[\boldsymbol{I} - \boldsymbol{Q}(\theta_\gamma)]\boldsymbol{i}_1 = 2i_q \boldsymbol{J}\boldsymbol{u}(\theta_\gamma) \tag{11.68b}$$

(11.68a) 式から (11.68b) 式を減ずると，(11.66) 式を意味する次式を得る。

$$2\boldsymbol{Q}(\theta_\gamma)\boldsymbol{i}_1 = 2[i_d \boldsymbol{u}(\theta_\gamma) - i_q \boldsymbol{J}\boldsymbol{u}(\theta_\gamma)] \tag{11.69}$$

(b) (11.67) 式の右辺に，(11.32b)，(11.33b) 式を適用し，(11.66) 式と (11.31b) 式を考慮すると，(11.67a) を意味する次式を得る。

$$\begin{aligned}\frac{1}{2}[\phi_u + \phi_j] &= L_m[i_d \boldsymbol{u}(\theta_\gamma) - i_q \boldsymbol{J}\boldsymbol{u}(\theta_\gamma)]\\ &= L_m \boldsymbol{Q}(\theta_\gamma)\boldsymbol{i}_1\\ &= \phi_{mr}\end{aligned} \tag{11.70}$$

(11.67b) 式は，(11.67a) 式より自明である。

(11.67c) 式の左辺は，次のように変形される。

$$\phi_u - \phi_j = [\phi_u - \phi_{mr}] + [\phi_{mr} - \phi_j] \tag{11.71}$$

(11.71) 式に (11.67b) 式を考慮すると，(11.67c) 式の第1式，第2式を得る。

(11.67c) 式の左辺は，(11.32b)，(11.33b) 式を適用すると次式のように整理され，(11.67c) 式の第3式に帰着する。

$$\begin{aligned}\phi_u - \phi_j &= 2L_m[i_d \boldsymbol{u}(\theta_\gamma) + i_q \boldsymbol{J}\boldsymbol{u}(\theta_\gamma)]\\ &= 2L_m \boldsymbol{i}_1\end{aligned} \tag{11.72}$$

∎

以上の準備のもと，インダクタンス誤差に起因する磁束推定誤差を検討する。これに関しては，次の定理が成立する（図 11.7 参照）。

【定理 11.9（インダクタンス誤差定理）】

一般化磁束推定法に利用するインダクタンスが誤差 ΔL をもつものとする。本インダクタンス誤差は，磁束推定値に次の誤差 $\Delta \phi$ をもたらす。

$$\begin{aligned}\Delta\phi &= -\Delta L i_1 \\ &= -\frac{\Delta L}{2L_m}[\phi_u - \phi_j] \\ &= -\frac{\Delta L}{L_m}[\phi_u - \phi_{mr}] \\ &= -\frac{\Delta L}{L_m}[\phi_{mr} - \phi_j]\end{aligned} \quad (11.73)$$

〈証明〉

鏡相磁束の推定を例に，定理を証明する．鏡相磁束の推定に利用した同相インダクタンスの公称値 $\hat{L}_i$，これに対応した鏡相磁束推定値 $\hat{\phi}_{mr}$ を，おのおの次式のように表現する．

$$\left.\begin{aligned}\hat{L}_i &= L_i + \Delta L \\ \hat{\phi}_{mr} &= \phi_{mr} + \Delta\phi\end{aligned}\right\} \quad (11.74)$$

一般化磁束推定法は，同相インダクタンス公称値に対して，（11.31）式と同様な次式を満たすように鏡相磁束推定値を生成する．

$$\boldsymbol{v}_1 = R_1\boldsymbol{i}_1 + \boldsymbol{D}(s,\omega_\gamma)[\hat{L}_i\boldsymbol{i}_1 + \hat{\phi}_{mr}] \quad (11.75)$$

（11.75）式に（11.74）式を用い，（11.31）式を考慮すると，ただちに（11.73）式の第1式を得る．（11.73）式の第1式に，定理11.8の（11.67c）式を用いると，（11.73）式の第2，第3，第4式を得る． ∎

定理11.9は，「鏡相磁束，直相磁束，矩相磁束のいずれの磁束を推定する場合にも，同一のインダクタス誤差は，同一の磁束誤差を生じる」，かつ「磁束誤差は，インダクタンス誤差に比例する」ことを示している．3磁束（鏡相磁束，直相磁束，矩相磁束）の推定において，磁束誤差が同一の場合にも，3磁束の真値が異なるので，3磁束における磁束位相の誤差は同一ではない．鏡相磁束推定を介した回転子位相推定においては，（11.61）式が示すように，鏡相磁束推定値がもつ磁束位相誤差による回転子位相推定値への影響は，固定子電流により半減される．

C. 推定対象磁束の選定

推定対象たりうる磁束としては，鏡相磁束 ϕ_{mr}，直相磁束 ϕ_u，矩相磁束 ϕ_j の3種が存在する．いずれを推定対象とすればよいのであろうか．磁束推定においては，推定対象たる磁束自体がS/N的に十分な振幅を有する必要がある．

上記認識のもと，（11.31）～（11.33）式の鏡相磁束形，直相磁束形，矩相磁束形の各

回路方程式を再考するならば,「固定子電流さえあれば,鏡相磁束は推定対象として利用可能である」,「十分な d 軸電流が確保できる場合の推定対象としては直相形磁束が適当であり,代わって,十分な q 軸電流が確保できる場合の推定対象としては矩相形磁束が適当である」といえる。一方で,SynRM の電流制御では,発生トルクの大小のいかんにかかわらず,最低限の励磁電流を確保する必要がある(図 11.10 参照)。また,現実的には,インダクタンス誤差をもたらす磁気飽和も考慮する必要がある。これより,推定対象たる磁束の選定方針として次を得る。

【推定磁束の選定方針】

(a) しかるべきレベル以上で常時通電する励磁電流を d 軸電流とする場合には,推定対象として鏡相磁束または直相磁束が好ましい。代わって,しかるべきレベル以上で常時通電する励磁電流を q 軸電流とする場合には,推定対象として鏡相磁束または矩相磁束が好ましい。

(b) 励磁電流を順突極側の軸電流に選定する場合には(図 11.10 参照),推定対象として鏡相磁束または直相磁束が好ましい。

(c) 磁束推定には,同相磁束の生成に関連して 3 種のインダクタンス L_i, L_q, L_d のいずれかが必要とされる。変化の少ないインダクタンス,回転子位相推定値への誤差伝搬が少ないインダクタンスを利用する磁束推定が好ましい。

11.5.3 固定座標系上の実現

鏡相磁束,直相磁束,矩相磁束の推定上の相違は,対応の同相磁束の生成に必要な固定子インダクタンス(L_i, L_q, L_d)の形式的な相違にすぎない。この形式的相違を考慮し,推定法の実現は,鏡相磁束を推定対象として説明する。

(11.60) 式の $\gamma\delta$ 一般座標系上の鏡相磁束推定法に対し,次の条件を付す。

(a) 全極形 D 因子フィルタ $F(D)$ は 1 次とし,(11.51) 式または (11.52) 式のものを利用する。

(b) 2×2 フィルタゲイン G は,(11.56) 式の固定ゲインを採用する。

(11.60) 式の $\gamma\delta$ 一般座標系上の鏡相磁束推定法に,上記条件に従い (11.51),(11.52) 式を適用し,$\alpha\beta$ 固定座標系の条件 ($\omega_\gamma = 0$) を付すと,$\alpha\beta$ 固定座標系上の 1 次鏡相磁束推定法をおのおの次のように得る。

【$\alpha\beta$ 固定座標系上の 1 次鏡相磁束推定法(外装 I 形実現)】

$$\left.\begin{array}{l} s\tilde{\phi}_1 = G[v_1 - R_1 i_1] - [g_2|\hat{\omega}_{2n}|I - (1-g_1)\hat{\omega}_{2n}J]\hat{\phi}_{mr} \\ \hat{\phi}_{mr} = \tilde{\phi}_1 - G\phi_{in-i} \end{array}\right\} \quad (11.76\text{a})$$

$$\phi_{in-i} = L_i \boldsymbol{i}_1 \tag{11.76b}$$

$$\boldsymbol{G} = g_1 \boldsymbol{I} - \mathrm{sgn}(\hat{\omega}_{2n}) g_2 \boldsymbol{J} \quad ; 0 \leq g_1 \leq 1, \quad g_2 > 0 \tag{11.76c}$$

■

【αβ 固定座標系上の 1 次鏡相磁束推定法（外装Ⅱ形実現）】

$$\left. \begin{array}{l} s\tilde{\boldsymbol{\phi}}'_1 = \boldsymbol{v}_1 - R_1 \boldsymbol{i}_1 - [g_2|\hat{\omega}_{2n}|\boldsymbol{I} - (1-g_1)\hat{\omega}_{2n}\boldsymbol{J}]\hat{\boldsymbol{\phi}}'_{mr} \\ \hat{\boldsymbol{\phi}}'_{mr} = \tilde{\boldsymbol{\phi}}'_1 - \boldsymbol{\phi}_{in-i} \\ \hat{\boldsymbol{\phi}}'_{mr} = \boldsymbol{G}\hat{\boldsymbol{\phi}}'_{mr} \end{array} \right\} \tag{11.77a}$$

$$\boldsymbol{\phi}_{in-i} = L_i \boldsymbol{i}_1 \tag{11.77b}$$

$$\boldsymbol{G} = g_1 \boldsymbol{I} - \mathrm{sgn}(\hat{\omega}_{2n}) g_2 \boldsymbol{J} \quad ; 0 \leq g_1 \leq 1, \quad g_2 > 0 \tag{11.77c}$$

■

(11.76) 式の外装Ⅰ形実現, (11.77) 式の外装Ⅱ形実現をおのおの図 11.20, 11.21 に描画した。描画に際しては, 図 11.13 との整合性を考慮し, 固定子電圧信号として

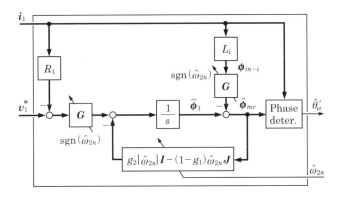

図 11.20 αβ 固定座標系上の 1 次鏡相磁束推定法（外装Ⅰ形実現）

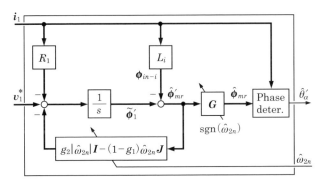

図 11.21 αβ 固定座標系上の 1 次鏡相磁束推定法（外装Ⅱ形実現）

は電圧真値に代わって電圧指令値を利用した．また，鏡相磁束推定値 $\hat{\phi}_{mr}$ に対して (11.61) 式の回転子位相推定値決定法を施し，回転子の初期位相推定値 $\hat{\theta}'_\alpha$ を出力するようにした．両実現の位相決定器 (phase determiner) がこれを担っている．外装 I 形と外装 II 形の両実現における 2×2 フィルタゲイン G は固定であるので，同一の固定ゲインを採用する場合には，両推定法の応答は，初期値の影響が消滅した後には，過渡応答においても同一である．

11.5.4 準同期座標系上の実現

(11.60) 式の $\gamma\delta$ 一般座標系上の 1 次鏡相磁束推定法として，第 11.5.3 項で与えた条件に従い (11.51) 式を用いると，1 次鏡相磁束推定法の $\gamma\delta$ 準同期座標系上の実現として，外装 I-D 形実現，外装 I-S 形実現をおのおの次のように得る．

【$\gamma\delta$ 準同期座標系上の 1 次鏡相磁束推定法（外装 I-D 形実現）】

$$\left.\begin{aligned}&D(s,\omega_\gamma)\hat{\phi}_1 = G[v_1 - R_1 i_1] - [g_2|\hat{\omega}_{2n}|I - (1-g_1)\hat{\omega}_{2n}J]\hat{\phi}_{mr} \\ &\hat{\phi}_{mr} = \hat{\phi}_1 - G\phi_{in-i}\end{aligned}\right\} \qquad (11.78\text{a})$$

$$\phi_{in-i} = L_i i_1 \qquad (11.78\text{b})$$

$$G = g_1 I - \text{sgn}(\hat{\omega}_{2n})g_2 J \quad ; 0 \le g_1 \le 1, \quad g_2 > 0 \qquad (11.78\text{c})$$

■

【$\gamma\delta$ 準同期座標系上の 1 次鏡相磁束推定法（外装 I-S 形実現）】

$$\left.\begin{aligned}&s\tilde{\phi}_1 = G[v_1 - R_1 i_1 - \omega_\gamma J\hat{\phi}_1] - [g_2|\hat{\omega}_{2n}|I + g_1\hat{\omega}_{2n}J]\hat{\phi}_{mr} \\ &\hat{\phi}_{mr} = \tilde{\phi}_1 - G\phi_{in-i}\end{aligned}\right\} \qquad (11.79\text{a})$$

$$\phi_{in-i} = L_i i_1 \qquad (11.79\text{b})$$

$$G = g_1 I - \text{sgn}(\hat{\omega}_{2n})g_2 J \quad ; 0 \le g_1 \le 1, \quad g_2 > 0 \qquad (11.79\text{c})$$

■

(11.78), (11.79) 式の推定法を図 11.22 に描画した．同図 (a) の外装 I-D 形実現は逆 D 因子を利用した実現となっているが，同図 (b) の外装 I-S 形実現は逆 D 因子に代わって積分器 $1/s$ を利用した実現となっている．描画に際しては，図 11.15 との整合性を考慮し，固定子電圧信号としては電圧真値に代わって電圧指令値を利用した．また，鏡相磁束推定値 $\hat{\phi}_{mr}$ に対して (11.61) 式の回転子位相推定値決定法を施し，回転子位相推定値 $\hat{\theta}_\gamma$ を出力するようにした．両実現における位相決定器がこれを担っている．

同様に，(11.60) 式の $\gamma\delta$ 一般座標系上の鏡相磁束推定法のための全極形 D 因子フィルタとして，(11.52) 式を第 11.5.3 項で与えた条件とともに用いると，1 次鏡相磁束

11.5 磁束推定を介した回転子位相推定

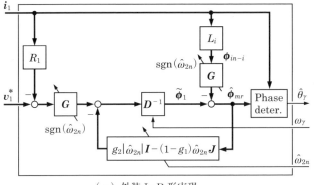

（a）外装 I-D 形実現

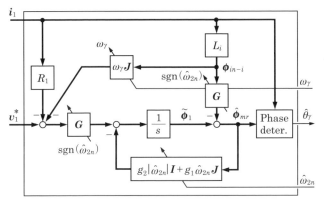

（b）外装 I-S 形実現

図 11.22 $\gamma\delta$ 準同期座標系上の 1 次鏡相磁束推定法（外装 I 形実現）

推定法の $\gamma\delta$ 準同期座標系上の実現として，外装 II-D 形実現，外装 II-S 形実現をおのおの次のように得る。

【$\gamma\delta$ 準同期座標系上の 1 次鏡相磁束推定法（外装 II-D 形実現）】

$$\left.\begin{array}{l}\boldsymbol{D}(s,\omega_\gamma)\tilde{\boldsymbol{\phi}}'_1 = \boldsymbol{v}_1 - R_1\boldsymbol{i}_1 - [g_2|\hat{\omega}_{2n}|\boldsymbol{I} - (1-g_1)\hat{\omega}_{2n}\boldsymbol{J}]\hat{\boldsymbol{\phi}}'_{mr} \\ \hat{\boldsymbol{\phi}}'_{mr} = \tilde{\boldsymbol{\phi}}'_1 - \boldsymbol{\phi}_{in-i} \\ \hat{\boldsymbol{\phi}}_{mr} = \boldsymbol{G}\hat{\boldsymbol{\phi}}'_{mr}\end{array}\right\} \quad (11.80\text{a})$$

$$\boldsymbol{\phi}_{in-i} = L_i\boldsymbol{i}_1 \tag{11.80b}$$

$$\boldsymbol{G} = g_1\boldsymbol{I} - \text{sgn}(\hat{\omega}_{2n})g_2\boldsymbol{J} \quad ; 0 \leq g_1 \leq 1, \quad g_2 > 0 \tag{11.80c}$$

∎

第11章 同期リラクタンスモータ

【$\gamma\delta$ 準同期座標系上の1次鏡相磁束推定法（外装II-S形実現）】

$$\left.\begin{aligned} s\tilde{\phi}'_1 &= v_1 - R_1 i_1 - \omega_\gamma J \phi_{in} - [g_2|\hat{\omega}_{2n}|I + g_1\hat{\omega}_{2n}J]\hat{\phi}'_{mr} \\ \hat{\phi}'_{mr} &= \tilde{\phi}'_1 - \phi_{in-i} \\ \hat{\phi}_{mr} &= G\hat{\phi}'_{mr} \end{aligned}\right\} \quad (11.81a)$$

$$\phi_{in-i} = L_i i_1 \quad (11.81b)$$

$$G = g_1 I - \text{sgn}(\hat{\omega}_{2n})g_2 J \quad ; 0 \le g_1 \le 1, \quad g_2 > 0 \quad (11.81c)$$

■

(11.80), (11.81) 式の推定法を図 11.23 に描画した。外装II-D形実現と外装II-S形実現との実現相違は，フィルタゲイン G の配置を除けば，外装I-D形実現と外装I-S形実現との実現相違と同一である。

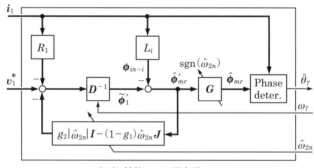

（a）外装II-D形実現

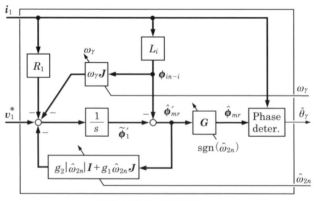

（b）外装II-S形実現

図 11.23 $\gamma\delta$ 準同期座標系上の1次鏡相磁束推定法（外装II形実現）

11.5.5 数値実験
A. 実験システムの概要
　以上説明した磁束推定法の原理的妥当性の検証と，これを用いたセンサレスベクトル制御系の基本性能の把握とを目的に，数値実験を行った。磁束推定法を実装した位相速度推定器は，$\alpha\beta$ 固定座標系上，$\gamma\delta$ 準同期座標系上のいずれでも可能である。本項では，磁束推定法としては鏡相磁束推定法を採用し，これを $\gamma\delta$ 準同期座標系上の位相速度推定器に適用した実験結果を示す。

　実験システムの構成は，図 11.14 と同様である。若干の相違は，供試 SynRM に負荷装置を連結して所要の外乱負荷を印加できるようにした点にある。供試 SynRM の特性を表 11.1 に示した。本 SynRM は，文献 23)，24) で使用されたものと基本的に同一である。d 軸，q 軸インダクタンスの大小関係から理解されるように，dq 同期座標系としては，順突極位相を d 軸位相とする伝統的なものを採用した。

B. 設計パラメータの概要
　位相速度推定器の構成は，図 11.15 のとおりである。第 1 構成部である位相偏差推定器は，(11.78) 式に従って実現した。すなわち，図 11.22(a) の外装 I-D 形実現を利用した。なお，フィルタゲイン G は，簡単な $g_1 = 1$，$g_2 = 1$ を採用した。

　位相速度推定器の第 2 構成部である位相同期器に関しては，(11.44) 式に基づき構成した（図 11.5 参照）。速度推定値と最終位相推定値を得るためのローパスフィルタ $F_C(s)$ は，次のように設計した。

$$F_C(s) = \frac{F_N(s)}{F_D(s)} = \frac{f_{d,1}s + f_{d,0}}{s^2 + f_{d,1}s + f_{d,0}} \tag{11.82a}$$

上式に対応した位相制御器 $C(s)$ は，次の 1 次となる。

$$C(s) = \frac{f_{d,1}s + f_{d,0}}{s} \tag{11.82b}$$

フィルタ $F_C(s)$ および位相制御器 $C(s)$ の係数は，フィルタ帯域幅（PLL 帯域幅と等価）

表 11.1　供試 SynRM の特性

R_1	0.42 〔Ω〕	定格トルク	7.2 〔Nm〕
L_d	0.047 〔H〕	定格速度	140 〔rad/s〕
L_q	0.013 〔H〕	定格電流	7.6 〔A, rms〕
N_p	3	慣性モーメント J_m	0.00416 〔kg m^2〕
定格出力	1 〔kW〕	粘性摩擦係数 D_m	0.00042 〔Nm s/rad〕

の目標値を ω_{PLLc} とし,次の設計ルールに従い定めた [2), 3)]。

$$f_{d,1} = \omega_{PLLc}, \quad f_{d,0} = 0.25\omega_{PLLc}^2 \tag{11.83}$$

具体的には,$\omega_{PLLc} = 150$ [rad/s],$f_{d,1} = 150$, $f_{d,0} = 5\,625$ とした [2), 3)]。

　電流制御系の電流制御器は PI 制御器とし,制御器係数は,制御周期 100 [μs] を想定し,帯域幅 2 000 [rad/s] が得られるよう設計した [1)]。指令変換器は,簡単のため,(11.40) 式に従い実現した。この際,常時一定の d 軸電流指令値は,$i_d^* = 6$ [A] とした。

　速度制御器は PI 制御器とし,制御器係数は,速度制御系帯域幅 50 [rad/s] が得られるように設計した [1)]。

C. 一定速度指令値に対する定常応答
(a) 高速応答特性

　定格力行負荷のもとで,140 [rad/s] の定格速度指令値を与えた場合の定常特性を,図 11.24 に示した。同図では,上から回転子位相真値 θ_α,同推定値 $\hat{\theta}_\alpha$,位相誤差の 100 倍値 $100(\hat{\theta}_\alpha - \theta_\alpha)$,α 軸電流 i_α を示している。時間軸は,0.02 [s/div] である。同図では,重複を避けるべく,2 個の位相信号を意図的に 1 [rad] 相当シフトして描画している。

　図 11.24 より明白なように,位相誤差の 100 倍値 $100(\hat{\theta}_\alpha - \theta_\alpha)$ でさえ誤差を視認できないほど,回転子位相推定値は同位相真値と良好な一致を示している。この結果,電流も良好な応答を示している。なお,速度が正しく制御されていることは確認している。

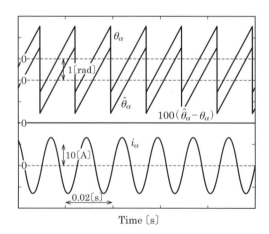

図 11.24 定格力行負荷での速度 140 [rad/s] における定常応答

(b) 低速応答特性

前項と同様の数値実験を,定格速度の1/14に相当する10〔rad/s〕の速度指令値で実施した。実験結果を図11.25に示す。波形の意味は図11.24の場合と同一である。ただし,時間軸は,10倍スケールの0.2〔s/div〕へ変更している。回転子位相推定値を含む全信号は,低速駆動といえども,図11.24の高速駆動の場合と同様に,良好な応答を示している。なお,この場合にも,速度が正しく制御されていることは確認している。

D. 可変速度指令値に対する追従応答

供試SynRMを無負荷とし,高加速度の可変速度指令値に対する追従性を調べた。このための可変速度指令値として,加速度±500〔rad/s^2〕,速度10~140〔rad/s〕の台形状速度指令値を用意した。「本加速度は,センサレス駆動用としては十分に高い」ことを指摘しておく。

実験結果を図11.26に示す。波形の意味は,上から,速度指令値ω_{2m}^*,速度応答真値ω_{2m},速度推定値$\hat{\omega}_{2m}$,速度指令値と速度応答真値との偏差$\omega_{2m}-\omega_{2m}^*$,速度指令値と速度応答推定値との偏差$\hat{\omega}_{2m}-\omega_{2m}^*$である。時間軸は,0.5〔s/div〕である。

速度応答真値が速度指令値に高い追従性を発揮していることが確認される。また,2つの速度偏差の高い類似性より,速度推定値が速度真値を適切に推定していることも確認される。

なお,位相偏差推定器に直相磁束推定法,矩相磁束推定法を実装した場合にも,図

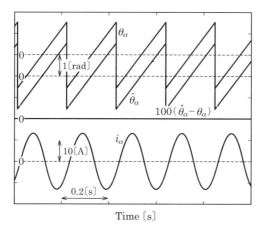

図11.25 定格力行負荷での速度10〔rad/s〕における定常応答

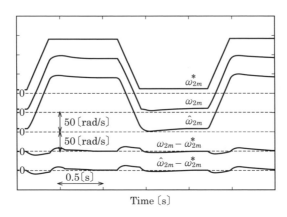

図 11.26 加速度 ±500 [rad/s^2] をもつ速度指令値に対する無負荷追従特性

11.24〜11.26と同様の性能を確認している．位相偏差推定器に直相磁束推定法を実装した場合の応答は，文献7)に示されている．

11.6　擬似誘起電圧推定を介した位相推定

11.6.1　誘起電圧推定のためのD因子フィルタ

　PMSMの代表的な位相推定法の1つに，誘起電圧（逆起電力，速度起電力，back EMF）あるいは拡張誘起電圧（extended back EMF）を「外乱オブザーバ」と呼ばれる推定器により推定し，これに含まれる位相情報を抽出する方法がある．文献2)などで紹介されている「D因子外乱オブザーバ」は，元来の外乱オブザーバを次の2点において，体系化・一般化したものである．

(a) 元来の外乱オブザーバは，固定座標系上の二相信号のみ，あるいはγδ準同期座標系の二相信号のみを対象にした．これに代わって，D因子外乱オブザーバは，両者を包含するγδ一般座標系の二相信号が扱えるように体系化されている．

(b) 元来の外乱オブザーバに使用した外乱フィルタは1次に限定されていた．これに代わって，D因子外乱オブザーバで使用する外乱フィルタは，任意次数を採用しうるように一般化されている．

　D因子外乱オブザーバは，外乱フィルタとしてD因子フィルタを用い，誘起電圧（または拡張誘起電圧）相当値を処理し，誘起電圧（または拡張誘起電圧）推定値を生成するものである[2)]．D因子外乱オブザーバでは，外乱フィルタとしてのD因子フィ

11.6 擬似誘起電圧推定を介した位相推定

ルタが特に重要な役割を演ずる[2]。既報のD因子フィルタをさらに体系化・一般化した，誘起電圧，拡張誘起電圧，擬似誘起電圧などの推定のための全極形D因子フィルタとして，本書では，次を提案する．

【誘起電圧推定のための全極形D因子フィルタ】

$$\tilde{F}(D(s, \omega_\gamma - (1-g_1)\omega_{2n})) = A^{-1}(D(s, \omega_\gamma - (1-g_1)\omega_{2n}))\tilde{G} \tag{11.84}$$

または，

$$\tilde{F}(D(s, \omega_\gamma - (1-g_1)\omega_{2n})) = \tilde{G} A^{-1}(D(s, \omega_\gamma - (1-g_1)\omega_{2n})) \tag{11.85}$$

ただし，

$$\begin{aligned}A(D&(s, \omega_\gamma - (1-g_1)\omega_{2n})) \\ &= D^n(s, \omega_\gamma - (1-g_1)\omega_{2n}) + a_{n-1}D^{n-1}(s, \omega_\gamma - (1-g_1)\omega_{2n}) + \cdots \\ &\quad + a_1 D(s, \omega_\gamma - (1-g_1)\omega_{2n}) + a_0 I\end{aligned} \tag{11.86}$$

$$\tilde{G} = \omega_{2n} J G = \tilde{g}_{re} I + \tilde{g}_{im} J \tag{11.87}$$

$$\tilde{g}_{re} = -\omega_{2n} g_{im} = a_0 - a_2(g_1\omega_{2n})^2 + a_4(g_1\omega_{2n})^4 - a_6(g_1\omega_{2n})^6 + \cdots \tag{11.88a}$$

$$\tilde{g}_{im} = \omega_{2n} g_{re} = a_1(g_1\omega_{2n}) - a_3(g_1\omega_{2n})^3 + a_5(g_1\omega_{2n})^5 - a_7(g_1\omega_{2n})^7 + \cdots \tag{11.88b}$$

$$0 \leq g_1 \leq 1 \tag{11.88c}$$

■

(11.46)〜(11.50)式に示した磁束推定のための全極形D因子フィルタ $F(D)$ と上の誘起電圧推定のための全極形D因子フィルタ $\tilde{F}(D)$ との相違は，(11.87)式の関係をもつ2×2フィルタゲイン G, $\tilde{G}$ にあるに過ぎない．両全極形D因子フィルタにおける周波数シフト係数 g_1, D因子多項式 $A(D)$ は同一である．ひいては，D因子多項式 $A(D)$ に用いたスカラ実係数 a_i も同一である．すなわち，スカラ実係数 a_i は，(11.45)式のフルビッツ多項式 $A(s)$ の実係数として定義されたものが使用されている．

(11.84)〜(11.88)式の全極形D因子フィルタ $\tilde{F}(D)$ において，特に，周波数シフト係数 g_1 を $g_1 = 0$ と選定する場合には，フィルタゲイン $\tilde{G}$ は $\tilde{G} = a_0 I$ と簡略化され，ひいては本D因子フィルタは次に帰着される．

【誘起電圧推定のための簡略形D因子フィルタ】

$$\begin{aligned}\tilde{F}(D(s, \omega_\gamma - \omega_{2n})) &= A^{-1}(D(s, \omega_\gamma - \omega_{2n}))a_0 \\ &= a_0 A^{-1}(D(s, \omega_\gamma - \omega_{2n}))\end{aligned} \tag{11.89}$$

$$\begin{aligned}A(D(s, \omega_\gamma - \omega_{2n})) &= D^n(s, \omega_\gamma - \omega_{2n}) + a_{n-1}D^{n-1}(s, \omega_\gamma - \omega_{2n}) + \cdots \\ &\quad + a_1 D(s, \omega_\gamma - \omega_{2n}) + a_0 I\end{aligned} \tag{11.90}$$

■

(11.89),(11.90) 式の簡略形 D 因子フィルタは，新中により 2006 年に提案され，文献 2) で紹介された D 因子外乱オブザーバのための外乱フィルタにほかならない。

(11.84)～(11.88) 式の全極形 D 因子フィルタ $\tilde{F}(D)$ において，特に，フィルタ次数 n を $n=1$ とする場合には，同フィルタは次式となる。

【誘起電圧推定のための 1 次全極形 D 因子フィルタ】

$$\tilde{F}(D(s,\omega_\gamma-(1-g_1)\omega_{2n})) = [D(s,\omega_\gamma-(1-g_1)\omega_{2n})+a_0\bm{I}]^{-1}\tilde{\bm{G}} \tag{11.91}$$

または，

$$\tilde{F}(D(s,\omega_\gamma-(1-g_1)\omega_{2n})) = \tilde{\bm{G}}[D(s,\omega_\gamma-(1-g_1)\omega_{2n})+a_0\bm{I}]^{-1} \tag{11.92}$$

ただし，

$$\tilde{\bm{G}} = \tilde{g}_{re}\bm{I}+\tilde{g}_{im}\bm{J} = a_0\bm{I}+g_1\omega_{2n}\bm{J} \tag{11.93}$$

$$0 \leq g_1 \leq 1 \tag{11.94}$$

■

11.6.2　一般化誘起電圧推定法を用いた位相推定

A.　回転子位相推定法

(11.84)～(11.88) 式の誘起電圧推定用全極形 D 因子フィルタを用いた一般化誘起電圧推定法を説明する。推定すべき誘起電圧などの相当値を $\tilde{e}$ と表現するならば，本書提案の $\gamma\delta$ 一般座標系上の一般化誘起電圧推定法は，次式で与えられる。

$$\hat{\tilde{e}} = \tilde{F}(D(s,\omega_\gamma-(1-g_1)\hat{\omega}_{2n}))\tilde{e} \tag{11.95}$$

推定すべき擬似誘起電圧に関し，(11.95) 式右辺の相当値を得るべく，(11.34)，(11.35) 式に示した擬似誘起電圧形回路方程式を，形式を整え，次に再記する。

【擬似誘起電圧形回路方程式】

$$\begin{aligned}\bm{v}_1 &= R_1\bm{i}_1+2\omega_{2n}L_m\bm{J}\,\bm{i}_1+\bm{D}(s,\omega_\gamma)[L_q\bm{i}_1]+\tilde{\bm{e}}_u \\ &= [[R_1\bm{I}+2\omega_{2n}L_m\bm{J}]+\bm{D}(s,\omega_\gamma)L_q]\,\bm{i}_1+\tilde{\bm{e}}_u\end{aligned} \tag{11.96a}$$

$$\tilde{\bm{e}}_u = 2L_m((si_d)+\omega_{2n}i_q)\bm{u}(\theta_\gamma) \tag{11.96b}$$

または，

$$\begin{aligned}\bm{v}_1 &= R_1\bm{i}_1-2\omega_{2n}L_m\bm{J}\,\bm{i}_1+\bm{D}(s,\omega_\gamma)[L_d\bm{i}_1]+\tilde{\bm{e}}_j \\ &= [[R_1\bm{I}-2\omega_{2n}L_m\bm{J}]+\bm{D}(s,\omega_\gamma)L_d]\,\bm{i}_1+\tilde{\bm{e}}_j\end{aligned} \tag{11.97a}$$

$$\tilde{\bm{e}}_j = 2L_m(\omega_{2n}i_d-(si_q))\bm{J}\bm{u}(\theta_\gamma) \tag{11.97b}$$

■

(11.96), (11.97) 式において, 回転子位相情報は, 単位ベクトル $u(\theta_\gamma)$ に含まれている。ひいては, 単位ベクトル $u(\theta_\gamma)$ を比例的に有する直相形擬似誘起電圧 $\tilde{e}_u$ または矩相形擬似誘起電圧 $\tilde{e}_j$ を推定できれば, 回転子位相 θ_γ を推定できる。

(11.96), (11.97) 式における $\gamma\delta$ 一般座標系上の直相形, 矩相形の擬似誘起電圧は, 誘起電圧推定のための全極形 D 因子フィルタを用い, 次のように推定される。

【直相形擬似誘起電圧推定法と回転子位相推定値決定法】

$$\hat{\tilde{e}}_u = \tilde{F}(D(s,\omega_\gamma-(1-g_1)\hat{\omega}_{2n}))\left[v_1-[R_1I+2\hat{\omega}_{2n}L_mJ]i_1-D(s,\omega_\gamma)[L_qi_1]\right] \quad (11.98)$$

$$\hat{\theta}_\gamma = \tan^{-1}\left(\frac{\hat{\tilde{e}}_{u\delta}}{\hat{\tilde{e}}_{u\gamma}}\right) \quad (11.99)$$

【矩相形擬似誘起電圧推定法と回転子位相推定値決定法】

$$\hat{\tilde{e}}_j = \tilde{F}(D(s,\omega_\gamma-(1-g_1)\hat{\omega}_{2n}))\left[v_1-[R_1I-2\hat{\omega}_{2n}L_mJ]i_1-D(s,\omega_\gamma)[L_di_1]\right] \quad (11.100)$$

$$\hat{\theta}_\gamma = \tan^{-1}\left(-\frac{\hat{\tilde{e}}_{j\gamma}}{\hat{\tilde{e}}_{j\delta}}\right) = -\tan^{-1}\left(\frac{\hat{\tilde{e}}_{j\gamma}}{\hat{\tilde{e}}_{j\delta}}\right) \quad (11.101)$$

■

上記 2 種の擬似誘起電圧推定法, 回転子位相推定値決定法は, $\alpha\beta$ 固定座標系, $\gamma\delta$ 準同期座標系を特別な場合として包含する $\gamma\delta$ 一般座標系の上で構築されている。(11.99), (11.101) 式の脚符 γ, δ は, 直相形擬似誘起電圧推定値 $\hat{\tilde{e}}_u$, 矩相形擬似誘起電圧推定値 $\hat{\tilde{e}}_j$ の γ 軸要素, δ 軸要素を意味している。

(11.98) 式の直相形擬似誘起電圧推定法に, (11.84), (11.85) 式の n 次全極形 D 因子フィルタを用いた場合の直相形擬似誘起電圧推定の様子を図 11.27 に概略的に示し

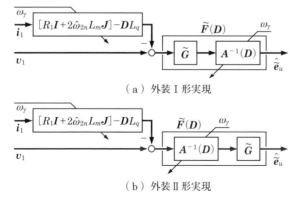

(a) 外装 I 形実現

(b) 外装 II 形実現

図 11.27 $\gamma\delta$ 一般座標系上の n 次直相形擬似誘起電圧推定法

た．同図 (a)，(b) が，おのおの外装 I 形実現，外装 II 形実現となっている．(11.100)
式の矩相形擬似誘起電圧推定法の実現も同様である．

(11.98) 式の直相形擬似誘起電圧推定法に，(11.91)，(11.92) 式 1 次全極形 D 因子フィルタを用いた場合の直相形擬似誘起電圧推定の様子を，フィルタ実現とともに，図 11.28 に示した．(11.100) 式の矩相形擬似誘起電圧推定法の実現は，これと同様である．

$\gamma\delta$ 一般座標系上の 1 次直相形擬似誘起電圧推定法の $\alpha\beta$ 固定座標系上の実現，$\gamma\delta$ 準同期座標系の実現は，おのおの，$\gamma\delta$ 一般座標系上の 1 次鏡相磁束推定法の $\alpha\beta$ 固定座標系上の実現，$\gamma\delta$ 準同期座標系の実現と同様である．すなわち，1 次鏡相磁束推定法に実現における図 11.19 に対する図 11.20〜11.23 の関係と同様にして，1 次直相形擬似誘起電圧推定法の $\gamma\delta$ 一般座標系上の実現から，この $\alpha\beta$ 固定座標系上の実現，$\gamma\delta$ 準同期座標系の実現をただちに得ることができる．

同様に，1 次矩相形擬似誘起電圧推定法の $\gamma\delta$ 一般座標系上の実現から，$\alpha\beta$ 固定座標系上の実現，$\gamma\delta$ 準同期座標系の実現をただちに得ることができる．この同様性，

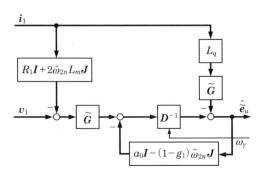

（a）外装 I 形実現

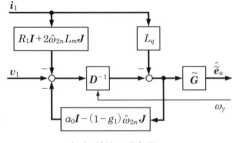

（b）外装 II 形実現

図 11.28　$\gamma\delta$ 一般座標系上の 1 次直相擬似誘起電圧推定法

直接性を考慮し，1次直相形，1次矩相形の擬似誘起電圧推定法の$\alpha\beta$固定座標系上の実現，$\gamma\delta$準同期座標系の実現の描画は省略する。

B. 推定対象擬似誘起電圧の選定

推定対象の擬似誘起電圧としては，直相形擬似誘起電圧 $\tilde{e}_u$，矩相形擬似誘起電圧 $\tilde{e}_j$ の2種が存在する。いずれを推定対象とすればよいのであろうか。擬似誘起電圧の推定においては，擬似誘起電圧自体がS/N的に十分な振幅を有する必要がある。

上記認識のもと，(11.96b)，(11.97b)式を再考するならば，「十分なd軸電流が確保できる場合の推定対象としては矩相形擬似誘起電圧が適当であり，代わって，十分なq軸電流が確保できる場合の推定対象としては直相形擬似誘起電圧が適当である」といえる。一方で，SynRMの電流制御では，発生トルクの大小のいかんにかかわらず，最低限の励磁電流を確保する必要がある（図11.10参照）。また，現実的には磁気飽和も考慮する必要がある。これより，推定対象たる擬似誘起電圧の選定方針として次を得る。

【擬似誘起電圧の選定方針】
(a) しかるべきレベル以上で常時通電する励磁電流をd軸電流とする場合には，推定対象として矩相形擬似誘起電圧 $\tilde{e}_j$ が好ましい。代わって，しかるべきレベル以上で常時通電する励磁電流をq軸電流とする場合には，推定対象として直相形擬似誘起電圧 $\tilde{e}_u$ が好ましい。
(b) 励磁電流を順突極側の軸電流に選定する場合には（図11.10, 11.31参照），逆突極側の擬似誘起電圧が推定対象として好ましい。
(c) 擬似誘起電圧推定には，同相インダクタンス L_m に加え，q軸，d軸インダクタンス L_q, L_d のいずれかが必要とされる。変化の少ないインダクタンスを利用する擬似誘起電圧推定が好ましい。

11.7 磁気飽和を考慮した効率駆動

11.7.1 総論

SynRMに関する前節までの説明では，固定子磁束（固定子鎖交磁束，固定子反作用磁束）と固定子電流は線形関係にあるものとした。すなわち，d軸，q軸インダクタンス，あるいは同相，鏡相インダクタンスは一定とした。しかし，実際のSynRMでは，程度の差こそあれ，磁気飽和が存在し，固定子磁束と固定子電流の関係は非線

形であり，固定子インダクタンスは固定子電流に応じて変化する．磁気飽和の程度が弱い場合には（あるいは領域では），前節までの結論を無修正で利用すればよい．磁気飽和の程度が強い場合には（あるいは領域では），これを考慮して前節までの結論を修正する必要がある．

磁気飽和への考慮は，数学モデルにおいては，固定子インダクタンスを固定子電流の関数として再記述することによりなされる．また，ベクトルシミュレータにおいては，固定子電流を固定子磁束の関数として再記述することによりなされる．電流制御器を中核とするベクトル制御系においては，磁気飽和を考慮する場合にも，実質的な変更はない．電流制御器のゲイン設計は，磁気飽和が特別強くない限り，インダクタンスの公称値を利用して設計できる．

センサレスベクトル制御系における中核推定部分である位相速度推定器においては，注意が必要である．より具体的には，$\alpha\beta$固定座標系上の位相速度推定器における位相推定器，$\gamma\delta$準同期座標系上の位相速度推定器における位相偏差推定器の構成に，注意を要する．鏡相磁束，直相磁束，矩相磁束の推定を介し回転子位相を推定する場合には，おのおの同相インダクタンスL_i，q軸インダクタンスL_q，d軸インダクタンスL_dを固定子電流に応じて可変する必要がある．直相形，矩相形の擬似誘起電圧推定を介し回転子位相を推定する場合には，鏡相インダクタンスL_mに加え，おのおのq軸インダクタンスL_q，d軸インダクタンスL_dを固定子電流に応じて可変する必要がある．

磁気飽和への考慮が必要な場合，センサ利用，センサレスの両ベクトル制御系において共通して変更が求められるのが，指令変換器である（図11.9，11.12，11.14参照）．SynRMにおいては，(11.4)，(11.12)式のトルク発生式が示しているように，固定子電流と発生トルクの関係は非線形であり，同一トルクを種々の固定子電流で発生することができる．磁気飽和の考慮を要しないSynRMにおいては，最小電流（最小銅損，minimum copper loss）をもたらすd軸，q軸電流は，dq同期座標系上の±45度勾配の直線軌跡上に存在する．すなわち，順突極の場合，指令変換器を(11.41)式に従い構成すれば，最小電流の電流制御が達成される．

これに対し，磁気飽和の考慮を要するSynRMにおいては，最小電流軌跡（最小銅損軌跡）は電流増加に応じて逆突極位相寄り（順突極位相をd軸位相とする場合にはq軸寄り，逆突極位相をd軸位相とする場合にはd軸寄り）の曲線軌跡となることが実験的に確認されている[17)-27)]．ところが，上記の実験的知見を裏づけるための解析，特に「磁気飽和のいかなる特性が最小電流軌跡にいかなる影響を与えるか」といった解析に関しては，ほとんどなされていないようである[17)-27)]．本節では，この

11.7.2 最小電流軌跡の一般解

所要トルクを発生する固定子電流の中から最小銅損をもたらす電流の決定問題は，一定の指定トルク $\tau/N_p = c_\tau$ を発生しかつ固定子電流2乗ノルム $\|\boldsymbol{i}_1\|^2$ を最小化する固定子電流 $\boldsymbol{i}_1$ を決定するという拘束条件付き最適化問題として捉えることができる。この観点より，(11.12)式のトルク発生式を考慮の上，ラグランジュ乗数 λ と指定トルク（一定）c_τ とを有する次のようなラグランジアンを構成する。

$$\begin{aligned}L(\boldsymbol{i}_1, \lambda) &= \|\boldsymbol{i}_1\|^2 + \lambda\left(\frac{\tau}{N_p} - c_\tau\right) \\ &= \|\boldsymbol{i}_1\|^2 + \lambda(2L_m i_d i_q - c_\tau)\end{aligned} \tag{11.102}$$

(11.102)式における鏡相インダクタンス L_m は，磁気飽和が存在する場合にはd軸，q軸電流の関数となり，厳密には $L_m(i_d, i_q)$ と表現される。上式の両辺を固定子電流で偏微分してゼロとおくと次式を得る。

$$\left.\begin{aligned}\frac{\partial}{\partial i_d}L(\boldsymbol{i}_1, \lambda) &= 2i_d + 2\lambda\left(L_m i_q + \frac{\partial L_m}{\partial i_d}i_d i_q\right) = 0 \\ \frac{\partial}{\partial i_q}L(\boldsymbol{i}_1, \lambda) &= 2i_q + 2\lambda\left(L_m i_d + \frac{\partial L_m}{\partial i_q}i_d i_q\right) = 0\end{aligned}\right\} \tag{11.103}$$

上式より，ラグランジュ乗数 λ を消去すると，目指す最小電流軌跡の一般解である次式を得る。

$$\left(\frac{i_q}{i_d}\right)^2 = \frac{L_m + \dfrac{\partial L_m}{\partial i_q}i_q}{L_m + \dfrac{\partial L_m}{\partial i_d}i_d} \tag{11.104}$$

(11.104)式は，磁気飽和により鏡相インダクタンスが変化しても，次の(11.105)式に示した対称条件が成立する場合には，

$$L_m(i_d, i_q) = L_m(i_q, i_d) \tag{11.105}$$

最小電流軌跡は，磁気飽和のない場合の $\pm 45°$ 勾配の直線軌跡となることを意味している（(11.41)式と実質等価）。

11.7.3 最小電流軌跡の近似解例

最小電流軌跡を具体的に記述するには，同相インダクタンス L_m を具体的に関数表

現する必要がある．ここでは，簡単のため，「正のある限定範囲 $0\sim i_m$ における固定子電流による磁気飽和に起因し，鏡相インダクタンスが次の指数関数で近似表現される」ものと仮定する．

$$L_m = L_{m0}\exp(-\alpha_d i_d^n - \alpha_q i_q^n) \quad ; 0 \leq i_d \leq i_m, \quad 0 \leq i_q \leq i_m \quad (11.106\text{a})$$

ただし，$L_{m0}, \alpha_d, \alpha_q$ は定数である．順突極位相を d 軸位相とする dq 同期座標系においては，固定子電流の正のある限定範囲 $0\sim i_m$ においては，次の関係が成立している（(11.10a) 式参照）[17)-27)]．

$$\alpha_d > \alpha_q \quad (11.106\text{b})$$

(11.106) 式に関しては，次式が成立する．

$$\left.\begin{array}{l} L_m + \dfrac{\partial L_m}{\partial i_d}i_d = L_m(1-n\alpha_d i_d^n) \\ L_m + \dfrac{\partial L_m}{\partial i_q}i_q = L_m(1-n\alpha_q i_q^n) \end{array}\right\} \quad (11.107)$$

(11.107) 式を (11.104) 式に用いると，次の最小電流軌跡を得る．

$$\left(\frac{i_q}{i_d}\right)^2 = \frac{1-n\alpha_q i_q^n}{1-n\alpha_d i_d^n} \quad (11.108)$$

(11.108) 式は，特に $n=2$ とする場合には，次式に書き換えることができる．

$$i_q = \frac{i_d}{\sqrt{1-2\alpha_m i_d^2}} \quad (11.109\text{a})$$

$$\alpha_m \equiv \alpha_d - \alpha_q > 0 \quad (11.109\text{b})$$

(11.109) 式は，(11.105) 式と同様に，磁気飽和に起因して鏡相インダクタンスが変化する場合にも，$\alpha_d \neq \alpha_q$ を与える非対称な磁気飽和に限り，最小電流軌跡は曲線軌跡を描くことを示している．

(11.109) 式において，$\alpha_m = \alpha_d - \alpha_q = 0.003$ とした場合の最小電流軌跡を図 11.29 に示した．本軌跡の q 軸寄り特性は，文献 17)～27) などで実験的に確認された最小電流の軌跡特性と同様であり，ひいては解析の妥当性を裏づけるものである．

11.7.4 磁気飽和特性の同定

本項では，SynRM における非線形な磁気飽和特性の同定問題を考える．具体的には，(11.1) 式の回路方程式において，固定子電流 i_1 に対する固定子磁束 ϕ_1，あるいは固定子電流 i_1 に対するインダクタンス L_i, L_m または L_d, L_q を同定することを考える．

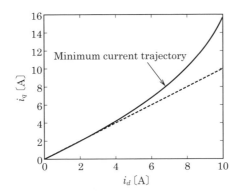

図 11.29 磁気飽和のある場合の解析的最小電流軌跡例

dq 同期座標系においては，固定子磁束 ϕ_1 は，一般に，固定子電流 i_1 を用いて次のように記述される。

$$\phi_1 = \begin{bmatrix} \phi_{1d} \\ \phi_{1q} \end{bmatrix} = \begin{bmatrix} L_d(i_d, i_q)i_d \\ L_q(i_d, i_q)i_q \end{bmatrix} \tag{11.110}$$

上式より理解されるように，固定子電流 i_1 に対する固定子磁束 ϕ_1 を同定できれば，固定子電流 i_1 に対するインダクタンス L_i, L_m または L_d, L_q を同定できる。

SymRM の駆動時での固定子磁束 ϕ_1 の同定を考える。この準備として，(11.1) 式の回路方程式を，固定子磁束 ϕ_1 に着目し，次のように書き改める。

$$\boldsymbol{D}(s, \omega_\gamma)\phi_1 = \boldsymbol{v}_1 - R_1\boldsymbol{i}_1 \tag{11.111}$$

駆動時における (11.111) 式左辺の固定子磁束 ϕ_1 の同定には，第 11.5.2 項で説明した一般化磁束推定法を利用すればよい。換言するならば，SymRM の駆動時に，同式右辺の信号を (11.46)〜(11.50) 式の全極形 D 因子フィルタで処理すれば，駆動時での固定子磁束の同定値を得ることができる。これは，次のように記述される。

【$\gamma\delta$ 一般座標系上の固定子磁束同定法】

$$\begin{aligned}\hat{\phi}_1 &= \boldsymbol{F}(\boldsymbol{D}(s, \omega_\gamma - (1-g_1)\omega_{2n}))\,[\boldsymbol{v}_1 - R_1\boldsymbol{i}_1] \\ &\approx \boldsymbol{F}(\boldsymbol{D}(s, \omega_\gamma - (1-g_1)\omega_{2n}))\,[\boldsymbol{v}_1^* - R_1\boldsymbol{i}_1]\end{aligned} \tag{11.112}$$

∎

dq 同期座標系上では，座標系速度に関し $\omega_\gamma = \omega_{2n}$ が成立するので，固定子磁束同定法は次の簡単なものとなる。

【dq 同期座標系上の固定子磁束同定法】

$$\begin{aligned}\hat{\phi}_1 &= F(D(s, g_1\omega_{2n}))\,[v_1 - R_1 i_1] \\ &\approx F(D(s, g_1\omega_{2n}))\,[v_1^* - R_1 i_1]\end{aligned} \quad (11.113)$$

■

駆動時の固定子磁束同定のための，dq 同期座標系上での固定子磁束同定系の構成例を図 11.30 に示した．供試 SynRM には負荷装置が連結され，供試 SynRM の速度は負荷装置により制御されている．供試 SynRM には，エンコーダに代表される位置・速度センサが装着され，これより回転子の位相と速度の真値を得ている．供試 SynRM に対しベクトル制御系が構成されており，固定子電流は dq 同期座標系上の電流指令値に追従すべく制御されている．固定子電流制御のための電流制御器の係数は，公称値などの粗いモータパラメータを利用し設計するものとしている．

磁束同定器 (flux identifier) には，(11.113) 式の固定子磁束同定法が実装されている．実装には，図 11.18，11.19，11.22 に示した実現を条件 $\omega_\gamma = \omega_{2n}$，$\hat{\omega}_{2n} = \omega_{2n}$，$L_i = 0$ で活用すればよい．なお，同図では，電圧，電流，磁束に対し，これらが定義された座標系を明示すべく，脚符 r (dq 同期座標系)，s ($\alpha\beta$ 固定座標系)，t (uvw 座標系) を付している．磁束同定器に使用する固定子電圧としては，本例では，簡単のため (11.113) 式第 2 式に従い，電圧指令値を利用している．同定精度の向上には，一般に，(11.113) 式第 1 式に従い，電圧真値を利用するのがよい．

図 11.30 の固定子磁束同定系によれば，固定子電流指令値によって指定された固定子電流に対する固定子磁束同定値を得ることができる．これら信号を (11.110) 式に用いれば，d 軸インダクタンス $L_d(i_d, i_q)$，q 軸インダクタンス $L_q(i_d, i_q)$ の同定値を得ることができる．

図 11.30 の固定子磁束同定系による同定上の特色は，次のように整理される．

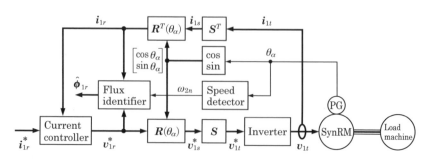

図 11.30　dq 同期座標系上での固定子磁束同定系

11.7 磁気飽和を考慮した効率駆動

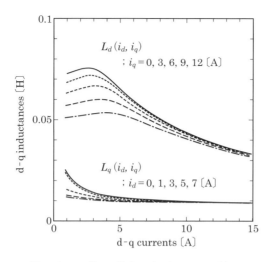

図11.31　d軸, q軸インダクタンスの1例

(a) SynRM の回転状態での同定値を得ることができる。
(b) 同定値は, 電力変換器(インバータ, inverter)の特性を反映したものとなる。すなわち, 同定値は SynRM 単体のものと必ずしも同一ではない。
(c) SynRM の駆動制御に必要なインダクタンス値は, 回転状態でしかも電力変換器の特性を反映したものである。第11.4～第11.6節で解説したセンサレスベクトル制御では, こうした同定値が特に必要である。センサレス駆動装置と同一特性の装置を利用して得た同定値は, 同センサレス駆動に最良の値を提供する。

本書では, 上記特性を踏まえ,「測定」に代わって,「同定」という用語を用いている。なお, SynRM 停止時での d 軸, q 軸インダクタンスの測定法に関しては, 文献36), 37) に提示がある。

d 軸, q 軸インダクタンスの1例を, 文献19), 36), 37) を参考に, 図11.31 に概略的に示した。同図の横軸は, d 軸インダクタンスに関しては d 軸電流を, q 軸インダクタンスに関しては q 軸電流を意味する。同図より理解されるように, 両軸のインダクタンスは, 自軸電流の影響を強く受けると同時に, 他軸電流の影響も受ける。電流に応じたインダクタンスの低下は磁気飽和を意味する。また, 他軸電流によるインダクタンスの低下および磁気飽和は, 軸間磁束干渉を意味する。

11.7.5　磁気飽和特性の関数近似

磁気飽和のある場合, 固定子電流と固定子磁束の関係は非線形となる。図11.29 の例

のように，最小電流軌跡における d 軸電流と q 軸電流の関係も非線形となる。第 11.1 節の「背景」で説明したように，本非線形関係は，数学モデル上，ベクトルシミュレータ（ベクトルブロック線図）上，さらに解析上は，関数で近似表現すると都合がよい。

固定子電流と固定子磁束の非線形関係を，次式のように非線形関数 $f(x)$ で近似する試みはすでにいくつか報告されている。

$$y = f(x) \tag{11.114}$$

上式においては，「2変数 x, y は非線形関係にある」としている。たとえば，文献 2) では，PMSM の静止位相推定に関連して，多項式による近似を提示している（注 9.5 参照）。多項式近似による場合，概して，多項式の次数が大きくなり，ひいては次数に応じた多数の係数が必要とされる。本書では，少数の係数で近似可能な関数近似を提示する。

A. 有理関数による近似

文献 2) は，次式のように，「電流 x に対するインダクタンス y の非線形関係を，1次有理関数で近似表現する」ことを提案している。

$$y = \frac{b_1|x| + b_0}{|x| + a} \tag{11.115}$$

(11.115) 式を参考に，「2変数 x, y（たとえば，x：電流，y：磁束）の間の非線形関係は次の形式の2次有理関数 $f(x)$ で近似できる」と仮定する。

$$y = f(x) = \frac{x(b_1|x| + b_0)}{|x| + a} \tag{11.116}$$

(11.116) 式の有理関数 $f(x)$ は，次の特徴を有する。

(a) $\quad f(0) = 0 \tag{11.117a}$

(b) $\quad \dfrac{d}{dx}f(x)\bigg|_{x=0} = \dfrac{b_0}{a} \tag{11.117b}$

(c) $\quad \dfrac{d}{dx}f(x)\bigg|_{x=\infty} = b_1 \tag{11.117c}$

(a) 最小二乗法による係数決定

2変数 x, y に関する多くの実験データが入手可能であれば，最小二乗法などを用いて，(11.116) 式の3係数 a, b_0, b_1 を決定することができる。最小二乗法を用いた3係数 a, b_0, b_1 決定のための原式は，(11.116) 式より，次のように構成される。

$$yx = -ay + b_0 x + b_1 x^2 = \begin{bmatrix} -y & x & x^2 \end{bmatrix} \begin{bmatrix} a \\ b_0 \\ b_1 \end{bmatrix} \quad ; x \geq 0 \tag{11.118}$$

(b) 3拘束条件による係数決定

(11.116)式の3係数 a, b_0, b_1 の決定には，少なくとも3個の拘束条件を必要とする。ここでは，最少の3拘束条件により3係数 a, b_0, b_1 を決定することを考える。3拘束条件の有力候補の1つは次のものである。

(a) $\quad \dfrac{b_0}{a} = \dot{f}(0)$ \hfill (11.119a)

(b) $\quad y_1 = f(x_1) \quad ; x_1 > 0$ \hfill (11.119b)

(c) $\quad y_2 = f(x_2) \quad ; x_2 > 0$ \hfill (11.119c)

(11.119a)式は，(11.117b)式と同一すなわち原点 $x=0$ での微分特性を反映したものであり，(11.119b)，(11.119c)式は，磁気飽和の特性を反映したものである。実際的には，(11.119b)式は磁気飽和特性の偏曲点近傍の特性を，(11.119c)式は，磁気飽和特性が十分に進んだ動作領域の特性を選定するようにすればよい。

(11.118)式に(11.119a)式の関係 $a = b_0/\dot{f}(0)$ を用いると，(11.118)式は次のように展開される。

$$yx = b_0\left(x - \frac{y}{\dot{f}(0)}\right) + b_1 x^2 \tag{11.120}$$

(11.120)式より，ただちに次の関係を得る。

$$\begin{bmatrix} y_1 x_1 \\ y_2 x_2 \end{bmatrix} = \begin{bmatrix} x_1 - \dfrac{y_1}{\dot{f}(0)} & x_1^2 \\ x_2 - \dfrac{y_2}{\dot{f}(0)} & x_2^2 \end{bmatrix} \begin{bmatrix} b_0 \\ b_1 \end{bmatrix} \tag{11.121}$$

(11.121)式より，係数 b_0, b_1 は次のように特定される。

$$\begin{bmatrix} b_0 \\ b_1 \end{bmatrix} = \frac{1}{\Delta} \begin{bmatrix} x_1 x_2 (y_1 x_2 - y_2 x_1) \\ x_1 x_2 (y_2 - y_1) - \dfrac{y_1 y_2 (x_2 - x_1)}{\dot{f}(0)} \end{bmatrix} \tag{11.122a}$$

$$\Delta = x_1 x_2 (x_2 - x_1) + \frac{(y_2 x_1^2 - y_1 x_2^2)}{\dot{f}(0)} \tag{11.122b}$$

係数 a は，(11.119a)式の関係 $a = b_0/\dot{f}(0)$ よりただちに特定される。

B. 正接関数による近似

「2変数 x, y（たとえば，x：磁束，y：電流）の間の非線形関係は次の形式の正接関数 $f(x)$ で近似できる」と仮定する。

$$y = f(x) = a \tan bx \tag{11.123}$$

(11.123)式の正接関数は，次の特徴を有する．

(a)　　$f(0) = 0$ （11.124a）

(b)　　$\left. \dfrac{d}{dx} f(x) \right|_{x=0} = ab$ （11.124b）

係数の決定

(11.123)式の2係数 a, b の決定には，少なくとも2個の拘束条件を必要とする．固定子磁束とこれに対応した固定子電流のデータが入手可能であれば，最小二乗法的な手法で2係数 a, b を決定することができる．ここでは，最少の2個の拘束条件から，2係数 a, b を決定することを考える．

まず，(11.124b) 式より次の条件を得る．

$$ab = \dot{f}(0) \tag{11.125a}$$

次に偏曲点以上の値より，次の拘束条件を得る．

$$y_1 = a \tan x_1 b \quad ; y_1 > \dot{f}(0) x_1 \tag{11.125b}$$

(11.125a), (11.125b) 式の連立により，次の非線形方程式を得る．

$$\left(\dfrac{y_1}{\dot{f}(0)} \right) b = \tan x_1 b \quad ; y_1 > \dot{f}(0) x_1 \tag{11.126}$$

ニュートン・ラプソン法などで，(11.126)式を b に関し求解すれば，係数 b を特定できる．特定した係数 b を (11.125a) 式に用いれば，係数 a を特定できる．

2係数の正接関数による近似は，3係数の有理関数近似に比較し，近似領域は限定される．正接関数による近似の長所は，関数が単純であり，決定すべき係数が少ない点にある．

(**注 11.1**)　磁気飽和特性の近似関数としては，多項式関数，有理関数，正接関数のほかに，2変数の対数関数を使用した例がある．この詳細は，文献26), 27) を参照して欲しい．

11.8　鉄損を考慮した効率駆動

11.8.1　総　論

SynRM に関する前節までの説明では，SynRM の磁気回路は鉄損を発生しないとした．しかし，実際の SynRM では，程度の差こそあれ，鉄損を発生する．鉄損の主

要素であるヒステリシス損(hysteresis loss),渦電流損(eddy current loss)は,おのおの絶対周波数,二乗周波数に比例する特性をもつ.したがって,ある速度を超えると,鉄損が総合損失を支配する.高速回転を基本とするSynRMにおいては,鉄損への考慮は欠かせない.

第11.2,第11.3節で示したように,鉄損考慮を要しないSynRMの数学モデル,ベクトルシミュレータ,電流制御系の構成,電流制御器の設計は,鉄損考慮を要しないPMSMのそれらに対して,「回転子磁束強度のゼロ設定」すなわち$\Phi=0$の条件を付与することにより,ただちに得られた.同様に,鉄損考慮を要するSynRMの数学モデル,ベクトルシミュレータ,電流制御系の構成,電流制御器の設計は,鉄損考慮を要するPMSMのそれらに対し,$\Phi=0$の条件を付与することにより,ただちに得られる.鉄損考慮を要するPMSMのベクトル制御系と鉄損考慮を要するSynRMのベクトル制御系との実質的な相違は,換言するならば別途検討を要する相違は,指令変換器にある.

本節では,鉄損考慮を要するSynRMに関し,数学モデル,ベクトルシミュレータ,ベクトル制御系を概説した上で,ベクトル制御系の特色的機器である指令変換器を詳説する.

11.8.2 SynRMの数学モデルとベクトルシミュレータ
A. 数学モデル

鉄損考慮を要するSynRMの$\gamma\delta$一般座標系上の数学モデルは,文献1)で詳説の鉄損考慮を要するPMSMの$\gamma\delta$一般座標系上の数学モデルに対し,回転子磁束強度がゼロすなわち$\Phi=0$の条件を付与することにより,次のように得られる.

【$\gamma\delta$一般座標系上の数学モデル】
回路方程式(第1基本式)

$$\boldsymbol{v}_1 = (R_1+R_c)\boldsymbol{i}_1 - R_c\boldsymbol{i}_L \tag{11.127}$$

$$\boldsymbol{v}_1 = R_1\boldsymbol{i}_L + \left(\frac{R_1+R_c}{R_c}\right)\boldsymbol{D}(s,\omega_\gamma)\boldsymbol{\phi}_1 \tag{11.128a}$$

$$\boldsymbol{\phi}_1 = [L_i\boldsymbol{I} + L_m\boldsymbol{Q}(\theta_\gamma)]\boldsymbol{i}_L \tag{11.128b}$$

トルク発生式(第2基本式)

$$\begin{aligned}\tau &= N_p\boldsymbol{i}_L^T\boldsymbol{J}\boldsymbol{\phi}_1 \\ &= N_pL_m\boldsymbol{i}_L^T\boldsymbol{J}\boldsymbol{Q}(\theta_\gamma)\boldsymbol{i}_L\end{aligned} \tag{11.129}$$

エネルギー伝達式（第3基本式）

$$\begin{aligned}\boldsymbol{i}_1^T\boldsymbol{v}_1 &= R_1\|\boldsymbol{i}_1\|^2 + R_c\|\boldsymbol{i}_1-\boldsymbol{i}_L\|^2 + \frac{s}{2}(\boldsymbol{i}_L^T\boldsymbol{\phi}_1) + \omega_{2m}\tau \\ &= R_1\|\boldsymbol{i}_1\|^2 + R_c\|\boldsymbol{i}_1-\boldsymbol{i}_L\|^2 + \frac{s}{2}\Big(L_i\|\boldsymbol{i}_L\|^2 + L_m(\boldsymbol{i}_L^T\boldsymbol{Q}(\theta_\gamma)\boldsymbol{i}_L)\Big) + \omega_{2m}\tau \end{aligned} \tag{11.130}$$

■

dq同期座標系上の数学モデルは，上の数学モデルに対しdq同期座標系の条件（$\omega_\gamma = \omega_{2n}, \theta_\gamma = 0$）を付与することにより，次のように得られる。

【dq同期座標系上の数学モデル】

回路方程式（第1基本式）

$$\boldsymbol{v}_1 = (R_1+R_c)\boldsymbol{i}_1 - R_c\boldsymbol{i}_L \tag{11.131}$$

$$\boldsymbol{v}_1 = R_1\boldsymbol{i}_L + \left(\frac{R_1+R_c}{R_c}\right)\boldsymbol{D}(s,\omega_{2n})\boldsymbol{\phi}_1 \tag{11.132a}$$

$$\boldsymbol{\phi}_1 = [L_d i_{Ld} \quad L_q i_{Lq}]^T \tag{11.132b}$$

トルク発生式（第2基本式）

$$\tau = 2N_p L_m i_{Ld} i_{Lq} \tag{11.133}$$

エネルギー伝達式（第3基本式）

$$\boldsymbol{i}_1^T\boldsymbol{v}_1 = R_1\|\boldsymbol{i}_1\|^2 + R_c\|\boldsymbol{i}_1-\boldsymbol{i}_L\|^2 + \frac{s}{2}(L_d i_{Ld}^2 + L_q i_{Lq}^2) + \omega_{2m}\tau \tag{11.134}$$

■

数学モデルにおける2×1ベクトル$\boldsymbol{v}_1, \boldsymbol{i}_1, \boldsymbol{i}_L$は，それぞれ固定子電圧，固定子電流，固定子負荷電流であり，R_cは等価鉄損抵抗である。(11.130), (11.134)式のエネルギー伝達式における右辺第1, 第2項が，おのおの銅損，鉄損を表現している。銅損と鉄損の和が総合損失となる。

定常状態では，固定子電流$\boldsymbol{i}_1$と固定子負荷電流$\boldsymbol{i}_L$の間には，次の関係が成立する（詳細は文献1）参照）。

$$\boldsymbol{i}_1 = \boldsymbol{i}_L + \frac{\boldsymbol{D}(0,\omega_{2n})\boldsymbol{\phi}_1}{R_c} = \begin{bmatrix} 1 & \dfrac{-\omega_{2n}L_q}{R_c} \\ \dfrac{\omega_{2n}L_d}{R_c} & 1 \end{bmatrix}\boldsymbol{i}_L \tag{11.135}$$

上式は，「一定速度ω_{2n}の定常状態のもとでは，固定子電流$\boldsymbol{i}_1$と固定子負荷電流$\boldsymbol{i}_L$は1対1の線形関係にある」ことを意味している。

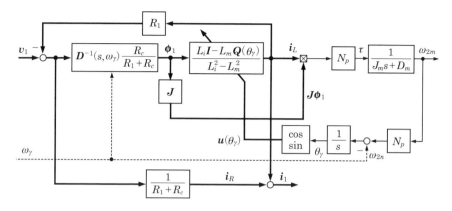

図 11.32 鉄損を有する SynRM の $\gamma\delta$ 一般座標系上のベクトルブロック線図

B. ベクトルシミュレータ

鉄損考慮を要する SynRM の $\gamma\delta$ 一般座標系上のベクトルシミュレータすなわちベクトルブロック線図は，対応の PMSM のそれより，図 11.32 のように得られる（詳細は文献 1) 参照）。

11.8.3 ベクトル制御系

鉄損考慮を要する SynRM のセンサ利用ベクトル制御系は，対応の PMSM ベクトル制御系のそれより，図 11.33, 11.34 のように得られる（詳細は文献 1) 参照）。図 11.33 は，同図 (b) に示した電圧形負荷電流発生器を用いたベクトル制御系を示している。一方，図 11.34 は，同図 (b) または (c) の電圧形電流指令器を用いたベクトル制御系を示している。なお，センサレスベクトル制御系の構成には，位相速度推定器の構成上，図 11.33 の構造が都合がよい[4]。

図 11.33, 11.34 の両ベクトル制御系，さらにはこれらをセンサレス化したベクトル制御系に共通して必要な機器の 1 つが，トルク指令値より負荷電流指令値生成を担っている指令変換器である。

11.8.4 指令変換器
A. 総合損失の評価

指令変換器は dq 同期座標系上で構成されている（図 11.33, 11.34 参照）。銅損，鉄損は，エネルギー伝達式・(11.134) 式の右辺第 1, 第 2 項により，おのおの表現され

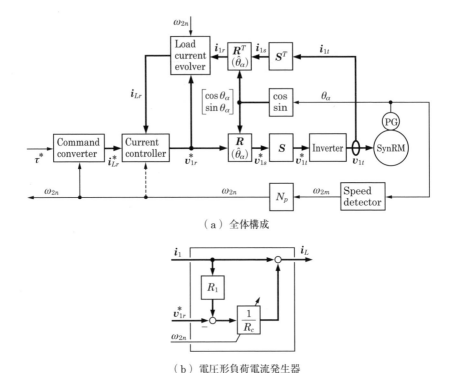

図 11.33 鉄損を有する SynRM のベクトル制御系

ている。両損失の和である総合損失 p_w は，定常状態では，次式の右辺のように評価される[1]。

$$p_w = R_1 \|\boldsymbol{i_1}\|^2 + R_c \|\boldsymbol{i_1} - \boldsymbol{i_L}\|^2 = R_1 \|\boldsymbol{i_1}\|^2 + K_c \|\boldsymbol{\phi_1}\|^2 \tag{11.136a}$$

ただし，

$$K_c \equiv \frac{\omega_{2n}^2}{R_c} \tag{11.136b}$$

このとき，(11.136a) 式の銅損を支配する固定子電流ノルムは，(11.135) 式を用いると次のように評価される[1]。

$$\|\boldsymbol{i_1}\|^2 = \left(i_{Ld} - \frac{\omega_{2n} L_q}{R_c} i_{Lq}\right)^2 + \left(i_{Lq} + \frac{\omega_{2n} L_d}{R_c} i_{Ld}\right)^2 \tag{11.137a}$$

一方，(11.136a) 式の鉄損を支配する固定子磁束ノルムは，(11.132b) 式より，次のように評価される。

11.8 鉄損を考慮した効率駆動

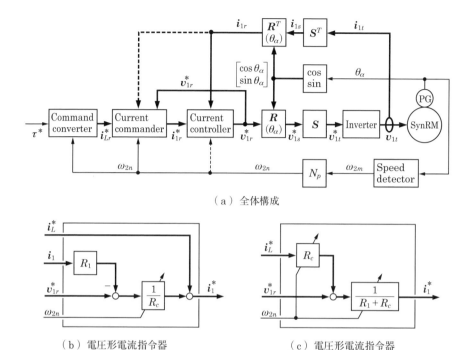

(a) 全体構成

(b) 電圧形電流指令器

(c) 電圧形電流指令器

図 11.34 鉄損を有する SynRM のベクトル制御系

$$\|\phi_1\|^2 = (L_d i_{Ld})^2 + (L_q i_{Lq})^2 \tag{11.137b}$$

(11.136) 式に (11.137) 式を用いると，(11.222) 式の総合損失 p_w は，固定子負荷電流 i_L のみを用いた次の表現に改められる。

$$p_w = R_d i_{Ld}^2 + R_q i_{Lq}^2 + R_{dq} i_{Ld} i_{Lq} \tag{11.138a}$$

ただし，

$$\left.\begin{array}{l} R_d \equiv R_1 + K_c' L_d^2 \\ R_q \equiv R_1 + K_c' L_q^2 \\ R_{dq} \equiv \dfrac{4\omega_{2n} L_m}{R_c} \end{array}\right\} \tag{11.138b}$$

$$K_c' \equiv K_c\left(1 + \frac{R_1}{R_c}\right) \tag{11.138c}$$

なお，$\omega_{2n} = 0$ あるいは $R_c = \infty$ なる鉄損の発生しない状況下では，K_c, K_c' はともにゼロとなる。

B. 最適電流軌跡

 所要トルクを発生する固定子負荷電流の中から最小総合損失をもたらす電流の決定問題は，一定の指定トルク τ を発生しかつ総合損失 p_w を最小化する固定子負荷電流 i_L を決定するという拘束条件付き最適化問題として捉えることができる．この種の最適化問題に関しては，次の定理，系が成立する[4]．

【定理 11.10（最小損失定理）】

 交流モータのトルク τ は，固定子電流を構成する d 軸電流 i_{1d} と q 軸電流 i_{1q} の積に比例して次の (11.139) 式のように発生されるものとする．

$$\tau = K_{dq} i_{1d} i_{1q} \tag{11.139}$$

また，モータの電磁気的損失 p_w は，上記 2 電流の 2 次形式として次の (11.140) 式のように記述されるものとする．

$$\begin{aligned}p_w &= \begin{bmatrix} i_{1d} & i_{1q} \end{bmatrix} \begin{bmatrix} R_d & \dfrac{R_{dq}}{2} \\ \dfrac{R_{dq}}{2} & R_q \end{bmatrix} \begin{bmatrix} i_{1d} \\ i_{1q} \end{bmatrix} \\ &= R_d i_{1d}^2 + R_q i_{1q}^2 + R_{dq} i_{1d} i_{1q}\end{aligned} \tag{11.140}$$

(11.139)，(11.140) 式における K_{dq}, R_d R_q R_{dq} はモータ依存して決まる一定の係数である．

 モータが一定の指定トルクを発生した上で，電磁気的損失を最小化するための必要十分条件は，d 軸電流と q 軸電流の各単独による損失がバランスすること，すなわち次式が成立することである．

$$R_d i_{1d}^2 = R_q i_{1q}^2 \tag{11.141}$$

【系 11.8-1】

 一定の指定トルク τ が最小の電磁気的損失で発生される場合の損失 p_w は，次の (11.142) 式で与えられる．

$$p_w = \frac{2\,\mathrm{sgn}(\tau)\sqrt{R_d R_q} + R_{dq}}{K_{dq}} \tau \tag{11.142}$$

【系 11.8-2】

 一定の指定トルク τ が最小の電磁気的損失で発生される場合の d 軸電流 i_{1d} と q 軸電流 i_{1q} は，次の (11.143) 式で与えられる．

$$\left.\begin{array}{l} i_{1d} = \dfrac{1}{\sqrt{K_{dq}}} \left(\dfrac{R_q}{R_d} \right)^{1/4} \sqrt{|\tau|} \\[2mm] i_{1q} = \dfrac{\mathrm{sgn}(\tau)}{\sqrt{K_{dq}}} \left(\dfrac{R_d}{R_q} \right)^{1/4} \sqrt{|\tau|} \end{array}\right\} \tag{11.143}$$

本定理は，新中により，1998年に，誘導モータの効率駆動に関連して構築されたものである。定理の証明はすでに文献4)に詳説されているので，本書での説明は省略する。

(11.141)式は，損失を最小化するための軌跡を示している。すなわち，最小損失軌跡は，次の一定の電流比をもつ直線状となる。

$$\dfrac{i_{1q}}{i_{1d}} = \pm \sqrt{\dfrac{R_d}{R_q}} \tag{11.144}$$

図11.35に直線状の最小損失軌跡を例示した。

鉄損考慮を要するSynRMのトルク発生式である(11.133)式は，定理11.10の(11.139)式と同一形式である。また，鉄損考慮を要するSynRMの総合損失を記述した(11.138a)式は，定理11.10の(11.140)式と同一形式である。本形式同一性は，「定理11.10は，鉄損考慮を要するSynRMの最適駆動問題にただちに適用される」ことを意味する。

鉄損考慮を要するSynRMの数式と定理11.10の数式との対応を(11.144)に施すと，鉄損考慮を要するSynRMのための最小総合損失を与える最適電流軌跡として，次の

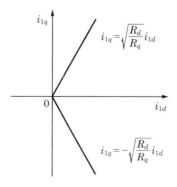

図11.35 最小損失軌跡の例

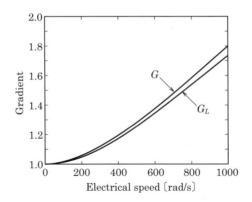

図 11.36 最適直線軌跡の勾配例

直線軌跡をただちに得る。

$$i_{Lq} = G_L\, i_{Ld}, \qquad G_L = \pm\sqrt{\frac{R_1 + K'_c L_d^2}{R_1 + K'_c L_q^2}} \tag{11.145}$$

直線軌跡の勾配は速度 ω_{2n} の関数であり，速度に応じて変化することになる．固定子負荷電流 i_L を用いた (11.145) 式の最適電流軌跡は，(11.135) 式の関係を利用すると，固定子電流 i_1 を用いた次の最適電流軌跡に変換される（極性同順）．

$$i_q = G\, i_d, \qquad G = \frac{\pm R_c G_L + \omega_{2n} L_d}{R_c \mp \omega_{2n} L_q G_L} \tag{11.146}$$

直線軌跡を与える (11.145)，(11.146) 式の勾配 G_L，G は，$\omega_{2n}=0$ あるいは $R_c=\infty$ なる鉄損の発生しない状況下では，ともに $G_L = G = \pm 1$ となる．

最小総合損失のための (11.145)，(11.146) 式の最適電流軌跡の勾配 G_L，G の 1 例を，次の (11.147) 式のモータパラメータを用い，正回転・力行を条件に，図 11.36 に描画した．

$$\left.\begin{array}{ll} R_1 = 0.933\;[\Omega], & R_c = 2000\;[\Omega] \\ L_d = 0.07\;[\mathrm{H}], & L_q = 0.02\;[\mathrm{H}] \end{array}\right\} \tag{11.147}$$

同図より，最適電流軌跡は，速度向上につれ，$\omega_{2n}=0$ での勾配 1 の直線から，より勾配の大きい q 軸寄り直線となることが確認される．本勾配特性は，実験的に得られた特性と合致するものである[17)-27)]．

C. 指令変換器の構成

系 11.8-2 を活用すならば，鉄損考慮を要する SynRM を効率駆動するための指令変

換器をただちに構築できる。たとえば順突極位相を d 軸位相とする場合には，すなわち $L_m > 0$ の場合には，指令変換器は次のように構成すればよい。

$$\left.\begin{aligned} i_{Ld}^* &= \left(\frac{R_q}{R_d}\right)^{1/4} \frac{\sqrt{|\tau^*|}}{\sqrt{2N_p L_m}} \\ i_{Lq}^* &= \mathrm{sgn}(\tau^*)\left(\frac{R_d}{R_q}\right)^{1/4} \frac{\sqrt{|\tau^*|}}{\sqrt{2N_p L_m}} \end{aligned}\right\} \tag{11.148}$$

(11.41) 式と (11.148) 式との比較より，「SynRM のベクトル制御系における効率駆動用指令変換器の構成において鉄損考慮の必要がある場合には，応速ゲイン $(R_q/R_d)^{\pm 1/4}$ を単に追加するのみでよい」ことがわかる。

参考文献

第 1 章

1) 新中新二:"1 次制御対象に対する高次制御器の構造と設計（内部モデル制御器の新構造と新設計）", 電気学会論文誌 D, Vol.125, No.1, pp.115-116 (2005-1)
2) 新中新二:"システム設計のための基礎制御工学", ISBN 978-4-339-03197-3, コロナ社 (2009-3)
3) 新中新二:"永久磁石同期モータのベクトル制御技術, 上巻（原理から最先端まで）", ISBN 978-4-88554-972-4, 電波新聞社 (2008-12)
4) 須田信英:"PID 制御", ISBN 4-254-20966-5, 朝倉書店 (1992-7)
5) 真鍋舜治:"係数図表による 2 慣性共振系制御器の設計", 電気学会論文誌 D, Vol.118, No.1, pp.58-66 (1998-1)

第 2 章

1) 新中新二:"永久磁石同期モータのベクトル制御技術, 上巻（原理から最先端まで）", ISBN 978-4-88554-972—4, 電波新聞社 (2008-12)
2) 新中新二:"永久磁石同期モータの制御（センサレスベクトル制御技術）", ISBN 978-4-501-11640-8, 東京電機大学出版局 (2013-9)
3) IEEE Guide Test Procedures for Synchronous Machines, IEEE Std. 115-1995 (1995-8)

第 3 章

1) 福本哲也・渡邊幸恵・浜根洋人・林洋一:"三相 PWM インバータの直流電流検出による交流電流演算の一手法", 電気学会論文誌 D, Vol.127, No.2, pp.181-188 (2007-2).
2) 金丸就吾・野口季彦:"インバータの直流バス電流を用いた三相交流復元法とそれに適したパルス幅変調法", 平成 20 電気学会産業応用部門大会講演論文集, Vol.1, pp.101-104 (2008-8).
3) 青柳滋久・岩路善尚・戸張和明・坂本潔:"直流母線からの三相交流電流再現における PWM パルス修正法の提案", 電気学会論文誌 D, Vol.130, No.4, pp.401-406 (2010-4)
4) 海田英俊:"電力変換器制御方式", 公開特許公報, 特開平 10-225199 号 (1997-2-6)
5) 酒井慶次郎・奥山俊昭:"インバータの制御方法および装置", 特許第 3611492 号 (1999-11-12)
6) 藤本覚:"3 相交流電動機の制御装置", 特許第 4168730 号 (2002-11-5)

7) 橋本栄一郎・比田一："モータ制御装置"，特許第4956123号（2006-9-28）
8) 新中新二・石塚拓未："交流モータのための未検出電流の動的復元による三相交流電流制御法"，電気学会論文誌D，Vol.135, No.10, pp.982-992（2015-10）
9) 新中新二："交流電動機の駆動制御装置"，特許第6241807号（2014-2-12）
10) 新中新二："交流モータのための擬似電流偏差を用いた三相交流電流制御法"，電気学会論文誌D，Vol.134, No.9, pp.821-832（2014-9）
11) 石塚拓未・新中新二："交流モータ電流制御のための擬似電流偏差法の実機実験による有用性評価"，電気学会論文誌D，Vol.135, No.8, pp.882-883（2015-8）
12) 新中新二："永久磁石同期モータのベクトル制御技術，上巻（原理から最先端まで）"，ISBN 978-4-88554-972-4, 電波新聞社（2008-12）
13) 新中新二："三相システムのためのD因子ベクトルコントローラの提案"，電気学会論文誌D，Vol.122, No.12, pp.1121-1128（2002-12）
14) 新中新二："誘導モータのベクトル制御技術"，ISBN 978-4-501-11710-8, 東京電機大学出版局（2015-4）
15) 新中新二："永久磁石同期モータの制御（センサレスベクトル制御技術）"，ISBN 978-4-501-11640-8, 東京電機大学出版局（2013-9）
16) 新中新二："三相信号処理のための可変特性多変数フィルタの提案（ベクトル回転器同伴フィルタ効果の簡易発生）"，電気学会論文誌D，Vol.121, No.2, pp.253-260（2001-2）
17) 新中新二："可変特性D因子システム（その存在性，実現性，安定性）"，電気学会論文誌D，Vol.122, No.6, pp.591-600（2002-6）
18) 新中新二："単相交流信号の基本波成分推定のためのD因子フィルタを用いた周波数追従形推定法"，電気学会論文誌D，Vol.129, No.2, pp.191-200（2009-2）

第4章

1) 新中新二："永久磁石同期モータのベクトル制御技術，上巻（原理から最先端まで）"，ISBN 978-4-88554-972-4, 電波新聞社（2008-12）
2) 新中新二："永久磁石同期モータのベクトル制御技術，下巻（センサレス駆動制御の真髄）"，ISBN 978-4-88554-973-1, 電波新聞社（2008-12）
3) S.Morimoto, M.Sanada, and Y.Takeda: "Sinusoidal Current Drive System of Permanent Magnet Synchronous Motor with Low Resolution Position Sensor", Proc. IEEE IAS Annu. Meeting, pp.9-13（1996-10）
4) 森本茂雄・西村成正・武田洋次："分解能の低いセンサのみを用いたPMモータの正弦波駆動"，電気学会論文誌D，Vol.118, No.1, pp.67-73（1998-1）.
5) F.G.Capponi, G.D.Donato, L.D.Ferraro, O.Honorati, M.C.Harke, and R.D.Lorenz: "AC Brushless Drive with Low-Resolution Hall-Effect Sensors for Surface-Mounted PM Machines", IEEE Trans. Ind. Appl. Vol.42, No.2, pp.526-535（2006-3）
6) A.Yoo, S.K.Sul, D.C.Lee, and C.S.Jun: "Novel Speed and Rotor Position Estimation Strategy Using a Dual Observer for Low-Resolution Position Sensors", IEEE Trans. Power Electron. Vol.24, No.12, pp.2897-2906（2009-12）

7) M.S.Huang, C.H.Chen, H.H.Chou, G.Z.Chen, and W.K.Tsai: "An Accurate Torque Control of Permanent Magnet Brushless Motor Using Low-Resolution Hall-Effect Sensors for Light Electric Vehicle Applications", Proc. IEEE Energy Conversion Congress and Exposition, pp.175-179 (2013-9)
8) S.Y.Kim, C.Choi, K. Lee, and W.Lee: "An Improved rotor Position Estimation With Vector-Tracking Observer in PMSM Drives with Low-Resolution Hall-Effect Sensors", IEEE Trans. Ind. Electro. Vol.58, No.9, pp.4078-4086 (2011-9)
9) T.D.Batzel and K.Y.Lee: "Slotless Permanent Magnet Synchronous Motor Operation without a High Resolution Rotor Angle Sensor", IEEE Trans. Energy Convers. Vol.15, No.4, pp.366-371 (2000-12)
10) A.Lidozzi, L.Solero, F.Crescimbini, and A.D.Napoli: "SVM PMSM Drive with Low Resolution Hall-Effect Sensors", IEEE Trans. Power Electron. Vol.22, No.1, pp.282-290 (2007-1)
11) S.Zaim. J.P.Martin, B.N.Mobarakeh, and F.M.Tabar: "High Performance Low Cost Control of a Permanent Magnet Wheel Motor Using a Hall Effect Position Sensor". Proc. IEEE Vehicle Power and Propulsion Conf. (2011-9)
12) 谷腰欣司:"ブラシレスモーターの実用技術（モーターの基礎からIC制御回路と定格速度まで）", ISBN 4-88554-797-0, 電波新聞社 (2005-9)
13) 新中新二:"粗分解能ホールセンサを用いた永久磁石同期モータの耐故障形ベクトル制御", 電気学会論文誌D, Vol.137, No.5, pp.414-426 (2017-5)
14) 新中新二:"粗分解能ホールセンサを用いた永久磁石同期モータの高追従形ベクトル制御", 電気学会論文誌D, Vol.137, No.9, pp.713-724 (2017-9)
15) 新中新二:"多相低分解能検出器信号を用いた位相速度推定装置", 公開特許公報, 特開2017-143716号 (2016-2-14)
16) 新中新二:"多相低分解能検出器信号を用いた位相速度推定装置", 公開特許公報, 特開2017-15338号 (2016-2-22)
17) 新中新二:"三相信号処理のための可変特性多変数フィルタの提案（ベクトル回転器同伴フィルタ効果の簡易発生）", 電気学会論文誌D, Vol.121, No.2, pp.253-260 (2001-2)
18) 新中新二:"単相交流信号の基本波成分推定のためのD因子フィルタを用いた周波数追従形推定法", 電気学会論文誌D, Vol.129, No.2, pp.191-200 (2009-2)
19) 新中新二:"永久磁石同期モータの制御（センサレスベクトル制御技術）", ISBN 978-4-501-11640-8, 東京電機大学出版局 (2013-9)
20) 新中新二:"システム設計のための基礎制御工学", ISBN 978-4-339-03197-3, コロナ社 (2009-3)
21) 新中新二:"突極形永久磁石同期モータセンサレス駆動のための速応楕円形高周波電圧印加法の提案（高周波電流相関信号を入力とする一般化積分形PLL法による位相推定）", 電気学会論文誌D, Vol.126, No.11, pp.1572-1584 (2006-11)
22) 新中新二:"永久磁石同期モータセンサレス駆動のための高周波積分形PLLを同伴した高周波電流相関法の汎用化", 電気学会論文誌D, Vol.130, No.7, pp.868-880 (2010-7)

第5章

1) 新中新二："永久磁石同期モータのベクトル制御技術，上巻（原理から最先端まで）"，ISBN 978-4-88554-972-4, 電波新聞社（2008-12）
2) 新中新二："永久磁石同期モータのベクトル制御技術，下巻（センサレス制御の真髄）"，ISBN 978-4-88554-973-1, 電波新聞社（2008-12）
3) 新中新二："永久磁石同期モータの制御（センサレスベクトル制御技術）"，ISBN 978-4-501-11640-8, 東京電機大学出版局（2013-9）
4) 戸張和明・坂本潔・前田大輔・遠藤常博："永久磁石同期モータの位置センサレス制御に適したトルク最大制御法"，平成18年電気学会産業応用部門大会講演論文集，Vol.1, pp.389-392（2006-8）
5) 新中新二："PMSMセンサレス駆動のためのモデルマッチング形位相推定法のパラメータ誤差起因・位相推定誤差に関する統一的解析と軌道指向形ベクトル制御法（拡張誘起電圧推定の場合）"，電気学会論文誌D, Vol.127, No.9, pp.962-972（2007-9）
6) 比田一・富樫仁夫・岸本圭司："最大トルク制御軸に基づく永久磁石同期モータの位置センサレスベクトル制御"，電気学会論文誌D, Vol.127, No.12, pp.1190-1196（2007-12）
7) 大沼巧・鄭浙化・道木慎二・大熊繁："拡張誘起電圧オブザーバのみで実現する最大トルク制御"，電気学会論文誌D, Vol.130, No.2, pp.158-165（2010-2）
8) 新中新二・佐野公亮："PMSMセンサレス駆動のためのモデルマッチング形位相推定法のパラメータ誤差起因・位相推定誤差に関する統一的解析と軌道指向形ベクトル制御法（回転子磁束推定・誘起電圧推定の場合）"，電気学会論文誌D, Vol.127, No.9, pp.950-961（2007-9）
9) 富樫仁夫・上山健司："任意の電流ベクトルにおける埋込磁石同期モータの最大トルク制御軸の推定法"，電気学会論文誌D, Vol.131, No.9, pp.1141-1148（2011-9）
10) 松本純・長谷川勝・松井景樹："最大トルク制御に適した磁束モデルの提案とこれに基づくIPMSMの位置センサレス制御"，電気学会論文誌D, Vol.132, No.1, pp.67-77（2012-1）
11) 新中新二・天野佑樹："PMSMの軌跡指向形ベクトル制御における最小銅損軌跡収斂条件の統一的解析"，電気学会論文誌D, Vol.132, No.4, pp.518-519（2012-4）
12) 天野佑樹・新中新二："永久磁石同期モータの高効率・広範囲センサレス駆動のための楕円軌跡指向形ベクトル制御"，電気学会論文誌D, Vol.134, No.8, pp.720-733（2014-8）
13) 新中新二："PMSMセンサレス駆動のための力率位相形ベクトル制御法（モータパラメータ変動に低感度な準最適センサレス駆動制御）"，電気学会論文誌D, Vol.127, No.10, pp.1070-1080（2007-10）
14) 山中建二・大西徳生："永久磁石同期電動機の位相追従同期形センサレス制御システム"，電気学会論文誌D, Vol.129, No.4, pp.432-437（2009-4）
15) 新中新二："センサレスPMSMの簡易効率駆動のための力率位相形ベクトル制御法（簡略化と電圧座標系への転換）"，電気学会論文誌D, Vol.130, No.2, pp.215-227（2010-2）
16) 新中新二："突極形永久磁石同期モータの高効率・広範囲運転のためのノルム指令形電流制御法"，電気学会論文誌D, Vol.125, No.3, pp.212-220（2005-3）
17) 原田翔太・新中新二："PMSMのセンサレス効率高速駆動のための自変力率位相形ベクトル制御"，電気学会論文誌D, Vol.136, No.11, pp.861-871　（2016-11）

18) 原田翔太・新中新二："PMSM のセンサレス効率高速駆動のための自変力率位相形ベクトル制御（電圧座標系上での構築）", 電気学会論文誌 D, Vol.137, No.4, pp.358-366（2017-4）

第 6 章

1) 新中新二："永久磁石同期モータのベクトル制御技術, 下巻（センサレス駆動制御の真髄）", ISBN 978-4-88554-973-1, 電波新聞社（2008-12）
2) 新中新二："永久磁石同期モータの制御（センサレスベクトル制御技術）", ISBN 978-4-501-11640-8, 東京電機大学出版局（2013-9）
3) 正木良三・金子悟・櫻井芳美・本部光幸："搬送波に同期した電圧重畳に基づく IPM モータの位置センサレス制御システム", 電気学会論文誌 D, Vo.122, No.1, pp.37-43（2002-2）
4) Y.D.Yoon, S.K.Sul, S.Morimoto, and K.Ide: "High-Bandwidth Sensorless Algorithm for AC Machines Based on Square-Wave-Type Voltage Injection", IEEE Trans Ind. Appl., Vol.47, No.3, pp.1361-1370（2011-5/6）
5) S.Murakami, T.Shiota, M.Ohta, and K.Ide: "Encoderless Servo Drive with Adequately Designed IPMSM for Pulse-Voltage-Injection-Based Position Detection", IEEE Trans Ind. Appl., Vol.48, No.6, pp.1922-1930（2012-11/12）
6) S.Kim, J.I.Ha, and S.K.Sul: "PWM Switching Frequency Signal Injection Sensorless Method in IPMSM", IEEE Trans Ind. Appl., Vol.48, No.5, pp.1576-1587（2012-9/10）
7) 伊藤正人・金原義彦："高周波電圧を用いた突極形 PM モータの直接推定法", 電気学会論文誌 D, Vol.131, No.6, pp.785-792（2011-6）
8) 金子大吾・岩路善尚・坂本潔・遠藤常博："IPM モータの停止時・初期位置推定方式, 電気学会論文誌 D, Vol.123, No.2, pp.140-148（2003-2）
9) 新中新二："直線形 PWM 搬送高周波電圧印加による永久磁石同期モータのセンサレスベクトル制御", 電気学会論文誌 D, Vol.134, No.6, pp.595-605（2014-6）
10) 細岡竜・新中新二："センサレス永久磁石同期モータのための直線形 PWM 搬送高周波電圧印加法の実機検証", 平成 26 年電気学会全国大会講演論文集, Vol.4, pp.166-167（2014-3）
11) R.Hosooka and S.Shinnaka: "Sensorless Vector Control of PMSM by New Carrier Frequency Voltage Injection Method", Proc. of 2015 International Future Energy Electronics Conference（2015-11）
12) 新中新二："真円形 PWM 搬送高周波電圧印加による永久磁石同期モータのセンサレスベクトル制御", 電気学会論文誌 D, Vol.134, No.6, pp.606-617（2014-6）
13) 細岡竜・新中新二："センサレス永久磁石同期モータのための真円形離散時間搬送高周波電圧印加法", 平成 27 年電気学会全国大会講演論文集, Vol.4, pp.62-63（2015-3）
14) 中村直人・新中新二："センサレス永久磁石同期モータのための離散時間搬送高周波電圧印加法", 平成 27 年電気学会全国大会講演論文集, Vol.4, pp.60-61（2015-3）
15) 中村直人・新中新二："離散時間搬送高周波電圧印加のための軸要素成分離法", 平成 27 年電気学会産業応用部門大会講演論文集, Vol.3, pp.329-330（2015-9）

16) R.Hosooka, S.Shinnaka and N.Nakamura: "New Sensorless Vector Control of PMSM by Discrete-Time Voltage Injection of PWM Carrier Frequency (Sine- and Cosine-form Amplitudes Extraction Method)", Proc. of 42nd Annual Conference of the IEEE Industrial Electronics Society (IECON 2016) (2016-10)
17) 細岡竜・新中新二・中村直人:"センサレス永久磁石同期モータのための離散時間搬送高周波電圧印加法", 電気学会論文誌 D, Vol.136, No.11, pp.837-850 (2016-11)
18) R.Hosooka S.Shinnaka and N.Nakamura: "New Sensorless Vector Control of PMSM by Discrete-Time Voltage Injection of PWM Carrier Frequency (Positive- and Negative-Phase Amplitudes Extraction Method)", Proc. of 32nd Annual IEEE Applied Power Electronics Conference and Exposition (APEC 2017) (2017-3)
19) 細岡竜・新中新二:"センサレス永久磁石同期モータのための高周波電流相関を用いた離散時間搬送高周波電圧印加法", 平成27年電気学会産業応用部門大会講演論文集, Vol.3, pp.255-258 (2015-9)
20) 細岡竜・中村直人・新中新二:"センサレス永久磁石同期モータのための正相逆相高周波電流相関を用いた離散時間搬送高周波電流電圧印加法", 平成29年電気学会産業応用部門大会講演論文集, Vol.3, pp.107-112 (2017-8)
21) R.Hosooka and S.Shinnaka: "New Sensorless Vector Control of PMSM by Discrete-Time Voltage Injection of PWM Carrier Frequency (High-Frequency Current Correlation Method)", Proc. of 2017 IEEE 12th International Conference Power Electronics and Drive Systems (PEDS 2017) (2017-12)
22) 細岡竜・中村直人・新中新二:"センサレス永久磁石同期モータのための正相逆相高周波電流相関を用いた離散時間搬送高周波電圧印加法", 電気学会論文誌 D, Vol.138, No.2, pp.150-163 (2018-2)
23) 新中新二:"永久磁石同期モータのベクトル制御技術, 上巻(原理から最先端まで)", ISBN 978-4-88554-972-4, 電波新聞社 (2008-12)

第7章
1) 新中新二:"永久磁石同期モータのベクトル制御技術, 上巻(原理から最先端まで)", ISBN 978-4-88554-972-4, 電波新聞社 (2008-12)
2) 新中新二:"永久磁石同期モータの制御(センサレスベクトル制御技術)", ISBN 978-4-501-11640-8, 東京電機大学出版局 (2013-9)
3) 新中新二・岸田英生:"誘起電圧歪みに起因した6次トルクリプルの準完全補償可能なPMSMのための簡易トルクセンサレストルク制御", 電気学会論文誌 D, Vol.131, No.8, pp.1068-1077 (2011-8)
4) 関野真吾・新中新二:"PMSMのための簡易高品質トルク制御, 誘起電圧歪みに起因したトルクリプルの補償", 電気学会論文誌 D, Vol.136, No.10, pp.819-828 (2016-10)
5) 半田秀斗・新中新二:"非正弦誘起電圧を持つ永久磁石同期モータのトルクセンサレストルク制御", 平成29年電気学会産業応用部門大会講演論文集, Vol.3, pp.333-336 (2017-8)
6) N.Matsui, N.Akao, and T.Wakino: "High-Precision Torque Control of Reluctance

Motors", IEEE Trans. Ind. Applicat., Vol.27, No.5, pp.902-907 (1991-9)
7) I.Husain and M.Ehsani: "Torque Ripple Minimization in Switched Reluctance Motor Drives by PWM Current Control", IEEE Trans. Power Electron., Vol.11, No.1, pp.83-88. (1996-1)
8) J.Holtz and L.Springob: "Identification and Compensation of Torque Ripple in High-Precision Permanent Magnet Motor Drives", IEEE Trans. Ind. Electron. Vol.43, No.2, pp.309-320 (1996-4)
9) 北条善久・大森洋一・萩原茂教・小坂卓・松井信行:"集中巻IPMSMのトルク脈動低減制御", 平成16年電気学会産業応用部門大会講演論文集, Vol.1, pp.499-502 (2004-8)
10) 大森洋一・萩原茂教・北条喜久:"周期外乱オブザーバによる集中巻IPMSMの制御", 東洋電機技報, 第114号, pp.1-6 (2006-9)
11) K.Yoshimoto and Y.Kitajima: "A Novel Harmonic Current Control for IPMSMs", Proc. of the 2005 International Power Electronics Conference (IPEC-Niigata 2005), pp.2042-2048 (2005-4)
12) 中野矩也・赤津観:"永久磁石同期モータの瞬時トルク推定式に基づくトルクリプル制御", 電気学会論文誌D, Vol.131, No.9, pp.1120-1127 (2011-9)
13) T.Su, S.Hatttori, M.Ishida, and T.Hori: "Suppression Control Method for Torque Vibration of AC Motor Utilizing Repetitive Controller with Fourier Transform", IEEE Trans. Ind. Applicat. Vol.39, No.5, pp.1316-1325 (2002-9)
14) Y.Tadano, T.Akiyama, M.Nomura, and M.Ishida: "Periodic Learning Suppression Control of Torque Ripple Utilizing System Identification for Permanent Magnet Synchronous Motors", Proc. of the 2010 International Power Electronics Conference (IPEC-Sapporo 2010), pp.1363-1370 (2010-6)
15) 只野裕吾・秋山岳夫・野村昌克・石田宗秋:"複素ベクトル表現を用いた周期外乱オブザーバに基づくPMモータのトルクリプル抑制制御法", 電気学会論文誌D, Vol.132, No.1, pp.84-93 (2012-1)
16) W.Qian, S.K.Panda, and J-X.Xu: "Torque Ripple Minimization in PM Synchronous Motors Using Iterative Learning Control", IEEE Trans. Power Electron. Vol.19, No.2, pp.272-279 (2004-3)
17) K.Nakamura, H.Fujimoto, and M.Fujitsuma: "Torque Ripple Suppression Control for PM Motor with High Bandwidth Torque Meter", Proc. of IEEE Energy Conversion Congress and Exposition 2009, pp.2572-2577 (2009-9)
18) K.Nakamura, H.Fujimoto, and M.Fujitsuma: "Torque Ripple Suppression Control for PM Motor with Current Control Based on PTC". Proc. of the 2010 International Power Electronics Conference (IPEC-Sapporo 2010), pp.1077-1082 (2010-6)
19) B.Guan, Y.Zhao, and Y.Ruan: "Torque Ripple Minimization in Interior Machine Using FEM and Multiple Reference Frames", Proc. of IEEE Industrial Electronics and Applications 2006 (ICIEA 2006), pp.1-6 (2006-5)
20) 川村貞夫, 宮崎文夫, 有本卓:"学習制御方法のシステム理論的考察", 計測自動制御学

会論文集, Vol.21, No.5, pp.445-450 (1985-5)
21) S.Arimoto, T.Naniwa, and H.Suzuki: "Robustness of P-type Learning Control with a Forgetting Factor for Robotic Motions", Proc. 29th IEEE Conf. Decision Contr., Vol.5, pp.2640-2645 (1990-12)
22) 新中新二:"台形着磁 PMSM の動的数学モデルと動的シミュレータ", 平成 21 年電気学会全国大会講演論文集, Vol.4, pp.188-189 (2009-3)
23) 新中新二:"フーリエ級数・変換とラプラス変換, 基礎から実践まで", ISBN 978-4-901683-73-9, 数理工学社 (2010-3)
24) 新中新二:"システム設計のための基礎制御工学", ISBN 978-4-339-03197-3, コロナ社 (2009-3)
25) 新中新二:"永久磁石同期モータのベクトル制御技術, 下巻 (センサレス駆動制御の真髄)", ISBN 978-4-88554-973-1, 電波新聞社 (2008-12)

第 8 章

1) A.Satake, Y.Okamoto, and S.Kato: "Design of Coupling Cancellation Control for a Double-Winding PMSM", IEEJ Journal of Industrial Applications, Vol.6, No.1, pp.29-35 (2017-1)
2) M.Barcaro, N.Bianchi, and F.Magnussen: "Six-Phase Supply Feasibility Using a PM Fractional-Slot Dual Winding Machine", IEEE Trans. Ind. Appl. Vol.47, No.5, pp.2042-2050 (2011-9/10)
3) 村瀬寛弥・稲熊幸雄・大澤文明・山田靖・佐々木正一:"EV・HEV 電気駆動系の規格化の可能性について (多相モータの検討結果)", 平成 26 電気学会全国大会講演論文集, Vol.4, pp.368-369 (2014-3)
4) 今井隆文・大澤文明・山田靖・稲熊幸雄:"EV・HEV 電気駆動系の規格化の可能性について (多相モータの電流リプル抑制)", 平成 28 電気学会全国大会講演論文集, Vol.4, pp.361-362 (2016-3)
5) 森辰也・古川晃:"二重三相 PMSM 駆動 1 シャント電流検出ダブルインバータにおけるトルクリップルを低減するパルスパターン", 平成 28 電気学会産業応用部門大会講演論文集, Vol.3, pp.159-164 (2016-8)
6) B.Basler and T.Greiner: "Power Loss Reduction of DC Link Capacitor for Multi-phase Motor Drive Systems through Shifted Control", Proc. of 2015 9th International Conference on Power Electronics (ICPE-EECCE Asia), pp.2451-2456 (2015-6)
7) J.Karttunen, S.Kallio, P.Peltoniemi, P.Silventoinen, and O.Pyrhonen: "Dual Three-Phase Permanent Magnet Synchronous Machine Supplied by Two Independent Voltage Source Inverters", Proc. of 2012 International Symp. on Power Electronics, Electrical Drives, Automation and Motion (SPEEDAM 2012), pp.741-747 (2012-6)
8) S.Kallio, M.Andriollo, A.Tortella, and J.Karttunen: "Decoupled d-q Model of Double-Star Interior-Permanent-Magnet Synchronous Machines", IEEE Trans. Ind. Elect. Vol.60, No.6, pp.2086-2494 (2013-6)

9) J.Karttunen, S.Kallio, P.Peltoniemi, P.Silventoinen, and O.Pyrhonen: "Decupled Vector Control Scheme for Dual Three-Phase Permanent Magnet Synchronous Machines", IEEE Trans. Ind. Elect. Vol.61, No.5, pp.2185-2196 (2014-5)
10) M.Andriollo, G.Bettanini, G.Martinelli, A.Morini, and A.Tortella: "Analysis of Double-Star Permanent-Magnet Synchronous Generators by a General Decoupled d-q Model", IEEE Trans. Ind. Appl. Vol.45, No.4, pp.1416-1424 (2009-7/8)
11) Z.Wang and L.Chang: "A Hybrid Control Method for Six-Phase Permanent Synchronous Machine", Proc. of 2008 Canadian Conference on Electrical and Computer Engineering (CCECE 2008), pp.575-578 (2008-5)
12) Y.Hu, Z.Q.Zhu, and K.Liu: "Current Control for Dual Three-Phase Permanent Magnet Synchronous Motors Accounting for Current Unbalance and Harmonics", IEEE Journal of Emerging and Selected Topics in Power Electronics, Vol.2, No.2, pp.272-284 (2014-6)
13) Y.Hu, Z.Q.Zhu, and M.Odavic: "Comparison of Two-Individual Current Control and Vector Space Decomposition Control for Dual Three-Phase PMSM", Proc. of XXII International Conf. on Electrical Machine (ICEM 2016), pp.989-995 (2016-9)
14) 新中新二："180度空間位相差の逆二重三相巻線をもつ三相永久磁石同期モータ（二重巻線配置，動的数学モデル，ベクトルシミュレータ）", 平成28電気学会産業応用部門大会講演論文集, Vol.3, pp.285-290 (2016-8)
15) 新中新二："180度空間位相差の逆二重三相巻線をもつ三相永久磁石同期モータ（二重巻線配置，動的数学モデル，ベクトルシミュレータ）", 電気学会論文誌D, Vol.137, No.2, pp.75-86 (2017-2)
16) 新中新二："独立二重三相巻線永久磁石同期モータのモード分担形電流制御（dq同期座標系上における高速・低速モード電流の制御とキャンセリング）", 電気学会論文誌D, Vol.138, No.1, pp.48-57 (2018-1)
17) 新中新二・中村直人："独立二重三相巻線永久磁石同期モータのための4モード電流の独立・安定・高速制御", 電気学会論文誌D, Vol.138, No.7, pp.630-643 (2018-7)
18) 新中新二・細岡竜・梅野和希・中村直人："異なる巻線起因特性をもつ独立二重三相巻線永久磁石同期モータの効率駆動法", 電気学会論文誌D, Vol.137, No.7, pp.599-611 (2017-7)
19) 新中新二："鉄損考慮を要する独立二重三相巻線永久磁石同期モータ（動的数学モデルとベクトルシミュレータ）", 電気学会論文誌D, Vol.138 No.10, pp.817-830 (2018-10)
20) 新中新二："永久磁石同期モータのベクトル制御技術, 上巻（原理から最先端まで）", ISBN 978-4-88554-972-4, 電波新聞社 (2008-12)
21) 新中新二："システム設計のための基礎制御工学", ISBN 978-4-339-03197-3, コロナ社 (2009-3)
22) 新中新二："永久磁石同期モータの制御（センサレスベクトル制御技術）", ISBN 978-4-501-11640-8, 東京電機大学出版局 (2013-9)
23) 新中新二："永久磁石同期モータのベクトル制御技術, 下巻（センサレス駆動制御の真髄）", ISBN 978-4-88554-973-1, 電波新聞社 (2008-12)

24) 新中新二：“効率重視の電流制御に向けた突極形同期モータのベクトル信号による解析”，電気学会論文誌 D, Vol.119, No.5, pp.648-658（1999-5）
25) G.Dahlquist and A.Bjorck (translated by N.Anderson): "Numerical Methods", Prentice-Hall (1974)
26) 鈴木千里：“数値関数解析の基礎”，ISBN 4-627-07521-9, 森北出版（2001-6）
27) 開道力：“鋼板内磁気特性分布を考慮した電磁鋼板コアの等価回路”，日本応用磁気学会誌，Vol.19, No.1, pp.39-44（1995-1）
28) 新中新二：“誘導モータのベクトル制御技術”，ISBN 978-4-501-11710-8, 東京電機大学出版局（2015-4）
29) 柴田尚志：“電気回路Ⅰ”，ISBN 978-4-339-01183-8, コロナ社（2006-4）

第9章

1) G.Henneberger, J.R.Hadji-Minaglou and R.C.Ciorba: "Design and Test of Permanent Magnet Synchronous Motor with Auxiliary Excitation Winding for Electric Vehicle Application", European Power Electronics Chapter Symposium, Lausanne, pp.645-649 (1994-10)
2) C.D.Syverson: "Hybrid Alternator", United States Patent 5,397,975 (1995-3)
3) Y.Amara, J.Lucidarme, M.Gabsi, M.Lecrivain, A.H.Ben-Ashmed and A.Akemakou: "A New Topology of Hybrid Synchronous Machine", Conference Record of the 2000 IEEE Industry Application Conference (IAS 2000), Vol.1, pp.451-456 (2000-10)
4) Y.Amara, J.Lucidarme, M.Gabsi, M.Lecrivain, A.H.Ben-Ashmed and A.D.Akemakou: "A New Topology of Hybrid Synchronous Machine", IEEE Trans. Industry Application, Vol.37, No.5, pp.1273-1281 (2001-9/10)
5) Y.Amara, E.Hoang, M.Gabsi, M.Lecrivain, A.H.Ben-Ashmed and S.Derou: "Measured Performances of a New Hybrid Excitation Synchronous Machine", EPE Journal, Vol.12, No.4, pp.42-50 (2002-11)
6) 榊敏隆・木村忠朋：“界磁制御モータ”，公開特許公報，特願 2002-225087 号（2002-8-1）
7) 榊敏隆・木村忠朋：“界磁制御モータ”，公開特許公報，特願 2002-225092 号（2002-8-1）
8) 榊敏隆・木村忠朋：“クローポールロータの製造方法”，公開特許公報，特願 2002-225098 号（2002-8-1）
9) 榊敏隆：“クローポールロータの製造方法”，公開特許公報，特願 2003-068529 号（2003-3-13）
10) N.Naoe and T.Fukami: "Trial Production of a Hybrid Excitation Type Synchronous Machine", Proc. 2001 IEEE Industrial Electric Machines and Drives Conference, pp.545-547 (2001-6)
11) 松内弘太郎・清水文吾・直江伸至・深見正・花岡良一・高田新三：“軸方向分割回転子を有するハイブリッド励磁形同期機の試作”，平成 13 年電気学会全国大会講演論文集，Vol.2, pp.677-678（2001-8）
12) 松内弘太郎・深見正・直江伸至・花岡良一・高田新三・宮本紀男：“巻線界磁と永久磁

石界磁を軸方向に配置したハイブリッド励磁形同期機の特性算定法", 電気学会論文誌 D, Vol.123, No.11, pp.1345-1350 (2003-11)
13) 深見正・吉村大弥・金丸保典・宮本紀男:"巻線界磁に永久磁石を内蔵した新構造のハイブリッド励磁同期機", 平成15年電気学会全国大会講演論文集, Vol.5, p.49 (2003-3)
14) 新中新二:"突極特性をもつハイブリッド界磁形同期モータの一般座標系上の動的モデリングとベクトルブロック線図", 電気学会論文誌 D, Vol.124, No.3, pp.295-303 (2004-3)
15) 新中新二・佐川隆行:"非突極ハイブリッド界磁同期モータの高効率・広範囲運転のための電流制御法", 電気学会論文誌 D, Vol.124, No.6, pp.536-548 (2004-6)
16) S.Shinnaka and T.Sagawa: "New Optimal Current Control Methods for Energy-Efficient and Wide Speed-Range Operation of Hybrid-Field Synchronous Motor", IEEE Trans. Industrial Electronics, Vol.54, No.5, pp.443-2450 (2007-10)
17) 野中作太郎・藤井邦夫:"電圧形インバータ駆動ブラシレス自励形三相同期電動機", 電気学会論文誌 B, Vol.103, No.8, pp.515-522 (1983-8)
18) 小山純・鳥羽俊介・樋口剛・山田英二:"半波整流ブラシなし同期電動機の原理と基本特性", 電気学会論文誌 B, Vol.107, No.10, pp.1257-1263 (1987-10)
19) 小山純・阿部貴志・樋口剛・田中博之・山田英二:"回路シミュレータを用いた半波整流ブラシなし同期電動機のモデル化について", 平成12年電気学会産業応用部門大会講演論文集, Vol.3, pp.1073-1076 (2000-8)
20) 小山純・阿部貴志・樋口剛・山田英二:"永久磁石を併用した半波整流ブラシなし同期電動機の定常特性", 電気学会論文誌 D, Vol.109, No.7, pp.507-514 (1989-7)
21) 小山純・阿部貴志・樋口剛・山田英二:"永久磁石を併用した半波整流ブラシなし同期電動機の特性解析", 電気学会論文誌 D, Vol.113, No.2, pp.238-246 (1993-2)
22) 小山純・阿部貴志・樋口剛・田中博之:"回路シミュレータを用いた半波整流ブラシなし同期電動機のセンサレス始動位置推定法の解析について", 平成13年産業応用部門大会講演論文集, Vol.2, pp.679-682 (2001-8)
23) 小山純・阿部貴志・樋口剛・左村宗敬・河野哲朗:"半波整流ブラシなし同期電動機のセンサレス駆動時位置推定システムのモデル化について", 平成14年産業応用部門大会講演論文集, Vol.1, pp.589-5922 (2002-8)
24) 阿部貴志・小山純・樋口剛:"半波整流ブラシなし同期電動機の位置センサレス始動位置検出法", 電気学会論文誌 D, Vol.124, No.6, pp.589-598 (2004-6)
25) 小山純・阿部貴志・樋口剛・河野哲朗:"半波整流ブラシなし同期電動機の低速領域位置センサレス制御法の解析", 平成15年産業応用部門大会講演論文集, Vol.1, pp.405-408 (2003-8)
26) 新中新二:"自励式ハイブリッド界磁同期モータ(動的モデリング, ベクトルブロック線図, 及び動的ベクトルシミュレータ)", 電気学会論文誌 D, Vol.126, No.7, pp.971-982 (2006-7)
27) 新中新二:"自励式ハイブリッド界磁同期モータ用動的ベクトルシミュレータの実機検証", 電気学会論文誌 D, Vol.126, No.10, pp.1413-1414 (2006-10)
28) 新中新二・矢代勇太:"自励式ハイブリッド界磁同期モータの新初期位相推定法", 電気

学会論文誌 D, Vol.128, No.10, pp.1228-1236（2008-10）
29）新中新二：``永久磁石同期モータのベクトル制御技術，上巻（原理から最先端まで）'', ISBN 978-4-88554-972-4, 電波新聞社（2008-12）
30）新中新二：``誘導モータのベクトル制御技術'', ISBN 978-4-501-11710-8, 東京電機大学出版局（2015-4）
31）新中新二：``永久磁石同期モータのベクトル制御技術，下巻（センサレス駆動制御の真髄）'', ISBN 978-4-88554-973-1, 電波新聞社（2008-12）
32）S. Shinnaka: "Proposition of New Mathematical Models with Core Loss Factor for Controlling AC Motors", Proc. of the IECON '98 (24th Annual Conference of the IEEE Industrial Electronics Society), pp. 297-302 (1998-9)

第10章

1）新中新二：``誘導モータのベクトル制御技術'', ISBN 978-4-501-11710-8, 東京電機大学出版局（2015-4）
2）新中新二：``永久磁石同期モータのベクトル制御技術，上巻（原理から最先端まで）'', ISBN 978-4-88554-972-4, 電波新聞社（2008-12）
3）荒隆裕・山本修・浅野博・小田荘一：``PMモータの始動特性算定法'', 電気学会論文誌 D, Vol.116, No.6, pp.620-625（1996-6）
4）栗原和美・増田克行・久保田朋次・堀井龍夫・湧井源二郎：``自己始動形永久磁石同期電動機の始動巻線による制動効果の一考察'', 電気学会論文誌 D, Vol.119, No.3, pp.634-1640（1999-3）
5）栗原和美・馬場雄一郎・仲田徹・久保田朋次・高宏偉：``自己始動形永久磁石同期電動機の始動特性解析（時間差分の影響）'', 電気学会論文誌 D, Vol.121, No.5, pp.618-619（2001-5）
6）栗原和美・馬場雄一郎・仲田徹・久保田朋次・高宏偉：``自己始動形永久磁石同期電動機の同期引き入れ特性（銅バー深さと慣性モーメントの関係）'', 電気学会論文誌 D, Vol.121, No.8, pp.908-909（2001-8）
7）栗原和美・小林篤・安井輝正：``回転子バー形状が自己始動形永久磁石同期電動機特性に及ぼす影響'', 電気学会論文誌 D, Vol.123, No.8, pp.970-971（2003-8）
8）坪井和男・竹上恒雄・廣塚功・中村雅憲：``自己始動形三相永久磁石電動機の一般解析法'', 電気学会論文誌 D, Vol.131, No.5, pp.692-699（2011-5）
9）竹上恒雄・坪井和男・廣塚功・中村雅憲：``自己始動形三相永久磁石電動機の特性算定法'', 電気学会論文誌 D, Vol.131, No.12, pp.1465-1475（2011-12）
10）V.B.Honsinger: ``Permanent Magnet Machine, Asynchronous Operation'', IEEE Trans. Power App.Syst., Vol.99, pp.1503–1509 (1980-7).
11）M.A.Rahman and P.Zhou: ``Determination of Saturated Parameters of PM Motors Using Loading Magnetic Fields'', IEEE Trans. Magn., Vol.27, No.5, pp.3947–3950 (1991-9)
12）A.Takahashi, S.Kikuchi, K.Miyata, and A.Binder: "Asynchronous Torque of Line-Starting Permanent-Magnet Synchronous Motors", IEEE Trans. Energy Convers., Vol.30,

No.2, pp.498-506（2015-7）
13) HEN Pisithkun・平原英明・田中晃・山本修・荒隆裕：" 制動巻線付き永久磁石同期モータに対するユニバーサルセンサレスベクトル制御の適用", 平成27年電気学会全国大会講演論文集, Vol.4, pp.52-53（2015-3）
14) 新中新二：" 制動巻線付き永久磁石同期モータ駆動制御のための一般座標系上の動的数学モデルとベクトルシミュレータ", 電気学会論文誌D, Vol.136, No.6, pp.399-409（2016-6）
15) 伊藤春雄：" 制動巻線電流を考慮した円筒形同期機の過渡解析", 電気学会論文誌D, Vol.116, No.12, pp.1316-1325（1996-12）
16) 新中新二：" 永久磁石同期モータのベクトル制御技術, 下巻（センサレス駆動制御の真髄）", ISBN 978-4-88554-973-1, 電波新聞社（2008-12）

第11章

1) 新中新二：" 永久磁石同期モータのベクトル制御技術, 上巻（原理から最先端まで）", ISBN 978-4-88554-972-4, 電波新聞社（2008-12）
2) 新中新二：" 永久磁石同期モータのベクトル制御技術, 下巻（センサレス駆動制御の真髄）", ISBN 978-4-88554-973-1, 電波新聞社（2008-12）
3) 新中新二：" 永久磁石同期モータの制御, センサレスベクトル制御技術", ISBN 978-4-501-11640-8, 東京電機大学出版局（2013-9）
4) 新中新二：" 誘導モータのベクトル制御技術", ISBN 978-4-501-11710-8, 東京電機大学出版局（2015-4）
5) 新中新二：" 同期リラクタンスモータの動的数学モデルに関する一考察,（モデル特性の簡易統一的解析）", 電気学会論文誌D, Vol.124, No.11, pp.1149-1154（2004-11）
6) 新中新二：" 同期リラクタンスモータの鏡相特性とこれに基づくセンサレスベクトル制御のための突極オリエンテーション法", 電気学会論文誌D, Vol.121, No.2, pp.210-218（2001-2）
7) 新中新二・山崎英士：" 同期リラクタンスモータセンサレス駆動のためのD因子磁束状態オブザーバ", 平成18年電気学会全国大会講演論文集, Vol.1, pp.401-406（2006-8）
8) 新中新二：" 一般化磁束推定法による位相含有磁束の推定を中核とした同期リラクタンスモータのセンサレスベクトル制御", 電気学会論文誌D, Vol. 139, No. 1, pp.83-92（2019-1）
9) 新中新二・高塚康平：" 外乱オブザーバを利用したSynRMセンサレスベクトル制御への積分フィードバック形速度推定法の適用可能性", 計測自動制御学会論文集, Vol.41, No.11, pp.934-936（2005-11）
10) 新中新二：" 同期リラクタンスモータの最小電流軌跡に関する一解析", 電気学会論文誌D, Vol.128, No.9, pp.1147-1148（2008-9）
11) 新中新二・向井泰佑：" 鉄損を有する同期リラクタンスモータの最小総合損失のための最適電流軌跡", 電気学会論文誌D, Vol.129, No.1, pp.117-118（2009-1）
12) 本田幸夫・川野慎一郎・桐山博之・檜垣俊郎・森本茂雄・武田洋次：" マルチフラックスバリア形シンクロナスリラクタンスモータのロータ構造と特性比較", 電気学会論文誌D, Vol.118, No.10, pp.1177-1184（1998-10）

13）村上浩・本田幸夫・森本茂雄・武田洋次："シンクロナスリラクタンスモータと各種分布巻モータの特性比較", 電気学会論文誌 D, Vol.120, No.8/9, pp.1068-1074（2000-8/9）
14）梨木政行・井上芳光・川井庸市・横地孝典・佐竹明喜・大熊繁："スロット回転子を用いたシンクロナスリラクタンスモータの力率・トルク向上に関する検討", 電気学会論文誌 D, Vol.126, No.2, pp.116-123（2006-2）
15）竹内活徳・松下真琴・橋場豊："高効率の同期リラクタンスモータ", 東芝レビュー, Vol.70, No.5, pp.20-23（2015）
16）市川真士・冨田睦雄・道木慎二・大熊繁・藤原文治："シンクロナスリラクタンスモータにおける拡張誘起電圧モデルとその主磁束方向の選択法", 電気学会論文誌 D, Vol.123, No.12, pp.1507-1515（2003-12）
17）L.Xu, X.Xu, T.A.Lipo, and D.W.Novotny: "Vector Control of a Synchronous Reluctance Motor Including Saturation and Iron Loss", IEEE Trans. on Industry Applications, Vol.27, No.5, pp.977-985（1991-9/10）
18）L.Xu and J.Yao: "A Compensated Vector Control Scheme of a Synchronous Reluctance Motor Including Saturation and Iron Losses", IEEE Trans. on Industry Applications, Vol.28, No.6, pp.1330-1338（1992-11/12）
19）S.Yamamoto, K.Tomishige, and T.Ara: "Maximum Efficiency Operation of Vector-Controlled Synchronous Reluctance Motors Considering Cross-Magnetic Saturation", IEEJ Trans. IA. Vol.126, No.7, pp.1021-1027（2006-7）
20）K.Malekian, M.R.Sharif, and J.Milionfared: "An Optimal Current Vector Control for Synchronous Reluctance Motors Incorporating Field Weakening", Proc. of 10th IEEE International Workshop on Advanced Motion Control 2008（AMC 2008）, pp.393-398（2008-3）
21）A.Vagati, M.Pastorelli, and G.Franceschini: "High-Performance Control of Synchronous Reluctance Motors", IEEE Trans. on Industry Applications, Vol.33, No.4, pp.983-991（1997-7/8）
22）A.Vagati, M.Pastorelli, G.Franceschini, and V.Drogoreanu: "Flux-Observer-Based High-Performance Control of Synchronous Reluctance Motors by Including Cross Saturation", IEEE Trans. on Industry Applications, Vol.35, No.2, pp.597-605（1999-5/6）
23）市川真士・冨田睦雄・道木慎二・大熊繁："拡張誘起電圧モデルに基づくシンクロナスリラクタンスモータのセンサレス制御とそれに適したインダクタンス測定法", 電気学会論文誌 D, Vol.125, No.1, pp.16-25（2005-1）
24）岩田昭寿・市川真士・冨田睦雄・道木慎二・大熊繁："位置推定精度に依存しないオンラインパラメータ同定法を用いたシンクロナスリラクタンスモータのセンサレス制御", 電気学会論文誌 D, Vol.124, No.12, pp.1205-1211（2004-12）
25）梨木政行・井上芳光・川井庸市・大熊繁："シンクロナスリラクタンスモータの磁束鎖交数を用いたインダクタンス算定法とモデル化の提案", 電気学会論文誌 D, Vol.127, No.2, pp.158-166（2007-2）
26）飯塚直毅・野口季彦："同期リラクタンスモータの最大効率運転を実現するための励磁

条件の数理的導出と実験検証"，電気学会研究会資料，PE-07-11，PSE-07-26，SPC-07-51，pp.25-30（2007-3）
27）草野正嗣・野口季彦："磁気飽和を考慮した同期リラクタンスモータの最大トルク運転条件と最大効率運転条件の比較検討"，平成 20 年電気学会全国大会講演論文集，Vol.4，pp.183-184（2008-3）
28) J.Malan and M.J.Kamper: "Performance of a Hybrid Electric Vehicle Using Reluctance Synchronous Machine Technology", IEEE Trans. on Industry Applications, Vol.37, No.5, pp.1319-1324 (2001-9/10)
29) N.AL-Aawar, A.A.Hanbali, and A.A.Arkadan: "A Novel Approach for Characterization and Optimization of ALA Rotor Synchronous Reluctance Motor Drives for Traction Applications", 2005 IEEE Vehicle Power and Propulsion Conference (VPPC) (2005-9)
30) T.Satou, S.Morimoto, M.Sanada, and Y.Inoue: "A Study on the Rotor Design for the Synchronous Reluctance Motor for EV and HEV Propulsion", Proc. Of 2013 IEEE 10th International Conference on Power Electronics and Drive Systems (PEDS), pp.1190-1194 (2013-4)
31) A.P.Goncalves, S.M.A.Cruz, F.J.T.E.Ferreira, A.M,S.Mendes, and A.T.De Almeida: "Synchronous Reluctance Motor Drives for Electric Vehicles Including Cross-Magnetic Saturation", 2014 IEEE Vehicle Power and Propulsion Conference (VPPC) (2014-10)
32) W,T.Villet and M.J.Kamper: "Variable-Gear EV Reluctance Synchronous Motor Drives - An Evaluation of Rotor Structures for Position-Sensorless Control", IEEE Trans. Industrial Electronics Vol.61, No.10, pp.5732-5740 (2014-10)
33) D.B.Herrera, E.Galvan, and J.M.Carrasco: "Synchronous Reluctance Motor Design Based EV Powertrain with Inverter Integrated with Redundant Topology", Proc. of 41st Annual Conference of the IEEE Industrial Electronics Society (IECON 2015), pp.3851-3856 (2015-9)
34) C.T.Faria, R.Mongellaz, C.Opera, F.Boon, S.Faid, and T.Thiemann: "Design Process of Advanced Reluctance Machines for Electric Vehicle Applications", 2015 IEEE Vehicle Power and Propulsion Conference (VPPC) (2015-10)
35) L.Ge, X.Zhu, W.Wu, F.Liu, and Z.Xiang: "Design and Comparison of Two Non-Rare-Earth Permanent Magnet Synchronous Reluctance Motors for EV Applications", 2017 20th International Conference on Electrical Machines and Systems (ICEMS) (2017-8)
36）山本修・荒隆裕："軸間の干渉を考慮したリラクタンスモータの直軸および横軸インダクタンス算定法"，電気学会論文誌 D，Vol.123, No.8, pp.911-917（2003-8）
37) S.Yamamoto, T.Ara, and K.Matsuse: "A Method to Calculate Transient Characteristics of Synchronous Reluctance Motors Considering Iron Loss and Cross-Magnetic Saturation", IEEE Trans. on Industry Applications, Vol.43, No.1, pp.47-56 (2007-1/2)

索 引

ギリシャ文字

αβ 固定座標系　　38, 39, 42, 48, 53, 54, 56, 62, 67, 68, 85, 86, 121, 140, 141, 153, 163, 164, 174, 176, 251, 260, 272, 318, 322, 332, 334, 344, 358, 405, 411, 441, 442, 447, 448, 459, 460, 479, 485, 493, 494, 495, 498, 507, 509, 518, 522, 523, 533, 534, 536, 540

αβ 固定座標系上の一般化積分形 PLL 法　　512

αβ 固定座標系の条件　　339, 398, 411, 417, 479, 485, 495, 498, 522

△ 形結線　　37, 251

δ 軸位相　　121

γδ 一般座標系　　38, 121, 139, 166, 251, 254, 299, 300, 303, 318, 322, 323, 327, 328, 332, 333, 338, 341, 382, 385, 390, 391, 405, 407, 408, 409, 411, 415, 441, 442, 460, 474, 476, 477, 479, 483, 493, 494, 495, 496, 498, 501, 502, 509, 515, 518, 533, 534

γδ 準同期座標系　　85, 86, 99, 153, 153, 166, 167, 169, 174, 175, 215, 216, 231, 233, 518, 524, 525, 526, 527, 533, 534, 536

γδ 電圧座標系　　139, 140, 143, 144, 145, 146, 147, 148, 149, 150

γδ 電流座標系　　121, 146, 150

数字

0 次成分　　267
0 次ホールド　　228, 244
120 度通電　　80
180 度通電　　80
2/3 相変換器　　49, 86, 173, 344, 358, 467
2 軸直交座標系　　494
2 自由度制御系　　17, 18
2 振幅　　178, 189, 206
2 倍位相による方法　　499
2 連立の非線形方程式　　425
3-input 3-output current controller　　418
3/2 相変換器　　49, 83, 86, 87, 105, 110, 116, 173, 344, 358, 468
3 基本式　　37, 303, 322, 324, 411, 495
3 磁束　　413, 521
3 重根　　7
3 × 3 電流制御器　　418
3 連立の非線形方程式　　424
4-input 4-output current controller　　357
4 振幅　　173, 177, 179, 180, 188, 189, 190, 191, 193, 198, 206
4 電流指令値　　302
4 入力 4 出力電流制御器　　356, 358
4 連立の非線形方程式　　367
5 連立の非線形方程式　　302, 364, 367, 368
6 ステップ駆動　　80

欧文

acoustic noise　　152
all-pole form　　1
Amara モデル　　405
amplitude extractor　　177
armature　　37
armature reaction flux　　41
axis component separation method　　154
A 形ベクトルブロック線図　　336, 413, 415, 446, 482

索引

back electromotive force	41
back EMF	37, 41, 530
balanced circular matrix	45, 253
bandwidth	3, 152
basic equation	37
Butterworth filter	23, 117
B形ベクトルブロック線図	338, 416, 447, 483, 484
carrier-frequency voltage injection method	153
CCC	265
CCS	268
closed form	330, 479
command converter	49, 87, 119, 363, 422, 507
command generator	145
compensation command converter	265
compensation command synthesizer	268
compensator	7
condition number of matrix	232
control deviation	18
control error	18
controller	2
coordinate system	38
copper loss	493
correlation signal generator	174
correlation signal synthesizer	177
coupling coefficient	304
current component multiplication method	155
current controller	49, 87
current producer	338
D/A変換	228, 244
Dalton-Cameron method	46
damper winding permanent-magnet synchronous motor	472
damping coefficient	30
dc-elimination/band-pass filter	174
decimation	249
delay operator	161
delta connection	37
demodulation	151
differential operator	3
d-inductance	41
direct-phase flux	503
direct-phase quasi-back-EMF	504
disturbance observer	23
D-matrix	42
D-module	42
dq回転座標系	53, 54, 56, 66, 67, 68, 85
dq軸電流制御則	352
dq同期座標系	38, 43, 48, 52, 99, 121, 136, 138, 166, 251, 255, 256, 260, 261, 266, 267, 271, 272, 275, 299, 301, 302, 318, 322, 334, 340, 342, 344, 358, 390, 405, 411, 418, 441, 442, 448, 450, 452, 457, 479, 485, 494, 495, 497, 498, 507, 508
dq同期座標系の条件	333, 340, 390, 399, 411, 417, 479, 485, 495, 497, 498, 546
dynamic characteristic	36
dynamic mathematical model	36
D因子	42, 502
D因子外乱オブザーバ	530, 532
D因子制御器	54, 57, 58, 61, 64, 71
D因子の逆列	483
D因子フィルタ	88, 90, 197, 530
d軸位相	40
d軸インダクタンス	41, 46, 273, 536, 540, 541
d軸相互インダクタンス	409, 410
d軸電流	508
d軸電流制御器	51, 421, 421
d軸補償電流指令値定理	265
D制御器	81, 82
eddy current loss	545

索引 *571*

electric vehicle	298, 404, 491
electrical phase	39
electrical speed	39
encoder	48, 492
equivalent circuit	37
EV	298, 303, 346, 404, 491
excitation current	471, 508
extended back EMF	504, 530
extracting filter	196
fault-tolerance	82
F-component extractor	87
FEM	473
FEM 解析	473
FEM モデル	473
FFT	268
field	38
finite element method	473
finite impulse response	156
FIR フィルタ	156, 157
flux identifier	540
flux linkage	41
functional safety	82
fundamental driving frequency	509
general reference frame	39
generalized integral-type phase-locked loop method	514
Hall effect sensor	80
harmonic torque observer	260
HES	80
HFVC	174
high boost filter	10
high-frequency current amplitude method	154
high-frequency current correlation method	154
high-frequency voltage commander	174
high-frequency voltage injection method	151, 492
high-shelf filter	10
high-shelving filter	10
HV	298, 303, 346, 404, 491
hybird electric vehicle	298, 404, 491
hysteresis loss	545
IE4 効率	492
IIR フィルタ	157
IM	55, 491
induction motor	55, 491
infinite impulse response	157
in-phase flux	503
in-phase inductance	41, 496
in-phase signal	500
in-phase vector	219
integral-feedback speed estimation method	512
interpolation	249
inverter	49, 52, 98, 119, 151, 248
I-PD 制御器	20
I-P 制御器	20
iron loss	492
ITAE モデル	19
I 係数	350
I 制御器	65, 349
Jacobian	375
Kronecker delta	160
k 次成分	259, 260
Lagrange multiplier	365
Lagrange's method of undetermined multipliers	365
Lagrangian	365
Laplace operator	3
LCR メータ	45

leakage coefficient	304	468, 469	
learning control method	249		
load-loss current producer	393	permanent-magnet synchronous motor	36
low boost filter	10	PFFC	141
low-pass filter	16, 174	PFPC	123
low-shelf filter	10	PG	48
low-shelving filter	10	phase	38, 39
		phase compensator	174
magnetic saturation	463, 492	phase controller	512
mechanical phase	39	phase current	38
mechanical speed	40	phase determiner	524
minimum copper loss	536	phase deviation	40
MIR	490	phase difference	38, 40
mirror matrix	42	phase error	40
mirror-phase characteristic	499	phase error estimator	511
mirror-phase estimation method	154	phase estimator	510
mirror-phase flux	503	phase integrator	108
mirror-phase inductance	41, 496	phase lag	6, 9
mirror-phase signal	500	phase lead	9, 38
mirror-phase vector	220	phase-locked loop	82, 122, 176
mod	208	phase-locked loop method	514
model based control	492	phase sequence	38
model following control	20	phase-speed estimator	86, 122, 174, 509
model following controller	250	phase-speed generator	87
modulation	151	phase synchronizer	174, 511
moving average filter	156	phase voltage	38
MTPA 軌跡	367	PID 制御器	5, 81
multivariable Newton-Raphson method	375	PI 形高速モード電流制御器	314
		PI 制御	65
natural frequency	30	PI 制御器	5, 29, 50, 51, 68, 86, 95, 122, 134,
negative phase sequence	38	135, 140, 277, 314, 317, 343, 349, 360, 528	
negative saliency	494	PI 制御器係数設計法	314, 318
neutral point	38	PI 速度制御器	51
notch filter	158	PI 電流制御器	50, 282, 289, 290, 293, 300
N-pole	38	PLL	176, 527
NS 極の判定	459	PLL 法	514
number of pole pairs	40	PMSM	36, 55, 80, 491
N 極	38	pole	5
N 極位相	55, 151, 177, 460, 463, 465, 466,	position sensor	48

positive correlation signal	154	sensor-used vector control	492
positive-negative phase component separation method	154	separately-excited hybrid field synchronous motor	405
positive phase sequence	38	SepE-HFSM	405, 471
positive saliency	494	SIM	472
power factor phase commander	123	skew symmetric matrix	253
pulse width modulation carrier	152	space vector	40
PWM パタン	53	speed controller	49, 86, 137
PWM 搬送波	152, 177, 204	speed detector	49
P 係数	350	speed electromotive force	41
P 制御器	65, 300, 300	speed estimator	510
		speed-varying high-order current controller	250
q-inductance	41		
quadrature-phase flux	503	starting winding permanent-magnet synchronous motor	472
quadrature-phase quasi-back-EMF	504	stationary reference frame	38
quasi-back-EMF	504	stator	37
quasi current error synthesizer	61	stator current producer	393
q 軸インダクタンス	41, 46, 273, 536, 540, 541	stator reference frame	39
q 軸電流制御器	51, 420	synchronous induction motor	472
q 軸補償電流指令値定理	266	synchronous reference frame	38
		synchronous reluctance motor	491
recursive self-tuner	128	SynRM	491
reference frame	38	S 極位相	461, 462
reference input	20		
reference model	20	tracking observer	81
relative order	1		
rotor	38	unit matrix	41
rotor flux	41	uvw 座標系	44, 45, 48, 53, 54, 55, 68, 86, 121, 140, 174, 251, 252, 254, 260, 272, 334, 344, 358, 474, 507, 540
rotor reference frame	39		
sampler	160		
scalar heterodyning method, heterodyning method	154	vector control	492
SelE-HFSM	406, 471	vector control system	36
self-consistency	37	vector heterodyning method	154
self-excited hybrid field synchronous motor	406	vector space decomposition control	301
self-tuning PFPC	145	vectorizer	61
sensorless vector control	492	VSDC 法	301

索引

winding	37
winding resistance	41
Y connection	37
Y 形結線	37, 251
zero phase sequence	38
zeroth order holder	160

あ行

アナログフィルタ	90, 155
安定性	4, 6, 16, 22, 53, 97, 107, 249, 272, 302
安定多項式	3, 4, 6, 28, 272, 515
位相	38, 39, 82
位相遅れ	6, 9, 32, 83
位相遅れ補償器	11
位相含有磁束定理	519
位相決定器	524, 524
位相誤差	493, 528
位相差	38, 40, 84
位相差のない同期	320, 321
位相差をもった同期	320
位相推定	196
位相推定器	204, 510, 512, 513, 536
位相推定誤差	100, 101, 102, 103, 493
位相推定法	184, 186, 187, 188, 194, 195, 202, 203, 204, 211, 212, 213, 226, 228, 236, 242
位相進み	9, 38, 83
位相進み補償器	11
位相制御	110
位相制御器	108, 135, 184, 205, 512, 527
位相積分器	108, 111
位相速度推定器	86, 87, 95, 116, 122, 123, 135, 141, 142, 143, 145, 174, 174, 182, 184, 188, 192, 196, 201, 205, 215, 222, 227, 231, 243, 509, 510, 511, 512, 527, 536
位相・速度推定法	82, 193
位相速度生成器	87, 92, 98, 100, 105, 108, 110, 111
位相・速度センサ	86, 492
位相定理	496, 497, 505
位相同期器	174, 176, 178, 184, 188, 205, 511, 512, 513, 514, 527
位相特性	8, 9, 31, 34, 163, 164, 166
位相偏差	40, 105
位相偏差推定器	511, 513, 527, 536
位相補償器	174, 177
位相補正	152, 153
位相補正信号	177, 184
位相余裕	274
位置	82
一重逆同期モータ	321, 322, 324, 325
一重三相巻線	321
位置制御	118
位置・速度センサ	48, 80, 174, 272, 506, 508, 510, 511
一定速制御	229, 245
一定楕円形高周波電圧	169, 170, 216
一定楕円形高周波電圧の別表現	170
一般化磁束推定法	516, 517, 519, 520, 539
一般化積分形 PLL 法	122, 176, 513, 514
一般化積分形 PLL 法（離散時間形）	176
一般化楕円形高周波電圧	152, 173
一般化誘起電圧推定法	532
移動平均処理	158, 159
移動平均フィルタ	156, 179, 184, 191, 198, 201, 205, 210, 223
印加検出座標系	459, 460, 463, 468, 469
インクリメンタルエンコーダ	81
インダクタンス A 形ベクトルブロック線図	391, 393, 399
インダクタンス B 形ベクトルブロック線図	395, 396
インダクタンス形ベクトルブロック線図	391
インダクタンス形モード回路定理	311, 355, 361
インダクタンス行列	232, 236, 238

索　引　575

インダクタンス誤差　519, 520, 521
インダクタンス誤差定理　520
インダクタンス定理　334, 338, 366, 392
インバータ　49, 52, 98, 119, 151, 248, 434, 541
インピーダンス比　444

渦電流損　303, 389, 545

永久磁石　408, 491
永久磁石磁束　413
永久磁石同期モータ　36, 54, 80, 404, 491
エネルギー伝達式　37, 40, 41, 43, 44, 252, 253, 254, 256, 299, 299, 303, 323, 324, 329, 330, 331, 333, 386, 387, 390, 405, 407, 409, 411, 412, 441, 442, 474, 478, 479, 480, 481, 495, 496, 498, 507, 546, 547
エネルギー変換機　36
エンコーダ　48, 80, 86, 134, 135, 146, 492

応速　516
応速位相制御器　82, 110, 111
応速ゲイン　553
応速高次電流制御　250
応速高次電流制御器　271, 272, 274, 279, 280, 281, 282, 284, 294
応速高次電流制御器定理　273
応速ディジタル PI 制御器　94, 95, 99, 109
応速ディジタルローパスフィルタ　93
応速電流制御器　272
応速特性　82, 250, 260, 261, 273
応速トルクリプルオブザーバ　260, 262, 276, 280, 281, 282, 295, 296
応速ノッチフィルタ　82, 91, 98, 106, 111, 115
応速バンドパスフィルタ　260, 262, 263, 278
応速フィルタ　82, 106
応速フィルタ部　108, 109
応速ローパスフィルタ　117
応答値　1, 24
遅れ演算子　161

オフセット　300
オフセットトルク　268, 270
オンライン推定　249

か行

界磁　38
界磁回路　404, 406, 441, 442, 442, 445, 446, 450
界磁抵抗　451, 457, 459
界磁電圧　409, 442
界磁電流　409
界磁トルク　410
界磁巻線　413, 441
界磁巻線鎖交磁束　414
界磁巻線磁束　408
回生　137, 186
外装 I-D 形実現　524, 526
外装 I-S 形実現　524, 526
外装 I 形実現　518, 522, 523, 534
外装 II-D 形実現　525
外装 II-S 形実現　525, 526
外装 II 形実現　518, 523, 534
外装ローパスフィルタ　93, 98, 100, 109
回転器　344
回転子　38
回転子（N 極）位相　251, 344
回転子位相　39, 41, 80, 151, 152, 166, 174, 181, 185, 188, 198, 206, 229, 240, 242, 244, 251, 287, 460, 463, 465, 468, 469, 495, 496, 499, 501, 503, 504, 506, 508, 510
回転子位相推定　151
回転子位相推定値決定法　517, 518, 524, 533
回転子位相推定法　492
回転子逆時定数　476
回転子座標系　39
回転子磁束　41, 43, 44, 45, 251, 252, 253, 256, 280, 323, 324, 325, 326, 329, 331, 381, 382, 492, 517
回転子磁束位相　40, 55, 407

回転子速度 174
回転子電気系 414, 416
回転子パラメータ 47
外部電流ループ 316, 345
外部フィードバック系 25
外部ループ 278
外乱 18, 20, 24, 487
外乱オブザーバ 23, 119, 530
外乱トルク 488
外乱フィルタ 530, 532
外乱抑圧性 18, 272, 274
改良アプローチ 153, 155
開ループ伝達関数 3, 7, 14, 15, 16, 29, 32
回路方程式 36, 40, 42, 43, 44, 166, 167, 252, 253, 254, 255, 299, 303, 312, 323, 324, 328, 330, 331, 333, 385, 387, 390, 405, 407, 409, 410, 411, 418, 441, 442, 474, 478, 479, 480, 495, 496, 497, 522, 545, 546
学習制御 260
学習制御法 249
学習モード 249
拡張 I-PD 形制御系 18, 28
拡張 PID 形制御系 1
拡張誘起電圧 492, 504, 530
拡張誘起電圧推定法 493
角度 82
加減速追従性 186, 211, 230, 245
加算処理 231, 238
仮想インダクタンス比 224, 225
仮想ベクトル T 形等価回路 382, 383, 384, 391
仮想ベクトル回路 340, 382
可聴音響ノイズ 152
可調整ゲイン 14
過電流 145
可変界磁 404
可変界磁同期モータ 404, 404, 406
簡易センサレスベクトル制御法 120
簡易なモード電流制御 312
簡易なモード電流制御法 341, 344, 346, 401
簡潔性 120, 143
換算係数 48, 48
干渉リラクタンストルク 330
慣性モーメント 51, 82, 96, 337, 393, 415, 482, 486
完全減衰特性 156, 158
完全通過特性 156
簡略化原理式 234, 236
簡略形 D 因子フィルタ 531

機械位相 39, 322, 325
機械速度 40, 41, 73, 101, 123, 210, 252, 291, 293, 332, 388, 410, 478, 480, 486, 488, 496, 510
機械的接触 406
機械的電力 330, 386, 410, 479
機械負荷系 336, 337, 339, 412, 415, 416, 481, 482, 484
擬似 β 軸電流偏差 64
基軸 39, 494
擬似三相電流偏差 59, 60, 61, 62
擬似電流指令値 66
擬似電流偏差 53, 54, 62
擬似電流偏差合成器 61, 64, 69
擬似二相電流偏差 62, 63, 64, 66, 67, 68
擬似誘起電圧 504, 535
擬似誘起電圧形回路方程式 504, 532
基準入力 20
軌跡指向形ベクトル制御法 120
期待応答値 20
北森モデル 19
機能安全性 82, 103, 332
規範モデル 20, 21, 22, 24, 26, 28
基本原理 258
基本原理式 232, 234, 237
基本式 40, 253
基本信号 220, 222, 223, 226, 228, 238, 239, 243, 244

索引

基本電圧指令値　　　313, 314
基本波　　　509
基本波位相偏差抽出器　　　106, 109, 110
基本波成分　　　87, 258, 265, 266, 267
基本波成分オフセット変動定理　　　268
基本波成分抽出器　　　87, 92, 98, 101, 103
基本波成分電流指令値　　　272, 272, 274, 277, 278, 280, 282, 284, 286, 287, 288, 292
基本波成分トルク指令値　　　258
逆 D 因子　　　88, 415, 524
逆起電力　　　37, 41, 323, 484, 530
逆行列定理　　　376, 378
逆系加重平均特性　　　23
逆正接関数　　　500
逆正接器　　　106
逆正接処理　　　92, 180, 181, 206
逆相　　　38, 115, 169, 173, 250, 459
逆相成分　　　59, 60, 61, 63, 65, 66, 68, 82, 84, 87, 169, 177, 178, 196, 197, 198, 199, 249, 252, 253, 285
逆相単位ベクトル　　　170
逆突極　　　494, 495, 497, 505
逆突極位相　　　495, 496, 506, 536
逆トルク　　　486, 490
キャンセリング信号　　　313, 315
共振現象　　　293
狭義の高周波電流相関法　　　155
鏡行列　　　42, 55, 67, 68, 199, 413, 497, 499, 519, 520
共振周波数　　　293
鏡相インダクタンス　　　41, 47, 220, 252, 329, 367, 496, 497, 536, 537
鏡相関係　　　219
鏡相（自己）インダクタンス　　　324
鏡相磁束　　　492, 493, 503, 519, 521, 522
鏡相磁束形回路方程式　　　503
鏡相磁束推定法　　　493, 517, 518, 522, 523, 524, 525, 526, 527
鏡相信号　　　499, 500

鏡相推定法　　　154, 181, 196, 200, 201
鏡相定理 I　　　499, 500
鏡相定理 II　　　499, 500
鏡相定理 III　　　499, 514
鏡相特性　　　499
鏡相の関係　　　499
鏡相ベクトル　　　220, 223
狭帯域幅　　　264
極　　　5, 157
極性　　　169, 208, 209, 215, 219, 221, 227, 234, 496, 507
極性関係式　　　219
極性処理　　　153, 226, 231, 233, 238
極性信号　　　219
極性反転　　　261, 276, 277, 338, 483
極性反転逆数　　　308
極性変換　　　497
極零相殺　　　157, 317, 420
極零相殺形制御器係数設計法　　　318
曲線軌跡　　　538
極対数　　　39, 41, 123, 141, 252, 319, 321, 322, 325, 493, 496, 510
キルヒホッフ第 1 則　　　386
キルヒホッフ第 2 則　　　325, 386
近似逆モデル　　　275, 278
近似積分　　　81
近似微分器　　　315
近似微分処理　　　513
近似微分積分法　　　81, 97, 99

空間位相　　　83, 332
空間軌跡　　　136, 138, 147, 149
空間軌跡定理　　　162
空間周期性　　　500
空間的位相　　　162, 459
空間的位相遅れ　　　164, 165, 166, 321
空間的位相差　　　320
空間的位相進み　　　319
空間微分　　　327

索 引

空間ベクトル　40, 233, 234, 235
空状スリット　491, 492, 493, 494
矩形高周波電圧　216, 217, 221, 227, 228, 229
矩形処理　80, 115
矩相形擬似誘起電圧　504, 533, 535
矩相形擬似誘起電圧推定法　533
矩相磁束　503, 519, 522
矩相磁束形回路方程式　503
矩相磁束推定法　518, 529
駆動モード　472
駆動用基本波成分　221, 237
駆動用成分　168, 244
駆動用電圧電流利用法　119, 151, 492, 509
駆動用電流　175
駆動領域　422
矩相磁束　521

形式置換　518
係数信号　86, 94
係数不等式　273
珪素鋼板　491, 493
系統間干渉　300, 347, 348, 356, 361
ゲイン　369, 370, 426, 429
ゲイン交叉周波数　14, 15, 17, 29, 32
ゲイン調整　14, 132, 133
結合係数　304, 341, 346, 421
減衰係数　30
厳密なモード電流制御　418
厳密なモード電流制御法　351, 352

高効率広範囲駆動　404, 405
高次制御器　29
高次制御器設計法　5, 272, 282, 290
高次電流制御器　250
高周波磁束　168
高周波周期　169
高周波成分　168, 244, 266, 271
高周波積分形 PLL 法　82, 105, 107, 108, 109
高周波電圧　151, 152, 168

高周波電圧印加　152
高周波電圧印加法　151, 152, 155, 167, 174, 183, 185, 192, 209, 492, 509
高周波電圧行列　232, 232, 233
高周波電圧周期　239
高周波電圧指令器　174, 177, 184, 198, 215, 217, 231
高周波電圧指令値　177
高周波電圧指令値位相　196
高周波電流　151, 152, 175, 179, 191, 196, 197, 198, 199, 216
高周波電流応答の軸要素定理　171
高周波電流応答の正相逆相成分定理　170
高周波電流除去フィルタ　174
高周波電流振幅法　154, 183, 188, 192, 193, 195, 196, 198, 201, 204, 208, 215
高周波電流相関法　154, 181, 196, 201, 204, 205, 208, 209, 210, 215
高周波脈動　101, 102, 103
高周波誘導　406, 471
公称値　521, 536
高速駆動　127, 136, 145
拘束試験　481
拘束条件付き最適化問題　302, 365, 423, 430, 537, 550
高速モード　301, 302, 308, 310, 313, 342, 347
高速モード時定数　308, 312
高速モード電流　301, 302, 309
高速モード電流制御器　301, 313, 314, 315, 316, 317, 342, 343, 345, 347, 348, 350
広帯域幅　264
交代行列　41, 45, 57, 58, 88, 253
高調波成分　37, 252, 253, 258, 265, 272, 277, 285, 286, 495
高調波成分分析　268
高追従形位相速度推定器　105, 109, 110, 111, 115
高追従形ベクトル制御法　110, 113
高追従電流制御器　279, 294, 295

索 引

広範囲効率駆動	302, 333, 346
効率駆動	119, 120, 125, 126, 127, 134, 141, 143, 148, 302, 363, 493
効率駆動機能	124
効率高速駆動	137, 139
交流検出・擬似電流偏差合成・制御法	54, 59, 61, 64, 69, 70, 75
交流検出・三相復元・制御法	52, 53, 54, 70
誤差伝搬	522
固定ゲイン	516, 522
固定子	37
固定子インダクタンス	45, 476, 485
固定子鎖交磁束	41, 408, 413, 492, 496, 500, 501, 502, 503, 535
固定子（鎖交）磁束	251, 324, 325, 329, 391
固定子鎖交磁束モデル	409, 475, 476, 477, 478
固定子磁束	41, 43, 44, 45, 327, 492, 493, 496, 500, 501, 503, 535, 548
固定子磁束同定法	539, 540
固定子総合漏れインダクタンス	476
固定子抵抗	41, 45, 342, 430, 459, 476, 496
固定子鉄損電流	383, 384, 386, 393, 397, 399, 400, 401, 402
固定子電圧	43, 44, 45, 121, 135, 140, 174, 251, 324, 408, 496, 546
固定子電気系	414, 416
固定子電流	41, 43, 44, 45, 112, 121, 140, 174, 175, 191, 251, 324, 397, 408, 496, 546, 552
固定子電流位相	119, 121
固定子電流制御	422
固定子電流制御系	405
固定子電流生成部	393
固定子電流に起因する反作用磁束	408
固定子電流の制御法	249, 250
固定子電流偏差	418
固定子パラメータ	46, 327
固定子反作用磁束	41, 43, 44, 45, 323, 324, 325, 326, 329, 392, 492, 496, 500, 501, 502, 503, 535
固定子負荷電流	383, 384, 386, 393, 397, 546, 549, 552
固有周波数	30, 34
固有値	305, 306, 308, 310, 312
固有ベクトル	306, 307
根	306

さ行

再帰形解法	425, 429
再帰形解法Ⅰ	368, 370, 371, 425
再帰形解法Ⅱ	374, 429
再帰形解法Ⅲ	378, 379
再帰自動調整	135
再帰自動調整器	128, 129
再帰自動調整法	134
最終位相推定値	510, 513, 527
最終電圧指令値	313, 314
最終電圧指令値合成則	355, 356, 420
最終電流指令値	272, 274, 280, 284, 286
最終トルク指令値	258
最小次元D因子磁束状態オブザーバ	493
最小二乗法	542, 544
最小総合銅損	423
最小総合銅損規範	422
最小損失軌跡	551
最小損失定理	550
最小鉄損	125
最小電流	536
最小電流軌跡	126, 147, 538
最小電流軌跡の一般解	537
最小銅損	302, 371, 487, 536
最小銅損軌跡	367
最小銅損電流	363
最小銅損電流系	367
最小銅損電流定理	364, 372
最少ベクトル閉路	303
最大トルク	430
最大トルク規範	433, 438
最大トルク電流指令法	430

索引

最適電流　　　　　　　　424, 425, 428, 493
最適電流軌跡　　　423, 425, 427, 430, 431, 432,
　　　433, 435, 438, 550, 552
最適トルク軌跡　　　　　　　　　　　　438
座標系　　　　　　　　　　　　　　　　38
座標系速度　　　　　　　　　　39, 168, 512
座標変換　　　　　　　　　　　　　　146
差分器　　　　　　　　　　　　　　　222
差分処理　　　　　　　　　158, 159, 222, 238
差分電流相関定理　　　　　　　　　　220
三角PWM搬送波　　　　　　　　　217, 238
三角PWM搬送波周期　　　　　　　　　239
三角高周波電流　　　　　　　　　　　228
三角波比較PWM　　　　　　　　　　　239
三相PMSM　　　　　　　　　　　　　472
三相かご形IM　　　　　　　　　　　 472
三相逆同期モータ　　298, 299, 321, 333, 334,
　　　344, 358
三相電流偏差　　　　　　　　　　　　 66
三相同期モータ　　　298, 319, 334, 344, 358
三相巻線形IM　　　　　　　　　　471, 472
三相モータ　　　　　　　　　　　　　320
サンプラ　　　　　　　　　　　　　　160
サンプリング時刻　　　　　　　　　　217
サンプリング周期　　　　　75, 155, 216, 262

時間的位相遅れ　　　　　　　　164, 165, 166
時間微分　　　　　　　　　　　　　　232
磁気エネルギー　　　327, 330, 332, 386, 410, 479
磁気回路　　　　　　　　　　　　37, 495
磁気干渉　　　　　　　　　309, 329, 330, 332
磁気抵抗　　　　　　　　　　　　　　493
磁気的結合　　　298, 300, 302, 327, 329, 346, 405,
　　　413, 421, 445, 450, 451, 454, 483
磁気飽和　　　　124, 463, 464, 492, 493, 535, 536,
　　　537, 541
磁気飽和特性の同定　　　　　　　　　538
軸間干渉　　　　　　　　　　356, 361, 457
軸間干渉補償　　　　　　　　　　122, 141

軸間磁束干渉　　　　　　　　37, 177, 495, 541
軸間非干渉器　　　　　　　　　　　　420
シグナム関数　　　　　　　　208, 216, 234
軸要素乗算法　　　　　　　　　　　　154
軸要素成分振幅定理　　　　　　　　　189
軸要素成分分離法　　　154, 188, 192, 193, 201,
　　　204, 205, 208, 210, 215
軸要素積　　　　　　　　　　　　　　208
軸要素比　　　　　　　　　　　　　　206
重政モデル　　　　　　　　　　　　　 19
自己インダクタンス　　　　　　　　　304
自己始動特性　　　　　　　　　　472, 490
自己整合性　　　37, 40, 253, 299, 303, 324, 330,
　　　331, 387, 405, 411, 441, 473, 479, 480, 495
自己整合定理　　　　　　　　　　　　387
自己リラクタンストルク　　　　　　　330
自軸電流　　　　　　　　　　　　　　541
システム構成　　　　　　　　　　　　279
システム構成A　　　　　　　　　279, 294
システム構成B　　　　　　　　　　　294
システム構成C　　　　　　　　　　　295
システム構成D　　　　　　　　　287, 294
磁束形回路方程式　　　　　　　　　　503
磁束強度　　　47, 48, 323, 325, 382, 400, 404, 430,
　　　476, 447, 477, 481, 497, 545
磁束誤差　　　　　　　　　　　　　　521
磁束障壁　　　　　　　　　　　　　　493
磁束推定誤差　　　　　　　　　　519, 520
磁束推定法　　　　　　　　　517, 518, 527
磁束同定器　　　　　　　　　　　　　540
実インダクタンス比　　　　　　　　　225
実係数　　　　　　　　　　　　　515, 531
実数　　　　　　　　　　　　　　　　166
時定数　　　　　　14, 308, 310, 355, 359, 458
時定数相当値　　　　　　　　　　305, 312
時定数の同一性　　　　　　　　　　　307
指定トルク　　　　　　　　　　　　　422
自動調整　　　15, 125, 128, 129, 130, 131, 135
自動調整形力率位相指令器　　　　　　145

索　引　*581*

自動調整機能	120
自動調整の範囲	128
始動巻線付き永久磁石同期モータ	472
支配的時定数	458
自変力率位相形ベクトル制御法	124, 125, 129, 133, 134, 137, 139, 143, 144, 146, 147, 149, 150
周期性	248
修正漏れ係数	315, 343, 346
周波数応答	6, 7, 9, 10, 11, 12, 33, 156, 158, 159, 161, 264
周波数シフト係数	515, 531
周波数特性	11, 12, 158, 159, 179, 198, 200, 263
周波数比	229, 244
出力ゲイン形再帰自動調整法 I	129, 135, 143, 144, 150
出力ゲイン形再帰自動調整法 II	131, 132, 144, 150
循環性	253
準最小電流制御	139
準最小銅損	120
準最適電流制御	126, 149
準すべり周波数	476
順突極	494, 495, 497, 505
順突極位相	496, 506, 527, 536
上位制御系	275, 278
条件数	232, 233
乗算器	337
乗算極性処理	219
省資源化	491
状態オブザーバ	81, 119
初期位相検出	81
初期位相推定値	510, 513
初期値	16, 217, 429
自励式 HFSM	406, 407, 441
自励式同期モータ	447
自励式ハイブリッド界磁同期モータ	406, 471
指令生成器	145
指令値	1, 24
指令変換器	49, 51, 87, 99, 119, 120, 363, 422, 426, 507, 528, 536, 545, 547, 552, 553
真円形高周波電圧	232, 243
真円形搬送高周波電圧	153
真円形搬送高周波電圧印加法	231
新中演算子変換法	93
新中の数学モデル	406
新中ノッチフィルタ	91, 98, 106, 111, 115, 116, 158, 159, 174, 184, 201
新中バンドパスフィルタ	157, 176, 201, 264
新中モデル	19, 252, 254, 255, 266, 405
振幅係数	267
振幅抽出器	177, 178, 179, 182, 183, 184, 188, 189, 190, 192
振幅特性	32, 34, 163, 164, 166
推定器用インダクタンス	120
数学モデル	42, 299, 303, 321, 405, 406, 411, 441, 442, 473, 545
スーパープレミアム効率	492
スカラヘテロダイン法	154, 192
すべり周波数	476
すべり状態	472, 486
正規化回転子抵抗	476, 477
正規化回転子電流	480, 490
正規化高周波電圧	233
正規化高周波電圧逆行列	233
正規化周波数	155, 161, 162, 163, 175, 189
正規化相互インダクタンス	476
正規化電気速度	262, 274
正逆相反転	169
制御器	2, 22, 25
制御器係数	4, 5, 7, 27, 51, 75, 96, 111, 134, 135, 137, 272, 274, 346, 350, 354, 359, 420, 528
制御器設計法	4, 50
制御器分子多項式	5

制御系	1	積分器	3
制御システム	1	積分器の初期値	340
制御周期	75, 232, 235, 241, 242, 243, 244	積分ゲイン	16, 19
制御則	352	積分フィードバック形速度推定法	512, 513
制御対象	20, 21, 22, 25	設計仕様	7
制御対象逆系	4	設計パラメータ	134
制御偏差	18, 21, 22	絶対変換	48, 70
制御方策	313	零	5
制御モード	249	零次ホールダ	160, 168
制御目的	1, 17	ゼロ相	38
制御量	1, 15, 17, 20, 21, 24, 25	ゼロ相成分	60, 251, 324
正弦信号	15, 192	ゼロ速度	227
正弦誘起電圧	252, 255	ゼロ速度制御	187
静止位相	462, 466	零点	5, 157
静止位相推定	456	ゼロ割り	130
静止位相推定法	407, 463, 467	ゼロ割り現象	207, 226
整数	166	ゼロ割り防止	227
正接関数	465, 543, 544	全極形	1, 18, 26
正相	38, 115, 169, 173, 250, 459	全極形 D 因子フィルタ	515, 516, 517, 518,
正相関信号	154, 178, 180, 181, 188, 191, 192,	522, 524, 531, 532, 533, 534	
	196, 198, 199, 204, 205, 206, 207, 208, 223,	全極形高次フィルタ	117
	224, 225, 226, 228, 231, 239, 240, 242, 243	全極形ローパスフィルタ	22, 23
正相関信号合成法	180	漸近直線	423
正相関特性	153, 181, 191, 206, 207, 225, 226	線形相関特性	241
正相関領域	180, 206	線形特性	224
正相基本波成分	115	線形変換	130
正相逆相成分振幅定理	178	センサ利用	249
正相逆相成分分離法	154, 181, 183, 193, 195,	センサ利用ベクトル制御	492
	196, 201, 204	センサ利用ベクトル制御系	174
正相逆相分離フィルタ	82, 87, 89, 105, 197	センサレス	249
正相三相電流	319	センサレスベクトル制御	81, 135, 146, 152,
正相成分	59, 60, 61, 65, 66, 68, 82, 84, 87,	183, 492, 509	
	169, 177, 178, 196, 197, 198, 199, 252, 253,	センサレスベクトル制御系	173, 183, 196,
	285	201, 204, 231, 509, 145, 536, 243	
正相単位ベクトル	170	センサレスベクトル制御法	119
静的関係	168	揃速座標系	340, 485, 499
静的合成	54, 59, 62, 66, 74	前段部	222, 238
制動巻線付き永久磁石同期モータ	472	前提	37
正突極	494		

索　引　583

相違合成法　241
相関信号　176, 244
相関信号合成器　177, 178, 180, 184, 188, 191, 193, 196, 200, 205, 209, 213, 222, 223, 226, 227, 238, 243
相関信号合成法　192, 200, 206, 208, 209, 210, 225, 226, 239
相関信号合成法Ⅰ　181, 191, 200, 207, 209, 223, 226
相関信号合成法Ⅱ　191, 193, 207, 209, 226
相関信号合成法Ⅱ-N　181, 200
相関信号合成法Ⅱ-P　181, 200
相関信号合成法Ⅲ　191, 207, 209
相関信号合成法Ⅲ-N　181, 182
相関信号合成法Ⅲ-P　181
相関信号合成法Ⅳ　191
相関信号生成器　174, 176, 177, 182, 184, 188, 192, 196, 197, 200, 204, 205, 209, 210, 215, 220, 222, 227, 231, 231, 236, 238, 243, 244
双曲線　423
相互インダクタンス　304, 327, 332
総合係数　381
総合損失　125, 546, 548, 551
総合銅損　423, 426, 427, 435
総合銅損特性　427
相互回転子磁束　381, 382, 394, 395, 400
相互逆起電力　381
相互磁束　479, 487, 489, 490
相互誘起電圧　381, 382, 394, 395
相互誘導　298, 327, 329, 405, 413, 421, 445, 450, 451, 454, 483
相互誘導回路　308, 341, 342
操作量　1, 3, 15, 20, 22
相順　38, 87, 319
相数　319
相成分抽出フィルタ　196, 197, 198, 200, 201, 209
相成分電流相関定理　199
相対次数　1, 3, 5, 6, 18, 19, 20, 29, 30, 32, 108

相対変換　70
双対　159, 515
双対性　159, 176
双対定理　505
相電圧　38
相反特性　404
相変換器　48, 344, 507
相補性　109
速応性　4, 6, 16, 53, 130, 135, 152, 187, 188, 194, 195, 202, 211, 226, 227, 230, 272, 301, 302, 361, 439, 632
速度起電力　37, 41, 323, 484, 530
速度起電力補償　122, 141
速度近似値　86
速度検出器　49
速度指令値　86
速度推定器　510, 512
速度推定誤差　101, 102, 103
速度推定値　86
速度推定法　123, 142
速度制御　1, 103, 135, 138, 139, 149, 186, 187, 194, 195, 202, 203, 211, 212, 213, 229, 230, 245
速度制御器　49, 51, 86, 87, 94, 99, 109, 111, 137, 145, 146, 148, 184, 186, 243, 510
速度制御系　51, 70, 186, 195, 204, 213
速度制御モード　70
粗分解能センサ　80
損失表現能力　388

た行

第1基本式　36, 40, 42, 43, 44, 166, 167, 252, 253, 254, 255, 299, 323, 328, 330, 333, 385, 387, 390, 405, 407, 409, 411, 412, 441, 442, 478, 479, 480, 481, 495, 496, 497, 545, 546
第2基本式　36, 40, 41, 43, 44, 252, 253, 254, 256, 299, 323, 329, 330, 333, 336, 339, 363, 385, 387, 390, 405, 407, 409, 412, 441, 442, 478, 479, 480, 482, 484, 495, 496, 498, 545,

546
第3基本式　　37, 40, 41, 43, 44, 252, 253, 254, 256, 299, 323, 329, 330, 333, 386, 387, 390, 405, 407, 409, 412, 441, 442, 478, 479, 480, 481, 495, 496, 498, 546, 546
帯域幅　　3, 4, 6, 7, 14, 16, 18, 23, 28, 29, 32, 51, 71, 89, 134, 135, 152, 184, 187, 195, 202, 211, 230, 245, 247, 260, 263, 264, 272, 276, 281, 282, 285, 315, 318, 343, 346, 350, 355, 356, 359, 361, 362, 401, 420, 448, 448, 451, 513, 527, 528
帯域幅係数　　263, 264, 288
帯域幅低減　　96
帯域幅の3倍ルール　　107, 108, 111, 205, 208
帯域幅の自動調整法　　110
ダイオード　　443, 455
ダイオードオフ　　444, 446, 448, 449, 454
ダイオードオン　　443, 446, 458
ダイオード短絡　　406, 441, 442, 457, 471
対角化　　310, 312
耐環境性　　491
耐故障形位相速度推定器　　87, 98, 109, 115
耐故障形ベクトル制御法　　97, 101, 105, 113
耐故障性　　82, 103, 332
対称行列　　351, 377, 378
対称性　　380
対数関数　　465, 544
代数ループ　　393
タイミング関係　　166
楕円軌跡　　181
楕円軌跡指向形ベクトル制御法　　120, 129
楕円係数　　169, 170, 171, 172, 181, 184, 185, 201, 205, 206, 208, 210, 213
多項式関数　　465, 544
多項式係数　　3
他軸電流　　541
立ち上がり時間　　14
多変数ニュートン・ラプソン法　　375
多変数モデルフォローイング制御器　　275

ダルトン・カメロン法　　46
他励式HFSM　　405, 406, 407, 413, 430, 439
他励式ハイブリッド界磁回転子　　408
他励式ハイブリッド界磁同期モータ　　405, 471
単位逆相ベクトル　　255, 256
単位行列　　41, 88, 253
単位正相ベクトル　　255, 256
単位ベクトル　　169, 501
単相相互誘導回路　　303
短絡三相界磁巻線　　472, 489
短絡三相回転子巻線　　471
短絡防止期間　　124, 185

置換性　　517
中性点　　38, 251, 319
長軸位相　　181
直接性　　535
直接的合成　　196, 204
直線形電圧　　169
直線形搬送高周波電圧　　153
直線形搬送高周波電圧印加法　　215
直線軌跡　　206, 508, 536, 537, 552
直相形疑似誘起電圧　　504, 533, 535
直相形疑似誘起電圧推定法　　533
直相磁束　　492, 493, 503, 519, 521, 522
直相磁束形回路方程式　　503
直相磁束推定法　　493, 517, 518, 529
直流検出・三相復元・制御法　　52, 70
直流成分　　208, 266, 267, 271, 272, 277
直流成分除去/バンドパスフィルタ　　174, 175, 176, 201, 204, 205, 222
直交行列　　41, 49, 199, 301, 307, 308, 351
直交性　　234, 434
直交変換　　41, 48, 70, 173, 300, 301, 324, 327, 380

追従性　　18, 113, 114, 152, 187, 194, 195, 202, 211, 226, 230, 247, 248, 249, 272, 274, 277, 284, 289, 529

索引

追値制御　1

定格速度　120, 228
定格電流　72
定格負荷　211
低減ベクトル　223, 224
抵抗　252, 304
抵抗A形ベクトルブロック線図　396, 397
抵抗B形ベクトルブロック線図　397, 398
抵抗形ベクトルブロック線図　391, 395, 396
抵抗形モード回路定理　309, 354, 359, 362, 363
抵抗相対比　307
ディジタルPI制御器　108
ディジタル応速バンドパスフィルタ　276, 288, 293, 296
ディジタルバンドパスフィルタ　156
ディジタルフィルタ　90, 155, 174
ディジタルフィルタの直接設計法　155
ディジタルローパスフィルタ　90, 107, 179, 189, 190, 205, 208, 210, 213, 214
ディジタルローパスフィルタ処理　178, 179
低速大トルク駆動　404
低速モード　5, 301, 302, 308, 310, 313, 342, 344, 347, 348, 359
低速モード時定数　308, 312
低速モード電流　301, 302, 309, 355
低速モード電流キャンセラ　301, 315, 316, 343, 344, 345, 347, 348
低速モード電流制御器　317
鉄損　37, 125, 303, 386, 410, 492, 493, 495, 544, 546, 547
鉄損評価式　389
デッドタイム　124
デルタ関数　160
電圧形系統間非干渉器　300
電圧形電流指令器　547
電圧形負荷電流発生器　547
電圧座標系　120

電圧座標系位相の決定法　141
電圧指令値　49, 316
電圧制限　120, 121, 125, 128, 130, 135, 136, 137, 139, 143, 147, 148, 149, 426, 430, 438
電圧制限下の最小総合銅損規範　436, 439
電圧制限下の最小総合銅損電流指令法　426
電圧制限下の最大トルク規範　436, 440
電圧制限機能　124
電圧制限楕円　124, 125, 133, 134, 136, 138, 428, 430, 431, 433, 434, 438
電圧制限値　124, 147
電圧制限の緩和　434, 435, 436
電圧比　432
電気位相　39, 322, 328
電気回路　36, 37
電気系　336, 338, 412, 413, 415, 416, 481, 482, 483
電機子　37
電気磁気的特性　37, 495
電気時定数　216, 232, 235
電機子反作用磁束　41, 323
電気速度　39, 40, 41, 73, 85, 123, 152, 252, 291, 293, 328, 360, 388, 410, 476, 478, 480, 495, 496, 510, 511, 512, 516
電気パラメータ　481, 485
電源電圧　443
電磁鋼板　491, 493, 494
伝達関数　161, 217, 236, 277
電流グローバル　427, 428
電流検出器　48
電流座標系　120
電流差分　153, 219
電流差分解　234, 235
電流指令値　49, 51, 259
電流指令値生成法　142, 144
電流指令値の軌跡　507, 508
電流指令法　405, 406, 422, 430, 434, 435, 437, 438
電流指令法I　427

586 索引

電流指令法II 428
電流制御 1, 135, 139, 140, 141, 227, 243, 245, 508
電流制御器 49, 51, 87, 122, 134, 272, 507
電流制御系 51, 71, 75, 272, 315, 358, 507
電流制御則 316
電流制御ループ 49
電流制限 120, 133, 143, 148, 149
電流制限円 136, 138, 147
電流制限機能 124
電流生成部 338
電流ノルム指令値 145, 146
電流比 551
電流偏差 53, 60
電流リミッタ 95, 114
電力変換器 49, 52, 71, 98, 119, 124, 151, 152, 168, 185, 238, 248, 434, 454, 459, 467, 541

統一固定子数学モデル 407, 474, 482
同一合成法 240
同一性 209, 551
同一ノルムベクトルの加算による方法 500
同一ノルムベクトルの減算による方法 500
等価回路 37
等価固定子インダクタンス 311, 312, 361
等価固定子抵抗 310, 311, 359
等価鉄損抵抗 303, 383, 546
同期化特性 473, 490
同期状態 472, 479, 486, 487, 490
同期引き込み 487
同期リラクタンスモータ 494
同相 490
同相インダクタンス 41, 47, 220, 252, 273, 343, 346, 496, 535, 536
同相（自己）インダクタンス 324
同相磁束 503, 522
同相信号 499, 500
同相ベクトル 219, 220, 223, 226
銅損 330, 479, 490, 493, 507, 546, 547

導体かご 491
動的関係 168
動的処理 315
動的数学モデル 36
動特性 36
同様性 534
特性多項式 3, 29, 272, 273, 302
独立設計 205
独立二重駆動システム 298
独立二重三相巻線 298, 319
独立二重巻線PMSM 298, 319, 320, 334, 363
独立モード電流制御 302
閉じた形 330, 387, 410, 411, 479
特化アプローチ 153, 155
突極 206, 495
突極位相 152, 177
突極性 138, 367
突極特性 151
突極比 181, 225
トラッキングオブザーバ 81
トルク軌跡 367, 424, 425, 427, 428, 435
トルク誤差フィードバック法 368, 369, 370, 371
トルク指令値 49, 94
トルク制御 184, 193, 201, 210, 213, 227, 228, 243, 244, 245, 248
トルク制御モード 148
トルクセンサ 249
トルクセンサレス 260
トルク発生機 36
トルク発生系 336, 339, 412, 414, 415, 481, 482, 484
トルク発生式 36, 40, 41, 43, 44, 252, 253, 254, 256, 299, 303, 323, 324, 329, 330, 331, 333, 336, 339, 363, 365, 385, 386, 387, 388, 390, 405, 407, 409, 410, 411, 412, 416, 441, 442, 450, 473, 474, 478, 479, 480, 482, 484, 495, 496, 498, 507, 537, 545, 546
トルクリプル 256, 257, 258, 259, 261, 262,

索引 *587*

267, 283, 285, 286
トルクリプル定理 256
トルクリプル補償原理 257
トルクリプル補償法 248, 249, 257
トルクリミッタ 95

な行

内積 199
内積器 338, 446, 483
内装フィルタ 90
内装ローパスフィルタ 106, 107, 109, 111
内部電流ループ 316, 345
内部フィードバック系 25
内部モデル原理 271
内部ループ 276, 279

二項係数モデル 19
二重逆同期モータ 327, 329, 333
二重駆動システム 298, 302
二相三相変換器 74
二相電流偏差 63, 67
二相電力変換器 448, 460
ニュートン・ラプソン直接法 377, 378, 379
ニュートン・ラプソン法 544
入力ゲイン形再帰自動調整法 I 130, 144, 150
入力ゲイン形再帰自動調整法 II 132, 133, 144, 150
入力電力 330
任意定数 307

粘性摩擦 98
粘性摩擦係数 51, 98, 337, 393, 415, 482

ノッチフィルタ 91, 116, 158, 159
ノンパラメトリックアプローチ 119, 120, 124

は行

ハイゲイン特性 277
ハイブーストフィルタ 10
バス電圧 124
バス電流 52
バタワースフィルタ 23, 117
バタワースモデル 19
パラメータ計測 44
パラメータ変動 249
パラメトリックアプローチ 119, 120
反作用磁束 251, 476
反作用磁束定理 I 501
反作用磁束定理 II 502
搬送高周波電圧印加法 153, 155, 176, 183, 186, 192, 196, 204, 211, 264
搬送周波数 178, 182, 183, 184, 185, 192, 196, 204, 208
バンドストップフィルタ 158, 174
バンドパスフィルタ 159, 183, 201, 260
半波整流 406, 442, 443, 444, 449, 450, 451

非干渉化信号 356, 357, 361, 362, 421
非干渉化モデル 301
非干渉器 356, 357, 421
微小正値 207
ヒステリシス損 303, 389, 545
ヒステリシスブレーキ 292
歪み正弦状の HES 信号 115
非正弦誘起電圧 248, 251, 252, 254, 255, 292
必要十分条件 273
非電圧制限下の最小総合銅損規範 436, 438, 439
非電圧制限下の最小総合銅損電流指令法 422
非突極 148
非突極性 139
微分演算子 3, 42
微分処理 26

不安定化現象 300

フィードバック制御	24, 249	平均速度	162, 169
フィードバック制御器	17, 18	平衡循環行列	45, 253
フィードバック制御系	25, 97	閉ループ伝達関数	3, 4, 7, 14, 15, 16, 19, 26, 27, 29, 32
フィードバック電流制御	300	並列モデル	384
フィードバック電流制御器	418	ベクトル回転器	49, 67, 69, 74, 86, 92, 106, 163, 173, 179, 182, 183, 197, 198, 199, 358, 448, 507, 508, 513
フィードバック電流制御系	271, 313, 347		
フィードフォワード	287		
フィードフォワード制御	249	ベクトル回転器同伴フィルタ	89, 197
フィードフォワード制御器	17, 249	ベクトル化器	61, 64
フィルタ係数	88	ベクトル原理式	219, 220
フィルタゲイン	516, 522, 524, 526, 527, 531	ベクトルシミュレータ	300, 303, 334, 339, 398, 405, 406, 417, 448, 454, 455, 464, 473, 481, 485, 498, 503, 536, 545, 547
フィルタ部	108		
ブーツストラップ法	374, 425		
フーリエ級数展開	268	ベクトル乗算器	337, 446, 483
負荷・鉄損電流生成部	393, 395, 397	ベクトル制御	50, 80, 81, 102, 248, 492
負荷装置	70, 134, 135, 184	ベクトル制御系	36, 61, 69, 94, 143, 344, 358, 418, 545, 85, 86
負荷変動耐性	187, 188, 195, 203, 204, 212, 212, 213		
副軸	39, 494	ベクトル制御系の簡潔性	124
復調	151, 153, 155, 183, 188, 192, 193, 195, 196, 201, 204, 205, 208, 210	ベクトルトラッキングオブザーバ法	81, 97, 99
復調系	174	ベクトルブロック線図	335, 336, 337, 339, 391, 413, 445, 481, 498, 503
復調法	153, 154, 181, 184, 186, 187, 188, 194, 195, 202, 203, 204, 208, 211, 212, 213, 226, 228, 236, 242	ベクトル閉路	386, 391
		ベクトルヘテロダイン法	154, 182
符号関数	208, 216, 234	ヘテロダイン法	192
符号付き電流ノルム指令に基づく電流制御法	133, 137	変換行列	305, 306, 307, 308, 310, 311, 357, 359
負相関特性	180, 182	変形5変数ブーツストラップ法	372, 373, 374
負突極	494		
フラックスバリア	493	変調	151, 155
フルビッツ多項式	3, 4, 6, 28, 272, 273, 515, 531	変調系	174
		変調法	153
ブロック線図	444		
プロフィール法	46	飽和特性	37, 495
分子多項式	1, 4, 7, 19, 26, 27, 28	ホールセンサ	80
分母多項式	1, 19, 23, 272, 304, 308	補間	249
		補償器	7, 8, 9, 10
平均周波数	168, 169	補償器係数	9, 11, 12, 14

索引 589

補償指令値合成器	268, 290
補償指令値変換器	265, 279, 295
補償信号	248, 258, 259, 261
補償信号生成器	279, 294
補償信号生成法	295
補償信号の算定的生成法	279, 294, 295
補償信号の推定的生成法	279
補償信号の生成法	249, 250
補償電流指令値	259, 261, 265, 266, 267, 268, 270, 272, 274, 277, 278, 280, 284, 287, 289, 293
補償電流指令値生成法	267
補償トルク指令値	258, 261
補正ベクトル	223
補正量	223, 224, 225, 226
母線電圧	124
母線電流	52
ポポフの安定定理	137

ま行

巻線	37
巻線起因特性	302
巻線ターン数	327, 381, 382
巻線抵抗	41
巻線配置	298
マグネット磁束	476, 479, 489, 490
マグネットトルク	256, 257, 259, 260, 261, 262, 265, 266, 270, 279, 280, 326, 329, 330, 332, 386, 410, 479, 486, 487, 489, 490
マグネットトルク発生式	332
マグネットトルクリプル	250, 265
摩擦負荷	486
真鍋モデル	19
間引き	249
ミール領域	490
脈動	248
無負荷	194, 202, 211

無負荷試験	481
モータシミュレータ	300, 303, 405, 412, 447, 473
モータパラメータ	44, 119, 124, 126, 141, 425, 426, 429, 431, 435, 436, 438, 463, 473
モード	302
モード解析	303
モード回路方程式	309, 311, 312
モード電圧	309, 310, 312
モード電圧指令値	316
モード電流	302, 309
モード変換	302, 309, 311
目標値	1, 15, 17, 20, 21, 24, 25
モジュラ処理	512, 514, 515
モデルフォローイング制御	20, 24
モデルフォローイング制御器	250, 274, 276, 289
モデルフォローイング制御器併用のPI電流制御器	274, 277, 279, 287, 288, 290, 294, 295
モデルフォローイング制御系	20
モデルフォローイング制御法	26
モデルベースド制御	492
漏れインダクタンス	312, 315, 342, 347, 380, 410, 413
漏れインダクタンス形回路方程式	313, 342
漏れインダクタンス相当値	315
漏れ係数	304, 308, 315, 315, 341, 346, 347, 400
漏れ磁束	414

や行

ヤコビアン	375
ヤコビアン逆行列	376
誘起電圧	37, 41, 43, 44, 45, 251, 252, 253, 256, 260, 266, 323, 324, 326, 327, 331, 332, 381, 382, 484, 530

誘起電圧振幅係数	267
誘起電圧補償	122, 141
誘起電圧歪み	248
有限要素法	473
有効電力	479
誘導同期モータ	472
誘導トルク	479, 480, 486, 487, 488, 489, 490
誘導負荷	442, 444
誘導モータ	55, 491
有理関数	8, 20, 465, 544
有理関数形制御器	22
有理多項式	8, 20
歪み正弦状の HES 信号	116, 117, 118
歪んだ正弦状の信号	115
抑圧性	283
弱め磁束（界磁）制御	333
弱め磁束制御	125, 127, 136, 137, 138, 147, 149
弱め磁束（弱め界磁）制御	404

ら行

ラグランジアン	365, 423, 430, 537
ラグランジュ乗数	365, 367, 423, 430, 431, 537
ラグランジュ未定乗数法	365
ラプラス演算子	3
乱調抑圧特性	490, 473
力率	431, 433, 434, 436, 440
力率 1	434
力率 1 軌跡	125
力率位相	120, 121, 123, 126, 130, 131, 132, 136, 147, 432, 434
力率位相形ベクトル制御法	121, 125, 127, 140, 143
力率位相指令器	123, 142
力率位相指令値	126
力率位相指令値の決定法	123
力率位相制御	125

力率改善	435
力率特性	436
力率の改善	434
離散時間高周波磁束	171, 172
離散時間高周波電圧	169, 170, 171, 172
離散時間高周波電流	170, 171, 172, 173, 178, 176
離散時間実現	274
離散時間周期	169
離散時間信号	160
離散時間積分要素	160, 161, 162
離散時間二相信号	162, 163, 164, 165
力行	137, 185
力行回生特性	490
力行負荷	187, 528
リプル	248
リプル次数	281
リミッタ	16, 109, 148
リミッタ関数	207, 226, 227, 425, 429
リミッタ処理	3, 180, 187, 425
リミッタ付き PI 制御器	137
リミッタ付き積分器	444, 445
リラクタンストルク	257, 265, 326, 327, 329, 330, 332, 367, 386, 410, 453, 490
リラクタンストルク発生式	332
リンク電圧	124
ルンゲ・クッタ法	227, 243
レアアース	491
励磁・d 軸電流制御器	419
励磁周波数	450, 451, 454, 455
励磁電流	404, 406, 426, 446, 451, 456, 458, 471, 508, 522, 535
励磁電流制御	422
励磁電流制御器	421
励磁電流制御系	405
励磁電流偏差	418
レイトリミッタ	94, 95, 99, 109, 111

連続時間高周波電圧	168	ローブーストフィルタ	10
連続時間実現	274	六相電流	301
連続時間信号	160	六相同期モータ	298, 301, 320, 334, 344, 358
連続時間積分要素	160, 162, 163	六相モータ	320
連続時間二相信号	164	六相誘導モータ	301

ローパスフィルタ	16, 90, 97, 98, 174, 356, 420, 513, 515, 527		

わ行

ワインドアップ対策	137

【著者紹介】

新中 新二（しんなか・しんじ）
- 1973 年　防衛大学校卒業，陸上自衛隊入隊
- 1979 年　University of California, Irvine 大学院博士課程修了
  Doctor of Philosophy（University of California, Irvine）
- 1979 年　防衛庁（現防衛省）第一研究所勤務
- 1981 年　防衛大学校勤務
- 1986 年　陸上自衛隊除隊，キヤノン株式会社勤務
- 1990 年　工学博士（東京工業大学）
- 1991 年　株式会社日機電装システム研究所創設（代表）
- 1996 年　神奈川大学工学部教授
- 現　在　神奈川大学工学部電気電子情報工学科教授

主要著書

『適応アルゴリズム　-離散と連続，真髄へのアプローチ-』産業図書，1990
『永久磁石同期モータのベクトル制御技術　上　-原理から最先端まで-』
電波新聞社，2008
『永久磁石同期モータのベクトル制御技術　下　-センサレス駆動制御の真髄-』
電波新聞社，2008
『永久磁石同期モータの制御　-センサレスベクトル制御技術-』
東京電機大学出版局，2013
『誘導モータのベクトル制御技術』東京電機大学出版局，2015
その他，多数

詳解　同期モータのベクトル制御技術

2019 年 6 月10日　第 1 版 1 刷発行　　　　ISBN 978-4-501-11820-4 C3054

著　者　新中新二
　　　　©Shinnaka Shinji 2019

発行所　学校法人　東京電機大学　〒120-8551　東京都足立区千住旭町 5 番
　　　　東京電機大学出版局　　　Tel. 03-5284-5386（営業）03-5284-5385（編集）
　　　　　　　　　　　　　　　　Fax. 03-5284-5387　振替口座 00160-5-71815
　　　　　　　　　　　　　　　　https://www.tdupress.jp/

JCOPY <(社)出版者著作権管理機構 委託出版物>
本書の全部または一部を無断で複写複製（コピーおよび電子化を含む）することは，著作権法上での例外を除いて禁じられています。本書からの複製を希望される場合は，そのつど事前に，(社)出版者著作権管理機構の許諾を得てください。
また，本書を代行業者等の第三者に依頼してスキャンやデジタル化をすることはたとえ個人や家庭内での利用であっても，いっさい認められておりません。
［連絡先］Tel. 03-5244-5088，Fax. 03-5244-5089，E-mail : info@jcopy.or.jp

印刷：(株)加藤文明社印刷所　　製本：誠製本(株)　　装丁：鎌田正志
落丁・乱丁本はお取り替えいたします。　　　　　　　Printed in Japan